JN062875

「電力人」
135年の軌跡

中井修一

エネルギーフォーラム

はじめに

「餅は餅屋ですよ」。取材先でのある電力首脳が発した自負ともつかぬこの言葉が、一体何を言わんとしているのか､最初はピンとこなかった。その言葉の意味合いは、電気新聞の記者として何度か電力供給の現場を取材するうちに、危険と隣り合わせだからこそのプロの気構えを言いたかったのか、と少し理解できた気持ちになった。

１９８６（昭和61）年11月、三原山の噴火から全島民と観光客約1万人が緊急避難した際、島内に留まり続けた大島町役場関係者に電気を絶やさないよう最後まで残って発電所を動かし続けた東京電力・大島内燃力発電所の３人の所員を取材した。噴火の拡大による身の危険も迫る中、なぜ3人が選ばれ、残ったのか。

自分を含む3人を選んだ責任者で当直長の米本晋之介さんが答えた。年長で島に家族がいないことを優先したという。だが｢(当時13人の所員全員が)残る、残るといって喧嘩みたいになって」とだれが残るか、激しい言い争いになったという。「島の電気を守る思いは、みんな同じですから」と3人が、気負いもせず淡々と語っていたのを思い出す。

現場の高い供給意識とモラルは、２０１１（平成23）年３月東日本大震災に端を発した東京電力・福島第一原子力発電所の全電源喪失という国内最悪の原子力事故の際も、放射線量が異常に高まる原子炉建屋に入るときや格納容器の高圧力を抜くベント作業時の運転員たちの行動に現れている。事後の調査や取材などによって明らかにされた。ノンフィクション『死の淵を見た男』（門田隆将著）などには、危機迫る困難な作業や持ち場に向かう際､何度となく｢私が行きます｣｢俺も行こう｣いや｢僕が行きます」と自分に問いかけ、仲間を思いやり、地域への申し訳なさも同居した張りつめた会話が描写されている。

現場の力は、福島第一原子力発電所だけではなく福島第二原子力発電所でも、また最大４６６万戸が停電した東北電力の復旧現場でも発揮されており、さらには２０１１年夏の東電の電力不足を救ったのは、夏場に復旧を間に合わせようと必死に作業を続けた鹿島や広野火力発電所など大型火力現場の、メーカーや関連会社を含め一体となって展開された作業員たちの技術とチームワークだった。

しかし、電力首脳の「餅は餅屋」の言葉は、単に電力マンのプロ意識を語っているのではなかった。国や官僚たちに向けられた発言でもあったのだ。1980年代、電力業界は毎年のように景気対策に協力した設備投資積み増しや円高による料金引き下げを行い、バブル期とその前後の景気後退局面での重要度が増し、経済界における存在感は、いやおうなく高まっていた。

通商産業省（当時）の主要な電力・エネルギー政策は、東電を筆頭とした電力業界が下ごしらえしていたと言っても過言ではなかった。かつて電気事業連合会の〝2代目〟会長・菅礼之助東電会長が標ぼうした「電事連を電力政策の立案機関にしたい」という言葉そのままに電力政策を事実上仕切っていく気構えと自信が、この言葉に込められていたのである。

当時資源エネルギー庁を取材すると、東電の会長、社長が春、秋定期的にその時々の課題や施策を社員・グループ会社に指示伝達する店所長・部長会議の模様を詳しく報じる電気新聞の記事に、赤線を入れてチェックする若手のキャリア官僚を見かけるほどだった。「電力の鬼」松永安左ェ門が、国家管理論を排して当時の配電会社首脳陣とつくり上げた地域独占の発送配電一貫の9（のちに沖縄電力を加え10）電力体制は、盤石に見えた。

2021年5月に大手9電力会社は、創業70年を迎えた。前年4月には小売り全面自由化を計画的に進めてきた「電力システム改革」の最終段階、発送電分離が実施に移されていたので、70年という節目の年は、発送電一貫供給の体制ではなく、送配電部門を分社化し、中立性を確保した新たな仕組みによる船出となった。この時点で一貫供給の地域独占の電気事業体制は、終焉を迎えていた。

しかし、この送配電事業の法的分離という選択は、十数年前の電気事業制度改革論議では見送られていたもので、大手電力会社は、その代表機関である電事連を通じて性急な導入は、分離後の安定供給を担保する仕組みに不安を残し、国策民営で進められてきた原子力発電や送配電部門への新規投資を難しくすると慎重な扱いを求めてきた。中には明確に反対の意向を示す電力首脳もいた。

「電力システム改革」は、元をたどれば１９９０年代始めアメリカとの構造協議から内外価格差問題を突きつけられ、これに高コスト構造、競争意識の欠如という大手電力会社への批判が加わって規制緩和を講ずることから始まっている。海外事例を参考に独占されている市場を自由化し、競争によって料金を引き下げるという狙いだった。

ただ当時は平岩外四東電会長が業界初の経団連会長に就くなど電力業界の各界に及ぼす力は強まっていたから、通産省が推し進めようとした電力自由化策も「常識はずれのアイデア」とみられるほど実のところ、ハードルは高かった。それを当時公益事業部計画課を中心とした若手官僚たちが、周到な準備と根回し、外部共鳴者をつくりあげ31年ぶりという電気事業法改正にまでこぎつけたのである。

その後電力の小売り自由化の範囲は広がり、全面自由化まで対象となって電力業界も受け入れの方向となったものの、２００８年の第4次制度改革論議では5年後をめどに適用範囲の是非を検討との表現でいったんお蔵入りとなった。その間、発送電分離まで実施に持ち込もうとする経産省と電力業界との間で熾烈な綱引きが行われた。結局経産省は、当時地球温暖化対策を至急講じなければならず、電力業界の協力を必須としたため自民党の意向もあって妥協に追い込まれた。発送電分離まで踏み込むことを持論としていた当時の村田成二事務次官が退官すると、自由化論議はそれ以上、広がることはなくなった。

その背景には、原子力発電を地球温暖化対策の柱として「原子力立国計画」を推し進めようとする新たな官僚群が現れていたことがある。発送電分離は、安定供給のみならず原子力発電の増設などにマイナス影響をもたらすという見方が広がっていたからだった。

それが「電力システム改革」に突き進む前夜の状況だった。

本書を執筆する動機のひとつは、なぜ止まっていた小売り自由化論議が、送配電事業の法的分離という発送電一貫の大手電力事業体制を崩す、大変革にまで突き進んだのか、ということを事実に即して記しておきたいということがある。「3・11」後の東京電力に向けられた「電力バッシング」の広がりの中で必要以上に電力業界を「守旧派」とする対立構図がつくられ、事の次第が見えにくくなっていたのを解いていきたいという思いがある。

戦前は血気盛んな革新官僚として、戦後は社会経済国民会議議長などを務め、エネルギー問題にも精通していた稲葉秀三氏は、「(エネルギー問題は)複雑な多元連立方程式を解くようなもの」と、解を導き出すのは簡単ではない、必ず「明」と「暗」がつきまとうと語っていた。一方に偏した、しかも解をあらかじめ用意した政策は、過程をよくチェックすべきであろう。

もうひとつは、今回の「電力システム改革」を東京電灯が初めて電気事業を興してからの135年の歴史的なスパンでみた時、どう評価すべきか、過去の事例や経営者の言、行動に当たりながら描いてみたいと考えたからである。

電気事業は、資本主義の自由経済を糧として民間ベンチャーとして創業し発展に尽くした電気事業者と、規制する立場から時に国家管理の色彩を強めた官僚機構との間で協調し、対立してきた歴史がある。

電気事業者と官僚機構との間では、どちらかが無理を講ずれば必ず跳ね返りが生じていた。「官吏は人間のクズ」と発言した松永翁は、発言を傍らで聞いていた官僚に命を狙われ、謝罪に追い込まれた。戦前の5大電力時代の過当競争と12年間の国管化時代は、自由勝手放題の電力経営が革新官僚につけ入るすきを与え、一方で国が管理した日本発送電は、無理を押した統制と非効率性からすぐに赤字体質となった。

「歴史が未来を語る」という。過去の出来事は何を語っているのか。また今回の事業体制の変革は、未来に向けて何を物語るのか、整理しておく必要を感じた。

さらに「国益」と直結する原子力発電のことである。この10年の激動によって原子力開発の推進力が大きく削がれ、リプレースや新増設を含め先行きが見えにくくなっている実情を、半世紀以上にわたる大手電力会社など原子力事業者の関わり、推進の歴史と直近までの国の政策動向などから導き出し、国策とは何かを、問いかけたいとの思いに駆られたことである。

足元を見つめる意味で国策民営の原子力発電は、どういう経緯で進められてきたのかを振り返ってみたい。

以上、本書は主にこの10年の出来事を135年に及ぶ電気事業の歴史の繋がりの中で描くことで、国の施策や電気事業者の行動を改めて検証することを目的としている。その際松永翁を始めとする創業期の経営者から現代に至る経営者まで、その足跡を振り返り、彼らがどう電気事業と向き合い、困難と対峙してきたのかをたどってみることにした。また電気事業は安定供給に関わる多くの「現場」で成り立っていることを、改めて知る機会にしたいと技術開発から災害復旧の現場まで「電力マン」の姿を取り上げた。彼らと経営者が一体となって取り組んでいるからこそ電気事業の目的が果たされているのではないか。

構成にあたっては、電気事業創業以後の事業体制の変遷に合わせ電気事業者群像と歴史的事象を追った第1部と、「3・11」後の東電の実質国有化と発送電分離に至る、激動の10年に焦点を当てた第2部とに区分した。第1部では、次の3つの時代に区分して、章を構成した。

第1章　民有民営電気事業の創業と発展（1886〜1939年）

第2章　電力国家管理と日本発送電（1939〜1951年）

第3章　9電力体制の確立と電力自由化（1951〜2011年）

なお明治から大正、昭和にかけての電気事業経営者群像については主要な出来事と照らして、社史などの資料のほか伝記・小説からも一部引用した。年表は2020年までの出来事を区切りとした。本文中では21年3月末まで取り上げた（一部同4月まで触れている）。

本書中の人名に関しては敬称を省略させていただいた。肩書は、原則として当時のものである。

本書が電気事業にかかわる現役の人たちからOB、電気事業やエネルギー・電力問題などに関心をもつ多くの方々に、少しでもお役に立てば深甚とするところです。

目次

〈民有民営電気事業の確立期〉
（1955〜1964年）

〈原子力発電草創期〉

〈安定・成長期の電気事業〉
（1964〜1973年）

第2部 激動の10年! 465

福島第一原子力発電所事故、東電「国有化」、発送電分離（2011年〜）

第1部

電気事業体制の変遷

第１章　民有民営電気事業の創業と発展（１８８６～１９３９年）

第１節　東京電灯の誕生、広がる電気事業（１８８６～１８９７年）

創業前夜　ガス灯か電灯か

我が国で電気事業が創業されたのは、明治時代に遡る。徳川の御世から明治新政府に代わって文明開化が唱えられていた頃、殖産興業や富国強兵といった国の政策によらず、その事業は、文献からの知識と科学実験を重ねた学生たちのアイデアとそれを生かし、リスクに挑戦した起業家たちによって生まれた。

伝えられているようにエジソンが、電球のフィラメントに京都産の真竹を用いて世界で初めて白熱電灯の開発に成功したのは、１８７９年のことである。その約１年前の78（明治11）年３月25日、東京・虎ノ門の工部大学校講堂で我が国電気事業史の扉を開く画期的な出来事が起きていた。

初めてのアーク灯点灯の成功である。わずか15分間の点灯だったが、その場にいた人々は、驚きをもって電気の明かりを見つめたに違いない。のちにこの日は、電気記念日とされる。

アーク灯は、明治に先立つ60年前（１８０８年）にイギリスの化学者によって発見されていた。しかし実用化には難題が多く、この日本最初の点灯に先立つ３年前の75年、開発者の藤岡市助と藤岡を指導した工部大学校の教師エアトンらによってアーク灯点灯の最初の試みが行われていたものの、そのときは失敗に終わっていた。

この失敗からの再チャレンジを命じたのは、のちに初代内閣総理大臣となる伊藤博文である。当時伊藤は、新政府の要職を上り詰め、参議兼工部卿（鉄道から電信まで５つの官業事業をたばねる大臣）という立場だった。東京府東京市京橋区木挽町の一角に国家的事業として進めていた電信中央局の建物が完成する式典に、華を添える意味合いもあったのだろうか、祝賀会場の工部大学

校の講堂で我が国初の電灯の点灯式を行うよう命じていた。

伊藤は、明治維新の直前にイギリスに渡航した経験を持ち、71（明治4）年には、岩倉遣米欧使節団の一員としてアメリカやドイツを回ってきており、その折にアーク灯の明かりをその目で確かめていた。伊藤からの命によってエアトン教授らは、アーク灯点灯の準備をするのだが、当時使用したのは、物理学講義用のアーク灯である。グローブ電池50個で点灯するもので、機械の調節も難しく15分間も継続して点灯すれば上出来という代物であったらしい。

「エアトン教授が、藤岡、中野、浅野等第三期生を指揮して、之が準備を整えた。（中略）エアトン師調節の下に点灯せられ、宴会席上は遂に白昼の観を呈し、賓客拍手して大いにこれを歓迎したが、それは束の間で、軈て階上にシューと言ふ音を聞くと同時にアーク線は切れて宴会は忽ち暗黒となる」（『工学博士　藤岡市助伝』より）

わずか15分間とはいえ点灯の成功は、設備面の制約など厳しい条件を乗り越えて、藤岡ら学生たちの努力が実った瞬間であり、それはまた我が国初の電気事業の萌芽ともなった。明治という時代にせよ、我が国最初の電気事業の可能性を開く場面にのちの総理大臣と学生たちが関わり合う、組み合わせの妙が興味深い。

工部大学校は、明治政府が一日も早い近代国家の体制づくりにと英断をもって開設したもので、また明治10年代は「日本の天皇制国家の国造りの時期にあたっていた」（色川大吉『近代国家の出発』より）。だから、そこに学ぶ者たちも、電気工学に限らずあらゆる工業技術の分野で、自分たちが日本の将来をになうのだという強い気概をもっていた。３期生の藤岡市助は、いわばその先駆をなして知識を蓄えながら、我が国初の電灯会社の設立を熱望するようになる。

しかし、当時電灯は普及どころか、ようやく実用化に向け動き出したところであり、しかもアーク灯は、アークの光が強すぎてチラチラ揺れ動くなどの欠点があって、むしろ明かりの文明開化は、石油ランプや、明るさの点でそれを凌駕したガス灯だった。

我が国でのガス灯の始まりは、１８７２（明治５）年横浜での街路灯だったという。東京では74年から75年、銀座煉瓦街に建てられた。ガス灯は、当初もっぱら屋外での街路照明用として使われ、屋内用となって普及するのは、白熱マントルという新式のガス灯が輸入された明治30年代頃という。

ガス灯は、明治期一定の普及をみせるが、その前に立ちはだかったのが電灯だった。明治も40年を迎える頃には、明かりとしての地位を降り、その後ガスは、しばらく燃料として活路を求め、今日のガス事業につながっていく。一方、電気は、電灯の普及から始まり電気事業という一大産業に発展していくのである。

電気事業の始まり、その中心にいたのが、藤岡市助だった。

東京電灯ついに設立

藤岡市助は、安政４（１８５６）年山口県岩国に岩国藩士の家に生まれた。工部大学校の前身の工部寮入学のため18歳で上京し、翌75（明治８）年工部寮開校３回生として入学した。入学した電信科の１期生には我が国初の工学博士となり、のちに電気学会を立ち上げた志田林三郎がおり、また2期生には岩田武夫らが、３期生には浅野應輔、中野初子らがいて、いずれも我が国電気工学の発展に多大な貢献をする俊英ばかりだった。

藤岡は、６年間の学業を全うしたのち、卒業後の進路を工部大学校に残る道を選び、助教授に就いたのが82（明治15）年、２年後には教授に昇格し、一足早く教授に着任していた志田とともに電気工学科の教育を担当したと伝えられている。

学者の道を選んだ藤岡が、なぜ電灯会社の発起を企てたのか、その経緯を『電力技術物語』（志村嘉門著）では、藤岡が海外の文献によってアメリカやイギリスに電力会社が誕生し、電灯が実用化しつつあるとの報に接していたからだろうと、次のように記述している。

「エジソンが白熱電灯普及を目的に電灯会社（エジソン電気照明会社）を設立したのが、１８８１（明治14）年で、アメリカ・ウィスコンシン州アップルトンで発電

所による電気供給事業を開始し、翌82年にはニューヨーク、ロンドン、ミラノでもスタートした。おそらく藤岡市助はこの報に触発されたのであろう。〝発電機による電灯の事業化〟——。彼は自らその実現を計画した」

起業の案をつくり、賛同者を募ったものの一介の技術者からの提案で、しかも電灯会社の創立は、我が国で初めての試みである。そこに政府の力を借りることなく進めようとしたのだから当然リスクはあり、賛同者は容易には集まらなかった。しかし、同郷の先輩で工部大学校設立に寄与した子爵山尾庸三が協力の態度を示してからは、話はスムーズに運んだ。

山尾は、藤岡に当時東京貯蔵銀行（日本初の貯蔵銀行として第百国立銀行の関係者により開業）頭取で財界実力者の矢島作郎を紹介し、矢島が藤岡の説得に耳を傾けたのである。おそらく電灯事業の将来に魅力を感じたのであろう。賛意を示した矢島は自ら幕末動乱期の事業成功者の代表的人物、大倉喜八郎始め財界人に創業を呼びかけたのである。

財界人への説得の一方で藤岡は、イギリスに留学していた工学士の石黒五十二に現地の電灯会社の調査を依頼、報告書を待っていた。

「石黒の調査報告は、藤岡の説くところを十分裏付けるものだったようだ。なぜならその調査報告を得ると、矢島たちはただちに電灯会社の設立準備に入っている」（『電力技術物語』より）

こうして矢島を始めとする6人の創立委員が決まる。資本金は、20万円とされた。6人の中には先の大倉や伯爵の蜂須賀茂韶（もちあき）、当時の日本銀行の理事、毛利家の代理人といった幕藩体制時代の禄を返上した大名、華族資本家がいて、華族資本の出資の背景には、経済界の重鎮渋沢栄一の尽力があったという。幕末から明治期にかけて財を成した事業家たちがいわば後ろ盾になった。ベンチャーへの投資といった風情であったろう。

矢島らは発起人となり、1882（明治15）年3月18日当時の東京府に創立願書を提出した。この創立願書には、彼らの並々ならぬ決意が、示されていたと社史『関東の電気事業と東京電力　電気事業の創始から東京電力50年への軌跡』（以下、『東京電力50年への軌跡』）は、次のように記述している。

「（原書には創立願と創立趣意書が付されていて）それらにおいて、電灯の利用は盗賊と火災を減少させることによって人命と財産を救い、なおかつ石油の輸入を減じて貿易均衡の一助となる、といったように電灯の有利なことが懇切に説かれていた。さらに、東京府下から事業を開始して、『漸次京阪其他ノ各地ニ及』ぼそうとの広大な事業計画を展望しつつ、重ねて『富国ノ計豈ニ此ヨリ愈ルモノアランヤ』と述べるなど、情熱のただならないことが感じられる」

しかし、この創立願書は同3月30日、わずか2週間足らずで却下されてしまう。電灯会社の必要を認めつつ、「道路に関する会社」なので工事着手の方法などを添付せよ、という却下理由が示され、そこで発起人たちは、改めて「電気灯建設願」を提出したとある。

その頃東京電灯創立の動きと相前後して、東京でアーク灯を点灯しようとするもうひとつの電灯会社の創業が進められていた。構想したのは、アーク灯の元祖アメリカのブラッシュ商会の勧めにより、東京電灯へも資本参加している大倉喜八郎らだった。

供給対象が同じ東京府内であり、資本的にも技術的にも重複する面が多かったので渋沢栄一や藤岡らが両社の合併を提案、結局82年7月をもって合同、改めて東京電灯の名称で発足することになった。社長には矢島が、取締役には大倉ら4名、藤岡は工部大学校助教授のまま技師顧問に就任した。

設立の認可が下りたのは、83（明治16）年2月15日である。欧米から遅れることわずか2年余りでの我が国初の電気事業誕生とはなったが、事業はすぐに始まったわけではなかった。そこには国内で初めてという事業らしく、２つの要因があった。

まず資本の調達（株式募集）が思うように進まなかったのである。折からの不況も足を引っ張った。１株の額面は当初１００円という。資本金20万円から発起人の引き受け分5万円を除いた１５００株を公募したものの引き受け者が容易には現れなかった。そこで株式引き受けの完了まで、様々な宣伝工作が展開されることになる。

東京電灯が設立準備中の１８８２（明治15）年１月１

日の東京銀座2丁目の創立仮事務所（大倉組本社）の前で行ったアーク灯の点灯式は、人々を驚嘆させる大デモンストレーションであったろう。その模様は当時流行の錦絵にも描かれている。

東京銀座通電気燈建設之図（提供：電気の史料館）

移動式発電機によって、アーク街路灯を点灯し、いわば電灯の実物宣伝を行って少しでも出資者と世の関心を引こうとしたのだろう。そこには開業を阻んだ、もうひとつの要因である需要家確保という意味合いもあったに違いない。こうした出資者と需要家確保両面を狙いにした宣伝活動を都内各所で行い、株式の引き受けが完了したのは、設立後3年を経た86（明治19）年5月のことである。

開業に至るまでは、電球や発電機の販売もかねてアーク灯、白熱灯を問わず電灯設置の請負事業に取り組んでいる。『東京電力50年への軌跡』は、その間の事業の興味深い例を次のように紹介している。

「（83年8月には）小石川の砲兵工廠内村田銃製造所に4基、翌年3月には千住製鉄所に16基のアーク灯を設置した。村田銃製造所は、業務が繁忙となったことから、ろうそくで夜業を行っていたが、光量が不足するため東京電灯に電灯を注文したもので、電灯を利用した深夜業の最初であった」

もっとも東京電灯の基本方針は、藤岡が着目した白熱電灯の普及であり、アーク灯は、もっぱら宣伝用にしていた。白熱灯が初めて公衆の前で点灯されたのは、85（明治18）年11月29日、日本橋の東京銀行集会所の開業式だったといわれる。その直前（同年5月）藤岡は2夜にわたって自宅で白熱灯を点灯し、来客に披露した模様が東京日日新聞に紹介されたとある。

銀座大倉組内の仮事務所を廃止し、京橋区富島町４番地に事務所を設置して正式に業務を開始したのは、86（明治19）年7月5日のことである。開業当初の営業活動は、移動式の発電機による臨時灯の提供と、京阪神や名古屋など各地での自家用や新設の電灯会社への電灯工事の請負が主だった。

東京電灯社屋（提供：電気の史料館）

86年12月には、5年の歳月を費やして進められていた皇居の造営工事が完成に近づき、宮城内の電灯の入札が行われている。海外の事業者も応札するなか、宮殿の一部と庁舎は最終的に東京電灯が落札した。この皇居への電灯設置は大きなインパクトを与え、以後鹿鳴館への白熱灯の点灯（87年1月）を皮切りに白熱灯の普及に拍車がかかることになる。

一方請負工事の方は、86年9月、大阪紡績会社三軒家工場に25kWのエジソン式直流発電機を据え付け、試点灯に成功したのを始めとして陸軍士官学校、浪速紡績、尾張紡績など自家用電灯設置工事を行っている。

87年1月には「電気灯営業仮規則」をつくり、東京府の認可も得ている。点灯営業を拡張すること、需要家の申し込みに応じて電灯局（小規模発電所）を設置し、電柱を建設して点灯することなど事業の概則をつくり、事業推進に向けての準備を整えている。

そして87（明治20）年11月、アメリカのエジソン社製の火力発電（第二電灯局）の直流２５０Ｖ３線式により、初めての電灯供給事業が始まるのである。日本郵政や東京中央郵便局などへ局部的な市内配電設備により行われたもので、こうして東京電灯はまさに我が国電気事業のパイオニア的役割を果たしていく。

藤岡市助のことで、もうひとつ触れておかなければならない点がある。東京電灯が発足した当時、藤岡は技術顧問だったが、皇居の電灯落札の可能性が高まったため、供給源として電灯局という小規模な火力発電所を建設することになり、責任者として1886（明治19）年12月技師長に就任した。

すぐに機器一式を選定・購入するため社長の矢島とともに欧米視察に出張し、アメリカでは機器選定をしながら電気鉄道の視察から発電機製造所、電球製造工場などを見学し、電気事業者にも会って得難い知識を得ることになる。白熱灯用の発電機はエジソン社から購入することを決めると同時に、電球の製造機器一式を購入した。

もともと電球への興味から試作に熱心だったこともあり、輸入した製造装置は、藤岡の国産電球製造への意欲を一層高めることになった。88（明治21）年10月には京橋区の同社倉庫にこの機器を据え付け、電球試作準備室を設けて本格的に研究を開始したのである。

電灯会社が増加するきざしを読み取っていた藤岡は、「電気事業発展のためにも電球製造事業を東京電灯の兼営にしておいてはいけないと考え、矢島社長にその独立事業化を提案した。開業間もない東京電灯では、事業が繁忙を加えつつあったため、藤岡の提案を受け入れることにし、1890年3月にこの事業の分離を決定した」（『東京電力50年への軌跡』より）

90（明治23）年4月1日、同じ岩国出身で藤岡と親しく、従来から電気器具製造業を営み、発電機製造でも協力を得ていた三吉電機工場の三吉正一と藤岡が発起人となり、白熱電球の製造・販売を目的とする白熱舎を設立する。

藤岡、三吉らは様々な試行錯誤ののち、90（明治23）年8月、ようやく我が国で初の白熱電球12個の試作に成功した。この白熱舎こそ東京電気の前身であり、のちに芝浦製作所と合併した東京芝浦電気、現在の東芝のルーツである。

電灯会社全国に広がる

当時の電気は、貴重なサービスであり料金は、決して安いとはいえなかった。東京電灯の場合、電灯1個を1

時間つけておくと、料金は8厘、白米1合を買うのと同じ料金だったという。現在の物価に引き直してみると60円前後だろうから庶民感覚ではおいそれと申し込めず、いきおい富裕層が中心となった。

東京電灯は、１８８９（明治22）年までは、ほかに競争者もなく供給戸数も少なかった。それが、白熱灯が普及し始めるとその便利さが口伝えに広がり、パイが小さい分まさに倍々ゲームの勢いで契約戸数が増えた。このため小規模な火力発電所である、電灯局の設置と増設計画を急がなければならなくなった。

86（明治19）年には東京市内5カ所に電灯局を設置する建設プランを立て、87年第二電灯局を設置して初の架空配線による白熱灯用の電力供給を開始していた。第二電灯局に続く第一電灯局は88年6月に、そこから順次電灯局は完成し、さらに設備の増設工事まで行った。ちなみに第一電灯局は、89年1月から新たに造営された皇居へ電気を供給し明かりをともした。

その間にも需要の伸びは想定を上回り始め、このため第六から第十までの電灯局建設計画を急ぎ立案した。その資金調達を目的に、89年7月には臨時株主総会を開き、資本金を50万円増資して１００万円とすることを決定している（当初20万円だった資本金は、これより先の87年、やはり電灯局建設のため30万円増資して50万円としていた）。

その頃になると、東京電灯の開業と白熱灯の普及に刺激を受けて電灯会社設立の動きが各地で出るようになった。折からの好況も後押しした。品川電灯、深川電灯に続き、赤坂区と麻布区などに供給する帝国電灯が、89（明治22）年中に設立認可を受け、90年から91年7月にかけて開業した。

それだけではなかった。関西圏でも電灯会社の設立が具体化した。１８８８（明治21）年9月、東京電灯社長の矢島作郎の勧めで神戸電灯が開業した。我が国で2番目の電灯会社の誕生である。89年5月には大阪電灯、同年7月には京都電灯と相次ぎ、中部圏でも同じく12月に名古屋電灯が開業した。

名古屋電灯開業後は、横浜共同電灯、熊本電灯、札幌電灯舎、さらに93年から95年にかけては箱根電灯、長崎

電灯、広島電灯、岐阜電灯、豊橋電灯、岡山電灯、金沢電灯、徳島電灯、奈良電灯、小樽電灯舎、博多電灯、松江電灯、高松電灯、青森電灯等々と全国各地で電灯会社が誕生した。

１８９１（明治24）年末には、11社だったのが、95年末には33社に達し、日清戦争（94～95年）後は、好況を背景に年々増加し、１９０３（明治36）年末には60社の開業をみている。

当時電気事業の会社設立願いは地方自治体に出せばよく、知事の「聞き置く」という文書の交付で簡単に許可されている。政府の方は軍事工業や鉄道、鉱山、製鉄、紡績など官営事業に忙しく、新しい事業といっても関心事の埒外だったのだろう。

こうした電灯会社誕生の中心になったのは、東京電灯の場合と同様、先覚的な実業人や財界人、富裕層だった。そこにほかの産業に比べての特徴があった。そのことを『電力百年史　前篇』（政経社刊）は、次のように記述している。

「電気事業は、当初から私企業として創設、発展している。このことは当時の産業が、官営をもって発足し、その後民間に払い下げられた産業力、あるいは政府による補助金、助成金の交付、機械払下げ等の手厚い保護育成を受けて成長した産業力、その何れかであったのに対比して、きわめて異なっている点である。電気事業は、官業をもって発足したのではないし、政府の直接的な保護育成も受けていない。（中略）当時世界的にみても事業として発足したばかりでリスクが多いと考えられており、かつ資本蓄積も不十分な当時、事業の特質上固定資本が多く資本が莫大な産業に政府の力を借りることなく、自主的に私企業として出発したこと、ここに他の産業と比べての創設の特徴がある」

こうした電灯会社の相次ぐ設立の背景には、電灯照明用だけではなく、動力用にも電気の用途が広がってきたことが挙げられる。我が国で初めて動力用として供給が行われたのは、東京浅草に新築された12階建ての凌雲閣のエレベーター用の７馬力電動機への供給である。この凌雲閣への供給に続いて新聞社へも供給が始まる。

朝日新聞は、発行部数の増加に伴って新しい印刷機を導入することを決め、社告を出して「電気力にて（輪転機を）運転するもの」と宣伝し１８９２（明治25）年２月から輪転印刷機用に供給を受け始めている。東京電灯は次いで都新聞（のちの東京新聞）にも電動印刷機を納入し、電力供給を開始している。

全国各地の中でも東京府が、電力供給の先進地となったため、当然事業にも変化と競争が起きてきた。明治20年代初期は、設立以来東京電灯の独走状態で急成長してきた東京の電灯事業が、にわかに競争時代に突入した時代でもある。

東京電灯と品川電灯は、供給区域が接していたため需要家を引き付けるため新聞広告を出して自社宣伝などに乗り出している。東京電灯と日本電灯との営業区域獲得競争も激しく、無秩序な競争を恐れた東京府は、両社の合併を斡旋するほどだった。

日本電灯は、当時ビール王と言われた三井物産肥料方専務の馬越恭平ら有力な財界人が発起人となった会社で、合併についても厳しい条件を出しなかなか合意に至らなかったが、１８９０（明治23）年１月になってようやく合併に合意した。翌年1月には資本金を１３０万円とし有限責任東京電灯会社として再発足している。

これに伴い東京電灯は、発電機の増設と線路延長に努め、事業は急拡大した。ところが、90年春からの不況と翌年の国会議事堂の火災によって同社の経営は一転して苦境に陥ることになる。

その要因のひとつとなった国会議事堂の火災。出火原因と騒ぎの大きさもさることながら、この国最高機関の建物の火災は、事業の健全な発展に欠かせない電気行政の一元化と基準づくりという、電気の安全確保を通じた体制基盤を固めるきっかけにもなった。

国会議事堂火災から電気行政基準制定へ

当時でいう帝国議事堂の火災が起きたのは、１８９１（明治24）年1月20日の未明のことである。国民待望の明治憲法が発布されたのが、その前年の11月29日、その日に第1回帝国議会が開かれている。新築早々の国会議事堂の焼失、その衝撃の大きさもさることながら、問題となったのは出火原因だった。

出火を目撃したという守衛と議会派出巡査の証言から曽根荒助という書記官長が漏電と発表し、官報号外にもその旨を公表したのである。

帝国議事堂炎上之図（提供：電気の史料館）

東京電灯は、第一電灯局から同じ電灯線で分岐供給しているロシア大使館などでは異常がないこと、安全器がある以上全院数100灯の電灯がいっせいに破裂することはありえないと、ただちに反駁したものの曽根書記官長は漏電説を譲らず、これを受けて新聞各紙は、こぞって漏電を出火の原因と書き立てた。

まだ科学知識が十分に行きわたっていない時代でもある。庶民の電気に対する不安は大きく、電灯の契約中止が相次いだほか、まったく関係のない電話線への不信にまで発展していったという。

またこの間に、電灯の危険をあおってランプ用石油需要の回復をねらう石油会社の広告まで出たという。宮内省が電灯点灯を中止し、各省庁もこれにならい、さらに1月27日の都新聞には「吉原電灯を廃す」と、吉原遊郭が「電灯を廃し、石油へ取り替える」という記事まで掲載され、逆風は強まるばかりだった。

東京電灯は、窮地に追い込まれたが、そのまま手をこまねいたわけではなかった。発足間もない電気事業の危機である。他の電灯会社も断固たる対応を東京電灯に求めていた。91（明治24）年1月28日、曽根書記官長に対して報告訂正を求める訴訟を起こした。

この訴訟は、結局手続き上の理由から同年3月、東京電灯の敗訴となるが、その年の11月衆議院議事堂から再び失火し、その原因が暖炉であることが判明したため、電灯に対する社会の漠然とした不安は、解消に向かった。

この間、横浜共同電灯は、時事新報（福沢諭吉が創刊、のちに毎日新聞となる東京日日新聞に合併）に電気の安全を訴える広告を載せ、横浜市民へチラシを配布するキャンペーンまで行っている。全国各地の電灯会社でも株主や需要家を対象に、安全装置などの実地試験を行い、電灯の安全性ＰＲに努めた。各電灯会社で危機感を共有していたことがわかる。

さらに電気学会も同会代表幹事の志田林三郎のもと、学会誌上で漏電説に対する反論を試みている。また92年（明治25）５月には直面している危機を救い、電気事業の発展を期そうと日本電灯協会（電気協会の前身）が、藤岡市助の主唱により設立されている。

ただ出火原因は不明のままで、東京電灯は、一時的とはいえ全供給戸数の4分の1を失ったといわれる。東京電灯では、その後帳簿整理に疑念があるとの株主の訴えから改革・整理の方針が話し合われ、減資（資本金は83万５６５０円に）とともに矢島社長らも辞任し、新体制となった。

毛利家代理人で前取締役の柏村信が、社長に代わる委員会頭に就き、取締役には国立第三銀行、安田銀行を設立した安田財閥の総帥安田善次郎らが顔をそろえた。その後財務状態は好転し、事業も拡大基調となる。１８９３（明治26）年7月に公布された改正商法（旧商法）のもとで同9月、社名を東京電灯株式会社とし、大正、昭和の時代を迎えていくのである。

議事堂火災事件は、出発したばかりの我が国電気事業の出鼻をくじく出来事となったが、これにより電気の安全性確保の重大性と安全確保への徹底的な見直しが要求された点では、むしろ天の配剤とでもいえた。それまでは電気事業の統一的な取締法規や取締官庁がなく、便宜的に警視庁や地方行政府がそれぞれの立場から処理していた仕方を抜本的に見直す機会となったからだ。一元的な電気行政基準、これこそ求められていたものだった。議事堂火災では何よりも電気を危険物とする見方が広まったことで明治政府は、その取締りを強化することにし、火災の起きた１８９１（明治24）年7月電気事業を逓信省の所管とし監督にあたらせることを決めた。地方庁は管轄地域で電気事業を営もうとするケースがある場合、あらかじめ逓信大臣の認可を得た取締法によって許可するとした。

各地方庁ではこれに基づきそれぞれ取締法を制定したが、そのモデルとなったのが、同年11月警視庁が交付した「電気営業取締規則」である。『電力技術物語』に詳細が記述されている。

「これは電気を危険物とみて、その保安取締りを行うことを目的としたもので、工事認可、工事安全基準、落成検査、安全を担当する技術者の設置、巡視点検、事故時の処理などの項目からなっていた。今日の保安規則の主要な点をすべて満たしており、当時としては画期的な取締規則といえるものだ」

その後明治20年代後半になると、電気を新たに使用する業種、産業が増え始め、電気鉄道や紡績、紡織、製紙、鉱山などの工場で自家用電気の使用者が増加、また技術面でも規模の大きな発電所の建築、交流高圧配電方式の導入などが相次ぎ、地方庁で電気事業を統制するのは難しくなってきた。

そこで逓信省は、96（明治29）年5月、新たに「電気事業取締規則」を制定し、電気事業の種別を電灯、電気鉄道その他の電力事業（自家用を含む）とすることや事業の許可制、採用電圧を低圧、高圧、超高圧とすることなどを決めた。これによって電気事業はすべて逓信大臣の監督のもとに置かれ、定められた基準のもとで運営されることになった。

なお、逓信省が電気事業の監督行政を一元化した当時、全国の電灯取り付け数のうち75％が主要都市に集中し、この当時電灯会社は増えてはいたものの電灯の普及という点では、まだ限られた地域でしかなかった。

浅草火力新設と周波数、交・直論争

明治20年代の電気事業は、諸外国から導入した技術が実用に供され、日本流に花開いた時期でもある。

まず火力発電である。当初はほとんどが発電規模の小さい輸入機器で、供給の仕方も1発電所1需要区域という需要地単位の限られた運営でよかった。それが明治20年代になると、増え続けていく需要に対して個々の小規模発電所を主体とした単独運転方式では、効率が悪くなるばかりで経営上も問題が生じた。

たとえば東京電灯内では当時の吉原遊郭の電力負荷のピークは、夕方より深夜に近く、一方、一般住宅、商店街は夕方に、それに対して工場は日中の午前、午後にピークを迎える。それぞれの需要ピークに見合う施設と設備を別々につくると費用はかさむが、これらの負荷を合成できれば、少ない設備と投資で済むことになる。

東京電灯・浅草火力発電所（提供：電気の史料館）

こうした要請にこたえるものとして建設に着手したのが、東京電灯の浅草火力発電所だった。建設の指揮をとったのは、技師長に就いていた藤岡市助である。96（明治29）年12月から始まった建設工事は1、2期と進み、増設工事が完工したのは、１９０５（明治38）年4月である。

当初の発電設備は、石川島造船所製の単相交流式発電機（出力２００ｋＷ）４台、ドイツのアルゲマイネ社製三相交流式発電機（同２６５ｋＷ）６台というもので、石川島造船所の発電機は、それまで国内で設置されていた発電機出力20〜30ｋＷ規模をはるかに上回るものだった。日本における大容量発電機制作の先駆といえ、そこには日清戦争期当時の国産技術奨励の風潮があったとみられる。

『電力技術物語』によれば、この浅草火力発電所の電気は、高圧交流で変電所へ送電し、需要家へ直流配電する方式と、変電所を経由せず直接３０００Ｖ交流で配電する方式が同時採用されている。この新しい配電方式の導入により、東京電灯はこれまでの局地的な供給から、地域的に広がりを持つ供給が可能になった。

浅草火力発電所は、そのほかにも初めて鋼板製の「高層煙突」を採用しており、我が国の火力発電史と電力技術史に画期的な足跡を残している。

浅草火力はまた、東京電灯が初めて交流発電機を導入し、それまでの直流発電方式から交流方式へと転換のきっかけとなった発電所である。周波数でも、今日我が国で用いられている東日本50ヘルツ、西日本60ヘルツと二分されている、周波数相違の原因をつくった発電所ともいわれている。

発電方式に交流がいいか、直流がいいかという論争は、エジソン電灯会社が１８８２年にニューヨークに発電所を設けて直流発電機によって数百メートルの近距離配電を行って以来、広く欧米で闘わされていた大テーマだった。要は発電そのものより長距離送電に、直流電気と交流電気のどちらが、効率が良いかという点にあった。

91年には、ドイツのフランクフルトで開催された国際電気技術博覧会で、博覧会場までの１７０キロメートルを単相交流発電機により送電する実験が成功し、交流送電実用化の目途が見えてくる。

それでも直流方式を採用しているエジソン社やイギリスの電気技術者らは、直流を支持した。議論が二分されるなかエジソンの交流方式への非難は熾烈を極めたと言われ、エジソン社で多相交流発電機などを初めて開発したテスラは、エジソンの頑迷さに失望して同社を退社。ＷＨ社に二相交流方式の特許を売り渡すほどだったという。

そのＷＨ社がテスラの特許をもとに二相交流発電機を制作し、これが普及して交流方式中心の流れになったといわれる。大勢が決しエジソン社は、同社を金融面から支援していたモルガン資本によって交流方式を進めていたトムソン社と合併させられた。そこに誕生したのがＧＥ社であり、同社は電力部門で交・直両方式を備えることになる。

こうした欧米の交・直論争の真っただ中、日本では89（明治22）年に創業した大阪電灯が、初めて交流発電機の導入を決めている。同年同社初の西道頓堀発電所に出力30ｋＷの単相交流発電機を導入し、運転を開始している。

初代技師長に就任した岩垂邦彦の英断だったといわれている。岩垂は工部大学校を藤岡市助の1年後に卒業し、工部省の電気技師として従事したあと渡米。エジソン電気会社で実地に修行し、単相交流発電機の優位性を判断したとされる。岩垂はのちに日本電気株式会社を創立する。

大阪電灯は、関西圏で最初に設立された神戸電灯や京都電灯などが、東京電灯の関与を受けていたのに対し、いわば独力で発足した。鴻池善右衛門や住友吉左衛門といった大阪を代表する富豪たちが発起人となり、「商いの世界」を電気の分野に広げようとした。

とくに鴻池家は、江戸時代両替店を創業し、32藩の大名と取引きを持つ「大名貸し」などで名を馳せた大阪随一の豪商で、明治期には第十三国立銀行を興している。大阪の商人たちが新しい事業を起こす時には、絶大な信用からその会社の社長におさまることも多く、大阪電灯の場合は、鴻池家を実質取り仕切っていた土居通夫が社長に就いている。

当然そこには大阪人のプライドがあり、「東京には負けない」とばかりに当時直流方式の火力（電灯局）を設置していた東京電灯に強い対抗意識を持っていたと推測される。

東京電灯の浅草発電所が、大阪電灯から遅れて交流方式を採用した背景には、大阪電灯の交流方式の成功と欧米の交流方式採用の機運の高まりがあったと考えられる。これによって我が国の発電方式は、転機を迎え１９０６年（明治39）に運転を開始した東京電灯の千住発電所の発電機はすべて三相交流発電機となり、以後交流方式が広がっていく。

一方でこの千住発電所（出力４５００ｋＷ）は従来のピストン式蒸気機関に代わって我が国で初めて蒸気タービン発電機を利用し、その後の火力発電での蒸気タービン採用の流れをつくっている。

ピストン式に比べ故障が少なく効率も良いとの理由からだったが、続いて大阪電灯が11（明治44）年に建設し完成させた安治川西発電所（出力１万２０００ｋＷ）も同じように蒸気タービンを採用し、その出力規模などから千住発電所と双璧とされ、火力発電に一大エポックをつくったと言われている。

ともあれ、アメリカに渡り自らの目で発電機を選定した大阪電灯岩垂の先見の明があったにせよ、大阪商人の東京への対抗意識が、我が国の交流方式採用を後押ししたといえるだろう。その対抗意識は、周波数の世界にも及んでいた。

浅草発電所に設置された発電機は、石川島製とドイツのアルゲマイネ社製のものだったが、当時の日本からみればドイツは、先進国であり、そのドイツがすべて50ヘルツ（サイクル）を使用していたことは、東京電灯も考慮せざるをえなかったろう。結局そのまま50ヘルツが、東京から関東、東日本方面に広がっていくことになった。

一方、西日本方面では、97（明治30）年大阪電灯が幸町発電所の増設にGE社製の１５０ｋW発電機４台を導入し、その発電機が周波数60ヘルツだったことで、大阪は60ヘルツが基本周波数になっていく。

幸町発電所には運転開始時、アメリカのトムスン・ハウストン社製の１２５ヘルツの発電機３台が据え付けられていたが、トムスン社は幸町発電所の増設時には、GE社に吸収合併されていたので60ヘルツが主流になっていったという。距離的に近い神戸電灯や名古屋電灯もアメリカから発電機を導入し、いずれも60ヘルツだったため西日本は60ヘルツが定着していった。

ベンチャー企業としてスタートした電気事業であるだけにどの電灯会社も独立意識旺盛で、また東京に対する大阪というような対抗意識が、経営者や技術者たちに根強くあったことが、周波数不統一の問題でもうかがわれる。また当時電灯会社自体それほど周波数に関心をもっていなかったことも周波数分離に拍車をかけたようだ。

１９０７（明治40）年逓信省の技師でのちに電気学会の会長を務めた工学博士の渋沢元治は、当時欧米も周波数が分かれていることなどを踏まえて「周波数を一定に定めることは電気供給上重要な問題」（『電力技術物語』より）と指摘したが、戦時中の電力国家管理時代に東西で一応の統一がなされたとはいえ、１００年以上たった現在も我が国の周波数は、ひとつに統一されてはいない。

脚光浴びる水力発電

我が国の電気事業は、小規模な火力発電の導入から始まったが、これと相前後して水力発電の開発もスタートしている。電気事業史に必ず記されているのが、電気事業用初の水力発電所であり、現存する水力発電所としては我が国最古の関西電力・蹴上（けあげ）発電所である。

蹴上発電所（現在は関電が所有、提供：電気新聞）

１８９１（明治24）年に運転を開始した蹴上発電所は、元々は琵琶湖疏水を利用しての京都府の電力供給事業だった。それも最初から水力発電所の建設を目的としていたのではなく、琵琶湖と京都市内を結ぶ琵琶湖疏水工事のいわば副産物として誕生したものだった。

当時京都府知事の北垣国道は、完成間近だった福島県の安積疏水工事に学んで北陸から京都に入る物資の水運による輸送や、水車などの動力源、さらには防水や下水などの都市用水、農業用水といった、いわば多目的開発のため琵琶湖疏水工事計画を考えていたという。

その工事計画になぜ発電事業が加わったのか。その前に疏水工事の中心的役割を担った人物に触れておかなければならない。

田辺朔郎という京都府の土木技師で工事開始時期にはまだ工部大学校を出たばかりの22歳の青年のことである。田辺は、在学中に工部省から学術調査のため京都出張を命じられ、その時たまたま疏水事業が計画されていることを知る。疏水工事を研究していたこともあり独自で現地調査を行った。

これを「琵琶湖疏水計画」としてまとめ、卒業論文に仕上げ発表したところ論文を読んだ知事の北垣が、その計画の緻密さに驚き、すぐに田辺を京都に招き、府の土木技師として採用したのである。採用しただけでなくすぐさま世紀の大事業といわれた琵琶湖疏水計画を一任した。こうした学生と行政トップとの出会いは、アーク灯の点灯成功の場の藤岡市助と伊藤博文との関わりと近いものがある。

工事は85（明治18）年に始まった。延長2440メートルの長山トンネルの工事は難航を極め、途中完成を危ぶむ声もあったが、北垣知事の完成への不退転の思いと陣頭指揮にあたった田辺の不屈の精神が実り、90年3月、5年の歳月をかけて完成する。

水力発電所の建設工事計画は、疏水工事が進む中で、偶然持ち上がったものだという。疏水の水力を産業の動力に利用できないか、という考えは、工事計画の当初からあったが、これはという案が見出せなかった。そうした中、当時京都財界の有力者だった川島甚平衛が欧米視察の成果としてアメリカでの水車の有効利用の状況を報告し、これに京都府が興味を持ち、現地調査を田辺らに命じた。88年10月のことという。

琵琶湖疏水の水力利用計画は、疏水の水を階段上に設置した水路によって逐次水車場に導き、工場用動力を得るというもので、アメリカ視察は、参考になる効率的な手法を調べるものだった。調査が思うように進まない中、コロラド州アスペンにある銀山が、水力発電を実用化し、規模も琵琶湖疏水に近いと知り、当地で電気技師の話を詳しく聞くこととなる。

結局、このアスペンでの調査が大きな成果となり、アメリカで採用されている手法をもとに水力発電計画を立て90年1月工事に入る。97年5月に完成するまでの間、91年8月には120馬力のペルトン水車2基と80kWの直流発電機2基が稼働を開始する。これが我が国電気事業用水力発電の始まりとなる。

発電設備は順次増設され、97年の第1期工事完成時には20基の水車と19基の発電機が据え付けられ、出力も合計1760kWとなった。発電機はGE社製からシーメンス社製まで様々で、95年に据え付けられた60kWの発電機は、芝浦製作所の国産機が用いられている。

蹴上発電所からは、創業間もない京都電灯への卸売りのほか、付近の織物工場への動力用、さらに我が国初の電車への駆動用に電気が供給された。１８９５（明治28）年1月に京都電気鉄道が、我が国で初めて京都から伏見までの６・４キロメートルの区間に電車を走らせている。この記念すべき電車の動力に蹴上発電所の電気が用いられたのである。

この蹴上水力発電所の成功は、各地の電気事業への参入希望者を刺激し、92（明治25）年6月には箱根電灯が、翌93年10月には日光電力が水力発電の運転を開始させている。箱根電灯の設備には、直流20ｋＷのエジソン式発電機が用いられたが、水車、発電機とも国産品で当時関係者の注目を集めたという。

一方で自家用の水力発電は、電気事業用の蹴上発電所よりも早く実用化に入っている。宮城県荒巻村三居沢にあった宮城紡績会社が、88（明治21）年7月に運転を開始させた三居沢発電所がそれである。

同発電所は、殖産興業を図る明治政府が、宮城県に紡績機を譲与、県の意向を受けて紡績会社設立を計画した宮城郡長の管克復が、その動力として水力発電に着目し、建設が具体化した。社長に就いた管は、当初、仙台に街灯をともそうとするも時期尚早とされ、結局自分が経営する会社の紡績工場の水車タービンに発電機を取り付け、工場内に50個の電灯をともしたという。

自家用の水力発電の歴史は、我が国産業の動力電力化の歴史でもある。栃木県の足尾銅山に建設した間藤原動所は、鉱山業における動力用発電利用の先駆けであり、足尾銅山の発展に大きく寄与した。

足尾銅山が開かれたのは、江戸時代初期と言われる。幕末には作業環境や生産体制の悪化からほかの鉱山同様に衰退していた。そこに幕末の生糸輸出で巨利を得た古河市兵衛が、渋沢栄一の協力のもと鉱山業に乗り出し、１８７７（明治10）年足尾銅山を傘下に収めた。古河は、休業同然のこの銅山を我が国の代表的な銅山に発展させる。発展の足掛かりとなったのは81年から84年にかけて次々と発見された大鉱脈であり、その際生産効率上昇の切り札となったのが、電力の採用を始めとする動力の近代化だった。

動力用としては、当時の日本でも18世紀後半にジェームズ・ワットが発明した蒸汽機関を採用するのが一般的だった。燃料に石炭が必要で足尾銅山の場合、産炭地から遠いなど輸送手段の難しさがネックとなっていた。そこで古河は、石炭を燃料としない水力発電による電気の利用に着目し、間藤原動所（のちに発電所と改名）の建設を計画した。

発電所の設計はシーメンス社の技師が担当し、90年12月に竣工し、運転を開始している。発電設備はシーメンス社製横軸水車４００馬力、発電機は揚水用80馬力や電灯用のものなど計３台で、これによって80ｋＷの電力を約２キロメートル先の鉱山に送電したという。この電力を利用して排水に電気ポンプを導入（90年）し、坑道掘削にシーメンスの電気式掘削機を利用（97年）、さらに鉱石及び資材運搬のため通洞内に電気機関車まで通した。

足尾銅山は、鉱山動力の電化にいち早く取り組んだことで、採掘量を飛躍的に増加させ、経営を伸長させていくことになる。買収時（77年）から16年後の93年に生産額は１３１倍に達し、当時の全国の産銅量の31％を占めたという。

第2節　電気事業の飛躍と創業者群（１８９７～１９２５年）

経済成長と動力革命

電気事業は、明治20年代までは、まだ創業したばかりだったから売り物の白熱灯は、嗜好品の範囲を出ず、需要家を確保するにしても官公庁や大会社、富裕層中心で、動力用も一部産業に限られていた。国会議事堂の火災騒ぎから電気の安全性ＰＲに追われるなど障害も多く、成長軌道にはまだ至らなかった。それでも電灯会社は、全国の主要都市に広がり普及の素地は、少しずつ整えられていった時代である。

それが、日清戦争（１８９４～95年）の勝利を経た、明治30年初頭から40年前後に入ると、日露戦争（１９０４

〜05年）をはさんで経済は大きく成長し、産業界では紡績、製糸、織物などの軽工業が発展。続いて重工業も日露戦争に備える軍需によって官営工場が拡張すると連動した民間企業の活性により、その基盤が一挙に築かれることとなる。代表的なのは、１９０１（明治34）年に設立された官営八幡製鉄所で、民営では鉄道事業も各地に勃興した。

それに伴い企業、工場などでは、動力を蒸気力から電力へ転換する〝動力革命〟が進展した。１８９５（明治28）年には豊田佐吉が自動織機を発明するが、その機械化の動力には蒸気力ではなく電気を使用した。１９０６（明治39）年に1割にも満たなかった工場の電動機（モーター）の使用率は、17（大正６）年には5割を超え、蒸気機関とその立場を逆転した。大正後半には主だった産業は、すべて電動機が蒸気機関を上回るまでになったのである。

それだけではなかった。一般家庭にも電気の利便性が浸透し始め所得が増えるにつれ電灯が普及し、電力需要は急激に増え始めた。電灯は、とくに都市部での普及が目覚ましく、その要因に挙げられているのが、日露戦争の戦時好況とタングステン電球の実用化である。このタングステン電球は、それまでの炭素線電球に比べ振動に強く、電力の消費量も炭素線電球の約３分の１に減少し効率がすこぶる良かった。

需要の増加は、各地の電灯会社に供給設備の増加を当然のようにもたらした。その供給力に大きな役割を果たしたのが、水力発電である。新しく電気事業へ参入を目論む事業者は、こぞって水力発電の開発に乗り出した。

そうした中、東京電灯もそれまでの火力発電中心から水力発電開発へと大きく方針転換した。１９０４（明治37）年のことである。この時期同社は、「集中発電方式」採用の浅草火力の第2期工事を進めると同時に、出力９０００kWという大容量の千住火力の建設に着手したところだった。その千住火力を、この方針転換により完成時出力を半分の４５００kWに縮小したのである。

方針転換した理由のひとつは、当時の火力発電の燃焼効率の悪さである。もうひとつは日清戦争を契機にした産業発展により燃料となる石炭価格が毎年高騰して発電原価が上昇し、経営を圧迫しつつあったことだ。水力発電とのコスト比較では、建設費は水力が高いものの耐用年数が50年と長く、いわゆるイニシャルコストはかかるが、ランニングコストは、はるかに安い。これに加えて水力発電は、電灯の終夜供給に適し、電灯需要のない昼間も動力用に電力を低廉に供給できる点も利点となった。

東京電灯・駒橋水力発電所（提供：電気の史料館）

方針転換第１号となったのが、山梨県北都留郡に建設を計画した駒橋発電所である。出力１万５０００kW、これを当時我が国最高の５万５０００Ｖの電圧で東京の早稲田変電所までの76キロメートルを送電しようという、当時としては画期的な大容量水力発電建設プロジェクトである。ただこのプロジェクトを具体化するには、送電技術、それも長距離、高圧送電技術の開発と採用が不可欠であった。

当時はすでに世界各地で長距離送電が実用化に入っており、我が国でも明治30年代に入り、裸硬銅線の架空送電線への採用やアメリカからの三重ピン碍子（１万５０００Ｖ用）の導入などにより送電容量が増し、送電電圧は３０００Ｖ級から一挙に１万Ｖ級に上昇するなど著しい進歩をみせていた。

１８９７（明治30）年に設立された広島水力電気が、初めてこの長距離高圧送電を実用化し、広島県を流れる黒瀬川の中ほどに建設された広発電所と呉市までの９キロメートル、広島市までの26キロメートルを１万１０００Ｖという当時としては画期的な高電圧で送電していた。

広島水力電気は、広島の財界人が、渋沢栄一の協力を仰いで起業したもので、このプロジェクトも渋沢が電気工学の第一人者の田辺朔郎と藤岡市助に協力を要請して実現したものだった。この広発電所の運用に遅れることわずか1カ月、郡山絹糸紡績が、福島県にある猪苗代湖の安積疏水を利用した出力300kWの沼上発電所を建設し、広島と同じ1万1000Vの電圧で22・5キロメートル離れた福島県郡山市までの送電に成功していた。

大容量長距離送電時代に入って出足では遅れていた東京電灯にとって駒橋発電所は、遅れを取り戻すだけでなくその頂点に上り詰めるプロジェクトであり、同時に同社が火力主体から水力へと、開発方針を転換する象徴的な発電所ともなったのである。

駒橋発電所は、富士五湖を水源とした桂川にあり、最初は2つの発電所を建設する計画だった。それがひとつに絞られ、1907（明治40）年11月には発電機6台中2台が落成、12月には一部送電を開始し、翌08年11月には全工事を完了している。工事費は総額590万円と多額にのぼり、かかわった人員は延べ1万人と、当時としては稀にみる大工事だった。

他社に遅れて水力開発に進出した東京電灯は、一挙に1番手の地位に踊り出て、さらに同じ桂川に出力3万5000kW、駒橋発電所と同じ5万5000Vの高圧で東京の淀橋変電所へ送電する、八ツ沢発電所プロジェクトを立ち上げ、各地の電気事業者を刺激することになる。八ツ沢発電所は、07（明治40）年に着工、18（大正7）年全工事を終えている。

東京電灯の駒橋、八ツ沢発電所の完成を機に、全国で大容量水力開発の機運が盛り上がり、次々に大容量水力が建設されていく。11（明治44）年には、発電力比率で51対49とついに水力が火力を逆転し、それまでの「火主水従」から「水主火従」時代に転換していくのである。

明治末期から大正期にかけ日本は、日露戦争後の反動で慢性的な不況に陥っていたのが、欧州を発端にした第一次世界大戦（1914～18年）が起きると、一挙に「大戦景気」に沸いていく。アジアにおける権益擁護を目的に参戦はしたものの、地理的には局外にあったことで戦禍を免れ、むしろ軍需品や生糸などの輸出が大きく伸びた。

一方でヨーロッパやアメリカなど欧米列強が参戦したため輸入品が途絶え、そのことは国内産業の発展を促すことになり、重化工業の驚異的な飛躍に結びついた。いつの間にか欧米先進国と並ぶ工業国となったのである。

こうした成長を支えたのが、工場動力に電気を利用する産業の電化であった。電化が進んだ背景には大規模水力開発が具体化したことで電気料金が低廉化したことが挙げられる。たとえば東京電灯では、浅草、および千住火力が運転を停止し、電力原価が低下して料金の大幅値下げを行っている。

これが大きく作用して大戦前の14（大正３）年に36・3％の産業電化率(全国ベース)は、大戦終了後の翌19(大正8）年には66・5％に達した。また電気が電熱、電解用にも使われるようになったのもこの時期で、カーバイド、窒素肥料などの電気化学工業や電気冶金工業といった電力多消費産業も成立発展した。

こうした国内産業の著しい発展は、当然ながら電力需要の急増から設備の拡張、新設が必要となり、何よりも新規の電気事業者の参入をもたらした。『電力百年史前篇』によると、87（明治20）年東京電灯1社であったのが、97（明治30）年には全国で39社、１９０７（明治40）年は２０４社、11（明治44）年は３２７社、25（大正14）年には７３８社を数えるまでに至っている。

また供給電力を25年と11年で比較してみると、水力発電１８１万４０００ｋＷと７・８倍、火力発電95万４０００ｋＷと４・２倍、合計電力では２７６万８０００ｋＷと6倍に達している。同じように使用総資本でみると40億４００万円と実に９・２倍に達しており　飛躍ぶりがデータからもわかる。

長距離高圧送電時代の幕開けと、経済成長に伴う電力需要増をバックにした電気事業者数の増加と供給設備の膨らみは、同事業への法規定、すなわち行政指導の在り方にも大きく影響を与えていく。

保安から保護へ法規定の変遷

この時期、いまから見れば陳腐な議論に映るが、電気が〝物か否か〟という論争が、ある需要家が電気を〝盗んだ〟事件から司法の最高機関の場にまで持ち込まれ、電力業界だけでなく世論の大きな関心を呼んだことがある。

１９０１（明治34）年横浜共同電灯会社の需要家である電気器具商が、屋内配線に別の電線を接続して電気を盗用、これを知った横浜共同は告訴し、翌02年横浜地裁は有罪判決を下した。被告の需要家側はこれを不服として控訴院（現在の高等裁判所）に控訴。控訴院は、「電気はエーテルの振動現象であって有体物ではない」との鑑定を付してこれに無罪の判決を下したのである。

当然横浜共同は大審院公判廷（現在の最高裁判所）に上告した。03（明治36）年5月大審院は、「電流は人力によって支配することができる。したがって電気は可動性と管理可能性を有し、故に他人の所持する他人所有の電流を不法に奪取する行為は刑法の窃盗罪に当たる」として一審と同じ有罪判決を下した。

この事件が引き金となって07（明治40）年の刑法改正では「電気ハ之ヲ財物ト看做ス」と明文化された。電気が次第に社会に溶け込んできた出来事でもあった。

すでに触れたが、電気事業が発足した当時は、これを一元的に管理する官庁はなく、各地方の県といった地方自治体が適宜処理していた。それが１８９１（明治24）年1月に起きた国会議事堂の火災による焼失事件により、同年12月警視庁が「電気営業取締規則」を制定して取締りにあたることとなった。

火災の原因を漏電とする説が流れ、「見えない電気は恐ろしい」「危険だ」という印象が、当時の世の中に瞬く間に広がり、人命を守る保安上の観点から警視庁が「取締規則」を制定したものだった。しかし、電灯の普及などにより電気事業が勃興期を迎えると地方行政それぞれの対処では間に合わなくなり、所管官庁を逓信省として電気事業行政を統一化することにした。

95（明治28）年10月には逓信省内に電気事業取締規則の調査委員会を設置し、検討を重ねて翌96年5月に「電気事業取締規則」を制定した。この取締規則のねらいとするところは、あくまで電気を危険なものとみなし、その危険防止のため電気事業者の業務の遂行に様々な規制をかけることであった。ただこの規則は、不備な点があったため翌97年6月に、改正電気事業取締規則が施行されている。

この取締規則は、許認可上の事務手続きと、技術上の規定とを含んでおり技術上の規定は、1911（明治44）年に電気事業法が制定されるまで何回も改定されている。何回も改正されたのはこの時期、電力技術の発展が目覚ましく取締りに重点を置いた取締規定では実態に合わず、規定を直して後から追っかけていくのが実情だったからである。

そうした時代だけに、東京電灯が08年に完成させた送電電圧5万5000Vという駒橋発電所の許認可には逓信省も相当な神経を使い、『電力技術物語』は、当時逓信省にあって検査を担当した渋沢元治の次のよう回顧を紹介している。

「この工事も進み、明治40年の暮れにいよいよ落成に近づいた。この頃送電線と人家との間隔の制限が電線路の通過地の所有主と分かると、その土地に家屋を造るから電線路を移転してくれと種々の理由をつけて逓信省へ苦情を申す者があった。しかし多くは悪質のものであった。電線路は全線を通じて数多くの所有者の土地を架渉しているから、たとえ一人に対してでも不当の使用料を支払えば他の多くの所有者からも請求せられることは明らかであるから、到底かかる要求に応ずることはできない。そこで逓信省は、特別高圧電線路取締規則という簡単な省令を交付した」

この省令は、電気事業を保護するために公衆を取り締まるという、後に制定された電気事業法に通じるものである。当時を振り返ると政府の電気事業に対する行政指導は、国会議事堂の火災に端を発して、人命を守るという保安の面を重視した規制色の強いものだった。その背景には、感電事故が相次いで発生し、訴訟にまで発展したケースもあったことが挙げられる。我が国最初の感電事故は、89（明治22）年大阪で起きている。失火の際に出勤した消防夫の一人が1000Vの高圧線に触れて感電死した事故という。

また電気事業の設備が次第に大きくなり、電気を輸送する架空線が多数建設されるようになったため台風や地震などの自然災害対策と事故から住民を守る保安行政も求められるようなる。各地の感電事故や漏電事故の発生などから逓信大臣は、98（明治31）年に「電気に関する注意心得」を告示し、さらに１９０２（明治35）年には、電気危険予防の警視庁令が発せられている。

しかし、20世紀に入って重化学工業を始めとする工業化の進展や日露戦争後のハイペースな電灯の普及により電力需要が急増し、電気事業も急成長すると長距離高圧送電の実用化など技術進歩から新規参入者が増え、さらに水力発電所の建設が次々と明らかになる。

先の渋沢元治の回想にあるように〝保安監督〟の立場での法規だけでは間に合わなくなり、実態と合わない例は全国で顕在化していった。そこでむしろ電気事業の〝保護育成〟に重きを置いた法制をつくろうと法案づくりが進み、10（明治43）年議会に提出された。議論の末、翌11（明治44）年３月最初の電気事業法が制定されたのである。背景にはその頃電気の取り扱い方が周知されるようになり、変圧器の機能も改良されて感電死事故は、大きく減少していたこともあったようだ。

我が国で初めて制定された電気事業法の内容は、電気施設の土地の使用などの特権を認めるとともに、電気料金の届出制、自家用施設の主任技術者制度、一般の人に対する規制などが定められており、電気事業の保護助長と公益上及び保安上の監督を含むものだった。

しかし、この法律では供給区域の重複が禁止されておらず、のちの熾烈な〝電力戦〟を招く要因ともなった。

一方で逓信省は、急増する水力発電所計画に対応して１９１０（明治43）年４月、省内に臨時発電水力調査局を設置して、初の水力発電調査に乗り出している。当時は、河川の水量や落差などの水力利用のための資料はほとんどなく、水力発電計画といっても計画自体ズサンなものが多かった。

しかもそれまで河川に関係する行政は、治水が主で主務官庁の内務省がもっぱら洪水やそのほか災害を防ぐ治水を管掌していた。灌漑や漁業など水利の許可権は地方の県知事に委ねられており、電気事業の水力発電開発の許認可権も地方庁に委ねられていた。

申請を受けた地方庁の審査は、参考にする調査資料もないことからほとんど事業者の申請のままに許可を与え、そのことが全国あちこちに粗製乱造の開発計画を招き、多くの失敗例をつくっていた。逓信省の発電水力調査は、こうしたトラブル防止の観点からも急がれた課題だった。

第1次発電水力調査は、10（明治43）年から5カ年計画でスタートした。しかし途中不況が経済界を覆い、政府も緊縮政策をとったことから3年余りで中止となった。調査期間が当初の予定より短縮したもののこの調査が、発展途上にあった当時の水力発電事業に与えた影響は、計り知れないものがあった。この調査の結果は13（大正2）年に『発電水力調査書』（全3巻）として発表され、我が国の河川状況から降雨量、流量、包蔵水力といった概況が初めて判明した。

これ以降、全国各地で水力発電開発は、まさに躍進の時代を迎えることになる。

18（大正7）年ドイツの降伏により第一次世界大戦が終了しても我が国では、輸出産業がアメリカや中国向けに依然好調を維持したことや金融市場の活況から大戦中を上回るバブル（大正バブル）を迎えた。そのブームの担い手となったのは、繊維と株価が上がった電力業界だった。

しかし、20（大正9）年にはヨーロッパ列強が市場復帰したことで、輸出は一転不振に陥った。大戦中の過剰生産により国内に大量の余剰が発生し、株価は半分から3分の1に暴落するなど「戦後恐慌」が起きた。さらに23（大正12）年の関東大震災をはさんで、27（昭和2）年の金融大恐慌から「激動の昭和」に入っていくと、膨張した電気事業者間の熾烈な〝電力戦〟が展開されていくのである。

そしてこの時代に新たな電気事業づくりにかける、次代の創業者たちが現れた。

松永安左ェ門と福沢門下の創業者たち

明治期の電気事業の創立から、大正、昭和初期を駆け抜けて電気事業の発展に大きな足跡を残した人物を挙げるとすれば福沢桃介、松永安左ェ門、小林一三の3人に絞られるだろう。それぞれ電気事業に関わった濃淡に違いはあれ、民間資本での事業こそ最も発展すると信じて疑わなかった点や、またこの3人がすべて明治期を代表する思想家福沢諭吉の門下、慶應義塾で学び、諭吉の影響を受けたということでも共通していた。

福沢桃介は、福沢諭吉の娘婿であり、松永はその福沢桃介に気に入られ、桃介に振り回され続けながらも互いに刺激し合い、電気事業を軸としそれぞれの道に進んだ。

またのちに東京電灯の社長に就く小林とは、「腐れ縁続きで、良いにつけ悪いにつけ五十年に及んだ（中略）生来負けずぎらいなぼくもいろいろなことで、山下亀三郎と小林一三だけはしょっちゅう負けつづけた」（『松永安左ェ門著作集』収録）と一目も二目も置きながら、互いを認め合う仲だった。

だが、戦前、戦後を通じ民営電気事業にかける情熱と、したたかさでは、福沢桃介も小林一三も松永に脱帽し、まさに松永の前に松永なしであったといえるだろう。

松永安左ェ門は、１８７５（明治８）年12月１日、長崎県壱岐島に生まれた。生地は南部の石田村印通寺浦という島に４つある集落でも中心となる集落で、佐賀県までは海上わずか20キロメートルと九州に最も近い交通の要衝にあった。対馬や朝鮮に向かうルートとして運送業が栄えていたという。

安左ェ門の幼名は亀之助。鶴亀の亀で、目出度いという意味である。待望の長男が生まれたと知った時、父母はもちろん初代安左ェ門の祖父は欣喜雀躍（きんきじゃくやく）し、祖母は「これほどきれいな子は見たことがない」とつぶやいたという。のちに当時の日本３大美男子と言われる面影がすでにあったのだろう。

初代安左ェ門は、酒造から雑貨商まで手広く事業を営み、庄屋としての地位を固めていた。ただ子供がなかったことから養子を迎え、それが苗字帯刀を許された平田家の二男、吉太郎であり３代目安左ェ門の父である。壱

松永安左ェ門（提供：電気の史料館）

岐は明治維新まで平戸藩の支配下にあり、平田家はその家臣だった。吉太郎は同じ壱岐の瀬戸浦出身の赤木ミスと結婚し、亀之助を授かった。祖父母、父母から非常に可愛がられて育ったという。４歳下に弟英太郎、妹クニらが生まれた。

82（明治15）年小学校に入学。このあたりからガキ大将として子分を率い、隣の村の子と喧嘩をしたり、野山を駆け巡ったりの自由闊達な性分が現れていたようだ。86（明治19）年12歳の亀之助は、印通寺浦から12キロメートル離れた郷ノ浦の第十七高等小学校に入る。通学には遠すぎたので祖母カメの実家に下宿している。

当時あたかも文明開化の時である。壱岐からも軍人の世界、財界、法曹界で何人かの成功者が出ていて、亀之助も壱岐の片隅の小商人で埋もれず、中央に出て活躍する思いに駆られていたに違いない。

その頃であろう。父に勧められて「天は人の上に人を造らず、人の下に人を造らず」の言葉から始まる福沢諭吉の『学問のすゝめ』を読んだことが、少年の向学心と立身への一途な思いに火をつけた。これがすべての始まりである。島を出て、慶應義塾に入りたいと父親に申し出る。驚いた父親は強く反対したものの本人の決心は揺るがず、結局家業を継ぐという条件で父も同意せざるを得なかった。89（明治22）年亀之助は、玄界灘を渡って九州から東京へと乗り継ぎ、憧れの慶應義塾に入学した。

松永が15歳で慶應に入学した年、福沢諭吉の年齢は56歳に達していた。当時諭吉は、明治政府の最高首脳の一人でもある大隈重信とともに北海道官有物払い下げや国会開設の問題などをめぐって対立関係になった伊藤博文の新政府と距離を置いていた。68（慶應４）年に蘭学塾を慶應義塾と名付けた学校運営からは身を引き、また82（明治15）年に発刊した時事新報は「時々立案してその できた文章を見てちょいちょい加筆するくらい」（『福翁自伝』より）だった。だが、慶應は私学の雄として燦然と佇立しており、諭吉の『学問のすゝめ』は、すでに教科書に採用されているのである。明治の先達の中で、思想家としての諭吉の社会的な影響の大きさは抜きん出ていた。

松永が慶應義塾に入学した当時、校舎は東京・三田に移っていて塾生の数およそ３００人という。意気揚々と学び舎に入った松永だが、病で郷里に帰ったりして結局都合3度も慶應の門を叩くことになる。

慶應に入った翌年、コレラが大流行しあろうことか、松永も罹ってしまう。患者数は1万人をはるかに超え、松永も一時危険な状態に陥るも周囲の看病もあって一命をとりとめ、その後壱岐に戻りしばらく静養に努めた。再び上京して慶應に入り直したのが2度目。

英語を学んでアメリカに渡ろうと準備を始めていた矢先に今度は父親が倒れたという知らせを受け、壱岐に帰るも父親は他界する。93（明治26）年3月のことだった。松永は否応なく家督を相続せざるを得なくなり、３代目松永安左ェ門を襲名した。

まだ19歳の遊び盛りに大学をやめ商売に明け暮れるのである。実際店主として酒造業やその商品販売に力を注ぐようになるが、遊びも盛んで喧嘩沙汰から命を狙われることがあったという。それも島に帰って3年目急に松永は家業を畳むと言いだし、周囲を慌てさせる。親戚中の反対を押し切って、早稲田（東京専門学校）に在学中の弟の英太郎を呼び出し、有無を言わせず家業を継がせた。何としても東京へ戻りたかったのである。

そして95（明治28）年の秋、３たび慶應に入学。21歳の大人びた風変わりな学生の誕生である。その頃の塾は、途中入学も再入学も自由で、きわめて開放的だったようだ。この3度目の入学は、松永の人生に決定的な影響を与える人物との出会いをもたらした。

まず諭吉との出会いである。諭吉は毎朝の散歩を欠かさなかった。それまでは心身の鍛錬に居合抜きや乗馬などをしていたが、還暦が近づき散歩を日課とするようになった。その散歩に塾生が6、7人ついて行く。この散歩に松永が加わるようになり、以前から諭吉には心服していたのが、この散歩途中の様々な会話や日常のやりとりを通じて松永は、諭吉の人柄や思想の襞に触れるようになる。

「諭吉と学生との間には、先生と生徒という関係を超えた、男同士の温もりを伴った、密なつながりが生まれていた。（中略）松永は福沢を一個の人間として捉えていた。だから、松永は諭吉の言行に従う忠実な弟子のようには振る舞いはしなかった。（中略）諭吉の思想はその肉声や体臭とともに、いつの間にか松永の中に染み込んでいたのである。長い人生を通じて諭吉の思想を最も忠実に体現したという意味では、松永の右に出る者はいないのではないか。既存の権威や権力に媚びず、組織に囚われず、空理空論をもてあそぶわけでもなく、実業を通じて社会をダイナミックに変えていく。それができたのは松永が諭吉を神格化せず、諭吉という枠組みに自分を無理してはめ込むことをしなかったからだろう」（水木楊著『爽やかなる熱情』より）

後年松永は、随筆などで再三諭吉に言及している。

「福沢諭吉先生は偉かった。ズバ抜けて偉かった。私の観るところでは日本始まって以来、たった三人しか数えきれない中での偉さである。その三人とは聖徳太子、弘法大師、福沢諭吉、すなわちこれである」（『松永安左ヱ門著作集』より）

「先生は近寄れば近寄るほどしたしみが深く、あたたかみが生まれその親近感はなみなみならぬものがあった。（中略）私はこの福沢先生の膝下にあって幾年、群盲撫象（ぐんもうぶぞう）のつたなさからその人間巨像を仰ぎ、かつ接し、かつ親しみ、今にその真面目を回想し得るしあわせを感謝しなければならぬ」（同）

諭吉との朝の散歩に時たま出てくる人物がいて、松永はなぜか気になっていた。諭吉の婿養子である福沢桃介だ。松永より8歳年上の桃介は、この時結核を病んだあとの身体で、養生を兼ねての散歩だった。

「養子の桃介さんが毎日ではないが時々（諭吉の朝の散歩に）ついていく。世間のこともよく知っている桃介

福沢桃介（提供：慶應義塾福澤研究センター）

さんは、しきりに経済論でわれわれに議論をいどんでくる」（『松永安左ェ門著作集』年譜の日記（以下、年譜の日記）より）

桃介の方も鼻っ柱の強い松永を気に入るようになる。

後年、松永は桃介に助けられたり、突き放されたり、またある時は振り回され、事業の浮沈を経験しながらも独自の道を切り開いていく、そうとは知らぬ運命的な出会いだった。

福沢桃介の旧姓は、岩崎という。１８６８（明治元）年現在の埼玉県比企郡吉見町に生まれた。６人兄弟の二男坊で農家の倅だったが、父は、やがて川越に出て提灯屋を始めたから育ったのは商家である。幼い頃から記憶力が抜群に良く、小学校に入る頃には漢籍を筆写しては暗唱したという。父親は、息子の才能を惜しみ、知人のつてを頼って慶應義塾に入学させる。桃介16歳の時である。

ある時塾の運動会があり、美男子で足が速く俊敏な桃介は、生徒たちのなかでもひときわ目立った。運動会には諭吉一家が見物していて、それは諭吉の四男五女のうちの次女ふさの婿探しの場でもあった。まず妻のお錦が桃介に目を留め、ふさも一目で好意を寄せた。諭吉は最初躊躇したというが、妻に説き伏せられ、また桃介の優秀なことを知るに及んで結婚に同意する。

縁組に際して諭吉は、岩崎家に条件を記した挨拶状を送り、養子ではあるが家督を相続しないこと（福沢の別家にする）や、3年間イギリスあるいはアメリカに留学することなどを記している。その約束にしたがって桃介は、87（明治20）年アメリカに渡っている。あちこち旅行して見聞を広め期間を2年に短縮して89年に帰国。北海道の石炭開発に早くから目をつけていた諭吉の勧めにしたがい、北海道炭鉱汽船に入社する。

洋行帰りの見聞と持ち前の才気を生かして活躍するも94（明治27）年7月、喀血し約1年の療養を余儀なくさせられる。諭吉について散歩し、松永と出会うのはその頃だが、桃介は義父には知られては困る秘密をもっていた。密かに株の売買を始めていたのである。

義父が株式取引を投機として嫌っていたのに、桃介が株を始めたのは理由があった。当時結核は不治の病いとされていたから、下手をすると一生社会に出られなくなると覚悟した。寝ていてもできる仕事は何かと考え、株の売買に行き着いたのだった。病院を出てからも徹底的に本を読みつくし、専門家の話も聞いた。学生の時代からカンは冴えている。自分の相場観を頼りに勝負に出た。

当時日本の資本主義は黎明期で、株式市場は波乱に富んでいた。桃介は貯めていた千円の元手を1万円にした。これをきっかけに桃介は後に「株の神様」「売りの桃介」「韋駄天の桃介」などと言われるほどの抜け目のない相場師となっていく。

松永は、慶應での3度目の生活も3年を過ぎた頃、社会に出ようと思い諭吉に相談する。諭吉から三井呉服店(三越の前身)を勧められたが面接で「落第」(松永の述懐)し、99(明治32)年今度は桃介の勧めで日本銀行に入る。慶應義塾は中退した。それも翌年桃介から「日本銀行なんか君の柄じゃないから辞めて僕と一緒に仕事しないか」と誘われ、日銀を辞め桃介が新設した丸三商店神戸支店長となる。

ところが丸三商店は創業して1年もたたずにあえなく閉鎖となった。取引が拡大したことで仕事を請け負っているアメリカの会社が、東京興信所を通じて桃介の調査を行い、桃介が相場に手を出し信用がおけないと報告したことで会社は取引を中止し、三井銀行も手形の引き受けを止めたためだった。

桃介は、煩悶の末に家を出て、神戸に向かうも途中喀血して京都の同志社病院に入院、そこから松永に閉鎖後の後始末を頼み、松永は否応なく後始末にかけずり回る破目になった。桃介の方は諭吉の逆鱗に触れ、かえってこの一件が人生の大きな節目となる。

「これから先は自分だけで生きていくしかないではないか。そう決意したのである。このあたりから桃介は諭吉とは距離を置き始め、諭吉が死んだあとは手綱を解放された馬のように自由奔放に生きていくことになる」(水木楊著『爽やかなる熱情』より)

福沢諭吉は、翌01(明治34)年2月3日、脳溢血により66歳の生涯を終えた。葬儀は東京麻布善福寺で行われ、会葬者は1万5000人を越したといわれる。遺志を生かし、一基の花もなく一切の虚礼、装飾を廃したものであったという。

松永は、尊敬する諭吉を野辺送りしたあとしばらく東京・築地の福沢桃介家で居候を決め込む。そのうちに桃介から「こうしているのも気の毒だから神戸へ帰って旗揚げしないか、５００円では大したこともできないだろうが何かできそうなことをやれ」と言われ、５００円の小切手を受け取ってゼネラルブローカー福松商会を創設し、独立経営に乗り出す。

以前神戸での丸三商会の後始末に追われるさなか、支那（中国）から日本への豆粕輸出の商談に関わって初めての商売を経験もしていた。用意周到に事業興しの準備をするも仕事はなかなか定まらなかった。

ようやく石炭（金谷炭）を大阪の鐘紡に売り込む仕事を見つけて成功し一息ついた頃（02年）のちに海運王と言われ、生涯の友となる山下亀三郎が桃介の紹介状をもって尋ねてくる。北海道炭を大阪方面に売り込まないかという誘いで、提携に同意すると山下の奔走もあって北海道炭の売り捌きが一挙に進み、まとまった利益を手にした。

その後四日市の石炭商の誘いに乗って、勢力範囲をおかし四日市方面に売り込みを企てるも悶着を起こし失敗する。北炭の行き先が神戸ではなく勝手に変更したことで桃介の怒りを買うが、この頃慶應の同窓生田中徳次郎と出会う。田中は当時三井銀行大阪支店にいた小林一三を紹介する。小林は松永より2歳上。慶應卒だが、在学中はお互い見覚えがなかった。

「学生時代の松永は仲間と徒党を組んで行動する悪ガキであり、小林は孤高癖のある文学少年だった。あまり接点はなかったのだ。田中に紹介されたときは、小林、松永ともそれほど強い印象を受けた様子はない。（中略）松永は小林をちんまりして妙に落ち着き払った奴と、一方の小林は松永を声の大きな、がさつな男とみたのではないか。しかし、2人の人生は、その後、ダイナミックにからみ合い、ときにはライバルとなり、またときには協力し合って難局を切り抜けることになる」（水木楊著『爽やかなる熱情』より）。

この4年後、小林は三井を辞め、新たな事業に乗り出することになる。

03（明治36）年松永は福松商会の支店を九州若松に設ける。若松から石炭を船で大阪に運び入れる、ひと商売を目論むものの為替の保証をめぐり桃介の助けが得られず窮地に陥る。それも何とか脱し、翌04年7月、大分県中津町の旧家竹岡吉太郎の妹カズ（20）と結婚した。

大阪安治川に臨む福松商会の石炭店の2階に新居を構えた。当時大阪港に納入の石炭は、三井、古河といった大手が談合してやっていたが、福松商会も入札に加わり、機知を働かせて談合破りを行う。この時の様子は、松永の生涯を伝える物語の中でも最も張りつめた場面として種々描かれている。結果は再入札となって納入をとり、これがきっかけとなって談合の悪習は止んだとされる。

小林一三（提供：電気の史料館）

05年7月17日、思いもかけぬ幸運に遭遇する。博多から大阪へ帰る列車に乗り小倉駅に来たところで、すさまじい豪雨となり、プラットホームに降り人の話を聞くと炭鉱の方は、3カ所や5カ所は潰れているという。咄嗟の間に予定を変更して筑豊の炭鉱を歩けるだけ歩き、多量の石炭の買い付け契約をして回り、これが功を奏してほかの業者に先駆けて石炭の確保と売り捌きがトントン拍子に進んだ。

さらに日露戦争後の景気回復から炭価が暴騰したことを受けて昼夜兼行で若松方面を奔走して石炭を買い付け、当時としては破格の1日500円の儲けを手にする。その資金をもとに今度は上海に福松商会の支店を設けたりしたが、これは見事失敗した。ただその間に戦争後の株式熱に誘われて桃介と一緒に相場を張り、これが「買えば必ず儲かり、鐘紡は百円前後だったのが三百円前後まで行ったほどで、ちょっとの間に六、七十万円になった」（年譜の日記より）。

ところが、株式大暴落が待ち受けていた。大損したところに自宅が火災にあい全焼し「家内が一万何千円かの保険証書だけは持って出ていた。家財はみな焼いてしまった。私共夫婦は着の身着のままの丸裸。すぐ近所の曽根崎の裏長屋へ移った。2カ月後工面して今橋通りに立派な家を借りて移った」（年譜の日記より）。

松永は新居で約2年間を過ごすことになるが、この期間こそ松永の血と糧になり大きな転機を促した時期といえるだろう。恩師の書物から歴史、哲学、政治、経済と読書三昧の日々を送り、それまで一気呵成に走り続けてきた心身の休養をとり、気が付くと投機家の殻をすっかり脱ぎ捨てていた。

そんなある日、慶應の同窓で三井銀行大阪支店の田中徳次郎が松永を訪ねてくる。コークスの販売の話である。大阪瓦斯がガス事業を始めたが、石炭からガスをつくった後のコークスの売り先がなく、その話が三井銀行に伝わり、回りまわって福松商会の松永に持ち込まれたのだった。福松商会が大阪瓦斯側の信用を得るまで時間がかかったが、松永は尖端的な宣伝法を取るなどしてコークスの一手売り捌きを始め、見事に成功する。

三井銀行で松永を推したのは、同じ慶應の先輩で以前田中の上司でもあった平賀敏で、平賀は三井銀行を辞めた後も何かと松永を気遣ってくれていた。その平賀から東洋製革会社の経営再建を持ち込まれ、松永は専務として事実上会社の切り盛りを任せられる。早朝から出勤し身を以て職工たちを統制し、関係する人たちを掌握しここでも再建を成功させた。

その頃小林一三はすでに三井銀行を辞め、阪急電鉄の前身である箕面有馬電気軌道の経営で目覚ましい成果を上げつつあった。小林は07（明治40）年何かと頼っていた支店長の平賀が辞任したことで三井に勤務していく気持ちが薄れ、その折に阪鶴鉄道の監査役の口がかかり、三井を辞めたのだった。

阪鶴鉄道に入ると箕面有馬電気軌道の創立事務にかかわることとなり、この仕事を自ら買って出て、かつての文学青年は意外な才能を発揮する。鉄道が走る予定地を大量に買い、沿線に住宅を建てて分譲するという新方式を採用した。東急や西武鉄道など今日の私鉄系不動産会社の販売方法のルーツは、およそ小林の着想に遡る。

石炭、鉄道から電気事業への道

株の売買に手を出し、派手に仕手戦を展開していた1906（明治39）年松永は、人に頼まれて兄貴分の桃介とふたりで発起人となり、福岡市当局に路線電車を走らせる申請を出した。その記憶も薄れかけていた08年12月、突然許可が下りた。桃介の方も日露戦争後の株式投機で大きな利益を上げ「成金」のひとりに数えられるほどになっていたから鉄道事業の許可といっても実感がなかった。

きっかけは福岡市で見本市の開催が決まったことだった。博多駅と会場の埋め立て地との間に電車を走らせば何かと便利ではないかと話が持ち上がり、急きょ福岡市が松永らの申請を許可したのだった。

期限内までに鉄道を建設しなければ罰金がかかり、景気も大戦後の反動から不況となっていたから桃介は難色を示すが、松永は乗り気になる。これまで以上に事業の面白みがわかってきたのだろう。資金集めに奔走し、桃介を説得する。桃介はいやいや説得に応じて09年8月福博電気軌道を設立し自らは社長に、松永は専務に就任し、突貫工事を行い無事開通させた。桃介にとっても松永にとってもこれが、電気関連事業に手を染める出発点となった。

工事の完成に合わせ料金をどうするかが悩ましい問題だった。それを松永は1区1銭という破格に安い料金を主張し桃介を説き伏せた。日本一安い料金である。1区1銭は九州だけでなく、日本中の評判となった。松永の目論み通り、電車には毎日1600人の乗客が乗り、収入は当初の見通しをはるかに超えた。

好業績を反映して福博電軌の株価は上がり、電車は福岡の新しい名物となった。この電車が九州の私鉄の雄である西鉄の始まりとなる。

この福博電軌の開業直前、松永は思ってもみないような経験をする。小林一三の事業にかかわって投獄の憂き目にあったのだ。10（明治43）年3月のことである。小林が路線拡張をねらって箕面有馬電軌を京阪電車とつなげ梅田野江線を新たに造ろうとした際に、小林が松永に地元のボス工作を頼み、松永の行動が買収容疑とされたのだった。

結果として松永は独房生活を送る羽目となる。

「このブタ箱生活は貴重な経験になったと松永は振返る。のちに若いサラリーマンを相手に『破産と投獄の経験のない者は大したことはできない』と気炎を上げることとなる。桃介の証言書に判を押したとたん、釈放。その三十分後、小林も出所。二人は顔を見合わせて頷き合った。二人は共通の友人に会う度に、『小林はどうしているかね』、『松永は何をしている』と尋ね合うようになる。互いに大いに意識するようになったのだ」（水木楊著『爽やかなる熱情』より）

小林との一件から無事福博電軌に戻った松永が、電車を動かす動力源である電力に関心を持つようになるのは自然の成り行きでもあった。まず10（明治43）年秋、桃介と相談して水力発電による電力を供給する九州電気を設立し、それ以前に桃介が大株主となり松永も監査役になっていた広滝水力電気と合併させた。松永はのちに常務に、桃介は取締役に就いた。松永の親友の田中徳次郎も取締役として名を連ね、以後田中は松永の補佐役として行動をともにすることになる。

この先の松永は、一瀉（いっしゃ）千里のごとくで九州の電力と、その関連事業を押さえていく。11年には久留米電灯の経営に参加、12年博多電灯と福博電軌を合併させて「博多電灯軌道」にする。さらに同社を「九州電灯鉄道」と商号変更し常務に就任。同年10月には桃介らとともに発起人となり佐世保電気を創立し、田中徳次郎らとともに糸島電灯を創立した。

翌13年、九州電灯鉄道の基礎が確立されたとみるや周囲に散在する群小事業者の統合にも乗り出し、唐津軌道、糸島電灯、七山水力電気、佐世保電気、大諫電灯の5社を合併した。同年11月には競争相手であり、九州の石炭王と言われた麻生太吉率いる九州水力電気との間で合併についての申し合わせ書を交換している（結局物別れに終わる）。

その後も津屋崎電気、宗像電気の事業を譲り受け、九州電灯鉄道の事業規模は膨らみ、九州内の電力および鉄道会社の大合同に向け拍車がかかっていく。またそれだけでなく、松永は博多ガスに出資し、佐世保ガス、熊本ガス、鹿児島ガスを創立し、九州化学工業、九州耐火煉瓦、日本油脂、東洋車輛などの関連事業も発足させた。

松永は、事業拡張だけに照準を合わせただけではなかった。当時の供給規定「一柱30灯」という制限を取り外し、どんな辺ぴなところでも電灯がつくよう決定を下したり、料金も引き下げた。また18（大正7）年には、渇水が弱点の水力発電を火力発電で補おうと、名島火力発電所の建設工事に着手した。当時全区域の発電力1万8800kWに対し　将来の需要増を見越し、1万kW2台の設置を決断したのだった。

九州電灯鉄道は松永のもとで順調に事業が拡大しつつあったとはいえ、北九州では九州電灯鉄道、九州水力電気、九州電気軌道の3社の鼎立状態が続いた。

その頃、稀代の相場師といわれた福沢桃介の心境も微妙に変わり始めていた。それまで松永に引っ張られるように関わってきた電気事業に実業の面白さを知り自ら本腰を入れて関わりたいと思うようになったのである。そうした時、知り合いから名古屋にある名古屋電灯の立て直しの話が舞い込む。

呼びかけに応じて株を取得し、10（明治43）年には同社の常務となり、株式を買い増して筆頭株主となった。名古屋電灯のある中部地方は水量豊かな河川が伊勢湾に注いでおり、なかでも木曽川は河川の勾配が急で、しかも電力の消費地が近く水力発電の条件にぴったりだった。

いつしか桃介は、電気事業と水力発電建設にとらわれていく。恩師であり義父の福沢諭吉が、早くから電気事業に着目していたことなどを思い出していたのかもしれない。

好奇心旺盛な桃介は木曽川を遡り、健脚にまかせて水源地を歩き回った。水流の個数から落差、交通や運搬の便、発電施設をつくった場合の利害などを徹底的に調べ回った上で木曽電気興業を設立し、すぐに木曽川沿いに発電所の建設にかかった。中部地方だけでは飽き足らず、奈良から紀伊半島、四国の吉野川流域まで足を延ばし、奈良に本拠を置く関西水力電気や四国水力電気の経営を始めた。

電源開発には資金が必要となる。そこで名古屋電灯を通じて資金を集めるため株式を東京市場に上場し、同じ名古屋市内にある水力専門の名古屋水力との合併を目論む。先方の名古屋水力の資本金は2倍の規模だったが、桃介一流の駆け引きで名古屋電灯に有利な条件で合併を成功させた。

14（大正３）年からの第一次世界大戦は、国内に好景気をもたらし、工場の動力源の電化も進んで電力不足が到来した。桃介が常務として乗り込んだ名古屋電灯は中部地方の小さな会社だったのが、需要も伸びて名古屋における電気事業の中核にのし上がった。名古屋市の人口も急増し、十数年前は50位以下だったのが、東京、大阪に次いで第3位を誇るようになる。

桃介は名古屋工業地帯の動力源を石炭から水力発電に切り替え、事業を伸ばしながら縦横無尽に活躍するのだが、保守的な名古屋財界や地元には受け入れらなかった。桃介の高配当主義が意図的な株価つり上げとみられ反発を買い、さらに桃介が12（明治45）年千葉県から代議士選に出馬し、政友会入りした（1期のみ）ことで、名古屋は反対政党の憲政会のお膝元だったから、ますますそりが合わなくなった。中京財界は盛んに桃介のやり方を批判し、地元新聞もそれに呼応した。

風当たりを和らげるため奈良の関西水力電気と名古屋電灯とを合併させ、「関西電気」にした。名古屋色を少しでも薄めようとしたのだが、まったく効き目がなく、ついに音を上げ松永に助けを求めることとなる。その間にも桃介への批判めいた声はやまなかったからか、急速に関西電気の経営に熱意を失い始めた。そして自らが天職と決めた木曽川水系の水力開発に専念しようと考え着く。そこからの行動は早かった。木曽電気興業、北陸方面に発電所をもつ日本水力、すでに設立してある大阪送電を統合して21（大正10）年大同電力を発足させ、自ら社長におさまったのである。

木曽川の電源開発を進めるため大同電力を設立し、社長に就いた桃介にとって開発の資金調達をどうするかが、最初で最大の関門だった。しかし、その関門は桃介自身の力で素早く破ることができた。ニューヨークに渡り、外債を発行したのだ。

この頃（1920年代）になると電気事業の資金調達の中心は、株式から社債に移行し始めていた。国内の社債市場の成立が背景にあり、電力債は旺盛な需要と償還能力が優れていて、社債発行の高い適性を持っていた。そうした中で、23年には東京電灯が初めて300万ポンドの外債をロンドンで発行、桃介が行った米ドル建て社債は、外債発行では2番目ではあるものの、米ドル建て社債は業界初の試みとなった。欧米からの設備輸入には外債がひも付きとなり、大正12～13年頃は「電力外債の時代」といわれるようになる。

桃介がアメリカに渡り最初にしたことは、教会に行くことだったという。信心深いという評判がウオールストリートに広まり、外債発行の幹事銀行になってくれる人物に招かれるチャンスに恵まれ、若い頃アメリカで学んだ英語をあやつり外債発行の契約にまで持ち込んだ。当時アメリカはイギリスと覇権を争っており、日本に対して友好的だったことも手伝った。

ともあれ大同電力の外債発行は大成功だった。募集するなり300万ドルがたちまち売り切れた。この資金を手元に木曽川水系に日本では初めての本格的ダム式発電所となる大井ダム（出力4万2900kW、当時最大容量）を建設するなど、日本の水力発電と言えば桃介を抜きにしては語ることのできぬほどの業績を残すことになる。

28（昭和3）年昭和不況の到来とともに桃介は、電力業界から身を引き、発起人として関わり続けた帝国劇場の会長も辞任するなど実業界からも引退した。晩年は日本の近代女優第1号と言われた川上貞奴に見守られて38（昭和13）年2月15日、脳塞栓により死去、69歳だった。

07（大正6）年、松永は博多商工会議所の会頭となった。そこから推されて衆議院議員選挙に出馬した。相手は、政治ジャーナリストとして名高い中野正剛で、大方の予想を裏切って初当選した。42歳で新進代議士になった松永は、総理まで目指そうとしたのかどうかは不明だが、20（大正9）年5月に行われた第14回総選挙に2選をかけて立候補したものの前回倒した中野に敗れた。この落選を機に松永は、きっぱり政界から身を引いた。

だが、この代議士経験は、中央で自分を試す機会となり、18（大正7）年10月にのちに中部電力会長となる海東要造をともなっての中国視察では、中華民国初期の軍閥政治家張作霖に、翌年ベルギーで行われた万国国会議員商事会議では逓信大臣や外務大臣を務める後藤新平と、さらにこの洋行中に第34代総理大臣となる近衛文麿と出会い、視野と人脈が広がり、アジアと首都東京がさらに身近となっていく。

松永には、九州だけでなくいずれ関門海峡を渡る、その日が来るという確信にも近い思いがあった。16（大正5）年に山口県下関にある馬関電灯を九州電灯鉄道に合併したのも一躍、本州に進出しようという意図があってのことだったろう。

だから桃介からの「名古屋に来て助けてほしい」という度重なる手紙に躊躇はなかった。桃介は21（大正10）年10月最初こそ関西電気の社長に就任するも2カ月後の12月松永を呼び寄せ副社長にすると、自らはさっさと辞任して相談役になった。松永との選手交代である。

翌年の22年5月、関西電気は九州電灯鉄道と合併、「東邦電力」となる。新社名は松永の発案で広く公募したものという。社長は九州の財閥出身で九州電灯鉄道の伊丹弥太郎が就いた。しかし、実権は副社長の松永の掌中にあり、これ以降松永の東邦電力が全国に名を轟かせるようになる。

松永は、関西電気の副社長に就いた時から近隣の群小会社の統合に乗り出しており、知多電気を合併し、このあと22年6月までに天竜川水力電気、山城水力電気など7社を合併、東邦電力の資本金は、合併に次ぐ合併で1億２０００万円近くにまで達した。

いまや九州、近畿、東海地方1府10県に及ぶ供給区域を持つ一大電気事業となった。電力だけではない。関西電気のガス、岐阜・三重県下のガス事業を営む東邦瓦斯を設立した。さらに九州電灯鉄道と関西電気の付帯事業も統合して、東邦電機製作所をスタートさせた。

東邦電力を設立した時、本社をどこに置くかをめぐり松永は、名古屋財界と対立した。有力者たちは当然名古屋市内と考えており、松永は松永で福岡を最初主張した。徹底した合理化の効果で九州電灯鉄道の方が関西電気の前身、名古屋電灯よりも収益が2倍も良い、というのが論拠だった。福岡の財界も名古屋に本社を移すことに反対し、対立状態となった。

見計らったように松永は「そうおっしゃるなら」と本社を東京に設置する決定を下す。名古屋と福岡の反対は織り込み済みだったのである。この時代東京と言っただけで誰も反対できる者はいなかった。東京に本社を置いたのは、名古屋と福岡の対立を解くための単なる妥協策だけではない。松永の中にはすでに東京進出の青写真が描かれていたのだ。

九州での経験から需要期や時間帯に応じた火力、水力発電所の動かし方や設備計画の重要性を学び、欧米視察の経験から社員の待遇アップが労務管理に有効なことを知って東邦電力社内に「親愛会」という互助団体も発足させた。さらには近代簿記の導入が会社経営には必須としてすぐ採り入れた。財務に強い田中徳次郎の力もあっただろう。これら「科学的経営」がこれからの時代に求められると判断していた。

やがて日本の経済社会が自分を必要とする時期がくる。だから東京に置いた本社も新宿近くの下落合に社宅用として6500坪もの土地を購入し、自宅だけでなく社宅や厚生施設なども設けた。その一角は林泉園と呼ばれた。

東京進出、そのチャンスが訪れるまでそう時間はかからなかった。

松永の東京進出は、〝電力戦〟の本格的な始まりとなる。

第3節　5大電力と〝電力戦〟（1925～1939年）

〝電力戦〟前夜

欧州を戦場とした4年間に及ぶ第一次世界大戦は、日本を物資の供給国に押し上げた。外貨を稼ぎまくったことであっという間に債務国から債権国にのし上がり、工業生産は5倍、農業生産も3倍に伸びた。工業生産が伸びれば、当然のことながらエネルギー需要は急増する。

高炭価を背景に動力は石炭を燃やしてタービンを回す蒸気から急速に電力に切り替わる。工業化は都市化を促し、大都市にはサラリーマンや工場労働者の住宅が広がり、電灯需要も急伸した。高圧長距離送電の実現と水力開発による料金低廉化が後押ししたことは、前節で触れたとおりだ。

こうして雨後の筍のように電力会社が生まれた。１９３２（昭和７）年における逓信省電気局の調査によると、その当時の電気事業者総数は８５０、そのうち資本金１０００万円以上の会社が94あって、１０００万円以上の会社は、大会社に分類されていた。整理統合が進んでこの数字である。大正時代末、電力会社数は、ゆうに９００を超えていたと言われる。

同じ電気局の調査では発電電力量は、未落成のものまで入れて６７８万８０００kW、７年前の１９２５（大正14）年の発電量の２・６倍に達している。発電所の建設ラッシュが続いていたのである。

しかし、経済の方は大戦後の「戦後恐慌」から回復の兆しがないまま、関東大震災を挟んで27（昭和２）年末曾有の金融大恐慌に直面する。経済活動は停滞し、金融もひっ迫して電気事業の建設資金の手当てを困難にした。電力需要は伸びず電力の供給余剰の状態が一挙に顕在化し、東京を中心とした大都市圏で需要家争奪の熾烈な〝電力戦〟が展開されることとなった。

原価を度外視して他の電気事業者の供給区域に切り込むのも日常茶飯となり、そこに金輸出再禁止（31年）から為替が下落し、多額の外債を抱えていた電力各社は、元利支払いに多額の負担を抱え込み、配当も不可能になるなど経営は悪化した。

〝電力戦〟が本格化したのは、概ね関東大震災後の23（大正12）年から電力連盟が発足する32（昭和７）年までの約10年の間だが、当時を知る関係者は昭和10年頃まで〝戦い〟は続いていたと語っている。

戦前の電力ジャーナリストとして松永らを取材した駒村雄三郎は、その著『電力戦回顧』で「電力戦の原因は内部事由と外部事由の２つに区分することができる」と以下の点を指摘している。

・内部事由では逓信省による長距離送電線の認可が挙げられる。大正８年、大同電力に対する北陸、木曾方面から大阪方面への送電線認可、大正13年には東京電灯の猪苗代送電線、大同電力の東京送電線、日本電力の黒部東京間、東京送電線が、ぞくぞくと認可された。さらにこれ等の認可に合わせて同時又はあとから供給区域が付帯認可された

・外部事由ではその頃の電気事業にそもそもの問題があり、政府がそれを助長した。政府の保護助長策の下により事業の基礎が強固になってくると「電気事業はその保護に狎れ、独占をたのむ横暴なふるまいが世間の目に余ってきたため保育してきた政府も自由競争主義を認めなければならない情勢になってきた」

・外部事由の２つ目は歴代政党内閣、３つ目には金融機関の問題がある。「電気事業をいい食い物扱いにした歴代政党内閣が、党略本位から働きかけ」全国各都群にわたり重複して供給区域の認可を与えた。そうして「石橋をたたいて上でなければ渡らない金融機関が、なぜか電気事業にだけは過去の華々しい発展に目がくらんだためか、それとも遊資金に悩んだ大銀行が投資争奪をしたためか。とにかく銀行家の無定見な事業資金融通が、電力戦の火に油をそそいだ」

駒村は、政府と金融資本団それぞれが、〝電力戦〟の一因をつくり同時に火に油を注いだとみるが、そもそも「保護に狎れ横暴のふるまいが世間の目にあまって」と当時の電気事業の振る舞いに問題があったと指摘している。その代表的な例が、東京電灯の供給区域で起きていた電気事業者間の争いと、東京電灯の内部問題だった。

当時東京、大阪、名古屋といった大都市圏では電力需要が急伸し、中でも首都東京と関東近辺は一大需要地を形成した。そこをねらって東京市内とその周辺地域を供給区域とする電気事業者が争うように発足した。

主な事業者を拾うと、１９０７（明治40）年の東京鉄道（11年に東京市が買収）、10年の足利発電、11年の鬼怒川水力電気、13年の桂川電力及び日本電灯、江戸川電気、14年の猪苗代水力電気などが次々に開業もしくは許可申請を出した。

新規参入者が一気に増えた背景には先に駒村が指摘した、政府の政策転換が大きかった。それまでの１区域１電力会社の原則を捨て、１需要家当たり50馬力、または１００馬力以上の大規模供給に限り、ひとつの区域で２社以上が供給できる、いわゆる大口電力の重複供給を認めたのだ。電灯や小口には重複認可を与えなかったとはいえ大口電力は、当然大幅な料金引き下げ競争となり、重化学工業や工場電化の促進に大きく寄与した反面、需要家奪い合いの様相を招いた。

新たな参入者たちは、発生電力消化のため需要の開拓を急務としていたからこの競争政策を追い風に東京電灯との間に激しい企業競争と需要家引き抜きの争いを繰り広げたのである。中でも東京市電気局と日本電灯は、東京電灯の脅威となった。

その東京電灯は、明治期から大正にかけてほぼ順調に業績を伸ばしていたが、内部には大きな問題を抱え始めていた。中小会社との合併を繰り返し事業規模が拡大したことで至る所で効率が低下し、それがもとで料金がほかの地域の電力会社より割高となっていたのである。そこで１９０８（明治41）年需要喚起をねらいに大幅な料金引き下げと制度改定を実施した。

駒橋発電所の運転開始にともなって水力の低廉な電力を大量に確保できたためで、電灯料金は定額灯で40％、従量灯で33％という大幅な引き下げ率だった。電力料金は昼間と昼夜間の区分を設け、とくに昼間の料金を低率にして従来の水準と比べて２分の１以下に値下げした。

さらに11年と12年矢継ぎ早に値下げした。八ツ沢発電所の完成にともなうもので、これで東京電灯の電灯料金はようやく大阪電灯、名古屋電灯に近い料金水準となった。こうした料金措置によって需要に火が付き、10年下期から13年下期にかけ電灯需要は需要家数で３・４倍、灯数で２・６倍、電力需要も２・３倍と高い伸びを記録した。

ただ八ツ沢発電所の工事進展に伴う建設費増と値下げによる料金収入が停滞したことが響き、収支状況は徐々に悪化した。そこに２つ目の問題点である放漫経営である。配当率は落ち株価が急落した。

東京電灯の経営者・株主構成は、明治期以来甲州系によって担われてきた。1899（明治32）年社長に就任した佐竹作太郎は、約15年間社長を務め、15（大正4）年佐竹が死去すると甲州財閥の巨頭若尾逸平のあとを継いだ若尾民造が会長に、常務には取締役から昇任した若尾璋八らが就いた。

璋八は民造の娘婿であり、取締役にも甲州出身者を多数配置し甲州閥を形成した。甲州財閥一派が社内外を跋扈するまで時間はかからなかった。創業間もない東京電灯を資金援助し監査役に就いていた安田財閥の安田善次郎は、甲州閥から疎遠にされ結局追い出された。代わりに若尾率いる東京電灯は、三井銀行との関係を深めた。

「彼らは徒党を組むようになり、同郷の失業者や縁故者を大量に採用した。重役たちは自分たちの報酬をつり上げる。利益のうち配当と役員賞与が占める割合が八割近くになった。盛んに設備投資したというのに、減価償却はわずか一六％を占めるのに過ぎない。（中略）役員たちの日常を見ていた秘書課長の綾部健太郎（のちの運輸大臣）は、『大臣にも大将にもなりたくなかったが、一日でも東京電灯の社長になりたかった』と回顧している」（水木楊著『爽やかなる熱情』より）

東京電灯を支援し業績向上に寄与した実力者の安田善次郎が、こともあろうに甲州財閥の若尾らから退けられたことは、東京進出を計っていた松永にとって、あとあと追い風になる出来事となるのである。

5大電力〝戦国絵巻〟と松永安左ェ門

〝電力戦〟は、業界の覇権争いそのものであり、その中心にいた5大電力は必ずどこかでぶつかっていた。

5大電力とは関東における東京電灯、中部地域の東邦電力、関西地域の宇治川電気、それに電気の卸売りを中心とする大同電力、日本電力のことで、日本電力はもともと宇治川電気の子会社として発足している。21（大正10）年の資本金の規模で比較すると東京電灯3億4500万円、東邦電力1億4400万円、宇治川電気8500万円、大同電力1億1200万円、日本電力1億円である。

当時大企業と言われた神戸製鋼の資本金が2000万

円である。そこからしても5大電力の企業規模の大きさがわかる。その巨大な電力会社同士が、生き残りをかけながら業界トップの座までねらって需要家獲得の争奪戦を行ったのだから、攻防戦は他の産業にみられぬほど熾烈を極めた。その経営者群のなかで松永だけは、単なる業界覇権ではなく全く別のところを見据えていた。

松永は、やがて来るであろう東京決戦を前に、ある構想をしたためていた。第一次世界大戦中にアメリカで計画されたスーパー・パワーシステム（超電力連系）を日本流に応用した超電力連系構想である。当時英米では工業用動力として急速に利用が広がった電気エネルギーを確実、迅速、豊富に、しかも経済的に供給する必要性に迫られ、超電力連系構想が計画検討されていた。アメリカはすぐには実現しなかったもののイギリスでは送電網計画（グリッド・システム）として実施され、のちに電力卸売りの国営、電力国有化の布石となっている。

松永の構想は、国内最大の負荷中心地である京浜、名古屋、京阪神地方に大規模火力発電所を建設連系し電力会社間を結ぶ超高圧送電系統により一体となって（ひとつの機関をつくって）電力を供給するもので、そのため既存電力会社はもちろん小さな電気事業まで参加合同させることを考えていた。

のちに革新官僚として電気事業の国管化を主導し日本発送電会社設立のキーマンとなった奥村喜和夫は、松永の構想を電力国管に賛成かのように誤解したのも、この超電力連系構想が、次に述べる「大日本送電株式会社」の設立を土台にしているからだった。

構想は、アメリカの計画を翻訳した東邦電力臨時調査部の報告をもとに松永が自分流に噛み下した。関東大震災直後心配して松永を訪ねた、当時東邦電力に入ったばかりでのちに中部電力社長となる井上五郎は、震災の応急事務所となっていた下落合の林泉園内の松永の自邸で、生涯忘れられない経験をする。松永が集まった若い社員を前に「日本の復興を担うものこそ電力だ」と長広舌し、井上にも議論を促す姿だった。

「松永は、屋敷のまわりは遺体の山となっている非常事態にもかかわらず、なに食わぬ顔でいる。井上は、そのたくましさ、肝の太さに、感動すらおぼえた。関東が全滅し、電力だろうが何だろうがみな潰れた。そのことが松永を、より一層奮い立たせていた」

「井上は、松永から、小冊子を手渡された。『じつは、いま、こういうことを計画している』。表紙には『大日本送電株式会社企業目論見書』と書いてあった。松永はつづけた。『これは、この震災によって、さらに必要になった』」（大下英治著『松永安左ェ門伝　電力こそ国の命』より）

1923（大正12）年11月、松永は東京電気復興会社設立計画を発表している。1万2500kWの火力発電を建設し、荒廃した東京および近郊の工業地帯に電力を供給しようというもので、これが成功すれば超電力構想の実現にもつながる。そう信じて資金集めのため銀行を回った。松永は、奥村が考えたような国主導の管理ではなく、あくまで民間で資金集めをし、民間の英知を集めて運営しようとした。

だが、肝心の銀行は収益悪化に苦しんでおり長期資金を賄う余裕はなかった。銀行側からすれば途方もない計画であり、ここは無視するに限ると踏んだのかもしれない。そこで松永は保険会社に目をつけ、千代田生命の門野幾之進から支援を受けた。電気事業と保険会社が金融面で結びついたはしりとなった。この構想を実現するにはもうひとつクリアしなければならない問題があった。火力発電所の新設には供給地が必要なのに松永は、供給区域をもっていないのである。

そうした折、松永に願ってもない話が舞い込んだ。静岡県、山梨県を流れる早川に発電所を持つ、18（大正7）年設立の早川電力が金融ひっ迫によって建設資金が枯渇。大震災後の需要停滞もあって経営に行き詰まり、合併を持ちかけてきたのだ。

早川電力の魅力は、何と言っても現在の東京23区に相当する東京市と呼ばれた地域への電力供給権だった。ただ松永は慎重にことを運び東京海上火災保険社長である各務鎌吉を仲介役に立て24年3月東邦電力と対等合併する形で早川興業を設立した。そのうえで自ら社長におさまって早川電力を傘下にした。

また同時期に松永は、安田銀行頭取の安川善五郎が社長をつとめる群馬電力の売却を安田銀行に持ちかけた。安田財閥創始者でかつて東京電灯を資金援助していた安田善次郎が、若尾逸平を中心とする甲州財閥から追い出されたことは、安田財閥と甲州財閥の敵対関係の始まりであり、松永は十分それを承知していたのである。

安田側は松永の提案に応じ23年12月、東邦電力は群馬電力を支配下におさめた。東邦電力が安田銀行との結びつきを強めたことは、東京電灯の安田財閥に対する怨念も引き受けることになった。

１９２３（大正12）年9月1日に起きた関東大震災は、マグニチュード7・9、１９０万人が被災し死者・行方不明者10万人余を数える大災害だった。地震と火災のため東京電灯の配電線はズタズタに寸断され、発電所も大被害を受けた。電灯電力は半分近い２０４万灯分が、電力供給も27%を占める10万２０００ｋＷが供給不能になってしまった。何より経営がこうむった打撃は大きく、無借金経営を誇っていたのが一気に３１００万円の借金を抱え、無配に転落してしまった。

当時東京電灯は、甲州財閥若尾逸平につながる副社長の若尾璋八が実力者として君臨していた。衆院議員でもある若尾は政治の中枢政友会の総務も務めていた。総務は党の台所を預かる立場だから東京電灯を金の卵にして政治資金を回していた。

経営者は、事業を円滑に運ぶためだけでなく相手追い落としのため政治の力にも頼る。若尾は政治資金提供の見返りとして政友会の天下が続く限り、何かとさじ加減があると期待もしていただろう。

ところが24（大正13）年1月、その政界でショッキングな事が起こった。政友会が分裂して総選挙が行われ、その結果憲政党、政友会、革新クラブの3派による連立政権が発足したのである。首相には第一党憲政会の加藤高明が就き、電力事業を統括する逓信大臣には安達謙蔵、同政務次官には中野正剛が就任した。

大震災後の経営悪化に加えて何かと頼みとする政友会の分裂、心配材料が重なっているにもかかわらず若尾らの東京電灯は同年、経営の引き締めもせず復配した。

「陣頭指揮をとらなければならない社長の神戸孝一は、

もともと積極性にかける。とても大きな決断ができる器ではない。副社長の若尾璋八は、電力業界のことよりも政治に目を向けている。自分の選挙費用のため、あるいは息子の会社のため大きなトンネル会社をつくっているともいう」（大下英治著『電力こそ国の命』より）

中野正剛は、福岡でかつて松永の政敵となり選挙で争った仲とはいえ、松永が政界から引退したあとはツーカーの間柄となっていた。やがてその時が来れば、松永にとっては頼りになる存在となるに違いなかった。

相手の慢心を見透かしたかのように松永は、東京決戦の大号令をかけた。まず震災後の東京復興と東京進出の足掛かりとするため25年3月、早川電力と群馬電力を合併して東京電力（現東京電力とは別会社）を設立した。そして東京府下への電灯用、南葛飾など3地区への工場動力用の電力供給許可を申請したのである。いきなり東京の中心に乗り込むのではなく、まず東京府郊外からジリジリ東京電灯に迫っていくという作戦だ。

政界では、首相である憲政党の加藤高明は、東邦電力お膝元の名古屋出身であり、逓信大臣の安達謙蔵は、政友会と敵対し東京電灯を政友会の御用会社と決めつけている。加えて中野正剛とは気心が知れている。松永は食い込む余地が十分にあると彼らに陳情を重ねた。

若尾は松永の申請に対する許可が下りることはないとタカをくくっていた。ところが26（大正15）年5月、その許可が下りた。松永の陳情工作が功を奏したのである。

今度はそこから松永の猛烈な需要家開拓が始まる。捨て身のダンピング攻勢を仕掛けた。東京には5つの工業グループがあって、そのうちのひとつ工業同志会は日清紡績の宮島清次郎が率いていた。宮島は第二次世界大戦後吉田茂を助け、池田勇人を大蔵大臣に推挙した人物として知られる。

宮島は、普段から肩で風を切る東京電灯社員の態度を腹に据えかねていたのだろう。そこに松永の熱意のこもった説得である。心が動き東京電力への切り替えを決める。こうした東京電力への切り替えは、鉄道省や各電鉄、日本鋼管、東京ガスなどにも広がった。

これに対し東京電灯も必死に需要家つなぎ止めに動いたから現場のあちこちで衝突が起きた。値引き競争もすさまじく、あらかじめ定められた料金の２割、３割引きは当たり前となった。

「電柱の建設権を得ることは、電燈の供給権を得ることだ。そこで東電（東京電灯）と東力（東京電力）は、耕地整理がまだされないうちに、電柱建設権を奪い合った。表通りに東電の電柱が立っていれば、東力は裏通りに電柱を建てて回る。つまり同じ集落へ電燈を供給するのに、２本のルートを張りめぐらさなければならなかったのだ。そういうことから一軒の家でありながら下には東電の電燈が光っているのに、二階には東力のあかりがつく。座敷には東力の電燈があかあかとついているのに、勝手や便所には東電の電燈がついている」（駒村雄三郎著『電力戦回顧』より）

この証言は、駒村が取材した、のちに最後の東京電灯社長となり日本発送電総裁となる新井章治の話で、新井は続けて「おとぎ話ではない。これが本当にあったことなんだ。随所に刑事問題が起こったのはあたりまえだろう」と述べている。

まさに食うか食われるかのデスマッチ状態である。音を上げた東京電灯が東京電力に値下げ競争停止の協定締結を申し入れる場面もあった。それもすぐに協定破りとなるから、戦いはドロ沼に入り同時に東京電灯の経営内容は急速に悪化していった。

巨額の資金を貸し込んでいる三井銀行は、次第に大きな不安を抱くようになった。山形県出身で松永と同じ慶應義塾卒、ハーバード大の留学経験も持つ三井銀行の総帥池田成彬は、いまや三井財閥の大番頭であり財界の巨頭ともなっていた。その池田もこのままでは銀行のみならず三井財閥まで底なし沼に引き入れられてしまう、そんな恐れを感じるようになっていた。

一方、東邦電力のお膝元名古屋でも思わぬ火の手が上がっていた。福沢桃介率いる大同電力と並び立つ卸電力会社の日本電力が、〝殴り込み〟をかけてきたのである。日本電力は５大電力のひとつであるものの、もともとは宇治川電気の子会社として19（大正８）年に設立された。飛騨川、神通川筋の宮川などの水力を利用して発電し、親会社に売ることが目的だった。

しかし、第一次世界大戦後の不況で産業が停滞し、減少する需要に対し供給は増えるばかりで明らかに電力のあり余り現象が起きた。新たな需要開拓に迫られていた。そうした折り政府の打ち出した１区域１電力会社の規制を解く競争政策は、実力者の日本電力専務の池尾芳蔵にとってピンチをチャンスに変える好機と映った。

極秘裏にねらいを定めたのが、東邦電力のお膝元名古屋を中心とした西春日井、愛知郡、三重県の四日市市などである。大口供給での認可を申請した。23年12月には名古屋市内に出張所を設け拠点を築いた。ここの所長に就いた六角宇太郎の活躍ぶりが語り継がれている。東邦電力より２割も安い電力料金を提示するなどして名古屋を中心に、岐阜県、三重県の大口需要家と契約を結び東邦電力の供給区域を奪い取った。気がつくと１万５０００ｋＷの電力が日本電力に流れていた。

さすがの松永もここは妥協しかないと兄貴分の桃介に相談した。桃介は仲介役に松永の親友で阪急電鉄専務の小林一三を立てた。小林の仲介で日本電力の池尾と会うも池尾の要求は高く、松永は逡巡しながらも「負けるが勝ちだと、池尾の要求を呑み込んだ」（大下英治著『電力こそ国の命』より）

それでも小林一三の説得で日本電力が獲得した１万５０００ｋＷ分は１万ｋＷにまで引き下げられた。和解調印は24年３月大阪で行われた。池尾は、名古屋進出を果たす一方で東京も狙いにして同年５月、東京送電幹線の建設及び東京に関する供給権の許可を申請した。翌25年５月には送電線と、申請した区域中豊多摩群一円の供給権を獲得してしまった。さらにそれ以前に日本電力は、東洋アルミナを合併して同社がもっていた黒部川の水利権も手中にしていた。

松永は池尾が相当手強いとみて、いまのうちに同盟を結び、日本電力に東京侵攻を先にやってもらい、東京電灯が音を上げたところで自分が乗り込む、そんな青写真を描くようになった。東京電力と日本電力の提携、将来の合併を急がなければならない。松永はすぐに行動に移し、池尾の日本電力をたてる形で働きかけ、両者は一旦合意した。しかしそれに強硬に反対したのが、松永の側近たちだった。

「内藤（熊喜）、宮川（竹馬）の二人は、松永の袖をつかまんばかりにして、『それは、とんでもないことです。いま東京電力はもちろんのこと、東邦電力だって、他社から十万キロに上る大量電力を購入する必要はありません。そもそも、早川、群馬両電を買って、東京電力を創設したのは、東京に供給権をもって、ゆくゆくは、あなたが東京電燈に乗り込み、その社長となって、電力界の王座を占める目的だったのではありませんか』」（駒村雄三郎著『電力戦回顧』より）

結局、この合併話は御破産になった。しかし、その後日本電力が苦境に陥った時に松永はこの時のことを思い返してか、日本電力救済に動いた。池尾は松永の救援を恩にきたという。後年松永は、事業上の経験で手強い敵として常に挙げたのが、池尾であった。

１９２７（昭和2）年3月14日、大蔵大臣・片岡直温が「東京渡辺銀行がとうとう破綻を致しました」と失言したことをきっかけに、金融恐慌の嵐が吹き荒れた。三井銀行の総帥池田成彬には、東京電灯がもっとも大きな心配の種だった。東京電灯は、神戸挙一に代わって26年12月若尾璋八が社長に就くも公私混同がはなはだしく、所属する政友会に政治資金を垂れ流している状態だった。しかも配当を出すのも利益から出すのではなく、資産を食い尽くして出すような有様だった。

このまま見過ごしていては、池田の身辺も危ういことになりかねない。しかも松永が陣頭指揮を執る東京電力との需要家争奪戦は、いつ止むともわからない。攻勢をかけている東京電力も６８２５万円の資本金に対して負債は1億４０００万円と資本金の倍に膨らんでいた。東邦電力がバックについているとはいえ、不況下では東邦電力も火の車であることは、容易に想像がついた。

池田は、そこで東京電力に融資している安田銀行頭取の結城豊太郎と話し合いの場をもち、ひとつの結論を導きだした。東京電灯、東京電力両社の合併である。

電力会社の合併は影響が大きい、しかも政友会が後ろについている東京電灯の合併話である。慎重にかつ段階を踏むことにした。最初に行ったのは人事の介入である。若尾をすぐに追い出すのはいかに池田でも困難だったから財界の世話役でもある郷誠之助を会長に送り出すことにした。郷は、岐阜県生まれ、池田より2歳年長で東京証券取引所、日本商工会議所会頭などを歴任した大物である。その郷を会長にと言われ、若尾も反対はできなかった。

そしてもうひとり、池田が白羽の矢を立てていた人物がいた。ほかならぬ小林一三である。小林を送り込んで若尾をサンドイッチ状態にしようというのである。小林は元はと言えば、山梨県韮崎の生まれである。甲州人でなければ人にあらずといった当時の東京電灯の水に合う。しかもいまや鉄道だけでなく、住宅開発、観光、デパート、ホテルから宝塚歌劇まで次々と成功させ、経営手腕は確かで関西財界では知らぬ経済人はいない。なおかつ松永とも懇意である。

池田は、当初誘いを固辞した小林を追い回し、とうとう口説き落とした。ただ小林は承諾に当たって「入る以上は、自分の思う通りにやる」と念押しするのを忘れなかった。27（昭和2）年7月小林は東京電灯取締役に就任、自分から営業部長を買って出て経営方針を営業第一主義に切り替えた。

それからの小林の仕事ぶりは徹底していた。工務関係は当分必要ないと数百人の人員削減を実施した。また社員の仕事ぶりがあまりにお役所的で傲慢な振る舞いになっていると厳しくいさめ、阪急でやってきたサービス精神を浸透させた。すぐに「サービス第一、親切丁寧、迅速正確、安全」を社内標語に掲げた。さらに中央集権的な経営政策から地方分権主義に移し、若い優秀な社員に権限も与えた。

会長となった郷の方は、池田と連絡をとりながら従来の放漫経営の立て直しに全力を挙げた。こうしてしばらくすると悪評の絶えなかった社会の風当たりも少し和らぐようになった。社内の実権が次第に郷―小林ラインに移っていくのを横目でにらみながら、池田は東京電力との合併を一挙に進めることにした。

松永は頼りにしている安田銀行の結城や東京海上火災の各務が、東京電灯と東京電力の合併に傾いていることを知らされ、熟慮の末池田に合併に向けての話し合いに応じる旨の意向を伝えた。親会社の東邦電力も相当傷んでいて共倒れのおそれもあったからだった。

27年12月になって三井銀行の池田を挟んで松永ら東京

電力経営陣、若尾ら東京電灯経営陣は、詰めのところを残して合併をほぼ合意した。ところが、手打ちをしたのにもかかわらず社長の若尾が重役会にも諮らず、秘密裏に松永のおひざ元の名古屋に進出する願書を提出し、そのことが判明する。

若尾は松永が社長の座を狙っていると疑い、名古屋に出てけん制しようとしたのだった。当時政権が、再び若尾が所属する政友会に移っていたタイミングを見計らったに違いない。供給区域の重複許可は、政争によって乱発されていた。松永が東京進出に利用した政治圧力を若尾も逆手にとったのである。これには松永も怒り心頭に発し、池田を通じ東京電灯会長の郷に抗議書を突きつけた。若尾の方は名古屋一帯の供給許可が下りたことで得意満面だったろう。

合併話を進めてきた池田、郷と松永らは、合併か御破産か、鳩首協議した。会談が行き詰まりかけた時、松永の部下の岡本が絶妙なアイデアを出した。東京電灯が取得した名古屋一帯の事業権を東邦電力の委託経営にしてはどうか、それなら名古屋で激戦は起きない、というのだ。実質的に営業権を譲り渡すという提案ではあったものの松永も部下からの提案であり、しぶしぶ同意した。28（昭和３）年4月、東京電灯と東京電力は合併した。ただ新会社の社名は東京電灯株式会社である。どうみても東京電力は吸収合併された。松永は取締役に名を連ねた。５０万株の大株主である。一方で若尾は、30年6月引退した。

若尾の引退には、郷らが資金調達の危険回避のため借入金や社債を整理し融資を外債に切り替えようとしたところ、引き受け先のアメリカの銀行から若尾の引退を求められたという事情もあったが、それだけではなかった。

日本電力が、東京電灯との契約期限が切れる需要家の獲得を狙いに東京に進出してきたのである。東京電灯からの切換え意思を持った需要家は相当数いたから、守る東京電灯と攻める日本電力との新たな攻防戦が展開されることとなった。

危機感をもった経営陣は、2度目の「東電改革」が必要になるとして、若尾に詰め腹を切らせた、という側面があった。郷は会長兼社長となり、副社長の小林以下、布陣を固めるとともに財界あげての支援体制を組んだ。日本電力社長の池尾もここが引き時として東京に置いた事務所からも社員を全員大阪に引き上げさせ、第2次〝東京決戦〟は幕引きとなった。

日本電力があっけなく引き下がったのは、同社も融資を左右する金融団から詰め寄られたからだった。そこには調停に動いた池田の姿があった。〝電力戦〟の終止符は、介入してきた銀行の仲介を蹴るほどの体力の余裕がすでに電力会社になかった点にある。財務はひっ迫し、銀行の支援だけが頼りだったのである。

なお、のちに福沢桃介に代わって社長となった増田次郎率いる大同電力も木曽川で起こした電気を長距離送電で東京に持ってこようと東京電灯との間で摩擦を生じさせており、〝電力戦〟は、35（昭和10）年年頃まで続いた。

後年、松永は、東京進出のてん末を次のように回想している。

「とうとう電力の天下は取れずにお仕舞に終わったものだ。なにしろめざす相手は大東電（東京電灯）で、若尾、郷、池田などが敵陣の錚々たるもの、おしまいには友人の小林一三までが向こうにまわってしまった。いわば、金融、電力の連合軍だ。衆寡ついに敵せず、結局こちらでもぼくの負けとなった。したがって電力戦に関するかぎり、ぼくはいつも連戦連敗というわけで、いまさらその兵を語る資格はないと思っている」（『松永安左ェ門著作集』より）

松永は、東京電灯を窮地に追い込み、ワンマン社長の若尾を辞任に追いやり、この間破竹の勢いで中小電力会社を統合合併し支配地域を西日本、中部地域から関東まで広げてきたのだから、決して「連戦連敗」と言うほどではなかった。それでもそう言うほど東京決戦のてん末は、悔しく不満だったのだろう。

電力連盟の発足と電気事業法改正

〝電力戦〟は、電力会社の体力を消耗させ経営者たちも競争に疲弊し飽いてきた。一見自由競争は、いまでいう市場活性化のメリットをもたらしているようみえるが、その実激戦地では敵方のお得意先を切り崩すため札束が舞い、ダンピングが横行し、一方で競争のない農村などでは高い料金が据え置かれる「過当競争」が当たり前となっていた。

競争が激化するほどに政友会や民政党の政争に巻き込まれ、過当競争の原因である供給区域の重複化が乱発された。また東京電灯を甲州閥で固める経営陣の挙動は、乱脈と腐敗の印象を世の中に与えることにもなった。

東京電灯と東京電力が合併され首脳陣が一新したあとも卸会社の日本電力や大同電力が東京進出を企てており、このままでは危うい、競争を一刻も早く止めるべきと、多額の融資をしている銀行団は危機感を深めた。三井銀行の総帥池田成彬を中心に、三菱財閥系の各務鎌吉、安田財閥の結城豊太郎ら金融界首脳は、連携してその方策を練り始めた。

逓信省内にも電力業界に競争をまかせきりにするのではなく、一定の計画や方針に沿い指導・制限すべきとの声が官僚たちから出るようになった。当時各地で電気料金の引き下げを求める「電灯争議」が起き、不況にあえぐ中小企業や大口需要家からも電力料金引き下げの声は強まっていた。

25（大正14）年5月に公布された普通選挙により有権者が増えたことで電気料金引き下げは、大衆受けする選挙公約となって政治家からも電気事業への関与を求める圧力が高まりつつあった。閣議では「東電はけしからぬ。暴利をむさぼっている」と取締まりを求める声も出るほどだった。

こうした電力業界への反感、批判を背景に逓信省は、逓信大臣の諮問機関として臨時電気事業調査会を設け、電気事業の統制問題を検討し30（昭和5）年4月答申を得た。31年10月小泉又次郎逓信大臣（〝刺青大臣〟と呼ばれ、のちの総理大臣小泉純一郎議員の祖父）は、池田ら金融界首脳と会い、過当競争を鎮静化させるためすみやかに電気事業を指導統制していく旨の政府の意向を伝えた。

ただ政府はこの時点では電気事業の国営や官民合同経営までは意図しておらず、あくまで過当競争の鎮静化方策を探っていた。電気事業に直接国がかかわれば、国庫の懐を痛めなければならない。財政事情は、それを許さなかった。統制をチラつかせて民間側の率先した解決を促したものといえるだろう。

電力会社の側も金融機関の呼びかけで28年5月日本動力協会に5大電力首脳者を中心とする「電力統制会」を設置していた。しかし強まる電気事業への逆風と厳しさの増す財務状況から次第に統制やむなしの空気になりつつあった。逓信省は池田らに裁定案づくりを迫り、電力の側も受け入れざるを得なくなった。

32年3月、逓信次官の大橋八郎の呼びかけで5大電力の代表が集まり、最終的な統制案を協議検討した。規約案をめぐり小売り会社と卸売り会社との間で意見が合わなかったものの妥協が成立した。翌月（32年4月）三井の池田の招集によって財閥系銀行の代表と、5大電力のトップ松永（東邦電力）、小林（東京電灯）、増田（大同電力）、内藤熊喜（日本電力）、林安繁（宇治川電気）が集合し、ついに電力連盟の結成を決定した。

骨子は、「二重投資をしない」「同じ地域に重なって免許を申請しない」「電気料金は協定して決める。料金面での競争はしない」「連盟の中に電力委員会を置き、ここで各社の意見を調整する」というもので、さらに「（電力調整委員会の上に）顧問会を置き、各社の意見がまとまらないときは、顧問の裁定を仰ぐ」ことを加えた。

典型的なカルテルを申し合わせたものであり、内容的には「顧問会」を「電力調整委員会」の上位に置いたのがミソであった。債権確保を目指す銀行の意向が最優先される仕組みにしたのである。しかし、これによって〝電力戦〟はひとまず休戦となり、約10年間に及ぶ無秩序な市場獲得競争に終止符が打たれることになった。

この電力連盟にはその後15社が加盟し、合計20社をもって次に来る国家管理の時代まで続いた。

電力連盟の発足は、池田ら金融界が介在したにしろ、いわゆる電気事業の統制論に対し電気事業者自らがカルテルによって自主的・自律的に生産（電力設備）、販売市場（供給区域）、価格（販売料金）を調整しようと発足したものだった。だが、その統制に関しての政府や政党の考えは、その時代の状況を反映しながらも国家管理をどこかに匂わすものだった。

電気事業を国で統括統制しようという考えは、明治時代に遡る。10（明治43）年桂内閣の逓信大臣、後藤新平が省内に設置した「臨時発電水力調査局」が水利権の問題を研究し、電力会社に与えた水利権は、将来国が必要としたときには自由に取り上げることを周知させた。これがいわば国家統制の最初の動きとなる。

その後、電気事業の国営化を視野に入れて大規模な水力調査が行われ、大正の末頃になると政党が競って電力統制問題を研究するようになった。26（大正15）年6月貴族院の公正会が政党として初めて電力統制案を発表し、これに刺激を受けたかのように政友会、民生会、政友本党などがそれぞれ電力統制案を発表した。どれも電力の国営ないし国家による統制強化を唱える内容だった。

政界のこうした動向を見ながら逓信省は、27（昭和2）年3月になって電気局内に臨時電気事業調査部を設け、統制問題について調査審議。当時の電気事業者の「電力過剰な無謀な競争」は「国家的損失」を招いているとし、従来の電気事業法の改正に着手する方針を明らかにし29年、逓信大臣の諮問機関として臨時電気事業調査会を設置した。

翌年逓信省は、この調査会から答申を受けて電気事業法の改正案の作成に着手し、32（昭和7）年12月全文が改正され施行された。

電力連盟の結成とほぼ歩調を合わせて施行された改正電気事業法の特徴は、第1に電気事業を公益事業と認知し、業界統制へ一歩踏み出した点だった。電気料金はそれまでの届け出制から認可制となり、供給義務が明文化された。つい最近までの電気事業法のルーツがここにある。次に電力会社の合併には国の認可が必要とし、国及び地方公共団体の買収権が認められた。この条文は国営化の伏線となっていく。これらは「電力行政のエキスパート」と目された逓信官僚、平沢要が中心になってまとめたものである。

この改正電気事業法について『電力百年史　前篇』では、次のような評価を下している。

「改正電気事業法は、いわゆる電力統制論の結論である。しかし当時いわれた『電力統制』という表現は、この改正事業法をみる限り必ずしも適切な表現ではない。電気事業の私企業性を前提とした事業統制であって、国家意思の一方的強制乃至私企業性の否定と解される統制ではない。したがってまた、後の国家管理とも全く異なるもので、現行の電気事業法と同じ思想にたつものである」

ただ改正電気事業法交付直前の31年7月、大同電力、日本電力など4社は関西共同火力発電を設立したが、国家による統制が強まることを見越して、大手電気事業者が協調に向かった例との見方の一方で、実際には逓信省が主導したもので、国の指導と関与が現実化してきた一例との捉え方もある。統制を強める一方で逓信省は、供給区域の地域独占を認めるようになった。

電力連盟結成の前年（昭和6年）の9月、満州事変が勃発した。軍備の拡大と生産の増強が叫ばれ、国家財政は急速に膨らんだ。電気事業がカルテルの時代に入った32（昭和7）年は軍需景気から経済も持ち直したタイミングだった。電力需要も増加し過剰だった電力の需給関係は堅調となった。ダンピングや安売りは解消に向かい、ようやく財務状況が改善に向かった。

松永の「電力統制私見」と国営論

松永は、28（昭和3）年5月東邦電力社長に就任した。持論の「電気事業の目的は公衆の福祉増進である」「電気事業は科学的に経営せられるべきである」を社員にも呼びかけた。また資金調達手段として何度も英米の金融機関と外債発行の契約を結び、その経験などからグローバルな手法と知見を得て、独自の経営観を持つようになった。

22（大正11）年には担当者を渡米させ、第一次世界大戦中にアメリカで計画されたスーパー・パワーシステム（超電力連系）構想を内務省から入手し、自分なりに咀嚼して日本版超電力連系構想をまとめ上げた。業界統制の必要を謳い、そのため統一した機関「大日本送電株式会社」を設立することを着想し、東京に大規模火力を建設しようと周囲に働きかけもした。

しかし、松永自ら先頭に立った〝電力戦〟では、統一どころか需要家奪い合いの消耗戦となり、各社間に亀裂まで生じた。結局金融機関の仲裁でカルテルを結んで一段落という始末になった。

〝電力戦〟での壮絶な需要家奪い合いは、電気事業法の改正検討にまで発展し、政党からは電力統制を求める声が出始めていた。また世の中からも抗争に明け暮れる能天気な電力会社と、厳しい目が注がれるようになった。松永は、こうした動きや世の中の空気に敏感に反応した。28（昭和3）年雑誌『経済往来』に「電力国営反対論」と題した論文を寄せ、その中で「国営によって自由な企業精神が失われる」と主張した。電気事業者が電力の国家管理に反対を唱えた最初の論文といえるだろう。

松永は、さらに雑誌『エコノミスト』に「電気事業と料金制度の確立」を書き、同年5月「電力統制私見」を発表した。後に戦後の「9社一貫供給体制」のひな形をつくったといわれるこの論文は、「自らの業界統制論を集大成」（橘川武郎国際大学大学院国際経営学研究科教授）したもので、民営体制を前提に群小会社を大合同して全国を9地域に分け、1区域1会社にするという構想を示した。発送配電をひとつの会社にまとめさせ、責任体制をはっきりさせたところにポイントがある。

この当時展開されていた〝電力戦〟での過剰投資、二重投資、過当競争による原価割れの販売という「不統制」の害を強く指摘し、業界統制を訴えるものでもあった。また1区域1会社への移行過程として2社以上が相互補給するプールを形成し、これらの体制を監督諮問する機関として「公益事業委員会」の設置も提案した。

戦後の電気事業再編の際、松永は1地域1電力会社主義の9電力体制を強く主張するが、すでにこの時点でその構想を胸に抱いていたことになる。

松永は何よりも国営化を恐れていた。「不統制」では、つけいる隙を与える。官営や公営の電力会社も民営化し大合同に参加させる、民主導の民による運営、そのための統制と大同団結。あくまで業界の自主調整によって運営を一元化する考えは、以前したためた「超電力連系」構想をベースにしたものであり、国営論とはまったく違った道づくりになるはずだった。

松永の「不統制」への懸念は、電力連盟の結成となって一段落したものの次第にカルテルの結成や企業の集中・独占から資本家への批判が増し、国家主義的風潮が強まってきた。そこに社会的にも大きな事件が相次ぐようになった。

政府は30年金本位制へ回帰し、翌31年12月には逆に金輸出再禁止という措置を取った。この間に三井銀行などは円が高いうちにドルを買い円が安くなったところで円を買い戻す、為替益ねらいの商行為を行い、それが「三井のドル買い事件」と一連の財閥批判につながった。脅迫騒ぎから騒ぎは発展し、32年3月三井財閥総帥の団伊玖磨が暗殺された。そのひと月前には、金解禁を主導した大蔵大臣の井上準之助が殺される事件が起きていた。

さらに同年武装した青年将校らに首相の犬養毅らが暗殺されるという「五・一五」事件が起き、社会不安も高まった。それら事件の背景には一部軍人らの独走はあるにせよ、財閥の膨張への嫌悪と反資本主義とでもいうべき国民の感情が底流にあった。

電力業界についていえば、同じ基幹産業の鉄鋼業界が官営・八幡製鉄の時代から国策に忠勤を尽くしているのに、何やら資本家の権化のように自由勝手にふるまっているとの印象を与えていた。厳しい目が注がれているのに当の電気事業者は、無視するか気が付かなかった。

若手将校や官僚の間には、挙国一致のため統制経済を待望する雰囲気が強まり、電力国家管理が次第に遡上に上るようになってきた。また池田ら金融界の首脳の間でも豊富低廉な電力を約束してくれるなら国家管理でもよい、との考えに変わってきた。

電力連盟発足の支えでもあった金融機関の首脳は、軍部と財閥との関係改善に向かい、いうならば〝転向〟して軍部寄りになった。単に革新将校や革新官僚にとどまらず大衆、商工業者、農民から電気事業者が頼むべき産業界、金融資本家まで、濃淡はあれ国営化賛成に傾きつつあった。いつの間にか電気事業者は、四面楚歌となっていたのである。

第2章　電力国家管理と日本発送電（1939～1951年）

第1節　日本発送電と9配電会社の設立（1939～1945年）

革新官僚の登場

電力国家管理が、実現性を帯びてきたのは、「二・二六」事件で倒れた岡田啓介内閣の時だった。1935（昭和10）年5月国策の大綱を審議する内閣審議会が設けられ、その事務局として参謀役とでもいうべき役割の内閣調査局が置かれた。調査官には各省から革新官僚と呼ばれる若手官僚が集められた。その中に逓信省電務局無線課長奥村喜和男と陸軍省から来た、のちに企画院総裁となる鈴木貞一大佐がいた。

革新官僚というのは、当時の腐敗堕落した政財界の改革に燃える憂国の官吏のことで、救国思想の持ち主とでもいうべき意味では、「二・二六」事件の若手将校らと通底するものがある。それだから軍部の革新幕僚とも結び、時に政党政治家や財界とつながっていた上層官僚にとって代わろうともした。大蔵省の迫水久常、後に総理大臣となる商工省の岸信介、戦後自民党商工族のドンと言われた椎名悦三郎らは、その大ボスと言われた。

昭和初期は金融恐慌や世界恐慌から中小企業の倒産が相次ぎ、失業者が巷にあふれ、農家の娘たちの身売りも珍しくはなかった。小津安二郎監督の映画「大学は出たけれど」がヒットした時代雰囲気である。

こうした中、政党政治は政争に明け暮れ、政党と結んだ財閥の腐敗は目に余るものがあった。大資本、自由経済、政党中心の政界秩序を革新しようとする「革新派」の台頭に期待が集まるようになり、そこから右翼陣営、軍部、そして革新を標ぼうする官僚たちが現れてきた。

その官僚代表が奥村らだった。奥村らは、内閣調査局をいわば革新の砦として、それぞれの得意分野で国策づくりに注力した。ちなみにこの内閣調査局は、岡田啓介内閣時代に軍部の支援を受けて各省をコントロールする機関として強化され、次の林銑十郎内閣のもと37年に企画庁に改組拡充、第一次近衛内閣成立後の同年10月に資源局と合併して企画院に昇格した。ここは、やがて革新官僚の〝牙城〟となる。

36（昭和11）年2月26日早暁、陸軍青年将校らが斉藤実内大臣、高橋是清蔵相を襲って殺害し、首都東京に戒厳令がしかれるという「二・二六」事件が起きた。この事件を機に軍部の政治・経済に対する発言力は極めて強大となり、軍国主義的な支配体制は確立し、戦争拡大不可避の情勢となる。

準戦時体制に入ったことで広田内閣は、陸海軍備の充実と「国防及び産業に要する重要資源並びに原料に対する自給自足方策の確立を促進する」と電力確保にもかかわる「国策の基準」を決定した。内閣調査局で議論を重ねていた奥村らはその前年12月、後の電力国管の原案となる「電力国策要旨」を作成していた。

奥村は、１９００年1月福岡県に生まれ、東京帝大法学部を卒業して逓信省に入り、先の改正電気事業法の成立に関わった経験をもち、国策会社日本無線通信の設立にも関わっていた、革新官僚らしく電力国営化問題については「民間電力会社の勝手気ままな競争に任せていては、国家、国民が望む低廉、豊富な電力は作れない。国家的見地に立って国営化すべき」と考えていた。

ただ、当時の日本の国家財政は、赤字公債が１００億円に達し、これからも軍事費の増大で赤字公債が膨らむことは必至で、そんな折に投下資本50億円を超す電気事業を国で買収し、国営化することなど、現実にはとてもできる相談ではなかった。

そこに、あるアイデアが閃いた。「発電と送電は国が管理するか国営の下に置き､配電は従来通り私営か公営」を前提にして、国が運営管理する特殊会社を設立し、その会社の株式と引き換えに民間の電力設備を引き取る。つまり所有と経営を分離し、所有は民間に、経営は国でやる。これだと国庫の支出は不要であり、公債発行の必要もない。

妙案と言ってしまえばそれまでだか、国による電気事業の乗っ取りである。しかもこの案は国の懐が痛まないのがミソであった。果たしてそんな虫のよいことが実現し得るのか。

奥村は当時の大蔵大臣高橋是清にもこの案を提出し了承を得たという。そこに「二・二六」事件が起き広田内閣が誕生したのは、奥村にとってはラッキーだった。内閣審議会の委員で自ら革新政治家を任じていた頼母木(たのもぎ)桂吉が、逓信大臣に就いたのである。頼母木は、この時69歳。第2次若槻内閣では逓信省政務次官を務めていた。その経験もあって内閣審議会委員の時に奥村から電力国営化の説明を受け、電力国営化こそ自らの花道になる、と考えた。

36年3月、頼母木は戒厳令下の特別議会で、電力国管について「電気事業の統制は、漸(ぜん)を逐(お)い、国営を目標として実現を期する」「具体案がまとまるまで新規の認可事項は一切留保する」という方針を明らかにした。電力国管についての政府の最初の公式声明であり、株式市場は驚き、電力株は一斉に暴落した。

それに対して電力業界は「統制は漸を逐い」という文言から、事は急には運ばないだろうと楽観的に構えた。しかし、広田内閣は「庶政一新」をスローガンにしており、電力国管は本気だった。奥村はこの機を逃さず同じ革新官僚仲間で経理局長だった大和田悌二を電気局長に起用するよう頼母木大臣に働きかけた。頼母木はこれに応じすぐに大和田を電気局長に任命した。大和田局長は奥村の「電力国策要旨」を下敷きに精力的に検討を進め、同年7月に「電力国策要綱」を、10月には「電力国家管理要綱」をまとめた。

さらにこれを骨子として「電力国家管理法」「日本電力設備株式会社法」など関連法案をまとめ、37年1月には衆院への提出手続きが完了した。業界の意表をつく素早さだった。ただ当時閣僚の中にも電力国管化には反対の空気があった。そこで瀬母木は大蔵、商工、鉄道の3大臣と会談を持ち、電気事業全般を国家管理とした場合「現行料金の約2割の値下げが可能」と強調して「電力国策要綱」の理解を求めるほどだった。

法案の国会提出は秒読み段階と思われた頃、まさにあっけにとられる出来事が起きた、歴史的に名高い浜田国松代議士の反軍演説で広田内閣は総辞職に追い込まれ、せっかくの案が流れてしまったのである。広田内閣のあと組閣の命を受けた宇垣一成陸軍大将は、軍部の反対で投げ出し、結局林銑十郎陸軍大将が組閣するも、この内閣はきわめて弱体で、電力国管案はタナざらし状態となった。

この林内閣のもとでの逓信大臣には、瀬母木に代わって明治期の陸軍大将・児玉源太郎の嫡男児玉秀雄が就いた。大和田や奥村らが盛んに自分たちの陣営に取り込もうとするも、慎重論の児玉をうまく説得できなかった。逆に児玉は、従来から電力国管化に反対の態度を示している逓信省きっての電力行政のエキスパート、当時電務局長の平沢要を次官に昇格させた。

平沢は、電力の統制強化は電気事業法の適切な運用で十分目的を果たせるという考え方だった。平沢の次官就任は、電力国管推進派にとって大きな障壁となることは間違いなかったが、そうはならなかった。結論を言えば、林内閣のあとを受けて37（昭和12）年6月発足した近衛内閣（第1次）は、四苦八苦しながらも電力管理法案を成立させたのである。平沢はのちに関東配電の社長に天下る。

こうした革新官僚の電力国管具体化へのすさまじい執念や、政治家たちの動きに肝心の電力業界はどう対応していたのだろうか。一言で言えば当初の反応は鈍かった。業界団体の日本電気協会は、逐次電力問題中央委員会や臨時総会などを開催して反対を趣旨とする決議を行っていた。しかし、国が本気で国管化を考えているとは捉えることはできず、対応も型通りだった。

国家予算を超えるほどの規模と複雑さを有する産業を国が管理し直接乗り出すとは、到底考えられなかった。せいぜい統制強化の類だろうとし、36年5月の瀬母木逓信大臣の電力国営を目標とするとした表明もさほど危機感はもたなかった。

しかし、広田内閣で閣議決定された内容が明らかになり、法案が議会へ提出される直前の段階になってさすがに慌て出した。電気協会会長で日本電力社長の池尾芳蔵は、36年6月反対声明を出し、数万部に及ぶパンフレットを作成し政財界に配布して理解を求めた。池尾は「我々が無理とするものを政府当局は無理でないと押し通そうとする。これはもはや電力問題ではなく思想問題だ。国家社会主義、ファッショだ」と批難した。貴族院議員で商法学の権威とされた松本烝治は、電力国管法を「電力会社横領法」とでも言うしかない悪法だと、決めつけた。

当然のことながら松永も猛反対の論陣を張った。37(昭和12)年雑誌『東洋経済新報』に「刻下の電力問題について」と題する論文を掲載する。逓信省の電力国策要綱は机上の空論であり、「現実を知らぬ官僚が音頭を取ったところで、電力統制の成果は上がらない」とし、さらに「国家管理では債権者、とりわけ外国銀行の反発を招き、将来の外資導入を困難にする」と一蹴した。

松永は低コストの資金調達こそ電気事業経営のポイントと考えていた。早い時期からの外債発行を通じて、資金の貸し手である欧米の銀行がいかに融資先の経営の効率化を重視しているかも身に染みてわかっていた。だから「国家管理案」では経営の効率化が図られず、早晩事業が行き詰まると見透かした。

反対の波は財界にも広がった。日本経済連盟、日本商工会議所、全国産業団体連合会といった経済団体もそれぞれ反対決議を行った。電力国管化は自由主義経済の侵害であり、ひとり電力業界の問題ではないと危機感を募らせたのである。

「官吏は人間のクズ」――松永安左ェ門

１９３７（昭和12）年1月23日、所は長崎である。松永は長崎商工会議所主催の「振興産業と中小商工業について」という座談会に講師として招かれていた。翌日に行われる東邦電力の落成式に出席する日程に合わせて、長崎市長の笹井幸一郎や長崎商工会議所会頭の脇山啓次郎が主宰したものだった。

発言の番がくると松永は、当時商工省が推進していた産業合理化運動に言及し「産業の振興は民間の諸君の自主的発奮と努力に待たなければならない。官庁に頼るなどはもってのほかである。官吏（官僚）は人間のクズだ。官庁に依頼しようとする限りは、日本の発展は望めない」。こう言い切った。

松永のこの発言の直前、広田内閣での電力国家管理法案は、議会に提出できず流れる公算が大きくなっていた。電力国家管理法案は、広田内閣とともに消えかかろうとしている。その高揚感もあったのだろうし、「官庁に頼るな」は、持論でもある。各地の講演会でも同じような発言はしていたし、しかも今回場所は郷里も同然である。つい官僚たちを切りつける舌鋒は鋭く声も大きくなった。しかし、この日会場には硬骨の若き内務官僚がいた。松永の話に耳をそばたてていたことに松永は気づかなかった。

長崎県経済部水産課長の丸亀秀雄は、04（明治37）年12月広島県に生まれ、東京帝大政治学科を卒業して内務省に入省した。長崎県の水産課長には半年前に赴任したばかり、当時32歳だった。丸亀は「官吏は人間のクズ」という発言を聞き「陛下の忠良な官吏」に対する屈辱であると憤激、すぐに反論しようとしたが、その場には上司の県経済部長らがいて制止された。

丸亀はその夜、明朝にも単独で松永と会い、謝罪を求め聞かぬ時はピストルを撃ち込むと準備までするのだが、丸亀の松永の宿泊先への訪問を事前に知った周囲の計らいから、訪ねてきた丸亀に松永は丁重に詫び、最終的に新聞広告に謝罪文を掲載するなどして、何とか一件落着に持ち込んだ。

後年丸亀は、松永の死去に際して刊行された『松永安左ェ門翁の憶い出』に、事のてん末を「長崎事件の憶い出」として記している。

「（中略）公開の席でしかも面前でこの屈言を聞いては、許しがたい暴言として憤慨に堪えなかったのであります。松永さんの官吏屈辱の発言は、その場の単なる失言であり、又、官僚の反発はそのときの感情の爆発に過ぎないと、単純に片づけられないのでありまして、当時の複雑な我が国情を反映していたと思われるのであります。（中略）国政を紊（みだ）し国を危うくするのは政党であり、又財界であるとして、軍には青年将校の蹶（けっ）起があり、又、官僚には革新的少壮官僚の奮起がありまして、政・財界に対する反発も相当根強いものがありました」

「松永さんは、産業合理化運動を官僚の独善的政策であるとして、一層舌鋒鋭く批判しておられました。このような時代の潮流を背景として、官吏屈辱事件が起こったのでありまして、決して偶発的事件ではなかったのであります」

「さて、座談会の翌朝、私は松永さんを訪ねまして、返答如何によっては右手で撲り易いように座を占めて待ちました。松永さんは静かに座られると開口一番、『昨日は大変失礼な暴言をはきまして何とも申し訳ありません。年甲斐もないことでした。どうぞ御許しをお願いします』と、二度に亘って手をつき額を畳みにつけて謝られたのであります」

松永の謝罪に対して丸亀は、口先だけではなく、誠意ある謝罪方法の実行を迫り、「もうこの辺でよいのではないか」という知事を突き上げて、東邦電力長崎支店の落成式には知事始め主だった幹部、学校長、官僚に出席しないよう迫った。さらに当日式場にいた神官にも引き揚げを命じ、結局祝詞を読む神官は素人に代わったという。取材に来ていた記者たちは県幹部職員らが不在という異様さから、この「官吏屈辱事件」を大々的に報じた。

松永は、改めて知事や県の各部長、丸亀に陳謝したほか全国紙、地方紙１面への謝罪広告、さらに県が世話していた神社の建設賛助金として５万円寄付させられた。丸亀の「憶い出」は、当時の自分と時代状況を客観視して振り返りながら最後は「ご迷惑をお掛けした。貴重な人生指針を教えられた」と松永への感謝の言葉で結ばれているが、文面には「全国の官吏の問題だった」と政治家を裏で操る財閥・資本家を憎む、当時の若き官僚の実直な思いが、綴られている。

松永が、殺気を帯びた若い官僚に先手を打って、平謝りの戦法に出たのは大正解だった。なぜなら若手将校、右翼人が政府首脳や財界人を的にかける事件が収まらず、この長崎事件の11カ月前には「二・二六」事件が起き、斉藤内大臣や高橋蔵相らが殺されているからだ。そうした軍部の台頭と革新を標ぼうする官僚たちの独善的な振る舞い、それを容認するかのような世情のもと、近衛内閣（第一次）が、37（昭和12）年６月４日成立した。

近衛内閣の２つの重要法案

近衛文麿は、１８９１（明治24）年東京麹町にあった

５摂家のひとつ近衛家に生まれた。東京帝大哲学科に入ったのち京大法科に移り、『貧乏物語』で知られる河上肇の教えを受け社会主義的な考えに傾倒し、不公平の解消を自らの振る舞いとした。そこから持たざる国、日本の生存権を確保するため大陸への進出も是とし、満州事変では軍部の行動を支持している。

33（昭和８）年には、革新政策の私的研究機関「昭和研究会」なるものを作っている。この研究会には三木清や有田八郎、尾崎秀実、戦後エネルギー政策立案に関わった有沢広巳や稲葉秀三といった当時革新思想家と言われた文化人､学者たちが参画している。彼らは行き詰った社会を打ち破り、公平な社会を建設するためにはいかにあるべきかを論議し、革新的な政策を研究した。こうした考えは、軍部の若手将校や革新官僚と通じるものがあった。

戦時中に設けられた大政翼賛会という組織は、政党政治を否定し、日本国民をひとつの組織体にまとめあげ、戦争に突入させた推進母体としてよく知られるところだが、その大政翼賛会は、昭和研究会が軍の台頭を抑え、新しい社会体制を築こうと呼びかけ組織したものという。その中心に近衛がいた。

松永は、九州電気鉄道の経営に当たっていた頃代議士に当選し、19（大正８）年春、ブリュッセルで開催された万国国会議員商事会議に出席した折、その旅先で偶然近衛と知り合っている。当時松永は45歳、近衛は27歳の若き貴族院議員だった。

松永は、この若き貴族院議員の遊びの面倒をみながら、ある人物観を持つようになる。

「近衛という男の本質を、松永はひとつの出来事で一瞬にして見抜いた。実のない男とみなしたのである。自分勝手なのは松永も同じだが、優柔不断。あちこちで人を喜ばせるようなことを言って、ニッチモサッチも行かなくなると責任を取らずに逃げようとする。いつも機嫌は良くて上品このうえないのだが、どこかぬるりとした冷たさが底に潜んでいる。公家の通有性である」（水木楊著『爽やかなる熱情』より）

プリンス近衛が首相に就いた時、各方面から歓迎の声が寄せられた。軍部も右翼も、革新派も、政党も、重臣たちも、それぞれ思惑を異にしながらも大きな期待を寄せた。

だが松永だけは冷ややかだった。近衛が到底複雑で困難この上ない、この時代の舵取りができるとは思えなかった。電力問題にしても単に革新かぶれの人物の差配には信用がおけず、むしろ危惧の念を禁じえなかった。松永の危惧は、やがて現実となる。

電力問題担当の逓信大臣には民政党の永井柳太郎が就任した。永井は党の政務調査会長、幹事長を務めるなど経験豊富な政党政治家だが、親軍派と呼ばれる一群に属していた。また近衛内閣自体革新性を帯びており、永井の登用は軍部や革新官僚から歓迎された。

永井は、広田内閣の瀬母木逓信大臣が議会提出を準備した民有国営案が成立しなかったのは、あまりにも逓信省が事を急ぎ、電力業界のみならず財界を敵に回したことだとみて無用な衝突は避けるよう指示した。その上で「目標を、電力国管におくこと」と簡単明瞭な方針を周知させた。ただ逓信省次官の平沢要は電力国管には慎重派であり、逓信省は必ずしも一枚岩ではなかった。

1937（昭和12）年7月、日華事変が勃発した。すぐに日中戦争が本格化したことで挙国一致のムードが高まり、政府および軍部の意向に楯突くのは勇気のいることになっていく。

永井大臣は10月18日「臨時電力調査会」を発足させた。あくまで電力国管が官民協力の所産であることを印象づけるため35名の委員には5大電力のトップなど反対派も入れた。これに先立って永井は、自分がメンバーになっている中立的な立場にある国策研究会で電力国管を研究させ、ムードを盛り上げる作戦を取っていた。

メンバーには財界人や識者のほか民間と言いながら軍部、官僚の実務家も入っていて官僚側からは大和田局長や奥村課長が参加していた。同研究会は「調査会」が発足する直前の9月「電力国策要綱」を発表した。既存の水力発電所を除外し、主要送電設備、主要火力、新規水力を持つ電源開発会社をつくり、第1案は「会社」から設備を借り上げ国が卸売りをする、第2案では業務は「会社」にやらして国が監督命令するという、2案が併記されていた。

第1回「調査会」では、電気協会の池尾会長がまず立ち、「この調査会は国家管理の是非を検討するものと思って委員を引き受けたが、諮問の内容を見ると国管はすでに前提になっている」と、研究会がまとめた「要綱」がすべての前提になっている根本的な問題を提起し、協力はできない旨発言した。これに対し永井大臣は、戦時に対応する電力の充実をはかるにはどうすべきかを議論すべきと強調し、さらに「既存の設備には、手を出さない」と腹案まで示して、電力国管議論をあくまで進めるとした。

松永は、5大電力で結成した電力連盟の会合で、対案を作成して対抗しようと発破をかけた。10月22日、第2回の総会が開かれ、ここで業界側は反撃に出た。東京電灯社長の小林一三が5大電力社長連名の「電力統制に関する意見書」を提出し、国家管理を前提とする政府側の考えに断じて反対する旨を表明するとともに、業界独自の「電力統制要綱」を発表したのである。

電力側が意見とするところは、「国家非常時に当たって企業形態を変更するのは、激流を渡っている時、馬を乗り換えるようなもので危険だ。国防に協力するには動員調整を図ればよい。国はもっと大きく大陸を含めた水力、火力の総合開発と調整に目を向けるべきではないか」というもので、さらに次のような業界としての統制案を示した。

・全国を北海道、東北、関東、中部、関西、中国、四国、九州の8ブロックに分け、各地域ごとに地方統制委員会を置き、それにより電力の経済的運用と各地域間の電力融通調整を行う

・政府は電気庁を設置して統制委員会の電力融通調整を行う

この統制案は、政府が業界の指導監督を強化すれば、何も無理に国家管理を行わなくても目的は達せられると訴えたもので、要はいまの不利な状況を何とか政府監督下の「自主的統制」で切り抜けられないかという電力業界の苦肉の策でもあった。しかし、この提案は結果的には逆効果となった。

3日後に開かれた第3回総会での調査会委員の反応

は、冷ややかなものだった。社会大衆党の麻生久は「電力業界は、時局の圧迫を感じた結果、やむなくこのような案をつくったに過ぎない。重圧がなくなれば、ふたたび業者同士で有害無益な競争を繰り返すのは目に見えている。一言で言えばごまかし案にほかならない」と痛烈に批判した。

賛成、反対の溝が埋まらないためこの第3回総会が開かれたあと構成委員12名からなる小委員会が設けられ、松永は、日本電力社長の池尾とともに電力業界代表として選ばれた。この小委員会での議論も白熱し会合は8回に及んだ。そこでも結論は得られず、結局最後に幹事長案なるものが提出された。

この案に対し松永や池尾ら電力代表は「これは瀬母木案と変わらない。むしろ改悪ではないか」と受け止め、激しく反駁した。

「政府のやろうとしている電力国家管理の案は、既存電力会社の一部を強制的に分割するもので、法的に不合理で、一般財界に不安を与える恐れ大である」「送電線を取り上げ、特殊会社で全電気事業を操縦するのは専売の実行であり将来種々の困難を招き、電力の低廉、豊富といった目標は消滅してしまう」「特殊会社に主要設備を取り上げられては、残った電力会社の信用は破壊し資金調達が難しくなり、低料金にすることなどできなくなる」。

言葉は激しさを増した。要は、「民有民営」と言いながらその実、国営である。自分たちが営々と築いてきた事業が取り上げられてしまうかどうかの瀬戸際であり、言葉が激しくなるのも無理はなかった。最後に東京電灯社長兼会長の小林一三が、「財界に不安を与えないという自明な確信か得られない」と財界有力者の意見を聞くよう求めた。

第4回総会は対立状況が解消されず、第5回総会で実際に東京海上火災保険会長の各務ら3名の財界代表が招かれることになった。一方で大和田を中心とする逓信省官僚たちは「電力国家管理要綱」の答申案をまとめていた。

答申案は、次のような内容だった。

①特殊会社を設立し、新規水力発電所、主要火力発電所、

主要送電設備は政府が管理する
②電力の需要計画、発電および送電施設の建設計画、電力料金、電力の配給は国が決定する
③特殊会社は政府の決定に従い建設、業務に当たる。会社の役員は政府が任命し、重要事項の決定は政府の認可を要する
④配電事業の整理統合を図る

第5回総会は、11月19日に開かれることになった。まず東京海上火災保険会長の各務ら3名の財界代表は、「特殊会社を設立して法律によって民間の財産を強制的に出資させる方式が、電気事業でいったん実現されれば、他産業にも波及しかねない」と一様に国家管理に対する強い危惧を表明した。その意見表明が終わった後、永井逓信大臣は、小委員会で採択されたという幹事長案を逓信省案として採択する旨を表明した。

業界側にとってはとても飲める案ではない。退席流会作戦をとろうとしたその時だった。永井大臣は審議に対する謝辞を述べた後、次のように語り始めた。

「この案は今日までに35名の委員中、25名までが賛成の意を通じてくださった。調査会の意向がおのずから明らかになってまいりましたので、諸君のこれまでの努力に敬意と謝意を表し、これでこの調査会を終了する次第であります」

電気協会会長でもある池尾は、「こんな無茶なやり方があるか。だれが賛成したかわからないじゃないか」と激しく噛みついたが、松永は「しまった。やられた」と思った。かつて九州電気と福博電気軌道の合併を強行した時、臨時総会で同じような手を使ったことがあるからだった。決をとれば、反対者がだれかわかる。しかも挙国一致のご時世に反対者の烙印を押すことは憚れる、というのが政府の言い分だろう、と瞬時にわかった。

あっという間の幕切れだった。反論の機会を失った電力業界は、この答申案に基づいて閣議決定が行われる前日の12月16日、5社の「共同計算制」案を発表する。

5社の自主統制実施のため発送電、配電を通じ、5社の電気事業に関する収支は、挙げてこれを共同計算に移し、さらに進んで原価計算を公表するという内容で、ど

れだけ低廉に電気を供給しているか明らかにし、国策に沿っていることを強調するねらいがあった。だが自主統制を死守するための捨て身といってもいい提案も、国からは見向きもされなかった。

翌17日、「電力国策要綱」は閣議決定され、逓信官僚は勇んで法案づくりにかかった。「電力管理法」「日本発送電株式会社法」「電力管理に伴う社債処理法」「電気事業法改正」の関連4法を、翌38（昭和13）年1月の第73回議会に提出すべく、まさに突貫作業が進められた。

舞台は国会に移った。議会再開の翌23日、衆院本会議で第一議員倶楽部の小池四郎が、政府の電力国管に対する姿勢を質問した。これに対し近衛首相は「電力問題は国家の有する産業の基礎を成すものであって、これは国防上からも極めて緊要なことであります。電力問題は必ず諸君の協賛が得られるものと確信しております」と決意を述べた。

近衛首相がこうした決意を述べざるを得なかった背景には、実は予断を許さない議会の状況があった。衆議院で政府案に賛意を表明しているのは、社会大衆党や右翼の東方会ぐらいで、政友会は「電力国管法の成立が歯止めのない国家統制につながりかねない」とほぼ反対、永井逓信相が属する民政党も賛意を示しているのは、永井の腹心の何人かで多くはあいまいな態度だった。そして貴族院の方も私有財産侵害の恐れがあると、おおむね反対でまとまっていた。

こうした議会情勢は、そのまま質疑にも現れた。衆院本会議、その後の電力管理特別委員会とも政府を執拗に攻める質問であふれ、激しい応酬になった。

「国家管理の下での民有民営という形を取っているものの、その実態は官営そのものだ。官営は鉄道、製鉄、電話などにみられるようにことごとく非能率。電力もそうなるのではないか」

「発送電会社の新会社が業務を開始するまでの間、過渡的な空白状態が生じうると思うが、電力不足を招く恐れはないのか」

「外貨債の担保になっている設備を出資するというが、外債権者に不安を与えることはないのか。また日本の国際的信用を失うことはないのか」

「国家管理は所有権の侵害とはならないのか」

「産業界の反対を押し切って行うのは、今日いわれる挙国一致の精神に外れるのではないか」

「電力管理へ移行すると、料金はどれだけ下げられるか。現状よりどれだけ安くなるのか」

こうした質問が繰り出されるたびに主に逓信相の永井が答弁に立ったが、雄弁で知られる永井もしばしば絶句する場面が見られたという。審議は、2月を越し3月に入った。新聞は「波瀾の電力法案」、「火花散らす電力論議」と連日書き立てた。この間、電力業界が政友会や民政党への反対の陳情を重ねたのは言うまでもない。財界、産業界も挙げて支援した。こんな法案が通ったら、次はどの産業が狙われるかわかったものではない。財界、産業界は真剣に恐れていたのである。

しかし、その恐れが現実に迫ってきた。衆院での論議に終止符が打たれる時がやってきたのである。電力国管賛成派の社会大衆党の冨吉栄二が、「官僚独善より資本家の罪悪がはるかに大である。幾多の将兵が戦場に命を捧げて働いているのに、資本家がこの程度の犠牲を忍べないという理由は断じてないのではないと思うがどうか」とただした。

これに答えたのは杉山元陸軍大臣だった。「電力国管は我が国の国防上絶対に必要であり、軍を挙げてその一日も早い成立を期待している」と強い口調で軍の方針を述べると、議場は一瞬にして鎮まり返った。衆議院も最後まで反対することはできなかった。軍部のにらみが怖く議員たちのそれまでのすさまじい反対の声は消えてしまったのである。

この出来事を契機に国会審議は法案可決に向かって一気に進む。多少の修正がなされたものの同年3月7日、電力管理法案と関連法案は衆議院を通過、法案は貴族院での審議に移されることになった。

この電力管理法案が審議されている間、きわめて重大な法案の制定が着々と進んでいた。国家総動員法である。「戦時または事変に際し、国防目的のために、国の全力をもっとも有効に発揮せしめるよう、人的および物的資源を統制運用する」と文言は抽象的であるが、実際には議会の審議を必要としないで政府に広範な権限をほどこす一種の超法規的内容をもつ法案である。当時革新官僚の巣窟といわれた企画院で、軍部の意向を最大限に盛り込んで練られた。

労働争議から新聞発行など国民生活全般に広く統制の網をかぶせ、戦時体制という名目があれば一応、民有民営におさまる電気事業もすべて拠出しなければならなくなる。電力管理法よりもはるかに恐ろしい法案であった。

国家総動員法は、電力管理法はじめ電力関連4法案の成立と密接に関わってきた。ただ電力国管の方が議会に上程されたのが早かったという事情もあり、反対論議は電力国管の方が、活気があったようだ。

国会審議の途中、政府答弁の説明役を買って出た陸軍省の中佐が議員の野次に「だまれ」と一喝した出来事が世間の注目を浴びた。

この一件から議員たちの質問追及が少なくなり、結局民政、政友の両党は、法の乱用をするな、世界平和に努めよ、との付帯決議をつけただけで3月16日、衆院を通してしまった。国家総動員法は、3月24日、電力国管より早く貴族院を通過し成立した。

「すぐに適用しない」という政府答弁はすぐに破られ、38（昭和13）年中に早くも「学校卒業者使用制限令」などが出されている。一方で総動員法の審議過程で陸軍省の佐藤賢了中佐は、政府委員として何度となく答弁に立ち、こう述べた。

「電力の国家管理よって豊富低廉に電力を準備し置き、国家総動員の用意をなすことができる。この意味において電力管理法は、総動員法の基となるものである」

数年後第2次電力国管と言われた政府の統制方針では、第1次の際の議会、業界の反対にこりて、大部分は国家総動員法で実施された。41（昭和16）年4月に水力発電所の強制出資を命令し、続いて8月にはやはり勅令で配電統制令を交付、配電事業の統制を強化している。

総動員法と電力国管法は、一体だといわれるゆえんである。なお、電力国管法にある「豊富低廉な電力の円滑な供給」は、ナチスの「電気・ガス法」とそっくり、との指摘がある。

電力管理法の成立

電力管理法案は、3月8日貴族院にまわされた。法案上程当日の本会議で最初に質問に立ったのは、つとに反対論者で知られる松本烝治博士だった。松本は電力管理法案そのものを憲法違反と決めつけ「憲法27条に『公益のため必要な処分は法律の定める所に依る』とある。それを命令でやるというのは明らかに憲法違反だ。強制出資に対して金だけでなく株をやるというのも憲法の趣旨にもとるものだ」などと政府案の矛盾をつき、政府側も永井大臣自ら反論し、論争は白熱した。

審議は委員会に移っても政府の望むような状態にはならなかった。そこで近衛首相は19日、あえて委員会に出席し「本法案は、現内閣のもっとも重きを置く政策のひとつである。この法案に議論多きことは承知しているが、ぜひ原案を通過せんことを希望する」と決意表明した。貴族のホープのたっての要請に、反対で固まる貴族院の雰囲気も緩むかにみえた。しかし、修正案をめぐる各党折衝で政府の思惑は外れ、むしろ政府案が流れる恐れが出てきた。

そこに「近衛内閣総辞職論」が流された。流した張本人は、近衛の側近で企画院総裁の滝正雄だという。いまでいうフェイクニュースで法案を通過させる一芝居であったろう。案の定貴族院の議員たちは、5摂家筆頭という公家の頂点に立つ近衛を見捨てるわけにはいかない、近衛のあとに軍部、またはその直系が首相になったらどうするか、と動揺したのである。

貴族院は揺れに揺れたものの最後には近衛内閣の革新性が、軍部の信頼を獲得して行き過ぎを抑制することに期待をかけて、電力管理とその関連法案に賛成することにした。貴族院は衆議院の修正案を原案に近い形に戻すことまで踏み込み、結局両院協議会で会期を1日延長することで衆議院側と調整し、3月26日、ようやく成立した。

元朝日新聞編集委員の大谷健は、その著書『興亡―電力をめぐる政治と経済―』で、この間の経過を振り返りながら次のように述べている。

「以後、日本の議会は政府提案の重要法案をこんなに長く審議し、反対論を述べ立て、修正のためいじり回す例は皆無となる。議会と政党が自由主義経済を守るため奮闘した最後のケースとなった」

電力管理法の成立と日本発送電の設立具体化に伴い電力連盟は、解散必至となった。そうした折りにその書記長を務める松根宗一が逮捕されるという事件が起きた。電管法が議会で審議中、衆議院、貴族院にも国家管理反対を標ぼうする議員がいて、電力連盟はこれら議員たちに政治資金をバラまき、その首謀者が松根ではないか、という疑いだった。

松根宗一（提供：電気新聞）

松根は、戦後発足した電気事業連合会の初代専任副会長を務め、我が国の電力エネルギー政策にも深くかかわった人物である。32（昭和７）年電力連盟が発足した折は、日本興業銀行から出向し、５大電力社長らの文字通り手となり足となって電力連盟を支えていた。

「中国での戦線拡大につれて、電力連盟も東亜電力興業株式会社という、占領地の電気事業を経営する組織を作っていたのだが、肝心の電力国家管理反対ということで、この協力会社の社長を兼ねていた私まで、２カ月余りつかまって警視庁に放り込まれた。（中略）しかし電力界の首脳部もそれ程馬鹿ではない。いくらたたいても何にもホコリも出ない。全然問題にならずに済んだ」（『松永安左ェ門翁の憶い出』収録「くさい飯の経験」より）

松根は、事件のてん末と経緯をそう振り返っており、実際松根の逮捕は、政府関係者に仕組まれた陰謀説がある。その松根を当時松永が東京新橋の料亭に招いて慰労している。

「この時の松永さんの激励がまことに上手で感じ入った。というのは、松永さんも小林さんも若い頃大阪でともに同じような『くさい飯』の経験をしておられ、その時の想い出話などが出た後で、『松根君、今回のことは君にとっては大学院を卒業したようなもんだ。（中略）喰うに困らぬ生活を重ねていても、大した人間にはなれない、願ってもない経験だヨ…』と諭された。留置場で悩まされた南京虫や、くさいめしをくわされて立っていた向っ腹が、この一言で『成程ナ』と思ったのを三十年後の今日でもありありと思い出す」

松永は、困難に直面し、とくに弾圧を受けたような人物をよく助けた。社会党副委員長の松本治一郎を山荘にかくまったり、社会党委員長の鈴木茂三郎を援助し、中国における革命の志士である郭沫若（かくまつじゃく）にも援助の手を差し伸べたという。一方で国、権力の側からの誘いには乗らず、慎重に対応した。

挙国一致体制を確立したい近衛は、各界の有力者に協力を頼み、松永にも大蔵大臣への就任を打診したことがある。「政治家は卒業している」と松永はにべもなく断った。日本発送電が設立され、さらに国家総動員法から電力統制が本格化していくのを横目に見ながら松永は、やがて一切を捨て、埼玉県入間郡の雑木林の奥に建てていた柳瀬山荘に去っていく。

しかし、松永以外の5大電力首脳陣は、時代の変遷の中で、あれほど設立に反対し抵抗した日本発送電や政界へ、総裁、閣僚となって転身をはかっていくのである。

日本発送電、船出も波高し

39（昭和14）年4月1日、東京丸の内の日本工業倶楽部で国策会社、日本発送電の創立総会が開かれた。この総会の席上、同社誕生の立役者で逓信省次官に昇進した大和田悌二は、あいさつに立って日発（日本発送電）の設立経緯をこう説明した。

「営利思想による開発が、かえって日本の貴重な資源を侵食し、理想的な公共的使命をもつ電気事業本来の性質に相応しからぬ結果を来す場合も生ずる」「そこで大規模にかつ総合的に経営することが国家本位、公共本位で、また電気事業そのものの本質から考えても最も適当である」

「とくに今日の非常時局克服の重大使命を帯びる基礎

産業として、至急に問題を解決せねばならぬ情勢となったので、政府は電力国家管理という一形態を考え、日本発送電株式会社という特殊会社を設立する運びとなったのである」（『日本発送電社史』より）

まさに勝てば官軍、営利思想の電気事業では現下の困難を乗り切れない、そこに日本発送電の設立意義があると自信たっぷりに声を張り上げた。大和田とその部下たちは、電管法の施行からここに至るまで全国に分散している電力会社の出資対象物件の実地検証や評価、従業員や部品の引き継ぎ、需給計画の立案とそれに基づく石炭の買い入れ、そのほかにも様々な機関や委員会の設立などまさに大忙しだった。

その中でも日本発送電のトップ、総裁をだれにするかは、大和田にとっては新生日発の運営を軌道に乗せる上で最重要事項だった。それが意外にスンナリ決まったのである。

電力管理法が成立して、猛反対していた５大電力も次第に国策に協力せざるを得ないと現実的に対応する考えに変わっていった。中でも法施行により一番影響を受ける卸売り専業会社の大同電力と日本電力は、日発に出資してしまうと、残りの設備だけでは事業が成り立ちそうにもなく危機感は強かった。

とりわけ多額の内外債と借入金を抱えていた大同電力は、このままではもたないと会社ぐるみで日発に入り込むことを決め、日発設立に全面協力することに切り替えた。この大同電力の判断により他社も「バスに乗り遅れるな」とばかりに日発協力へ雪崩を打ったが、日発１万人の従業員のうち合流した大同電力出身者は最大を占めた。そのこともあって日発初代総裁には、大同電力社長の増田次郎にあっさり決まったのである。

日発初代総裁となった増田は、「水力王」と言われた福沢桃介に仕え、その片腕となって大同電力を発展に導き、28（昭和３）年桃介が事業一切から身を引いた後社長に就いていた。この増田総裁の実現は、大和田たちにとっては願ってもないことで、また会社の創立自体時勢を反映して期待も高く、国策会社の船出は、順風満帆かとも思えた。

何しろ株式の大半は現物出資した民間電気事業者と地

方自治体が占め、日本一の資本（資本金7億３９３１万円）を擁することになった。全国の電気事業者から主要送電線と出力１００万ｋＷ以上の火力発電の出資を受け、大同電力から引き継いだ水力発電設備をもって事業を開始した。主要送電線を譲渡した電灯会社などは、これに接続する水力発電の発生電力をいったん山元で日発に供給し、需要地で再び日発から電力の供給を受けることになる。

その民間の主要な電気事業者から購入する電力量は、既設水力による発生電力のほとんど全て、２００万ｋＷを超え、供給電力は日発自身が所有する火力発電設備と水力発電設備（大同電力分）による発生電力とを合わせて、３００万ｋＷ強となった。この供給電力量は、39（昭和14）年当時の我が国事業用発電力の４割強を占めるものだった。

送電設備では電圧6万６０００Ｖ以上の送電線全亘長の45％、11万Ｖ以上の送電線は、すべて日発の所有である。ただこれら電源開発、電気料金など日発運営の重要事項は、政府が決め、定款変更や社債募集、利益処分など重要決議は逓信大臣の許可が必要とされていた。民間資本と言いながら経営権は日発にあるのか、同時に発足した電気庁（国）なのか、その線引きは、見かけ上あいまいなままにした。

日発が船出した39年は、年初から雨が少なかった。梅雨時の6月も空梅雨となり、主力戦力の水力発電の出番は極端に落ちた。さらに夏場は干ばつとなる地方も出た。これを補う頼みの綱の火力発電用の石炭は調達が思うにまかせず、ついに送電休止、停電という非常事態をとらざるを得なくなった。増田総裁以下、幹部は血眼で石炭確保に努めたが、せっかく入手しても粗悪炭ばかりでついに8月、総裁名で商工大臣と逓信大臣に嘆願書を出す羽目となった。この間普段は口達者な電気庁の官僚たちは、修羅場では何の役にもたたなかった。

嘆願書を受けた政府の方は、動こうにもそれどころではなかった。第1次近衛内閣のあとの平沼内閣は独ソ不可侵条約に驚いて「国際情勢は複雑怪奇」との言葉を残して総辞職し、次いで阿部信行陸軍大将が組閣。それもなすところなく4カ月余りで退陣し、翌40（昭和15）年

1月に米内内閣ができるまで、政局は電力のことなどにかまってはいられないほど混乱していたのである。

やむなく政府は40年2月、国家総動員法に基づく電力調整令を発動した。国の命令による電力消費規制である。この状況に産業界や議会から、電力国管のうたい文句「豊富な電力の供給」はどうなったのか、当然のごとく厳しい非難の声が殺到した。

40年1月からの第75回帝国議会では「日発の計画は、始めからずさんである。戦時下というのに石炭価格が低下するような見込みを立てている。これは実情から全くかけ離れている。船舶や鉄道これら事業は何とか苦境に耐えているのに、日発ができないのは根本的に原因があるのではないか」（松尾四郎衆議院議員）といった痛烈な政府批判が相次いだ。

政府は、こうした批判に「これは天災に等しいもので、日発があるからこの程度の電力不足ですんでいるのだ」と開き直りに等しい答弁や、あげく「石炭不足は電力会社が出資時に十分な量の石炭を渡さなかったからだ」と責任転嫁をする始末だった。

電力不足は、最優先の軍需工場にまで影響が及んで逓信省ではラチがあかないと商工省、陸海軍省に持ち込まれた。首相の米内海軍大将は、実業界出身の藤原銀次郎商工大臣に「すべてを一任するから、この難局を切り抜けてもらいたい」と頼み込んだ。藤原大臣は、大手石炭会社に自ら出炭を要請したり、石炭の海上輸送業者に闇運賃を払ってでも船を動かすよう周囲に指示し、さらには三井、三菱を通じてカナダ、インドから石炭を買い付けるよう頼み込み、万策を講じて石炭確保にこぎつけ、何とか危機を乗り切った。

国策会社日発は、本来設立準備に当たって周到に石炭手当をしておくべきなのに、日発では石炭業者は黙っていても、むしろ競って納入するだろうとタカをくくっていた。事務方にまかせっきりのお役所仕事で首脳部が事態の重大性に気づくのも遅れた。

そのお役所的体質を大同電力から日発に入り、戦後日本原子力発電社長に就任した鈴木俊一は、エピソードを交えてこう述べている。

「日発本社の代表電話番号が八五局の一一五一番で『や

い、いちいち来い』」というのと、もうひとつ一一六一番で『やい、人ひろい』というのがあったな。そういわれるくらい役所式なんですよ。（中略）（役人の方は）自分がつくって自分が与えてやるんだ、という顔をしている。それで通ったんだね」（大谷健編著『激動の昭和電力私史』座談会より）

もし民間会社なら、どんなあざとい方法でも石炭を入手し、停電を食い止めただろう。石炭商から出発した松永なら、東邦電力をして日発のようなぶざまな石炭調達を許さなかったに違いない。

「日発発足1年間の実績を分析すれば、そこには国営企業に内在するすべての問題点が露呈している。政府と日発はうまくいかない責任を、国家管理体制そのものに置かず、石炭統制の未完成と電力統制の未完成に帰する。つまり統制の矛盾を、統制の拡大で解消しようとした。統制は統制を生むのである」（大谷健著『興亡』より）

日発総裁に就いた増田は、「(総裁を引き受けたのは)大難であった」と語っていたという。大和田ら逓信省の振付けが、あまりに酷過ぎたということになるだろうが、最初の決算で７００万円に上る損失を計上し、配当は約束していた初年度6分配当を4分とし、不足分は４０００万円の政府補助金を仰がざるを得なかった。株価は額面を割ってしまった。41（昭和16）年1月、増田は失意のうちに辞任する。

戦時統制下、電力首脳それぞれの道

増田の辞任に先立つ40年9月27日、第2次近衛内閣の成立に伴い逓信相に就いていた村田省蔵は、第2次国家管理案と言われる「電力国策要綱」を閣議に諮り了承された。この日は、ドイツ、イタリア、日本の3国が同盟条約に調印した日でもある。

時局が大きく変転する中、軍部は高度国防国家建設をめざし、電力統制もそれに合わせるように強化することにした。発送から配電まで電気事業を全て国家が握ることで、高度な国防国家の建設を前進させるとの考えが、この「要綱」にはしたためられていたのである。

この第2次国管案は、電気事業者にとって何とも承服しかねるものだった。第1次で見送られた既存水力発電、唯一残されていた資産でもある出力５０００ｋＷを超える水力発電を強制拠出させられ、同じように唯一残されていた配電事業も厳しい国家管理のもと統合される内容である。

松永は、第2次国管案が明らかになった直後の11月22日、電気協会関東支部が開催した関東電気供給事業者大会で演説に立ち、「配電事業の民有国営、既設発電設備の日発買い上げが必要だとは断じて思えない。現状のままでもその運用の方法手段さえうまくやれば十分やっていける。いわんや国家総動員法が施行されて、政府の監督権が極度に発揮できる戦時中の現在においては、ことさらこのようにする必要はない」と述べ、さらに国営の欠点を挙げて次のように話を結んだ。

「日発をよくする方法は民有民営に戻す外ない。国営の欠点は何か。一言すれば事業の生命たる創造の精神を欠き、迅速果敢に仕事を取り運ぶことのできない点にある。その生きた例が日発である。国家特殊会社のだらしなさ加減は、日発ぐらいでとどめをさしてもらいたい」

松永の激越な演説を機に、国管反対運動は全国的に盛り上がりを見せた。日本経済連盟、日本工業倶楽部などの財界団体も第２次国管に反対を表明し、電力業界を応援支持した。財界にとっても自由主義経済体制の最後の砦を守ることでもあった。

政府はこうした情勢を横目で見ながらある決断をしていた。それは今回の法案は、翌（41年）１月から始まる第76回帝国議会にかけることなく国家総動員法による勅令でやってしまう、ということだった。

政府はまず、41年4月に国家総動員法による勅令で電力管理法施行令を改正し水力発電所の出資命令を発令、続いて8月に配電統制令を交付し、翌年4月1日に実施するというスケジュールを立て、実際その通り運んだ。これによって私企業としての電気事業は、事実上消滅したに等しい事態となったのである。

日発の発電設備は、42（昭和17）年の夏時点で水力395万ｋＷ、火力２４６万ｋＷとなり、水力では7割強、火力で約8割、送電線の7割を占め、巨大な国策会社が改めて誕生した。また配電事業は、40年末時点で全国４１０を数えた電気事業者が第1次、２次の統合期間を経て43年初頭にはほぼ地域別９社に統合された。

新しく誕生した配電会社は、沖縄を除く現在の９電力会社と同じ、９地域に分かれて統合されたが、現在と大きく違うところが、首脳陣の人事も、電気料金も、事業計画もすべて政府の認可を必要とした点だ。配電事業も国営会社となったのである。

なお、電気庁は配電会社を当初8ブロックに分ける予定を明らかにしていた。これが９ブロックとされた背景には、日本海電気社長の山田昌作を中心とした北陸３県の政財界人の熱心な働きかけがあったとされる。

ところで逓信相の村田は、元は大阪商船の社長を務めた実業家で、元来は統制反対論者だった。それを構わず逓信省の革新官僚たちは、以前から密かにこの第２次国管案を練り、村田を強力に説得した。大臣といえども新任の村田には、革新官僚を敵に回す選択肢はなかった。

村田は、就任後間もなくマスコミとの懇談で電力統制強化に至る考えを聞かれて「逓信大臣となって認識不足であることが分かった。画竜点睛をする」と決意を語った。同じ経済人であったこの村田の豹変ぶりには当時電力業界の首脳たちも驚き、狼狽した。しかし、村田だけを責めるわけにもいかなくなった。

増田が辞任したあとの日発総裁には、日本電力社長で電気協会会長として業界を束ねた池尾芳蔵が就いた。松永の東邦電力と張り合い、小林の東京電灯を脅かし、さらには兄弟会社の宇治川電気と激しい市場争奪戦を繰り広げ、その勇猛果敢ぶりはつとに知られた人物である。第1次国管のときは、業界の先頭に立って「こんな無謀なことは許せない」と東奔西走した。

その池尾もいまやあのときの池尾ではなかった。『日本発送電社史』には、41年1月15日、増田に代わって第2代日発総裁に就任した時の心境が、小野副総裁に語った言葉として残されている。

「自分は在野時代電力管理に反対した。然し日本発送電が出来てから参与として見てくるうちに、昔の自分の主張の誤りを知った。電気事業の経営は、日本発送電の如き形態を採ることが本当だと思う。総裁を引き受けたのもこの心境の変化からである」

実は池尾と逓信相の村田とは、大阪商船時代から盟友の間柄だった。総裁就任に当たっては村田が懇請し、池尾も電気事業にそれほど詳しくない村田を支えなくてはとの思いがあったようだ。

日発初代総裁に就いた増田にしろ、2代目の池尾にしろ、松永とともに電力国管にあれほど反対したのに時代の渦に巻き込まれ、はからずも転身した。そしてもうひとり、松永の親友小林一三は、どう身を処したのであろうか。

36年12月から東京電灯の会長兼社長に就任していた小林は、40年辞任し、外交使節団の一員としてイタリアを訪問した。イタリアの第二次世界大戦への参戦を聞き、帰国のためシベリア経由で大連に到着した時、首相の近衛（第2次内閣）から大臣ポスト就任打診の電報を受け取る。羽田空港にはわざわざ近衛が迎えに出、熱心に口説かれたことで小林は、商工大臣に就任する決意を固めた。

この時、小林はやる気満々だった。小林は電気事業に入る前、私鉄経営の原型をつくったばかりでなく、沿線の街づくりや文化圏の創出にも関与して日本人の消費生活やレジャーの在り方にも大きなインパクトを与えた。そうしたことを今度は大所から進めることに魅力を感じたのかもしれない。しかし、時代のめぐりは、そんな小林を受け入れるほど生易しいものではなかった。

商工大臣になった小林を待ち受けていたのは、案の定次官の岸信介との軋轢だった。首相を務め戦後政治の立役者となった岸は、1896（明治29）年山口県生まれ、東京帝大法学部を卒業して農商務省に入りその後分割された商工省でキャリアを積み、次官にまで上り詰めた。当時は電力国営化を含めた産業の国家統制を主唱する、革新官僚のまさに親玉的存在だった。

近衛の入閣要請を受けた小林ではあったが、統制経済に賛成していたわけではない。松永ほどではないにしても小林もまた官僚には敵愾（がい）心を燃やしていた。

大臣就任後小林は、インドネシアを訪問した。油の一滴は血の一滴と言われた時代である。石油確保の交渉に行ったのだが、その留守を狙ったかのように企画院の「新経済体制案」が固まった。企画院こそ革新官僚の牙城といわれた、その企画院の官僚たちが岸のリモコンのもとで戦争準備のため重要物質の配給制度となる構想をまとめたのである。小林の帰国を見計らって、岸は説明に向かうも小林は「自ら考えるところがある」と岸の説明を断り、閣議決定されるのに強く抵抗した。

この一件は、岸に強いわだかまりを残した。工業倶楽部の会合に出席した小林が「新経済体制案の構想はアカのやることだ」と述べると、岸の憤激は頂点に達し「大臣たるものが官吏の中に赤（共産主義者）の思想をもつものがありと断ずることは由々しきこと」と辞表を叩きつけたのである。

岸信介（ullstein bild/ 時事）

この新経済体制案は小林の反対もあり、いったんは骨抜きとなった。今度は一息ついた小林に思わぬ落とし穴が待っていた。新経済体制の原案を事前に入手した小林は、今後の策を相談しようと友人の経済学者にそっと見せていたのである。そのことを岸が知り、代議士の小山亮に告げた。小山は大臣が重要機密を民間人に漏らしたとして、衆議院の決算委員会で厳しく追及し始めた。窮地に立った小林は、「知らぬ存ぜぬ」で乗り切ろうとしたものの結局機密漏えいの事実を認め、辞任するのである。

小林の大臣就任と辞任は、これが最初で最後ではなかった。終戦後幣原内閣の国務大臣に任命され、戦災復興院総裁に就任している。この時も総裁の座にいたのは5カ月にも満たなかった。

近衛に大臣にと頼まれた時、松永は断り、小林は引き受けた。

「なぜ松永は蹴り、小林は引き受けたのか。それはつまるところ松永の自負心の高さに帰着する。誰からも指図は受けたくない。自分の主義主張が通らなければ、決然として席を立つ」「一方の小林には、認められることへの渇望感があった。疎外感といってもいい。（中略）

突き放して周囲を見つめることのできる、ひんやりとした現実感覚も生んだ。ときには、それが打算にもなった」

「人間としての複雑さでは、小林の方がはるかに上だ。松永は、小林に比べれば、単純である。しかし、松永のざっくりした単純さこそが大業を可能にしたのである」（水木楊著『爽やかなる熱情』より）

松永は28（昭和３）年以来12年間にわたって就いていた東邦電力社長の座を一子夫人の兄竹岡陽一にゆずり、一線を退いた。あとは埼玉県所沢の山荘に引きこもり、お茶に遊んだ。一説には身の危険を察知して、という。

官僚統制との戦いは、完全な敗北だった。「電気事業が国家管理になったことはみなさんご承知の通り……。私にとっては全面的敗北、失敗の最たるものになった」（日本経済新聞「私の履歴書」より）」と松永は、己が戦いを総括しているが、それは理想と完璧性を求めていたゆえのことであろう。だが視線の先には、いつも未来があった。「大業」を成すのは、日本が戦争に敗れてからである。

５大電力の解体と９配電の発足

42（昭和17）年４月１日からの配電統制令の施行により、５大電力はその歴史の幕を閉じることになった。民有民営電気事業の最大規模を誇った東京電灯も同じ運命にあった。

これより先39（昭和14）年４月の入社式で当時社長兼会長の小林一三は、新入社員を前にした訓示の中で、日発に主要送電線と火力発電所の出資を行った後の東京電灯の将来に触れ、電気関連産業に積極的に事業展開する意思を明らかにした。

すでに日発が創立され、「配電即ち電灯電力の小売商人として最善のサービスをして公益事業の本分を成す」（『東京電力50年への軌跡』より）と小林は、肚を決めていた。東電電球、芝浦電気工業、東電電気商品の３社を合併して38年６月、東光電気を設立しており、同社を核にして事業を拡大していく決意を示したのである。

39年３月には古河電気工業と共同で日本軽金属を設立

し、アルミ精錬事業にも関与していった。しかし、こうした努力も結局実を結ぶことばなかった。第2次国管の配電統制令により、東京電灯自身が姿を消すことになったからである。

経営陣にもこの間大きな変化が生じていた。40年3月小林は、社長兼任を辞めて会長専任となった。社長には副社長の新井章治を抜擢した。さらに直後の同年7月小林が商工大臣に任命され、会長を退任したため新井は、会長も兼任することとなった。この間に第2次国管問題が浮上してくるのだが、なぜかこの問題についての東京電灯の行動は鈍く、反対運動にも消極的だった。

新井章治（提供：電気の史料館）

小林のあとの社長を継いだ新井は、1881（明治14）年12月埼玉県熊谷の農家に生まれた。早稲田大の政経学科を卒業して、最初秩父鉄道に入り、日本鉄道を経て、しばらくサラリーマン生活を送っている。32歳の時結婚した義父の経営する利根発電に転職。この利根発電が25（大正14）年4月東京電灯に吸収合併されたため移籍し、その後東京電灯に乗り込んできた阪急電鉄グループの総帥小林に目をかけられて、出世の階段を上り詰めた。

5大電力の首脳たちが、いずれも創業者的な風情を残していたのに比べると新井は、累進出世してトップの座を射止めた、いわばサラリーマン社長と言っていいだろう。松永や、大同電力を大会社に引っ張り上げた増田とは、経営感覚も電気事業に対する考え方も違って当然だった。

その一番の違いは、電気事業の国家統制に対する考えだった。新井は40年4月の第24回店所長会議で次のように挨拶した。

「私は過去の行き詰った旧い資本主義に捉われず、新しい資本主義により、国家経済の向かうべき道を進めなければならないと思っています。また一方には、さらに官僚統制を強化すべきと主張する論者もあって誠に容易ならざる情勢にあります。吾々はこの両面の困難を予想しながら、どちらにも対応しつつ仕事ができるように用意しなければならない」（『東京電力50年への軌跡』より）

この当時、松永たちが痛烈に政府批判を展開していたのに比べると1歩も2歩もトーンダウンした見解である。むしろ新井は以前から電気事業への国家統制には、もろ手ではないにしろ賛成だった。５大電力が〝電力戦〟で需要家獲得に火花を散らしていた昭和初期、新井は、東京電灯営業部次長としてその激しい戦いの中に身を置いていた。

需要家獲得を名分にした法律すれすれの行為、大が小を、有無を言わせず呑み込む資本の論理、収益を無視した料金引き下げ競争、あくなき市場拡大路線、果たしてこれで公益性が保たれるのか、役職上仕方なく指揮はとっていたものの心中は、こうした疑問で一杯だった。新井の電力国管への取り組みの消極姿勢は、すぐに松永ら電力国管反対陣営の首脳たちに伝わり、いたく失望させた。

民有民営の電気事業を持論にしている松永からみれば、官僚の手先とも映ったろう。戦後の電気事業再編に際して新発足の東京電力社長に新井章治の名前が取りざたされた時、松永が強硬に反対したのは、この時の新井の姿勢が関係しているといわれる。

しかし、新井からしてみれば、その時の行動は自分の信念に従ったものであったろう。配電統制はどうみても避けることはできないし、戦時下の国家存亡の時に一私企業の利益を求めることよりも国家の利益、方針を優先することこそ経営者の責務と考えたに違いない。

新井のこうした考え、行動は当然のことながら逓信省の革新官僚たちから歓迎された。やがて新井は日発の第３代目総裁に就くのである。

東京電灯の方は、第２次国管により水力発電と送電、変電設備の拠出が指令され設備評価がなされた。この指令は２度にわたり、その結果猪苗代第一発電所など40カ所と32線路の送電線や変電所の出資が命じられ、41年10月には１３３８人が日発に引き継ぎ入社ということになった。42年４月１日までに日発への出資と見返りの株、現金の交付が新会社の関東配電に行われた。

関東配電への統合にあたっては拠出した設備の評価が高く、大きな評価益が得られた。最後の東京電灯職員には当時としては多額の退職金が支払われたという。3月31日東京電灯は解散した。設立を出願してから60年と13日が経っていた。

新生、関東配電は東京電灯を軸に、東京市、日本電力などから出資を受け、富士電力、甲府電力、日立電力を吸収合併する形で発足した。資本金8億5００万円は、9配電会社の中で最も大きく、そのうちの7割強が東京電灯の出資分だった。

そのほかの5大電力のうち、大同電力は解散。系譜を引き継ぐ特殊鋼メーカーの大同特殊鋼に「大同」の社名が残された。宇治川電気は子会社群はそのまま残され、本社は関西配電となって解消した。配電部門をほとんど持っていなかった日本電力は電気事業から撤退、社名を日電興業と変えて軽金属工業や石炭事業などの分野で生き残りを図った。

最も不幸な末路となったのは、営業区域が九州から中京、東海にまで広く分散していた東邦電力だった。東京電灯のようにひとつの配電会社に集中して資産を移し、統合の主導権を握ることができなかったため、結局は各地の配電会社、中部、関西、四国、九州へ人と設備を出資し、事業は子会社もろとも清算した。

なお、42年4月1日の第1次統合によって9配電会社が誕生したが、この時点ではまだ多くの小規模電気事業者が残っていた。それがそれぞれの地域の配電会社に漸次吸収されていき、完全に配電統合が完了したのは43年春頃だ。

9配電会社（第1次統合時）の資本金と出資者は、次のとおりである。

▽北海道＝6５００万円、北海道水力電気、大日本電力、室蘭電灯、札幌送電

▽東北＝1億6４7０万円、奥羽電灯、東北電灯、新潟電力、北越水力電気、中央電気、山形電気、増田水力電気、福島電灯、会津電力、大日本電力、青森県、宮城県、仙台市

▽関東＝8億5００万円、東京電灯、富士電力、甲府電

力、日立電力、日本電力、東横電鉄、王子電気軌道、大日本電力、京王電気軌道、京成電気軌道、東京市
▽中部＝2億円、信州電気、中部合同電気、伊那電鉄、揖斐川電気工業、日本電力、東邦電力、中央電力、中央電気、長野電気、矢作水力、静岡市
▽北陸＝1億3800万円、北陸合同電気、日本電力、京都電灯、金沢市
▽関西＝5億6000万円、日本電力、東邦電力、南海水力電気、宇治川電気、阪神電鉄、阪神急行電鉄、京阪電鉄、南海鉄道、関西急行鉄道、京都電灯、日本発送電、大阪市、神戸市、京都市
▽中国＝1億7000万円、出雲電気、山陽配電、広島電気、山口県
▽四国＝5850万円、伊予鉄道電気、東邦電力、土佐電気、四国水力電気、高知県
▽九州＝2億3000万円、九州電気、九州水力電気、日本水電、東邦電力

世界の潮流、国家統制と日本

我が国で国家管理の色彩が強くなるのは、36（昭和11）年以降とみることができるが、こうした現象は何も日本だけで起きたものではなかった。世界的にも国家が電気事業に対して規制を強化する流れになっていた。むしろ日本の国家管理を進めた革新官僚たちは、世界の潮流に刺激を受けていたと言っていいかもしれない。

35年、アメリカでは連邦動力法が議会を通過し、ドイツでもエネルギー経済法が制定されたほか、フランスも「発送電事業・配電事業に関する制定」が緊急命令として交付されるなど主要国で国家規制の法制化が進んだ。しかもイギリスは、グリッド・システムという国有の長距離送電線網を建設して電気事業の統制に踏み出し、さらにこの年配電事業の再編成を検討するための機関を設置した。

欧米で電気事業に対する統制が高まった背景には、技術の発展と重化学工業化の進展に伴って広範囲な地域を

通じた電力のシステム的な運用が必要とされたためだ。国家は民間事業者の相互連結を促し、時には命令を出して発電容量を効率的に利用しようとした。

ただ第一次世界大戦後からしばらくの間は、その動きも後退していた。松永の東邦電力が、アメリカで提唱されていたスーパーパワー・システム（大容量のスーパー発電所を建設し、それと既存の発電所とを11万～22万Vの送電線で結びつけて電力プールをつくり、そこから電力を取り出し配電する構想）を調査し、日本流に取り入れようとした時も当のアメリカでは電気事業者を中心とする反対運動で実現することはなかった。ドイツでも中央政府がドイツ全体に統一した電力供給システムをつくろうと法律までつくるのだが、電気事業を所有していた州政府や民間事業者の反対にあい、計画を実行に移せなかった。

一時は頓挫の恰好をみた、電力システム構築という着想も第一次大戦が終結し、そこから技術が進展し経済も拡大し出すと、再び注目を集めるようになった。生産や生活にとっての電力の重要性が認識され、地域的に分断された電力供給体制のもたらすマイナス面が次第に大きくなってきたからだった。

再び国家的な規模の電力システムを構築しようという動きが強まる。まずイギリスで表面化してきた。大戦後の膨大な負債の圧力と、労働者の度重なるストライキによって国力の減退に危機感を持った政治家や経済人が、イギリスの経済力強化の核として電力システムの再編に乗り出したのである。

26年新たな電気供給法が制定された。同法に基づいて中央電気評議会が設けられ、地域の発電所を結ぶ高圧送電線網の建設と、それを運営する権限が与えられた。この高圧送電網は大きな焼き網の形をしているのでグリッドと名付けられ、システム全体がグリッド・システムと呼ばれるようになった。27年から建設が始まり、33年に完了、38年にはイギリス全土での運用を開始した。それでもひとつ、問題が残されていた。配電事業が民間に委ねられたままで電気料金が地域によってバラついていたことで、そのため35年、運輸大臣のもとに委員会が設けられ統制に向けての検討体制が本格化した。

イギリスでグリッド・システムが完成したのに対し、アメリカは大規模送電網の構築は実現されなかったものの、実質的には地域の枠を超えて電力供給が行われるようになっていた。この電力取引を担ったのが電力持株会社だったが、州を超えた取引は、州では監督、取締りができなかったためこの状態を制御しようと35年連邦動力法が制定された。この法律が成立したことで連邦動力委員会の調査と権限が増し、地域間の電力供給の連携・統一が図られた。アメリカ全体を通じての電力の豊富かつ経済的な供給が実現したのである。

アメリカではもうひとつ、電力をめぐって国が強く関与する出来事が起きている。我が国でも広く知られるＴＶＡ（テネシー河流域開発公社）計画である。１９２９年の大恐慌によってアメリカの経済力は急激に低下、大不況のさなか33年に大統領に就任した、フランクリン・ルーズベルトが実行したニューディィール政策の中核となったのが、このＴＶＡによるテネシー河流域の開発である。まさに国家事業として電源開発と電力システムの運営が実施された一例だった。

ドイツでも電力の国家統制を再起させる動きが出ていた。33年ナチスが政権を握ると、全産業を活動領域によって再編成し統制するシステムがつくられた。その一環として電力はガス・水道部門とともにエネルギー経済部門に編入され、国家エネルギー経済連盟に統括された。そうしてエルギー経済法が制定されると、国家の指導と干渉が規定され、電気事業者は設備の建設・改良・拡張・休止について届け出の義務を負わされた。料金決定も経財相に干渉する権限が与えられたことで、料率の全国均一化が可能になった。

こうした海外諸国の政府による電気事業者に対する規制・干渉の事例は、我が国にも徐々に浸透していくが、昭和の革新官僚たちにとっては、ナチスのエルギー経済法によるファッショ的統制経済と、スターリンによるソ連の第二次5カ年計画の成功が、とりわけ魅力的にみえたことだろう。

反共である軍部にとって、ソ連は満州と国境を接する仮想敵国。そのソ連が5カ年計画の成功から、満蒙国境での重装備等で日本との差を広げた事態は、軍人たちの中にソ連の国家統制の効果と重工業化の進展を冷静に受け止め、いわば学習する動きとなった。そうした軍部の一部と結んだ革新官僚も計画経済を積極評価するようになっていた。

革新官僚の牙城、企画院の官僚に対し商工大臣に就いた小林一三が、企画院立案の「経済新体制確立要綱」を「アカのやることだ」と決めつけたのもソ連の国家統制経済に少なからず影響を受けていた革新官僚らグループを揶揄し、批難した言動だった。財界などからのこうした懸念は、やがて企画院の調査官や元調査官らが、41年1〜4月にかけて治安維持法違反で逮捕される「企画院事件」につながる。

また、ドイツの経済統制の法律、なかでも「電気・ガス事業法」は、丁寧に翻訳され、そこから「豊富低廉な電力の円滑な供給」という表現が電力管理法に取り入れられたとされる。戦時下の統制経済、わけても電力統制には国際的な動きが密接に関係していたといえるだろう。

革新官僚奥村喜和夫は、37年発表の電力国管のベースとなった原案「電力国策要旨」の作成に際して、次のように述べている。

「資本主義の下向期—現在は正にその時期に属するが—にあっては、その矛盾を克服するために、資本主義の必然的特質たる経済の自由にたいして全体的共存共栄観に立脚した強力な統制を加えるよう発動するものである（中略）現下国策樹立の根本的指導方針たる統制経済は、資本主義の現機構のうえに立って、これを否定することなしに、その特徴たる経済の自主性を国家権力をもって制限し、その弊害を排除し、より大なる全体的発展を求めようとするものである」（『電力百年史　前篇』より）

ドイツでは、当初電気事業の国有化を目指していたが、最終的には国家が強く介入しながらも私的企業は残された。我が国の場合は当初民間企業の装いを一見残しつつ、実質的には国家があらゆる面で意思決定を束縛する方式がとられた。めざした方向性に共通点はあっても我が国では、松永安左ェ門言うところの「民間の創造の精神」を取り入れることはなかった。

国家管理時代が残したもの

１９３９（昭和14）年に設立された日本発送電の総裁は、初代の増田次郎から池尾芳蔵、そして43年東京電灯会長兼社長だった新井章治が就いた。新井は国管反対陣営の電力人とは一歩引いた立場にいて、それが逓信省の官僚たちに歓迎され、日発総裁就任を懇願される理由となった。当初は就任を固辞していた新井も電気局挙げて協力する、との当時の塩原時三郎電気局長に強く推されて第３代目総裁となるのだが、案の定というか思うに任せない事業運営となった。

そのひとつが副総裁人事である。日発法には総裁への天下りを禁止する条項があって、総裁のイスには官僚は座れない決まりになっていた。その代り副総裁のポストは官僚が就き、それを逓信官僚たちは断固として守り抜いた。しかもその人事は省内の派閥争いの具に使われることがしょっちゅうで、総裁の新井が関与しようにもしきれない、近くて遠い副総裁のイスだった。

当初新井は、増田、池尾の２代総裁に仕えてきた小野猛副総裁の留任を希望した。小野は永井柳太郎逓信相時の次官を務め、日発の発足と同時に副総裁に就いた。逓信省内では革新官僚の大和田系とみられていたが、人柄は温厚で増田、池尾の受けも良く、池尾は自身の日発総裁就任時の本音に近い心境を小野に明かすほどだった。

新任の新井にとっては、不慣れな日発業務に慣れるためにも、また内部事情を把握するためにも、小野にはしばらく副総裁のまま留任してほしいところだった。しかし、新井の思惑通りとはならずすぐに小野は退官し、元電気局長の荻原丈夫が副総裁に就任した。荻原が日発入りした当時、逓信省は電力国管には消極的だった平沢元次官系が主流派をなしていた。何よりも逓信省の都合で荻原の人事が決まったのである。

ともあれ新井総裁、荻原副総裁コンビで日発の新体制はスタートした。ところが荻原は20年９月、１期２年で降ろされてしまうのである。これも総裁新井のあずかり知らぬところで決まった。革新官僚の椎名悦三郎が軍需次官に就くや、今度は大和田系が逓信省を支配するところとなり、大和田直系の藤井崇治が荻原に代わって日発副総裁に就いた。荻原の首のすげ替えを画策した時期は、敗戦の色が濃くなり東京では、日夜米軍機の空襲にさらされていた。

官僚たちの派閥ポストの維持確保は、国民が命の危険に晒されていた戦時下でも当然のように行われていたのである。自分たちの都合と保身優先、責任を回避する官僚たちに比べると、電力人は真面目だった。

『日本発送電社史』には歴代総裁の人柄や就任時の言動、評価まで並べられている。2代目総裁池尾については「池尾は日電においては完全な独裁者であった。その代り會社のことなら隅から隅まで知っており、技術方面のことにおいても専門家すら三舎を避ける知識を持っていた」

電力人は、真面目にやるべきことをやっていた。それこそ池尾のようなトップから末端まで、戦時下の毎日を電力供給という使命の達成に汗を流した。日発体制下では新規電源開発には見るべき成果はなかったものの、電力運営の一元化によって電力系統の整理が進み、全国融通体制の確立、周波数の統一、さらには配電線の一元化など、戦後につながる技術的成果も出ていたのである。

新生日発に求められていたのは、軍需生産増強のための電力運営の一元化でもあった。その一環としての送配電線、特に送電幹線系統の整備は何としても進める必要があった。日発誕生以前は、自由競争下、各電気事業者が自社の都合優先で送配電線を張り巡らせていたから電力潮流も複雑で、地帯間の電力融通も簡単にはできない形態の系統となっていたからだ。

そこで日発はまず、設備の有効利用と送配電ロス低減を目的に、それまでの二重設備の撤去と地帯間を結ぶ送電幹線の建設を進めることにした。この二重設備の撤去による電力系統の整理は、全国規模で行われた。『電力技術物語』に、その一例が挙げられている。

「富士電力は静岡の大間発電所の発電機1台を50ヘルツ運転し、6万V1回線を用いて東京・駒沢変電所へ送電、近郊へ供給していた。東京電灯は山梨県の早川系の発電所の一部を60ヘルツ運転により静岡方面へ送電していた。『日発』は大間発電所を静岡、浜松方面への送電に切り替え、早川系の一部と同方面によるように電力潮流を改善した」

こうしたことが可能になったのは、日発が国家管理という力を存分に駆使できたからで、それまで民営電力が市場競争の下に張り巡らしていた無駄な設備を改廃、さらに必要と思われるところには新たに送電幹線を設けることができた。戦時下でも完成した送電幹線がある。42（昭和17）年の新潟＝信濃川（阿賀野川系と信濃川系の連系、14万V、97キロメートル）幹線である。また45（昭和20）年の長門＝西谷（中国と九州との連系、10万V、30キロメートル）幹線は、本土決戦に備えた北九州工業地帯の電力確保という軍事的要請もあって資材不足の中、他の幹線の鉄塔や電線ガイシなどを手配流用し文字通り総動員して建設した。空襲のさ中、建設は思うように進まず結局完成は、終戦後の同年12月に持ち越されたのだが。

戦時下の厳しい制約を考えれば十分奮闘したといえるだろう。現在では想像もできない条件の中で技術陣は全力を尽くした。地帯間連系送電線の建設と二重設備の改廃などにより、『電力技術物語』によれば「東西の融通電力は最大電力で25万ｋＷに達し、昭和一八年、一九年の豊水期には本州中央部においては火力設備を運転しなくても需要に対応できるほどに電力融通が可能となったといわれる」

また、このほかにも特筆される成果がある。周波数の統一だ。現在関東から東は50ヘルツ、中部圏を含む関西から西は60ヘルツと東西で統一されているが、こうして統一されたのは、戦時中のことである。すでに述べたように我が国の電気事業は、各電力会社がそれぞれ自由勝手に発電機を外国から輸入したため、周波数が各電力会社によって違い、全国的にもマチマチで不統一のままで来ていた。

日発は、国家管理遂行のためにも周波数の統一は欠かせないとし、43（昭和18）年末頃までに九州西半部、本州西半部および中国地区、四国地区は60ヘルツに、関東は50ヘルツに統一した。その後も東北地方、北海道南部の50ヘルツと統一を進め、終戦時には一応の完成をみたのである。

配電線が統一されたのもこの時代である。それまで配電線は、供給時間の相違によって夜間線、昼間線、昼夜線とそれぞれ分かれ、別個に配電線を施設していた。これをひとつの配電線に一元化したのである。一元化した理由は、戦時体制下、軍事用の資材として銅の拠出を求められたからだった。国策に協力するためひとつの配電線を残して他の配電線を撤去回収することにしたのである。ただ配電線の一元化は、それまでの複雑な配電線網をスッキリさせる契機にはなったが、戦後の電力不足時代には供給制限を強化させる要因となった。

他にも国策への協力ということでは、変圧器の整理や街灯引き込みの撤去を行い、国に拠出した。食料増産のため農村の電化工事推進に役立たせるという触れこみだった。

こうして日発の技術陣は、電力融通体制の確立や周波数の統一など民営電力時代では成し得なかった懸案に取り組み、一応の成果を挙げた。一方で革新官僚たちが日発設立のうたい文句にした、肝心の「豊富で低廉な電力の供給」の実現は、どうだったのか。

まず電力供給の「豊富」は、実現したとは到底思えない。直結する発電所の建設テンポは、民営電気事業の時代に比べてかなり鈍った。その要因としては、開発計画が決まっても官庁のグズグスした折衝の長さと、軍部を向こうに回して建設資材を獲得できるほどの力が逓信省電気庁（１９４２年11月に電気局）にはなかったことが挙げられる。日発社員だった鈴木の発言にみられるように、受ける日発も事なかれのお役所仕事で身を挺しての気概もなかった。

ただ、そうした内部の体質問題はあっても実際の電力需給についていえば、電力融通の成果や家庭の厳しい消費抑制もあってほぼバランスがとれていた。

「低廉」の約束は、ほぼ守られたといえるかもしれない。各地バラバラの料金を徐々に全国均一に変えていっただけで、実質的な引き上げはなかったからだ。とはいえ現実には、燃料の石炭を始めとして電力原価は上昇する一方で、それを織り込んでいたら「低廉」の看板を降ろさなければならないところだった。国からの多額の補給金で何とか帳尻を合わせていただけだった。

もっともその補給金は政府が保証した当初年４分の配当金支払い額にも足りず、巨額な固定資産の減価償却も電気庁の査定で削りに削られたという。「徐々に当社の業務に口ばしを入れ、補給金額を減少することだけを目的として経費支出を抑制し、減価償却費を閑却する傾向さえあった」と『日本発送電社史・業務編』は、国、電気局の権力を嵩にした勝手ぶりを記している。

要は「低廉」な電気も多額の補給金と、日発の経理悪化もかまわず資産の食いつぶしによって辛うじて維持されていたに過ぎなかった。こんな状況では、遅かれ早かれ日発経営が、行き詰まりになるのは見えていた。

１９４５（昭和20）年5月25日夜の空襲で東京小石川の日発本社は焼けた。木造２階建ての建物に焼夷弾が直撃し、一瞬のうちに火の海になったという。全国の施設が空襲の被害を受けた。９配電会社も同様だった。変電所や柱上変圧器、配電線が空襲で焼け、そうした中でも日発、配電各社の社員、電力マンは少しでも供給力を確保しようと、ひたすら破損個所の修理と復旧に追われる日々を過ごした。

終戦が目前に迫っていた。

第2節　敗戦と「電産」台風（１９４５～１９４８年）

電力過剰から一転不足に

１９４５年8月15日、太平洋戦争は、日本の敗北をもって終わった。ポツダム宣言受諾による無条件降伏である。15年にわたる戦争で費やした額はおよそ７５００億円と言われる。45年度の財政歳出74億円と比較すれば、ざっと１００年分以上の財政を戦争につぎこんだことになる。この途方もない戦費によって国民が得たものは、敗戦という屈辱と悲惨な現実であった。

だが、敗戦のショックに打ちひしがれているヒマはなかった。戦後の日本は、飢餓から始まったと言われる。働こうにも産業活動はほとんど空白状態で、まともに操業できた業種は皆無と言ってよかった。

こうした中での電気事業のスタートは、当然厳しいものがあった。発電設備を始めとする電力設備は、戦災により多大な被害を受け、中でも都市部にある火力発電所は11か所、62万ｋＷが被災した。これは戦災直前の可能出力１５０万ｋＷの41％に相当した。また変電設備は京浜、名古屋、阪神各地の主要変電所に被害が出て全出力の７・５％が減退した。都市部では空襲による火災で柱上変圧器、電柱など多くの設備が焼出し、配電設備の被害額は総額2億円に達した。

一方、水力発電所は都市部から遠く離れた山間地域に多く所在していたことで被害は少なく済んだ。ただ被害は少なかったとはいえ、設備の老朽化と戦時中の酷使のため火力発電なども含めまともに運用できる設備は少なかった。

もっとも発変電設備がこうした状態にあったにもかかわらず、終戦から1年ほどは、電気が余る供給過剰の状態となり、日発や配電会社はむしろ需要喚起に躍起となっていた。何しろ家庭用を除けば電気を使うのは、交通機関と通信放送機関ぐらいなもので20年9月の電力需要は前年同月の3割強にまで低下していた。

木炭もガスも、何もない中で電気だけは使用できるということで家庭では、残存の軍需物質を利用してニクロム線の電熱器がつくられ、当時闇市に豊富に出回ったという。日発や配電会社も需要喚起につながると、電熱器は煮炊きだけでなく暖房用もなると使用を積極的に勧め、電気の家庭用消費は、あっという間に拡大した。

また当時食塩不足が深刻だったことから、電気事業者は電気を利用した製塩づくりにも着目した。戦時中から労働力不足などもあって食用塩は不足しており、戦後はさらに深刻化し、闇値は公定価格の10倍にも達したという。すでに戦時中鶴見火力発電所内で海水の電気分解による製塩実験に成功していた日発は、余剰電力利用のひとつとして社内に製塩部を設け、全国11カ所の火力発電所内での製塩づくりに乗り出した。当時の技術では1トンの塩づくりに4万ｋＷｈほどの電力が必要だった。製塩事業の普及は電力需要増にも直結した。

生活が少しずつ落ち着いてくると工場の一部も次第に稼働を再開し始めた。ただ工場を動かすエネルギー源の石炭は、不足しており勢い「豊富」な電気を利用する事業者が増えていく。工場は蒸気ボイラーから電気に切り替え、製鋼、製鉄の電気炉も増えていく。自家用火力を有する工場でさえも買電に切り替えるほどだった。

家庭用に次いで工業用の電力需要が回復するまでそう時間はかからなかった。それからは一気に需要が急増する。急増した理由は、電気が薪や木炭、石炭に比べて安く、「低廉」だったからだった。

46年７月の東京の木炭２俵の公定価格は１８０円だったという。配給による割り当てだからいつも手に入るものではなく、そこで闇のものとなる。その価格は５００円もしたという。それに対して電気は同じ熱量で換算すると１５０円。むろん闇値などないから家庭に限らず自然と電気を使おう、となる。

急増するのも当然だった。

電力の需給状況は一変した。あっという間に電力不足になったのである。47年の冬、異常渇水から水力発電所の稼働が落ち、深刻な電力危機に陥った。政府は製塩やボイラーへの電力使用制限を打ち出したものの追いつかず、送配電をストップする緊急遮断まで実施した。電気が届いても電球本来の明るさではなく、せいぜいローソクを灯した程度の明るさしかなく、当時の人たちはこれを「ローソク送電」と呼んだ。

電力の余剰は、まったく一時的なものでしかなかったのである。

日発の供給対策はどうなったかと言えば、戦災の被害で運転が難しくなっていた火力発電所をきちんと修理し、戦列に復帰させる方策を第一に考えたが、修理資材の不足するなかで思うようにいかず、結局応急措置で間に合わせるしかなかった。

この当時我が国はＧＨＱ（連合国軍最高司令官総司令部）の占領統治下に置かれていた。ＧＨＱの占領政策は、52（昭和27）年４月28日の講和条約発効の日まで続くのだが、この間我が国は国家とは名ばかりで、何事においてもＧＨＱの指示を仰がなければならなかった。ＧＨＱの指示は戦時中に成立した電気事業に関する法律や命令も含まれていた。「国家総動員法」もそのひとつであり、46年４月に廃止された。

その結果、総動員法に基づいて制定された「配電統制令」や「電力調整令」も同時に失効した。もっとも「電力管理法」と「日本発送電株式会社法」は、会社自体が存続したから国による電力支配体制は、電力再編成の51年まで続いた。

配電統制令の失効により、配電会社は直接的に国にしばられない普通の株式会社になったものの、肝心の発送電部門を担う日発が戦時中のままだったため身動きが取れず、この間の電気事業体制は変則的なものになった。

46年8月には日発所有の20カ所の火力発電所が、GHQにより賠償指定を受けている。電力需給が過剰から不足へと急速に変わってきた時だけに大きな問題に発展するところだったが、実際に撤去された火力発電は、ひとつもなかった。米ソ関係が冷却化し始め占領政策が転換したためだった。

GHQが実施した様々な占領政策の中で、日発への関与ということでは国の財政と企業経理との関係打ち切りの影響が大きかった。日発を支えた政府補給金と日発社債の元利支払いの政府保証が断たれたのである。この影響から46年下期には赤字に転落、電力設備の新増設などとてもできる状況ではなくなった。

追い詰められた日発は、収支安定のため電気料金を正当な経費を償う線まで引き上げようとしたものの産業や物価に対する影響が大きいと各界の反対にあい、結局上げ幅は小さく抑えられ、値上げしてもインフレの中で燃料の石炭代と人件費の上昇で、あらかた喰われてしまうような始末だった。

日発の経営状況は、復興金融公庫の融資などを利用しながらも綱渡り状態となり、結局GHQが、対日援助物資の売却代金として積み立てられていた「見返り資金」の借り入れを認める決断を下したことで設備の復旧などに資金を充てることができた。しかし、見返り資金の導入は、GHQに文字通り借りをつくったことであった。49（昭和24）年から日発解体まで、その額は206億円にのぼったという。

GHQは、事あるごとに政府と日発に見返り資金の融資禁止という〝匕首（あいくち）〟を突きつけて、日発解体、電力再編という決定を迫っていくのである。

輝ける労組「電産」

戦後日本の安定は、戦前からの軍国主義的体質とその封建制を打ち破る内部からの変革が必要になるととらえたＧＨＱは、戦前弾圧され解体されていた労働組合に期待をかけ、１９４５（昭和20）年12月22日、労働者の団結権を認める「労働組合法」を交付させた。これより先、日発は12月８日に日発本店従業員組合を結成した。この時書記長に就いたのが、のちに民社党委員長となる当時調査係長の佐々木良作である。本店の動きは、たちまち全支店に広がり、翌46年１月には約３万人の組合員からなる日本発送電従業員組合ができた。配電会社にも45年12月の関西を皮切りに、翌年５月の九州をしんがりに労働組合ができた。

日発と配電会社の経理はプール計算で結ばれており、賃上げも共闘せざるを得ないから組合活動も一緒にということで、47年５月日本電気産業労働組合（電産）という単一組織を結成した。組合員は約13万人に達した。

構成員の多さというほか電産には、他の組合と違う幾つかの特徴があった。まず電力労働者の学歴が他産業の組合員に比べ相対的に高くインテリ的性格が濃かった。それだけに組合組織からの提案も科学的論理的でたとえば「電産型賃金体系」といった斬新な要求は、日々の運営に追われ新しい理念を欠いていた経営者側を戸惑わせ、対応を難しくさせた。

一方で経営側と対峙するたびに編み出される闘争戦術は、きわめて先鋭的でもあった。いざとなると「停電スト」まで辞さず、実際にストは頻繁に打たれた。世にいう「電産闘争」である。戦術に長け影響力をもった電産は、日発や配電会社のみならず、日本政府と経営者陣営にとって恐るべき存在となり、逆に労働組合や革新政党には頼もしい存在となった。

『激動の昭和電力私史』に当時の電産組織を、座談会参加者が語り合う下りがある。前出の鈴木俊一のほか司会役の大谷健、東京電灯入社後、東京電力副社長、監査役会長に就いた長島忠雄、東洋経済編集局長、専務を務めた原田運治である。

鈴木　電産は知的にはきわめて傑出した組合で、エンゲル係数とか物価スライド制を採用し、全く新しい賃金体系をつくった。これが当時の電産型賃金体系で、一世を風靡（ふうび）したというか、各労働組合のモデルとなった。その当時日発に藤川義太郎という社員がいて、奥さんがアンナ・ライヘンベルヒというアメリカ人なんです。アメリカに留学して一緒になった。それが〝ベラボウメ〟言葉でGHQと直接やるから、ほかの組合とは比較にならないほど総司令部に対して接触できたし、言いたい放題やったという組合でしたね。

大谷　そのころは課長ぐらいまで組合員だったという話ですね。

鈴木　しばらくの間です。組合ができてから、事業の民主化と天下り官僚の排撃とか、いろんなことをやったのですよ。ひと昔前に役人だった人まで追放されたりして、ちょっと行き過ぎでしたけど、歴史に残った組合で、佐々木良作が全国の書記長になって、いろいろ暴れ回ったことがありましたがね。あの人はもともと政治家としての立派な素質をもっていた。

原田　その当時、日本の労働運動に支配的な力をもっていたのは電産と炭労ですよ。エネルギーのこの二つが有力組合で、しょっちゅうストをやった。

鈴木　だから、後になって石炭と電気産業はスト規制の法律ができましたね。

大谷　そのころ、配電会社の組合はどうでしたか。

長島　配電も組合ができ、日発の組合とだいたい一緒になって動いていた。

鈴木　さっきの藤川も電産のオルグですよ。猪苗代には共産党でも相当な者がおったのです。電産もそれと妥協しながらやっていくのが大変だったでしょうね。共産党対策は組合としても苦労した問題だったと思いますよ。

電産は、停電ストを切り札に戦後労働運動の頂点に立ち、電気事業体制の改革にまでその運動の範囲を広げるようになった。それはまさに暴風雨をもたらす大型台風のように電気事業を、組合運動を、果ては政界まで席巻し時に震撼させた。

46（昭和21）年10月の労使交渉では、日発総裁と配電会社社長たちを団体交渉の場に引きずり出し、電気事業に対する官僚統制の撤廃や発送配電事業の一社化に関して社会大衆による電気事業監督及び指導機関の設置などを求め、立ち会いの商工省を含め会社側に強引に認めさせ、のちに調停機関の中央労働委員会から、やり過ぎと忠告され、撤回した出来事もあった。

また、47年6月、追放によって日発総裁を辞任した新井章治の後任を選ぶにあたっても、日発理事会が逡巡している間に社内の課長級がイニシアティブを握って選挙での選出方法を提案、実際選挙によって大西栄一が選ばれ、事実上水谷商工相が追認するという、学校の学級委員会の委員長選挙さながらのことまで引き起こしている。

経済闘争から政治闘争への流れは、電産に限らず当時の組合運動からすれば至極当然なことだった。電産が加盟していた産業別の労働組合会議（産別会議）は、共産党の指導の下、官公労、国鉄、日教組など傘下の組合を結集して、47年2月1日に午前零時を期して全国一斉のストライキに突入する「二・一ゼネスト」を計画、ゼネストは実施をめぐって二転三転したのち、直前になってGHQがスト中止命令を出して落着したが、当時共産党は、「吉田亡国内閣打倒」をスローガンに掲げての政治闘争を明確に打ち出していた。

先の『昭和電力私史』の座談会での鈴木俊一の述懐にある「猪苗代には共産党も」というのは、電産が「二・一スト」中止のあと、攻勢に転じるため地域闘争を掲げ、当時日本の大規模水力と長距離大容量送電の端緒となった猪苗代発電所を拠点とした電産の猪苗代分科会を指している。組合員約1000名中、共産党員は160余名を数えたという。

しかし、GHQが労働組合運動を奨励したのは、何も日本を共産党が牛耳る左翼化するためではなかった。要は日本を再び軍国主義化させないためアメリカ式の民主化を植え付けることが目的だった。「二・一スト」停止命令以降のGHQは、組合の育成方針から行き過ぎ是正へ切り替え、このことは電産の組合運動にも影響を与えていく。

一方で度重なる停電ストは、国民の怒りを買い、当の電産内部からも批判が噴出していた。過激な路線を嫌う組合員が相次いで電産を脱退し、猪苗代では何回もストが打たれたが、それは穏健派に移りつつあった本部の指令を無視した山猫ストだった。

穏健派組合員は新たな組合づくりに動き、のちの全国電力労働組合連合会（電労連、のちの電力労連）の誕生となっていく。

電産は内部分裂からやがて自滅の道をたどるものの、この間日発経営陣は自らの責任で電産を抑え切れず、当事者能力を失っていることを周囲に印象付けた。大谷健は、著作『興亡』の中でこう総括している。

「日発は、日本の軍部の強力な後押しで成立した。したがって、日本の軍事力の粉砕を目指す米占領軍が日発を解体の対象にしたことは至極当然の成り行きだった。日発は（日本）軍によって建てられ、（米）軍によってつぶされたのである」

「集排法」の威力と再編成論の混迷

電産は、日発や配電会社経営者との労使交渉で、電気事業に対する官僚統制の撤廃や日発と9配電会社の全国一社化した運営（公社化）なども求めた。47年9月には「電気事業社会化法要綱」なるものをまとめ発表しており、電気事業の再編成論は、電産が口火を切る格好になった。

もっともこの電産の案に対しては、日発も配電会社の経営陣も、GHQと労組との蜜月時代が終わりに近づいている事を薄々感じていたから適当な対応でお茶を濁していた。それは政府も然りで、同年8月に社会党が「電気事業国有国営案」を、日本共産党も同月「電力の人民管理」を提唱しても世論に目立った反応はなく、無視を決め込んだ。

しかし、間もなく政府も日発、配電会社経営陣も適当な対応ではとても済まなく、否応なく真剣に取り組まざるを得ない状況が生まれた。47年12月18日に施行された「過度経済力集中排除法」である。財閥解体に引き続いての大震動を政府、経済界に与えたからだった。この法律の狙いとするところは、同一業種内で過度に経済力が集中している企業であれば幾つかに分割し、そのことによって大企業の支配力を取り除くというものだった。

日本の経済力の弱体化は、アメリカの対日政策方針のひとつであり、なかでも財閥解体は大きな目標だった。GHQはこの方針通り、46年11月に４大財閥の解体実施を指令、以後その範囲を拡大してさらにこの「集配法」では、当初３２５社が指定を受けたのである（後に方針転換）。

吉田茂首相は、当時行われた著名財界人の追放と並んで、日本経済の復興を遅らせるものと、連合国最高司令官マッカーサーにたびたび抗議したが、全く受け入れられなかった。「集排法」は、財閥解体に続く日本の経済力弱体化政策であり、これが実施されればさらに経済力が落ち込み、混乱するのは必至だった。

日発と９配電会社首脳は「集排法」の指定から外すよう首相らに陳情したものの効果なく結局、「集琲法」の指定を受けた。日発と９配電の首脳たちは、直ちに経営者会議を開き、対策の協議に入った。だが最初から隔りは大きく意見は真っ向から対立した。

日発側は発送電から配電までを一貫して行う全国一社化案を主張したのに対し、配電会社側はプール計算をやめて地域別独立採算性による責任経営にしたうえで発送配電一貫の９地域分割案だった。発送配電の一貫経営という点では、同じ意見だったが、それ以外はまったく違った。また、日発案は電産案と酷似していた。違った点は、電産案が事業体制を公社的なものと想定しているのに対し、日発案は株式会社案であり、その点に日発は独自性を出していたといえるだろう。

持株会社整理委員会は、日発と配電会社双方に調整して統一案を提出するよう求めた。調整といっても隔たりは大きく、結局両者は別個に計画案を作成し提出した。集排法の指定を受けてから２カ月余りたった48年４月のことだった。

なお、この当時地方自治体は、「配電事業全国都道府県営期成同盟会」を設立し、都道府県が発送電事業と配電事業を分離した形で個々の経営体で運営する案を打ち上げている。電力国管のため配電事業を取り上げられた地方自治体が公営復元を強く求めた案だった。ただGHQは、公営に興味を示さず公営復元運動は、実ることはなかったが。

政権は、片山内閣から同じ民主・社会連立の芦田均内閣に代わっていた。日発と配電会社側との意見の隔たりが大きいとみていた商工大臣・水谷長三郎は、政府案を固めるため、48（昭和23）年4月16日の閣議に「電気事業民主化委員会」の設置を諮り、了承された。委員長には東大教授で電気学会長の大山松次郎が就いたので、通称「大山委員会」と呼ばれた。

メンバーには、衆院から前田栄之助、参院から佐々木良作、現在の経団連にあたる日本産業協議会から石川一郎、それに日発総裁の大西英一、関東配電社長の高井亮太郎、鉄鋼連盟会長の三鬼隆、石炭協会長の山川良一ら経済人、中央労働委員会の中山伊知郎、興銀総裁の岸喜二雄、東京都電力協議会会長の藤原誠、地方自治体からは福島、長野両県知事、東京都議会議長、さらに電産、全日本産業別労働組合会議、日本労働総同盟、日本炭鉱労働組合などの代表も加わった。

まさにオール・キャストのメンバーだったが、幹事役には商工省電力局の中島一郎が就き、中島の背後には戦前からの革新官僚たちがついていた。GHQは、革新官僚がいようといまいと日本の官僚機構を温存する考えに立っていた。当初トップダウンで決定を下すアメリカ式と下から積み上げる日本式とでは、行き違いが起きると懸念はあったのが、予期せざる「分割統治」として機能したからだった。

革新官僚たちは商工省にも、またOBとなって民間に天下っても綿々と連なっていた。電力国管の立役者の2人、大和田悌二は、逓信次官に就いた後、日本曹達（ソーダ）社長に天下りし、戦後は電電公社経営委員長を務めた。

奥村喜和男は、41年に東条内閣の内閣情報局次長として言論統制にも乗り出している。戦後公職追放され、東陽通商社長として成功を収めた。かつて経済の自主性を国家権力をもって制限し、民間電気事業の弊害を排除すべきと利益排撃を口にしていたわりには、戦後は踵を返し、真逆ともいえる道を歩いた。

4月30日大山委員会は、第1回の会合を持ったあと、正式の委員会だけで19回も会合した。答申案を出したのは10月1日のことで、そこに至るまで正味5カ月を要した。事務局は、日発設立に関与した革新官僚の流れを汲んでいる。日発体制をそのまま続けるという結論になるのは必至とみられた。

産業界の代表たちは、停電で産業活動が阻害されていることに辟易しながらも急激な変化を好まず「現状維持論」だった。労組側は日発の分割は自らの勢力減退を招くとの考えから逆に配電会社を日発に吸収する「全国一社化案」を、知事たちは日発をそのままとし配電会社を「公営化」するよう主張した。

配電会社代表の高井は、ブロック別に「私営の発送配電の一貫会社」をつくるよう主張したが、だれも耳を貸さなかった。停電が日常的に発生しているのである。ほとんどの委員が、全国的な発送配電網の分離案に不安を感じるのは無理もなかった。

ただ、委員会が現状維持の案を出せば、GHQの怒りを買うのは目に見えていた。そこで大山委員長は、恐らく事務局の入れ知恵であろうが、本州と九州をそのままとし、北海道と四国を発送電一貫の会社にするという大山試案を委員に提示した。

この案に強い興味を示したのは、四国の住友共同電力だった。日発に強制出資させられていた住友の発電所を返還してくれるなら四国は、住友共同電力と四国配電の2社でやろうと言い出した。四国4県当局も大山試案に乗じて4県共同公営案を提案した。しかし、現地の空気は本州から取り残されるのは困ると、この2案におおむね否定的だった。四国配電、北海道配電も勿論、分割論には反対で、とくに収支面からみて会社を維持できなくなると切々と訴えた。

10月1日の委員会でまとめられた電気事業再編成案では、北海道、四国両地区の分割については「適当な措置を加えた上、発送配電一貫事業とする」と名目的に分離させる考えを盛り込んだ。しかし、肝心の日発問題については「日本発送電は普通の株式会社とし、一般電気事業者として国の監督を受ける」と、まさに日発体制継続の結論となった。

答申を受けるとすぐに政府は、ＧＨＱに詳細な説明を行うも全く相手にされなかった。その直後の10月７日、芦田内閣は総辞職し、その後第2次吉田内閣が成立した。電気事業民主化委員会の答申案は、芦田内閣とともに消滅してしまった。

柳瀬山荘から只見川へ

松永は、戦争中埼玉県所沢の柳瀬山荘にひそみ、お茶三昧にふけった。年譜（『松永安左ェ門著作集』）によれば、松永は、悠々自適に過ごしながらも多くの知人、友人の訪問を受け、空襲が激しくなると山荘には疎開を求める人であふれ、静けさも破られる日が多くなったようだ。戦時中の日記をみると、

太平洋戦争開戦直前、「平林寺に近衛文麿公を迎えに行く。十二時近衛公着。和尚の案内で書院にて少憩後、伊豆守の墓所に参拝、終わりて柳瀬に案内する」（12月1日）と訪問客の記述の一方で42年、『茶道春秋』によればこの年、「八月までに三十二回以上の茶道あり」とある。

終戦の年、45年の記述では「夜、柳瀬山荘に疎開中であった田辺九万三一家が鎌倉に家が見つかったので、送別会を開く。ご馳走は田辺より持ち出し、淡茶などを点てる」（11月26日）と、柳瀬山荘に疎開中のひとを見送る描写がある。またA級戦犯としてＧＨＱからの逮捕命令が出され、自殺した（12月16日）近衛文麿を悼む記述がある。

「近衛さんの葬式の日である。何だか平林寺に行きたくなった。（中略）寺でできた干柿で茶によばれ、また馬に乗って寒林の道を帰る。淡らぐ夕日、送り来る鐘の音。虎山公を送る夕にはふさわしい風情であった」（12月21日）

戦前から柳瀬山荘をしばしば訪れていた電気新聞の記者、宇佐美省吾は、敗戦の日、松永から驚くべき話を聞いたと記している。

「さぁて、これから僕がアメリカと戦争するんだ」（『松

（永安左ェ門翁の憶い出』・「柳瀬山荘のがまがえる」より）

さらに翌46年の正月には一枚の色紙を受け取った。

「一年の計は元旦にあり。日本復興は即今にあり。耳庵」

アメリカとの闘い、戦後復興。松永は埼玉県の山奥でお茶三昧にふけり、訪問客との話に耳を澄ましながらじっと日本の将来を見つめていたのだった。その年の秋、一子夫人の希望もあり、松永は柳瀬を引き払い、小田原に居を移した。

1月には東邦産業研究所理事長に就任している。同研究所は、戦前の東邦電力時代、電気事業だけでなく日本経済全体を分析調査して、その結果を社会に還元しようと設立したもので、理事長就任は松永の中に何か、沸々と湧き出るものがあったからだろう。

翌47年の年譜には、宇垣一成、結城豊太郎、長崎英造と只見川などの電源開発による日本復興を目論むとある。宇垣は近衛内閣時代に外相を務めた人物、結城は元日銀総裁、長崎は大蔵省出身の経営者で、妻は首相を務めた桂太郎の次女、当時経済安定本部顧問を務めていた。その長崎の招きで松永と宇垣３人が顔を合わせたことがある。

宇垣は松永と２人になると、戦前宇垣の支援で朝鮮半島の鴨緑江に世界的規模の水力発電所を建設し「朝鮮半島の事業王」とも言われ、志半ばで倒れた野口遵の構想を伝えた。その構想とは「日本に帰ったら只見川を開発する」というものだった。

松永も福島県と新潟県にまたがる阿賀野川水系最大の只見川にかねてから注目していたから海外を股にかけた野口の雄大な構想を聞かされ、さらに関心を持ち、また励まされたことだろう。宇垣は、松永に只見川開発を託し、松永はこれに応じ決意を固める。

当時の日本経済の深刻な状況を肌身に感じていた長崎や結城は、外地からの引き揚げ者の増加、食料不足、頻発するスト、中でも電力不足による停電などを松永に伝えていた、松永はある日、日発副総裁に就いていた進藤武左ェ門を訪ねた。

進藤は東邦電力入社後、松永の東京進出にあたって旧東京電力の営業課長に抜擢され、その後関東配電副社長から日発入りしていた、松永が手塩にかけて育てた人物である。その進藤に只見川の水源地の資料を見せてほしいと頼んだ。それからしばらくした49年の秋、松永は、只見川から尾瀬に入り自分の目で水源を確かめるのである。

深刻で、構造的な電力不足をどのような体制で解決するか。単に電力業界だけでなく日本全体の最大かつ緊急の問題になっていた。

第3節　松永対「日発」、混迷の再編成論に幕（１９４８～１９５１年）

「松永のほか、余人なし」

48（昭和23）年10月、第2次吉田内閣の商工大臣には帝人社長の大家晋三が就いた。内閣が代わっても電気事業再編の綱引きは相変わらず続いていた。新聞、雑誌などのマスコミ、評論家、有識者たちはそれぞれ論陣を張り、大方は日発擁護論で、９ブロックの配電網の主張を支持する声は少なかった。企業解体を目標としているマッカーサー司令部は、そうした方向の結論が出ないことにイライラが募り始めた。日発擁護の世論は、日本政府が意識的に行っているサボタージュとみなした。業を煮やして独自に電気事業再編の検討にとりかかった。

商工大臣の諮問機関として「電気事業民主化委員会」が発足した直後の48年5月、ニューヨーク造船社長のR・S・キャンベル社長を委員長とした集中排除審査委員会（通称5人委員会）のメンバーが来日した。この委員会は、日本の国会が可決した過度経済力集中排除法の実施に当たって最終的に判断し、その結果をマッカーサー総司令官に勧告する権限を持っていた。

持株会社整理委員会によって指定を受けた３２５社のうち、実際に適用を受けた25社は、この５人委員会が適否の判断をしていた。ただ業界によっては集中排除を緩和する方針を打ち出していたのに、電力業界にはなぜか厳しく対応していた。

なぜ、５人委員会が日発、配電会社の電気事業体制を厳しく見たかと言えば、およそアメリカのビジネス界では考えられないことが多かったからだった。競争していた数多くの電力会社が政府の命令ひとつで一本化され、その経営を政府が管理していること、９配電会社は独立していると言っても実際には、日発に従属していること、しかもこれらの会社には政府が配当保証を行い、日発の役員の任命権を政府が持ち、電源開発から電力需給、会計、料金まで強力な権限を政府が持っていることなどだった。

こうした運営では株主や消費者の利益は、二の次にされるのではないか、料金もプール計算になっていてそれぞれの企業の独立性も地域差もほとんど考慮されないのは、著しく合理性に欠き、ビジネスの世界では通用しないと断じた。５人委員会は「現組織を見直し7電力会社をつくる」との結論を導き出した。

49年5月10日、日発の森寿五郎理事に非公式にこの7分割案を提示した。７分割案とは、北海道、東北、関東、関西、中国、四国、九州の7地域に発送配電一貫経営の私企業の電力会社をつくるというものだった。中部と北陸地域は関西に含めていた。他に卸売りなどの企業を加えた10分割案もあったという。

政府は、突然出てきた7ブロック再編成案に驚き、危機意識を募らせた。５月24日商工省が廃止され、新しく通産省が発足した。商工大臣から引き続いて通産大臣に留任した稲垣平太郎は、翌25日にＧＨＱにマーカット経済科学局長訪ね、「再編成については日本政府が権威ある委員会を設けて検討するからしばらく待ってほしい」と懇願した。政府としては、ＧＨＱがすぐさま5人委員会のつくった案を再編成命令として指令してくるのを恐れ、とりあえず引延し作戦に出たのだった。

ＧＨＱは、日本政府の懇願に耳を傾けながらも、再編成決行の意思は固かった。マーカット経済科学局長は自分の顧問として、オハイオ州の電力会社の元社長Ｔ・Ｏ・ケネディを呼び寄せ、電気事業再編成推進の責任者とした。ケネディは電力会社の元経営者であり、電気事業全般に明るかった。９月27日には非公式の覚書の形で自らの考えを通産省に伝えた

骨子は、①日本発送電及び９配電会社は過度経済力集中企業として指定し解散する②地域的区分に基づいた発

送配電一貫の組織を設立。７ブロックが適当だが、必要なら９つにしてもよい③政府は日本発送電、配電会社の所有株式を放棄し、再編成された株式を保有しない④電力局の代わりに公益委を設ける⑤各社が自立し得る料金の改正を行う。これに伴う法令の改正を行う、というものだった。

非公式とはいえ、これがＧＨＱの方針であり、早くやれという督促でもあった。日本政府がこれ以上引延し作戦に出ないようＧＨＱは、日本政府がかねて約束していた「権威ある委員会」を早急に設けるよう強く求めた。追い込まれた政府は11月４日の閣議で、通産大臣の諮問機関として「電気事業再編成審議会」の設置を決めた。

「審議会」の設置にあたってもＧＨＱは、日本政府の頭越しに条件をつけた。委員は５人ほどで構成し、日発、配電の関係者や労組、政党の代表者を除くこと、委員の任命は首相が行い、審議会の結論は国会で決定する前に、ＧＨＱの承認を得ることなどの点だ。芦田内閣下における民主化委員会のようなやり方の弊を除くため、とくに各界網羅的な人選を避けさせる狙いがあった。速やかにＧＨＱの意にかなった結論を出せ、ということである。

首相の吉田茂は、もはや待ったなしの状況と肚を括った。しかし、審議会の会長をだれにするか。日本人全体を敵に回して再編成をまとめあげる役どころである。そう考えるとおいそれと答えは、見つかりそうもなかった。思いあぐねた吉田は、同じ神奈川県大磯に住み、三井財閥を率いていた池田成彬を訪ねた。池田は、当時柳瀬から小田原に移り住み、お茶三昧にふけっている松永安左ェ門を推した。

「折り目正しい池田にとって松永の野生は性に会わぬ。それに東邦電力時代、銀行からやたら金を借りて発電所をつくり、三井銀行の融資先東京電灯と出血競争する。銀行家池田にとって危なくて気が許せぬ相手であった。だが、池田は個人的な好き嫌いを度外視して、真に適任者を選ぶ公正な人であった。ただ次の注意を吉田に与えることは忘れなかった。『再編成がすんだら、すぐに御用済みにすることですな。松永に権力を持たせると、必要以上に権力を振るう心配がある』」（大谷健著『興亡』

より）

外交官出身の吉田は松永と面識がない。決めかねている時に池田以外にも松永を推薦する人物がいた。終戦連絡事務局次長や初代の貿易庁長官を歴任し、吉田の対ＧＨＱ対策のほとんどを担っていた、最側近の白洲次郎である。白洲はのちに東北電力会長となる。

日本語よりも英語の方が堪能という白洲は、１９０２（明治35）年貿易商の二男として兵庫県芦屋に生まれている。神戸一中からケンブリッジ大学に留学、卒業して外資系の貿易会社勤務を経て日本水産に入り、海外を飛び歩いた。結婚した妻正子の父親樺山愛輔は、明治から大正にかけて活躍した国際肌の実業家だった。日本最初の合弁会社を興し、イギリスのロイター通信と提携し今日の共同通信の前身の国際通信を興している。また千代田火災、日本製鋼所、三井信託銀行などの創設にもかかわり、貴族院議員も20年以上務めていた。

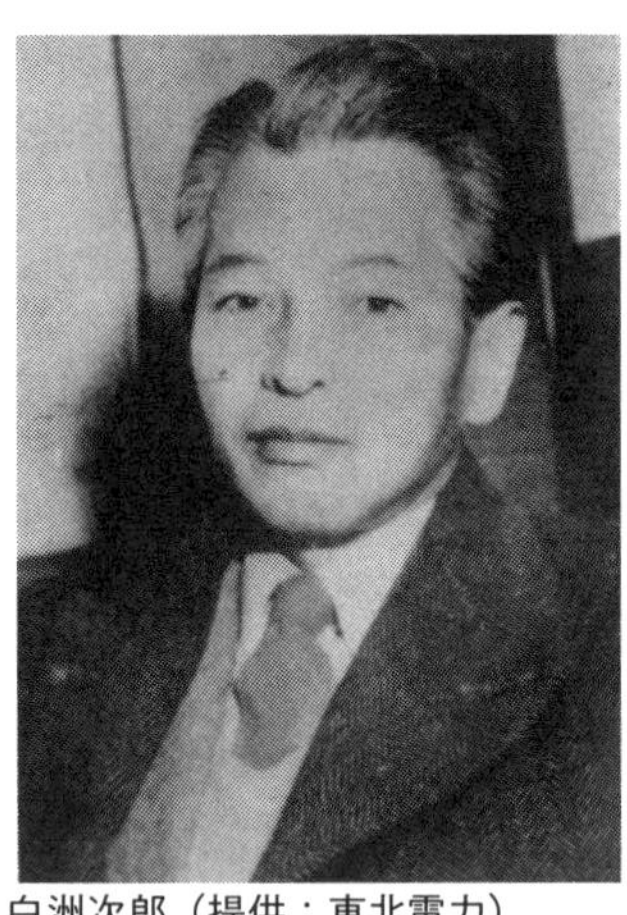
白洲次郎（提供：東北電力）

樺山と首相となった吉田の義父牧野伸顕とが親友だったことから、白洲は吉田と近づきになった。それだけでなく吉田は親子ほど年齢の離れた白洲を可愛がり、また頼りにもした。白洲は戦前、吉田がイギリス大使だった時は、ヨーロッパに出張した際は必ずロンドンの日本大使館を定宿にするほど気心の知れた仲となった。

白洲は、松永をどうみていたのだろうか。評伝などによれば最初の印象はあまりよくなく、貿易庁長官を経て自ら通産省を設立（49年5月25日）した頃から日本の電力問題の重要性を知るに及び、「次郎はけっして松永にいい感情をもっていたわけではない。だが電力の安定供給はまったなしの状態。何が何でも松永をサポートして再編を成功させねばならなかった」（北康利著『白洲次郎　占領を背負った男』より）と次第に松永なしでは、再編問題は解決できないと考えるようになっていた。

「彼の人物をおいて他にない」と白洲は首相の吉田に、

松永の起用を薦めたのである。一方で所管の稲垣経産相も資源庁長官で前日発副総裁の進藤武左ヱ門に相談した。進藤の瞼には、資料を抱えながら帰っていく松永の元気な姿が焼き付いている。進藤も松永以外にいない、と答えるのに時間はかからなかった。

影響力のある人物はすべて追放されていた時代である。確かに松永以外に適任者はいなかった。電力国管に反対し、論が入れられずとみるや潔く一切の仕事を捨て、埼玉の山奥に潜み、小田原に移ってもお茶三昧にふけった。もっとも漫然と時を過ごしていた訳ではなく、戦後日本の行く末を思案する日々ではあったのだが。

それが突然、電気事業再編という大仕事が本人の意向構わずにめぐり回ってくるのである。しかも自分がかつて主張していた電力国管解体からの電気事業再編を差配する立場である。もはや天から下された運命としか言い得ぬめぐり合わせだった。その時松永74歳。運命の知らせは、かつての東邦電力発祥の地で聞くことになる。

電気事業再編成審議会

49（昭和24）11年月16日、松永は、愛知県名古屋市内の老舗旅館に宿を取っていた。近くで開催される大茶会に出る途中でもあった。そこに資源庁長官の進藤から電話が入った。稲垣通商産業大臣の使者として小田原の私邸を訪ねたものの不在だったので電話をかけたのだという。

松永は進藤からの審議会委員長を引き受けてもらえないか、という電話にこう答えたという。

「そうか。役人が頼むのはだいたいアテにならんが、本気で頼むのか」。そう念押しした上で受諾した。

11月21日、松永のほか、三鬼隆日本製鉄社長、水野成夫国策パルプ副社長、工藤昭四郎復興金融公庫副理事長、小池隆一慶大法学部長の4名が電気事業再編成審議会委員に任命された。

片山内閣の元での大山委員会は、各界総花的に21名の委員が任命されていて、その中には日発と電産、政党の代表たちが含まれていた。松永は委員長就任に当たってある決意をしたためていた。民主的運営を標ぼうして結局あたりさわりのない結論をまとめた先の委員会と違って今回は、自分の信念に基づいた結論を出し、委員がどう言おうと自己流の運営を押し通すことにしたのである。松永からしてみれば電気事業を民間に取り戻す千載一遇のチャンスとも映っていた。

しかし、他の４人の委員も、また事務局の通産省の官僚たちも、さらに言えば当時の世論も現状の急激な変化を望んでいなかった。

委員の中でも三鬼隆は、先の大山委員会にも入っており、日経連代表常任理事、経団連副会長など経済団体の要職を占め、経済界のリーダーを自任していた。不幸にして52（昭和27）年４月の日航「もく星号」機の事故で不慮の死を遂げた。健在であれば経団連会長には間違いなくなっていたといわれる。

水野成夫は、後にサンケイ新聞の社長となり、今日のフジ・サンケイグループの土台を築いた人物で、戦前共産党員から転向して財界人になったという変わった経歴の持ち主だ。審議会委員に就いた時はまだ50歳と若く、将来を嘱望されていた。

工藤昭四郎は、日本興業銀行の出身で、徹底した調査を身上とし広く金融界に「調査の工藤」として名を馳せていた。戦後「復興金」に転出し、石炭や電気事業などの基幹産業を金融面で支え、また中小企業育成こそ金融の使命と東京都民銀行を創設したことでも知られる。

小池隆一は、当時最高裁長官として戦後の法曹界に大きな影響力を持っていた三淵忠彦の愛弟子で、当時新進気鋭の法律学者だった。この小池の委員就任には松永が絡んでいた。というより松永が選んだ。審議会委員５人目の決定は、委員長に委任されていたからだった。松永が審議会のことで初めて相談したのが、尊敬する三淵であり、その三淵からの紹介でもあった。独立自尊、実学の福沢諭吉の精神を受け継いでいる慶應義塾大学の教授であることも好ましかった。

ともあれいずれもそれぞれの分野で一目も二目も置かれる超一流の人物であり、また個性も際立っていた。その中でも三鬼の存在は、抜きん出ていた。この三鬼と松永のやりとりが、松永の生涯を伝えるいわゆる「松永本」に幾つか描かれている。

伏線としては、三鬼がかかわる鉄鋼や化学業界といった電力多消費産業が、政府から価格差補助金を給付された上、電力の低料金の恩恵にあずかっていたことがある。日発が設立された以降、電力費の生産費に占める割合は低下しており、これが私企業体制になると原価に加えて利潤をプラスされ、料金は上がって打撃を受けること必至と計算していた。電力多消費の基幹産業の側からすれば、このまま低料金体制のままであることが何としても必要だった。

これに対し、松永は日発体制下で地域による経営格差を埋めるため、利益や損失を全部中央で合計し、全体で分配する「プール計算」こそが諸悪の根源とみなしていた。このままでは経営の自主性が失われ、料金は安かろうが大前提で低料金を強いられ、悪平等主義がまかり通る。これではまっとうな電気事業が育たないと考えていた。そのためにも給付金に甘え、低料金維持の圧力をかけ日発を食いつぶしていく統制なれした経済人、財界人をこの機会に一蹴したかったのだろう。

11月24日、審議会が始まった。第1回会合から松永は、役人がしつらえる議題から審議日程、資料に至るまで気に入らず、何回目かの会合で通産省電気局電政課長から審議会事務局長に出向していた小室恒夫に「君らはわしが申し付けぬ資料を出したり、発言したりすることはまかりならぬ。この審議会は自分が議長として好きなように運営する」と厳命した。

こうした松永の運営ぶりを快く思わず、日発体制問題そのものにも考えの開きがある三鬼と松永に確執が生じた。ある日の会合の雑談の席である。

「じいさん（松永）は私の先輩の平生釟三郎翁に似ている。年恰好も同じだし、話もやはり面白い」といったのである。（あなたはしょせん一昔前の人間ではないか。ただそれだけだ）と言いたかったのであろう。だが平生釟三郎の名前は松永を刺激した。平生は東京海上火災保険から政界に入り、文部大臣を務め、のち日本製鉄社長に就任した。昭和十五年八月、重要産業統制団体懇談会が設立された時、病臥中の郷誠之助会長にかわって副会長の平生があいさつした。

「『民間人は常に官僚統制を非難して自治統制の必要を唱えておりますが、多くは議論に堕し、進んで国策に協力しようという努力に乏しい（中略）』。重要産業統制団体懇談会は十五年十二月、日本経済七団体が軍部および革新官僚の「経済新体制」に反対した時、これに与しなかった。副会長の平生が『利潤追求はいけない』といい、会長の郷は『それは赤の思想だ』と反発する内輪もめがあった。しかし、郷は十七年一月に亡くなり、あと時流に乗って平生が会長に昇格する。

（こともあろうにそんな平生輩と似ているとは何事か）

『ちょっと待ってくれ。あんな大臣になって大喜びしているようなのとは、わしはちょっと違うつもりだ』、『いや、平生さんは立派な人だ。わたしもいろいろ教わった』『ともかくあんなのといっしょにされては困る。ごめんこうむる』―かんで吐き出すような松永の発言に、座は白けてしまった」（大谷健著『興亡』より）

本来なら意見をまとめる役であるはずの委員長がこれでは審議は、まっとうに進むはずもなかった。それでも審議会は、年明けの50年1月31日まで計16回にわたって開かれ、この間、鉄鋼、鉱山、石炭業界のヒアリング（49年12月15日）、ガス業界の意見聴取（50年1月16日）と、精力的に業界ヒアリングを行っている。

しかし、審議会の方は、相変わらずだった。

三鬼だけではなく工藤からも「各委員は委員長と平等の責任をもっている。だから各委員が再編成に対する意見を出して、それぞれの案について検討し、論議していくという方法をとるべきではないか」と運営方法に言及、水野は「松永委員長がまとめようとしている案は、あまりにも配電会社の立場に立ちすぎる」と松永の横暴ぶりを責め立てた。しかし、松永はそうした意見に全く耳を貸さなかった。

委員長と他の委員がことごとく反目していたのでは審議会としての統一した案は出来そうにもなかった。三鬼たちは松永の行動に半ば匙を投げた格好で、自分たちで再編成案を検討し始めた。

2つの再編成案

三鬼の背後には、日発がついていた。日発は必死だった。何としても民営化を阻止しなければ日発はどうなるかわからない。そこで都内小石川水道橋の社屋の2階に参謀本部をつくった。キャップには社内でも信頼の厚い総務理事の山本善次を充て優秀な中堅幹部を集めた。それこそ徹夜態勢であらゆるルートを通じて情報収集にとりかかった。三鬼の片腕になっていた高橋正一（日鉄の調査担当）は毎夜12時にはそこにきて、審議会の模様を伝え、三鬼に次回何を言わせるか台本をつくり、策ができると政府、政界、マスコミなどに根回しに走った。

これに対して松永の方は、最初焼け跡の虎ノ門ビルに私的事務所をつくった。ひとの出入りが激しくなると中部配電常務の横山通夫の斡旋で手狭な虎ノ門の事務所から、銀座服部時計店裏の名古屋商工会館内の一室に移っている。新聞記者たちは虎ノ門にある通産省電力局との対比でここを「銀座電力局」と呼ぶようになった。

松永にはいつも影のように秘書の中村博吉が付き添った。事実上の事務局長である。中村の父は、元南満州鉄道総裁の中村是公で松永とは昵懇（じっこん）だった。中村は王子製紙に入り、貿易局の課長を務めたあと、浪人中であったのを松永が引き取った格好だった。だから粉骨砕身、松永のために身を粉にした。ここにのちに四国電力初代社長となる宮川竹馬ら東邦電力時代の部下たちも集まり、再編成の立案を始めた。

そして松永の手足となって働いたのが、関東配電の木川田一隆、関西配電の芦原義重、先の中部配電の横山通夫らだ。この3人は「再編成三羽烏」と言われ、のちに東京、関西、中部各電力の社長となるのである。この時木川田らは、松永に9配電の電力再編に対する意見を次のように直接間接に述べたという。

「翁（松永）は、電源大開発というところから電気事業の再編成を発想されたのに対し、わたくしたちは、事業運営の合理性追求を前提して、よき電力サービスを社会に供給することを念願とした。すなわち、翁は、発送配電一貫の『東西二大電力会社』を骨子としたが、わたくしたちは『９電力案』だった。翁との間に、自由企業でいこうという根本思想においては違いはなかったが、実現方法に対する考え方の調整が必要だった」（日本経済新聞「私の履歴書」より）

それぞれ俊英の部下たちが不眠不休で検討作業を進め、ようやくそれぞれの案が明らかになった。松永の案は、９配電の意見を踏まえた持論の発送配電一貫・９分割である。これに対し、三鬼案は９分割会社とともに日発の発電能力の42％を持つ電力融通会社を新設するというものだった。融通会社は卸売り専門であり、地域間の需給ならびに料金差の調整を狙いにしていた。融通会社は、縮小はしても日発を残すというものであり、完全解体の松永案とは、真っ向から対立した。

どちらを答申案とするか調整がつかなかった。多数決で決めれば三鬼案となるが、そうかといって他の委員も通産省も松永案を葬ってしまうほどの自信はなかった。なぜなら三鬼案ではＧＨＱの意向に沿わないことははっきりしていたからで、ＧＨＱの意に沿う松永案を無視することはできなかった。

松永にしてみれば、委員長権限を振り回す手もあったが、多勢に無勢ということもあって、さすがに自分の案を正案として答申することは憚られた。松永が期待をもって選んだ５人目の委員小池も松永の強情に嫌気がさしたのか三鬼案を支持しているとのことだった。また日発の陰に陽の活動が実って三鬼案には大野伴睦、広川弘禅といった有力政治家が後押ししていることも気がかりだった。

そこで苦肉の策として答申の本文は三鬼案とし、自分の案は参考意見として添付することにした。翌50年１月31日答申案は決定された。２月１日付で答申を受けた通商産業大臣の稲垣平太郎は、この正副２案をＧＨＱに提出した。こうした答申は通常ありえず、しかも松永は「遺憾ながら多数の賛成を得なかったが、政府が有力な参考意見として尊重されることを希望します」と書き添えることを忘れなかった。

それだけでなく松永は、ＧＨＱの専門家に再編成に関する自分の考えをまとめた文書を私信として送り、必要ならいつでも説明に赴くとした。絶大な権力を持つＧＨ

Qにもひるむことなく立ち向かっていく松永の気迫が「この案にはメリットがある」とGHQの関心呼び寄せた。

しかし、答申を受けたこの時のGHQの反応を伝える資料の多くは、「失望した」とある。三鬼の正案にはもちろん反対したが、松永案に対してもマーカットは失望の意を示した。松永とGHQの間には、電力会社が給電地域外に電源を持つことの是非について大きな意見の隔たりがあったのである。

2つのハードル

アメリカでは、電力会社に州外での発電を原則認めていない。国家の成り立ちもあって州は権限が強く、州によって法律が違えば、文化さえも違うことがある。電力会社が州境を越えて他州の水力を使うことは容易ではなく、GHQは今回の日本の電力再編では、そういうアメリカ方式を持ち込もうとしていた。

これに対し松永は、自ら「爪揚げ方式」と名付けた地域別の発送配電一貫の9電力会社体制実現を目標としていた。9つの電力会社のうち東京や関西は大消費地を持っているが、水力や火力（石炭）の資源に乏しい。一方で消費地はないが、豊富な水力を誇る地域がある。地域によるデコボコをならすには、自分の地域以外に発電源を持つようにしなければならない。アンバランスがひどくなれば発電地域の会社は、日発的な卸会社になってしまうという懸念もあった。

再編成審議会は、答申と同時に解散したが、松永は活動をやめなかった。何としてもGHQを攻略しなければならない。そのうちターゲットをマーカットが顧問として呼び寄せていたケネディに絞っていった。審議会が始まったある日、松永は委員の増田、水野を伴ってケネディを表敬する。この場面も「松永本」に様々描かれている。

「『あなたは電力会社の会長をしておられるそうですね。米国の電気事業は自由企業を原則としていると伺っています。その業界の方を迎えて、幸せに思っております』『ところで、米国の会社で、あなたはいくらくらいの報酬を受け取っておられましたか』突然の質問に横にいた水野が驚いて、盛んに袖を引っ張った。失礼ではないかと思ったのだ。通訳も困惑する。『言葉通りに訳しなさい』松永は命じる。ケネディは少したじろいだ風だったが、正直に報酬の額を教えた」

「『お話の様子では、会長は常務や専務の五割増しくらいの報酬のようですな。私などは社長のとき、彼らの十倍は取っていました』松永は戦前の電力会社は儲けるときは儲けていた、自主独立の経営ができたからと言いたかったのである。こんな調子で会談の間中、水野は松永の袖を引っ張りどおしとなった。だが、水野の心配は杞憂だったようで、変にぺこぺこしない松永のことをケネディは面白い老人と思ったらしい。毎週二時間は松永と会って話をすることを約束してくれた」（水木楊著『爽やかなる熱情』より）

ＧＨＱは、その頃供給と需要を一体とした7ブロックから少々日本の実情を考慮した10ブロック案の方針を固めていたが、ケネディは、10分割の需要・供給地一体案を引っ込めてくれた。松永の理論を評価したというより、ツバキを飛ばしながらの松永のしつこい説得に音を上げたのかもしれない。それにあまり介入し過ぎると、混乱が大きくなりその後の対日政策に支障をきたすと、大所高所の判断もあっただろう。ともあれＧＨＱは松永案支持に回ってくれた。

これで一段落とはいかなかった。ＧＨＱのほかにも問題があった。安定していない政治状況である。48年に社会党との連立を嫌って離党した元民主党議員らの民主クラブと野党自由党とで結党した民主自由党は、その年の10月第2次吉田内閣を成立させたものの、内閣不信任案からすぐに解散。そこでようやく49年1月の総選挙で初めて絶対多数の与党となり第3次吉田内閣を成立させた（その後自由党を結成）。

審議会の答申から半月ほどたった50年2月17日、稲垣通産相は連立を組んでいた民主党の内紛から突如辞任し、後任には1年生代議士ながら大蔵大臣に就いていた池田勇人が兼務することになった。池田は大蔵官僚出身である。１８９９（明治32）年広島の造り酒屋に生まれ、旧制五高を卒業後、京大法学部に進み、大蔵入りした。

黒部ダムの定礎式に出席した池田通産大臣（写真右、提供：関西電力）

一高―東大法学部が断然主流の官僚世界にあって同じキャリアと言っても出世の階段を上るのに時間はかかった。しかも入省2年後、重い皮膚病に罹り、妻は看病による過労から亡くなるということがあり挫折を繰り返してきた。しかし強運の持ち主だった。大蔵大臣の石橋湛山に認められて次官に昇格し、政治家に転出後今度は吉田茂に可愛がられて、大蔵大臣のポストを射止めたのだった。

松永は、早速通産相就任2日目の2月19日、池田に会った。大蔵官僚だった池田にとって電力問題は所管外であったから予備知識なしに松永の話を聞くことになった。松永は、この日のために大きな全国地図を持って行ったという。地図を広げデータを駆使して自ら9分割案を説明する松永に対し、池田はいわば数字万能の税金取りの役人上がりだから、数字を交えての松永の説明にさぞ頷くことも多かったろう。

池田はまた天性のカンの持ち主と言われていた。「ひょっとすると、このじいさんの言うことは本当かもしれない」。そう直感を信じ「あなたの案でいきましょう」と決断するまで時間はかからなかった。

1年生議員でありながら、あえて松永案という渦中の栗を拾う決断をしたのだから、大胆であり肝が据わっていた政治家だった。カンも当たっていた。池田が首相として「所得倍増計画」や高度経済成長を成し遂げたのは、まぎれもなく電力の安定供給に大きく支えられていた。民有民営の9電力体制が無縁であるはずはなかった。

「あなたの案でいきましょう」と池田が言ったとき、松永もまた池田の中に宰相の器を見たに違いない。以来、ふたりは肝胆相照らす仲となる。役人嫌いの松永だが、

池田だけは別格とした。

池田は大臣兼任期間中の３月１日、大蔵大臣として記者会見に臨んだ際、「ヤミをやっている中小企業の２人や３人、自殺してもやむを得ない」と報道され、また12月７日には「貧乏人は麦を喰え」と発言したと国会やマスコミに袋叩きにあったことがある（歪曲報道との説あり）。〝直言居士〟松永と性格的にもソリが合っていたのだろう。昭和30年代半ば、池田政権が発足するに当たって松永は、物心両面の援助を惜しまず、池田も松永を実の父親のように慕ったという。

池田はすぐに松永案を主体とする９分割案の実施について各方面と調整に入った。ＧＨＱは、すでに松永案支持の意向ではあったものの、電力会社を監督する公益委の性格については、日本政府の考えと相いれなかった。ＧＨＱは委員会を「国会に対してのみ責任を負う強力な独立機関」にすべきとしていたのに対し、日本政府の方は「通産大臣の諮問機関」程度に考えていた。

結局池田通産相は、委員会を総理府の外局とし、運用面では閣議決定事項に服することとした。また委員は民間人から採用するということで妥協した。池田は最終的に吉田首相を説得し、４月20日に「電気事業再編成法案」と「公益事業法案」が国会に提出された。

「日発」の巻き返し、波瀾の国会

電気事業再編成関連２法案が国会に提出されるちょっと前の４月11日、池田は突如辞任した。後を文部相の高瀬荘太郎が兼任という形で引き継いだ。この池田の辞任は様々な憶測を呼んだ。通産大臣就任期間わずか２カ月足らずという短い期間だけに松永、池田、ケネディの間に何かあったのではないかと取り沙汰されたが、この時池田は別行動の白洲とともに吉田首相の特命でワシントンに飛び立っている。対米講和条約の下準備交渉に向かったのだった。

池田がワシントンに赴いた時期、政府の９分割の再編成案には各界から反対の声が上がっていた。肝心の与党自由党は、２つに割れていた。吉田首相のもと池田は勿論賛成の立場だったが、同じ官僚出身、さらに「吉田学校」で同じ釜の飯を食い、池田のあと首相となる佐藤栄作は反対に回った。また実力者の大野伴睦も反対を表明した。

党人政治家の大野は池田を大蔵次官にまで引き上げ、池田も一目置く政治家ではあったものの首相の吉田を官僚上がりと決めつけ、事あるごとに敵対し、この電力再編成案も政治戦略から反対に回った。ただ大野は、日発から仕事を受けている土建業界との関係が深く、そのことが反対の理由とみる向きもあった。

労働界だけでなく政界にも影響を持つ電産は、「松永案打倒」で社会党や共産党を反対運動に突き動かした。日発は日発で総裁の大西英一以下、必死の振る舞いだった。松永案が通ってしまえば、解体されるのは目に見えている。死にもの狂いという表現も出てこよう。社員にも大号令をかけていた。親類縁者に政財界有力者がいるかどうかリストを提出させた。総裁室の近藤良貞は、そうしたリストをもとにひそかに渉外工作に当たった。

世論の代表、大手の新聞は、日本経済新聞を除いてすべて政府案反対の論陣を張った。朝日新聞は「日発の運営に欠陥があろうとも、全国を九ブロック別に分割するという構想は根本において間違っている。どうしても諸般の情勢上分割するというなら、せめて次善の策（三鬼案）を貫くことを望む」（50年1月28日付社説）とし、他紙も同様に日発体制温存の論だった。日本経済新聞には、自由主義経済の旗手を自任する小汀利得がいて、専門紙の電気新聞を除けば松永案支持を貫く唯一の世論といってもよかった。

経済界では西日本の大阪商工会議所や関西経済連合会などが共同で再編成実施延期を提唱した。西日本は水力発電に乏しく料金が上がりかねないと再編成反対の声が強かった。経済界全体としても料金を上げてほしくない、との一点で日発解体に及び腰だったといえるだろう。

国会も経済界も世論も、どこも松永案に反対一色となった。

参議院電力特別委員会は、4月28日公聴会を開き、産業界、労働界、学界、マスコミ界などの代表者14人から意見を聴取した。ここでもほとんどの陳述者が日発擁護に回った。政府案にはっきりと賛成の陳述をしたのは、品川白煉瓦社長の青木均一と京阪神急行（阪急電鉄の前身）社長の太田垣士郎のふたりだけだった。

このうち太田垣は「経営責任体制の確立と経営者の企業意欲の発揚」を強調して、日発の事実上の存続を真っ向から反対し「電力再編は、今これを断行しなければ悔いを１００年後に残す」と松永案への揺るぎない支持を表明した。松永は、この時の太田垣を高く買った。太田垣はのちに松永の強引な人事によって関西電力社長となり、まさに松永の「凧揚げ方式」によって自社の管轄下に入った黒部渓谷に巨大なダムを完成させることになる。

公聴会の後も論議は続いたが、松永の孤立化は避けようもなかった。それでもこの難局に何としても松永大先輩を助けなければと関東、中部配電の若手幹部が次々に松永の元に集まった。高井関東配電社長から木川田ら先の「再編三羽烏」、のちに東京電力社長となる水野久男や電気事業連合会副会長となる荘村義雄、松永の盟友、田中徳次郎の息子でのちに中部電力社長となる田中精一らだ。

彼らは東京・新橋の旅館に立てこもり、50年１月～６月にかけて「電気事業再編成の目的」「発送配電の一貫経営はなぜ必要か」「再編後の料金の地域差は現在と変わりない」「分割によって電力不足は増さない」など関係各界、需要家からの声、疑問に答えられる様々なパンフレットを９配電会社名で作成し各方面へ配布した。

彼らの支援をバックに松永も反撃に出た。

「本来なら自分を支援してくれていいはずの財界を、新聞紙上や雑誌のコラムを借りて徹底的にやっつけた。『（自分は）浦島太郎のように戻ってきて、あまりの変わり方にびっくりした。財界は追放によって根こそぎ人材をとられてしまった。いまどきの若い経営者は、権力に対しても「はい、はい」と聞く。電力再編成をするにしても、彼らの追放解除が前提になる』ＧＨＱに対して追放の解除を求めたのである。追放がなければ、自分の登場する場面がなかったかもしれないのを棚にあげている。財界が松永の批判に聞く耳をもっているはずがない。（中略）このあたりから吉田茂は電気事業再編成審議会の委員長に松永を起用したことを悔い始める」（水木楊

『爽やかなる熱情』より）

電力再編成2法案が国会に提出されたのが、4月20日で会期末の5月2日まで時間はなかった。各党がほとんど反対しているのを押し切れるのはＧＨＱだけだが、この頃になるといつもの高飛車な態度にも変化がみえてきた。同じ年の50年6月25日には朝鮮戦争が始まり、翌51年9月8日にはサンフランシスコで対日講和条約を結ぶ。アメリカを取り巻く国際情勢は、冷戦構造の始まりとともに大きく変わり、そのことと日本の安定は無縁ではなかった。2法案の審議中、ＧＨＱは取り立てて何も言わなかった。

ＧＨＱの怒りと政府の狼狽

政府は法案成立をあきらめたが、せめて継続審議にしたかった。しかし、与党内の大野らの反対で結局審議未了と決まった。再編成2法案は流れた。ＧＨＱの反対はないと見越して同年7月開会の第8臨時国会には提案しないことを決め、6月21日高瀬通産相は、ＧＨＱに報告のため訪れた。

ところが、ケネディ顧問は、2法案が流れたことは、非常に不満だと伝えた。ＧＨＱ内部には、2法案が廃案になった直後から不満が募り強硬手段を取るべきとの声が出始めていた。一方で松永は、同じ元電力経営者ケネディとパイプを繋ぎ、日発の分割などで意見が一致していた。ケネディの判断によって、ＧＨＱの経済科学局全体の空気も変わった。日本政府への失望の分、にわかに松永と友好的になった。

6月28日、内閣改造が行われ、稲垣に代わって横尾竜が通産大臣に就いた。横尾は早速ＧＨＱ本部にマーカット経済科学局長を訪ねた。マーカットは、その席上再編成2法案を見送ったことに強い遺憾の意を表明した上で「電力会社は、再編成するということで集排法指定会社に通常適用されるべき制限が緩和されている。再編成が進展しないというのであれば、これまで大目にみてきた集排法指定会社の制限を受けねばならず、そうなれば今後は、見返り資金の融資も受けられなくなる。それでもいいのか」と再考を迫った。強硬路線が現実化した。

政府は、マーカットの発言を軽くみたのか、それとも当時混迷していた政府、与党内の情勢のためか、内閣官房長官名で「次の臨時国会で成立の決意だ」と通り一遍の文書を出すにとどまり、12日から始まった第８国会には既定方針通り、再編成２法案を提出しなかった。

これにマーカットもケネディも反発したのか、ついに実力行使に出た。７月23日、持株会社整理委員会を通じて、集排法指定会社の日発及び９配電会社は、再編成法案の成立まで、設備の新設、拡張、移設と増資、社債の発行は一切認められないと通告した。見返り資金の融資停止の措置は、官房長官からの文書表明の際にすぐ反応し実行していた。

ＧＨＱはとうとう伝家の宝刀を抜いた。

ＧＨＱの措置に政府は狼狽した。最大の融資源である見返り資金がなくなると、新規の電源開発はおろか着工中の工事の継続もできず、設備の補修工事さえもできなくなる。すぐに日発と９配電会社は小規模の修繕を除いて、新規・着工中を問わず工事が一切できなくなった。影響は、電力にとどまらず土建業界、電気機器、電線、セメントなど関連業界にも及んだ。

このままではせっかく朝鮮戦争による特需で、敗戦からの立ち直りのきっかけをつかんだ日本の産業界全体が、電源開発の停滞からしぼむ可能性が出てきた。この事態に政府のとった措置は、姑息としかいいようのないものだった。電力再編成反対の中心的存在である日発の総裁、副総裁の首を切り、２人をスケープゴートにして局面の打開を図ろうとしたのである。

横尾通産相は９月６日、官邸に大西、桜井正副総裁を招いて辞任を勧告した。２人は即答しなかった。この措置に怒りの声を挙げたのは、まず日発の理事会だった。「なぜ２人が辞めなければならないのか」と本人たち以上に憤慨する者が続出し、通産省にせめて結論を先延ばしするよう求めた。だが通産省は、すぐに判断しなければ２人を罷免するとの考えもチラつかせ、結局両氏は辞表を出した。電産は電産でＧＨＱの人事干渉に憤慨し、藤田進委員長がケネディに直接会うなどして反対行動をとった。それも実ることはなかった。

政府の苦肉の策もＧＨＱには、通じなかった。再編成の結論が出るまで見返り資金の融資再開は認めない、としたのである。すぐには日発の後任総裁を決めることもできず、とりあえず総務理事の森寿五郎を総裁心得にした。社員選挙という〝民主的な〟な方法で選ばれた総裁大西は、電産の支援にもかかわらず不本意ながら辞任となった。

ポツダム政令と公益事業委員会

日発総裁更迭と引き換えに見返り資金の融資再開をねらった政府の目論みは全くはずれ、むしろＧＨＱの電力再編成への強硬な意思を知らされる破目になった。やはり電力再編成を進めなければならない。しかし、情勢は混とんとするばかりで、だれひとりとして解決の具体策をもたず、その間にも電源開発は中断されたまま時間が過ぎた。

結局吉田首相の判断、対応にかかった。吉田首相は日本の独立を最大の使命としていた。通産相兼任を解いた池田大蔵相を４月に訪米させた目的もＧＨＱの目を盗んで、直接アメリカ政府関係者と対日講和の可能性を打診することにあった。

吉田にとって電力再編成は、当時の状況からすればひっきょう第二義的なものであったのかもしれない。だからマッカーサーとＧＨＱに対しことさら事を構えるのではなく、ＧＨＱの顔を立て、肝心の講和問題に波風を立てることのないような振る舞いに徹しようと判断していたのだろう。10月12日ポツダム政令によって再編成問題を一挙に解決に向ける、吉田からマッカーサーへ打診の書簡が送られたのである。

第９臨時国会は、11月21日召集された。召集日の翌22日、連合国最高司令官マッカーサー元帥名の書簡が日本国首相吉田茂のもとに届いた。内容は「総司令部の了承する第７国会提出の政府案を基本に電気事業再編成を早く解決せよ」というものだったといわれる。

国会の審議を不要とする占領軍最高司令官の大権に基づく、いわゆるポツダム政令である。このポツダム政令によって政府原案、つまりは松永案による電力再編成の実施が、とうとう決まった。「電気事業再編成令」（政令３４２号）及び「公益事業令」（政令第３４３号）が定まり電気事業は、ガス事業とともに法的に公益事業と呼ばれ、地域独占を認められるとともに、公益委の監督を受けることとなった。発送電と配電を一貫して行う新しい９電力会社がやがて誕生する。

ポツダム政令はなぜ発せられたのだろうか。もちろんＧＨＱのいら立ちが大きい。要は甘くみるな、ということであったろう。ただマッカーサーは、吉田からポツダム政令が「残念ながら唯一の方法」とする書簡を受け取ったその返書で、ポツダム政令という強硬措置は議会制民主主義を守る上で出来れば避けたいとの考えを伝えている。政府、自民党内では２法の修正法案について論議を重ねており、ＧＨＱもマッカーサーの意向を尊重して当初見守っていた。結局調整がつかず時間切れになり、やむなくＧＨＱは強権発動したというのが真相らしい。

吉田茂（毎日新聞社／時事通信フォト）

ともあれこれで一切は解決した。再編成令、公益事業令の２つが11月24日、12月15日実施となったのである。

「国会も新聞も、国会開催中のポツダム政令の強行を、国権の最高機関である国会の審議権を無視したものとして吉田内閣をののしった（しかし、まだ直接マッカーサーの悪口をいうほどの勇気はなかった）。しかし昔の議会人は覚えていたであろう。日発が出力５０００ｋＷ以上の水力発電所を強制買収し配電会社を国家管理にした第二次国管は、議会の審議を避け、ポツダム政令ならぬ国家総動員法にもとづく勅令で実施されたことを。日発は国家総動員法で確立され、ポツダム政令で滅んだのである」（大谷健著『興亡』より）

電気事業の再編成は、電気事業が過度経済力排除法の適用を受け、再編成を指示されて以来、２年８カ月を経てようやく実現の運びとなった。再編を進めるため吉田首相が、まず手を打たねばならなかったのが、２つの人事だった。まず日発総裁の人事である。事実上空席のままだったから、後任を早急に決める必要があった。もうひとつの人事が、公益委委員長と委員を誰にするかであった。

新たな日発総裁は、何しろ日発の葬式役を務める最後の総裁である。与党とも気脈を通じる日発幹部や、依然分割反対を掲げる闘争心旺盛な労働組合の電産を相手にスムーズに解体をやりとげるには、相当の実力が求められる。候補者としては甲州財閥の小林中ら何人かの名前が浮かび上がったが、最終的には元貴族院議員で信越化学オーナーの小坂順造に決まった。

小坂家は信濃毎日新聞や、戦前は長野電気という県下有数の電力会社も経営した。首相の吉田と小坂は、浜口内閣時代からの旧知の仲ということもあり、吉田が直接総裁就任を口説いた。打診を受けた時小坂は、電力界を離れてずいぶん時間が立っていることや、年齢も75歳という高齢で病み上がりだったことからいささか躊躇した。また自由党内には広川弘禅幹事長らが森寿五郎の昇格を主張しており、受諾にあたって党内の反対を心配した。

その小坂に吉田は、「党内からは断じて反対はさせない」とキッパリ告げた上で「電力界はいま大変なところに直面している。どうかひとつ君が出馬して、思いのまま整理してくれたまえ」と頼んだ。小坂は受諾した。しかし、吉田のこの依頼の言葉を、小坂は日発にとどまらず、電力業界全体のことを自分にまかされたと受け取った。これが後に小坂対松永の対立の大きな原因となるのである。

松永は、小坂の日発総裁就任を当初歓迎した。小坂は松永が東邦電力社長の折、長野県を代表して取締役を務めたことがあり、何よりも電力の国家管理、日発の設立にも反対した同志とでもいえる仲だった。頑固な自由主義者ということでも共通していた。

だから小坂が、日発に総裁として乗り込んでくると聞いて、一番に反発したのが、日発社内と電産だった。小坂を松永の手先と捉え、「小坂総裁反対」のビラが日発

小坂順造（『日本発送電株式会社記念写真帳』より）

社内の至る所に張られた。小坂には社内に味方になってくれそうな者はなく、社内どころか業界情勢にも暗い。そこで電力情勢に明るい東京電灯最後の社長、新井章治ら何人かに日発顧問に迎える旨打診した。

新井は当時ＧＨＱから追放された経済人のひとりで、断りを入れたものの説得され事実上の顧問役を引き受けた。他はさしたる反応はなかった。そうした中で、唯一社内に骨のある、側近としてうってつけの人物が見つかった。当時資材部次長の近藤良貞である。すぐに総務部長になって、文字通り小坂の手足となって活躍した。

10月13日、小坂は初出社し役職員一同を前に挨拶した。「私は壮年時代三十余年電気事業に従事したが、電力統制実施以来十余年を経た今日、当社の責任者たることを承知したのは、〝故郷忘じ難し〟との感からである。私はトルストイの『戦争と平和』で、まさにモスクワがナポレオンにふみにじられようとした時のロシア総司令官クトゥゾフ将軍を評した、彼の高級参謀の言を引用したい。

『老将軍は今日いかにしてよいかを知らぬ様子である。またいかにすべきかの計画を持っていない。しかし彼はよく耳を傾けて人の意見を聞く。それがために良いことを妨げられることはないし、同時に悪いことは断固として許さぬ。世の中には自分の意志のみをもってしては、いかんともしがたいことのあることを知っており、それゆえ事件の真相をつかむことができ、よけいなことに手出しはしはしない』

私もまた心を開いて諸君の考えるところを聞きたい。電気事業の将来がどうあろうと、本社に在籍する諸君については一人の失業者も出さないつもりである。（中略）およそ物事にはできること、できないことがある。できないことをやれといわれては無理だが、できることは私

が全力を挙げる。諸君はおやじを迎えた気持ちで、私を信頼し、支持していただきたい」（『日本発送電社史』より）

このトルストイを引用した挨拶は、日発幹部から威勢の良い電産の闘志達まで面食らわせたと同時に胸を熱くさせたろう。電気新聞は「（新総裁の）言葉は、統制時代の電力界に十二年間君臨した日発の託された命運と、この日の小坂総裁の心境を表して含蓄があった」（10月16日付）と記している。

もうひとつの人事案件、再編成を具体的に推し進める機関として発足した公益委の委員５名を選ぶのも骨がいった。政府としては、もともとは通商産業大臣の諮問機関程度と考えていたのが、ＧＨＱからの押し付けで準司法的な機能を持つ行政委員会という重い位置づけになった。就任すれば大臣級の扱いになるため自薦、他薦の候補者が目白押しとなったのである。

結局通産省が候補者に選んだのは、新井章治（３代目日発総裁）、増田次郎（元大同電力社長、初代日発総裁）、松田太郎（元商工省次官）、伊藤忠兵衛（伊藤財閥当主）、工藤昭四郎（復興金融公庫理事長）、小坂順造（日発総裁）、藤山愛一郎（大日本製糖社長）ら12名だった。だがそこに肝心の松永の名前はなかった。

なぜか。首相の吉田が松永を避けていることに側近たちも気付いていたからだった。吉田はＧＨＱを翻意させた松永の力量より、その強引さの方を警戒した。相談相手の池田成彬の一言も効いていた。「松永に権力を持たせると、何を仕出かすか分かりはしない」。

通産省は、12名の候補リストから委員長に新井章治を推そうとしていた。しかし、吉田の私的顧問を自任する小坂は、委員長には新井ではなく、戦前小坂、松永とともに電力国管に反対した法学博士松本烝治を選んだ。小坂は委員長就任をしぶる松本も説得した。残る委員候補者のうち電力人は、新井、増田、小坂を含めて日発の総裁または経験者ばかりである。しかも日発は解体されるのである。そこで小坂は松永を委員に加えるよう吉田を説得した。

この松永の公益委委員の推薦には、２説ある。ひとつは小坂―松永の友情説で、小坂がためらう吉田に対して

「何と言っても、このたびの再編成案を作り上げたのは松永君だ。その松永君を再編成の仕上げをする公益委に加えないということは、世間に対して片手落ちの感じを与える。せめて委員の一人に加えるべきだ」（大下英治著『松永安左エ門伝　電力こそ国の命』より）と説得して吉田が決断し、それを小坂が伝え松永も応じたというもの。

もうひとつが、白洲次郎が介在して吉田の意向そのままに松永に身を引いてもらおうと画策した説だ。「松永のじいさんは続けて自分が委員長になるはずと思っている。そこで誰か大物を委員長に持ってきて、あなたはヒラの委員ですがどうですか？　と言えば、怒ってしりをまくってしまうこと疑いない」（北康利著『白洲次郎占領を背負った男』より）と一計を図り、その松永への言い渡し役が小坂だったという。小坂の役回りは真逆となっている。

この説は、小坂は松永を同志とみなしてはいたものの委員に適任とは考えていなかったとする。その証拠として早くに朝日放送の石井光次郎に委員就任を打診、内諾を得ていた。松永が委員になることが決まってから石井は委員から外れたという。

ともあれ1950年12月15日に公益事業委員会は、発足した。松永他の委員は、河上弘一（元興銀総裁）、宮原清（神島化学社長）、伊藤忠兵衛で、このうち宮原、伊藤は松永の推薦だった。小坂からの委員就任要請を逆手にとって、他の委員まで無理やり小坂に飲ませてしまう松永は、やはりしたたかだったといえるだろう。

そのしたたかな攻め口は、委員長の松本にも向けられていた。松本委員長は、電気事業に明るくない、補佐役が必要という理由で松永を委員長代理にした。当時、通産省から出向してこの公益委の事務局で総務課長を務めた、大堀弘（後の電源開発総裁）は、ふたりの様子を次のように振り返っている。

「再編後の実務はほとんど松永委員長代理の手によって進められた。しかもあの強引な松永翁がいったん松本先生に対した時の態度は、あたかも生徒の先生に対するようで、全然頭があがらないとの表現につきる。私らが側にいて真に不思議に思った」（電気新聞『電力25年の

証言』より）

実際、周囲が見て目をこすりたくなるほど礼を尽くし、徹底的に松本を立てたという。世間からみれば、前回の電気事業再編成審議会のように対立状況が生まれ、そのうち委員長の松本との間に溝ができると睨んでいたのが全くの的外れとなった。それだけ松永が老獪だったとも言えるし、志が高かったとも言える。どのような我慢をしても電力再編成を成し遂げようという決意が認められていた。

対立深まる小坂対松永

通産省は、公益事業委員会の発足とともに、通産省電力局を事実上解体した。後に電力施設部ができるまでの間は、局長も部長もいない、日本の行政史上極めて異例のこととなった。その一方で公益委には組織規定も人事規定もなかった。そうした組織づくりをひとりで担ったのが、当時通産省秘書課長の大堀だった。事務局トップの局長に予定されていたのは、前商工次官の松田太郎で、「局長」の肩書では失礼だと内閣官房に相談し、事務総長とした。その下に技術長、経理長を配することにした。

ＧＨＱからは３者の権限が並列に並んでなければならない、と難色を示された。それも何とかクリアして経理長に元電政課長で経済安定本部官房次長の中川哲郎を充てたほか総務課長に大堀、調査課長小島慶三、審査課長渡辺佳英、経理課長高島節男ら課長級に新鋭を揃えることができた。彼らは、それこそ役人ぎらいの松永のしごきに耐えて電気事業再編の業務に精力的に取り組んだ。

年が明けた51（昭和26）年１月８日、公益委は、再編成実施までの日程を発表した。２月８日＝日本発送電および配電会社の再編成計画の公益委への提出、２月23日＝公益委の指定案通達、３月10日＝指定案に対する聴聞会、３月30日＝決定指令通告、４月29日＝決定に対する不服申し立て期限、５月１日＝新会社発足、というハードスケジュールである。

新会社発足まであと５カ月、日発の解体計画をまとめるまでひと月しか残されていない。ポツダム政令による再編成実施期日は、10月１日となっていたのが大幅に繰り上がったのは、ＧＨＱの事情によるものだった。経済科学局顧問のケネディの任期が7月中に切れ、本人が早く帰国したがっているという個人的事情のほか、対日講和条約調印を控えて、懸案事項をできるだけ早く片付けておきたいという切迫した事情が、ＧＨＱの側にあった。

電力再編は、にわかに慌ただしくなった。そして焦点は2つに絞られた。日発を解体して新会社を設立するにしても電源の帰属や、とくに清算後の株式引き受けをどうするのか、配電側に重きを置くのか日発か。もうひとつが当然その新会社の首脳人事だった。

建前からすれば、日発と9配電会社を解体して全く新しい電力会社をつくるということだが、現実には日発が解体して、９配電会社に吸収されるように受け止められた。配電側は当然そのつもりでいたし、日発側はそうなることを恐れていた。

日発側からすれば解体されて9配電会社にくっつけられるくらいなら、新会社における資本（出資比率）と役員の数を最大限確保して、それを背景に有利な立場を築きたいと当然思う。総裁の小坂は初出社の時のあいさつで社員に約束したように雇用を守り、少しでも日発社員が有利となるようトップの責務を果たそうと考えていただろうし、何よりも吉田首相から再編のことを任せられたと信じていた。

一方松永は、日発の出資比率を極力低くして経営陣からできるだけ日発人を遠ざけるのは当然と考えていた。そもそも公益委は日発解体が使命なのだから、その日発〝精算人〟の小坂が何を言っても相手にすることはない、余計な口出しはするな、とでも言いたかったろう。２人の考えは相反しており、衝突はまさに時間の問題だった。

その２人の関係を冷ややかにする〝事件〟が起きた。51年1月17日、小坂は東京・銀座の交詢社に記者団を集め「日発に36億円の含み資産がある」と発表した。資本金30億円で、いつも資金不足に悩まされている日発にそれほどの「含み資産」があろうとは、記者団は驚きに包まれた。50年前期の異常豊水で水力発電が計画以上に稼働し、その分石炭の購入額が減り、予算と実績との差額が出たというもので、日発経理部としては下期の石炭購入費に充てるつもりだった。だが、小坂の暴露によって国税庁から6億円の追徴があり、3億円は配当に回し、残りは石炭購入費に消えてしまった。

この〝爆弾声明〟は、日発自身と監督官庁の通産省を困惑させた。世間からみれば大会社の隠し金である。小坂は社内に異論があるとみるや担当理事の格下げなどの措置をとった。しかし松永からすれば、資産に含みがあるのは当然だし、なおかつ冬の石炭代まで「含み資産」として明るみに出し課税対象にしてしまうのは、余りに子供じみていると映った。

ある日、公益委にやってきた小坂に松永は、周囲がびっくりするほどの大きな声で「イヨッ、爆弾将軍」と冷やかした。小坂は一瞬苦虫を噛み潰したような顔となったという。以来お互いが出くわしてもそっぽを向くような冷えた関係となってしまった。

それにしても小坂は、なぜこのような暴露発言をしたのだろうか。ひとつには、大西総裁時代、日発は再編成に反対して巨額の運動資金を政治家らに流しているとのうわさが立ち、国会でも取り上げられていた。したがって小坂としては日発と自らの清潔さを強く印象づけたかったのだろう。それに渇水がなければ、この資金はそのまま新会社に引き継がれる。仮にしても松永のコントロール下で不明朗な資金に使われることを断ちたかったのかもしれない。

それにしてもこの発言の政治的な効果は抜群で、「さすが公平な小坂さんと」と評価された。小坂はクリーンに、逆に松永には灰色の印象を与えることとなった。消えゆく日発と自身への世間受け、ここにこそねらいがあったのかもしれない。

2人が真正面から衝突したのは、その2日後の1月19日のことである。日発解体に際しての焦点は、日発と配電会社の株をどれくらいの割合で評価するかにかかっていた。評価が高いほど大きな発言権を持ち、ことを有利に運べる。日発側としては出資比率を時価評価主義で配電1に対して日発1・74とはじいていた。

その日、東京・下落合の松永の自邸に菅琴二日発総務理事、木川田関東配電常務、清水金次郎中部配電取締役が呼ばれた。松永は「日本発送電と配電の株式引受比率を1対1とする。これは鉄則である」と申し渡し、「日本発送電の清算は大変だろう。水岡平一郎君（日本発送電総務理事）あたりがやるのがよかろう」と付け加えた。

伝え聞いた小坂は激怒した。松永の発言は、明らかに簿価主義で1対1を主張する配電会社側に乗り、日発側の主張を無視している。それを公益事業委委員長代理の立場で既定方針の如く配電案を押し付け、おまけに精算人の人事にまで口出ししてくるのは、公私混同もはなはだしい。小坂の怒りはこれにとどまらず、公益委との折衝が思うにまかせないこともあり次第に激しいものになる。

新会社名をめぐっても衝突があった。首都東京を抱える関東地域に設ける新会社名を「東京電力」にしようとする配電側と、「関東電力」を主張する日発との調整がなかなか進まなかったのだ。公平に考えると、「東京電力」の配電地域には横浜から千葉、浦和などが入っており、それを東京で括るのは、他はまるで東京の傘下に入っているかのような印象を与える。それに東京以外のどこも関西、中部といったブロック名がつけられている。

だが、松永には宿願があった。かつて東京への進出をねらった時に先兵となったのが、東邦電力の別動隊である「東京電力」だった。何とかしてもう一度、「東京電力」という名を復活させてみたい、そんな松永の思いはことのほか強い。それを感じ取った日発側は、松永の差し金と、益々態度を硬化させた。

膠着化する新会社人事

2月8日、日発、9配電会社は、それぞれの再編成計画を提出した。配電会社間では当然意見は一致した。しかし、日発とは折り合えない。株式引受比率は、配電側1に対し日発側が1・74とこれまでの主張を繰り返し互いに退かなかった。さらに、日発株主に対する特別配当金、ならびに清算費用、新会社の役員など重要事項も対立したまま協議は並行線をたどった。

ついに、公益委にその裁定が委ねられることになった。委員長の松本は、「和」を信条にしていた。その一方でひとたび自分が決断を下さなければならないケースでは、たとえ相手が総理であろうと、委員長代理の松永であろうと、節を曲げなかった。いったん決めた日発と配電会社の株式引受比率の原則も曲げなかった。ともに1対1。それも簿価主義である。

ただし、これだと明らかに日発の株主が、日発を9分割したあとに不利益を受ける。そこで小坂が主張する特別配当金をいくらか減じた上で1株10円と決めた。さらに日発の清算費用も7億4537万円とすることを認め、これが余った場合は、特別配当に加算できるようにした。結果的に1株当たりの特別配当は、日発の要求を上回る32円となった。

公益委には、松永の指示で電源開発調査会、また技術顧問団が結成されていた。再編後電源の帰属問題が新会社の将来に大きく関わるとみて、これら機関で検討させていた。新会社の人事構想はすでに松永の頭にあり、これら重要課題と並行しながら調整しようと構えていた。

のちに松永が振り返るように「本来からいうと集中排除法の指定を受けた日発、配電側には異議を申し立て得ないものであった」と公益委の権限を行使すれば、だれであろうと公益委が決める人事には、口ばしを入れることはできないはずだった。それを忘れさせるほど小坂の根回しと行動は早く、それが必要以上に松永を刺激し、紛糾の元となった。決着までに結局3カ月かかるのである。

公益委最大の争点となった人事問題は、日発と配電会社が新会社にどのような人物を送り込むかの人事の取り合いにあった。なかでも東京、関西、中部、わけても東京のトップ人事だった。2月8日に提出された再編成計画には記載すべき役員人事は、書き込めていなかった。

小坂は、後ろ盾に首相の吉田がいるとの自負から、早くから腹案をもって意中の人物たちに打診していた。しかも公益委の委員長松本にその腹案人事を諒解させようとした。こうした小坂の行動と言動を松永は知るところとなる。

小坂は、当然のことながら新会社に日発側から役員をひとりでも多く入れようとした。中でも力を入れたのが東京（関東）と関西の社長人事だった。この2社で9電力全資産の約半分を占めるから、再編後の電力界の指導的立場に立つのは明らかだった。東京には新井章治、関西には池尾芳蔵をもってくる案だった。

新井は小林一三のあと東京電灯社長を引き継いだ生え抜きの電力人であり、終戦を挟んで4年間日発総裁を務め、日発社員からも慕われた。公職追放を経て解除までの3年間は浪人生活を送っていた。小坂は小林を介して新井に会い、すっかり気に入り事実上の顧問に迎え、東京電力社長は、新井以上の適任者はいないとの確信をもっていた。

池尾はかつて日本電力の社長として東邦電力の松永に挑みかかり、松永の心胆寒からしめた逸材で、2代目の日発総裁でもある。また電力国管に反対し電気協会会長として松永と行動をともにしたが、日発入りしてからは立場を変えていた。滋賀県出身で大阪商船の取締役を経験しており、関西電力社長にはうってつけと算段した。

松永の考えは、全く違っていた。東京には関東配電社長の高井亮太郎、関西には太田垣士郎を選んでいた。

まず小坂が推す新井は9分割反対論者であり、当時電力界挙げて電力国管に反対していた時に、東京電灯社長の新井だけは別行動をとったのを松永は忘れていなかった。それに新井はある意味、小坂以上の強敵だった。日発はもとより電産13万人の支持があり、通産官僚の受けも良かった。初代社長を務めた関東配電にも新井を慕う幹部は少なくなかった。電気事業一筋の揺るぎない信念は、松永のこれまでの苦労を吹き飛ばしかねなかった。

松永は、東京は高井亮太郎と決めていた。再編成問題では関東配電社長として孤軍奮闘していた。そのことだけで十分評価できた。関西は、太田垣士郎に決めていた。1年前の50年4月、参院の電力特別委員会が開いた公聴会に公述人として立った太田垣は、産業界代表として民間会社による電力再編成の必要性を堂々と述べ、強い印象が残っていた。それだけではない。関西財界の評判が圧倒的に良かった。実力が他とは違うと思えた。

ただ太田垣を関西電力社長に持ってくるには大きな障害があった。当時太田垣は京阪神急行の社長、グループの総帥小林一三が、ウンと言わなかったのである。松永が太田垣をスカウトしに行った模様が、次のように描かれている。

「『おい、太田垣は、僕がもらうからね』『冗談言うな。

太田垣士郎（提供：関西電力）

太田垣は出せないよ』『関西に作る新会社の社長が務まるのは、あいつしかいないのだ』『俺のところの大黒柱を勝手に抜くなんて、失礼じゃないか』『いや、あいつは国家のために必要なのだ』（中略）」

「小林は声を落とした。『実は、太田垣は身体があまり強くない。今度のポストは激職だ。みすみす死地に赴けとは、俺の口から言えないよ』松永は強引だった。『そんなことはない。男として、死に場所が得られることは素晴らしいことじゃないか』『すると、君は太田垣を殺すことになるぞ』『ああ、あいつの命はもらった』」（水木楊著『爽やかなる熱情』より）

松永は、太田垣を関西電力の社長だけでなく、ゆくゆくは電力界を率いるリーダーに育て上げようと考えていた。太田垣が電気事業連合会会長に就任した時は、電気新聞に寄稿してわざわざはなむけの言葉を贈り、周辺にも「俺のあとは太田垣だ」と漏らしていたという。

2月16日、公益委は、日発側の提出を待たず独自に9電力会社の取締役会長と社長人事を内定し、発表した。

再編成案は、日発と9配電会社がそれぞれ計画案を作成し、それを公益委が参考にして決めるという形式だったが、公益委は事実上松永が仕切っているので、松永との調整が必要だった。小坂は実際、松永との間で何度か話し合いを持った。

だが東京電力社長をめぐって両者は譲らず、結果日発案はまとまらず提出期限を1週間延ばした。さらに2月15日になっても日発の案は出されなかった。大雪のため公益委へ届ける足がなかったからだとも言われる。公益委は日発側の提出を待たず、ともあれ見切り発車した。

松本委員長が発表した9電力の会長と社長の顔ぶれは、次の通りである。

〈北海道電力〉

会長＝藤波収（元大同電力常務）社長＝山田良秀（北海道配電社長）
〈東北電力〉
会長＝白洲次郎（吉田首相側近）社長＝内ケ崎贇五郎（東北配電社長）
〈東京電力〉
会長＝新木栄吉（元日銀総裁）社長＝高井亮太郎（関東配電社長）
〈中部電力〉
会長＝海東要造（元東邦電力副社長）社長＝井上五郎（中部配電副社長）
〈北陸電力〉
会長＝山田昌作（元北陸配電社長）社長＝西泰蔵（北陸配電社長）
〈関西電力〉
会長＝堀新（元関西配電社長）社長＝太田垣士郎（阪急電鉄社長）
〈中国電力〉
会長＝進藤武左ヱ門（元日発副総裁）社長＝島田兵蔵（中国配電社長）
〈四国電力〉
会長＝竹岡陽一（元東邦電力社長）社長＝宮川竹馬（元東邦電力専務）
〈九州電力〉
会長＝麻生太賀吉（麻生鉱業社長）社長＝佐藤篤二郎（九州配電社長）

小坂は、同日松本委員長から伝えられた人事を聞き、愕然とした。最も重要視した東京電力（日発側は「関東電力」）については事前に委員長の松本が、新井社長に固執する小坂と調整を図り、人格者でもあり誰がみても大物という人物、元日本銀行総裁の新木栄吉を引っ張り出し、社長に据えるということで渋々了承していた。しかし、蓋を開けてみると、新木は会長であり、社長には関東配電社長の高井が就任する。新井の名前は副社長にもない。怒りが頂点に達した。

また関西と四国を除く各ブロックの社長は、配電会社社長か副社長がそのまま新会社の社長に横滑りした。これは明らかに配電会社の役員偏重と小坂は、受け取った。事前の公益委委員長の松本との話し合いでは、新会社の社長には日発、配電側とも重役は据えず外部の人材を充て、副社長にそれぞれひとりずつ出す、と決めていたはずだった。

日発と配電会社のブロックごとの責任者を比べた場合、配電側は会社社長であるのに対し、日発側はあくまで支店長である。後に関西電力副社長となった当時日発副総裁の森寿五郎は「どう贔屓目に見ても日発側は見劣りする。しかも配電側には現重役の他に元役員の経験者もいる。つまり配電側の人材の層が厚い」（大谷健著『興亡』より）と振り返っており、当時やむを得ない外部人材登用の事前取り決めだった。

その取り決めが無視された上、小坂が推した新井、池尾、さらに九州電気軌道元社長の村上巧児の名前もなかった。日発のＯＢや現役から起用されるのは、中国の会長となる元日発副総裁の進藤武左ヱ門だけである。その進藤も松永の子飼いである。

しかも松永は、周到な作戦を用いていた。会長人事で東北には白洲次郎を、九州には麻生太賀吉を起用したことだ。白洲は吉田首相の側近中の側近であり、麻生は吉田の女婿である。小坂は九州には村上を起用するよう求めていたが、九州の電力界情勢に明るい松永は、村上ではとても競争の激しい九州内を円満に運営できないと判断して、九州を代表する財閥当主として知られた麻生に白羽の矢を立てたのだ。

首相の吉田が後ろ盾と自任していた小坂は、盲点を突かれた格好だった。吉田の泣き所を松永につかれたのである。小坂の怒りと心境が、小坂の側近で参謀役を務めた近藤良貞による『電力再編成日記抄』、いわゆる「近藤日記」に綴られている。幾つか抜粋してみる。

「二月十五日（木）部屋で一人で仕事をしていると、午後三時半頃小坂総裁から電話がかかってきた。耳を澄まして聞くと、総裁は憤然とした語気で、『さきほど松本委員長から電話がかかってきて、関東電力の首脳陣は、会長新木、社長高井、副社長早川、堀越、菅に決定したと言ってきた』と語られた。――受話器を通して僕の耳に入る総裁の声は、言々火を吐くがごときのものがある」

「二月十七日（土）　松本委員長は、『委員会としてすでに決定したことであるからいまさらどうすることもできない』と、既成事実として、この人事を高圧的に押しつける態度に出てきた。これに憤慨された小坂総裁は、明後十九日に緊急理事会を開き、日発の態度を決定しようと決意され、理事会招集の手配を命じられた」

「二月十九日（月）　総裁は、松本委員長が約束を破り、新木栄吉氏を関東電力の会長に祭り上げ、高井亮太郎氏を社長に据えたことを憤慨し、松本委員長から通告を受けた翌日、書簡をもって異議を申し入れたと語られ、その書簡の控えを僕に示された」

小坂は、公益委の決定は無効だとして、近藤の日記にあるように行政訴訟を準備する。公益事業委員として松永が不適任であるとの理由書も作成するよう近藤に命じた。２月20日、日発は小坂名で「公益委の性格に関する見解」を発表し、小坂は記者会見を行って「公益委の動きは、排他的、かつ独断的である。ことに新会社の首脳部人事は絶対に認めることはできない」と訴えた。

クリーン小坂のイメージは、世間に定着している。しかも日発は絶壁に立たされている。一方の公益委は強力な権限を持っている。労働組合は明日をも知れぬ日発への支援を叫び、同情が小坂と日発に集まった。それは国会での審議に如実に現れた。参院の電力委員会では「再編成方針の不公平を糺す」「高井亮太郎の社長任命反対」という決議まででした。民主党と社会党は連合で「高井社長反対」の申し入れをした。盛んに活動したのは電産出身の佐々木良作らだ。

さらに衆院予算委員会では、日発と公益委のメンバー（松永は欠席）が喚問され、日発総裁の小坂が議員の質問に答えて（松永のことを）「悪代官のようなものです」と述べるなど公益委つるし上げといった展開となった。事態を打開するため弁護士仲介のもと公益委と日発の話し合いが持たれた。しかし、公益委は「人事は一任していただきたい」との一点張りで、日発は拒否して席を立った。

３月１日、公益委は予定通り指令案を通達した。個々の役職までは示されなかった。新役員は配電側１３５名、日発側49名、社外から31名の合計２１５名である。その中には東邦電力出身者が37名、東京電灯が22名、大同電力12名、日本電力８名、宇治川電気7名を占めていた。東邦電力出身者が多く、また東京電灯出身者には東邦から移った者も多かったから実数はさらに上回った。口の悪いメディアはこれを「松永私閥人事」と呼んだ。

なお、この間双方でもめていた「東京電力」か「関東電力」かの社名は、関東よりも東京の方が国際的に名が通っている、との配電側の主張がとおり、「東京電力」となった。また四国電力の本店所在地は、さしあたり松山市とし、地元協力を前提に高松市の変更が認められた。

３月15日から23日にかけて公益委の裁定案の是非に関する聴聞会が全国で開かれた。そのほとんどが配電側の役員偏重といった点をやり玉に挙げ、新聞、雑誌の論調も日発擁護と松永批判で占められた。

松永揺るがず「電力再編」に幕

松永は連日、国会に呼ばれた。３月半ばには衆院通産委員会で「電気事業再編成問題に関する特別委員会」が開かれ、委員長の松本とともに出席した松永は質疑が一段落したあと、ある人物に対し議場の空気を引き裂かんばかりの大声を張り上げた。直前には松永が、日発の推す九州ブロックの会長候補村上巧児に手違いで会長就任を要請した時の模様を綴った手紙が公表され、苦々しい思いをしたばかりだった。

松永は、この時77歳である。心身とも相当疲れていたに違いない。周囲が松永を気遣ってもそんなことに構っていられなかった。松永からすれば、石炭商から鉄道事業を経て電気事業の世界に入っておよそ半世紀、自由主義経済のもと初めて外債まで発行して資金集めし、ひたすら事業の発展と株主、需要家、社員を満足させるため突っ走ってきた。それが戦争の足音の中、経済統制を推し進める革新官僚と闘うも、結果は国家管理の象徴、日本発送電の設立となってしまった。

日発は、あらゆる面で自由主義経済を麻痺させた張本人であり、だからこそ解体されるのに何のためらいもなかった。その解体される当人が、解体のされ方についてあれこれ注文をつけ、組織の温存に明け暮れするのは筋が通らない。戦後を機に電力会社は新しく生まれ変わるのであり、過去を断ち、まったくの白紙からこそ出発すべき、日々そう考えていた。だから何が起きようと揺らぐことはなかった。

松永の主張には、一本筋が通っている。ただやり方は、自ら経験した「切った張った」の勝負の世界そのもの、尋常ではない。日発発足後一切の誘いを断って柳瀬山荘に引き込む一徹さもあれば、その思想を実現するため権謀術数も用いる。変幻自在といわれようと自らの理想実現のためなら自分の面子などどうでもよかった。

松永は、国会に招致され、誤解もあって思わぬところで相手を大声で怒鳴り上げた。その時そばにいた近藤良貞は、翌日怒鳴った相手に深々と頭を下げる松永の姿を目撃することになる。しかも近藤のところまで来て「年寄りは、自分が歳を取るとともに相手が成長していることを忘れてしまう。これからは俺も気をつける。どうか仲良くしてくれ」と謝った。

このことを近藤は「はるか目下の者に向かって、しかも衆人監視の中で堂々と謝る態度は到底できることではない。何のこだわりもなく、平然と行われるのである。生一本で自尊心の強い小坂には、到底できない芸当である。この一点だけでも、勝負は小坂総裁の負けだと思わざるを得なかった」と日記に記す。近藤の日記には、松永ら公益委への怒りの声の一方で、小坂ら日発重役陣と比較しての松永の融通無碍の対応への驚き、感嘆も多く記述されている。

3月30日、公益委は、日本発送電、配電側双方に決定指令を通告した。問題の東京電力社長は、高井の名前は消え（副社長に）、新たに安蔵弥輔という名が記載されていた。安蔵は戦時中の44（昭和19）年関東配電の副社長から日発入りし、戦後の46年3月から47年5月まで新井総裁の下で副総裁を務めていた。みなが忘れていたような地味な存在で、松永は自分の言いなりになるロボットのような人物を引っ張り出してきた、と日発側は受け止めた。

小坂は、これでは承服できないと総理大臣への不服申し立ての準備に入る。4月に入ると白洲次郎が松永案を支持するという態度を表明した。東北電力の会長になる予定になっている人物だ。その頃になると日発内でも動揺が隠せなくなった。電産が、公益委に情報連絡する日発の支店長や幹部らを内部告発する騒ぎとなった。

４月半ば、小坂は近藤を呼び、首相への不服申し立てをする以外に手段はなくなったとして手続きをとるよう指示した。その前に小坂は首相あての手紙を送っていた。しかし、小坂の期待に反し、吉田の態度は曖昧だった。側近の白洲と麻生を〝人質〟に取られていたからだろう。小坂は、ＧＨＱのケネディにも会って同様に訴えたが、われ関せずの態度だった。

ＧＨＱは3月の時点では、公益委が強引に日発を押し切り、国会と電産を刺激したことには批判的だった。政治問題化し長引くのを良しとしなかった。しかし、４月になっても日発がぐずぐずしていることにかえって強い不満を抱くようになった。

吉田首相は、小坂からの問いかけもあってようやく事態打開に動き、４月23日、吉田と公益委、日発との３者会談を持った。それでも具体的な進展をみることはなかった。日発は、翌24日、吉田総理大臣に対して不服申し立てを提出した。関東配電からも取締役を10名から15名に増加するよう同様に不服申し立てが行われた。

その日ＧＨＱ経済科学局のエヤース大佐が、あと1週間後に迫った電力再編成に対して私見としながらも「５月1日の実施を延期するほどの正当な理由はないように思われる。もし問題があるとしても、延期がおよぼす影響に比べれば、問題にならぬほど軽微である」と見解を明らかにした。ＧＨＱは土壇場に来て態度を明確にした。

松永は松永で、日発がいつまでも再編成計画に同意しないのなら、管理人を指定して、日発の代理をさせると日発側に通告した。小坂がいつまでも公益委の方針に従わない場合は、管理人に登記行為を執行させ、何が何でも５月1日に新会社を発足させる決意だった。

４月25日、公益委は、持株会社整理委員会の元委員笹山忠夫を管理人に指名した。これに日発は「夢想だにしなかった奇襲」と動揺し、追い詰められた。日発擁護の電産、佐々木良作はゼネストもチラつかせていたが、日発総裁小坂順造は、もはやこれまでと思った。同日小坂は、公益委の松本委員長に妥協を申し入れ、東京など4社の取締役を1名ずつ増員することで合意した。

4月29日、公益委の松本委員長とともに吉田首相と会見した小坂は、「おかげさまで解決しました」と報告した。日発、関東配電の首相への不服申し立ては取り下げられた。これにより一切が落着した。首脳人事は公益委案とほぼ変わらず、東電は会長が新木、社長は安蔵、高井は副社長である。大事なところは松永の考え通りとなった。北陸電力は会長候補の山田昌作が初代社長に就き、会長は置かなかった。公益委は翌30日、電力再編成指令を交付した。

電氣新聞

九電力會社歴史的發足

首腦陣面目を一新す
早くも躍動の姿勢
新木、海東、堀氏ら会長に就任

第一段の任務完了
松本公益委員長談話発表

会社収支を明確に
國民の支持こそ必要

北海道電力
東北電力
東京電力
中部電力
四国電力
九州電力

9電力会社の発足（発足の模様を報じる電気新聞、1951 年 5 月 4 日付）

小坂は、日発解体の前日30日、役職員一同を前に訣別の言葉を述べた。「日本発送電社史」は、やや感傷的に「さっそうたる将軍の戦功談でなく、一老爺が心をこめて後進におくる暖かいハナムケの言葉であった。博弁宏辞でなくとも真実を語れば、聞く者の胸に切々と迫るのか、ほとんど頭をあげる者もいない」と描写した。小坂の挨拶（抜粋）は、次の通りである。

「私は公益委の反省を求めて微力を尽くして戦った。韓退之の一句を借用すれば『大衆のために弊時を除かんと欲す。敢えて衰朽を将て残年を惜しまんや』が私の心境であった。四万人の従業員諸君がこの心事を諒とせられ、一丸となって私を支持激励してくださったことに対して心から謝意を表する。しかし公益委との最後の話合いの結果、わが社の要求もほぼ保証せられるに至ったので新電力会社に協力することになった」

「思うに日発は不幸せな会社であった。困難な発足を終え、ようやく大いに事業をなさんとする際、戦時となり、事業の発展がはばまれた。（中略）従業員諸君がその本来の手腕を発揮せんとする時、解散の日に際会することは、まことに運命の皮肉であり、諸君の心事は察するに余りがある」

「日本発送電は明日をもってその姿を失うのである。（中略）諸君今後の御精励と御多幸を心から祈り、私が年頭に述べた『日本発送電の形は失われても、電気事業は永遠に失われない』という言葉をふたたびここに繰返して、お別れの言葉としたい」

それにしても小坂は、自分が最後の総裁と知りながら、なぜこんなに執念深く抵抗したのだろうか。大谷健は、「どうやら総裁になって、日発そのものは悪い存在ではない。むしろ日発を分断するのは松永の陰謀に乗る事ではないか」と次のように興味深い分析をしている。

「日本発送電五人の総裁のうち池尾芳蔵、小坂順造は野にあって強固な国管反対論者だったにもかかわらず、総裁になるや熱烈な援護にまわる。ともかく日発解体に当たって最良の総裁を迎えたといえる。吉田首相が解体役に送り込んだ人だが、その人物は心の底から熱烈に日発の利益を守ってくれたのである。それは結局のところ再編成にとってもプラスだったろう。なぜなら電産も含めて日発という大組織を解体するのに何のトラブルもなしですむはずがなかった。それがすべて小坂対松永のケンカに収斂され、もろもろのわだかまりが悪役松永への怨念に集中することによって、いつの間にかぼかされてしまった。現在の時点からみれば小坂と松永は、本人たちの意図とは別に、再編成時の順調な進行のため巧みに共演していたといえるかもしれぬ」（大谷健著『興亡』より）

だが電力再編成はなったが、松永と小坂の争いは終結したわけではなかった。まして松永にとっては国の管理下に置かれていた電気事業を奪い返したに過ぎない。松永が目指してきた、発電から配電までの地域一貫の供給体制を民有民営によって実現し、根づかせるにはまだまだ課題があった。松永はさらに先を見ていた。

第３章　９電力体制の確立と電力自由化（１９５１〜２０１１年）

第１節　発送配電一貫９電力体制の確立と安定（１９５１〜１９７３年）

〈電力再編成期〉（１９５１〜１９５５年）

９電力を待つ難題

１９５１（昭和26）年５月１日、地域独占の９電力会社は発足した。難産の末に誕生した民有民営、しかも日本発送電を解体しての発送配電一貫の電気事業の前途にあるのは、待ったなしの難問ばかりだった。

まず眼前にあるのは、日発時代から続く慢性的な電力不足だった。そこにもってきて９電力会社が発足した51年の夏は、異常渇水に見舞われた。さらには朝鮮戦争による特需で産業界は活況を呈し、電力需要が増加する一方で電力用の石炭の入手難を招いた。電力各社は供給力確保に悲鳴を上げ、渇水のひどかった名古屋以西では、使用制限をとらざるを得なくなった。

課題の第一が、電源開発にあることは自明ではあったが、新生電力会社にはつぎ込める資金が絶対的に不足していた。これをどう具体的に確保するかが難問中の難問だった。再編成により初代中部電力社長となった井上五郎は、次のように当時を振り返っている。

「それにしても先立つものは何とやらである。技術者として今まで金融などほとんど関心もなかった私が最も苦労したのは資金である。中部電力の資本金はわずか七億五千万円であった。増資でも借金でも、いわゆる七ツ借りである。外債の募集に踏み切ったのも、関電、九電とともにトップであった。しかし経常収支も賄えない電力業に、資金獲得の能力はない」（電気新聞『電力25年の証言』より）

51年度の９電力の年間電灯電力使用電力量は、３０３億８２００万ｋＷｈであり、これは本来必要とされる電力量の２割の不足と言われた。供給力確保は、ま

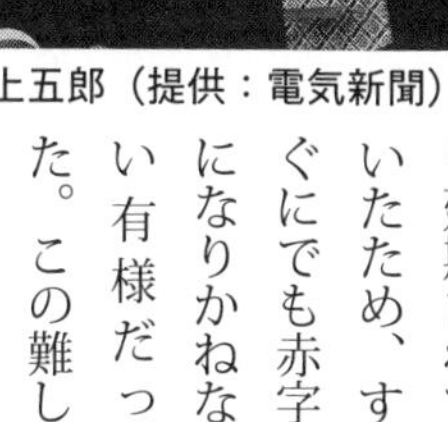
井上五郎（提供：電気新聞）

さに待ったなしである。供給源となる電源開発を怠ったら、再編成への批判が大きくなり、せっかくの9電力体制の崩壊にもつながりかねない。しかし、現実には当面の停電対策と一大労組の電産対応という難問に追われ、それをどうさばくかに精一杯で、井上の述懐にあるように電源開発のための資金をすぐ確保するなど到底無理な状況だった。

　そもそも資金調達を云々するような経理状態ではなかった。電気料金は、49（昭和24）年に値上げしてはいたものの、インフレ下ということもあって当時の物価水準よりもはるかに低く抑えられ、企業の資産価値を見直す「資産評価」も延期されていたため、すぐにでも赤字になりかねない有様だった。この難しい局面は、再編成実施前から公益委も、委員長代理の松永も半ば予想していた。何が必要でどういう手を打たねばならないのか、松永はずっと考えていた。

　公益委は発足後すぐ、51年度を発射台にした「電源開発5カ年計画」作成の検討に入った。計画を立てるポイントは、今後の電力需要の伸びをどうみるかにある。松永は、事務局スタッフに需要の伸び率算定の調査の際、電気事業や日本経済の先行きを悲観的にみるのではなく、強気の見通しを立てるよう命じた。復興需要を先読みするカンと先見性が、松永にはあったとしか言いようがない。

　同時に松永は、そうした需要見通しに基づいて電源開発を進めるには、電気事業者だけではなく、政府並びにアメリカなどの協力を求めなければならないと考えていた。折から経済安定本部が、日本の独立に備えた「自立経済計画案」を発表した。経済安定本部（通称・安本（あんぽん））は、46年8月に日本経済安定の基本的な施策を企画立案する機関として設置され、当時総裁は首相の吉田だった。「安本」は、日本の復興に大きな役割を果たし52年に廃止となるまで様々活動した。ＧＨＱの意向で都留重人が重用されたほか、経済学者の有沢広巳や「企画院事件」の被告となった稲葉秀三らによって強力に推進されていた。

その「計画案」では、51～53年度で２５２１億円の資金を投じて96万８０００ｋＷの電源開発を行うことになっていた。電力需要の増加率は年３％とみていた。「安本」は、マルクス経済学者や戦前からの企画院の官僚らがリードしており、松永からすれば、慎重し過ぎて日本の前途にあまり期待を持たない中途半端な数字にみえたことだろう。

松永たち公益委が作成した「５カ年計画」では、需要の伸びを年８％とし、５年間で７８４８億円の資金を投じ、７２２万ｋＷを着工する計画だった。「安本」の需要予測とは、余りに開きが大きい。

松永は、この食い違いを解消するには、日銀総裁・一万田尚登を説得し、協力を仰ぐしかないと思っていた。一万田は、戦後の日銀にあって法王と呼ばれたほどの実力者で、ＧＨＱとの関係も良く実に７つの内閣、８年半にわたって総裁の座にあった。経済界の一番の実力者の了解を得てこそ松永たちの計画具体化につながる。一万田へのアプローチは、電力再編がまだ途上の時から進められていた。

公益委が発足してまだひと月足らずの51年1月11日に松永は、松本委員長とともに都内赤坂の日銀公舎に一万田を訪ねたことがある。一万田は講和条約成立後の日米経済関係について要人と話し合うためアメリカへ旅立つ直前だった。松永は「安本」の需要予測３％と、公益委の８％の違いを説明し、３％という低い需要見通しでは日本経済の復興は期し難いと強調して、「米国で電源開発資金について話し合いがもたれるなら年８％を主張してほしい」と頼み込んだ。

51年9月8日、サンフランシスコ講和条約で、我が国はソ連（当時）やチェコなどを除く世界49カ国との講和条約を結び、まる6年間におよぶ占領下から解放される。しかし経済的な独立までは程遠く、アメリカなど占領統治時代から引き続く直接援助が打ち切られれば、経済の先行きは資金不足から立ち行かなくなることは、自明だった。そのため自立できるまでの間、外貨借款で凌がざるを得ないというのが、政府の判断だった。

松永は、一万田にその借款の受け皿として電力業界が最適であり、電力に多額の資金援助がなされれば結果的に日本経済の支えができると説明した。一万田は、松永のデータを駆使した詳細な説明に納得する。一万田は、講和条約に調印した日本全権のひとりとして、日本経済についての説明資料の中に松永の考えを盛り込み、エネルギー確保のためには電力に対する多額の外資導入が必要と書き込んだ。

一万田は52年2月の経済安定本部の会議でも「政府はいまある見返り資金の全額を電源開発に投入すべきだ。その方が総花的な産業政策より効果がある。アメリカも歓迎し日米の経済協力好転の因となるだろう」と述べ、これまで石炭産業へばかり関心が向きがちだった「安本」の石炭傾斜生産方針を電力へと転換を促す主張を展開した。

松永の主張の原点となったその頃の電力需要の伸びは、まさにうなぎ上りで結局51〜61年度の平均増加率は、松永の予想をも上回る11・5％にもなった。ともあれ一万田の働き掛けによって政府の産業政策は、電力重視へと転換していく。もっとも肝心の9電力は、松永から強気の電源開発の実施を迫られても当座の資金確保さえままならず、右往左往しているのが現状だった。

ひるみがちの電力経営者を叱咤激励しながら松永は、さらに行動を起こしていく。当時は再燃した東電のトップ人事と株の割り当て比率をめぐり、小坂順造と激しい綱引きを繰り広げていた最中でもある。松永の9電力体制を盤石にしたいという思いの強さと非凡さは、東電人事をめぐる小坂との最後の闘いを貫きながらも新生9電力会社の先行きを決定づける、大幅な料金値上げを具体化していったことに現れている。

新井章治の死と東京電力

誕生したばかりの東京電力では、51年5月26日の臨時株主総会で、当時小坂・松永の対立のとばっちりから取締役に入るべくして入れなかった木川田一隆、近藤良貞がそろって取締役に選任された。「近藤日記」で電力再編に関わる関係者の詳細なやりとりや公益委、配電側の対応に怒りの念を綴っていた近藤も晴れて取締役の一員となった。

その近藤はある時、日発が事態を一変させる切り札を持っていることに気づく。旧日発が9電力会社に出資した6000万株の株式のことである。その株式は一括して日発代表世話人小坂順造の名義になっていた。

配電会社の場合だと、新会社の株式をそのまま1対1で引き換えればいいが、日発の場合は9社に分かれ、その配分が面倒で端数整理も複雑を極める。ということは来年の5月まで新株式の交付はできず、筆頭株主は旧日発にあり、東電を例に取れば資本金14億6000万円のうち小坂は6億6000万円を代表できる。この株主権を行使すれば来年（52年）5月の株主総会で、小坂が果たし得なかった宿願の人事を実現できることになる。

小坂同様近藤にとっての心残りは、尊敬してやまない元日発総裁新井章治の東電入りを果たせなかったことだった。側に仕えながらその裏表のない朴訥な人柄にほれ込んでいた。51年5月29日の日記には「僕はどうしてもこのまま泣き寝入りする気にはなれない。何とかして何時の日にか、これを実現させたい執念にとりつかれている」と書いている。ある意味近藤の新井東電社長誕生への執念は、小坂以上のものがあったかもしれない。

小坂は「一切を君に任せる」と新井社長実現への諸事を近藤に任せた。近藤は日記に「事は決した」と大時代的に書きつけている。実際再編後の1年余を松永が9電力体制の基盤づくりの闘いに奔走していた時期、小坂と近藤は、松永が牛耳る東電を始め電力各社の人事権奪還を目指して準備と根回しに過ごした。

52年4月小坂は、日発清算事務所に株式名義書換えの即時停止を指示した。それより前、小坂は日発の株主議決権行使の法的根拠について公正取引委員会の意見を聞き、問題ない旨の言質を得ていた。日発の議決権強行へお墨付きを与える判断であり、小坂の清算事務所への指示は、もはや後ろに引かないとの決意にほかならなかった。

9電力の側は、旧日発側の議決権行使辞さずとの話が伝わっても、気位の高い小坂がいわば株主総会へなぐり込みをかけるような品の悪い手段を取ることは、現実にはありえないと踏んだ。それが本気らしいとの情報が伝わると一様に驚き、対応に苦慮した。

東電社長の安蔵弥輔は、小坂の真の狙いが同社の役員人事への介入であり、5月29日の株主総会で株主議決権を行使して新井の東電入りを要求してくるだろうとの予測はついた。安蔵は関東配電から日発副総裁を経験して東電に入っていたから、新井は大先輩でもある。かといって新井の東電入りを許したら社内は日発派と配電派とに分かれ、それこそ抗争の場となるのは必至であり、何よりも会社発足から1年を経たに過ぎないこの時期は、社内の結束を大事にしなければ今後の幾多の荒波を乗り越えることはできない。とはいえ安蔵には小坂の議決権行使を阻止するための秘策があるわけではなかった。

何か良い名案はないか、思い悩んでいる安蔵に新たな衝撃が襲う。東電会長・新木栄吉の駐米大使起用の話が浮上し、新木は5月8日あっさり辞任したのである。アメリカとの外交関係強化は当時の日本にとって最重要課題であり、政府は初代駐米大使に白洲次郎など何人かの候補を挙げ検討したものの、結局元日本銀行総裁で国際経済にも明るい新木に白羽の矢が立った。

金融界では名前が通っていた新木も電力界では企業体質の違いもあり、東電会長はすわり心地のいいものではなかったらしい。松永派からも小坂派からも受けはよくなかった。初代駐米大使の話は、まさに渡りに船といった感じであったろう。ふたつ返事で承諾し、あっという間に辞めていった。東電社長安蔵にとってはいまこそ全社的な結束が求められているのに、わずか1年で会長の座を放り出す新木に不満を覚えても首相のお声掛かりでは、如何ともし難かった。

一方で小坂にとっては、まさにつけ入るすきが出来た。社長でなくとも空席となった会長席に新井を押し込む絶好のチャンスが出来たのである。安蔵は小坂の新井に対する思い入れを知っていたので、総会を前に小坂に面会し懸命に説得するも無駄だった。

松永は、安蔵から日々小坂らの動静を聞き、公益委委員長の松本と総会対策の打ち合わせを頻繁に行い、出した結論は、新井の東電入りを阻止するため総会を流会にするということだった。まさに土俵際でのうっちゃり、奥の手とも言える仕方を取ろうというのである。

５月29日第2回株主総会が開かれた。小坂は累積投票権を使って新井と青木一男、後藤隆之助の取締役入りを図ったものの、総会は会社側の巧妙な戦術で流会となった。松永らが予習した通りの展開で落着した。しかし、このことは世論の厳しい批判を呼び起こし、財界はもとより政府からも「泥仕合い」との非難が出る有様だった。

この事態を心配し事態の解決に乗り出したのが、東電の社外重役でもあった経団連会長の石川六郎である。石川は、仲介役に三菱銀行の元会長加藤武男を引っ張り出した。加藤は50年10月に死去した池田成彬に代わって首相吉田茂の経済顧問を務めており、松永や小林一三とは慶應義塾大学の同窓であり、戦前から親交があった。

加藤は石川や小林とも相談しながら裁定案を練り上げ、斡旋を受諾するよう小坂と安蔵に示し、説得した。仲介案には、「取締役1名を増員し、株主総会では新井章治氏を取締役に選任した上、取締役会で会長に互選すること」という内容だった。小坂にとっては、まさに悲願が実る仲介案だった。受け入れたのは言うまでもない。

問題は安蔵の方だった。後ろに控える松永が納得するかどうかである。安蔵は再三裁定案を呑むかどうかの役員会を開いたが、最終決断をしかねた。松永の反対を押し切るほどの気構えは、なかなか持てなかったのだ。その安蔵の窮地を救ったのが、取締役営業部長の任についていた木川田一隆だった。後年、木川田はこのあたりのいきさつを次のように述べている。

「わたくしは、東電で一緒になってから日発出の　近藤良貞君とは過去の一切のかかわり合いを捨てて、ひたすら会社の将来や、日発、配電の融合について個人的に話し合った。（中略）今度の会長問題についても、二人は発足したばかりでまだ基礎の固まらない東電にとっては、一種の危機であから、紛争を避けるよう、内部から解決の道を開くこととし、同志の岡君（岡次郎取締役）とも相談した。期せずして、新会長には、新井章治氏を描いて他にこれを求めることができないという点で一致した。小坂氏の賛成を得られることは明らかであったが、難物は先に新井さんの会長や社長説を拒絶された松永翁の説得である」

「機を逸せず、私は松永翁のもとに駆け付けた。そして社内の実情をのべて、率直に翁の斡旋を懇願した。翁は、当初新井さんの分割反対にこだわっておられる様子であったが、ついに私たちの真情をくみとられ、快く翻意された」（日本経済新聞「私の履歴書」より）

この時、新井は東京・築地のガン研究所で胃かい瘍の手術を受け、熱海の別荘で療養していた。本人や小坂は知らなかったようだが、本当のところ病名はガンだった。木川田は、「（翁は）ついに私たちの真情をくみとった」と書いているが、実は木川田は、新井がガンだったということを知り、松永を説得したという説もある。

東電は、6月13日に役員会を開き加藤の裁定案を承認、7月4日には臨時株主総会を開催して新井を取締役に選任、同日の取締役会で会長に選んだ。小坂と近藤にとっては長年の悲願が実った瞬間だったが、その勝利は虚しいものに変わる。新井は会長に選任されても一日も会社に出社できず、9月1日、忽然と世を去るのである。新井の死去により空席となった会長には、社長の安蔵が、社長には副社長の高井亮太郎が就いた。また木川田と近藤は、同時に常務に昇格した。

新井が亡くなる前々日の8月30日、熱海を訪れた近藤は、新井が熱海からでも東電を遠隔操作するつもりで、東電経営陣のだらしなさを激しく非難し、かたわらの杖でピシリと叩いて怒りの気持ちを現わすのを見たという。その怒りはどこに向けられていたのか。

新井は、戦前から戦後にかけて東京電灯、関東配電、日発のトップを歴任し、電気事業人の中にあっても抜きんでたキャリアを積み、性格も元来が潔癖で欲がなく、松永とはある意味ライバルとも言えた。しかし電力国管時代、新井は早稲田大学同窓の逓信大臣永井柳太郎からの紹介で革新官僚大和田悌二と知り合い、大和田の引きで日発総裁になるなどその経歴と活動は、「官僚嫌い」で知られた松永とは一線を画すものだった。

路線の違いは、思惑のぶつかり合いとなり、その渦中で新井は、命を縮めた。それでも新井が東電でまずやりたかったこと、それは電産と相対する電力界最初の企業別労働組合「関東配電労働組合」を〝懐柔〟する高井―木川田に向けられたものだろうと、大谷健はその著『興亡』の中で分析している。

「新井は労使それぞれの立場を認め、経営者は経営者らしく堂々と組合と交渉しようという考え方であり、高井―木川田の行き方は労使交渉というより、労使べったりの悪印象を持っていたようである。したがって、もし新井がガンでなく、会長として社内改革を断行していたら、電産の意気はあがり、新電力会社の電産解体作戦は一頓挫していたであろう。この一事をとらえても、新井の生死は電力再編成の帰趨に大きな影響を与えた」

「松永はまたしても、負けて勝ったのである」

料金値上げ、世論の反対大合唱

日本銀行総裁・一万田尚登の尽力などによってアメリカからの外資導入が実現したとしても９電力会社の企業体質が、借金のできる健全な財務内容になっていなければ元も子もない。利払いにもこと欠くようではいくら電源開発の必要性を叫んでも相手にされず、絵に描いた餅に終わるのは目に見えていた。それに加えて松永は、８％という強気の需要見通しに立って電源開発を進めよ、と号令をかけているのだから９電力の首脳たちは、悩みが深まるばかりで日々苦衷を訴えた。

松永も叱咤激励だけでは、この厳しい局面を変えることはできないと考えていた。少なくとも収支が見合うところまでの料金引き上げは致し方ない、それにはまた政府や国会、産業界、消費者らと闘わなければならないと覚悟した。だが松永はその時、もうひとつの強敵、戦後民主主義が育てた世論という社会勢力の存在をどうやら軽くみていた。電気料金の値上げは、案の定世論の反対大合唱に晒されていった。

松永は電力９社が発足した５月１日、公益事業委員会委員長代理として各社首脳に「適正原価に基づく採算可能な電気料金」の算出を命じていた。その算定にあたっては減価償却を定額法ではなく定率法で実施するよう指示した。当時の公益委は料金の認可権を持っているのである。電力会社やガス会社から料金申請を受けたら、慎重審議し認可するかどうかの判断をする、その役割を担う機関の委員長代理が一日も早く、経営上採算の合う線までの値上げ案を持って来いというのである。

まさに前代未聞、禁じ手ともいうべき手を松永は用いた。しかも採算に見合う線までとなると引き上げ幅は、大幅となる。東電会長の新木でさえ無理と、松永に再考を求めたが、当然のように撥ね付けられた。結局松永からの指示を受けた各電力会社は、５月末から６月初旬にかけて大幅値上げの仮申請をした。

これについて電気新聞は「予想された通り平均七割二分という大幅なもので公益委が算出した五割案とは係数的に相当の開きがある」と、表面上では抑制方針を掲げた公益委の方針を19日付紙面で報じているが、当然社会的な反響、反対の声は大きく、９電力会社はそれらを踏まえて仮申請を修正し、６月18日から平均64％の正式な値上げ申請をした。

それでも電気料金の６割を超える値上げ申請である。全国の新聞、ラジオといったマスコミは無謀な値上げと大々的に報じ、すぐに全国で反対運動が燃え広がった。まず主婦連合会が街頭で値上げ反対署名運動を行い、さらに身内の電産もこれに加わった。

世論向けには値上げ抑制を貫くとはしたものの、公益委委員長代理の松永は記者会見で「電気事業の経理を健全化することが何よりも急務で、現在のような経理状態では電源開発資金を得られず、電気事業をジリ貧に追い込んでしまう。その意味で資産評価を限度いっぱいに行い、定率法で減価償却することは絶対必要である。電力値上げ反対の署名運動が行われても、そのような俗論にまどわされない」と電力会社寄りの発言に終始した。

この発言に驚いた主婦連合会は料金値上げ絶対反対を決議し「電力の鬼松永を退治せよ」とのプラカードを立てて、東京・築地の公益委事務局になだれ込むという一幕もあった。松永はこれよりのち「電力の鬼」と呼ばれるようになる。

松永への厳しい批判は、マスコミ界でも止まず大谷健の著『興亡』では当時のマスコミ論調を次のように伝えている。

「公益委が発足以来、とかく不明朗な物議をかもしているのは、松永安左ェ門のような業界の大ボスにして、公益よりも私益のかたまりみたいな男が支配的な勢力を握っているからのようだ。政府は松永のような人物の首を切るべきであった。それを怠ったばかりに、またしても問題を起こすようになったのだ」（毎日新聞・阿部真之介署名）

「松永氏は財界を引退することすでに十年、茶室に身をひそめて表向きは電力界の現役ではない。が電力再編を通じてスイッチの元締めが翁の手に握られていることは天下周知である。その因縁利害の深い人が電気、ガスの公益を守る委員会に委員長代理をつとめること自体がおかしい」

「これは吉田首相の人事の失敗らしい。がいまさら致し方のないこと。論語の〝六十にして耳順う〟から耳庵と号する松永翁が民意に耳したがう真意を理解するや否や」（朝日新聞「天声人語」より）

こうした松永への批判論調は、さらに値上げ反対運動を刺激した。７月７日には労組、婦人団体など参加団体65、参加人数３０００人に及ぶ電気料金反対国民大会まで開かれている。各地の公聴会では「電灯は民生安定の基本だから、思い切って安くせよ」など反対論に混じって様々な意見が出た。

産業界からは「いま電気料金を値上げするのは産業の復興という点からみても適切とは言い難い」と日発解体に反対した日本製鉄の三鬼隆が日本産業協議会を動かして反対の意見書を出した。日本化学協会など電力多消費産業は、大幅値上げは死活問題と絶対反対を訴えた。三鬼は、定率法による減価償却の採用を問題視し、その点を意見書で指摘した。

政府も実は、この値上げ案には反対だった。経済安定本部長官兼物価庁長官の周東英雄は、公益委に対し値上げ反対を繰り返し伝えた。後ろには首相の吉田がついている。それにも構わず松永は「しからば電気事業の自立をできなくしておいて、今後の電力需要にどう応ずるのだ。資金も集まらず採算がとれないいまの形は、単に電気事業だけの問題ではない。それなら日本の復興をどうするのか」と逆に政府の見解を質した。周東は「急激な値上げは困る。電気料金は政治問題であり、政府の責任だ」と繰り返し、電気料金問題は政府と公益事業委員会の対立となり、さらに国会での松永喚問への動きとなった。

〝電力の鬼〟

衆参の商工委員会は電気料金値上げ問題を集中審議することとし、公益委委員長の松本と委員長代理の松永らを呼んだ。なかでも参院商工委員会では、主婦連会長で参院議員の奥むめおが、電気料金の値上げは家庭を直撃し、生活苦に拍車がかかる。一体どういうつもりかと松永を責め立てた。

これに松永は「電力再編というのは、アメリカから9匹の乳牛を輸入したようなもの。この乳牛に適正な料金を払うということは餌を与えることだ。その飼料を十分に与えず、また3度のものを2度にするというのでは、長く国民を養ってくれる乳はとれない。乳牛も死んでしまう。子供が可愛いのであれば、飼料代を嫌がるのは間違いである」と比喩を用いて説明した。この煙に巻くような「9匹の乳牛」論は、それなりに説得効果を持ったのか、後に奥むめおは、「あの乳牛論で値上げ反対の気勢がずいぶんそがれた」と述懐したという。

松永の当意即妙のやりとりは、幾分反対論で荒れ狂う国会を鎮静化させたとはいえ、反対の投書だけにとどまらず脅迫状まで来るにおよんでさしもの松永も弱気になり、たまたま訪れた井上中部電力社長に「時々鏡で自分の顔をみることがある。この老人が何を好き好んで、これほどまでに人に嫌われる仕事に精魂を傾けなければならないかとね」と嘆いたことがあったという。

ＧＨＱは、国民挙げての電気料金反対の声に困惑していた。9月にはサンフランシスコ講和条約が待ち構えている。その直前のこの時期にややこしい問題に首を突っ込みたくはなかった。しかし元はといえば電力再編に当たって「各社が自立できることを目途として必要な電気料金の改正をしなければならない」と主張したのはＧＨＱであり、言ってみれば松永は、その主張通りに行動しているのに過ぎない。

とはいえ民主主義の国、アメリカは世論を無視もできない。そこでＧＨＱは、料金算定に盛り込んでいた定率法による減価償却を認めず、定額法を採用させ、値上げ幅を圧縮するよう松永に迫った。松永は無論抵抗した。しかし講和条約近し、と言ってもＧＨＱが最高権力者であることに変わりはない。松永といえども最後まで突っ張るわけにはいかなかった。

９社全体だと定率法から定額法に切り替えることで１００億円の差額が出る。この差額分を値上げ幅から切り詰めることになった。松永もやむなく了承した。その結果、51年８月13日に平均30・１％の値上げが実施された。減価償却率は申請率の５分の２に止まった。

料金値上げ問題は、ひとまず解決をみた。通産省から出向し公益委で管理・調査を兼任する小島慶三は、同じく業務担当の高島節男とともに東京・下落合の松永邸を訪れた。松永は「スペイン風邪」と称して休んでいた。かしこまる小島らに電気事業の将来をどう見据えていくか語り始めた。

「松永は、目を細めた。まどろみはじめたのか。小島は、気を許した。松永の張りのある声が響いた。『おれは、日本の電気事業が一本立ちになるまではこの眼をつぶれんのだ』」

「小島は、思わず息を呑んだ。松永はまさに〝鬼〟と呼ばれるほどの一念で、世論、政府、ＧＨＱ、どこから突き上げられてもひるまず、電気料金値上げを断行した。なぜ、それができたのか。事業に対する執念である。胸をつかれる想いで、松永をみつめた」（大下英治著『電力こそ国の命』より）

松永は、この値上げ幅では９電力会社の経理の安定化、健全化は達成できないと、再度の値上げを各社に促した。実際51年夏は異常渇水に見舞われ、赤字を冒して石炭獲得に動かざるを得ず、同年度下期は実質赤字となり各社とも無配の継続を余儀なくされた。９電力会社は52年３月、平均32・８％の値上げを申請した。公益委はこれを28・０％に査定し、５月に認可実施した。

その際松永は、事務局に「特別研究費」というものを原価に計上するよう指示した。電力各社は合理化を進めた分、研究開発費用を削り研究開発が遅れる可能性が生じていた。松永は、このままでは世界の進歩に取り残されてしまうと研究費には少しでも多く割けるように指示した。のちに松永は、各社からの拠出金をベースにして電力中央研究所を設立する。この「特別研究費」の計上は、その資金源となった。

2度目の値上げに対する反対運動は、前回よりは比較的穏やかだったとはいえ首相の吉田は「公益委ではなく私益委だ」と怒り、友人関係にあった公益委委員長の松本に対しても松永の尻馬に乗っていると批難した。その言を松本が知ることとなり、2人の関係にヒビが入る事態になったという。だが公益委は電気料金認可の権限を持っている。GHQも日本の独立とともに解消していた。どうにもならなかった。

ともあれ2年続けての値上げにより、当初予定の70%台には届かなかったものの、平均67%の値上げ率となった。松永は償却方式が定率ではなく定額となったのを残念がったが、長年の懸案だった資産の再評価額に基づく減価償却が料金原価に参入されたことも作用し、電力各社の経理は健全化し、企業としての基盤も固まった。これで内外から資金を導入しての電源開発を推進する仕組みが整った。収支が安定した9電力会社は、供給力不足の事態を何としても解消すべく、電源開発にまい進することとなる。

値上げに大反対した世論も、インフレ下で産業界や消費者がこの電気料金値上げを消化し始めると次第に鎮静化した。この間松永は、国民負担だけでなく電力会社も痛みを伴うべきと合理化の徹底を求め、とくに職制の改正縮小を具体化させた。実際東電は16部64課１２７係の職制を整理している。

2年後、9社計で約２００万kWの電源開発が行われた。電気事業は「もはや戦後ではない」との言葉に象徴される戦後復興に大きく貢献したばかりでなく、高度経済成長による電力需要の激増にも応じ54（昭和29）年10月の一斉値上げ以降は、第一次石油ショックによる74（昭和49）年6月の9社の一斉値上げまで各社1回程度の値上げのみで乗り切ることができた。51年、52年、さらに54年の3回の値上げは、消費者、経済界の負担になったとはいえ、９電力体制を支え、日本経済発展の原動力ともなった。

「電経会議」の発足と「電産」の崩壊

再編後２回目の料金値上げで経営基盤が安定したとはいえ、電力会社にはまだ直面している難題があった。労使関係の安定である。経営側が相手にしているのは、当時最強の労組と言われていた電産である。

東電が東電労組と電産関東地方本部に分裂し、またレッドパージにより組織内の共産党員が排除されたとはいえ、電産はなお全国11万人の電力労働者を擁していた。その武器の停電ストは、復活しつつあった日本の産業活動や消費者の生活を苦しめる一方で依然要求実現の最有力手段であり、しかも当時電産委員長の藤田進は、日本労働組合総評議会議長を兼ね、日本の全労働運動の指導者ともなっていた。

電産の強大な力に対し、経営側も対応を統一した組織として再編前の47（昭和22）年、電気事業協同会を設置していた。しかし、この組織は「協同会」とは名ばかりで組合側からも敵対視されたため同年７月９日、新たに電気事業者経営者会議（電経会議）を設立した。この「電経会議」設立の経緯を当時関東配電労務部長の木川田一隆は、次のように述べている。

「経営側は、日発と全国に散らばる９配電の首脳陣では、すでに組織としてもバラバラで、組織的な電産にはとうてい抗すべもなく押され押された。折衝に当たっても一人ひとりやり玉に挙げられると陣営は一角一角と崩れ去るのだ。たまりかねて会社側も〝電経会議〟をつくって一丸となってこれに当たることとした」（日本経済新聞「私の履歴書」より）

発足時の電経会議は、移転していた東京・文京区の日発本社内に事務局を置いた。メンバーは、日発総裁を委員長に９配電の社長が委員に名を連ねた。規約は11条からなり「協議決定した事項については各会社之に従う義務を負う」とし、任意団体にもかかわらず、遵守義務を明文化したのが大きな特徴だった。当時は労務問題の大半を電産への対応が占めており、経営陣としては一丸となって当たるのが得策として共同歩調を重視せざるを得ない事情があった。のちに電気事業連合会に改組移行してからは、労務問題の比重が低下してきたこともあり、規約の中から遵守規定は取り除かれることになる。

その電経会議も電力再編時には、その渦の真っただ中に投げ込まれた。とくに委員長の大西英一日発総裁は、電産との間で全国1社化を約束していた手前、1社化案を強硬に主張した。これに松永をバックとした9配電の首脳たちは、こぞって9分割による発送配電一貫化体制を主張し、対立は深まった。

溝は解消されず、結局48年4月には電経会議は分裂し、それぞれの立場から再編成計画案を持株整理委員会に提出している。それがポツダム政令により日発の解散、発送配電一貫の9電力体制となっていくと、9電力会社は改めて電経会議のもとに結集した。設立間もない電力各社が電産の力に対してまとまって対抗する機関として電経会議の役割は、以前に増して大きく、また重要になった。

51年9月の講和条約締結により日本の独り立ちが現実のものになると、労働界の中心たる日本労働組合総評議会は、日米安保条約に反対して「平和4原則」を唱え始め、52年秋季闘争を掲げた。「あらゆる闘いを再軍備反対と軍事予算粉砕に集約し、電産と炭労の二大ストを中心に大小幾多のストを打ちまくり、総資本と対決して打倒する」と勇ましい宣言のもと、その先頭には、総評委員長を出している電産が立っていた。

秋季闘争は、基準賃金の56％アップを掲げる電産と、設立2年目の9電力社長で構成する電経会議との団交に決着が委ねられた。新たな経営者群には日発がメンバーに入っていた頃と違ってプール計算から編み出された各社同一の賃金決定方式は、もはや過去のものとなっている。経営者同士が自由競争に晒され、意識も経営内容も様変わりしていることに電産側は気づいていなかった。

電経会議は、横並びの賃上げには応じないとしたほか、電産が強力なスト戦術を背景に獲得した、他産業をはるかに上回る労働条件を切り下げる旨通告し、これに常々電産のストと影響力を苦々しく見ていた日経連も応援の意向を表明した。にわかに日経連対総評、大げさに言えば総資本対総労働の対決の図式となった。

電産が獲得した優遇措置の中には、明らかに公益事業として問われるものがあった。『関西電力二十五年史』には、「市電私鉄組合員の電燈料を半額にする代わりに、当社組合員のいわゆる『顔パス』乗車を認めるというような悪弊を廃止させた」とあり、組合員の横暴ぶりの一端が記されている。

それでも電産は、対抗するには実力行使しかないと9月24日の第一次電源ストから12月18日までに16次にわたる電源・変電職ストを実施した。ストの総日数は、実に94日間に及ぶこととなった。

この間、中央労働委員会は、9月6日に賃上げ率16％の調停案を出している。労使とも拒否したため中労委会長の中山伊知郎は、11月26日2度目の斡旋案を示した。賃上げ幅は最初の斡旋と同じだったものの北海道などの5社は、他社と差が生まれることとなり、これまで同一だった賃上げが企業別となった。また労働条件の社会的水準への切り下げも認められた。経営側は、無論この斡旋案を呑んだが、組合にとっては明らかに後退した調停案であり、反発してスト行為は続いた。

この過激な長期間に及ぶ電源ストは、市民生活や産業活動に大きな打撃を与え、厳しい批判の目が電産に注がれた。組合員も動揺した。硬直化した中央本部に対して地方組織から離脱する動きが出るようになる。11月には中部電力労働組合が結成され、12月には関西なども離脱していった。

反電産の東電労働組合は12月8日、会社側と仮妥結し、一切のストを中止した。また電産関西地方本部は、中央本部の制止を振り切って12月15日に単独で妥結、一切のストライキを解除した。電産の秋季闘争は、総崩れとなり、電産は同月18日、事実上の敗北声明を出した。

ここから「輝ける電産」として日本の労働運動をリードしてきた電産は、一気に崩壊の道をたどる。反電産の新労組結成の動きは、次々に広がり、54（昭和29）年5月にはそれら企業別組合の連合体である「全国電力労働組合連合会」が誕生する。

電産最大の組合員を擁した日発が解体したことにより、電産指導部は旧日発系から旧配電系へと移ったものの、旧日発労働組合の書記長から参議院議員にまでなった佐々木良作も二度目はなかった（のちに衆議院議員に）。自由党は、52年秋季闘争の電産と日本炭鉱労働組合ストに怒った世論に乗じて、53年８月に「電気事業及び石炭鉱業における争議行為の方法の規制に関する法律」（スト規制法）を国会で成立させ実施した。電力労働者はこれによって、電力供給に関わる一切のスト権を奪われてしまった。

電産という全国統一組織は、日発の発足、解散と軌を一とした。その果敢なスト行為は、極端に言えば赤字を無視できた国策会社だからこそ可能だった。電産が電力再編成に強力に反対したのは、それを予感していたからだろう。日発の解散が、電産の先行きに決定的な影響をもたらしたのは、当然と言えば当然だった。

また電産への全国的な統一対応を実質目的に発足した電気事業者経営者会議がその機能を存分に発揮したのは、電力再編成への過程で委員長会社の日発が抜けてからである。分裂した状態から新生９電力が再結集して民有民営会社らしく経済論理を貫徹し、日発が長期間のスト戦術で対抗した52年秋季闘争を耐え抜き、電産瓦解に追い込んだ。

もっともＧＨＱは、企業別労働組合より産業別組合の方がより進歩した形態ととらえていたという。しかし、電産は56（昭和31）年３月の臨時大会で地方別再編成方針（企業別電労への一括加入）を認め、誕生から10年の歴史に幕を閉じた。これ以降日本の産業界の労使協調路線は、電力産業のみならず全産業の労使関係の基本となっていく。電気事業は難題をまたひとつ解決し、安定に向かうことになるが、難題がなくなったわけではなかった。

電源開発会社の設立

戦前の電力国家管理は、民間電気事業とともに県市町村の公営の電気事業も強制的に統合していたから、戦後電力再編間近となり、経済の民主化が叫ばれると、事業の公営化や設備の復元を要求する動きが出てきた。公営化はＧＨＱが反対したため政府与党の自由党は、公納金制度､電気設備復元法問題の議員立法化を検討し始めた。

公納金制度というのは、電力国管時代に配電事業を行っていた地方行政機関が、旧配電会社に出資していた見返りに株式を取得し、利益分配の意味合いから寄付金を受けていたのを、再編後も続けてほしいというものだった。配電事業統制の時に時限立法で定められ、10年経った52（昭和27）年3月に期限が迫っていた。

地方行政機関は、公納金の期限延長と金額の引き上げを要求した。そのまま要求を飲むと電力会社全体で120億円を負担しなくてはならない。総括原価の10％以上に相当した。この頃電力９社は再編後２度目となる、52年５月の電気料金の値上げ実施に向け準備を重ねており、公納金制度を継続すれば値上げ幅は、当初の見込みを大幅に超える40％にまで引き上げざるを得なくなる。

だが、自由党は公納金制度の10年延長を目的とした公益事業令の一部改正案を議員提案で国会に提出した。電力会社は、固定資産税を納めているし、電気・ガス税という地方税もすでにできていた。東電社長の高井亮太郎は、業界を代表して自由党など各党に「再編成の趣旨を没却している」と強く訴え、公益事業委員会も当然の如く反対した。

加えて大きな問題に浮上してきたのが、電気設備復元問題である。旧日発に統合されていた発電所などの設備と旧配電会社に現物出資した設備、権利を旧持ち主、主に地方自治体に戻せというもので、自由党は、公納金制度と同様議員提案で「電気設備等の復元に関する法律案」を国会に提出する動きとなった。

この法案が成立すると当時対象となる地方公共団体は、114、返還すべき設備容量は全発電設備の６％に当たる46万2300kWにのぼり、９電力体制にひび割れも生じかねない様相となる。これに刺激されて旧自家発電の所有者からも復元運動が起きた。昭和電工などが復元要求の連盟を結成する動きとなった。

電気事業者側は、危機感を深め猛烈な反対運動を展開した。電経会議は、52年６月４日、堀新委員長名で「現在の電気事業は、再編成後１年を経過したのみで、本法律案が実施されると、地域別発送配電一貫経営の合理性は破壊され、供給力不足の現状において、電力需給調整上の弊害、電気料金原価の高騰、電気料金の不均衡等国民経済上重大な影響を招く」とし、さらに「復元しようとする設備はすでに消滅または更新したのが大半で、現実の姿を無視した観念論である」との意見書を作成し、各方面に配布した。

旧日発創立時と10年後では、需要の伸びが違い、復元した場合でも供給力が伴うかどうか、当時の需給状態から見れば、明らかに疑わしかった。長い目で見ても需要家の利益になるかどうか分からず、だからなのか復元を主張する政治家が動いても、世論の賛同は得られなかった。復元法は法案化されてはいたものの、なかなか上程されずようやっと6月に上程された。それも7月末に国会は解散となり、公納金法案ともども廃案となってしまった。

廃案となった両法案は、いずれも地方自治体に後援された自由党の議員からの提案だった。彼ら自由党はその時期、もうひとつの法案提出を準備怠りなく進めていた。電源開発促進法案である。もともとは、大規模水力開発を行う新会社設立構想である。当初は電気事業に開発資金を提供する特殊金融機関の設立検討から始まり、東北電力会長の白洲次郎も「開発金庫案」を主張していたのが、いつの間にか電源開発公社設立案に変わっていった。

弱小資本の９電力会社では、不足している電力供給問題を解決できない。政府資金を動員して政府系公社が大規模開発を担う、というのが法案提出の目的ではあったものの、実は狙いは、別のところにあった。公益委の権限外で組織を設立し、政府の裁量で電源開発計画を進めるというものだった。要は公益委の権限を取り上げ、公益委の廃止に備えるものでもあった。議員提案となったのは、政府機関の公益委の同意が得られなかったためで実際は、政府提案と言ってよかった。

ただこの構想にＧＨＱは賛同せず、51年10月29日「公社案は民主化に逆行する」という声明を出した。それでも衆議院は「電源開発促進決議」をして、翌52年１月、自由党政調会は「電源開発促進法案」を内定し、３月25日に同法案が議員提案の形で国会に提出されたのだった。推進したのは、経済安定本部長官の周東英雄の訴えを聞いた大野伴睦を筆頭に同じ大野派の福田一や愛知揆

一、さらに水田三喜男らだった。法案の骨子は、①電源開発調整審議会の設置②政府による開発資金の確保③電源開発株式会社の設立、である。

松永は、電気事業の再建策に全力を傾けていた時期でもあり「政府与党内にこんな計画が進んでいること、当時はまったく知らなかった」とのちに『電力再編成の憶い出』（松永安左ェ門著）で語っている。それでも法案の提出を知るや公益委挙げて反対した。松永は大規模開発については電力会社による共同会社案を考えていた。東京・東北電力による只見川開発会社、東京・中部電力による天竜川開発会社の設立を構想し、５月には、天竜川プロジェクト推進のため東電内に設立事務所を設けている。

松永はこの共同会社構想実現のためアメリカからの資本導入を考えていた。一方で政府の方も電源開発会社設立で期待していたのが、外資導入だった。政府機関である電源開発会社ならば信用が高まり、調達しやすくなるだろうと考えていた。

国会での論戦は、政府と公益委の考えの違い、公企業と私企業のどちらに外資を入れ易いかに集中した。公益委委員長の松本烝治の国会での証言が、幾つかの資料・松永本に掲載されている。

「私は外債はこの会社には入らぬと断定する。外債としては当面米国からであろう。米国はここ数年多大の資金を融資しているのは事実だが、世界銀行をはじめとして引き受けている外債は、一つひとつのプロジェクトに対しての貸付である。日本の政府が総裁や副総裁を任命するとはいえ、商業ベースを旨とする外債であれば相手側はそんなことに何らの意義を認めないであろう。法案には外資を受け入れるための条項も見受けられるが、入るはずのない外債を期待している意味で、たしかにこれは特殊会社である」（志村嘉門著『気概燃ゆ』より）

戦後一時は憲法草案に関わり、日本での企業法務を根付かせた商法学者の皮肉の利いた弁は、自由党議員や官僚たちの構想が、いかに一方的で国際的な商取引に疎いかを突くものだったろう。アメリカの金融資本が好むのは、しっかりとした実体があり利益を出せる私企業であるというのは明白な事実だった。それでも政府与党は、

52年5月10日に衆議院を通過させた。

だが、松本の辛辣な批判は、かえって政府の推進姿勢を一旦踏みとどめて修正させ、電源開発会社設立にはプラスに働いた。結論から言えば参議院では30回を超す記録的な審議が行われ、電源開発という新会社の性格を決定づける重要な付帯決議がなされた。

もっぱら電源開発を行うだけで、開発が一段落すればやめる、では松本の指摘通り外資の担保がなくなり、長期の借款が出来なくなる、そこで設備は自分で保有し、電力会社に卸売りする永続的な組織に構想を手直ししたのである。しかも法案の修正もなされ当初案では「開発が困難な水力」としていた開発対象を水力に限らず、火力の開発も可能なようにした。

この間公益委は、法案の成立阻止に必死となった。その成立によって誕生する電源開発会社は、形を変えた日発の再現、復活を彷彿とさせる。そう松永の目には映ったことだろう。しかもこの構想の中心を担ったのは自由党大野派の政治家で、その背後には公益委から機能を奪還しようとする通産省の官僚や旧日発系の人々の権力奪取の思惑が見て取れた。しかも産業界は、旧日発の安い電力供給がまだ頭を離れていなかった。

このままでは、巨大な官僚機構とそれこそ死闘を繰り広げて、ようやく勝ち取った電力再編成、民営9電力体制にも再び国家管理という楔が打ち込まれ、瓦解し始めるかもしれない。その恐れが現実化しだした。電源開発促進法を推進する政府与党と、楯突く公益委という構図がつくられ、松永への事実無根のスキャンダルも流されて公益委は、追い込まれる形となった。しかも4月28日、講和条約発効とともに公益委を支持していたGHQは、消滅した。

こうして電源開発促進法は、7月31日、国会閉会寸前に可決、成立した。9月16日、電源開発会社の創立総会が開かれ、初代総裁には戦時中、満州重工業開発総裁を務めた高碕達之助が就任した。資本金は50億円、うち49億円を日本開発銀行が受け持ち、残りの5000万円を9電力が出資し、9電力体制を補完するという電源開発会社設立の建前となった。

電源開発会社の誕生は、松永や9電力会社には意にそぐわぬものだったろうが、電発は発足間もなく天竜川水系の佐久間ダム建設という大規模水力開発や石炭業界の圧力があったにせよ石炭利用の火力発電建設を進めるなど国策会社の使命を存分に果たしていく。

しかし、52年夏の国会には、松永たちの行く末に関わるもうひとつの法案が政府から提出されていた。「公益事業令の改正に関する法案」である。一言で言えば、公益委を法的に廃止に追い込むことを企図した法案である。参議院で審議中の電源開発促進法案成立の目鼻がついたと判断しての政府与党の国会提出だった。

「公益委」の廃止と松永の退場

旧日発総裁の小坂順造は、51年7月松永主導のもとで9電力会社が電気料金値上げ案を申請したことに松永を弾劾する、公開質問状を公表するつもりだったと、大谷健はその著『興亡』の中で記している。

「公益委、または松永に対する各勢力の憤激は爆発せんばかりだった。とりわけ政府、国会、官僚にとって、彼らから半ば独立した公益委の存在は不当なものに思われた。（中略）彼らの不満は、未公開に終わった小坂順造の松永弾劾の公開状にうまく要約されている。

『元来、私は公益委の存在に関してすこぶる奇異の感に打たれている。すなわち公益委が国会に責任を取らず、しかも国民大衆の意向を無視し、勝手次第に振る舞って、その結果が国家と民生に重大影響を与えることがあっても、どうすることのできぬのは、いかにも民主主義日本としては、あるべからざる存在である。これはあたかも戦時下日本における軍閥専制を想起せしむ』」

政府与党内の公益委を廃止させようという動きは、再編成直後からあった。小坂の未公開文書にあるような反公益委の感情は、日本の独立に伴うアメリカからの押し付け、いわゆる「占領政策の行き過ぎ」の是正ムードとも絡んでいた。政治家はその機微をわかって早く公益委を解散させようとしていた。官僚は官僚で、委員会体制は民主的機関として聞こえはいいものの、官僚機構の外であり、公益委という組織も、本流から外れた異端に過ぎなかった。

しかも公益委委員長代理の松永は、首相吉田の言うことさえ聞かない。当初吉田は松永を公益委メンバーから外す方策も考えたようだが、仮にはずせたとしても行政機能だけでなく準司法的機能を併せ持つ、半ば政府から独立した存在の公益委という組織がある以上、第2、第3の松永が現れる可能性もある。そう考えると、公益委そのものを廃止するしか手はなかった。

大きな壁となってきたGHQも対日講和条約が発効すれば存在しなくなるから日本政府が、独自で判断が下せるようになる。そのタイミングを見計らって政府は、52年6月に公益委廃止のための法的措置「公益事業令の改正に関する法案」を国会に提出した。公益委廃止は政府のみならず与野党とも既定の方針だった。それこそ無風状態のまま両院を通過し7月末法案は成立した。公益委は8月1日廃止され、その仕事は新設された通産省公益事業局に移された。

松永は職を解かれ、その合法的権力を失った。新聞は「電力の鬼、角を落とす」と書き立てた。しかし松永はこうなること予期していただろう。公益委がGHQの強引な後押しで誕生したいきさつから考えれば、対日講和が具体化しGHQがなくなった暁には、政府から何らかのアクションがあることは十分予想できた。

だからこそ立て続けに電気料金値上げを強行したとも言える。それだけではない。電気事業会計規則から料金算定基準と細かいところまで気を配って9電力会社の経理の安定を図り、電源開発5カ年計画、送配電整備5カ年計画といった将来計画まで公益委主導で決めた。

公益委は設立間もない電力各社に増資、社債、財政投融資、外債導入のやり方を教えてやらなければならなかった。その点では委員の河上弘一の指導力が大きかったようだ。松永のみならず委員長の松本始め公益委委員、事務局は、わずか1年7カ月の寿命しかなかった公益委を総力挙げて運営し、新生9電力会社の基盤づくりに大いに貢献寄与した。通商産業省の官僚から公益委に出向し事務局づくり奔走、のちに電発総裁に就任した大堀弘は「いずれにしてもあのような強力な委員会は、日本の行政史上空前絶後のことであろう」と述懐している。

52年8月1日、松永の年譜にはこうある。

「公益委廃止により約二年振りで解放される。夏を堂ヶ島自炊庵で過す」

電中研、産業計画会議、トインビー

松永は、53（昭和28）年4月、財団法人電力中央研究所を設立し理事長に就任した。51年の9電力の一斉値上げの際、電気事業の持続には電力経済ならびに電力技術の研究開発が不可欠として「特別研究費」を少なからず留保させたことがベースになって、9電力か出資した日本初ともいえる本格的な民間シンクタンクである。発足時の名称は電力技術研究所だった（後に経済研究部門を設置）。


設立後の松永の弁が残されている。

「予が二十余年前、東邦経済研究所の所長となりし時、産業研究は、知徳の練磨であり、もって社会に貢献すべきであることを悟った。但し科学の進歩は累積と推理に由り、無限の発展を遂げる性質のものであり、十八・十九世紀に入り、はるかに人類は其面に躍動して蒸気利用の発明、電気の発明、化学の発明、又は是等の応用に革新的進歩を成した。近くは原子力、水素の融合反応等、或いは人口衛星に至るまで、科学的進歩は無限に続くのである。」

「しかし利己的な人間性は、社会的には、なお四千年前の哲人と比し、何らの進境を示していない。是は人間の悲劇である。諸氏能く之を知り内面的な人間性の練磨を科学の研究と共に続けられん事を祈るものである。一九五七年一〇月二二日　喜多見に於いて」


この時、松永は77歳。本来なら悠々自適、好きな茶を楽しむ隠遁生活に入ってもよい年齢だが、好奇心と「学び」の姿勢は何ら変わるところがなく、むしろ強まったと言ってもいいくらいだった。松永は電力中央研究所で若手と盛んに勉強会を開いていたという。56（昭和31）年1月には、「電力設備第二次近代化構想」を明らかにし、その中でこれからの電力は水力発電に依存するのではなく、火力発電によるべきという「火主水従」路線への転換を主張した。当時通産省はそこまで明確な路線を打ち出していなかったから、見ようによっては、公益委の電力行政を奪った通産省への挑戦状と言えなくもなかった。

当時通産省は、戦後復興に伴う石炭傾斜生産方式を引きずり石炭によるエネルギー自給政策を掲げていた。しかし、各地の炭鉱ではストが頻発し、なかんずく三井三池炭鉱の闘争は、ドロ沼化し火力発電の燃料石炭の供給は不安定さが増すばかりだった。松永は、石炭業界の経営陣も行政にも事態解決の力はないとみて、以前から着目していた石油（重油）を使用した火力発電を推し進めるべき、としたのである。

日本は周囲を海で囲まれている。海岸線の適地に火力発電を建設し、大型のタンカーで石油産出国から原油などを運んでくれば、水力発電より安い電力をつくることができる。しかも水力発電と違って消費地に近く、季節性に影響されることがない。

電力各社は、資本主義経済下合理性で動く。通産省は、外貨準備が少ないことや雇用維持から国内産業の石炭を優遇し、輸入資源の石油消費を抑制する「炭主油従」政策を推進していたが、石油の石炭に対する価格差がなくなってくると電力各社は石炭・重油の混焼から一気に重油火力建設へ向かっていく。重油火力へ流れが切り替わっていくのは、東電を例にとると、重油ボイラー規制法が改正された60（昭和35）年頃である。松永らの構想は、まさに電力各社をけん引し、彼らは教え子のように「火主水従」に走り始めるのである。

56年3月、松永は電力中央研究所が事務局となって「産業計画会議」を発足させた。簡単に言えば戦後日本の様々な経済問題について政策提言しようというシンクタンクである。委員長の松永のほか、委員には日産コンツェルン創始者の鮎川義介、野口研究所理事長の工藤宏規、吉田総理のブレインでもあった世界経済調査会理事長の木内信胤、ミスター日経連と呼ばれた桜田武、経団連会長を務める石坂泰三、さらには戦前からの有沢広巳、稲葉秀三、鈴木貞一、電力業界からも関電社長でのちに関西経済連合会会長を務める太田垣士郎を筆頭に東電、中部電力のトップも入り、いうなれば有力財界人オールキャストが名を連ねた。

その設立趣意書には「日本の産業は如何なる姿のものにならなければならないのか、その理想的形態に到達するには如何なる国民的努力が結集されねばならないかなどについて、一応の目安と見通しを持ちたい」とあり、実際「産業計画会議」は、15次にわたる勧告（政策提言）を行っている。

提言の中には国鉄の民営化から高速道路網の整備、北海道の開発（北海道開発庁の設置など）、東京湾２億坪の埋め立て、新東京国際空港の開設、専売公社の民営化、減価償却制度の改善など時間を要したとはいえ現代において実現されたものも少なくない。

電力・エネルギー政策についても「あやまれるエネルギー政策」（第６次勧告、58年10月）として、電力中央研究所の「第二次近代化構想」と連動して原油輸入を自由化して「油主炭従」への切り替えを勧告している。また「原子力政策に提言」（第14次勧告、65年２月）では商業化途上にあった原子力発電に踏み込み「政府に明確な政策を求めるとともに、原子力発電技術の開発は国際協力が必要なので利害が一致する国との対等の立場での協力関係を構築すべき」とし、今後10年間に５０００億円の研究費を要望している。

この「政府の明確な政策」とは、長期的な原子力発電推進方策の確立であり、また政策の中心的立場にある原子力委員会の強化（内閣府に属する権威ある機関として事務局を独立させる)を意味した。「10年間５０００億円」の研究費は、国産の動力炉開発から高速炉開発まで展望し、原子力研究所とは別の開発機構設立を求めるものでもあった。やがて既設の原子燃料公社は発展的に解消し、67（昭和42）年10月動力炉・核燃料開発事業団が設立される。

松永は、この「原子力政策提言」の「はじめに」でこう記している。「(中略）最近では原子力エネルギーは、経済的にも石炭、石油にとって代わることが明らかになり、我が国でも漸く本格的な原子力発電の時代を迎えようとしている。しかし、長い目で見れば、原子エネルギーの利用度も、いまだ出し得るエネルギーの百分の一以下である。この利用度をさらに現在の十倍、百倍まで高めるには、増殖炉の開発を目標とする今後の努力に待つばかりである。今や、世界をあげて原子力の開発に研鑽を重ねている。わが国も、この人類の大目的のために、大いに協力し、努力をつくさねばならない」

66年、松永は電中研に事務局を置く「日本フェルミ炉委員会」を発足させた。ミシガン州デトロイト郊外のエンリコ・フェルミ原子力発電所内にあった高速増殖炉試験炉「エンリコ・フェルミ炉」に着目して、この委員会を通じ電力関係業界の多くの研究者や技術者をアメリカに派遣して、知識や技術の習得に努めさせようと企図したものだった。「フェルミ炉」は、66（昭和41）年10月、炉心溶融事故を起こし、その後運転再開まで長期の時間と資金を要するとして72（昭和47）年11月閉鎖されたが、その間40人ほどが日本からシカゴ大学や現地に派遣された。日本の高速増殖炉開発の先駆者の多くは、この時に研修した人たちという。

松永は、何よりも先を読む能力、いわば先見性に長けていた。戦前の〝電力戦〟でも勝負の先に統一した電力供給機関の必要性を感じ、自らの東邦電力をその拠点と目した東京へいち早く進出させたし、電力再編時には公益委委員長代理として日本の復興に伴う電力需要の急増を予測して9電力に備えさせ、ほぼその通りとなった。また石炭から石油への切り替え、さらに石油による火力発電も原子力発電までのつなぎ役と見通して、さらにその先には高速増殖炉開発が必要になるというところまで読んでいた。高速増殖炉開発は実現していないものの、読みは当たることが多かった。

60年代全学連運動が華々しかった頃、松永は過激な言動に走る若者たちに「君たちはリボリューション（革命）かもしれないが、僕はイボリューション（進化）だ」と語りかけたという。日々進化とは、松永の真骨頂そのものであったろう。

松永晩年の大きな功績は、イギリスの歴史家であるアーノルド・トインビーを日本に紹介したことである。トインビーの名は、戦後間もなく仏教学者であり思想家の鈴木大拙から聞いていたという。鈴木は、公益委から退いた松永にトインビーの大作『歴史の研究』を読むよう勧め、松永は一読してこの６００ページにも及ぶ原書を翻訳させて日本で出版することを思い立ったという。

54（昭和29）年9月、松永はロンドンを訪れ、イギリス外務省所有の由緒ある建物「チャタムハウス」でトインビーに会っている。２人はときの経つのを忘れて語り合ったという。トインビーは、この場で自著の邦訳刊行を承諾した。帰国した松永は翻訳人を整え、ライフワークとも言うべき作業にとりかかった。邦訳が完成して出版となったのは、66（昭和41）年４月である。このとき松永は、90歳になっていた。

「驚くべき頭脳とエルギーである。出来上がった大著を横にして、松永は周囲の者に力説した。『日本人はいかにも視野が狭い。そのためあんな戦争に負けてしまったんだ。これからの日本人は広い視野に立たねばならない。それにはこの〝歴史の研究〟を読ませるのが一番だね』（水木楊著『爽やかなる熱情』より）

松永の長年の友人、小林一三は、57（昭和32）年１月25日、84歳で亡くなった。翌年の58年10月には、妻の一子が亡くなっている。松永の年譜には、埼玉県平林寺の墓地に納骨。葬儀行わず、とある。ひっそりと自分ひとりで妻を送りたかったのだろうか。墓碑は翌59年３月に同じ平林寺に建立した。さしもの松永にも余生ということが頭を横切ったことだろう。

だが年譜や松永本、資料を読む限り松永のその後の動静は、立て込んでいる。「産業計画会議」の打ち合わせ・会議、電力首脳との懇談、火力や水力、送電線の建設現場などの視察、合間を縫ってのメディアとのインタビューや講演、座談会。息つく暇なく人と会い、現場に足を運び、合間に茶を楽しんでいる。

電力業界、とりわけ東電は石炭汚職事件に巻き込まれ、内部体制が定まらなかったから木川田社長体制が固まるまで言うならばキングメーカーとして君臨した。松永は鰻が好物で電中研での昼食時には、決まって鰻を出すよう促し、しかも松永にだけは特大、一説には二人分が出され、これを平らげていたという。キングメーカー伝説である。

68（昭和43）年２月、松永は小田原の邸内を散歩中、

平林寺（埼玉県）に眠る松永安左ェ門と妻一子の墓（提供：金鳳山平林寺）

愛犬に引っ張られて転倒し、左足を骨折した。この骨折は高齢の松永の身体に少なからざる影響を及ぼしたようで行動範囲は、その後幾分狭まった。それでも『歴史の研究』日本語版を次々に刊行させ、母校慶應義塾大学の命名百年記念式典に出席するなど90歳半ば近くの人物とは思えぬ活動ぶりを示している。

71年4月14日、産業計画会議に出席後、夕刻微熱を感じ医師の往診を受けた。翌日の夜半、急に苦痛を訴え、未明慶應病院に入院。そのまま病院に止まり、6月には「気分よし」とベッドから電中研理事会の稟議書を決済している。同月15日には『歴史の研究』第18巻を刊行。全25巻だから、残るは7巻である。

しかし松永は、全巻の完成を見ることはできなかった。16日午前2時頃容態が急変、午前4時26分、静かに息を引き取った。享年95歳だった。

6月17日、松永最後の年譜には、こうある。

「午後一時、小田原市営火葬場にて荼毘に付され、ただちに武州野火止の平林寺にいたり、故一子夫人の眠られる墓地に納骨される。遺志により葬儀一切とり行われず、また法号もなし」

日本の近代の草分けであり、松永が師と仰いだ福沢諭吉の独立自尊の精神を受け継いだ、松永らしい質素な人生の締めくくりだった。

松永が世を去っても電気事業は、国民福利のため厳然としてあり続ける。松永によって生み出された9電力は、あとを繋ぐ太田垣や「再編成三羽烏」を中心に電事連という協議機関をつくって、難題に挑戦していくことになる。

〈民有民営電気事業の確立期〉（１９５５～１９６４年）

“電力政策立案機関”電事連の発足

電気事業連合会（電事連）は、１９５２（昭和27）年11月20日、それまでの電気事業者経営会議を改編・改称して発足した。電事連誕生となったのは、52年秋当時の電産が中心になって長期間のスト戦術を繰り広げた「秋季闘争」が直接のきっかけとなっている。この日本労働組合総評議会を代表する電産や日本炭鉱労働組合などとの大争議では、労使交渉が中央交渉方式から個別企業交渉方式に切り替わる例が続出した。

電産中央の指示に従わず離脱する組合が一挙に増え、それら組合は企業別組合となって個別に会社側と交渉、その結果単一交渉機関としての電経会議の役割が無くなったからである。

ただ電力再編によって積み上がった課題は、労務問題に止まらず文字通り山積みされていた。そこで9電力会社は、電経会議を発展解消し各社一致して取り組む協議機関として電事連を設けることとした。事務所は、電経会議が52年5月、西神田から千代田区有楽町の電気ビルに移転していたため、そのまま引き継ぎ、66（昭和41）年に大手町の経団連ビルに移転するまで14年間有楽町にあった(大手町地区の再開発事業により２００９年４月、同じ大手町に移転)。

初代会長には、電経会議の委員長だった堀新関電社長を選任した。副会長は高井亮太郎東電社長、同じく井上五郎中部電力社長を選んだ。事務局長は公益事業委員会技師長から電経会議事務局長に就いていた平井寛一郎・関電常務（後の東北電力社長）を充てた。電事連は、それまでの電経会議とは機能・役割、運営面で大きな違いを持たせた。

その第一は、目的である。電経会議が意志決定機関の役割を強く謳っていたのに対し、電事連は「会員である各電力会社相互間の連絡を緊密にして、電気事業の健全な発展を期する」と協議機関としての位置づけにした。電経会議は当時一致して電産と相対しなければならなかったから会員を「９電力会社の社長を以て組織する」とした上、決定事項については「各会社は之に従う義務を負う」と強い拘束性を持たせていた。電事連は会員を「９電力会社」とし、各社の自主性を尊重した連合組織としたのである。

菅礼之助（提供：電気の史料館）

役割・運営の面では、従来の労務偏重から、業務部門を拡大・強化し、会議は「社長会議」と「常務会議」に分け、社長会議は常務会議で処理し得ない重大問題のみを協議し、その他はすべて常務会議で協議決定することにした。また事務局長は常務会議に対等の立場で出席できるようにし、事務局の意向を反映できるようにした。この事務局機能の強化は、電事連のその後の活動を大きく特徴づけることになる。『電気事業連合会50年のあゆみ』（電事連50年史、電気新聞発行）によると、発足当時は労務・総務・業務の３部だけで、各社からの出向委員、総勢50人でスタートしたという。

〝2代目〟会長には、東電会長の菅礼之助（55年１月～61年８月）が就いた。この時東電は新井章治をめぐるトップ人事のゴタゴタが尾を引き、これを憂慮した松永や日本開発銀行総裁の小林中らが54年３月に、戦後石炭庁長官を務め同和鉱業会長として鉱山業界で活躍していた菅に会長就任を頼み込んだ。菅は、すぐに将来を嘱望されていた木川田を副社長に引っ張り上げ東電の基礎づくりに腐心する一方で電事連会長に就任すると、体制整備に力を注いだ。

就任時には「電事連を電力政策の立案機関にしたい」と所信表明し、早速外部から人材を登用するなど電事連の機能強化に取り組んだ。後年電事連会長に就いた木川田一隆は、菅の考えをさらに広げ「電事連は情報源である。同時に電気事業を総合的に勉強するところ〝電事連大学〟である」（当時電事連広報部長の鈴木建の回想）とした。

菅は55（昭和30）年3月専務理事制を敷き、実力者の松根宗一を招き入れた。松根は、１８９７年に愛媛県宇和島に生まれ、東京商科大学（現一橋大学）を出て日本興業銀行から当時の「電力連盟」に出向、書記長として松永とともに電力国管反対の矢面に立った（第2章第1節の「電力管理法の成立」を参照）。その後、理研工業副社長などを経て東電顧問に就任し、東電会長の菅が電事連会長に就任した際、専任の事務局トップには松根しかいないと、白羽の矢を立てたのだった。

発足して間もない電事連は、〝初代〟の堀会長のもとで電源開発に伴う各社の収支状況悪化を防ぐため税負担の軽減、金利の引き下げなどを政府に要望して軽減措置を獲得し、電力設備の復元問題（政府与党の自由党が議員提案で「電力設備等の復元に関する法律案」を国会に提出）では各社一致して強力な反対運動を展開して解決（法案は廃案）に向かわせるなど、それなりの成果を上げた。

しかし、９電力の2度にわたる電気料金値上げでは定率法による減価償却が認められず、そのことが尾を引くこととなった。53、54年度に運転を開始した新規発電設備は、１６８万ｋＷと9電力の全発電設備のほぼ2割に相当する規模に達したため、減価償却、支払い利息等の資本費は、52年の料金改定時の織り込み原価をはるかに上回る４００億円となり、３度目の料金値上げを行わざるを得ない状態に追い込まれたのである。加えて久しく懸案となっていた、電気料金制度と電力割当制度も同時に浮上した。

電力割当制度というのは、49年12月の料金値上げの際、GHQが電力需給の均衡を図るため割当主義をとって割当超過分については高料金を課していたのを、この時割当使用量までは標準料金で供給し、それを超過した場合に超過分は、火力原価を基本とした超過使用料金を適用させるとした制度のことで、標準料金と、割当を超過した場合に高率な料金にするという2本建ての料金制度となっていた。

この制度は、電力使用制限を主な目的としていたため割当の基準があいまいだったことに加え、朝鮮戦争特需などによって復興需要が高まると企業の自由な生産活動を阻害すると産業界からの反発が表面化し、存続に疑問が投げかけられていた。

このため電事連では53年10月、通産省にこの電力割当制度の廃止を陳情した。ただ割当制を廃止した料金制度については、1本料金制度を基本とするものの、火力発電に頼る地域（東北、北陸を除く7社）は、全需要家に1本での料金制度を採用するのは困難だとして、大口電力には2段階での逓増料金制を採用し、その他の供給種別については、1本料金制にするとした。

こうした状況を背景に9電力は、54（昭和29）年1月20日、平均14・4％の料金値上げと電力割当制度の廃止、供給規定の変更などを申請した。再編成後3年余で3回目の電気料金値上げに世論の反応は当然厳しく、各地の聴聞会では値上げ反対の意見で占められた。

同7月6日の閣議では、当時電事連が陳情していた電源開発については別途考慮することを前提に、「料金引き上げは当分行わない」ことを申し合わせ、料金問題は一時行き詰りを見せた。電事連は関係各界に供給規定の変更など申請通りの認可を働きかけたものの、結局通産省は今回の値上げ申請が資本費の高騰にあるとして、日本開発銀行の金利引き下げや事業税・停止資産税・法人税などの軽減措置を講じることで原価の圧縮を図り、4・7％の大幅査定した9社平均11・2％の値上げで認可する方針を固めた。7月29日の関係閣僚会議で了承を得、30日の閣議で正式決定され、10月1日実施となった。

割当制度の廃止にともなう措置は、通産省への陳情通りとなった。また供給規定も改定された。契約電力または契約容量を基準とした基本料金制の採用、電圧別料金制の採用、季節差料金の廃止、従量電灯における関西、中国、四国、九州電力を除く他５社のアンペア制の採用、深夜電力、期間常時電力の新設、負荷調整可能な需要を対象とする調整電力（東北、北陸電力）の改定、その他７社は、特約料金制度の新設なども含む改定が行われた。

戦後ＧＨＱが主導した需給調整を主眼とした料金制度を、経済規模の拡大に伴う自由な企業活動の高まりに対応した供給力の増強、負荷形態などの変化を見据え、実際の経済状況や電気の使い方の変化に見合う料金制度に衣替えしたという点において54年の制度改定は、画期的なものになったといえるだろう。

菅会長時代に電事連は、「理事制」を初めて導入し、松根専務理事以下、３理事制（うち中川哲郎理事は事務局長を兼務）を敷き、陣容も出向委員が１００名に膨らむなど組織強化が図られている。

また高度経済成長（一般的には54年12月～73年11月までの約19年間）による電力需要の急増に伴う水力発電から火力発電、火力の石炭から石油へのエネルギー転換に当たって燃料の確保と経済性の追求、慢性的な資金不足に対応した開銀融資などの電源開発資金の調達などに策を練り、各界の理解を求め奔走した。55年11月には我が国の原子力発電の開発導入に向けた動きに合わせ「原子力発電連絡会議」を設け、取り組みも開始している。

その活動の中心になった松根専務理事は、60（昭和35）年電事連初の常勤副会長に就く。松根は当時再々編成論を唱える河野一郎経済企画庁長官と丁々発止のやりとりを繰り広げ、再々編成論押しとどめに一役買うなど文字通り身体を張って９電力体制を守った。さらに電事連の「原子力連絡会議」発足から56年には電機メーカーなど原子力関連会社、研究機関、大学、マスコミなどを会員にして結集させた原子力産業会議（初代会長・菅礼之助）の設立にも深く関与し、のちに総合エネルギー調査会原子力部会長に就くなど原子力推進体制構築に大きな足跡を残している。

電事連は、菅・松根コンビによっていまに続く〝電力政策立案機関〟としての素地をつくったとみることができる。

「水主火従」から「火主水従」へ

電力再編がなった51年から60年にかけては戦後復興と高度経済成長の始まりによって全国の使用電力量は2・7倍、9電力の電灯・電力計では2・8倍へ拡大した。なかでも東電の販売電力量の伸びは凄まじく、72億6100万kWhから222億1000万kWhへと3・1倍に急増した。この時期の発電電力量の推移をみると火力の発電量が水力を上回り、東電では60年度にまさに「火主水従」となった。

こうした「火主水従」路線への動きは、東電だけでなく他電力会社もほぼ同様だった。その動きを加速させる大きな要因となったのが、運転の自動化、熱効率の向上など経済性、信頼性を大きく向上させたアメリカの高効率・大容量の新鋭火力の登場だった。これに刺激を受け我が国で新鋭火力の導入開発が相次ぐようになったのである。

先陣を切ったのは、中部電力の三重火力発電所で55年12月に運転を開始した1号機は、出力6万6000kW、初の屋外式であり、61年10月運転開始の4号機は、出力12万5000kW、初の重油専焼火力である。52年以降アメリカからの外資借款つきで最新鋭の大型火力機器導入の動きが相次ぐようになり、大容量の関電多奈川発電所、九州電力苅田発電所などが昭和30年代初め相次いで運転を開始した。多奈川発電所は、我が国で初の世界銀行からの火力借款である。

ただ「火主水従」といっても当時国のエネルギー政策は、国内資源としての石炭を優遇し、輸入資源である石油の消費を抑制する「炭主油従」だった。「電中研、産業計画会議、トインビー」の項でも触れたように外貨準備が少なく経済成長への制約があったことに加え、基幹産業の石炭業界と一大労組日本炭鉱労働組合の要求する雇用維持に政府は、石炭と競合する石油は、輸入抑制せざるを得なかった。

55年には、石炭産業の合理化を狙いにした「石炭鉱業合理化臨時措置法」、また原油・重油に関税をかける「重

中部電力・三重火力発電所（提供：電気新聞）

油ボイラー規制法」が交付され、石炭の石油に対する優遇措置が講じられている。しかし、58年頃から電力会社が購入する重油価格が安くなると、60年には重油ボイラー規制法が改正され、条件付きで重油専焼火力の建設が認められるようになる。

重油の割安感は全国的なものとなり、60年度の電源開発調整審議会では、９電力会社の新規火力着工地点３６５万ｋＷに対し、２６８万ｋＷを重油専焼火力が占め、承認された。

「火主水従」「油主炭従」のエネルギー革命の時代雰囲気を『激動の昭和電力私史』（大谷健編著）の座談会出席者鈴木俊一関電相談役（当時）が次のように語っている。

鈴木　再編成直後、電力会社は石炭でえらい苦労をしたんですよ。

大谷　入手難ですか。

鈴木　日発ができた時もえらい苦労したけど、再編成後も苦労して、それから油を使うことを覚えたわけです。

それなら原油を直接焚いたらいいじゃないかということで、原油にいった。だいぶ油の業界からにらまれたりしたけど、それがきっかけで燃料の多様化に進んでいったということですね。
大谷　それは何年ごろですか。
鈴木　石油をどんどん使い出したのは30年代の後半ですな。26年の再編成の時から始まった。その時にちょっと炊き出したんですわ。（中略）
鈴木　水主火従の時代には、東北電力、北陸電力には火力発電所はなかったんです。東北電力では、内ケ崎さん（当時社長）が火力をやらなきゃいかんというので、九州の佐藤篤二郎社長と仲よしなもんだから、おまえのところから技術屋を寄こせといって、古賀という常務以下の火力技術者を東北へつれてきたんです。
大谷　人材の融通をやってたんですか。
鈴木　北陸電力は、大阪火力発電所の中へ北陸の機械を置いたのかな。そんな時代があって、そこから火主水従にだんだん移っていったということですね。

再々編成論と広域運営

高度成長の始まりによって電力需要が急激に増加したにもかかわらず「火主水従」から乗り遅れたかたちとなった東北、北陸電力は、57年電源開発の繰り上げ着工や融通電力量の大量導入による大幅な原価増を理由に電気料金の値上げを申請した。7月3日、東北電力は17・8％、北陸電力は18・1％という値上げ幅（年度内は両社とも14％台の暫定値上げ）で認可されるのだが、当時経済企画庁長官の河野一郎は、他社との料金格差が大きくなるのは問題だと批判の声を上げた。

両社の値上げから表面化した料金格差の問題は、企業間格差の問題に発展し、そこから以前からくすぶっていた電力再々編成論に結びつき、9電力体制を揺るがし始めた。この再々編成論が噴出してくる背景と理由について『電力百年史　後篇』は、次のように記述している。

「冷静に考えれば、両電力の料金値上げ幅、その及ぼす影響が電気事業全体の再々編成論を論議しなければならないほど重大なものであったとは思われない。むしろそれは、占領軍の力を借りて行われたかに見られた再編成に対する疑念と、再編成以後の成り行きが、この問題の導火線となったとみられる。（中略）集中排除法の目的は、戦争目的のための統合の排除であり、将来における戦争能力回復の予防という次元の異なる問題であったし、過度の国家統制よりの自主的経営能力の回復という企業側の要請も同様、別の次元の問題であった」

「結果的には区域外に電源を持つという変則的な解決方法がとられ、恰も9電力それぞれ自給自足的な経営体制を構成するかの観を呈した（中略）。しかも再編制以来の電源開発にまつわるトラブル、三度にわたる料金の値上げ、これらが再編成論議がなお耳新しいこの年代において、即再編成の失敗という胆略的な判断につながった」

　再編成による9電力会社体制については、すでに東京と東北電力、関西と北陸電力の合併といった見直し論が出ていて松永自身、見直しが必要と考えていた節がある。だから東北、北陸両社の料金値上げは、『百年史』の記述にあるようにまさに「導火線」だった。

　政界では河野ほか電源開発会社設立に深く関わった自由党（当時）大野伴睦の大野派議員が中心になって、電力各社の再々編成を仕組む動きが出てきた。大野派議員の動きは、旧日発の国家管理体制の「再来」、もしくは融通会社電発が9電力をコントロール下に置くのでは、との仕掛けを思わせ、9電力に緊張を強いた。

　電事連は、こうした動きに対し、とくに2社の料金値上げで表面化した企業間格差については「企業格差がある程度拡大しつつあるのは自主的な独立責任経営上やむを得ない。企業格差は再編成自体の必然的な所産ではなく、これをもって現体制のあり方を云々するのは誤りである。合理化等の企業努力を促進し、あらゆる施策を講じてやむを得ない場合は、当該電力会社は料金改定を行って是正すべき」とあくまで企業格差は自主解決すべきものという、意見書をまとめ公表した。

　しかし、それでも再々編成を求める声は強まり、政府・自民党（55年に自由党など保守大合同）は、57年8月電気事業全般の問題を取り上げ審議する、「基礎産業対策特別委員会」（高碕達之助委員長）を設け、電力業界、学識経験者、需要家などから意見聴取した。10月には「電気事業の基本問題」として中間報告を発表した。

電力再編成は、寸前まで与党自由党内には、供給区域内に水力発電が乏しい関西圏の議員から需給が不均衡になるなど反対意見が出ていたし、地域間の経営上のアンバランスなどを指摘する声があった。さらに河野のように反吉田を標ぼうする勢力もあって9電力体制は発足しても、政界での支持は十分ではなかったのである。

経済企画庁長官の河野が、難癖をつけようとすればいくらでも材料はあった。電力の側にも問題はないとも言えなかった。

通産省公益事業局による『電気事業再編成20年史』は「9電力発足後の数年間を振り返ってみると、自主経営、供給責任を強調するあまり、各社間の協調に欠けるところがあった。また9電力会社は、それぞれ電力需給の正常化、事業経営の安定等の難問題に取り組みその解決に専念していたため、他社を顧みる暇がなかったことから、このような批判を受けるに至ったといえよう」と記述している。

ともあれ再々編成論は噴出止まなかった。

この間河野長官と電事連松根専務との間で「大衝突。九電力の社長連中の前でやったんですから。衆人監視の中ですよ」（先の座談会での鈴木俊一の証言、鈴木は電事連事務局長も経験）という場面もあった。9電力の側は、厳しい反応にさらされ、その分危機感は、強まった。こうした事態を受けての政府内の委員会審議と中間報告とりまとめだった。

中間報告では、再編成によるその後の問題点として、電力不足と融通の不円滑、料金高騰と地域差、経理内容の格差などが生じていると分析し、その対策として①広域運営方式への転換②電気料金の安定と料金制度の合理化③総合エネルギー政策としての燃料対策の確立―の3点を挙げた。

自民党からの回答要請を受けた電事連では57年12月16日、社長会議を開き、それまで検討してきた内容を「電気事業の新基本対策―広域運営の推進と需給並びに料金の安定」として発表した。骨子は、電発とも協力した広域運営方式をとることを基本に、各社が相互に協力して電源開発、送電連系、電力融通、給電運用を行って広域にわたる経済効果を最大に高めて、料金原価高騰の抑制、供給力の安定を図る。それを具体化するため９電力と電発で組織する中央電力協議会を東京に置くという案だった。

政府は、電事連からの新基本対策案を検討するため、通産大臣、経済企画庁長官の諮問機関として同12月に松永らをメンバーに入れた「電力問題懇談会」（７人委員会）を設置して、翌年３月に結論を答申した。細かな点を除き電事連案通りとなり、政府は58年３月28日の閣議で「広域運営方式がその成果を発揮し、将来における電力原価上昇の抑制、料金の地域差の調整、需給の円滑化等に貢献することを強く要請する」との付帯条件をつけて答申を了解した。

同４月１日付で中央電力協議会が発足、翌２日、東京・有楽町の電気ビルで中央電力協議会及び地域協議会（北、東、中、西の４地域）の協定書の調印式が行われ10電力体制が確立した。電事連内にあった電力融通協議会は、中央電力協議会へと発展的に解消した。

これによって９電力体制を補完する電発という構図が出来上がり、再々編成論も政治の舞台では霞がかかっていく。

「佐久間」「奥只見」、電発の補完的役割

松永は、電発の設立を目的とした電源開発促進法については、「日発の再来になる」と当初反対姿勢を示していたが、只見川開発などには、アメリカの開発公社ＴＶＡ方式が念頭にあったのか、自分が電発の総裁になってもよい、と周辺に漏らしていたという。再々編成論が出て、電発を加えた10電力で広域運営を行う中央電力協議会が出来たことは、電発の存在と役割を明確にしただけでなく、不備もあった電力再編による９電力体制のマイナス面を補強し修正することにもなった。

その電発が実際に存在感を発揮し、９電力の補完的役割を十分果たせると注目を集めた一大プロジェクトがあ

る。佐久間ダム建設である。天竜川中流部にある佐久間地点は、51年に吉田内閣（第３次）が施行した国土総合開発法による「特定地域総合開発計画」の対象のひとつであり、54年６月には治水、灌漑事業とともにこの地点での水力発電開発を軸とした総合開発計画が閣議決定されている。

佐久間地点は、両岸が険しい断崖でＶ字谷を形成し、地質も良く大規模ダム建設には理想的といえた。21（大正10）年に名古屋電灯が水利権を獲得し、福沢桃介のもと同社を吸収した東邦電力や日発が継承して調査を行い、電力再編成後は中部電力が東電と共同で開発計画を立てたものの、当時の土木技術では施工が困難で、何よりも経営基盤がぜい弱で資金調達の目途が立たず構想倒れとなっていた。

高碕達之助（提供：電源開発）

そこで52年設立されたばかりの電発が、電源開発促進法の趣旨、また条目に合致するとして天竜川の特定地域総合開発計画に参入することとなった。中部電力から発電用水利権を移管し同社は、同年10月、会社発足わずか１カ月後に、出力35万kW、ダム高155メートルという当時日本最大の佐久間ダム・発電所建設計画を正式に発表したのである。

佐久間ダムプロジェクトは、まさに電発の試金石ともなった。田子倉ダム（只見川）、御母衣ダム（庄川）も電発発足時から計画されており、佐久間ダム建設の成否は、これら後に続くプロジェクト、さらには国策会社の先々に多大な影響を与えるのは必至だった。

「電発方式」と言われた補償交渉、国際入札の実施、外資の導入、近代化した機械化工法での施工、わずか３年の工期と何から何まで初の試み、記録ずくめで日本の土木史の「金字塔」と称えられるまでになる、佐久間ダムプロジェクトは、総裁高碕達之助の英断がなければ実現しなかったと言われる。

高碕は、一風変わった経歴を持っている。１８８５(明治18）年大阪府高槻市に生まれ、電発総裁を辞めた後には衆議院議員になって経済企画庁長官や通産大臣などを歴任するのだが、若くして（現在の高校在学中）水産業に就くことを決意し、農商務省直轄の水産講習所（後の東京水産大）に入学。卒業後缶詰製造会社に入社して、メキシコやアメリカに赴き製缶詰工業の研究なども行い、17（大正６）年に「東洋製罐（せいかん）」を立ち上げている。

日中戦争が始まると鉄の供給が減り始め、満州重工業開発へ鉄を譲ってもらう交渉に出向くも満州重工業開発総裁で日産コンツェルン総帥の鮎川義介に頼まれて副総裁、総裁に就任する。終戦後は現地の日本人会長として旧ソ連や中国共産党との間に立って、多くの人の帰還交渉に奔走した。帰国後東洋製罐相談役に就き、アメリカ企業との連携に関わっていた。

実業家でありながら敗戦直後の厳しい時期に国際的な仲立ちにも立つなど胆力のすわった高碕の性格と実績を首相の吉田は、どこまで知っていたか、52年９月電発が設立されると総裁就任を要請する。この時高碕は、総裁受諾にある条件を出した。満州重工業開発の経営経験から国策会社は往々にして政治家の思惑、利権に翻弄されやすいと感じ、政党と政府が、電発の運営方針に口を挟まないという一札を吉田首相から取ったのである。

高碕が、「佐久間」を成し遂げるため、まず行ったのは現場視察だった。国内で最も工事が進んでいた関電丸山ダム（木曽川）を視察した後、11月には技術者を引き連れてアメリカのダム建設を視察した。「佐久間」にほぼ匹敵する建設現場（カリフォルニア州のパインフラットダム）では、舗装された道路に巨大な重機が縦横に動き回っており、重機の操作技術が未熟で稼働率も低い日本の丸山ダム現場との違いを痛感、アメリカ式の最先端の工法を「佐久間」に導入することを決めた。

実際の工事にとりかかるには、資金調達の目途をつけなければならない。それを工法導入とセットにしてアメリカの外資に頼ることにした。バンク・オブ・アメリカから３年期限・金利４分５厘で総額７００万ドルの借款を得、その資金援助を背景にアメリカの土木業者・コンサルタントと提携。さらにアメリカ型の大型重機を使用するという条件で53年1月国際入札を行うと発表した。この結果、入札額が安くパインフラットダムで使用されていた重機をそのまま移送して使用するとした、アトキンス社と組んだ間組、熊谷組グループが落札した。

佐久間発電所で使用される水車発電機についても国際入札を導入した。これには国内電機メーカーから与党自由党も反対し、首相の吉田も国際入札を実施しないよう圧力をかけた。ダム用のセメントをめぐっては吉田の女婿で、麻生グループを率いる麻生多賀吉からの申し出もあった。高碕はこれに応ぜず、磐城セメントと連携して静岡にセメント工場をつくった。これらの判断は、首相吉田の高碕への悪感情となっていく。

佐久間発電所の国際入札は、最終的に国内企業連合が落札し、53年４月工事は始まった。多雨期には毎秒数千トンに及ぶ洪水に見舞われるため11月から5月までしか工事はできない。それを見越しての世界最新の機械化土木工事の導入であり、幾多の困難があったものの「佐久間」は、10年はかかるといわれた工期を僅か３年で仕上げ、56（昭和31）年４月運転を開始した。

当時参議院議員・電発顧問で後に民社党委員長となる佐々木良作は、『電源開発30年史』で高碕の国際入札実施について「（談合を避けて真剣に入札させるには）、毒（外資）を以て毒（談合）を制する以外にないのではないか。外国のメーカーも入れて入札させれば、日本のメーカーも真剣に価格の検討をするだろう。しかし佐々木君、心配せずとも日本が勝つ。賭けてもいい」という趣旨の話をしたと証言している。実際、東芝、日立が落札し、価格も社内見積もりより低かった。

電源開発・佐久間ダム（提供：電気新聞）

高碕は、「佐久間」を成功に導き、御母衣ダム建設では「荘川桜」移植事業を発案推進して、長く地元にその名を留めた。しかし、「国際入札」の一件は首相吉田の意に反した行動であり、我慢し切れなくなった吉田は、高碕の大きな功績にもかかわらず、僅か1年10カ月で辞任を求め、54年8月高碕は、「佐久間」の完成を見ることなく辞任した。

後任には吉田に近い小坂順造が2代目総裁に就いた。副総裁には逓信省の革新官僚で、終戦直後に日発副総裁に就き、ＧＨＱから追放されていた藤井崇治が就任した。小坂は、佐久間ダムの追加工事費や御母衣ダムの請負問題で間組と対立し、背後の政治家や、これに与しているかのような藤井副総裁との関係がぎくしゃくしたこともあってか、結局2年で辞任した。

日発総裁時代、激しく松永と対立した小坂の性格は、側近の近藤良貞によれば「真面目、潔癖」であり、工事に絡む政治家の圧力や周囲の蠢きには、我慢ならなかったのかもしれない。2代続けて実業家から選ばれた電発総裁ポストは、3代目に官僚上がりの副総裁藤井が就き、以後4代目の吉田確太、次の藤波収(元北海道電力社長)、さらに門田正三（元東電副社長）を除き、しばらく元官僚達が天下ってくるのである。

日本の高度成長が本格的に始まった昭和30年代、佐久間ダムプロジェクトの成功は、電力業界全体においても意義が大きかった。最大出力35万ｋＷは、当時日本３番目の出力規模であり、東電の総出力の14％、中部電力の23％に相当した。年間発生電力13億ｋＷｈは、当時の記録でもある。しかも佐久間発電所は、送電線を通じて東の奥只見・田子倉両発電所、西の御母衣発電所と連結されており、夏場の電力ピーク時などには連携することで不測の事態にも対処できるようになった。

さらに佐久間発電所のある天竜川流域は、ちょうど50ヘルツと60ヘルツに分かれる境界線付近でもあり、佐久間発電所自体も50／60ヘルツ兼用となっていて、65（昭和40）年には近傍に佐久間周波数変換所が建設されると広域運営体制はより強固になった。「佐久間」は、まさに９電力の補完的役割を果たす象徴ともなった。

電発の９電力会社への補完的役割は、「佐久間」だけではない。水利権などをめぐり電気事業、地方自治体を巻き込んで大きな問題に発展していた河川地域での水力発電所建設において仲介的役割をもって発揮された。群馬県と福島県にまたがる尾瀬沼を水源として福島、新潟の県境を流れて阿賀野川、日本海に注ぐ只見川の開発問題である。

電力再編成後は、松永が開発会社構想を抱く一方で開発をめぐって東京、東北両電力の激しい争いとなり、結果的にはその解決に電発が一役買うことになり、只見川開発を軌道に乗せたのである。只見川の源流域は年間雨量も多く、かつ日本有数の豪雪地帯であることから、豊富な水量と大きな落差という水力発電には絶好の条件を備えていた。

「当時、東北における開発可能な水力の出力は約二〇〇万kWであったが、このうち一五〇万kWが只見川に集中していた」(『東北電力20年のあゆみ』より)。また47年には、日発が国の河川総合開発調査の一環として大規模な調査を行い、本流沿いにダムを設けて順次開発を進めるとしていた。

これに東京や東北の電気事業者だけでなく福島・新潟・群馬の3県も大きな関心を寄せていた。日発の大規模調査が行われた47（昭和22）年には、新潟県が只見川の一部を同県に流す分水案を主張するなど、只見川の活用をめぐっては福島県も入って激しく対立する事態が生じていた。

電力再編成後は、公益委が、日発の調査資料を東北電力に、水利権を東電に帰属させる措置を取った。東電に水利権を帰属させたのは、戦前の29（昭和4）年に東京発電が水利権を得ており、その後東京電灯、関東配電と受け継がれていたためだったが、これに福島県と新潟県が反発した。只見川の水が関東地方で利用されるのは問題とし、水利権取り消しを建設、通産両大臣に訴える騒ぎに発展した。

また、東北電力も即座に反応した。会長に就いていた白洲次郎は、只見川開発の調査資料を元に「何としても自社の手で行う。全社を挙げて猛運動を展開する」と、只見川の下流部2地点での水利権の取得を福島県知事に出願したのである。この地点水路は水利権を持つ東電の水路と重複したため、その処理に困った福島県知事は、政府の判断を仰いだ。政府は7月末に公益委が廃止されるのを待って、８月初め東北電力の水利権を認める判断をし、これに沿い福島県知事は東電の水利権を取り消した。

この措置に東電は、強く反発し処分取り消しを求める行政訴訟の申し立てを行い、両社は対立した。結局東電の異議申し立ては吉田首相の判断もあって撥ね付けられ、東北電力は水利権を一応獲得し、２地点での建設準備に入る。この東電、東北電両社の対立の結末には「白洲三百人力」（次郎ひとりで自民党代議士３００人に匹敵という意味）と言われる、会長白洲の建設大臣・野田卯一らへの説得工作が功を奏したからであろうが、当時を知る長島忠雄東電元相談役は「あれは喧嘩をしなかった。東電が降りたんです。大事の前の小事だから」（大谷健著『激動の昭和電力私史』より）と述べている。創立間もない電力会社同士の対立は、９電力体制の基盤を弱めると警戒したのであろう。

松永流の「負けて勝つ」を実践した東電の判断の先には、創立されたばかりの電発の存在があった。日発技術陣を多数抱えていた電発は、只見川上流部の開発計画をすでに立てていたのである。

開発の中心には、改めて電発が据えられた。53年６月電発、東北電、東電の３者間で①電発は田子倉・奥只見両地点で工事に着手し、東北、東京両社はこれに協力する②両地点に関わる調査資料と水利権をそれぞれ電源開発に提供する③只見川筋の発電所は建設にあたる電源開発の所有とし、その発生電力は東電と東北の負荷状況に応じて公平に分配する、など最終的な妥協が成立した。

この合意を踏まえて作成された只見川開発計画は、53年７月の電源開発調整審議会で、電発の53年度開発着手地点として決定された。54年１月には東電の訴訟も取り下げられた。電発の田子倉発電所は、60年５月までに28・５万ｋＷが、奥只見発電所は60年12月に24万ｋＷが運転を開始し、これらの発生電力は、東電、東北両社に分配され同じく供給された。

結果論とはなるが電発という存在がなければ、只見川開発問題の解決はさらに遠のいていたであろうし、またその開発力があって大容量の電力供給が具体化した。「佐久間」なども含め、現場は、土木工事の機械化などを取れ入れた旧日発技術陣の活躍が大きかった。「日発の再来」と言われた電発は、旧日発技術陣の力を生かしたという点で言えば、「日発の再来」であり、それが新生電発の補完的役割の発揮につながった。

ただ大規模水力開発地点がなくなっていくと、電発の役割に厳しい視線が注がれるようになる。

太田垣士郎と「黒四」

電力再編後、9電力会社の中心になったのは、松永がテコ入れした東電ではなく、関電だった。東電は新井章治をめぐるゴタゴタが尾を引き、菅礼之助を会長に引っ張ってきて安定するかにみえたのが、58年秋、石炭納入をめぐる贈収賄事件が起きて経営陣が一新され、しばらく停滞が続いた。その間関電は〝初代〟電事連会長の堀新、〝3代目〟会長の太田垣士郎と、業界を支え、会社も大きく伸びた。

電力再編制前、京阪神急行電鉄社長太田垣を新設する関電社長へ迎え入れるため、松永と阪急グループ総帥小林一三との間で、丁々発止のやりとりがあったことは、多くの松永本に書かれている通りであろう（第2章第3節「膠着化する新会社人事」参照）。太田垣も自伝で「友人たちの十人中九人までが、『今さら求めて、火中の栗をひろうようなことをしなくても』と反対した。阪急は伝統もあり、安定した企業であるのに比べて、創立早々の関電は多くの困難な問題をかかえており、その将来は必ずしも明るくなかった」と述べている。

ただ「小林の息子である専務の米三も成長しており、小林の心境を考えるとこの話は渡りに船である。三方がよかった」（鎌倉太郎著『電力三国志』より）のかもしれない。

太田垣は、阪急社長になって2年目、わずか1カ月の間に、長女と長男の2人を突然亡くしていた。長女は26歳、長男は22歳だった。子ぼんのうだった太田垣のショックは大きく、「神も仏もないものだ。よし、自分の余生は、逝った子供たちの代わりに、力の限りをつくそう。それで死ねば満足だ」と自伝で述べており、関電入りを、心機一転の機会にしたことがうかがえる。

そうして関電初代社長に就いた太田垣が、最初にやったことは、徹底した合理化だった。太田垣は、次のように振り返っている。

「隅から隅まで合理主義のいき届いたムダのない会社から、戦時戦後の統制によって全く官僚的な、それこそ至るところムダのある会社に入ってみると、おもしろいくらいにやる仕事があった」「利益はプールされて、あとで分けられているのだから、どこかでムダを損しても他の会社の利益がこれを埋めてくれる。従ってだれひとりとして、倹約して少しでも多くの利益を出そうと努力する人がいない」

「そういう無責任さが、会社全体を不合理にし、腐らせ、平気で不正を行う雰囲気をつくってしまうことになる。十数年にわたってそのままにされていたこれらのものを、次から次へ整理し、その金を新しい建設につぎこんでいく仕事は、たちどころに成績が現れるのでおもしろくもあり、やり甲斐のある仕事だった」（『関西電力二十五年史』より）

会社発足半年後（51年12月）には組織機構の大幅改革をし、組織を徹底的にスリム化した。78の部課を８部39課に集約し、宙に浮いた部課長30人を社長直属の〝お目付け役〟として支店支社を巡回させた。当時は料金の大幅値上げを実施中であり、公益委からの行政指導もあった。第３次の料金値上げ後の55年２月にはさらに「経営合理化の10原則」を示し、不用資材・遊休資材の整理始め、指示は細かな点に及んだ。配電時代のルーズな在庫を調べ上げ、不用品処分で実に86億円の資金を浮かした。

また発足当時は、各社とも電力不足に対応して火力発電からの供給を増やすため燃料の石炭確保が最大の難問であり、関電の場合は、入手先が九州の中小炭鉱で不安定なルートだった。太田垣は自ら九州炭確保の交渉に出かけるなどして他社よりも安価で入手し、さらに重油と石炭の混焼技術の開発に取り組ませるなど工夫を怠らなかった。

当時を知る鈴木俊一関電元相談役は「再編後、まず最初に苦労したのが石炭問題。石炭との取引の関係は、関西は確かに弱かった。当時、通産省の永山時雄官房長に、責任者をやめさせよ、と言って太田垣さんがやられたんです。その時の太田垣さんは立派なもんだ。いくら問題があったとしても、わが社は完全な民営会社であって、そういう人事の端まで指図を受けることはまっぴらごめん、やるべきことは私がやる、といって相手にしなかった」（大谷健編著『激動の昭和電力私史』より）と述べている。

東電が石炭汚職に巻き込まれたのに関電で発生しなかったのは、トップのこうしたリーダーシップと目配りの相違でもあったろう。それを物語るかのように当時株価は、関電の方が東電より高かった。

太田垣は、ただ経営を引き締めただけではなかった。電力不足を解決するには大型の電力供給プロジェクトに取り組むしかないと、まず岐阜県の丸山水力発電所建設に号令をかけた。丸山発電所（木曽川・ダム高96メートル）は、戦後最初の本格的な大規模ダム建設であり、52年から本体工事に着手し、55年に完成、12万５０００kWを供給した。

52年７月には大阪府岬町で高性能・高効率を誇る大容量の新鋭火力、多奈川発電所の建設に着手した。同発電所は、ＷＨ社からの輸入機器ということもあり、当初はアメリカの銀行の融資付きだったが、途中でアメリカ政府の対外投資政策が転換したため、世界銀行からの融資となった（国内事情から開銀からの転貸に）。１、２号機合計15万kWが56年中に運転を開始した。戦後初の輸入プラント、また我が国で初の世界銀行からの火力借款であり、電力再編後の大規模な外資導入に先鞭をつけるものとなった。

昭和30年代、急速な電力需要の伸びに対処するため建設期間が比較的短くてすむ大容量の新鋭火力が出現すると、火力でベース負荷部分を、水力でピーク負荷部分をまかなうこととなり、水力発電所は、日負荷から季節負荷まで河川流量を調整する、調整能力の大きい貯水池式のものに開発の目が向けられた。その最も代表的なものが黒部川第四発電所であり、関電は56年７月社運を賭して建設に着手した。

計画概要は、北アルプスの標高１４００メートル黒部川上流の御前沢地点に高さ１８６メートルのアーチダムを築造し、ここに有効貯水量1億５０００万トンを貯留し、25万８０００ｋＷ（現在は増設により33万５０００ｋＷ）の発電を得ようというもので、世紀の大工事、それも難工事となるのは必至と、誰もが予想した。

開発地点の黒部渓谷は、我が国有数の多雨地帯であるほか、約半年間は雪に閉ざされる、言うならば人跡未踏の奥地にある。全長86キロメートルの黒部川は標高３０００メートル近い高度から短い距離を一気に下ってくるので河川勾配は急で、大きな落差と豊富な水量を持つ水力発電としては、まさに理想的な条件を備えた電源の宝庫と言えた。

最初に開発に着手したのは、タカジアスターゼの発見者として知られる化学者高峰譲吉博士という。日米合同のアルミニウム製造で、これに必要な電源を黒部川に求めようとし水利権を得、会社を設立して準備を進めたものの、第一次世界大戦後の不況で実現不可能となり、経営権を日本電力に譲渡した。黒部川の調査と開発は、28（昭和３）年日本電力によって本格的に始まり、電力国家管理が実施されると設備と水利権は、41（昭和16）年日発に移った。

日発は49年、戦争のため一時中断していた黒四地点の開発計画（ダム高１７６メートル、最大出力13万７０００ｋＷ）を立て直した。しかし電力再編制によって黒部川筋の発送電設備一切と同川筋の水利権は、新設された関電に帰属することとなったのである。

社長の太田垣が、黒四建設に踏み切ると判断したのは、55年秋という。大貯水池式大出力の水力発電所開発地点は、黒四しか残されていなかったという事情もあるが、当時電発が黒部川上流にダムをつくり有峰貯水池に引水しようという有峰引水計画が提案されたのも引き金となった。経営基盤が安定し出し資金確保の見通しが立っていたことも大きい。事前の慎重な調査、研究を踏まえて着工したのは、56年7月である。ダム地点の近くに黒部川第四水力調査所を設けた。

ただ着工には、地域のほとんどが国立公園特別地域にあるため、その許可と大町ルートの道路敷の用地買収や補償が必要となった。国立公園審議会には強硬な意見もあって、許可は56年4月1日の着工計画から数カ月遅れとなった。同年８月には請負付託の契約を結んだ。第1工区―間組、第２工区―鹿島建設、第３工区―熊谷組、第4工区―佐藤工業、第5工区―大成建設、である。後に問題となる大町トンネル（関電トンネル）の一部は、間組、大町トンネルの大部は、熊谷組が請け負った。

工事資金の調達には、内部留保で半ば以上を賄うことができたが、工事の当初見積もりは、資本金の約4倍にあたる５１３億円と大きかったから借入金がどうしても必要になる。長期の低利資金を求めた結果、世界銀行の借款に成功した。金額は３７００万ドル（１３３億２０００万円）、利率は日本開発銀行経由の転貸形式（転貸利息０・３％）で年5・６７５％、期間24年11か月（4年5カ月据え置き）という条件だった。しかも従来輸入機器の購入に限定されたタイドローンと違って、国内での円資金調達のできるインパクトローンであることも関電にとって大きな利点だった。

ただ、この世銀借款の交渉が始まった58年初頭は、電力再々編成論が高まった時期であり、不安を感じた世銀内部で日本政府への態度表明を求める動きとなった。

政府は、同年5月に通産大臣名で関電との借款締結を事実上要望する内容の書簡を世銀総裁に送り、一件落着となったが、危機感を感じた太田垣が、再々編成論の中心人物で世界銀行の反応を内政干渉と反発していた河野一郎に直接会って談判する一幕もあった。ともあれ58年6月13日、契約は調印され、関電は黒四建設

関電・黒部ダム、黒部川第四発電所（提供：電気新聞）

資金の約4分の1に相当する巨額の資金を、長期かつ低利で利用できることになった。

56年7月、いよいよ黒四建設工事の幕が切られた。資材の輸送路である大町ルートの建設から工事は、始まった。日本アルプスを貫く大町トンネル(現関電トンネル)の掘削が一大焦点となった。掘削の途中〝破砕帯〟に行き当たったのである。57年5月1日から約7カ月間にわたってこの破砕帯との悪戦苦闘が続いた。ルート放棄の意見が出されはしたが、経営陣はこの工事の続行を決める。

『関西電力二十五年史』には、こう記されている。

「大町トンネル工事の行き詰まりは、当社の経営陣をいたく憂慮させた。太田垣社長は昭和32年6月、この破砕帯の現場を視察し、作業員を激励するとともに、本社に帰り幹部会議の席上でこの実情を説明し、あくまで工事を完遂する決意を告げた。出席した全員は深い感銘を受けた。和田大阪北支店長もその一人であった。和田は北支店の労使協議会にこのことを報告し、難局突破の運動を提唱したところ組合側も賛同して、ここに『黒四に手を貸そう』の運動が始まった。鉛筆一本、紙一枚を節約して黒四建設に役立たせようという運動は、急速に全社に拡がり、黒四支援の体制が確立したのであった」

地質学者から土木学者、ありとあらゆる学識と意見を集め、その結果地下鉄工事などで採用されているシールド工法に行き着いた。この間、トンネル施工を請け負っていた間組などは、トンネル掘削用のジャンボ等大型機械を運び込むため、積雪の中ブルドーザーを自走させて、ブルドーザー自体と重機を運ぶという未曾有の雪上輸送作戦まで決行していた。

そして営々と積み上げてきた水抜き工事や、水を制圧する工法が実って地下からの湧水は、突如激減した。本坑の掘削は同年10月から再開、12月2日、破砕帯突破を実現した。大町トンネルの掘進には、その後全断面掘削工法を復活し、58年2月25日、トンネルは貫通した。資材を運ぶトラックは、列を成してこのトンネルをくぐり抜け、黒部渓谷になだれ込んだ。

60（昭和35）年10月1日、黒部ダムの湛水式が行われ、会長となっていた太田垣は、1年前に社長に就いたばかりの芦原義重とともに出席し、重量25トンのゲートが吊り降ろされ、排水口が閉ざされるのを見届けた。やがて大貯水池が出現した。最大15万４０００ｋＷ出力で営業運転を開始するのは、翌61年1月15日からである。

黒四の完成は、黒部川水系の河川の有効利用を可能にさせ、とくに黒部ダムからの流量調整によって下流域の既設発電所は、渇水期にもフル運転できるようになった。また新黒部川第三など発電所建設が相次ぎ、黒部川水系は合計60万ｋＷに及ぶ発電能力を持つようになった。黒四の意義は、こうした供給力確保への貢献だけでなく、社員の士気を鼓舞したという点でも価値あるものだった。

約５年にわたる難工事の過程では〝黒四に手を貸そう運動〟が沸き起こった。「黒四はまさに全社員が協力一致して完成させた精進努力の結晶というべきものであり、今日においても困難に際しての士気を鼓舞する心の糧となっている」(『関西電力二十五年史』より)。「社内的にも永遠に記念されるべきもの」と社長芦原は、黒四建設史の序文で述べている。

黒四の建設工事では１７１名が命を落とした。太田垣も命をすり減らしたのだろう。湛水式から3年余の64(昭和39)年3月16日、70歳で世を去った。松永は、太田垣の死を痛惜してこう詠んだ。

「のちの世に語りつたえむ言の葉の足りなく思はゆ君がいさほし」

松永が電気事業の民営にこだわった理由のひとつは、事業は民営の下でこそ人物を生むという信念だった。太田垣は民営関電の下で見事に事業をやり遂げ、歴史に名を刻む経営者のひとりとなった。

東電「石炭汚職」と菅・青木体制

東電は、54年5月、菅礼之助が安蔵弥輔に代わって新しい会長に就き、高井亮太郎社長とともに社内の新体制づくりに取り組んだ。同年9月には次期〝本命〟の木川田一隆常務を副社長に、取締役の近藤良貞、吉田確太を常務に、54年11月には新たに白沢富一郎、水野久男らを取締役に選任し、一方で発足時の役員が退任することで大幅な若返りを果たした。

「大学を卒業して猪苗代水力電気に入社したあと、関東配電の最後の社長を務め、すぐれた電気技術者・『誠実の人』として評価されていた高井社長を、東京電灯出身の木川田と岡、それに日発の近藤が助けるという、『社内』出身者中心の体制のうえに菅会長が座って、大所高所からの判断で意思決定を行うことになった」（『東京電力50年への軌跡』より）と社史は記述するが、古河鉱業出身で同和鉱業会長、石炭庁長官まで務めた菅を会長に引き出したのは松永であり、その松永のそばで木川田は、ずっと電力再編までの一部始終に関わっていたから周囲は、いずれ木川田社長時代が来る、とみていた。

菅・高井の首脳コンビで経営合理化運動を展開していた58年10月、全く突然に、思いも寄らないことが起きた。同年10月14日、鶴見火力発電所の技術課分析係員が、石炭納入業者から多額の現金を受け取る見返りに、石炭のカロリーや湿分測定をごまかしていたという疑いで警視庁に逮捕されたのである。この事件は東電上層部にも波及し、鶴見火力発電所の所長から本店石炭課の職員、さらに常務の近藤（後に無罪判決）まで10数名が起訴された。

役員までもが起訴されたこの事件は、首脳部に大きな衝撃を与え、同年12月8日、東電は社会への責任を明確にするため社外非常勤の取締役を除く会長・社長以下の常勤取締役全員が辞表を提出するという事態になった。その後開催された臨時取締役会では、会社を刷新・改革するには菅会長が残って旗を振るしかないと会長を留任させたほかは、高井社長の辞任、木川田副社長の常務降格、岡常務の辞任、身柄拘束中の近藤常務は処分保留（12月19日に取締役辞任）などの措置を決定し、併せて高井前社長の後任には、社外役員として取締役を務めていた品川白煉瓦の社長青木均一の就任を決めた。

青木は電力再編制問題が国会で審議された際、公聴会での公述人のほとんどが日発擁護の弁を繰り広げる中、太田垣と2人一貫して松永案を支持した。耐火煉瓦や高炉などの築炉工事を行う品川白煉瓦に入社し26年に取締役、38年に社長に就いている。52年には国家公安委員会委員長の職も経験し、再編直後から東電の非常勤取締役となっていた。青木は、東電社長を受諾してから翌59年1月末、品川白煉瓦の社長を辞し会長となり、東電運営に専念する。

青木新社長は、就任翌日の12月10日のあいさつの中で「要望する3項目」のひとつに、「物のやりとりはしない」ことを挙げた。「普通の会社なら何でもない」贈り物やもてなしも「公益事業ということだけで法にかかる」として、同13日には社長名で取引先に贈答中止の協力を要請する文書を出した。59年2月には再建委員会の答申にもとづき役職員を含む大規模な人事異動と合わせた職制改革を発した。重点が置かれたのは、内部監査機能の充実・強化であり、火力発電所を社長直属として、石炭など燃料の管理体制を明確にし、資材部には工事契約課・審査課も置かれることになった。

東電は、傷ついた社会的信用を回復するため石炭汚職事件の再発防止と社内を一新した体制づくりにしばらく時間をとられた。しかし、折しも日本経済は、岩戸景気という高度成長のただ中にあり、電力需要は急増していた。これに的確に対処していくには企業規模の拡大を見越して経営全般を合理化・近代化していく必要があった。

59年4月、長期企画委員会を新設して経営全般にわたる総合計画の作成にとりかかることにした。需要想定から電源開発、基幹系統建設計画、送配電設備建設計画、資金・燃料計画、さらには原価想定、管理・組織及び人事計画の5つの専門部会が設置され、同12月までに青木社長に答申した。61年8月には需要予測や予算編成方針などを担当する企画室を設置し、一方で室部長の執行責任を大幅に拡充し、トップマネージメントの常務会は、戦略的な意思決定機関として位置づけし直した。今日に至る電力会社の経営計画作成の基本的な検討項目と検討体制、経営スタイルは、この頃出来上がったといえるだろう。

この超長期計画では、75（昭和50）年の東電の姿を予想したもので、その間日本経済の平均成長率を年率6％、電力需要の平均伸び率を8・5％と見込んで設備計画などを立てたが、経済の成長テンポは予想を大きく上回り、2年目から早くも修正を余儀なくされた。スタートからつまずいたとはいえ、東電における初の総合計画作成は、「東電におけるトップマネージメント確立の契機を与えたという点で、大きな意味をもっていた」し、「社員の意識を不祥事再発防止という自粛自戒一色のいささか消極的なものから、将来像を見定め、それに向かって前進しようという積極的で前向きなものに切り替えさせる役割も果たした」（『東京電力50年への軌跡』より）

この頃東電会長の菅は、電事連会長（55年1月〜61年8月）も務めていた。東電だけでなく電気事業全体が、「火主水従」「油主炭従」への移行期であり、燃料の確保、経済性の追求、電源開発資金の調達などに電事連は「政策策定機関」の役目を果たす必要があった。燃料確保から波及してアラビア石油への出資問題が浮上した。

アラビア石油は、「アラビア太郎」などと呼ばれた山下太郎が58年に設立した「日の丸油田」を掲げる石油業界結束の企業である。日本の自主開発油田をサウジアラビアやクウェートなどから獲得して石油の安定供給に役立たせようというもので、東電の社外取締役を務めていた当時経団連会長の石坂泰三が菅会長に話を持ち込んだ。すでに関電では尼崎火力発電所で重油・石炭の混焼を実施し、石油利用は広がっていたこともあり、電事連社長会議では大口出資者として開発に協力することを決め、同年2月アラビア石油は設立となった。

事実上、この出資判断を行った菅について、東電元相談役の長島忠雄は次のように語っている。

「菅さんの大物ぶりをお話しすると、俺は鉱山屋だ。電気事業をやる能力もなし、気持ちもない。俺の本職は俳句の添削だ。電気事業はアルバイトだと言っていたんです。そのアルバイトの先生がえらいことを苦もなくやってのけたんだ」

「菅さんは大ざっぱな人のようだけれど、繊細な面をもっていましたよ。アラビア石油に参加して、一発で油が出たでしょ。それを見て、海外における石油開発のプロジェクトが日本にどれだけできたか。その時菅さんによく相談に来たんです。菅さんはいろんな計画を聞いて『なんて大ざっぱな計画をやるのか！　油なんて千に一つしか当たるもんじゃない。わしは山師だからよく知ってる（中略）』と怒ったことがあるんです。その後の推

移をみていると、先生の言った通りになっている」（大谷健編著『激動の昭和電力私史』より）

菅は、「アルバイト」と言っていた割に電気事業によく尽くした。55～60年度の電力需要の年間平均伸び率は14・7％に達し、当然電源開発に伴う資金需要は、年々増加し、電力各社はこの巨額な資金を賄うために長期かつ低利の国家資金に依存せざるを得ず、日本開発銀行を頼みの綱とした。菅は、電事連会長として毎年政府与党などに向けて開銀資金の増額運動を繰り返した。60～62年度は引受けの投資信託会社の準備不足から予定していた電力債の発行が出来なくなるなど資金調達は困難を極めたが、日本開発銀行、日本興業銀行、日本長期信用銀行の追加融資の緊急措置、信託・生保の追加融資など総動員するよう働きかけ、窮地を何とか脱することができた。

また、55年以降高価格が再び顕在化してきた、国内炭の引き取り問題についても菅は「石炭産業内部の一段の工夫と政府の適切な政策が講じられるなら」という条件で、協力姿勢を明らかにし、60年11月には電力・石炭業界の首脳会議を開いて炭価引き下げを実現させた。

しかし、逐年増加する電力需要に対応した設備増強によって資本費が膨らみ、経理内容が悪化して、現行料金を持ちこたえきれない電力会社が出てきた。

新料金制度、値上げに動く各社

再々編成論は、広域運営の開始によって収まったとはいえ、そもそもは新規電源開発が火力より建設コストの高い水力を中心にしていた東北電力と北陸電力の値上げをきっかけに火を噴いた。同じことを繰り返さないためため料金の安定化策と制度の合理化をもっと根本的に検討すべきとの声が強まった。57年12月通産大臣の諮問機関として電気料金制度調査会が設置され、同調査会はほぼ1年にわたる審議の結果をまとめ、58年12月に答申を提出した。

同調査会は、25人の委員で構成され、電力業界からは菅電事連会長のほか、内ヶ崎贇五郎東北電力社長、井上五郎中部電力社長、太田垣士郎関西電力社長の４名が委員に名を連ねた。総会は計11回に及び、第5回総会では電力業界への事情聴取が行われた。電力代表は、原価主義の徹底と特定需要家への政策料金への反対、減価償却方式の定率法への変更と事業報酬の適正化などを訴えた。

答申では、原価主義、公正報酬、公平を料金決定の３原則とした上で、①原価主義については、経済合理性に徹したものとすること②減価償却の方法については、定率法の採用が望ましいが、料金面の影響から当面は定額法によること③事業報酬については、従来の積み上げ方式にかえて、有効な事業資産の価値に対して公正報酬を認めるレートベース方式を採用すべき、と指摘した。

原価主義が改めて原則として強調されたのは、日発時代からの水・火力調整金という原価の地域差を調整する制度が残されており、社によってプラス・マイナスの恩恵が出ていたことによる。料金地域差を調整することは「料金が原価を忠実に反映しなくなり、政策料金となるおそれがある」と廃止となった。

この答申から約1年後の60年1月、通産省は「電気料金制度改正要綱」をまとめ、翌2月には「電気料金の算定基準に関する省令」を制定した。これらの中でレートベース方式は、「電気事業固定資産、建設中の資産×1／2、簿価資産の簿価額に一定の運転資本を加えた額」に報酬率８％を乗じて算出する、と具体的に規定された。これ以降、電力各社の料金改定では、この新しい料金算定基準が順次適用されていく。

57年の東北、北陸電力2社の値上げを除き、54年の９電力会社の一斉値上げ以降は、60年まで他7社は電気料金を値上げせずに経営を維持していた。しかし、高度成長に伴う電力需要増による設備増強は資本費の高騰となって経理を圧迫し、なかでも九州電力は負担が限度を超えたと60年7月、新しい料金算定基準に従って平均17・55％の値上げを申請した。この申請通りに改定すると全国で一番高い料金水準になるため反対の声は大きく、結局改定率が10・5％に大きく圧縮された上、新料金の実施まで8カ月も延ばされ、61年3月8日認可、同21日実施となった。

続いて東電も支払利息、減価償却費増に加え燃料費が増大したと、61年4月15日、同様に平均15・36％の値上げを申請した。この値上げ申請についての世論は、意外に「これまでと異なり反対的空気は希薄」（『電力百年史後篇』より）で申請から１００日後の61年7月25日に認可された。改定率は13・７％で、電力料金の20・３％に対し、電灯料金はわずか４％という低さだった。需要の伸びが大きかった電力に発電原価の高騰という要因を忠実に反映した結果だった。

レートベース方式の新算定基準の適用、原価算定期間を従来の1年から2年に改め、修繕費も標準修繕算定方式を新たに採用するなど、算定方式がこれまでとは一新された料金改定となった。この時の料金引き上げによって東電の財務状況は一挙に好転し、先の九州電力も含め以後13年間、料金は据え置かれていく。

九州、東京電力以外でも料金値上げの動きとなった。結果から見ると東北電力が62（昭和37）年12月、12・６％（申請は19・28％）、中部電力が65（昭和40）年7・９％（申請は９・71％）の値上げを実施した。いずれも資本費の高騰などを理由にした料金改定だったが、東北の値上げは、大口需要家などの反対の声をバックにした政府の圧力により、首脳陣が詰め腹を切らされるという大きな出来事に発展した。

東北電力は、初代会長の白洲が59年に、同じく初代社長の内ケ崎は60年に退任し、値上げ申請を行ったのは２代目社長の堀豁（とおる）の時だった。北陸電力と2社で行った57年の値上げ後も同社は、収支均衡の保持に苦慮しており、折からの岩戸景気に伴う需要増によって電源開発を急いだ結果、資本費、燃料費とも増高し、頼みの需要が鈍化に転じたことから収支ひっ迫を招き、料金値上げに追い込まれたのである。

当時景気停滞から政府は低物価対策を取っており、これを反映して厳しい世論の反応となった。「たとえば聴聞会の意見陳述人として１３０名に及ぶ申し出があり、主要紙朝刊には、大口需要家団体の『みちのくの灯りが消える』と題した改定反対の広告が掲載されるなど各方面に議論を呼んだ」（『電力百年史　後篇』より）

そこに通産相・佐藤栄作の親戚筋にあたる安西正夫昭

和電工社長が、「企業誘致をしておいての値上げは、納得できない」と強烈に反対し佐藤通産相を通じ政治圧力をかけた。結局トップの辞任と引き換えに値上げを認める形となり、通産相が福田一に代わったところで認可実施となった。申請から5カ月が経っていた。堀は社長を辞任、さらに副社長の平井弥之助、担当常務の村田秀雄まで辞任となった。

このため、堀の後任探しが、社内だけでなく業界の関心を呼んだ。この後継問題については当時東電社長で電事連会長の木川田が、大御所内ヶ崎の後輩（大同電力時代）で、関電から電発の副総裁に就いていた平井寛一郎に白羽の矢を立てた。内ケ崎をバックに自ら説得を試み、平井も応じて三代目東北電力社長となった。

なお、値上げに際しては、水力から火力への移行による原価高騰に対処して、既設需要家への影響緩和の観点から特別料金制度が採用されている。

電気料金の値上げは、需要家に負担を強いる点で社会的批判を呼ぶが、それも51～54年の９社一斉値上げに比べると単独もしくは2社による値上げの仕方は、より社会の注目を集めて強い批判に晒され易く、また結果的に料金格差を招くため、電力各社は値上げ回避のため他社を意識して率先して経営合理化に取り組んだ。61年8月に料金を引き上げた東電が一連の経営刷新方策を繰り広げたのは、その典型的な事例といえる。

高度経済成長期、電力各社間の経営合理化をめぐる競争は、社内組織体制の再編などの効率化や火力発電所の高効率化と大容量化などに顕著に現れるようになる。そして政治主導によってスタートした原子力発電の事業化に、調査研究を続けてきた東京、関西電力両社を軸として電力各社の目も向けられていくのである。

〈原子力発電草創期〉

原子力予算の成立

「日本の原子力は、原子爆弾の投下という不幸な出来事に始まった。戦後もくりかえしおこなわれた原爆の実験、そして昭和二十九年には日本漁船のビキニ環礁付近における被災というように何か悪い印象を与えがちであった。たとえ平和利用ということが問題になったとしても、これは日本には無関係なこと、許されないという印象が強かったのである。占領軍は理科学研究所のサイクロトンすら持ち去ったからである。しかし昭和二十五年に、米原子力委員会によりラジオ・アイソトープが提供されるに及び、空気は漸次変わり始めた。平和利用は日本にも認められるであろうということが明らかになりはじめ、昭和二十七年には茅、伏見両氏が日本学術会議に原子力問題調査のための委員会設置を提案、翌年一月十六日には、これが実現している。この年アメリカでは、原子力のフォーラムが結成され、イギリスでは、いち早くコールダーホール型原子炉の計画が発表され、年末にはアイゼンハワー米大統領が原子力平和利用宣言を行うというように事態は急速に展開しはじめたのである」(『電力百年史　後篇』より)

恐らく、この記述が、我が国の原子力開発草創期の雰囲気と国内外の動きを簡潔・的確に伝えるものだろう。

占領下にあって禁止されていた原子力研究は、１９５２（昭和27）年４月の講和条約発効後、事実上解禁状態となり、平和利用という名目のもと日本学術会議を中心に議論が交わされるようになった。

53年12月には、アメリカのアイゼンハワー大統領が、第８回国連総会で平和利用のための核の国際管理機関設置などを提案した。当時は「東西冷戦」のさ中にあり旧ソ連は、53年８月「水爆実験に成功」と世界に触れ回っていた。同年３月には独裁者スターリンが亡くなり、その後継として同９月フルシチョフ政権が誕生していたことからアイゼンハワーは、この機をとらえて核戦争回避のため、核兵器競争の停止合意を強く訴えたのである。

もっともアメリカは、アイゼンハワー演説の３カ月後にビキニ環礁で水爆実験を行っており、すでにイギリスも核を保有していたことからこの演説のもうひとつの側面は、核の多様化を図ってソ連包囲網をつくることにあったとも言われている。

ただ後年この演説は、「平和のための原子力」（アトムズ・フォー・ピース）と称され、ＩＡＥＡ（国際原子力機関）設立のきっかけともなった。また世界的な原子力平和利用の機運盛り上げの契機となり、日本の学術会議も、54年５月原子力利用を本格的に検討する原子力問題委員会を設置した。

一方で、この時期政界にも動きが出ていた。中心になったのは、当時改進党の衆議院議員で第71～73代首相となる中曽根康弘である。51年１月、のちにアメリカの国務長官となるジョン・フォスター・ダレスが来日した際には原子力研究を自由にするよう談判したという。また政権与党の自由党は、科学技術庁の創設を検討していた。54（昭和29）年３月中曽根は、学術会議を飛び越して自由党など超党派の政治家と日本で初めての２億３５００万円（ウラン２３５に因むという説）の原子力予算案を計上させた。中曽根のほかには、のちにロッキード事件で元首相田中角栄逮捕を許可したときの法相稲葉修や川崎秀二、前田正男らがいた。

中曽根康弘（提供：（公財）中曽根康弘世界平和研究所）

同予算案は３月４日衆議院本会議を通過後、成立の運びとなった。学術会議は、反対の意志を示したものの、受け入れられることはなかった。

同５月に政府与党は、内閣に原子力利用準備調査会（原子力委員会の前身）を設けた。

55年（昭和30）８月には、スイスのジュネーブで国連主催の第１回原子力平和利用国際会議が開かれている。同会議には73カ国、約３０００名が参加し、日本からも国会議員４名のほか、官・学・産各界の代表17名が参加した。ここで明らかにされた先進各国の原子力発電計画は、「我が国も一刻も早く本格的な開発に取りかからなければならないという気運を強く引き起こした」（『日本原子力発電五十年史』より）という。「新聞は世界平和の原子力」――。この年の秋の新聞週間の標語である。

一種の原子力ブームが巻き起こった。

ジュネーブ会議に参加した国会議員団は、帰国後直ちに法律の制定、行政機構の確立、発電実験炉の早期建設などを内容とする声明を発表、同12月には自主・民主・公開を3原則とする原子力基本法などのいわゆる「原子力3法」を成立させた。これを受け56年1月、原子力委員会が発足するのである。この時中曽根は、保守から革新まで4党合同の原子力合同委員会を誕生させ、委員長となって原子力基本法の成立などに奔走した。

民間では、電力経済研究所が、原子力平和利用の研究にいち早く着手した。同研究所は、電力再編成時に日発を清算する際、その残余財産をもって設立した財団法人で、日発精算人の小坂順造が理事長を兼ねていた。また電力中央研究所は、54年12月原子力発電資料調査会を設置した。この調査会設置は、理事長松永の提案によるもので、電力会社から重電機メーカー、関係学会、研究団体がメンバーに入った。

『電力百年史　後篇』は、期せずして「日本の民間の原子力平和利用の先駆者が、電力再編で相争ったライバルで、共に電力界の長老であったことは意味深長といわなくてはなるまい」と記している。

東京電力や関西電力も原子力発電の調査をスタートさせ、電気事業連合会は連絡会議を設けた。財界では経団連が中心になって原子力平和利用懇談会を設置した。その旗振り役は、読売新聞社社主で初代の原子力委員会委員長兼科学技術庁長官となる正力松太郎である。

正力は、日本の原子力開発推進の立役者のひとりだが、実はアメリカ・CIAの支援を直接受けて振る舞っていたと、近年公開されたCIAの機密文書を分析して正力の足跡を追った『原発・正力・CIA』（有馬哲夫著）は、ポイントとなる点を次のように記述している。

①原子力に出会う前の正力は、大容量高品質の伝送可能なマイクロ波通信網の建設により全メディアを手中にすることを悲願としていた。読売新聞は54年には200万部を超す一大メディアとなるが、当時アメリカは、日本が共産主義化することを恐れており、新聞メディアを保有する一方で内務官僚出身で警視庁警務部長の経歴をも

つ正力を反共主義者でもあると特別視し、近づいた。ＣＩＡは、テレビ網をつくりたいという正力をバックアップし、52年10月の日本テレビ設立につながった。正力の「マイクロ波」構想に１０００万ドルの借款を与える内諾もしていた。

②アメリカは、当初原子力情報を日本など旧敵国に提供することは埒外としていたのが、旧ソ連との緊張状態の高まりから原子力技術を同盟国に提供することでむしろ関係が強固になると容認に変わった。とくに水力発電や火力に次ぐ巨大輸出案件になるとＧＥ社やＷＨ社など産業界が､アメリカ政府に日本との協力関係強化を求めた。ところが第五福竜丸事件以降、アメリカ政府は日本の反原子力、反米世論の高まりから窮地に追い込まれ、鎮静化に必死になる。正力は、逆風下であればこそテレビを導入した時と同様、自分が手を挙げさえすればアメリカの支援が得られ、「原子力の父」になれるという感触を得るようになる。実際国内での原子力利用推進派の盟主としての地位が固まり、原子力導入という切り札を使って総理大臣のイスまで目指した。

③55年の保守大合同の仲介者として大きな役割を果たしたことで、正力は同年２月の衆議院選（富山２区）初当選という浅い経歴にもかかわらず北海道開発庁長官と原子力担当大臣を兼務する。56年１月に原子力委員会が発足すると委員長に就任し科学技術庁長官も兼務した。直前の55年１月にはアメリカの全面協力を得て「原子力平和利用博覧会」を主催し、大成功を収める。正力は、自信を深めアメリカからの動力炉購入も視野に入れ、アプローチを重ねる。ただＣＩＡは、原子炉の供与は結果的に日本をコントロールできなくなると警戒し、正力との関係も一線を画すことになる。

有馬哲夫の分析に従えば、正力は総理を目指す政治的な手段としてアメリカのＣＩＡの力を借りて原子力導入を図ろうとした。同じように原子力発電の開発利用の政策立案に尽力した中曽根は、国際関係も視野に入れて国家の存亡という点から原子力（核利用）を持つ必要を唱えていたから両者の原子力に対するアプローチには違いがある。そして先を急げば、正力は念願の総理にはなれず、中曽根はその約30年後総理のイスに座るのである。

中曽根は1955年の保守合同で自由民主党が結成された際には、正力を立てて（正力派の）参謀格となる。正力は政治家としての顔と読売新聞社主として顔を持っていたから、その存在は当時中曽根より一段大きなものがあった。現実に読売新聞はしっかり科学技術の時代をとらえていた。

「アトムズ・フォー・ピース」から始まった原子力の平和利用を54年1月からの大型連載「ついに太陽をとらえた」で大々的にキャンペーンし、世の関心を集める。その2カ月後、ビキニ環礁で米軍の水爆実験による「死の灰」を浴びた23人の被害者のうち久保山愛吉さんがのちに亡くなるという、第五福竜丸事件が起きるが、他紙に先駆けて報道したのは読売新聞であり、スクープは大型連載の成果だった。

だが反原子力、反米を煽る結果ともなったことで同年には米軍の核兵器持ち込みが国会で取り上げられ、原水爆禁止運動のきっかけにもなった。同年末に公開され大ヒットした映画「ゴジラ」は、〝核の落とし子〟として描かれており、当時の社会の受け止め方が反映されている。

同8月、読売新聞は「だれにでもわかる原子力展」を11日間にわたり東京都内で開催した。第五福竜丸の被ばくした船体を会場に展示するという原子力の負の部分をあえて出すことで、高度な科学技術としての原子力の全体像を晒し、それがかえって平和利用に対する世間の関心を集めることにつながったのか大盛況となった。

正力松太郎と原子力委員会

1956年1月に発足した原子力委員会については、各省庁の内部に設置される審議機関とするのか、政府の外局に置き独立性の高い機関とするのか、論議があった。当時の鳩山内閣（第2次）は、強権松永の公益委の印象がまだ冷めやらないのか、かなり独立性の高い決定機関ではあるものの、法的には国家行政組織法第8条にもとづく審議機関とした。

「原子力利用の政策、関係行政機関の総合調整、同じく原子力予算の見積もりと配分、核燃料物質及び原子炉の規制」などについて、企画・審議・決定する機関となった。数年ごとに「原子力開発利用長期計画」（いわゆる「長計」、２００５年度から「原子力政策大綱」に名称変更）も策定することになった。原子力開発利用の最高意思決定機関であり、総理大臣は同委員会の決定を尊重する義務を負わされた。

初代委員長には、正力松太郎が任命された。同５月には事務局となる科学技術庁長官兼務となった。委員は、正力や中曽根が選考し、石川一郎経団連会長やノーベル物理学賞受賞者の湯川秀樹京大教授らを選んでいた。正力は、日本の原子力行政を取り仕切る最高ポストに就き、総理大臣の道が開けたと意欲満々であったろう。56年１月４日第１回原子力委員会を開き、翌日記者会見に臨み、こう発言した。

「５年以内に採算の取れる原子力発電所を建設したい」「そのため動力炉の施設、技術等一切を導入するために、アメリカと動力協定を締結する必要がある」。この発言に原子炉導入には慎重論の湯川は、前日の委員会では「時期尚早」と引き続きの協議を決めたのにそれを反故にする発言と反発し、結局委員会声明としては「５年間で原子力発電の実現に成功したい」という表現に落ち着いた。しかし、委員会での正力の独走は止まらず、湯川は57年３月委員を辞任する。

正力は、なぜ「５年以内の原子力発電所の建設」や「アメリカとの動力協定締結」にこだわって発言したのだろうか。

そのひとつの理由は、原子力委員会の前身の原子力利用準備調査会が55年10月の時点で「今後10年以内に原子力発電を実用化する」ことを目標とした原子力開発計画を決定していたことがある。正力は先進各国の開発状況をみて、これでは遅過ぎるとし、また政治主導で動力炉建設をアピールしようとしたのではないか、と考えられる。

もうひとつの理由は、アメリカ国内の事情の変化を見据えて一足飛びに商業発電の早期実現を図ろうとしたのではないか、という点だ。

この頃アメリカの原子力委員会は、炉型を５種類に

正力松太郎（時事）

絞った上で非軍事用原子力発電５カ年計画をとりまとめ、原子力法を改正して日本を新たな市場に取り込む政策転換を行っていた。55年1月には日本に対する濃縮ウラン供与による原子力援助の考えを明らかにしたことから、日本政府は、これを検討するため内閣の諮問機関として原子力利用準備調査会を設けたのだった。同調査会は、濃縮ウラン受け入れを是とする結論を出し、同11月には日米原子力研究協定の本調印まで行っていた。

協定の締結に伴い、これを受け入れる体制が必要になった。そのため同調査会は、暫定措置として財団法人を設立すべきとし、またその輸入第1号原子炉にはウォーター・ボイラー型炉を選定していたという。つまり湯川ら原子力委員は、日米研究協定の延長上で原子力に関する様々な研究開発を長期的に計画し、実行しようとしていたのに対し、委員長の正力は、研究から一足飛びに発電という実用分野に焦点を絞って論議しようとしていた。動力協定まで結ぶのが目標で、それなくしては総理のイスは、実現しないととらえていたかもしれない。

正力には、もうひとつ原子力委員長としてなすべき仕事があった。本格的な原子力の研究機関の設立である。財界人を集めた設立懇談会、設立準備委員会、寄付金の募集と手続きを踏み、２０００万円の寄付金の半分は電力業界が引き受けた。56年6月特殊法人日本原子力研究所設立となった。理事長には経団連会長の石川が就いた。

並行して原研の敷地を選定しなければならなかった。国会の原子力合同委員会メンバーの中曽根らが候補地を挙げ、その中から原子力委員会は、神奈川県横須賀市の武山を第一候補地とする。だが政府は、再考を求め原子力委員会の決定を覆してしまうのである。委員長であり、科技庁長官でもある正力と政府側の考えは、もうひとつの候補地、１００万坪の広さがある茨城県東海村であり、政治判断として押し切ってしまう。

判断の背景には、武山を推薦したのは社会党の代議士で、一方で東海村の方は、正力とも親しい自民党代議士が推薦していたという事情があった。要は正力が、研究炉に引き続き商業用の原子力発電の建設を視野に入れており、最初から敷地の広い東海村と決めていたということであろう。「東海村選定の真相は、正力が鳩山と連携プレーして政府に候補地の再考を促させ、あとは決定を急がなければと委員をせきたてて思いのままにしたということ」と有馬は、分析している。

ともあれ最終的に原研の敷地は東海村と決まった。また炉の契約もＮＡＡ社との間でウォーター・ボイラー型実験炉の輸入契約を結んだ。約1年という短期間で実験炉は完成した。実験炉の1号炉「ＪＲＲ―１」の完成式典は、正力の意向によりひと月延ばされ、日本テレビは、この式典の一部始終を全国放送した。正力の手による原子力発電とメディアの初の融合の瞬間である。

この時期、国内のウラン資源開発のため、同8月原子燃料公社（のちの動力炉・核燃料開発事業団、現在の日本原子力研究開発機構）が発足しており、原子力研究や原子力行政は、これによって基礎的な体制固めを終えた。

さらに正力は、原子力委員会の場から民間の原子力推進の核となる機関設立を提唱した。これに産業界も応じて56年３月、原子力産業会議（現在の原子力産業協会）が発足した。原子力産業会議の設立は、元々電力経済研究所の原子力平和利用調査会が、アメリカで発足したフォーラムに倣って構想していたもので、正力が同研究所の橋本清之助常務理事、電事連の松根宗一専務理事、経団連の植村甲午郎副会長の３人を呼んで協力を求め実現した。

中でも戦前、時事新報社記者などを経て翼賛政治会事務局長などを務め政治運動家でもあった橋本清之助の尽力が大きく、アメリカの原子力発電事情を含め原子力の知見を正力に最初に伝えたのも橋本と言われる。

初代会長には東電会長で電事連会長でもある菅礼之助

が就任し、電力会社や重電機メーカーを中心に、我が国基幹産業のほとんどすべてを網羅する３５０社以上が参加した。原研の基礎研究に呼応して原子力の応用面や事業化を検討する組織とされ、原子力平和利用の講演会やシンポジウムの啓蒙活動のほか、海外への大型使節団の派遣などを行うとした。当時役員には新聞社・テレビなど大手メディアの関係者が名を連ねていた。これらも橋本の力に負うところが大きく、橋本は原子力産業会議事務局長を務め、のちに同会議副会長となる松根とともに原子力産業の育成に深く関わっていく。

財閥系企業もそれぞれメーカー・グループ結成の動きとなった。まず三菱グループが55年10月「三菱原子動力委員会」を、ついで日立グループが56年3月に「東京原子力産業懇談会」を発足させ、住友グループは同4月「住友原子力委員会」を、三井グループは同6月「日本原子力事業会」を、さらに同8月には古河、富士、川崎グループが「第一原子力産業グループ」を発足させた。これら5グループ誕生の素早い動きは、正力の呼びかけ以上に民間側が、原子力事業をビッグビジネスととらえ、しかも商業化の時期はそう遠くない、と見ていることを物語るものだった。

世界の原子力商業化の動きは、イギリスが一歩先んじていた。56年3月正力は、イギリスの前燃料動力相のジェフリー・ロイド卿を招き、発電コストなどコールダーホール炉の概要を聞いた。ロイド卿は、詳細については発電所建設の責任者である原子力公社のクリストファー・ヒントン卿が適任と推薦した。ヒントン卿は同5月来日し、2週間の滞在期間中、原子力産業会議などで演説を行ってコールダーホール型炉の優位性をアピールした。

ヒントン卿の意見は、①コールダーホール型原子炉は試験済みのものとしては世界唯一のもので、コストはプルトニウムの価値を考慮すれば十分火力発電と競争できる②導入する場合、10万kW以上の大きさにするべきで、小型の実験炉は必要ない、ということに集約された。何より濃縮ウランを使用せず、天然ウランを使用するという点、及びすでに実証されているという点は、確かに優位性を示していた。

正力は、発電コストでは火力発電とも競争できる、すでに実証されていて大型原子力発電を輸出する用意があるというヒントン卿の話に引き込まれ、同時にアメリカの出方も気になっていく。

英国炉の導入、日本原子力発電の設立

正力は、ヒントン卿の意見に大きな関心を払う一方で、アメリカの反応を直接確かめるためアメリカ原子力委員会の専門家の日本派遣と、自らの訪米への協力をアメリカ側に打診した。アメリカは、正力の要請を受けて、正力が以前から希望していたアジア原子力センター建設のための調査団を送ってきた。しかし、有馬によると、調査団の側は、ヒントン卿の述べたことを批判するばかりで、日本に原子力センターを作るとも、動力炉を与えるとも言わなかった。

加えて原子力委員会の専門家の日本派遣も、様々条件があって具体化のハードルは高いことがわかった。正力は朝貢外交を求めるようなアメリカの姿勢は我慢ならなかったのだろう。そこで思い切った決断をする。これまでのアメリカ頼みをやめ、一足飛びに動力炉の契約をイギリスにしようと周囲に主張し始めたのである。

ただ国内には発電コスト、技術的問題などイギリス国産炉への批判的な見解もあり、そこで正力原子力委員長は、イギリスに調査団を派遣することにし、56年６月、原子力委員会は第１次訪英調査団の派遣を決定する。また同８月には、動力炉専門小委員会を設け、専門的見地から動力用原子炉の調査及び審議を行わせることにした。

調査団は石川一郎を団長に10月下旬から11月上旬までイギリス、12月半ばまでアメリカ、カナダで調査を行った。イギリスでは、ＵＫＡＥＡ（英国原子力公社）との公式会議を始めとしてコールダーホール原子力発電所、ウインズケール燃料工場などを視察するなど精力的に調査活動を行った。コールダーホール型の１号機（３万５０００ｋＷ）は、すでに運転を開始しており、引き続きより大型の２〜４号機が建設途上にあったので、調査団としては、その実情をつぶさに視察調査する

ことが大きな目的だった。

アメリカでの調査は、当初予定にはなかったという。調査団の訪英中に正力のもとにWH社から「出力13万kW級の加圧水型炉（PWR）を輸出する用意がある」との提案が寄せられ、このため調査団は急きょ訪英調査後、アメリカに回り、アメリカの原子力開発状況についても調査することにしたのである。

この調査団について有馬哲夫が発掘したCIA文書には、次のような記述があると『原発・正力・CIA』（有馬哲夫著）の中で再掲している。

「石川一郎を団長とする視察団はイギリスの原子力発電プログラムのあらゆる面を調査し、イギリスの実験炉を購入することの妥当性に関する勧告をする予定だ。しかし、この視察団は、イギリス政府と交渉したり、イギリスの民間企業と契約したりする権限は与えられていない。外務省がすべての交渉をする権限を保持している。したがって原子炉に関する決定は視察団が帰国して、報告書が関連各省庁で検討されるまでなされない。外務省は視察団を派遣する公式許可を正力に送付したが、イギリス政府はまだ回答していない」

アメリカは逐一、日本側の原子力発電導入の様子を窺っており、WH社から正力へのPWR視察の提案もイギリス国産炉導入への傾きをけん制するものだったのだろう。アメリカに立ち寄った調査団は、1年後に運転開始を予定していたPWRのシッピングポート発電所（6万kW）の建設状況の視察を行っている。

さらに、有馬が発掘したCIAの「日本のエネルギー・プログラムの現状」文書である。

「日本は一九五六年の終わりには最初の研究炉、アメリカ型の沸騰水型を所有し、二番目の原子炉CP＝5型を発注するだろう。アメリカの何社製のCP＝5型が発注されるかはまだわかっていない。関西電力は、1万kWの原子炉をアメリカから購入したがっている。ライセンスを与えるかどうかは政府の判断だが、前向きな決定がなされるだろうと考えられる」

動力炉ではない研究炉は、原子力利用準備調査会の決定通りアメリカから購入するというのが日本の基本方針であり、関西電力への言及がある通り、同社はアメリカ型に対する研究も盛んに行っていた。有馬によるとアメリカは、１９５６年9月に現地を訪れていた原子力政策調査議員団に、非軍事用目的の動力炉を秘密条項をつけずに日本に渡す動力炉協定の大幅緩和の意向を明らかにしたという。旧ソ連が原子炉輸出への動きを広げていることを警戒しての路線変更だった。旧ソ連の平和攻勢と正力のプレッシャーが功を奏したことになる。

しかし政治家正力は、孤立感が増していた。頼りにしていた鳩山首相は、日ソ共同宣言を花道に56年12月引退を表明し、このことから自民党内は後継者選びで混乱し、多数派工作が勢いを増した。正力はここをうまく泳ぎ切らないと総理大臣どころか大臣のイスも危ういと思ったのか、訪英視察団の正式報告が出る前に、コールダーホール型発電所の輸入決定の意向を表明する。

コールダーホール炉が日本に適した炉なのか、問題はないのか、時間をかけて調査し、審議している余裕は正力にはなかった。「正力にとって重要なのは、自分が委員長のあいだに重要な決定を下すということ」だったろうと有馬は指摘する。総裁選は、石橋湛山が勝利したため正力が属していた河野一郎の河野派は非主流派に転落し、56年12月末正力も閣外に去るのである。

正式な報告書は、57年1月正力のあとを受けて2代目原子力委員長に就いていた宇田耕一（経済企画庁・科学技術庁長官兼務）に提出された。報告書の要点は、①コールダーホール炉は、新鋭火力より経済性は若干落ちるが、導入を可とする②ただ耐震性の問題については十分な解答は得られなかったとし、「アメリカの濃縮ウラン型炉も十分考慮すべき。ただ直ちに導入するのは時期尚早」と、イギリス炉を第一にしながらもアメリカ型炉を否定しなかった。

報告書はまた、こうしたアメリカ型炉に対する関心と関係を一方に置いてイギリスの原子力発電設備の導入を先行させるのがよいと、専門家の訪英と日英間の原子力協定交渉の必要性、さらに我が国の原子力発電所建設の事業主体と購入炉の規模に関する方針決定の必要性を述べていた。この事業主体については、原研が念頭に置かれていたようだが、はっきりせずのちに大きな論争に発展する。

正力は、コールダーホール炉の導入をあっさり表明したが、報告書の内容はさらなる調査とアメリカ型炉への含みもあって、単純には割り切れなかった。しかも事業主体に関してはすぐに電力会社、電発、原研がそれぞれ開発の意思表示を行い、そこに政治家が関与して思惑が複雑に絡み、しばらく紆余曲折する事態となるのである。

開発主体について電力会社では、「東電と九州電力が、アメリカ型の動力炉導入を希望している旨の報道がなされた」（『電力百年史　後篇』より）。次いで電発も国家資金を用いて開発を進めるならばと、電発活用論を前面に出して名乗りを上げた。

これより先電事連は、55年11月の社長会議で「原子力発電連絡会議」を発足させ、常設機関として取り組みを本格化させ、56年3月には「今後25年間の電力需給計画」を策定する中で、原子力発電は65年に45万kWが必要、としていた。さらに56年4月菅会長名で「原子力発電計画に関するお願い」として60（昭和35）年10月までの動力用試験炉の完成というスケジュールを示し、営業用動力炉（10万kW）の建設は、電力供給に直接責任を負う電気事業者が行うこととし、国産化しうる方策と技術者育成方策の確立を原子力委員会に要望している。

56年9月に原子力委員会が原子力長計をまとめ、訪英調査団の報告書が取りまとめられた直後の57年2月の社長会議では、商業用原子力発電の開発に積極的に取り組む方針を決めている。業界では関電、東電が先陣を切って社内組織を設けて調査研究を進め、立地候補地とも接触していた時期である。

原研に加えこうした9電力、電発の動きが活発になっていた57年3月、原子力委員会は、「原子力発電を実用規模で実験するための発電用原子炉をできるだけ早く導入する」旨の方針を決定した。輸入炉は出力10万kW以上のもので、イギリス型のほかアメリカ型も対象にするとした。それとともにコールダーホール改良型炉については、石川調査団の指摘を受けて、第二次調査団の派遣と受入れ体制の早急な検討を行うとした。その受入れ体制問題は加熱し、ますます論議を呼ぶことになる。

同4月電発は、原子力関連産業各社の代表を集め、具体化はしなかったものの原子力発電懇談会の設置を呼び掛け、内海清温総裁は、同7月原子力委員会に「受入れ主体として、民間の電力会社では何としても無理がある。よって政府の代行機関として電源開発会社をそのまま利用することが最適と考える」と申し入れを行った。原研理事長の安川第五郎も同5月「実用規模ではあるが、あくまで実験段階に属するもの」として原研が受け入れの主体となるべきと主張した。

これに対し電事連は、同5月9電力会社を主体とする民間会社として「日本原子力発電振興株式会社」（仮称）を設立する構想を発表した。この構想実現のため同6月木川田東電副社長や松根電事連専務理事ら5名からなる「原子力発電委員会」と事務局の「原子力発電準備室」を設け、同7月木川田らは、原子力委員会に、新会社の構想を説明するとともに動力炉の導入は、電力会社が主体となって受け入れる旨申し入れを行った。

まさに三つどもえの状態となった。そこで原子力委員会は、3者を集め協議しその結果、受け入れ主体は原研以外で、特殊会社とする方向が一応定まった。しかし、電力再編制時の日発との対立の記憶が、まだ消えきっていない9電力の「日発の再来」電発に対する警戒感は強く、電発も主張を変えなかったことから両者の対立状態は、さらに続いた。

ここで再び正力が登場した。56年12月の自民党総裁選の結果当選し、組閣までした石橋湛山が、病から翌年2月辞意を表明して総辞職し、新たに首相に就いた岸信介が57年7月（第1次）改造内閣を発足させ、原子力委員長兼科技庁長官に正力を指名したのだった。この時正力は、国家公安委員長も兼務した。日米安保条約改定をにらんで首相の岸が、元警視庁幹部という正力の経歴に着目したのだった。正力にとっては、原子力委員長が責を負う原子力発電の受け入れ主体問題は、自分を支える経済界の問題でもある。最も緊急性が高く重要と思えたことだろう。

正力は就任後すぐ、7月の原子力委員会の定例会見で動力炉受入体制問題について9電力に片寄った発言をし、大きく報じられた。元々東海村で実用規模のイギリス製の原子炉を輸入して、財界や電力会社の支持を仰いで建設する方向で考えていたのだろうから、当然と言えば当然の発言だった。

しかし、これに経済企画庁長官に就いていた河野一郎が異議を唱え、さらに同月下旬の閣議後の記者会見で新法人の主体は電発、9電力は協力というニュアンスの発言をした。イギリス炉の導入は1年くらい遅らせ、政府が十分監督できる特殊会社を設立すべきというもので、ここに政府内の正力、河野という実力者の対立が浮き彫りとなった。

正力は新聞・テレビに大きな影響を持っているとはいえ、河野派に属していたからいうなれば「子分の親分に対する反乱」とメディアは、書き立てた。

正力は、鳩山が引退したのだからやむなく河野派に加わっているのであり、「親分・子分」との捉えられ方は、心外であったろう。また河野にしても再々編成論の時同様、民間体制に問題ありきの捉え方で、技術力の差をもって電発を新法人の主体にすべきと主張しているのでもなかったようだ。ともあれメディアの騒ぎは大きくなり、どちらも引っ込みがつかなくなったことだけは確かであろう。

受け入れ主体問題は、科学技術庁、経済企画庁という関係省庁も見解を異にしていたため、行き詰まり状態となった。結局政治決着の道しか残されていなかった。自民党は同8月21日に党副総裁の大野伴睦らの5者会談を開いて河野を説得、すぐさま河野、正力会談が行われ、妥協案が成立した。政府と民間の出資により、「発電用原子炉受入れのため原子力発電株式会社を設立する」というもので、出資は政府関係30％、民間関係70％（一部は公募分）、1業界が独占的に会社を支配することは認めない、ということで折り合った。

その後、政府関係の出資分に予定していた原研の民間会社への出資が法律上不可能なことが判明したため改めて河野、正力との間で調整が図られた。その結果受け入れ会社に対する出資は「政府関係（電発）20％、電力会社40％並びに一般公募40％の比率とし、一部業界が独占的に受入れ会社を支配することのないよう措置する」と改め、さらに「受入れ会社の役員人事は予め政府の了承を得るものとする」という項目が加えられた。電発の肩をもち国の出資にこだわった河野は、この20％の数字に派閥の長の面目が施されていた。

９月３日の閣議了解を経て、翌日原子力委員長の正力は、菅電事連会長ら５氏を呼び、新会社を設立するよう要請。設立準備委員会が設けられるなど受入れ会社の設立手続きが進められることとなった。原子力委は９月６日、発電用原子炉開発のための長期計画を内定し、その中で「開発の初期段階にはコールダーホール改良型を採用するのが妥当」との見解を示した。

設立準備委は、我が国原子力発電の実用化の促進、技術要員の訓練育成、動力炉国産化の推進、関連産業の技術水準の向上などを目的に「第１期工事として天然ウラン型による実用規模の発電炉を、また第２期工事として濃縮ウラン型の動力炉をそれぞれ輸入設置する」などとした当面の事業内容を決定した。こうして11月１日に資本金10億円の日本原子力発電会社が発足した。

初代社長には安川第五郎が就任し、副社長には関電から第１回訪英調査団の副団長として参加しコールダーホール型原子炉を視察してきた一本松珠璣が就いた。

日本原子力発電は、59年12月に電気事業経営許可と原子炉設置許可を取得し、翌60年１月から茨城県那珂郡東海村で日本最初の原子力発電所、東海発電所の建設工事を開始した。

正力にとっては、派閥のボス河野を差し置いて、民間主導で実用のコールダーホール型原子炉の建設具体化にとりかかることができ、アメリカを見返すこともできたのだから勝負で言えば、勝ったのかも知れないが、失ったものも大きかった。派閥のボス河野に逆らった以上、次の内閣で正力が今のポストに留任する可能性はなくなったのである。総理の目もタイミングを失し、とっくに消滅していた。

この時、正力72歳である。日本の「メディア王」の宿願の方は、まだ途上だった。翌年には読売テレビ放送（日本テレビ）会長に就任。カラーテレビ時代を予見して再びアメリカの支援を得てカラーテレビ放送免許を取得する。読売新聞だけでなく67年には報知新聞の社主にも就任した。東京ディズニーランド開園にも正力の果たした役割は大きい。

しかし、いったんは主導権を「勝ち取った」原子力開発もまさに正力の「負け」を思わせるような出来事が、やがてイギリスからもたらされる。そしてその余波は、いまに及んでいる。

東電、関電、原子力研究を本格化

昭和30年代前半、電力各社は高度成長期の旺盛な電力需要に対応してひたすら電源開発、それも水力発電よりも比較的短期間に建設できる火力発電、さらに石炭から石油との混焼、重油専焼火力の建設に全力を注がなければならなかった。また再々編成論も出てきて経営の徹底した効率化など取り組むべき課題は多かった。だから原子力開発といっても政治主導で予算がつけられ推進体制が遡上に上るまでは、ひたすら研究と調査だった。

電事連が「原子力発電連絡会議」を発足させた1955年11月、東電はそれまでの原子力発電調査委員会を発展させる形で社長室に原子力発電課を新設した。東電の社史『東電50年への軌跡』によれば「原子力発電課の役割は基礎的調査と研究の推進とされ、当初のメンバーは5名に過ぎなかった。のちに世界有数の規模をもつ東電の原子力発電事業は、この5名が種をまく形でスタートを切った」とあり、目的は原子力利用が進む欧米先進地の視察や原子力技術要員を育成するため、イギリスのコールダーホール型原子炉やアメリカのアルゴンヌ国立研究所などへ社員を派遣することにあった。

メンバーは、のちに常務となる社長室次長の竹内良市、主任で同じく副社長となる豊田正敏、のちに副社長となる池亀亮、日本原燃副社長となる佐々木史郎らである。池亀は当時入社4年目、信濃川電力所に勤務していて内示を受けたという。佐々木も猪苗代給電所に勤務しており、池亀は「まさに一からのスタート、膨大な資料との格闘だった」と同社の原子力発電創業期を振り返ったことがある。

『東京電力三十年史』には、原子力発電課にまつわるあるエピソードが紹介されている。当初「原子力課」と稟申された名称に当時の木川田一隆副社長が「『発電』を加えなさい」と異を唱えたのである。木川田はのちに「我々が研究するのは、物理学者などの問題ではなく、実業人には実業人らしい立場がある」と述べており、民間事業者としての決意とこだわりが「原子力発電課」という命名にうかがわれる。

なお、木川田については当時企画課長の成田浩（後に副社長）の一種の証言が、『ドキュメント東京電力企画室』（田原総一朗著）などに取り上げられている。木川田はそれまで「原爆の悲惨な洗礼を受けた日本人が、あんな悪魔のような代物を受け入れてはならない」と語っていたのが、「原子力発電課」を社内に設ける頃には、開発に向けた体制整備を唱えるようになったというものである。

55年8月には国連主催の第1回「原子力平和利用会議」が開催され、その後一種の原子力開発ブームが沸き起こる。56年1月には、原子力委員会発足となり、中曽根や正力が盛んに活動していた時期、ひたすら事業の先を見ていた木川田は、政府や日発の再来と見る電発の動きを警戒しながら民間体制整備に先鞭をつけようとしていたと思わせる成田の証言である。

もう一方の業界の雄、関電も早い時期から調査と研究を進め「一番乗りの栄光を担ったのは当社」とし、原子力発電に意欲的に取り組んだ。研究調査の始まりの模様を関電の社史『関西電力二十五年史』は、次のように伝えている。

「当社は昭和29年に、技術研究所を中心として世界各国の原子力発電に関する資料の収集・調査を開始し、第1回ジュネーブ国際会議にも当社代表が参加する一方、技術研究所のスタッフを中心に原子力の研究を定期的に開いていた。（中略）この研究会について一本松珠璣日本原子力発電前会長（当時当社常務）は、エコノミスト誌『戦後産業史への証言』で次のように述べている。

『初め社内の研究会だったが、次第に新聞の人や関係業界の人もやってきて入れてくれという、毎週土曜日の午後講演会を開く。関電がスポンサーです。初めの頃は、１００人くらいきていましたよ、太田垣さんまで面白がって聞きに来て〝ほう、むずかしいもんやな、われわれなんか想像もつかんような話やな〟といっていた』」

一本松は、のちに日本原子力発電が創立されると副社長（同社社長・会長）に呼ばれ、また電気学会、原子力学会会長に就くなど我が国原子力界の文字通り、草分け的存在となる。

一方で太田垣は、その後55年7月号の『文芸春秋』に原子力発電に対する考えを寄稿した。竹林旬著の『青の群像』は、寄稿の一部を引用しながら太田垣の考えを次のように記述している。

「『われわれ事業人は、もうじっとしていられないのだ。議論の時代は去った。』太田垣は、原子力発電の最初のモデルケースの段階で政府が介入するにせよ、商業化段階で民間に腕を振るわせない限り、日本の原子力の進歩はおろか、悪質なものになると唱えた。さらに化学繊維産業を取り上げて、輸入技術がやがて輸出のレベルにまで発展したことを例示し、国産技術にこだわるグループへの反論とした。『ほんとうに真剣にぶつかっていき、そこに失敗があり、或いは反対があっても、こちらから積極的に取り組んでゆけば、いつか道が拓ける、そうしてこれをいかにマスターするか、ということが、今後のわれわれの直面している課題なのである』」

55年8月関電は「原子力発電専門委員会」を設け、実務のリーダーには通産省公益事業局技師長から関電の技術研究所長に迎えられたばかりの吉岡俊男が就いた。竹林によれば原子力を任された吉岡は、留学生第1号となる竹山宏、のちに原電で取締役を務める今井良雄ら社内の技術者を集め研究グループを立ち上げたという。一方で吉岡はまだ手薄な理学系の人材を京大、阪大に求め、翌年には京大の大学院などから卒業生が関電入りした。産学官連携による着実な体制固めを目指した。

他の電力会社もこうした原子力発電の調査研究に着手し始め、それを結集したのは、松永の電力中央研究所だった。電中研に原子力発電資料調査会が出来たのは、54年12月である。しかし各社の研究テンポは、いたって緩やかであり、同調査会も外国文献の紹介をしながらの調査研究が主だった。

それが慌ただしくなるのは、原子力予算が計上され、電力会社に先駆けて国策会社の電発が、55年10月当時の総裁小坂の指示で原子力調査室を設けた頃からである。

原子力委員会が発足し、中曽根や正力が、まさに政治主導で外国の原子炉導入に言及し出したことで、９電力も電事連を中心に対応に迫られた。原子力委員長の正力が民間に呼びかけて56年３月日本原子力産業会議が設立される頃には、電力会社は民間推進体制の核に据えられ、取り組みも徐々に本格化した。

関電は、57年９月、本店機構として２課組織の原子力部を設置した。研究体制の整備だけでなく開発体制の確立が必要になってきたからだった。この頃アメリカは「原子力の経済性」についての文書を日本政府に送り、それが政界から民間へと伝わっていったとされ、電力会社のみならずメーカーから商社まで原子力発電への関心は急速に拡大していた。

実務レベルでは関電が電気試験所などと協同で56年４月原子力発電研究委員会（略称ＡＰＴ）を結成している。将来原子力発電所を建設、運営する場合に備えて概念設計演習などを行うことを目的として発足したもので、「その後ＡＰＴにはメーカーや建設関係業界も参加して設計から製作・建設・運転のあらゆる分野で広い角度から総合的に検討できるようになった」（『関西電力二十五年史』より）という。

東電も56年６月東京芝浦電気、日立製作所グループと協力して、文献中心だった調査から一歩踏み出し、原子力発電に関する実際の設計や計画にまで進んだ研究を行うことを目的に、東電原子力発電協同研究会を組織している。関電、東電ともそれぞれの組織での検討をもとにアメリカ型の軽水炉の研究を本格化させることになる。

研究体制が整備されたとはいえ、昭和30年代前半の電力各社の原子力発電に対する取り組みのテンポは、速くはなく着実という表現に近い。原子力開発は、炉の設計から建設、運転、関連技術の研究と開発、経済・法制の調査研究から要員の養成、社内外のＰＲ活動、候補地点の調査など多分野に及ぶ。安全性の担保という高度で専門的な領域もある。準備に相当の時間と資金、体制整備が必要なことは自明だった。しかも商業炉は端緒についたばかりである。電力会社の目前には直近の電力供給問題があり、出来ることは限られていた。

実際のところ「当時は原子力発電が採算に乗りにくく、

一方、電力各社は、高度成長下で急増する電力需要を大容量火力の建設でまかなうことに全力をあげていたので、資金面でも余裕がなく、膨大な資金を必要とする原子力の開発に乗り出すには、時期尚早の感があった」(『関西電力二十五年史』より)

昭和30年代の中頃に至って、技術面になお多くの解決すべき問題があり、かつ研究のための巨額の費用とかなりの期間が必要であることが明らかになるにつれ、原子力開発は世界的にも一時低迷を余儀なくされる。このことは我が国でもほぼ同様だった。加えて火力発電の発電原価が下がったことで当時は経済性の面で太刀打ちできず「60年から約4年ほどは『冬の時代』だった」と当時の関係者は振り返っている。

初の商業炉となる原電のコールダーホール型原子炉の導入には調査段階から幾つか問題点が浮上していた。それを克服して60年1月に着工したもののトラブルもあり、運転開始まで6年半の時間を要した。しかも発電所の建設を進めようとした矢先にイギリス側は、事故が起きても一切責任は負わないとする免責条項まで求めてきた。免責条項は、政治主導で始まった日本の原子力開発のいびつさを表すものともなった。

免責条項と東海発電所の意義

昭和30年代半ばまでの我が国原子力開発は、政治主導でギクシャクしながらも海外からの実験炉、実用炉の導入と受け入れ体制が決まり、電力業界が中心になって運営する日本原子力発電が茨城県東海村に東海発電所を建設する段階にまで到達した。しかし、民間の側はそれまで調査研究が主で、欧米の研究機関や先進地イギリスに技術者を派遣し知見は得ていたものの本格的な原子炉の建設運転の経験はない。準備万端とはいえなかったところにイギリスからの商業目的の原子力発電所の導入である。どんなに慎重に運んだとしても問題点が出てくるのに不思議はなかった。

そこに会社(原電)設立直前の57年10月、バッドニュースが飛び込んできた。イギリス・ウィンズケールのコールダーホール型の原子炉で放射能漏れの事故が起き、牧草の放射能汚染による牛乳の汚染などが心配される事態となったのである。このことは炉の安全性や東海村の立地状況、気象などにより慎重な検討を加える大きな要素となった。

また訪英視察団の調査などから導入する黒鉛減速炭酸ガス冷却型原子炉（ＧＣＲ）には、特有の問題点があることが把握されていた。炉心は多数の黒鉛ブロックを積み上げて造られているところに大きな特徴があるが、イギリスは地震については未経験であり、耐震構造にはほとんど注意が払われていなかったのである。地震国日本で利用するのだから当然、大きな問題となった。

原子力委員会は原子炉地震対策小委員会を設置し、原電も社内に耐震関係の委員会を設置して検討を行った。黒鉛が中性子の照射により収縮することがあり得る。そのため対策として六角型のブロックを噛み合わせる構造とした。いわば日本流に一からやり直した。その結果炉心の耐震性を飛躍的に向上させることができた。

もうひとつが立地の問題だった。東海村が立地点に選ばれたのは、選定基準に照らし合わせた審査によるものではなく、いわば広大な敷地が、正力のお眼鏡にかなったことが発端である。その後訪英調査団調査委員会の敷地調査委員会が東海村を含めて候補地を挙げ、最終的に東海村の甲、乙地点2か所に絞り込み、同社設立後岩盤がより浅い乙地点が建設地点に望ましいと結論付けた。65年（昭和40）国有地の一部約24万平方メートルを選定し、大蔵省との間で売買契約を結んだ。

しかし、敷地近くには米軍の射撃場があり、もし誤爆によって発電所が破壊されたら放射能が拡散するのでは、という心配があった。このため飛行機が落下した時の解析も行われ、安全という結論を得ている。ほかにも敷地の上に気温逆転層が生ずることも判明した。逆転層があるときは、空気中に放出される微量の気体廃棄物の拡散が妨げられる心配がある。これも原子力気象調査会を設置して、心配のないことを確認し、さらに安全設計の面でも必要な検討をし終え、想定しうる課題はすべてクリアしたはずだった。

ところが技術的には到底処理できない難題が、イギリス側から持ち込まれた。57年12月、将来の稼働をにらんで日英動力協定のための交渉を行っていたところ突然「免責条項」を協定に入れるよう申し入れてきたのだった。これはイギリスが製造し、イギリスの核燃料を使う原子炉で事故が起こっても、イギリス政府は一切責任をとらないということを意味するものだった。しかも「原子力発電はまだ危険がともなう段階にあることを再認識してほしい」という一文まで入っていたという。直前のウィンズケールの事故が引き金になっていることは明らかだった。

これは大きな騒ぎを巻き起こした。日本側からすれば予告の段階ならばともかく、事故のあとでイギリスが「免責条項」を言い出すのは身勝手過ぎる。本来ならば商業炉導入を決定する前に日本側に示すべきことであろう。導入を事実上触れ回った正力に注目が集まった。正力はすぐに「このような一方的な免責条項は拒否する」と言明した。

しかし、実は原子力関連の国際取引ではこうした免責条項が慣例になりつつあった。この問題の伏線は、56年に交わされた日米原子力協定（第1次協定）にあるというのが、当時を知る専門家の見解だ。すでにこの時「免責条項」という問題が浮上していたという。欧米では原子力の平和利用を進めるにあたって原子力発電の製造にあたる原子炉メーカーに責任が及ばないよう免責を強く求めるようになっていた。

正力は窮地に陥ったが、弁解はできなかったろう。「先を急ぐあまりヒントンのささやく甘い言葉にたぶらかされて、問題のある（耐震性の問題は早くから指摘されていた）イギリス型動力炉に飛びついた」ことや付随して、「世界各国で原子力発電に関しどのような取り組みがなされているのかにあまり関心を払わなかった」。さらに「自分が旗頭となっている電力業界の利益を念頭に置き、日本の原子力行政をこの枠組みのなかで行おうとしたこと」と有馬哲夫は、正力の判断の問題点を挙げている。

しかし、正力の判断に問題があったにせよ、イギリスが突きつけた「免責条項」に一定の解を示さなければならなかった。この条項が加わるからには、イギリスに代わって誰かが賠償責任を負わなければならない。その誰かとは東海発電所であれば原電という民間中心の事業者

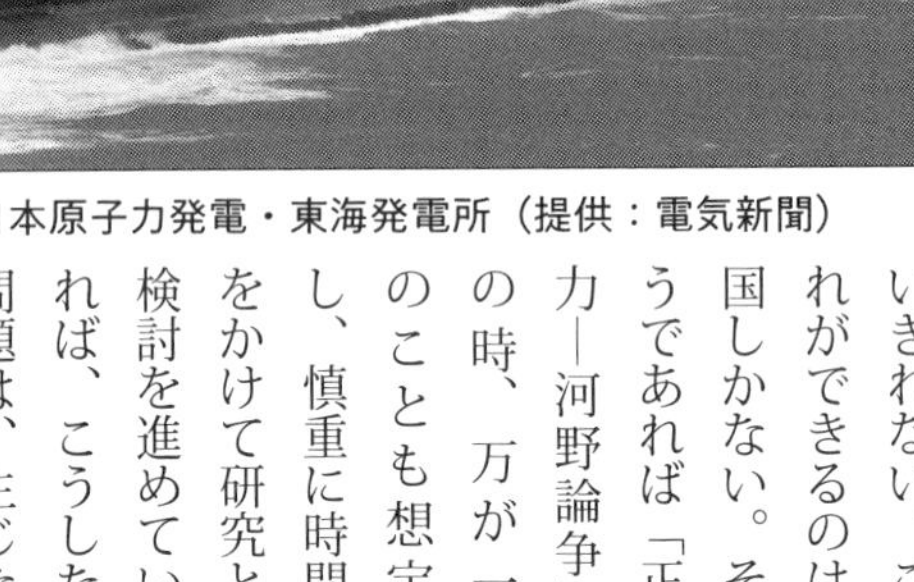

日本原子力発電・東海発電所（提供：電気新聞）

である。だが、原子力発電所が引き起こす甚大な被害を賠償することが、一事業者の原電にできるだろうか。

この疑問府は、その後２０１１年３月の東電・福島第一原子力発電所の事故の際に交わされた政府と東電側のやりとりと全く同じである。民間企業ではたとえ保険を掛けたとしても被害の賠償は賄いきれない。これができるのは国しかない。そうであれば「正力―河野論争」の時、万が一のことも想定し、慎重に時間をかけて研究と検討を進めていれば、こうした問題は、生じなかったはずである。

仮に原子力事故よって損害賠償が発生したらこれをどう整理し、措置すればよいのか。この問題に一定の方向を打ち出した「原子力損害の賠償に関する法律案」が国会に上程された。法律は、61（昭和36）年6月17日に施行となっている。この間関係各業界は、原産内に原子力補償問題特別委員会を設置し、保険制度の確立などを要望している。

法律の要点は「原子力事業者が損害賠償責任を負う、その損害が異常に巨大な天災地変または社会的動乱によって生じたときは、この限りでない」（第3条第1項）、「事故を起こした原子力事業者の事故の過失・無過失にかかわらない無制限の賠償責任」「民間及び国への保険契約の加入」、「通常の商業規模の原子炉の場合の賠償措置は１２００億円」などとし、損害が限度を超える場合については「国が原子力事業者に必要な援助を行い、被害者に遺漏ない措置を講じる」と定めている。

このほか「異常に巨大な天災地変」についての解釈など福島第一原子力発電所の事故の際にも大きな論点とし

て浮上してくるテーマが幾つかあるのだが、この項では当時の法律成立までの経過を追うことにする。

当時問題となったのは、本来法案のベースとすべき原子力委員会の原子力災害補償専門部会の答申と、出来上がった法律の中身が変質していたことである。同専門部会は58年10月発足し、部会長には我が国の民法の権威者、我妻栄が就任していた。審議会は18回の審議を経て59年12月に当時の中曽根原子力委員長に答申している。

骨子は、①責に帰すべき事由がない場合でも原子力事業者が賠償責任を負う②原子力事業を営むにあたっての損害賠償措置の具備③損害賠償措置によってカバーしえない損害を生じた場合には国家補償をなすべき――として法制化を主張していた。しかし、実際の原子力損害賠償法では、答申で設置を求めていた「原子力損害賠償処理委員会」が、「原子力損害賠償紛争審議会」に格下げとなっていた。強力な常設の行政委員会の設置は、公益委の例が強烈なアレルギーになっていたのか、日本の官僚機構は設けようとしなかった。

また、法律は、第3条第1項で、賠償責任を「原子力事業者」に集中させているが、部会ではやや違うニュアンスで意見をまとめたと我妻部会長は、次のように発言している。

「およそ原子力災害が生じた場合には、国家が補償する。異常かつ巨大であろうが、地震、噴火であろうが、それから50億円を超そうが、およそ原子力災害を生じたときには国家が責任を負う、ただし、その国家が負った責任を、だんだん回収してくるわけです。企業者には保険をつけさせておいて、その保険金を国は回収する（中略）今と同じようなやり方をするにしても、まず、被害者に対しては国家が責任を負う。そして、あとは、その国家のはき出した金をどうやって埋めるのかという内部的な関係として問題を処理していくということが考えられるわけです。そして、部会としては、そういう意見が相当強かったのであります」

町田徹の著『東電国有化の罠』では、我妻の発言などを中心に原賠法成立までの経緯を詳細に追っている。その中で原賠法を換骨脱胎したのは、「国家がすべてを賠償するという原則で、あとで国家の支出した金でそれぞれ補償をしていくという建前にしなかったのは、主として大蔵省の反対だと聞いています」と我妻の発言を紹介している。

日本の原子力開発は「アトムズ・フォー・ピース」の国際的な時流を背景に政治主導で海外から原子力発電所を導入する道筋をつくった。受入れ体制は国も関与し出資するとしたものの民間（電力）主体とし、必要な部分の予算措置を講じてきた。経緯からしても国が直接的に責任を負うべきなのに原倍法では、民間の責任を突出させた。大蔵省が国家の支出に反対したのだという。矛盾に満ちた法律にしたのは国である。

電力会社は、無過失責任であって、しかもその責任に限度がないことに強く反発し、法改正の要望も出した。後年のことを考えれば我妻が言うように「原子力災害は国家が補償する」を原則にして何としても国の責任を明確にしておくべきだったろう。

問題の起因者とでもいうべき正力は、58年６月岸内閣（第２次）で閣僚ポストからはずれ、日英・日米原子力協定の調印を見届けて原子力分野から離れた。69（昭和44）年政界からの引退を発表し、同年の10月９日、療養先の国立熱海病院で亡くなった。享年84歳だった。

原電は59年12月ＧＥＣ（ゼネラル・エレクトリック社）と原子炉購入契約を締結、また設計、建設に万全を期すため59年４月ＵＫＡＥＡと技術援助契約を締結し、指導援助してもらうことになった。59年12月電気事業経営許可と原子炉設置許可がおりた。

原電・東海発電所は、試行錯誤しながらも日本初の原子力発電として建設、運転に向かった。原子炉購入を決めてからすでに４年が経過していた。

60年２月１日、建設準備事務所を開設、７月５日には東海事務所となり本格的な工事に入った。しかし、工事が本格化し始めるとトラブルが相次いだ。ＧＥＣが強度の問題から黒鉛をイギリス製からフランス製のものへ変更申し入れがあり、続いて耐圧容器をイギリスの会社製から日本製鋼所に変更したいと申し入れが相次いだ。これら見直し作業によって工期に遅れの影響が出た。

それでも62年６月には最も難関と予想された冷却水取水鋼管沈設工事が完了し、65年４月燃料装荷、その後試験段階に入り、営業運転に入ったのは66（昭和41）年7月25日である。着工以来、実に6年5カ月ぶりのことである。建設費は、350億円の計画が465億円にまで膨れ上がった。実際の運転に入っても運転直後からトラブルが相次ぎ、予定された16万6000kWの出力に到達させるため苦労が続いた。

東海発電所は98（平成10）年3月31日、運転を終了し、原子炉解体プロジェクトが進められている。

我が国の原子力開発を俯瞰してみれば、昭和30年代は開発導入を急いだ反動や、当時火力発電の時代になりかかっていた時期であり停滞感が強い。だがその分かえってこの期間は、有益だったとの見方も成り立つ。導入炉を日本流に改造し、弱点を克服し、その経験を日本原子力発電の技術陣だけでなく出向していた多くの電力会社、メーカーなど技術者たちで共有した。東海発電所は、日本の電気事業者の「原子力発電の学校」と称され、試行錯誤しながらもその機能、役割を十分に果たしたといえるだろう。

また原子力研究所の3号炉に当たる「JRR―3」は、熱出力1万kWだが、天然ウラン重水型の原子炉で、その設計、建設、組立てなどはすべて国内の技術で行われた。61年9月臨界に達し、初の「国産原子炉」が完成した。知見だけでなく様々な経験は、技術陣の大きな蓄積となり自信となった。

この間に正力が、日本の原子力開発に果たした役割も大きい。それはメディア界に君臨しながら東海原子力発電所の建設を核として電力会社のみならず日本の産業界全体を巻き込んで推進体制を作り上げたという点に凝縮される。それを正の部分とすれば、負の部分は、政治的振る舞いを原子力行政に持ち込んだことであり、何よりも原賠法の制定にみられる国の責任の取り方のあいまいさを今日にまで残していることであろう。

昭和30年代は、アメリカの軽水炉の研究を加速させた時期でもある。59年6月国内で初の原子力予算にかかわった中曽根康弘が、科学技術庁長官に就いた。中曽根は原子力長期計画の見直しを指示して61年2月「新長期計画」が発表された。同計画は20年のスパンで開発目標を示し、前半10年で商用原子力の発電規模を３基１００万ｋＷとし、後半10年では火力発電の30％（６５０万～８５０万ｋＷ）と目標を設定した。炉型については、ポスト・コールダーホール型原子炉の選定の準備を進めるとし、目はアメリカに向けられていた。

東電、関電は、それぞれ次のステップの準備期間だった。「新長期計画」は、原子力関係各界の軽水炉の調査研究を一層盛んなものにした。東電は福島県で、関電は福井県で進めていた立地調査の目途がつき、軽水炉の導入開発に向けたメーカーなどの選択準備に入るのである。

なお、電力業界全体で見た時に、最も早い時期に社内の調査体制を組んだ電発は、原電設立とともに「原子力開発に対し雌伏の時代に入っていた。組織も一課に縮小され、昭和38年3月には企画部原子力課から電気部原子力課に変わった」（『電源開発30年史』）と原子力進出が〝悲願〟となっていく。

〈安定・成長期の電気事業〉
（１９６４～１９７３年）

新電気事業法の成立

昭和30年代半ばになっても電気事業経営の視点でみれば、電力各社はまだ基盤が定まっておらず、やるべきことは山積みだった。菅礼之助のあとを受けて〝第3代〟の電事連会長（61年8月～64年３月）に就いた太田垣士郎に松永安左ェ門は、「民間企業として電力の大成を熱望」という激励文を電気新聞に寄稿した。この中で松永は電気事業法の改正を第一に挙げ太田垣の奮闘を求めた。

これに太田垣は「大地を踏みしめて邁進」という一文を、松永への回答として同じく電気新聞に寄稿した。

「（中略）この10年間、われわれは電源開発をわき目もふらずにやってきたが、会社自身を見ると9電力の株価はほとんど額面を割る状態である。社債は未だ自力で発行できないし、増資もほとんど自力でやれないみじめな結果になっている」

「電気事業法も戦時中に決められたものが今なお生きているという矛盾がある。したがって、今後われわれは電気事業法改正時には、勇敢に主張すべきことは主張して、一体われわれは私企業として、どの程度自由が許されるのかどうかはっきりさせる考えでいる反面、独占事業にあぐらをかいて、私企業の幅を広げたいでは世間は承知しまい。公益事業として当然やらなければならぬことは当然やる」

「電力会社の犠牲の上に他の産業が発展していく時代は終わったのである。（中略）大地に足のついたサービスは企業の基盤の確立があってこそできるのである」（電気新聞61年10月17日付）

松永が課題に挙げ、太田垣も言及した電気事業法の改正、これこそ高度成長期に入っていた日本経済を支える電気事業の基盤を確立する上で、何としても調整し、つくり上げなければならない懸案だった。

9電力会社が発送配電一貫運営の私企業として発足した当時、電気事業に関する法律は、再編成と同時に公布された公益事業令と電気事業再編成令（50年12月25日施行）だった。いわゆるポツダム政令と言われるもので52年4月の講和条約締結によって失効する運命にあった。それでも政府は当分両政令の効力を存続させることとし、そのための法律案を準備したものの、法案は国会の審議にも至らず結局同10月をもって失効した。

法的空白期間が生じたため、政府は52年12月になって「電気およびガスに関する臨時措置に関する法律」を制定し、いったん失効した公益事業令と電気事業再編成令を復活させた。だがこうした変則的で特異な状態が続くのは好ましくないと、通産省は恒久的で新たな電気事業法を制定するため52年12月「電気及びガス関係法令改正審議会」を設置し、検討を本格化させた。

会長には玉置敬三通産省事務次官が就任し、53年2月から答申をまとめる同8月までの6カ月間審議した。テーマは供給区域独占の法的規定や供給義務、電気事業の範囲など多岐に及び、この間通産省事務局と電力側の意見の対立から「通産省は、関係省庁との調整の過程で、答申案とは大きく異なる第一次草稿を提出した。この内容には電気事業者は当然不満で委員を務めた堀、藤波、高井、井上の委員は連名で不満の意を表明するとともに、堀（電事連）会長名で意見書をまとめ関係方面に提出した」（『電事連50年のあゆみ』より）とある。

この時期電気事業の基盤は、定まっておらず世論の反発のなか電力会社の一斉値上げが続き、公益委消滅とともに通産省は、電気事業を再び国の統制の元で指導しようとしていた。電力側が反発したのは、供給区域の独占が法的に規定されておらず、供給義務や供給計画の提出義務、業務方法の改善命令、罰則などを答申以上に強化または新設し、国家統制を濃厚にしていることだった。そこに復元問題、水利権の処分問題なども絡まり通産省事務局は、法案を作成したものの政府与党の自由党との調整がつかず、結局国会提出は見送られた。

その後も再三法案の提出は、見送られ続けていた。電気保安といった取り締まりも戦前の31年制定の電気事業法に頼っているのである。こうした変則的な法制状態が実に10年近くに及び、一方で民営電気事業の運営が軌道に乗ってきたことを背景に、ようやく電気事業の基本法を制定すべきとの声が高まり出した。

61年の第36回通常総会の衆議院商工委員会で通産大臣の椎名悦三郎は「現在の電気関係法令は、一片の政令のごときものであり、権威ある機関を設けて電気事業法を研究し、なるべく早く国会に提出したい」と述べ、新電気事業法の制定が一躍クローズップされた。

椎名は岸信介の腹心として革新官僚の旗を立て、商工省次官として統制経済を推進、戦後は政界入りしていわゆる商工族のドンと言われていた。その椎名が本気になって新電気事業法の制定に乗り出すとしたのである。９電力体制の〝守護神〟松永と、その跡を継ぐべき太田垣が真剣に電気事業法の検討に向き合うのも当然だった。

62年４月１日付で通産省内に電気事業審議会が設置され、会長には有沢広巳東大名誉教授が就き、電力業界からは太田垣電事連会長、木川田同副会長が名を連ねた。６月の第３回審議会では太田垣会長が電気事業法改正について「電気事業の発展と安定は日本経済の安定に通じるものであり、新電気事業法の制定に当たっては、民有民営の発展する条件を整備することである」と電気事業者の基本的な考え方を述べている。

審議会には「電気事業専門委員会」と「電気施設専門委員会」が置かれ、電気事業のあり方、電気事業に対する国の規制及び電気施設の保安体制などについて幅広く審議することになった。本会議は18回、「電気事業」は30回、「電気施設」は24回にも及ぶ審議を重ね報告をとりまとめた。『電気事業連合会50年のあゆみ』は、「毅然とした電気事業の役割を明確にし、電事連の主張の大半が反映された」と評価している。

同10月25日、福田一通産大臣に答申、64（昭和39）年の第46回通常国会で新電気事業法案は可決成立し、同7月11日に公布された。関係法令も成案を得て65年7月1日から施行され、変則的な電気事業関係法令は十数年ぶりに見直されるに至った。

電気事業の基本法とも称され、電力自由化時代に至るまで永く事業者のバイブルとなった新電気事業法は、第一に法の目的を明確にし、その上で電気事業規制と電気工作物に関する保安規制という2本柱で構成されているのが、大きな特徴となっている。

電気事業が地域独占的公益事業であるとの考えに立ち、事業者はその事業の運営を適正かつ合理的ならしむことによって「電気使用者の利益の保護と環境の保全」を図ること、及び電気工作物の保安規制としては「公共の安全の確保と環境の安全」（「環境の安全」は70年の改正により追加）を図ることと規定している。

電気事業法などの研究で知られる竹野正二は、次のように解説し「この法律は、過去の電気事業の変遷を踏まえ、画期的なものであった」と述べている。以下は、そのうち「電気事業規制」の解説概要（『電気設備学会誌』２０１５年12月号「我が国の電気事業の変遷」を参照）である。

①電気事業の定義＝電気事業法が適用される電気事業について、一般電気事業、卸電気事業、特定電気事業が定義された。従来、地方自治体の発電電気事業は卸供給と

なり、卸電気事業から除かれた。特定規模電気事業は、後の法改正で盛り込まれた。

②電気事業規制の内容＝事業の創業・廃止などに関するもの、供給条件（電圧及び周波数の維持義務等）及び会社間の電力融通など業務運営に関するもの、会社及び財務に関するものに分けることができ、さらに測量などのため他人の土地利用など公益的特権に関するものがある。

なお、『電気事業発達史』（エネルギーフォーラム刊）では、新電気事業法の主眼は①広域的運営に関する規定を新しく取り入れた（電気工作物に関する施設計画及び供給計画の提出義務を課し、これに対する国の変更勧告権を設け、広域的運営を電源開発面まで行うこととし、その他広域的運営に関する国の調整機能の強化を図った）②電気の使用者の利益を保護する規定を整備した③電気工作物の保安規制、とくに自主保安に関する規制を整備した④企業経営の能率向上と電力行政の簡素化、合理化を図った（電気事業に対する国家規制を緩和して、企業の自主性を尊重し、最大限の能力発揮を期待するとともに、必要とされた監督規定を新たに取り入れた）――の4点にあると解説している。

その他『電気事業再編成20年史』（通産省公益事業局編）もほぼ同じ切り口で解説している。

太田垣が主張した「民有民営の発展する条件を整備すること」が盛り込まれた新電気事業法は、当時の電気事業の企業活動や将来の事業方向を追認し、法整備によってメリハリを与えることともなって永く電気事業の基本法となったが、「国家規制の緩和」については、必ずしも十分ではなく国際的な規制緩和時代が到来すると一大焦点となっていくのである。

急増する電力需要と供給対策

日本は、68（昭和43）年ＧＮＰ（国民総生産）で当時の西ドイツを抜き、アメリカに次ぐ資本主義国中第2位の「経済大国」となった。すでに60～70年に日本の実質経済成長率は、他の先進諸国を上回っている。名目成長率は61年度には20％を超え、60～70年度のほとんどの年度で10％台後半の伸びとなっており、実質成長率でも10％以上ないしそれに迫る成長を実現していた。日本人一人当たりのＧＤＰ（国内総生産）は、石油ショック前の61～73年度の間に５倍にもなった。

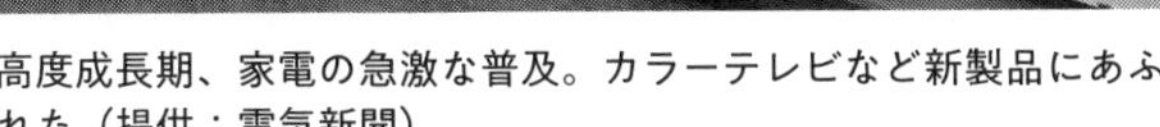

高度成長期、家電の急激な普及。カラーテレビなど新製品にあふれた（提供：電気新聞）

この間、輸入規制や外資規制によって国内産業を保護してきた分国際的な圧力も増し、60年からは貿易・為替の自由化、67年からは資本取引の自由化が本格的に導入推進された。「第二の黒船」との警戒感も日本流の労使一体となった企業努力や労働生産性の向上によって杞憂に終わり、戦後ほぼ一貫して赤字基調を続けてきた国際収支は、64年以降、黒字に転換していくのである。

神武景気、岩戸景気、オリンピック景気という好況期にはさまれて、なべ底景気（57～58年）ほか数年おきの景気の落ち込み時期があったものの、今度は65（昭和40）年不況を契機にして国際競争力の強化が功を奏して57カ月連続上昇という史上最大のいざなぎ景気が訪れる。それも70年代に入ると日本経済の高度成長にも陰りが見え始め、71（昭和46年）、73年度には実質経済成長率は５％台に低迷した。

この高度成長期の到来に伴って電力需要は、当然のように年々著しい増加ぶりをみせた。全国の総使用電力量は、61～73年度でみるとおおむね対前年度比10％以上の増加率で推移している（『電気事業便覧』電気事業連合会編を参照)。この間電力よりも電灯の方が、高い伸びを示しており、これは家電製品の急速な普及に伴う「消費革命」が到来したことを意味していた。

また使用電力量の８割以上を占めた電力も年平均10％以上の伸びを維持し、一方デパート、事務所、レジャー施設などで使用される業務用電力が著しい伸びを示した。60～73年度の増加倍率では電灯の２倍近くに達している。電力の中心である大口電力は、電灯や業務用に比べれば低位で推移したものの、鉄鋼やアルミニウムなど電力多消費産業を中心に着実に増加した。

電力需要が急伸しただけでなく需要構造も大きく変化した。都市化や国民の生活水準の向上により業務用や家庭用の冷房需要が目立って増大し、従来の冬季の夕刻に記録していた年間の最大電力が、夏季の昼間に移行するようになったのである。その結果最大電力は、夏季には昼間（13～14時）、冬季には夕刻（17～18時）に発生するようになった。

それを象徴するような〝事件〟が73年、夏の甲子園球場で起きた。当時剛速球で三振の山を築き「怪物くん」とも呼ばれた作新学院のエース江川卓投手が登板すると、全国のファンがテレビの前に釘づけとなり、電力使用量が跳ね上がり電力ピンチになるというのである。８月９日、１回戦柳川商戦は、昼間のまさにピークにかかるというので関電は、事務所ビルなどにエスカレータや冷房のストップを要請する事態となった。

年間の最大電力が夏季昼間に移行したことは、ピークの先鋭化による負荷率（年負荷率及び日負荷率）の低下という深刻な問題を引き起こした。負荷率低下に直面した電力会社は、揚水式発電所の建設や大口需要家に対する夜間電力料金の割引幅の拡大といった特約制度の拡大などの措置を講じて事態の打開を図った。

電力供給の面でも電源開発が急ピッチで行われた。60年12月の第30回電源開発調整審議会では67年度を目標に８年間で水力８２３万ｋＷ、火力１８８３万ｋＷ、原子力16万ｋＷの合計２７２２万ｋＷを、65年２月の第38回電調審では、70年度を目標に７年間で水力５８４万ｋＷ、火力２４００万ｋＷ、原子力１３７万ｋＷの合計３１２１万ｋＷを新たな開発目標にした。

その結果、56年～65年の電源開発の長期計画では実に3倍に増加し、また発電設備の最大出力でみると60～73年度で、実に4倍にもなった。この間の発電電力量は4・1倍であり、各社が電源開発にいかに積極的に取り組んだかが分かる。電源構成面では、この時期2つの大きな変化があった。60年代前半における「水主火従」から「火主水従」への転換と、60年代後半における原子力発電の登場である。

「火主水従」への転換点は、9電力でみれば60年頃である。東電の社史『東京電力50年への軌跡』によると、61～73年の期間でみると火力は約5０００万kWが新設ないし増設され、この間に増加した水力は約1０００万kWであって、5倍もの火力発電設備が増強されたことになる。火力開発が活発化した理由は、火力ユニットの高効率・大容量化が進み、火力発電の原価が引き下げられたこと、60年5月の重油ボイラー規制法が改正されて重油専焼火力の建設運転が可能になったことだ。

このことはまた石炭から石油への燃料転換を大きく促すことになった。「『水主火従』から『火主水従』」の項でも述べたが、通産省がそれまでの石炭鉱業保護の政策を転換せざるを得なくなったことが大きい。64年には発電用燃料中の原重油の占めるシェアが石炭の占めるシェアを上回るに至り、以後その差は広がっていく。

また、60年代後半には重油よりカロリー炭価の安い原油の使用量も増加した。これには当時問題となりつつあった公害対策から燃料の低硫黄化にこたえるという意味合いも含まれていた。「油主炭従」化にはこのほか付帯設備の縮小、運炭・灰捨ての省略、ボイラー効率の向上なども促進の要素となった。

電源構成が「火主水従」となったことで電源設備の位置づけも変わった。ベースロードは高効率・大容量の火力発電が受け持ち、ピーク調整を大規模貯水式発電所が担当するという方式が合理的になった。水力電源は関電の「黒四」に代表される大貯水式の開発が、以後積極的に進められた。

原子力発電の事業化もこの時期の電源構成面で生じた大きな特徴である。日本原子力発電の東海発電所は、66（昭和41）年我が国で初めての商業ベースでの原子力発電を開始した。当初の出力は12万５０００ｋＷ、翌67年7月には16万６０００ｋＷに引き上げられた。発生電力は全量東電に供給された。

50年代後半以降アメリカでは軽水炉技術が長足の進歩を遂げていた。原電は、東海発電所に続く第2の原子力発電について、アメリカの沸騰水型軽水炉（ＢＷＲ）を採用することとした。福井県などから立地同意を得て建設に入り、70年3月、我が国では初の軽水炉となる、ＢＷＲの敦賀発電所１号機（35万７０００ｋＷ）が運転を開始した。

原電・敦賀発電所１号機（提供：電気新聞）

９電力会社で最も早く研究調査を始めた東電と関電も業界をリードする形で原子力への取り組みを加速させ、ともに技術進歩の著しいアメリカの軽水炉導入調査を本格化させた。立地地域の協力もあって70（昭和45）年11月にはＷＨ社製の加圧水型軽水炉（ＰＷＲ）を採用した関電の美浜発電所1号機（34万ｋＷ）が、71年３月にはＧＥ社製のＢＷＲを採用した東電の福島第一発電所1号機（46万ｋＷ）が、それぞれ運転を開始した。東海発電所で採用されたイギリスのコールダーホール型原子炉は、以後採用さることはなく日本の原子力発電は、東電のＢＷＲ、関電のＰＷＲを軸に導入開発が進んでいくことになる。

高度成長期は、電力需要の急増だけでなく需要の大都市集中化も顕著になったことでそれに対応した電力流通設備の増強拡充対策が重要になった。電力再編成後はしばらく11万～15万４０００Ｖが主流だった送電系統は、18万７０００～27万５０００Ｖに大幅に引き上げられ、関電・新北陸幹線（亘長３００キロメートル）に代表さ

東電・西上武幹線、50万V基幹系統（提供：電気新聞）

れる超高圧送電時代を迎えた。

その後、電源の大容量化、遠隔化と送電線用地確保の難しさなどから、電力中央研究所などの研究をもとに65（昭和40）年には次期上位電圧として50万Vの採用が決まり、東電は66年我が国初の50万V設計（27万5000V運用）の房総線を完成させた。さらに73（昭和48）年5月には房総線の50万V昇圧を皮切りに、50万V系は電力基幹系統の主役となった。また、人口や事業所の東京集中化などに伴い東電は、従来の15万4000Vケーブルに代えて、46年江東～城南変電所及び北多摩～新宿変電所でそれぞれ亘長15キロメートル、19・6キロメートルの27万5000V超高圧ケーブルを敷設している。

一方、60年代9電力間と電発間の広域運営も盛んになったことで超高圧送電線による地域間の連系強化も積極的に行われるようになった。59年7月の東電～電発～東北電力間の27万5000V連系実現に続き、61年11月には電発の田子倉発電所と東電の信濃川発電所を結ぶ中東京幹線が運転を開始した。

60ヘルツ地域でも60年12月に中部電力～関電間が27万5000Vで、62年3月には中地域と西地域を22万Vで、同10月には中国と四国とを連系する22万Vの超高圧送電線が完成した。これら両連系送電線の完成により、この年長期の異常渇水から電力の使用制限実施寸前まで追い込まれていた関西、中部、北陸及び四国地域に大量の融通が可能となり、需給ピンチを乗り切ることにもなった。

64年4月には北陸～関西間の27万5000V連系が実

現したことで60ヘルツ全系統は常時連系となった。さらに65年10月には電発の佐久間周波数変換所（30万ｋＷ）が完成し、50ヘルツ及び60ヘルツ両地域は常時連系されるようになり「電気事業史上特記すべきこと」（『電気事業再編成20年史』より）と広域運営は軌道に乗り、60年代半ばには日本全国の電力融通実績は急増した。

なお、この時期景気拡大から設備規模を広げ、ますます電力を多量に消費することになった鉄鋼やアルミ需要家と9電力会社との間で折半出資による卸電気事業を設立する例が急激に増えている。共同火力発電所を建設し、その発生電力を9電力と需要家とで折半使用するもので、61年5月には中部電力と日本軽金属により清水共同火力が、62年5月には関電と住友金属工業、関電と八幡製鉄とにより和歌山共同火力、及び堺共同火力が、69年12月には東電と住友金属工業により鹿島共同火力がそれぞれ設立された。

鹿島共同火力の場合、73年7月に1号機（35万ｋＷ）が、同12月には2号機（35万ｋＷ）が運転を開始した。住友金属鹿島製鉄所からの高炉ガスと重油とが混焼され、その発生電力は、東電と住友金属工業に等しく供給された。通産省の集計によると70年度末で運転中のものは10事業者、設備出力３２８万ｋＷに達した。

高度成長期、打つ手をすべて打っての電力需給対策が繰り広げられていた。

料金の長期安定と9電力体制の定着

電力各社は、高度経済成長期の電力需要の急伸というかつて経験したことのない事態に電源開発のみならず広域運営始め業界挙げて電力需給対策を展開し、日本経済の支え役となった。これにはもうひとつの大きな要素がある。電気料金を維持し、低廉さを保ったことである。

9電力会社は発足後約6年の間に、一斉値上げも含め3～4回値上げしてきた。それが61（昭和36）年～73（昭和48）年の時期は、北海道と中国を除く7電力会社が、それぞれ1回の値上げを行ったに過ぎず、料金水準は安定的に推移した。東電の社史『東京電力50年への軌跡』は、各種統計を比較しながら同時期「9電力会社の電灯・電力総合単価の上昇幅は１・22倍にとどまったのに対し、消費者物価は同期間に2・09倍の値上がりを示していた」とし、他の公共料金との比較からも電気料金は低いレベルで安定していた、としている。

高度成長期に９電力会社が料金の長期安定を達成できたのは、何よりも合理化の成果だった。すでに記したように火力発電所の高効率化や大容量化だけでなく、水力発電所でも無人化や大容量化が進んだ。合理化の効果は、従業員数とひとり当たり販売電力量の比較からも分かる。従業員数の規模は維持される一方で、販売電力量が大幅に伸びていたからだ。

『電気事業便覧』（電気事業連合会統計委員会編）のデータをみると、再編成時51年度の９電力の従業員数は、13万４７０２人であるのに対し、60年度は12万６６５７人、70年度は13万１０９１人と減少し、反対に販売電力量は３０３億８２００万ｋＷｈに対し、60年度は８６８億８４００万ｋＷｈ、70年度は２５９８億７４００万ｋＷｈと再編時に比べ８・６倍、60年度と比べても３倍に膨らんでいる。この結果９電力全体の従業員ひとりあたりの販売電力量は、60年度と70年度で比較しても、60年度68万６０００ｋＷｈに対し70年度１９８万２０００ｋＷｈと、２・９倍に達している。

また、この時期には27万５０００Ｖ送電網の拡充や50万Ｖ送電の開始、配電設備の昇圧などにより、電力の総合損失率も大きく低下した。これらに加えて「油主炭従」化による火力燃料費の節減、自己資金比率の増大による資金コストの低下などの要因も料金の安定に寄与したとみられる。

この時代の９電力会社は、苦労して安定供給の使命を果たし、また市場独占を保証されていたにもかかわらず、民間活力を生かして事業としての業績も伸ばし、さらに言えば業界全体に適度な緊張感があった。当時電事連会長の木川田一隆（東電社長）に請われて電事連の２代目広報部長（71～82年）に就いた『週刊ダイヤモンド』誌元編集長の鈴木建は、電気新聞に掲載した「照る日曇る日」（99年１月～99年10月）で、就任して間もない71（昭和46）年頃の電力会社の雰囲気を次のように記している。

「たまたま、（ある会議で）中国電力の副社長からだったと思うが、送電線をあまり拡充すると、一社論が出てくるのではないか、との発言があった。私はビックリした。送電線の拡充による広域運営は、９電力体制の下で、一社体制と全く同じような効率を挙げることが目的ではないのか。つまり、逆の論理ではないのかと思ったからである。そこで、東電の企画室長の西尾祥雄さんのところに確認しに行った。私が、『一社体制と同じように送電網を確立しないと、一社論が出てくると思っていたが、それで間違いないのか』と尋ねたら、西尾さんは、私の考え方で間違いないと答えた」（電気新聞99年３月23日付）

71年と言えば、９電力の再編から20年を経過している。それでも国家管理時代とそれを象徴する日発幻想は、各社幹部の胸に刻まれ、体制問題にはすこぶる敏感だったことが分かる。だからこそそれぞれの社が「協調と競争」を合言葉に切磋琢磨し、そこに木川田一隆に代表されるこの時代をリードする経営者たちが現れ、９電力体制の「黄金時代」を築き上げた。

普段は批判が売り物のメディアも、公害問題を除いてはこの時期さしたる批判記事は出なかった。鈴木建は、元ジャーナリストらしい辛辣さで当時の電事連を担当する記者会について次のように記している。

「電気事業連合会の広報部の隣に『電力記者会』があった。（中略）電力界が安定供給を確保して、とくに問題がなかった時代には、〝サナトリウム〟との異名をもらったほど、暇で、優雅な記者会だった。この時代には、通産省の公益事業局も〝サナトリウム〟のようなものだった」。（電気新聞99年８月９日付）

その記者会も73年秋のＯＰＥＣ（石油輸出国機構）攻勢の一触即発の事態を受けて同10月１日から「エネルギー記者会」に看板を塗り替え花形の記者会となった。

東電木川田時代の幕開けと発展

木川田一隆は、１８９９（明治32）年福島県に生まれ、旧制山形高校（現山形大学）から26年東京帝大経済学部を卒業し、東京電灯に入った。東大在学中は経済学者の河合栄次郎のゼミに入り、河合の唱える理想主義的な自由主義に傾倒したという。木川田が入社した時、東京電灯は幹部候補生社員を初めて公募しているので、その一期生ともなった。営業所長として頭角を現し、当時社長の小林一三に認められて秘書課長や企画課長を務めていた。戦後は関東配電の労務部長として関東配電労組を最強の労組と言われた電産から分離させ、関東配電に木川田ありと、言われるようになった。

電力再編成時には関西の芦原義重、中部の横山通夫とともに「再編成3羽烏」と称され、松永を必死に支えた。松永は再編時の木川田の民営体制支持の一貫した姿勢と非凡な発想を買い、木川田が東電社長になってからも「経営に公益性を多く盛り込むのに成果を挙げた」と評価した。

木川田一隆（提供：電気新聞）

木川田は、61（昭和36）年7月に青木均一のあとを受けて社長に就任したが、その道は決して平坦なものではなかった。同期とも言えた芦原に比べ一歩も二歩も遅い社長就任である。そのひとつは旧日発総裁新井章治の東電入り人事をめぐるゴタゴタの余波と、58年の「東電石炭汚職事件」による降格（副社長から常務に）が響いていた。この木川田の降格は、自ら望んだものという。

「石炭事件」から3年後、副社長に返り咲いていた木川田の処遇をめぐって、キングメーカー的存在の松永は、電中研の理事長室に東電会長の菅を呼び、菅と社長の青木の辞任を求めたという。青木は東電内の綱紀を粛正する役目を果たし、自らも東電の新生に大いに貢献したと自負するようになり、後継と目される木川田との関係がしっくりいかなくなっていた。

『爽やかなる熱情』（水木楊著）は、菅と松永とのやり取りで「私が辞めて、青木を会長にし、木川田を社長に推すことにしました」と菅が松永に申し出て落着したあと、すぐに松永が木川田を呼ぶ場面が、次のように描かれている。

「折しも東電は年に一度の支店長会議の真っただ中である。木川田は、『一時間ほどで伺いますが、よろしいでしょうか』とのメッセージを寄越した。それからの一時間は木川田にとって地獄のようなひとときだったのではないか。てっきり首を切られ、子会社に回されると思っていたのだ。社長の青木に煙たがれているのは分かる。青木が吉田（確太）を副社長に据えようとしたのも実力者の木川田を牽制したかったからだろう。松永が自分を買ってくれているのかどうかは分からない。その素振りをおくびにも出さないからだ」

「電中研理事長室に入ると、正面に松永と菅が座っていた。『遅れて申し訳ありません』緊張した面持ちで膝をそろえて座った木川田に、松永は告げた。『こんど君を東電の社長に推すことに決めたから、そのつもりでやってください』びっくりして顔を上げると、松永がにっこり笑っていた。木川田社長はこのようにして誕生した」

木川田は、61年に社長に就任し71年に会長になって辞めるまでの10年間に様々な方策を打ち出し、なかでも４度にわたる「経営方策」は、東電をけん引したみならず当時の経済界にも大きな影響を与えた。木川田キーワードの第一は「質的経営の時代」であり、第二は「社会的経営の時代」である。

社長に就任したばかりの62年２月の第１次経営方策では、「企業体質の改善」、「投資効率・資金効率の向上」、「サービス向上」の３点を掲げ、この業務運営の基本方針は、永く同社の「３大方針」に据えられていく。具体的には前社長青木のつくっていた設備投資計画を初年で３４０億円圧縮し、同５月にはコーディネーターの制度化、幹部人事の刷新、関係会社の整備からなる組織運営改革を行った。コーディネーター設置は、木川田経営のひとつの顔ともなるものだった。部門ごとのセクト主義を廃し、各部所の業務運営が有機的一体として常に経営目的に向かって総合調整される体制――、これこそ理想主義的自由主義者木川田の組織論の核を成すものであろう。

東電は巨大になるにつれ、セクト主義と官僚化が目立ち、原子力部門に代表される組織の肥大化と経営意思伝達の不徹底という問題に悩まされる。問題の端緒を木川田はつかみ、したがって命令系統も社長直属の機関とし、人選も木川田自身が任命し、全店50カ所にコーディネーターを派遣した。

63年4月には第2次経営刷新方策を発表し、同12月「量の経営から質の経営へ」をキャッチフレーズにした「経営刷新方策の展開」を明らかにしている。「質の経営」というのは、高度成長期に目立ってきたヒズミを解消して調和のある安定経済に向かうべき転換点の経営方策を表したもので、ここで打ち出された社会的経営への展開（前期的な自由企業の利潤追求に偏することなく、公益との調和において新しい企業秩序を見出す）、人間能力の開発というフレーズは、木川田経営を世に知らしめることにもなった。

また、この時打ち出された「東電学園」設立構想は、64年発足した能力開発センターのもとで具体化（専門部・大学部・高等部開校）され、電力会社自ら人を育て、能力を開発するという理念そのものに技術系職員を毎年第一線現場に送り出した。高等部は54年に発足した社員養成所を改称したものである。

木川田の経営理念は、企業の社会的責任に重きを置いているのが特徴であり、社会的価値基準を常に頭に置いていたとされる。東電の将来のため、また当時経済的理由で大学や高校に進学できなかった若者のため大学部と専門部を設立（２００1年廃止）して広く門戸を開放するというのは、利潤の獲得だけでなく公共性の強い企業であればこその価値基準の発揮であったろう。

木川田は、63年に経済同友会代表幹事に就任した。所信で「協調的競争」を提唱し、人間尊重の理念をベースに産業界が政府の介入を招かないよう自主的に適切な競争環境を整備すべきとし、66年には「産業問題研究会」を発足させ、多くの財界人を結集させた。

こうした財界活動に半ば専念する直前、悩ましい問題に直面した。

松永が後継を託していた太田垣が急逝したのである。64年3月10日のことである。太田垣は当時関電会長の傍ら電事連会長を務めていた。関電の方は芦原がすでに社長に就いていて問題はなかったが、電事連の方の後継をだれにするか、新聞記者たちは、中部電力会長の井上五郎が有力とみて井上をマークした。電事連会長ポストは、３代続けて関電、東電それぞれの会長が就いていたからである。

木川田はすでに同友会代表幹事を務めていて、しかも東電社長であり固辞するつもりだった。同４月21日電事連社長会議が開かれた。そこで各社社長はそろって木川田を次期会長に推した。『電気事業連合会50年史』では、「この人事は一時緊迫した」と伝えている。

「各社の社長の強い要請によって、木川田氏は『経済同友会のお世話をしながら業界のほうを断るのは……』として結局、会長就任を受諾した。これによって電事連会長は、現職社長のルールが決まり、のちに木川田氏は東電社長を辞し会長に就任すると電事連会長を中部電力社長の加藤乙三郎氏にバトンタッチした」

一説には東電常務の水野久男が、東電が会長になるべきことを強硬に主張してゆずらなかったという。木川田は水野に東電社長を託す71年まで、電事連会長を務めた。その間木川田が電事連会長を辞任したい旨、副会長の中部電力社長の横山に伝えたという話が伝わっている。

67年２月佐藤栄作（第２次）内閣時の自民党幹事長・福田赳夫から経済審議会会長就任の話を持ち込まれ、就任受諾にあたって電事連会長辞任の意向を持ったためだった。しかし、当時は電力業界の石炭引き取りなど早急に解決を迫られる問題が山積していたため周囲の説得もあって結局、電事連会長留任となった。

一方、関電の芦原は70年に会長に就任したから結局現職社長がルールとなった電事連会長ポストは、最後まで芦原に回らなかった。

再編後の電気事業を代表する顔は、松永、太田垣、そして木川田ということがはっきりした。鎌倉太郎は『電力三国志・東電編』で、経営者太田垣と木川田を次のように比較し、論じている。

「労使関係は、元来、木川田の得意芸である。これまで東京は〝政治〟で動き、大阪は〝経済〟で動くとされており、またそれを裏書きするような事実が、東電対関電でも多かった。木川田は、公共事業としてのいわゆる

〝先苦後楽〟の謙虚さから、東電の社屋も、また社長室も、関西のそれと、また私生活においても一般に比較すべくもなく質素であった」

「私鉄資本のもつ、あのドライさとアイデアの中で、青年時代を育まれた太田垣には、生粋の電力人として育って経営者にはみられない、広い視野と、豊かな感受性と、コマーシャリズムに徹したガメツサがあり、ともすると官僚的経営におちいりがちな、電力界に私企業的なきびしい採算センスを導入することができたのである。太田垣に対して、木川田はより東京的、論理的な経営者であり、松永からも絶対的な高さをもって評価された。木川田の時代感覚や社会的センスのよさはすでに決定的なものであるが、それ以上に、ユニークな点はその電撃的な行動力である。また定例的に学者や評論家を集めて巷の声を聴いた。東電に対する忌憚のない批判をきく会を楽しみにしたりした。そうした片言隻句から世論の動きをさぐり、経営の参考にした」

東電・南横浜火力発電所（提供：電気新聞）

木川田が東電社長として推進した事業方策で特筆されるのは、供給力の中心になっていた大容量火力発電の建設運転にも、その「社会的経営」理念を生かして技術開発導入と燃料対策に新しい対策を施した点にある。良質石油系燃料の原油生焚きや南横浜火力発電所でのＬＮＧ（液化天然ガス）の他社に先駆けての導入、さらにはアメリカ資本一辺倒から脱した西ドイツのシーメンス社からの新鋭火力の導入などである。

それは当時大きな社会問題になっていた公害防止への対策であり、基幹産業に対する外資資本支配からの脱却といった側面がある。80年代東電は一時期ドイツＫＷＵ社（クラフトヴェルク・ウニオン）のＰＷＲの研究調査に乗り出すが、これも木川田流のアメリカ一辺倒、また同社におけるＧＥ社のＢＷＲへの偏りを排す考えを引き継いだものでもあった。

また、この時期水力開発では夏季ピークの移行に伴う昼間ピークの先鋭化に対応して毎日のピーク調整に最も適合した揚水式発電所の建設に重点が置かれるようになり、65年～67年に運転を開始した矢木沢発電所（24万ｋＷ）を先陣として木川田自ら梓川、高瀬川の巨大水力開発を決断した。とくに当時日本一の堤高をもつロックフィルダムの高瀬ダムを上池、七倉ダムを下池とした新高瀬川発電所は、69年に建設に着手後79年に完成、最大128万ｋＷもの電力を発生させる日本有数の揚水発電所となっている。

木川田経営の実像については『激動の昭和電力私史』（大谷健編著）の座談会で当時木川田の部下だった長島忠雄元相談役が、次のように語っている。

「半面、質的経営と称してみっちい点もあった。〝効率経営に徹せよ〟と、なかなか事務当局の予算案に判を押さず、もっと切れ、もっと切れで、内部は非常にきつかった。また、外部への配慮もなかなか慎重な人だった。社会的な配慮を忘れちゃいかん、と自らの経営を社会的経営と称した」

その社会的配慮は会長の職にあった74年、料金値上げに対する1円不払い運動の際に具体的な行動として示された。参議院議員・市川房枝の要請を受け、企業としての政治献金取りやめを明らかにしたのである。その決断は74年8月13日の東電臨時取締役会の席上である。鈴木の「照る日曇る日」（電気新聞99年8月24日付）は、次のように記している。

「この決定は直ちに、水野久男社長が市川房枝氏を訪ねて、伝えられた。また、この決定のニュースを、某記者が田中角栄首相に知らせたところ、田中首相はフンと言って、そっぽを向いたということだった。東電の政治献金中止の機関決定のあと、他の電力会社も相次いで政治献金の中止を決め、発表した。私が木川田さんに『命懸けの決断でしたね』と申し上げたら『みんな（他の電力会社）やめたね』と言っておられた。画期的出来事だった」

経営理念を具体的行動に生かしたという点では、木川田は電気事業の歴史の中でも稀有な存在であろう。「（昭和）四十年不況」における膨大な設備投資の繰り上げ発注も社会的価値基準による経営、共益活動を実践するものだった。後年（主に80年代）電力設備投資の前倒し発注は政府の重要な景気対策となり、木川田のあとを継いだ平岩外四電事連会長（東電社長）らは、同様に積極的に応じていくのである。

木川田社長時代の10年は、原子力発電の実用化にも大きな一歩を踏み出している。同じ福島県出身の木村守江衆議院議員（のちの福島県知事）との接触から佐藤善一郎知事の東電への建設打診とつながり立地が具体化し、66年2月にはGE社製のBWRを採用することを決めた。着工から運転開始まで受注者が責任を持つフルターンキー方式の契約とするなど従来にない試みを現実化して建設に向かい、71年3月同社初の福島第一発電所1号機（46万kW）が運転を開始したのである。

ただ木川田は、もともとは原子力の導入開発には慎重だったと言われる。日本が原爆の悲惨な洗礼を受けていることや第五福竜丸事件から理想主義者木川田には、原子力開発に一直線に向かうことにためらいがあったのかもしれない。だがこのことについて前出の長島が、興味深い話を紹介している。長島の話が収録されている『激動の昭和電力私史』（大谷健著）は、91年5月の発刊である。

「（昭和）三十年から四十年は原子力の黎明期だったけれど、その時は現在考えているような原子力発電は危険だというセンスはほとんど無かったね。危険だというセンスは、ソ連のチェルノブイリ以後の問題なんですよ」

「その前は、何が問題だったかというと、技術がリライアブルかどうか、確立しているかどうかということがあったと聞いている。エジソン電気協会の会長のシスラーさんが東電に来て、東電の原子力計画を聞いて、『そんなにあわてなさんな、まだ早いですよ』と忠告したことがあったと聞いています。技術的にどうかという点と、もう一つは経済的に高い。将来、原子力が重要な電源になるという見通しは確としていたけれど、技術が確立しているか、経済性がどうかという問題点をもっていた。それがオイルショック以後、石油の暴騰によって経済性が生まれたわけです」

東電が福島県の佐藤善一郎知事から双葉郡の大熊町と双葉町にまたがる旧陸軍航空基地および周辺地域に原子力誘致を打診されたのが60年5月である。64年12月に原子力発電準備調査会を発足させて炉型選定に当たり65年5月中間報告が、木川田のところに届けられているが、すでにその頃には福島原子力発電所の１号炉は軽水炉との方針を固めていた。

アメリカのエジソン電気協会（ＥＥＩ）は、日本の電事連に相当する。会長のシスラーは当然東電経営層を相手に見解を述べたものだろうから木川田もこれを参考にしたに違いない。ただこの発言がいつなのかは、はっきりしない。60年前後であれば当面は火力発電を最優先にし、原子力発電は、その次以降の主力電源にと考えたとしても不思議ではない。何よりも経済性で原子力の優位性がはっきり分かるのは、石油ショック以降なのである。関電もほぼ同様に火力依存を高めるが芦原体制のもと直進的に原子力路線にまい進する。東電とは違ってＬＮＧ火力の導入には積極的ではなかった。関電は関電流を貫いていく。

木川田東電と芦原関電は、高度成長がもたらしたひずみ、大都市への人口集中により次第に需要規模にも開きが出、経営課題にも違いが出てくる。しかも首都圏を抱える東電は、政治と経済の中枢にあり、「第４の権力」マスメディアの監視に常時さらされる。また電気事業が巨大化すれば発注産業として、大企業病がはびこり易くなる。

木川田はそこを予見してコーディネーター制度を創出した。その後制度が機能したかと言えば、その点は十分ではなかったろう。部門のセクト主義、官僚化は、その後も東電という大会社に巣食い、歴代経営者は、その対策に腐心していくからだ。

木川田は、東電と電気事業発展時代を象徴する顔として人生を全うし77（昭和52）年３月４日、77歳の生涯を終えた。

〝長期実権〟芦原関電と中部電力

太田垣士郎が亡くなった後、関電社長の芦原義重は、会長室をそのままにして、遺影を掲げ、命日には必ず薄茶をささげたという。

芦原義重（提供：電気新聞）

「『人間万感の書を読むより、すぐれた人に会うに如かず、というが、太田垣さんという偉大な人格に、深い縁をもったことの幸福を年とともに強く感ずる』と、芦原は太田垣を〝偉大な師〟と呼んでいる」（鎌倉太郎著『電力三国志・関電編』より）

〝偉大な師〟に仕えた芦原は、香川県高松市に生まれ、旧制第六高等学校（岡山市）を経て京都帝大で電気工学を学び、卒業して25年に阪急電鉄に入社している。本来なら小林一三のあとを継いで阪急を背負って立つはずだった太田垣は、文字通り芦原の先輩に当たる。42年電力部門にいた芦原は関西配電に引き継ぎ採用され要職に就く。再編成時には常務として松永を支える「再編三羽烏」として活躍、再編後の関電社長に太田垣が就任してからは、太田垣の側近中の側近として将来を嘱望されていた。

芦原が社長に就いたのは、59（昭和34）年11月である。木川田、横山との「再編成３羽烏」の中では一番早いトップ就任である。芦原は11年間（70年に会長就任）社長の座にあった。

「誰とでもよく会って話を聞く、会合には時刻を正確に守る。どんなことでもいいかげんにするということをしない。とことんまできりをつけるという人柄だった。したがって、誰からも信頼され尊敬された。とにかく『誠実で人ざわりがいい』また『怒る』ということ、『不愉快』ということを知らぬのではないかといわれるほどでもあった」

「もともと、ダイナミックに振る舞う太田垣の下に、機械のように、感情を表面にあらわさず、むしろ『自分は平凡な人間である。ただ、誠実に仕事にうちこんでいるだけである』と謙虚な態度をとっているところに、芦原の真骨頂がありそうである。（中略）また、関経連においても絶対の尊敬を得られているということはその器量の容易なものでないことがわかろうというものである。第一、過去の業績においても、大切な時期に、大切な問題を完全なまでに仕上げている。事実がすべてを語っているだろう」

鎌倉太郎は、『電力三国志』の中で、こう芦原の人柄や実績を大げさな表現を交えて記している。鎌倉の言う「事実が物語る過去の業績」は、前任の太田垣が敷いた路線を抜きには語れないが、①きめ細かな経営全般にわたる合理化②技術系出身らしい積極的な新技術の導入開発③中でも原子力発電の定着と推進路線、に集約されるだろう。

社長就任２年目の60年５月には本店組織の大規模な改正を行い、企画部門などに専門スタッフ制を敷き、トップマネジメント補佐機能を強化している。木川田同様能力開発にも力点を置き、社員教育業務を労務部から社長室人事課に移し、能力開発を人事管理に結びつけた。65年には関電学園を開設している。

62年７月には「関電の明日をつくる運動」を提唱、64年には景気後退の趨勢を受けて電力販売の促進を前面に「関電サービスの確立」を打ち出し、芦原社長自ら推進本部長となっている。『関西電力二十五年史』は、「創立以来、当社の経営の基本理念として強く訴えられ、水が砂にしみ込むように浸透してきた『前だれ掛けのサービス精神』は、関電サービスの確立という運動となって新しい芽を出し、40年代にりっぱな幹に育てられて行くことになるのである」と記している。

電力の安定供給対策も抜かりはなかった。関電の総販売電力量は56年度94億７１００万ｋＷｈから65年度には

282億5200万ｋＷｈに増大して56年度の3倍に膨らんでいる。これに対応した電源開発では世紀の大工事と言われた黒部川第4発電所は、芦原が社長に就いた4年目の63年6月、完成をみている。

そのあとも各地の水力発電開発に力を注ぎ、60年には同社で初の自流併用の揚水式三尾発電所（木曽川系）や新黒部川第三発電所（黒部川系）を着工、さらに65年には木曽発電所（木曽川系）、雄神発電所（庄川系）と次々に着工し、67年には出力46万6000ｋＷ、単機出力では24万ｋＷと当時世界最大の純揚水喜撰山発電所の建設に着手している。

同発電所は、1号機が70年1月に、2号機は同7月に運転を開始しているが、この4年前の66年8月、関電の夏季ピークは全国で初めて冬季最大を上回る636万4000ｋＷを記録し、全国的な夏季ピークの始まりとなっている。喜撰山揚水は、この夏季ピークを乗り切る一大戦力となった。

また日本で初めて世銀の貸し出しを受けて海外から導入した多奈川火力発電所を筆頭に大容量高能率の新鋭火力を相次いで建設した。68年に運転を開始した総出力135万ｋＷの姫路第2、70年の同90万ｋＷの海南火力は、その代表的な発電所である。「油主炭従」化により石炭・重油混焼方式も同社が先べんをつけた。原油焚きも尼崎第三発電所で各社に先立って実用化の目途をつけ、環境保全に大きな効果を上げた。

一方で新鋭火力の導入開発は、熱効率の大幅な上昇をもたらした。54年度の同社火力の熱効率は22・2％だったのが、72年度には37・7％と約1・7倍になっている。合理化の徹底は、電力ロス率の低減にも現れた。合理化によって生み出された内部留保を新規設備投資に振り向け、太田垣の路線を引き継いで外資の借款をためらわず金利の低い外部資金を積極導入し、金利負担を他社に比べ大きく減らした。

こうした合理化対策が効果を挙げて、芦原が社長に就いていた時期、電気料金を維持することができた。

芦原経営の最も大きな成果に挙げられるのは、9電力ではトップ、またＰＷＲ（加圧水型軽水炉）では我が国初の美浜1号機（34万ｋＷ）を導入開発したことである。

61年2月、原子力委員会は第一次原子力開発利用長期計画（原子力長計）を作成し、70年度までに１００万ｋＷ

関電・美浜発電所１号機から大阪万博会場へ送られた原子力の灯（提供：電気新聞）

を開発する計画を立て、その中に美浜1号機の完成を見込んだ。

同社はその前に自社の電力長期計画に盛り込んでおり、立地選定の作業は60年頃には始めていた。62年11月に協力して立地調査に当たっていた原電と協議し、敦賀市浦底地区を原電が、美浜町丹生地区を関電が建設予定地とすることを決めた。用地取得は順調に進められ、福井県開発公社、美浜町、関電三者の覚書により、約45万平方メートルの用地が関電に譲渡されている。

65年1月には、社長の芦原を委員長とする原子力発電所建設推進員会を設置し、本格的な着工準備にとりかかった。ただ安全性、経済性とも著しく向上していたアメリカの軽水炉導入を固めたものの、炉型選択はギリギリの判断となった。結局ＰＷＲ導入を選択し原子炉、蒸気発生器の一次系はＷＨ社、二次系機器、電気設備、格納容器などは三菱原子力工業などと結んだ。国産化率は半分を超え59％となった。

66（昭和41）年12月原子炉設置許可並びに電気工作物変更の許可を得、70年8月8日には、出力1万ｋＷながら同社初めて原子の灯がともされ、その電気は若狭幹線に乗って多数の人でにぎわうアジアで初開催の大阪万博会場へと送られた。芦原はこの時、大阪万博協会の副会長である。美浜1号機の原子の灯は、その後の同社の原子力開発を軌道に乗せ、原子力発電実用化時代の先駆となった。

芦原は、「関電中興の祖」と言われるまでになり、社長就任後7年目の時、西の経団連とも呼ばれる関経連の7代目（66～77年）会長に就いている。この期間は11年に及ぶ。芦原は関電会長、相談役名誉会長と電力再編後の関電創立から約半世紀にわたり関電の中枢にあった。阪急電鉄、関西テレビ放送、大阪ガスなどの社外取締役も務め、関西の有力財界人でもあり続けた。「ワンマン」となるのも、むべなるかなである。

すでに松永も太田垣も木川田もいない。木川田のように元ジャーナリストを電事連の広報部長に据えたり、批判的な声を届かせる仕組みには疎かった。87（昭和62）年2月、いわゆる関電「2・26」事件で芦原は、部下の内藤千百里とともに取締役を解任された。「公益企業を私物化」したのが原因の騒動とマスコミは書き立てた。関電の騒動は、これで終わらなかった。

芦原は、２００３年7月12日、１０２歳の生涯を終えた。

中部電力の横山通夫が、社長に就いたのは61年である。8年間中部電力を率いて69年に会長となった。慶応大のラグビー部主将を務め、中部電力といえばラグビー愛好家の数が多いとまで言わしめるようにした。ただ、どういうわけか「再編三羽烏」の中では、一番影が薄い。電事連事務局長を経験した鈴木俊一元関電相談役は、こう3人を評している。

「木川田一隆さんは、なかなか鋭い経営者だったけど、横山通夫さんはおだやかで調整役には最適の人でね。ラグビーは強いけど、ほかのことにはおとなしい人ですわ。芦原義重さんは何でも知っていて物忘れは絶対にしたことがない。どんなことにも真面目に取り組む人だから、そういう特色のある三人はなかなかいい組み合わせでしたね」（大谷健編著『激動の昭和電力私史』より）

横山は、前社長の井上五郎ともに東邦電力出身、松永直系の経営者のひとりである。社長になって2年目（63年）、57年に起工していた新社屋「中電ビル」が完成した。横山は「新しい革袋に新しい酒」の諺に従ってか新社屋・新組織・新人事の新しい業務運営体制をつくり、65年4月従来の方針に代わる新経営方針を打ち出した。「社会協力」「能率経営」「相互信頼」の３本柱である。社会協力は、地域の繁栄と企業との共存共栄を唱えたもので、中部電力の発展と重ね合わせた地域社会づくりを志向した横山経営の方向を示すものだろう。

横山の時代は、ちょうど太平洋ベルト地帯の中枢を占める中部地域の経済規模拡大の時期でもあった。60（昭和35）年～68（同43）年の工場の進出状況を示す工場設置届け出件数をみると愛知県は、65年以降66年を除き連続して全国トップであり、中部5県についても年率15%前後と、関東臨海部に次ぐ2番目の高い伸びを記録している。当然電力需要も伸び、70年度の総需要は、３９４億ｋＷｈと、60年度に比べ３・４倍（年平均増加率13・０%）にも達した。この増加率は全国トップの伸びだった。

このため供給力対策に全力を挙げることになった。創業以来20年間に開発した水・火力発電所の総出力は約６３５万ｋＷにのぼり、71年３月末時点の中部電力の総発電出力は７１７万６２９５万ｋＷと、同社創業時に保有していた総出力の６・２倍になった。内訳は水力１９４万４０５５ｋＷ、火力５２３万２２４０ｋＷと火力の伸長が目覚ましかった。

とくに新名古屋４～６号機、四日市1～３号機、尾鷲三田1～2号機、知多1～３号機と71年までの10年間に開発した火力発電は４１３万５０００ｋＷと凄まじかった。水・火力比率は61年３月末の水力47、火力53に対し71年３月末は27対53と火力比率は水力の2倍に達した。「火力の中部」は、この時期鮮明になっている。

東電、関電が昭和40年代に相次いで建設運転を具体化した原子力発電は、横山社長時代に実現することはなかった。57年に火力部内に原子力課を設け調査研究を進め、横山が社長に就任して間もなくの62年度の電力長期計画では研究の成果を生かして同社初の1号機25万ｋＷ

を66年４月に着工する旨明らかにしている。64年度には２号機50万ｋＷの計画も発表した。

しかし、建設予定地の三重県芦浜地区への立地は難航し、計画は大幅に遅延（２０００年に白紙撤回）した。一方で静岡県御前崎市の浜岡町や漁協との約３年間にわたる話し合いはようやく実を結び、横山が会長に退いた70年４月ＧＥ社製のＢＷＲの採用が発表された。浜岡原子力発電所１号機（54万ｋＷ）は、76（昭和51）年３月運転を開始した。

この時期の中部電力の事業の大きな特徴は、何と言っても旺盛な需要に対する大規模な電源開発にあった。その結果資本費の増大などから収支状況が悪化、63、64年度は大幅な実質赤字となった。横山は合理化などの努力を払っても追いつかないと料金値上げを決断、結局65年４月１日から7・89％の値上げが実施された。

横山通夫（提供：電気新聞）

同社の火力全盛時代の基礎を築いたのは、横山の前の初代社長、井上五郎である。松永は、東邦電力社長として事業運営に当たっていた時期井上の父親、当時政友会に所属する議員で日本製鋼所を設立するなど大実業家の井上角五郎に資金面で援助してもらった。その縁から東邦電力に入社した息子の五郎を気にかけ、再編後の中部電力には井上五郎を初代社長にしたと言われる。

井上五郎は就任後松永からのアイデアもあって四日市、尾鷲といった火力発電の建設に着手した。前出の鈴木は「井上さんは一家言持っているのですよ。技術屋であるけれど労働対策とか金融問題について、ほかの人とはちょっと違う場面があるね。（中略）みんなが井上さんを別扱いに立てておった。やっぱり偉かったですよ。大井川の水力発電を系統的に開発したのは井上さんの功績だな」と述べている。

井上は当時常務の三田民雄を評価し後継候補と考えていたところ三田が65年急死した。井上は三田の死を惜しみ、三田が建設を指揮していた尾鷲火力発電所を異例ともなる個人名のついた尾鷲三田火力発電所とした。２００６〜２０１０年まで同社社長、同２０１５年まで会長を務めた三田敏雄は、父の跡を継ぎ国際的にも同社の火力部門をさらに発展させていく。

69年加藤乙三郎が社長に就き、横山は会長に退いた。加藤は71年には木川田のあとの電事連会長に就き、石油ショックの一大事変に業界をまとめながら、また四日市公害裁判などでは対応に苦慮しながらも木川田のアドバイスを仰ぎながら乗り切っていく。その加藤を間近に見ていた当時電事連広報部長の鈴木建は、加藤の実像を次のように記述している。

「(電事連会長だった）木川田さんが席に座ると、不思議に空気がピーンと張りつめた。（中略）中部電力社長だった加藤さんが『私なんかものを言えたものじゃないよね。鈴木さん』と話された」（電気新聞「照る日曇る日」99年１月７日付）

「電事連会長になった加藤さんは、きわめて謙虚で、低姿勢で社長会の開会に先立って「中央３社」という言葉は今後使わないようにしようと言われた。社長会のあいさつでは『サーバントを務めさせていただきます』と合議制を宣言された。これには理由があった。四国電力の山口恒則社長が『(電事連への注文は、という問いに）大国主義はやめさせてほしい』と言われた。加藤会長はそういう雰囲気があることに配慮された」（電気新聞99年３月18日付）

加藤の時代に中部電力は、東電を立て、業界における立ち位置をはっきりさせた。一方で関電は、芦原時代が事実上87年の、いわゆる「２・26事件」まで続き、東電とは一線を画していくのである。

北海道〜九州電力を率いた首脳たち

「再編三羽烏」だけではなく、北海道電力から九州電力まで再編後の激動を乗り切り、事業を軌道に乗せたリーダーたちがいる。

▽北海道電力

北海道では初代会長の藤波収である。１９１１（明治44）年東大電気卒業後、鬼怒川水力に入社した生粋の電力マンである。名古屋電灯などを経て大同電力常務、その後電力国管から大同電力解散に伴い社長の増田とともに創立されたばかりの日発に移り、さらに関東配電副社長を経て、電力再編の51年北海道電力の会長に就いた。

再編当時、北海道は民営化すると電気料金が高くなり、北海道の産業が成り立たなくなると地元の反対が強かった。加えて「北海道モンロー主義」といわれる閉鎖的な面がある。それなのに藤波は大分県の出身であり、北海道には土地勘がなく、頼りとする者も少ない。しかも当時は大企業であっても北海道に本社を置く企業は少なく、周囲は藤波の北海道電力入りを勧めなかったという。

藤波収（提供：電気新聞）

同社は、日発北海道支店と北海道配電を再編統合しており、社長には北海道配電の山田良秀、副社長には元日発北海道支店長の永田年らが就いた。永田は優秀な土木技術者でのちに電発に入り、佐久間発電所の開発責任者となっている。藤波は永田の電発入りを知り、涙を流さんばかりに惜しがったという。

52年5月山田が社長を辞したため、藤波は、会長から転じて社長になった。藤波は当時、会長ポスト不要との考えだったという。

北海道電力も創立当初は、電力不足が一番の課題だった。藤波は会長就任の翌年「我々は電力増強のため、背水の陣を敷いて、大いなる窮乏に耐えるべきである」と檄を飛ばし、激しい電産攻勢や炭労のストなどに耐えながら電源拡充に努めて53年下期、中国電力と並び全国に先駆けて電力使用制限令を解除させている。56年には水力発電の宝庫と言われる日高の大電源総合開発構想を明らかにし、58年奥新冠発電所の建設に着手した。

60年5月、創立10年目の節目に藤波は、元商工次官で日本商工会議所専務理事だった岡松成太郎を社長に招いて、自身は会長に就任した。62年には相談役となり、グループ会社や北海道経済界の要職を務める。66年には請われて電発の第6代総裁に就任し、今度は「電発解体論」や次期総裁をめぐる「官対民」の対立などの調整に努めた。

岡松は、65年に退き、社長には副社長の岩本常次が就いた。岩本は74年まで社長を務め、会長に就任すると74年発足の北海道経済連合会の初代会長となる。この両社長の時代にかけ、北海道も高度成長の波を受け、需要は急増した。ただ炭鉱の閉山、紙パルプ業界の自家発への切り替えもあり電力の伸び率は一定しなかった。電灯電力計では電力の伸びがいまひとつで56年から61年までは10％台の伸びを記録したものの、62年以降はわずかに66、67、70年のみ10％台を記録した。総じて他地域に比べ需要の伸びは緩やかだった。

同社の供給網の特徴は、単独系統でかつ系統容量が小さく、単位需要当たりの送配電線路が長いことで、このため工務系人員を総動員し独自の技術開発を行うなどして不利な条件を克服していった。供給対策では岩本社長時代に、2つのエポックがある。

ひとつは69年9月、北海道、札幌通産局との3者協議により、初の原子力発電所建設予定地として後志管内共和町、泊村にまたがる共和・泊地区を選定し発表したことである。これに地元も同意しWH社製PWRを採用した泊原子力発電所1号機（57万9000kW）は、85（昭和60）年4月着工し89（平成元）年6月運転を開始する。途中発電所建設予定地を変更（泊村へ）、住民投票を行う条例制定（反対で否決）の動きなどもあったが、69年の三者協議による地点決定が、大きな歯車となった。

もうひとつのエポックは、70年4月苫小牧発電所に次ぐ2番目の重油専焼火力として建設を決定した伊達火力発電所1、2号機（各35万kW）である。従来の水力や石炭火力に代わる重油専焼火力であり、78年11月には1号機が運転を開始したが、70年に地元で反対運動が起き、72年には札幌地裁に建設反対訴訟が提出される事態となった。訴訟は80年に至って北海道電力の全面勝訴となったが、建設の遅れに伴う電力不足で76～77年と厳しい需給運用に迫られた。

同社では、公害対策に社を挙げて取り組むため70年11月に岩本社長を委員長とする公害対策委員会を設置している。公害問題をめぐるこの伊達火力発電所の反対運動と北海道電力の対応は、電力業界全体の関心を呼び、当時電事連会長の木川田は「（建設に際して機動隊を構内に入れたことに）いちいち機動隊を導入していたら電源開発が出来なくなるのではないか」と本気で心配していたと、当時広報部長の鈴木は、電気新聞で連載した「照る日曇る日」で振り返っている。

▽東北電力

東北電力にはいまも初代会長の白洲次郎の名前が大きく刻まれているが、再編成当時は初代社長内ケ崎贇（うん）五郎の存在も大きかった。内ケ崎は宮城県富谷町（現富谷市）の出身である。仙台一中始まって以来の秀才と言われ、旧制第二高校（のちの東北大学）を経て東京帝大の電気工学科を卒業し1919（大正８）年大阪電灯に入社、電力マン人生についた。大同電力に移ったあと日発の創立に伴い同東北支店長に就任。さらに旧東北配電の副社長、社長を務め、当時最強といわれた労組電産対策などにあたった。人望が厚く、すぐに東北電力界にはなくてはならない存在となった。

内ケ崎が社長に就いたのは、こうした電力の世界で培った経験のほか神戸出身の白洲と違って地元出身という点を、松永が加味し評価したためだろう。内ケ崎は、白洲が会長になると聞いてさすがに不安だったらしく「どんな人か少しも知らなかったが、世間では難しい

内ケ崎贇五郎（提供：東北電力）

人だという。まあどんな人か知らないが、なんとかやってみよう。とにかくやりかけたことはやらねばと決心した」（北康利著『白洲次郎　占領を背負った男』より）という表現もあながち大げさではないかもしれない。

人格者である内ヶ崎は、自らは縁の下の力持ちとしての役割に徹し、政治力の必要な部分は白洲に任せた。そういう内ヶ崎に白洲も社長を立てるよう振る舞ったという。

白洲、内ヶ崎は「日本の復興は東北から、東北の復興は電力から」をスローガンに、当時最大の未開発電源として残されていた只見川水系を中心に大規模な貯水池式の水力電源や火力電源の開発に努めた。しかし、この只見川開発をめぐっては東電との間に水利権をめぐる大きな争いが起きた（第３章第１節〈民営電気事業の確立期〉「佐久間」「奥只見」、電発の補完的役割を参照）。「白洲百人力」という白洲の活躍はもとより、東電が再編成直後のすう勢を大局的に判断したこと、電発を仲介にして両社とも穏便に収めたことで、この問題をきっかけにむしろ両社の関係は深まることになった。

62年12月に申請した電気料金値上げにおける、政府による同社首脳陣の強制的な交代要請の際の東電社長（当時電事連会長）木川田の行動にあらわれている。（同節「新料金制度、値上げに動く各社」参照）。木川田の奔走により内ヶ崎の後輩で電発副総裁に就いていた平井寛一郎が、同社３代目の社長になった。

平井は68年７月に「経営発展基本方策」を明らかにし、「地域繁栄への奉仕と効率経営の推進」を同社の基本理念とすることと、①需要の積極的創造②新しい供給体制の確立③経営管理体制の刷新、の３点を掲げた。地域繁栄と同社の発展を一体化した地域重視の東北電力の姿勢は、この頃確立したといえるだろう。その路線は、69年に社長に就任した若林彊に引き継がれる。若林社長時代に同社の基盤は名実ともに固まっていく。

高度成長期70年度の同社の電力需要は、２５３億ｋＷｈと創立時の８倍にも達した。ただ電灯需要の伸び率は全国水準より低く、電力の大口も業種によって伸び率に差が出ていた。それでも鉄鋼や機械は大幅な増加をみせ、このため新鋭大型火力を中心に供給力対策を拡充している。69年8月には新潟火力発電所4号機（25万kW）の竣工により火力51％、水力49％と電源構成が初めて逆転し、70年8月に運転を開始した秋田火力発電所1号機（35万kW）により本格的な「火主水従」時代を迎える。63年に運転を開始した新潟火力発電所1号機（12万5000kW、現在は廃止）は、我が国初の天然ガス・重油混焼火力である。

原子力発電の取り組みは、昭和30年代初頭から調査研究を開始しており、60年には秋田県が東北地方では初めて誘致を表明した。その後国の適地調査が宮城県でも始まり、67年には宮城県が女川町地域を適地と発表、福島県浪江町も誘致に動き、誘致合戦となったものの、同社は68年1月、女川町小屋取地域とすることを決めた。

70年12月にはBWR採用の女川原子力発電所1号機（52万4000kW）の設置許可が下り、以後反対の陳情や内外情勢の変動から建設開始まで時間を要したが、79年12月本格工事の着工となり、83（昭和58）年10月18日、東北地域初の原子の火が起き（臨界に達し）送電された。

▽北陸電力

戦時中の第2次電力国家管理では、当初北陸、中部を含めた8ブロック案が有力で、これに当時日本海電気（合併して北陸合同電気）社長の山田昌作らが異議を唱え、再編後の9電力体制につながる9ブロック案を主張した。配電統合では中部電力の北陸支社というのが原案で、直前になって暫定案として北陸は一配電会社に変更された。自主統合による北陸合同電気が設立されていたことが大きく、この時山田は、連日逓信省始め各界に陳情し、これが功を奏したと言われる。したがって北陸電力は、山田抜きには語れない。

山田昌作（提供：北陸電力）

山田昌作は、1890（明治23）年富山県に生まれ、東京帝大法学部を卒業して16年父親の友人の勧めで富山電気に入社、すぐに水力発電所の建設に携わり法学部卒にもかかわらず電気工学から建設技術まで学び、周囲から「山田技師」と呼ばれるほどになったという。

山田昌作は、旧北陸配電社長を経て北陸電力の初代社長に就任してからも北陸の豊富な水力資源の開発に経営資源を投入し、なかでも戦前から計画が立てられ中断していた有峰ダム発電所（合計最大出力53万４１７０万ｋＷ）の建設を再開させ、大きな足跡を残した。工事は57年に着手、60年に完成している。

同社は、水力資源に恵まれている半面、当時火力発電燃料の石炭購入の条件が不利で技術者が育たず、開発が滞ったままだった。しかし「油主炭従」の燃料転換が全国的に広がり、同社も62年４月には、重油専焼の富山火力発電所1号機（15万６０００ｋＷ）の建設に着手した。64年8月に完成、同出力の2号機も66年2月に運転を開始し、その後も火力建設は相次いだ。これによってやや遅れはしたものの貯水池式発電所と組み合わせた、水・火併用の供給体制確立となった。

山田は59年会長に退き、２代目社長には副社長の金井久兵衛が就いた。山田―金井ラインは、同社の経営の基礎固めを行い、発展へ向けての事業基盤を築き上げた。

山田、金井について前出の鈴木(元電事連事務局長)は、次のような見方をし、評価している。

「(山田さんは）若い時から重役稼業をやってた人で、電力会社の社長会に来ても一人だけ法学士なんだ。僕らはまた法学士が始まったというんだけど、ちょっと味のちがった面白い発言をされていた。北陸のいろんなことを秩序立てることは山田さんを煩わしてうまく解決してもらっていた。金井久兵衛さんが、自分の本当の後継者になることは最初から決まっているんです。それで北陸電力は全く問題がなく、うまくいっているんですよ」

ただ２人の経営者が唯一悩まされたのが、水力開発などに伴う資本費増による料金値上げである。

元々北陸地域は戦災の被害が少なく、日本海側随一の工業地帯を形成していた。そこに復興需要や高度成長による経済の活況から電力需要が急伸。発足当時から供給力が不足していたため水力開発を急ピッチで進めていた。昭和20年代の3度にわたる各社一斉値上げに続いて、供給力拡充の資本費増や融通電力増による費用増などで57、66年と石油ショック前に2度の値上げを実施せざるを得なかった。。

この66年の料金改定後社長の金井は、長期の料金水準安定のため積極的需要開拓、原価意識の高揚、業務運営の能率化、人事管理の刷新の4本柱からなる「経営刷新方策」を打ち出している。

一方で、山田―金井ラインは創立時から需給のアンバランス解消を課題に挙げ、経営目標として「電力の確保とサービスの向上」を据え、そのために人間能力の開発と発揮を求めていた。同社設立の経緯が北陸3県の民間事業者12社の自主統合から始まり、「人の和」がキーになったことから「人間性尊重」の事業運営を浸透させていた。何回か打ち出された経営方策には、必ずといっていいほど、「事業運営の基本は人」というフレーズが盛り込まれている。

67年には同社が中核となって北陸3県の経済人を結集した北陸経済連合会を発足させている。

なお、原子力発電については65年の長期計画に初めて将来の電源構想として盛り込まれた。能登半島の4地点が候補となる中70年、石川県赤住地区がいったん建設に同意するも反対勢力があって建設計画は長期間停滞した。80年代になって発電所建設の流れとなり、88（昭和63）年ＢＷＲ採用の志賀（当初名は能登）原子力発電所1号機が着工、93（平成5）年運転を開始した。これによって沖縄電力を除く、9電力会社すべてが原子力発電を保有するということになった。

金井は72年、次の社長を原谷敬吾に引き継いだ。第6代目社長となる山田圭蔵（95～99年）は、父親同様同社の顔として、また同社のみらず北陸地域発展に欠かせない存在となった。

▽中国電力

中国電力は、松永の信頼厚い進藤武左ヱ門が初代会長に、また初代社長には旧中国配電社長の島田兵蔵が就いた。深刻な電力不足を乗り切って2代目社長に就任した桜内乾雄（61～71年）の時代に同社は事業基盤を固め発展の時期を迎える。桜内は料金値下げを実行し、松永始め、業界人を驚かせるなど「中国電力に桜内あり」を印象付けた。

桜内乾雄は、１９０５（明治38）年東京市芝区に生まれ、父は商工大臣や大蔵大臣を務めた桜内幸雄、弟は衆議院議長を務めた桜内義雄、叔父も政治家という政治家一家の出身である。祖先をたどると、松平家につながる出雲地方の広瀬藩士の武士の家系という。明治中学（現明治大学付属明治中学・高校）、静岡高校を経て30年東京帝大電気工学科に入学、大学院を卒業して最初は台湾電力に入社した。その後出雲電気、中国配電に引き継ぎ入社し部長、支店長を歴任して再編成時は、創立された中国電力常務となった。

桜内乾雄（提供：中国電力）

61年10月、社長に就任したばかりの桜内は、「私の３つの夢」として「全国に先がけて料金の値下げをしたい」「従業員の待遇改善を図りたい」「株主さんになんらかの形でご恩返ししたい」という自らのビジョンを明らかにしている。

ここに至るまで中国電力は、再編後の厳しい状況を乗り切るため独自に電源開発５カ年計画を立て、水力では流込み式に代わって大規模な貯水池式や調整式水力の開発に取り組んでいる。しかし次第に経済的に引き合う水力地点が少なくなり52年度に着工した小野田発電所３号機（３万５０００ｋＷ）を始め、当時としては画期的な能力を持つ大容量高性能火力の開発に全力を挙げた。供給力の拡充に豊水も手伝って、53年には電力使用制限を他社よりも最も早いレベルで解除している。

桜内は、料金の引き下げを念願としていた。発足以来各社と足並みをそろえて３回の値上げをしたが、３回目（54年）の値上げは、8・6％と隣接する関電（３・９％）、九州電力（３・０％）を上回り、その結果料金水準は全国的にもやや高目におかれた。供給地域の産業界の自家発発電比率は全国より高く、これ以上の値上げは何としても避けなければならなかった。

このため内部留保の拡充に経営の力を振り向け、資本費の増大を抑えるため①電源開発方式を「水主火従」方式から火力をベースにした「火主水従」に転換し原価の高騰を抑える②長期設備計画に基づいた的確な設備投資の実施、とくに送配電設備の電力潮流などの状態を見極めた投資効率の上昇③労働生産性の向上④電発などとの広域運営に対する協調体制の確立、の４点を強力に推進した。

66年８月、桜内は３・91％の値下げを通産省に申請、同10月には実施となった。産業界やマスコミは、「英断」と歓迎したが、電力業界の反応は、一様ではなかった。松永の反応が、鈴木建の「照る日曇る日」（電気新聞99年３月３日付）に記されている。

「桜内さんが料金の値下げをした時『爺さんから怒られた、怒られた』と言って、顔を赤くして、頭をかいておられたことがあった。中国電力が値下げしたのは、瀬戸内海臨海工業地帯は自家発電が多いところで、やむを得ない特殊事情があったようだ。しかし、松永翁が怒ったのは『値下げする金があるなら設備投資をやれ』ということであった」

昭和40年代に入るとさらに電力需要は伸び、66年度からしばらく中国電力の伸び率は全国一となる。70年度でみると創立時に比べ電力量で約10倍、最大電力では約８倍に達した。このため電源開発が急がれた。火力では66年岩国発電所１号機（22万ｋＷ）が運転を開始した。同発電所は、当時単機容量としては最大、また原油生だき装置を初めて採用した。その後も玉島発電所２号機（35万ｋＷ）など大容量火力の建設が相次いだ。

桜内は、関電社長の芦原を師と仰いでいたという。当然原子力発電の取り組みも本格化させた。調査研究のうえ島根県の島根半島に着目し66年には建設意向を明らかにした。立地点の鹿島町始め地元、漁協の同意を取り付けて建設準備に入り、出力46万ｋＷの国産ＢＷＲを採用する方針を決めた。日立製作所と契約し70年２月着工し、島根原子力発電所１号機は74年３月29日、運転を開始した。関電の美浜、東電の福島第一原子力発電所に次ぐ全国で３番目の原子力発電所となった。稼働率も良好で国産メーカー日立とともに島根原子力発電所が、大きく取り上げられるようになる。

こうした桜内の事業展開は、同社の発展に大いに寄与する一方で桜内は、「(中国電力は）中央４社になる」と公言したり、周囲からは「独自の生き方をするユニークな経営者」との評もあった。

なお桜内の業績でもう１点触れておかなければならないのが、台湾電力との交流である。桜内は自身が台湾電力に就職したこともあり、在任中から台湾電力と行き来を盛んにした。66年11月には姉妹縁組し、相互研修を積極化するなど良好な関係を築いた。

桜内は71年、後任を副社長の山根寛作（71～81年）とし、77年４月３日、71歳の生涯を閉じた。

▽四国電力

四国電力初代社長は、松永と縁の深い宮川竹馬である。宮川は１８８７（明治20）年高知県生まれ、旧制中村中学（現高知県立中村高校）を経て東京高等工業学校（現東京工業大学）電気科を卒業して12年九州電灯鉄道（後の東邦電力）に入社した。

東邦電力では、文字通り松永の手足となり専務取締役まで上り詰めたが、日発創立となって東邦電力幹部では珍しく日発入りし、理事、業務局長となるも電力再編問題の際に辞職し、再び松永のスタッフとなった。「(宮川は）日発にいて発送電の関係はみんな知っていて、彼の知恵は再編成の案を作るのに大いに寄与した」とは、周囲の一致した見方で、松永もそこを評価して新生四国電力の社長に据えた。

ただ高知（土佐）出身の〝いごっそ〟である。日発を辞めたのも当時総裁の新井章治との大ゲンカが原因という。松永にも不安もあったのか初代会長には松永の義兄にあたる竹岡陽一を就けた。

創立間もない四国電力も電力不足に見舞われて電源開発が大きな課題となったが、四国地域には住友共同電力が大きな存在として構えており、すぐに水利権問題から両社の関係が険悪となった。対立の根は、「喧嘩を吹っかけた」四国電力社長の宮川にあり、住友の側も譲らず対立は深刻化し、当時首相の岸信介まで調整に乗り出す騒ぎとなった。結局参院議員で自由党参議院幹事長の経歴を持つ中川以良が、2代目社長（60～66年）に就いた。

中川は、社長就任早々四国全体の開発の青写真「四国開発マスタープラン」を作成している。プランを作成した四国産業開発委員会は、63年3月四国経済連合会（会長・中川以良）に発展、住友共同電力とも相携えて四国地域の開発と産業の発展を担っていく中核機関となった。

四国電力の電力需要も高度成長期の波に乗って急伸し、70年度販売電力量は85億9200万kWhと創立時に比べ7倍以上に増加した。60年代以降電源開発の比重は火力発電に置かれ、63年7月には重油専焼火力の新徳島火力発電所1号機（12万5000kW）が、65年11月には石炭・重油混焼の西条発電所1号機（15万6000kW）が運転を開始している。2号機と合わせた出力合計40万6000kWは、当時四国最大の発電所と言われた。さらに超臨界圧方式を取り入れた坂出発電所2～4号機（1号機との合計137万5000kW）と続き、供給体制は安定した。

経営効率化の面では事務機械化に他社に先駆けて取り組み、IBMのコンピュータを導入し効果を上げた。68年には日常の業務を総合的に関連付けて決算諸表作成までの全工程を機械化し、一貫管理する第1次総合機械化を完成させ、その後も対象業務を拡大し新しい経営情報システムを開発し構築した。

中川の時代は、需給の安定から様々な対策が功を奏し社内も落ち着いた。中川のあとは大内三郎（66～74年）と続き、実力者山口恒則（74～81年）が第4代社長となって同社は発展の時代を迎える。原子力発電の開発に本格的に取り組み、伊方原子力発電所1号機が運転開始に至るのである。

山口恒則（提供：電気新聞）

同社の原子力の調査研究は、56年から始まり、60年には火力部火力課に原子力係を置き、67

年8月には原子力調査室を設け、取り組みを本格化させている。この間原子力技術者の養成に当たり第6代社長となる近藤耕三（93～99年）も日本原子力発電へ出向し研修を積んでいる。69年愛媛県伊方町など3地点を候補地に選び、ボーリングなど綿密な調査を行い、愛媛県や地元了解のもと伊方町での原子力発電建設を決定した。出力56万6０００kWのWH社製PWRを導入することとし、72年11月に原子炉設置許可を得、77年９月運転を開始している。

料金は、54年の各社一斉値上げのあと73年９月17・75％の値上げまで長期安定を保持した。創立時に目立った不安定さは消し飛び、伊方原子力発電所が運転を開始すると同社のみならず四国地域の発展にも寄与した。

▽九州電力

電力再編前のことである。当時松永が委員長代理の公益事業委員会は、旧日発、旧配電会社双方をうまく組み合わせる全国９地域のトップ人事案の作成に入ったが、すぐに旧日発総裁小坂順造と松永の人事抗争がぼっ発した。その焦点となる人事のひとつが、九州だった。

元々九州は国家管理に入る前、麻生太吉が社長をしていた九州水力電気、坂内義雄率いる安田財閥系の熊本電気、松方幸次郎が経営する九州電気軌道の３社と、松永が率いた東邦電力の４つがひしめきあっていた。戦後の電力再編前の情勢でいえば、九州地域は九州配電に統一再編されたといっても中では旧九州水力、旧熊本、旧東邦の勢力争いが続いていた。

公益事業委員会が１９５１（昭和26）年2月に明らかにした9地区のうち新生九州電力のトップ構想は、会長・安川寛（安川電機社長）、社長・佐藤篤二郎（九州配電社長）である。小坂は、事前の約束（新社長は日発、配電双方から出さない）が破られたとして、新会社社長には元九州電気軌道の村上巧児を推した。松永は、九州内の事情を熟知していたから対抗意識、派閥意識の強い村上では、新会社の円満な運営は難しいとして、村上を会長に棚上げすることで調整しようとした。村上はこれに応ぜず、結局当時の吉田首相の娘婿でもある麻生太賀吉を会長に据え、小坂もやむなく同意したという経緯がある。

佐藤は、そのまま初代社長に就き、2代目社長には同じ旧東邦電力出身の赤羽善治が就いたが、旧熊本電気系の役員らの勢力があり、しばらく社内は落ち着かなかった。この間初代社長の佐藤は福島県出身ということもあってか、東北電力が初めて火力発電を建設する際に、社長の内ヶ崎の要請を受けて同社から東北電力に150人もの技術者を送ったというエピソードがある。

赤羽が社長に就いた60年、それまで原研初代理事長、原電初代社長を務めていた旧安川財閥の安川第五郎が会長に就き、ようやく社内はひとつにまとまった。安川は翌年（61年）創立したばかりの九州・山口経済連合会の初代会長ともなった。67年3代目社長に瓦林潔が就任して九州電力は、発展の時期を迎える。

瓦林潔（提供：電気新聞）

新生九州電力には、他電力会社にはない特有の問題があった。ひとつには周波数が地域によって違うという周波数の統一問題である。北九州及び東九州が50ヘルツ、福岡市及び西九州が60ヘルツで、戦後の電力不足の時期、本州から60ヘルツの電力を受電しても50ヘルツ地区の電力不足はカバーできなかった。

そこで再編前からも本格的な変更工事（第1期）が行われ、九州電力はそれを引き継いで54〜60年の間、大掛かりな変更工事（第2期）を行なっている。両工事の費用は約110億円に達し、同社を苦しめることになったが、半面石炭、鉄鋼、化学、セメントなど九州の重要産業の大半が関係し、これら産業では二重投資を解消して不経済が解消し、また電力系統が強化されたので電力の量の確保、コスト高騰の抑制に役立った。一方九州電力の側も電力損失の低減などメリットが多く、その意義は双方にとって大きかった。

九州内では地勢的に水力資源に恵まれなかったことから電気事業者は早くから石炭火力に着目し建設を進めて

いた。筑豊始め日本有数の炭鉱が近場にあり再編後の九州電力も火力技術を向上させ、上昇していた炭価引き下げもあって戦後復興から高度成長期の需要増には石炭火力の建設ラッシュとなった。56年に運転を開始した苅田発電所1号機（7万５０００ｋＷ）は、ＷＨ社から導入した世界水準の最新鋭火力で、建設に当たっては初めて世界銀行から融資を受けるという記念碑的な発電所となっている。

しかし、石炭から石油へのエネルギー革命が始まると、67年に運転を開始した唐津発電所（15万６０００ｋＷ）を最後に石炭火力の建設を打ち切り、重油専焼火力建設に方針を切換えた。70年度には石炭と重油の使用比率は逆転した。エネルギー政策の転換は、九州内の石炭産業の衰退を呼び起こし、電力需要にも大きな影響を及ぼすことになる。ここが他電力と違う九州特有のふたつ目の点である。

再編直後の51～60年度まで電灯需要は、約２・1倍と全国並みの増加率だったのに対し、大口などの電力はこの間約２・２倍に増加したものの、全国大では約３倍の伸びだったから増加率は、かなり低かったといえる。大口産業用電力のうち鉄鋼は同時期約5倍に増加したにもかかわらず、石炭はわずか1・2倍だった。

需要増は設備拡充を急がせることとなり、結局資本費の膨張から60年7月料金値上げ申請となった。これに対する世論の反応は厳しく、大幅査定のみならず実施時期も延ばされ、結局61年３月に10・５％の値上げ実施となった。その後は、安川会長のもと赤羽、続いて実力者の瓦林が社長に就いて安定した経営が続き、料金は石油ショック後の各社一斉値上げまで13年間維持され、この間新たな事業展開となった。

その第一が原子力開発である。九州電力は57年頃から九州一円の数十地点について立地条件の調査を始めていた。その結果67年には佐賀県玄海町と鹿児島県川内市の両地点を原子力発電の候補地とし、瓦林社長は68年この両地点について調査所を発足させている。

この間通産省の立地調査も行われ、対象となった4地点の中に両地点が含まれていたことから誘致の動きとなった。その後九州電力は調査を本格化させ、68年６月玄海原子力発電所1号機（55万９０００ｋＷ）の建設計画を発表した。ＷＨ社製のＰＷＲを採用することにし、71年9月着工し、75年10月営業運転を開始した。

九州で初の原子力発電となった玄海発電所は、その後も4号機まで（総出力３４７万８０００ｋＷ）建設運転となり（1、2号機は廃炉へ）、84、85年に運転を開始した川内原子力発電所1、2号機（各89万ｋＷ）と並んで九州電力の経営基盤を安定させる原動力となった。

公害訴訟と燃料対策、ＬＮＧの導入

電気事業が高度成長期の旺盛な電力需要の伸びを見越しながら火力発電所などの電源開発を進めていた65〜70年代は、「公害の5年間」とも言われていた時期である。70（昭和45）年の第64国会は、「公害国会」と称され、大気汚染防止法を始め、全部で14の公害関係法案が可決成立した。これにより71年には総理府、経済企画庁、さらに通産省の公害保安局公害部の環境関係部署が統合して環境庁が発足するのである。

我が国での公害問題の原点は、明治時代の足尾銅山鉱毒事件と言われる。公害という言葉が広く浸透するのは、水俣病や四日市喘息などに国民が危機感を抱き、67年に公害対策基本法が公布・施行された頃で、69年5月には厚生省から初の「公害白書」が出されている。70年の夏には、東京・杉並で光化学スモッグが発生、小学生児童らに被害が出て、公害問題はまさにピークを迎え、先の公害国会へとつながっていく。

一方で通産省は71年、光化学スモッグの多発により火力発電所の出力抑制を余儀なくされれば電力需給がひっ迫しかねないと、大口需要家などへの節電協力を要請できる電気使用制限規則を制定している。

電気事業が公害問題に真剣に向き合い始めた時期は、世の中動向より比較的早い。64年2月には電事連に各社の火力部長をメンバーにした「大気汚染防止研究会」を設置している。石炭から石油へのエネルギー革命が進行し、大容量火力の建設時代が本格化しようとしていた。同研究会は、翌65年に結論をとりまとめ、当時の排煙規制法（のちの大気汚染防止法）に対応した緊急時の低硫黄重油の使用などを申し合わせるとともに排煙脱硫、重質油の水素分解による脱硫などの基礎研究や実験に取り組むことを決めた。

研究会の成果は、65年2月発足した中央電力協議会（9電力と電発で構成）の「公害対策会議」に受け継がれ、さらに70年の公害国会によって公害問題が新しい段階を迎えると電事連の「公害対策会議」に引き継がれた。この間中電協の公害対策会議は、67年の公害対策基本法成立に際し、次のような「意見」を表明し、電気事業の公害問題に対する基本的姿勢を明確にするものとして注目を集めた。

「公害問題は社会全体の問題であり、またその解決が焦眉の急務であるのに、そのための手段や方法については、理論的にも技術的にもまだまだ不十分なところが多いのが現状である。したがって公害問題の解決にはあらゆる能力を動員し、組織化し、総合化してこれに当たらなければならない。そのため公害を防止するという最終目標に向かって、国全体が何をなすべきかをまず明らかにし、そしてそれには政府、地方公共団体、企業あるいは一般市民がそれぞれどのような役割を分担すべきか、またどのような協力体制をとるべきかを明らかにすることが根本と考える」（『電気事業連合会50年のあゆみ』より）

こうした姿勢を明らかにしただけでなく、70年2月には政府に「硫黄酸化物の排出基準の抜本強化」について申し入れを行うなど燃料対策や、石炭、生焚き原油割り当てなど電気事業者の実情を踏まえて国のエネルギー政策との整合性について要請を行っている。当時通産省

公害対策のため排煙脱硫装置を備える電力会社
（写真は関電・赤穂火力１・２号機　提供：電気新聞）

は、国内石油産業保護にこだわっていた。このため石油政策は、国内精製主義の立場をとっていた。燃料は精製後の割高でしかも原油に含まれる硫黄分が集中する重質油、電力向けではC重油をもって当てる、という政策を金科玉条にし、当時大問題になっていた燃料の低硫黄化へ逆行する仕組みを変えようとはしなかった。

木川田電事連会長は、記者会見などでこうした石油政策を批判し、石油製品輸入の自由化、また原油輸入の自由化を求めた。さらに排煙脱硫装置の実用技術開発を含め電力の排出低減対策を、他のどの産業よりも早くまた進んだものにすべく対策を急がせた。もっともそれには背景があった。

国の排出規制が整備されるにつれ、地方自治体の規制がこれを先取りし、また上回る傾向が出てきて、現実の火力発電立地をかかえる電力業界としては、相当進んだ低硫黄化対策などを講じなければならないという事情があったのである。

木川田経営理念の「社会的経営」は、国の政策に協力するだけでなく企業としての責任を果たすという意味で用いられたが、当時の電気事業からしてみれば切実な課題でもあった。全国一の過密地域を抱えている東電にとっては、まさに公害対策の成否に事業の先行きがかかっていたと言っても言い過ぎではない。

東電社長の木川田は、67年の第4次経営刷新方策の中で「無公害の挑戦」を宣言し、68年に「公害対策推進会議」を設けるなど体制を整備した。そして地方自治体と公害防止協定を締結するといった積極姿勢をとった。ただ東電の「無公害宣言」には、産業界や政府の一部から「不可能」「現実的ではない」との声があがった。だが木川田には成算があった。

67年3月、東電は東京ガスと共同でアラスカからＬＮＧを購入する契約を締結していたのである。東京ガスの安西浩社長が一社だけでは、導入できないと東電との共同購入をもちかけたのがきっかけだった。契約期間15年、契約量東電72万トン、東京ガス24万トンでアメリカの企業と契約を結んだ。ＬＮＧは、硫黄分、窒素分を含まない超良質燃料で当時「無公害燃料」と呼ばれていたが、カロリー単価が重油より割高で、また技術的にも火力発電所での使用には未知な部分が残っていた。

木川田が内々ＬＮＧ購入を決断したといっても社内には当然疑問と反対の声は出た。65年９月30日の常務会では、多数を占めた反対意見に対して「高い、高いとばかりにいわずに、将来に目を向けよ。コストが割高なら、それを克服する技術革新をめざすべきだ。革新を踏まえてこそ、効率的前進が意味をもつ」（『東京電力50年への軌跡』より）との木川田の決意が伝えられている。木川田は同４月５日の常務会で「社長責任でＬＮＧ導入を決断する」とし、70年南横浜火力発電所１、２号機（各35万ｋＷ）に業界初だけでなく世界初のＬＮＧ火力を導入した。

71年８月には我が国で初めて大井火力発電所に硫黄分0・1％のミナス原油（当時、重油を主体とした燃料油の平均硫黄分は３％程度）を使用する専焼火力を運転させている。ミナス原油も使用コストが割高でここでも社内に反対の声があった。当時東京都知事の美濃部亮吉は、公害反対の立場から大井火力の建設に反対していたが、木川田の先見性を評価して、68年９月東京都と東電との間の公害防止協定を締結している。

東電とは異なり、北海道電力は伊達火力発電所の建設で、中部電力は四日市公害訴訟で反対派との対応に苦慮し、とくに72（昭和47）年７月24日の四日市公害裁判（津地裁四日市支部）での判決は、大きな衝撃をもって業界内外に受け止められた。コンビナートにおける立地企業すべてが公害被害者に対し共同不法行為があったと認定されたのである。中部電力も「（三重火力に）最善の防止装置を尽くしたとは認め難い」とされた。

中部電力としては加藤社長が電事連会長でもあることから、仮にこの判決を受け入れると、全国のコンビナート火力が同じような訴訟にさらされ、下手をすると操業停止に追い込まれるおそれがあると、判決に服するかギリギリの決断に迫られた。この年はちょうど、各社とも電力需給がひっ迫しており、一部でも操業規制があれば直ちに電力供給に支障が出かねなかったのである。

加藤社長が下した決断は、四日市の現実の公害被害者を優先して控訴は見送り、同時に電事連会長として電気事業全体がこれを機に公害防除に一層積極的に取り組むというものだった。同8月３日には、緊急社長会議を開催し、①原油生焚き②ナフサ生焚き③排煙脱硫装置の実用化、の３本柱の一層の拡充などからなる公害防除刷新方策を決め、内外に公表した。この加藤会長の判断を後押ししたのは、前会長の木川田だったという。

加藤電事連会長は、その後発電用燃料の低硫黄化のため規制撤廃を当時の田中首相らに要請、これを受け通産省は大臣の諮問機関の総合エネルギー調査会・低硫黄化対策部会を開催し、ナフサの生焚き問題などに一定の結論を出していく。

ナフサは、硫黄含有量が０・０８％と少ないものの元来が化学原料のため発電用燃料として利用することに反対の声もあったのが、通産省での審議の結論を得て72年度から国産ナフサに限り使用が認められていく。発電用燃料は、このあとも重油に代わってＮＧＬ(天然ガス液)、ＬＮＧ（液化天然ガス）、ＬＰＧ（液化石油ガス）と低硫黄またはゼロ、低窒素の無公害化した代替燃料が、火力発電の戦列に入っていくこととなった。

公害問題に対する電気事業の対応は、当時の知見と技術を早め早めに総動員し、その効果から概ね社会に受け入れられるものであったろう。また排煙脱硫や脱硝装置、煤塵を取り除く電気集塵機などの導入検討を通じ、メーカーの技術開発を促した点でも大きな成果をもたらした。

しかし、公害問題のもとは健康や、守るべき権利に対する住民からの異議申し立てであり、それは電源立地反対運動などでエスカレートし、各電力会社は立地難、とくに原子力立地に絡む厳しい反対運動に直面していくのである。

原子力推進、迫られる核燃料対策

我が国の原子力開発は、研究炉などの準備を経て1965（昭和40）年11月、イギリスから導入した原電の東海発電所1号機（16万６０００ｋＷ）が初送電に成功し、本格化の動きとなった。この間原子力委員会は、国産動力炉開発を課題に挙げ63年6月、天然ウラン（または微濃縮ウラン）を使う重水減速炉を第一候補にして検討を進める考えを明らかにしていた。

ところがその1年後（64年）アメリカから大きなニュースがもたらされる。核燃料民有化法が成立し、米原子力委員会（ＡＥＣ）が日本などに濃縮ウランを提供できるようになり、これによって濃縮ウラン供給の不安が大きく緩和されることになった。それだけではなかった。同時に実用規模の軽水炉の経済的優位性が伝えられたのである。

当時電力業界では、東電、関電が中心になって軽水炉を含めた炉型の研究調査と立地調査を進めていた。原子力委員会は、アメリカの決定に驚き「ただでさえ出発が遅れていた我が国の原子力開発がさらに取り残されるのではないかという危惧が生じた」（『電力百年史　後篇』より）。このため原子力委は動力炉開発懇談会を設け、核燃料サイクルを含む今後の原子力開発のあり方を本格的に論議することになった。

同懇談会では、核燃料サイクルの各部分を国内で行うべしとする意見から、競争原理のもとで外国からの低廉な役務をも用いるべきという考えまで提出された。また軽水炉の次の段階は高速増殖炉（ＦＢＲ）とすべきという意見に対しては、その途中に国産動力炉として検討中の新型転換炉の段階を設けるべきという考え方が提出されるなど意見は多岐にわたり、また激しく対立したという。

新型転換炉については沸騰水冷却型と炭酸ガス冷却型のいずれかを選ぶべきかで議論が分かれ、結局66年（昭和41）３月になって一応の結論を出すと同時に動力炉の開発方針がとりまとめられた。それは高速増殖炉と新型転換炉を並行して開発し、新型転換炉は重水減速沸騰水型にするというものだった。この方針は、しばらく日本の核燃料サイクル推進の基本路線として堅持されていく。

電力業界は、この間米ＡＥＣが賃濃縮サービスを行う方針を出したことにより燃料面でネックとされていた濃縮ウランの手当てに目途がつき、加えてＧＥ社製のオイスタークリーク発電所が、当時の日本の供給力の主力石油火力に匹敵するコストダウンを実現したという報から一気に軽水炉路線へ踏み出した。66年４月には関電が美浜発電所1号機に加圧水型軽水炉（ＰＷＲ）を、同5月には東電が福島第一原子力発電所1号機に沸騰水型軽水炉（ＢＷＲ）を、それぞれ採用することを決めている。

電力側からすれば、動力炉懇談会の結論にある新型転換炉開発は、軽水炉の導入開発を推進しようとしている折であり、ＦＢＲ開発の進ちょく度合い、また所要資金の面から考えると受け入れ難かった。これに対し動力炉懇談会は、ウラン濃縮は国内供給が望ましいとしたうえ国産化の方針で検討すべきとし、さらに再処理を含めて核燃料サイクルの各部分を国内で行うことがナショナル・セキュリティ上、必要との考えを打ち出していた。

海外メーカー依存から脱しなければ、機器の国産化もおぼつかなく、その面では動力炉懇談会が指摘する自主的な核燃料確保は、不可欠だった。だが電力側は国内サイクルが原則となった場合、高い燃料の使用を余儀なくされ、また燃料の面から炉型の選定が制約される可能性があるとして新型転換炉開発を含め慎重にならざるを得なかった。

新型転換炉の開発主体は当初原研が候補とされた。しかし所内に反対勢力があって難しく、また新法人の設立を認めないという国の方針もあり、このため原子燃料公社を改組し動力炉部門も担当させることになった。動力炉・核燃料開発事業団法が国会に上程され、67年10月、動力炉・核燃料開発事業団（動燃）発足となった。

初代理事長には中部電力会長の井上五郎が就いた。動燃は発足後、茨城県大洗に工学センターを設置して研究開発施設を集中させ、またＦＢＲ実験炉の常陽（熱出力10万ｋＷ）の建設に着手した。新型転換炉「ふげん」は、福井県敦賀市の日本原子力発電の敷地を借りて建設に着手、建設資金の半分に当たる３６０億円は、民間が負担した。

一方で、こうした動力炉懇談会での論議は、高度経済成長下の需要増に伴う将来の供給力確保策として原子力開発への期待を高めることになった。原子力委員会が61年度に策定した原子力長期計画では70年頃に１００万ｋＷ、80年頃６００～８５０万ｋＷを開発する計画だったのが、67年度策定の計画では75（昭和50）年度６００万ｋＷ、85（同60）年度同３０００～４０００万ｋＷと大幅に修正拡大された。

電力業界にとっては、いずれ来る「原子力時代」に備えての核燃料確保は、軽水炉の導入開発を推進する上でも、また国全体のエネルギー安全保障という面からも重要となった。このための検討機関として66年12月、電事連内に「核燃料対策委員会」を発足させた。原子力発電計画が先行している東京、中部、関西電力の３社構成とし、委員長には当時電事連副会長の荘村義雄、委員には東電常務の田中直治郎らが就いた。

同委員会は、将来に向けてのウランの長期契約のあり方、さらに探鉱開発の可能性なども検討し、その後３社以外でも原子力への取り組みが本格化したことで、翌67年４月には電力９社による「原子力開発対策会議」に衣替えとなった。電事連事務局として原子力部が設置され、現在に至る原子力諸問題を検討する強力な体制となっている。

電事連の体制整備の背景には、同年４月原子力委員会が、核燃料の民有化方針を盛った原子力開発利用計画を決めていたことがある。この時原子力委員会が打ち出した方針は、昭和40年代の我が国核燃料政策のベースとなるだけでなく、その後の我が国、また電力業界の原子力開発を大きく方向付けた。

その骨子は、①当面、軽水炉が原子力発電の中心になると予想されるので国際協定の改定等を行い、その供給を確保し、ウラン資源の相当程度を開発輸入によって確保する、②国内の核燃料の確保と有効利用を図るため新型転換炉、ＦＢＲの早期実用化を促進する、③使用済み燃料の再処理は国内で行うこととし、当分の間は原子燃料公社の再処理工場において行うが、将来は民間企業で再処理事業が行われることが望ましい、④米国だけにその供給源が限られる濃縮ウランのみに依存することは、核燃料の安定供給の面から必ずしも望ましいことではなく、将来濃縮ウランの国内生産を行うことも考えられるのでこれに備え必要な研究開発を行う、というものだった。

この方針について『日本の原子力　15年のあゆみ』（原子力産業会議編）は、「燃料の民有化は、商業原子力発電の発展にともなう必然の要請ともいえるが、長年軍需物質として厳しい国際的監視を受けてきた濃縮ウランやプルトニウムが、なお国際的な制約を残しながらも、民間で所有され、取引される時代を迎えたことは、やはり画期的なことといわなければならない」と記している。

電事連の核燃料対策委は、こうした原子力委員会での議論を踏まえながら同年３月に核燃料調査団（団長・田中東電常務）を派遣した。この調査団の派遣は、我が国初の試みであり多くの成果をもたらしている。世界のウラン事情を調査し、アメリカ、カナダ、フランスなどの原子力機関関係者と接触した結果、日本の原子力計画を世界に知らしめることにもなって、各国から長期契約の打診や共同探鉱開発の打診、申し入れが相次ぐことになったのである。この調査団には各社の第一線の若手専門技術者が参加したのも特徴で、日本原子力発電からはのちの衆議院議員与謝野馨も参加していた。

調査団帰国後の同年後半には、実際に海外企業と電力各社の間で次々と長期契約やスポット契約が結ばれ、電事連ベースでも海外との共同探鉱プロジェクトが次々に持ち込まれた。鉱山６社と共同で実施したカーマギー・プロジェクト、電力９社が参加したデニソン・プロジェクトと、結果は思わしい成果が挙げられず終了したが、ニジェール・プロジェクトは、成功事例となり、70年５月には新会社「海外ウラン資源開発」（ＯＵＲＤ）が設立されている。

会長には木川田電事連会長が、社長には新井友蔵同和鉱業社長が就任した。探鉱はニジェールのアクタ地区で２年余り行われ、予想以上に高品位のウランを確認し、78年にはＯＵＲＤと電力各社の間でウラン購入契約が結ばれた。

軽水炉に必要な濃縮ウランは、アメリカＡＥＣから提供されることになった。それが可能になり提供を裏付けたのは、新日米原子力協定である。協定は68年２月に結ばれ、とりあえず原子力発電所13基分の確保が可能となり、同年ＡＥＣとの間でも契約が結ばれた。72年の協定改定ではその枠は27基分にまで拡大された。また同時期に日英原子力協定も改定され、原電・東海発電所１号機の燃料の供給が長く保証されることになった。

73年になるとＡＥＣから新たな契約方式（新クライテリア）が持ち出された。これは、運転開始の10年前契約、事前の数量確定、前払い金など従来に比べ非常に厳しい内容で、電事連はその対応に追われた。この新クライテリアに日本側は抵抗したものの結局、新条項は発動され電力各社とも契約を結ぶことになった。原子力協定も再び改定され、最終的には78年度着工分まで６０００万ｋＷ分を２００３年まで供給するという内容になった。

その直前の72年度の原子力委員会の長期計画では高度成長に伴う需要増から原子力発電の開発規模は85年度６０００万ｋＷという目標に修正されており、この数字が濃縮ウラン役務契約のベースとなっていた。海外に依存する濃縮ウランの供給は、外交案件ともなり、72年８月の田中・ニクソン会談では、１万トンＳＷＵの緊急輸入、さらにフランス・ユーロディフ計画の引き取りなど膨大な案件が相次いだ。

ただ電力各社の供給力の中枢は、その頃は依然石油火力にあり、原子力の開発目標が拡大し、燃料の濃縮ウランの供給が保証されたからといって経済性の点ではまだ高効率化した大容量の新鋭火力に追いつくまでには至らず、、原子力発電は｡次のエースいわば｢期待の星｣だった。

それが一変するのは、73（昭和48）年秋に起きた石油ショック（第一次）からである。中東産油国に約９割を依存し、発電電力量の約７割を輸入石油に頼っていた電力業界への打撃は過去に比べようもなく大きく、「豊富低廉」な石油イメージは、瞬く間に消え、新たな主力級供給力を探さなければならなかった。ここに原子力発電は、ＬＮＧ火力といった新戦力とともに注目を集めることとなった。

しかし､電力業界の抱える問題はそれだけでなかった。高度成長から一転した日本経済の成長率の鈍化、それに伴う電力需要の伸び悩み、ピークの先鋭化、電源立地の困難化と様々な問題が一気に噴き出し、何よりも事業の業績悪化が喫緊の問題として浮上し、９電力会社は一時の猶予もならない状況に追い込まれたのである。

第2節　民営体制強固に　原子力軸に　電源多様化（1973～1995年）

第一次石油ショックと緊急体制

戦後の高度経済成長は幾つか好・不景気の波があり、70年代に入ると大阪万博があった70（昭和45）年をピークに71年の「ニクソン・ショック」（金・ドルの交換停止とドル防衛策、日本は変動相場制へ）によってしばらく景気後退が続いた。71年12月を底に列島改造ブームが起こり、再び景気上昇となったが、経済指標はすでに高度成長からの変化の兆しを見せていた。そのひとつか民間設備投資であり、70～73年度の対前年度増加率は60年代後半の時期に比べてかなり低い数値にとどまった。70～73年度の実質経済成長率もそれまでの年率10％を下回る水準で推移した。

経済指標では高度経済成長の「終えん」に向かうデータが示されても国民には実感ベースでは伝わらなかった。それをだれもが「高度成長の終わり」と実感した出来事が、73年10月に起きた第一次石油ショックである。

電力業界が頼みとする火力発電の燃料、石油価格にも70年頃から変化の兆しが出ていた。60年に設立されたOPEC(石油輸出国機構)がそれまで石油市場の覇者だったメジャーズ（国際石油資本）に対抗する力を備えるようになり、71年のテヘラン協定で石油価格はOPECとメジャーズの協議により決定されることになったのである。原油価格は値上げの動きとなり、石油はそれまでの値下げから一転、値上げ物質となった。その背景にはOPEC加盟国が増えたこと、新規油田の発見量と消費量の関係が逆転し、さらには中東産油国やアフリカでの民族主義、資源ナショナリズムの台頭といった要素があった。

一方で72年スイスに本部を置く民間シンクタンクのローマクラブが「成長の限界」を発表し先進国に警鐘を鳴らしていた。国内でも松永亡き後の産業研究所が73年春に「石油だけに依存しては危ない」と「産業構造の改革」という提言を出していた。だが危機が目前に迫っているととらえる向きは、ほとんどなかった。

メジャーズに対し、産油国の力は次第に強まり、73年には石油を支配する力は、石油資本から産油国側に確実に移っていた。

73年10月6日、アラブ諸国とイスラエルの間で第4次中東戦争が勃発した。11日後の10月17日、ＯＰＥＣに加盟するペルシャ湾岸6カ国が、原油公示価格の70％引き上げを決定した。同月にはアラブ石油輸出国機構（ＯＡＰＥＣ）も石油供給量の前月比5％削減を発表、さらにひと月後（11月）には、同年9月比で一律25％カットなどを発表した。

世界の石油情勢は、一気に緊迫した。「石油ショック」（第一次）が起きたのである。74年1月には石油の公示価格は前年の4倍以上に高騰し、世界中で物価が上昇した。メジャーズを通じて中東から安価な石油を大量に輸入し、それを経済成長の原動力にしていた日本にとって打撃は、計り知れなかった。当時一次エネルギーの約7割以上を石油に、その大部分を中東からの輸入に頼っていたのである。

「狂乱物価」に日本中が翻弄され、石油と直接関係のない品物の買い占め、トイレットペーパー騒動まで起きた。74（昭和49）年度の実質経済成長率は、マイナス0・5％と戦後初めてマイナス成長を記録した。

電力業界が石油ショック前に購入していた原油（公示価格）は、1バーレル3ドル台だった。それがすぐに5～6ドル台に跳ね上がった。価格高騰よりもっと衝撃的だったのが生産削減通告で、アメリカ始め反アラブ諸国には石油輸出の全面禁止という条件がついた。アメリカ系のメジャーズは完全な供給停止措置を受け、

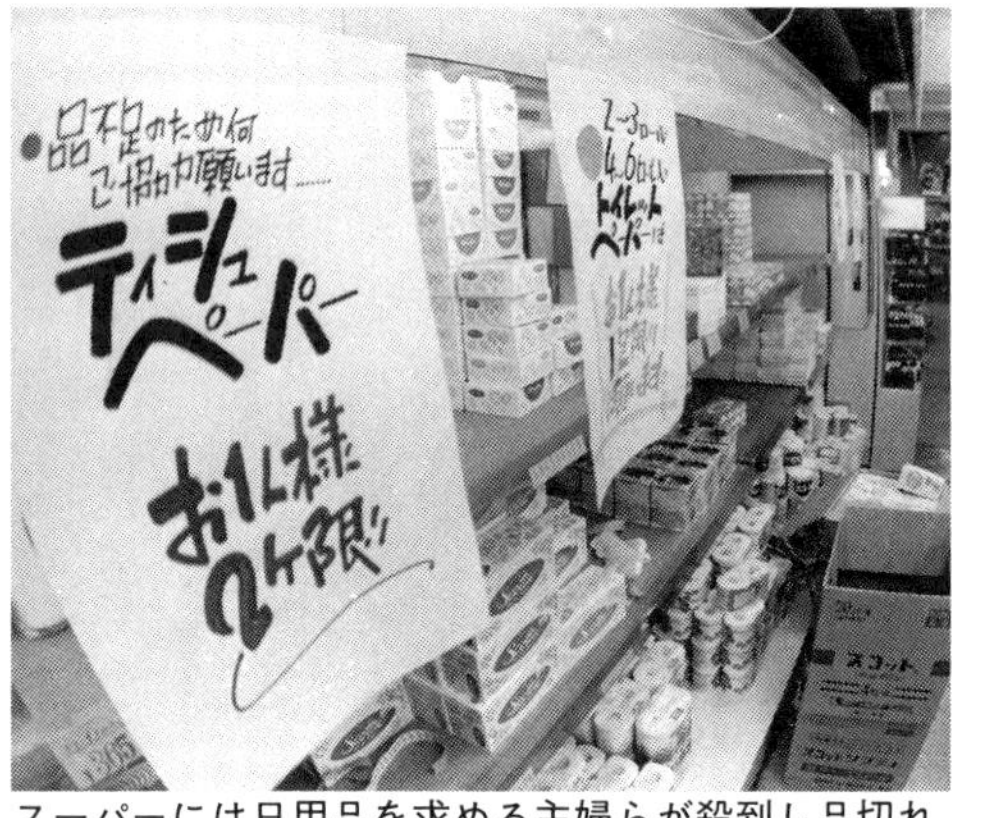

スーパーには日用品を求める主婦らが殺到し品切れ状態に（提供：電気新聞）

日本向け供給をゼロにするメジャーズも現れた。国内のアラブ産油国への依存は当時45％、メジャーズへの依存は60％程度である。石油連盟は、73年12月～74年3月までの到着ベースでの原油輸入は、当初計画より35％落ち込むという見通しを明らかにした。

9電力会社は、当時発電量の約75％を石油でまかなっていた。危機感は高まった。電事連は現実に燃料が入手しにくくなっている状況を訴え、11月2日「電力用燃料の最優先確保」を通産省に要望している。同時に自主的な電力消費の抑制、大掛かりな節電運動に取り組むことを決めた。東電は同5日、産業界への節電や広告塔、ネオン自粛などを訴え、需要の10％低減を目指す運動を開始し、関電なども追随した。電事連は同9日には緊急社長会を開催して10％節電運動の全国展開を決めた。

一方、政府は同14日、田中首相を本部長とする「緊急石油対策本部」を設け、同16日には消費節約運動などを盛った石油緊急対策要綱と「行政指導による石油・電力使用節減」を打ち出している。多くの業種が石油供給削減の対象となる中、電気事業向けの供給削減は避けられたが、実際には電力各社にも供給削減が相次ぎ、12月初めの段階で所要量に対し20％弱不足する見通しが高まった。

加藤乙三郎電事連会長は、密田博孝石油連盟会長に会い電力向け原重油の優先供給を直談判する場面となった。また11月末には電力各社の株主総会が開催され、東電会長の木川田一隆は総会の席上、「非常事態」を宣言している。石油の量的確保の厳しさに加え価格が2倍に高騰し、収支が破たんするのは必至であることを指摘し、現在の窮状は「一企業の努力だけでは解決できない。政府、株主、需要家の理解と協力が必要だ」と訴えた。

電事連は同30日付で「石油・電力緊急対策本部」（本部長・加藤電事連会長）を発足させた。石油対策会議と電力供給対策会議が設けられ、それぞれ石油確保と需要節減の具体策に取り組んだ。石油確保では石油連盟に「優先供給」を執拗に働きかけ、追加供給を実現させている。

この間政府は、中東政策を転換し、副総理の三木武夫が政府特使としてアラブ諸国を歴訪した。同27日アラブ首脳会議は、「石油生産の漸進的削減（毎月5％ずつ拡大）

を西ヨーロッパに対して一時免除する、というアラブ産油国の措置を日本とフィリピンにも同様に適用する」と発表し、供給削減が一時免除されることとなった。これによって日本もいわば「敵国」から「中立」の立場に代わり、石油危機も緩むかに見えたが、それは束の間だった。

中東産油国は、供給削減の効果を見て取って石油戦略の重点を量から価格に移し始めたのである。12月23日ペルシャ湾岸産油国６カ国の閣僚会議は、翌年１月から公示価格を２倍の11ドル65セント／バーレルに引き上げる決定を下した。この結果、供給量をしぼられた原油は、価格面でも10月以前に比べて一挙に４倍に値上がりすることとなった。

加藤会長は翌24日記者会見し、「超非常事態」との認識を明らかにし、次のように述べた。

「ＯＰＥＣの今度の価格引き上げはまったく予想外で、乱暴なことをするものだ。これで日本は原油があっても買えない事態になり、現在の供給削減どころではなく、石油は大幅に減るだろう。国に石油が入らなければ、電気事業は息の根を止められたに等しい。こうなればもう一度戦後の何もない時代に逆戻りしたと考え、あらゆることを考え直さなければならない。しかし電気事業は店じまいするわけにはいかない。何もないところからどうやって電気事業の使命を果たしていくか、われわれは重大な使命を負ったと考えている」（『電気事業連合会50年のあゆみ』より）

加藤電事連会長がこうした超非常事態宣言を行っている間、ＯＡＰＥＣ（ＯＰＥＣの中のアラブ産油国だけの組織）は、意外な決定を行っていた。石油戦略を大幅に変更し、翌年１月のＯＡＰＥＣ諸国の産油量を10％増産し、減産率を15％でストップする方針を打ち出したのである。それだけでなく日本を含めた３カ国を英・仏並みに「友好国」扱いし、以後要求量を全量供給することを決定した。

大本のところで、石油の量的危機は回避されることになった。アラブ諸国のしたたかな石油戦略にまさに翻弄される格好となり、当時通産省が準備していた電力使用制限令は、直前で延期された。ただ日本向け原油供給の大半はメジャーズがおさえていて、産油国側からの全量供給の保証がないことや、あまりの高価格の衝撃から結果として翌74年1月16日、電力使用制限令は発動となる。

この電気事業法27条に基づく電力使用制限令は、11月の一律10％節電の行政指導に次ぐ第2次規制の意味合いがあり、2月いっぱい続けられることになった。ただ内容は契約500kW以上の需要家の場合、73年10月の使用実績の15％を削減するなど第1次に比べ、数段厳しいものとなった。使用制限令は、3月以降も内容を緩和しながら5月いっぱい続けられた。

電力業界は、中東情勢が今後も一定せず石油供給、価格ともさらに大幅変動がありうるとみて同1月11日、電事連・中電協合同の臨時社長会議を開催した。電発を加えた電力10社のトップは、緊急重点対策をとりまとめ、記者会見に臨んだ加藤会長は「電力界は従来に増して、脱石油の本命である原子力開発に力を注ぐ。そのため安全性研究などに可能な限り力を注ぐ。また水力、石炭火力、地熱なども見直すつもりだ。当面は、電力使用制限令が発動された現段階では、電気事業の最大の任務は供給力確保にある」と述べた。

この時明らかにされた重点対策には、のちに定着する脱石油、電源多様化、中でも原子力開発の推進や石炭火力の見直しなどが網羅され、エネルギー、電力政策の今後を方向づけるものともなった。また同日の緊急社長会議で急遽付け加えられた資金繰り対策についても、2月中に1億ドルのインパクトローンが実現するなど政府支援もあって対策は進んだ。

石油ショックからの混乱が幾分おさまった75年6月20日、電事連と中電協は合同会議を改めて開き、緊急重点対策を拡大し、10電力協力の下での新たな電源開発と相互融通体制確立などを盛り込んだ「新広域運営方策」を発表した。骨子は①電源の共同立地②原子力の共同開発③地域間連系基幹送電網の拡充④天然ウラン鉱石、LNGなど資源の共同購入⑤電力関係諸機器の標準化、規格化などで、石油危機後の低成長経済に対応して設備の建設、運用面での各社間協調の推進、〝次のエース〟としていた原子力の本格導入開発を図ることが大きなポイントだった。原子力の共同開発も有力な方式として盛り込まれた。

広域運営の見直しは、63年、68年に次いで３度目だが、今回は電発活用策に大きな比重が置かれた。電発は同６月、大堀弘に代わって新たな総裁に通産省歴代事務次官でも名次官のひとりと言われた両角良彦が就いていた。両角新総裁は、同９月懸案と言われていた西地域の全長３７０キロメートルに及ぶ50万Ｖ連系線計画を中国電力など西地域電力協議会メンバーと合意し、建設具体化を決めた。さらに海外炭を使用する長崎県での松島火力発電所の建設も同協議会で承認され、新広域運営を軌道に乗せる原動力となった。

再編成によって誕生した９電力会社は、電力不足にあえぎながらも戦後復興やその後の日本経済の成長期に需給両面にわたる徹底した合理化策を繰り広げ、ともすれば各社との協調よりも競争を優先して、できるだけ自社の料金水準を保とうとしてきた。しかし、石油ショックは、一社の企業努力をはるかに超え、まさに広域運営を始めとする各社間協調を前面に立てて乗り切っていかざるを得なくなった。

しかも濃淡はあれ石油火力に全面的に依存していた電力会社の収支は、ひっ迫度合いが限度を超えていた。20年振りとなる９電力会社のさみだれ式一斉値上げが目前に迫っていた。

20年ぶりの９電力一斉値上げ

高度経済成長期料金改定は、石油価格の安定もあって66年10月の中国電力の値下げ以降、７年間行われず、安定が保たれていた。しかし、71年以降はＯＰＥＣとメジャーズの力関係が変わって原油価格値上げの動きとなり、加えて大気汚染防止規則の強化に対応した公害対策費増によって各電力会社は、おしなべて収支悪化の傾向となった。

その中でも四国電力、関西電力は収支ひっ迫度合いが高まり、石油ショック前の73年６月、四国、関西の順で値上げ申請が行われた。通産省は厳格に査定したうえ同

9月、四国が電力平均17・75％、関西電力が22・23％の値上げを認可し実施となった。

両社は54年の9社一斉値上げ以来、19年振りとなる料金改定となったが、認可までの論議を通じて、省エネルギー化の推進、高福祉社会の実現、環境保全対策などの観点から電気料金制度の見直しが提起され、同11月、電気事業審議会に「新料金制度」の諮問がなされた。設置された料金制度部会の部会長には、奥村新三セントラル硝子会長が就き、委員には向坂正男エネルギー経済研究所所長や田中洋之助元毎日新聞論説委員ら10名が就任した。

同部会は翌74年3月20日、中間報告をとりまとめ、中曽根通産大臣に答申した。報告の骨子は、①電灯料金は3段階料制度を採用し、生活必需的な消費量に相当する第1段階の部分には、ナショナル・ミニマムの考え方を採用する②大口料金は基本料金についても逓増性を導入し、既設需要の一部についても逓増料金制度を適用する③小口電力および業務用電力は当面、新増設需要の基本料金について逓増性を設け、業務用電力の比較的規模の大きい需要については、電力料金も逓増性を採用できる、ただし負荷率割引制度は廃止する――など思い切った省エネルギー型、福祉型料金制度の採用をうたい、関係各界の注目を集めた。

電灯料金の3段階の使用量に対しては、限界費用の上昇傾向を反映した割高な料金率を適用しており、電力料金も同様に逓増料金制度（特別料金制度）を採用するなど全体に「使えば使うほど高くなる」制度設計となり、一方でナショナル・ミニマムという高福祉型の考えも取り入れながら省電力を強力に推し進める点では、過去にみられない画期的な料金制度となった。

また田中角栄首相がこだわっていたという地域別料金制度は、見送られ、これ以降も採用されることはなかったが、当面の措置として「電源立地の促進に関する他の諸施策」という表現で、その後の電源三法の国会提出と成立につながっていく。なお電事連は料金制度審議の過程で、原価主義など料金3原則を貫くよう求めるとともに、燃料情勢からみて原価算定期間は当面1年間とせざるを得ないとし、この考えはすぐに各電力会社の料金値上げ申請の際に用いられた。

74年1月1日、原油価格の公示価格を4倍に引き上げた一方で、アラブ産油国は減産率を凍結し、日本への量的削減は避けられる見通しとなった。ＯＡＰＥＣの石油戦略の転換からひとまず石油情勢は落ち着くとみて電力各社は、破たんに瀕している財務状況と世界の新しい石油事情を勘案して一斉に料金の改定作業に入った。

同1月の関電の定例幹部会の席上、社長の吉村清三は「燃料価格の暴騰と諸物価の高騰は、料金認可当時（前年9月）の予測をはるかに超えたものであり、およそ通常の企業努力をもってしては、到底吸収しえないものになった。このままにして推移すれば、当社の財務状態は正に危殆に瀕することになり、電気事業本来の経営責任を全うし得なくなるおそれさえ生ずる」（『関西電力二十五年史』より）と述べ、同時に投資の抑制や省力化、諸経費削減など一層のコスト吸収努力を全社員に求め、料金値上げの準備を指示した。

電力各社の料金問題が浮上してきても政府の電気料金改定への態度は慎重だった。2月末、田中首相、福田蔵相、中曽根通産相、内田経企庁長官の4者が、原油値上げに対する国内物価対策を協議し、その結果「まず石油製品の値上げを実施し電気料金などは後回しにする」「石油製品の査定は厳格にし、国民生活の安定を基本に置く」との基本方針を決めた。

政府としては卸売り物価が1、2月とも30％をはるかに超え、消費者物価も20％を超える「狂乱物価」の情勢のもとでは石油会社はもちろん、電力会社にもできるだけ我慢してもらいたい、という判断だった。しかし、同時に政府は、新物価体系への誘導を手順を踏んで進めることを企図していた。まず石油製品（重油、灯油、ナフサ、ガソリン等）を値上げし、次いでそのコストアップ分を各需要業界の実態に応じて合理的に転嫁させるという方策である。

3月、石油製品が62％値上げとなった。電気料金については、やや時間を置いて実施する意向だった。それというのも新しい電気料金制度の審議が通産省で始まっており、政府としては9社一斉に料金改定を行う機会には、新料金制度を盛り込ませたい考えでいた。したがって、ある程度時間を要するのはやむを得ないとしたのである。

一方で東電会長の木川田は「絶対に電気料金の改定を急いではならない」と厳命していた。当時石油業界は、石油の輸入価格の暴騰を石油製品価格に転嫁できる「千載一隅のチャンス」と言っていた（ゼネラル石油の内部文書が明るみに出る）として批判を招いていた。

2月公正取引委員会が、国（通産省）が供給量や価格を統制できる「官製カルテル」を行い、独占禁止法を骨抜きしていると検察庁に告発し、5月には東京検察庁が石油元売り12社や各社の担当役員が生産調整のうえ価格カルテルを結んで製品を値上げしたとして東京高検に起訴し、事件化したのである。この「石油ヤミカルテル」事件は、のちに最高裁判決にまで至る大きな出来事となるが、事件経過の中で石油業界は「諸悪の根源」と厳しい社会批判にさらされた。政府の指導とはいえ電力9社が、この時即刻の料金値上げを我慢し急がなかったのは、賢明だった。

高福祉型、省エネルギー型を標ぼうする新料金制度が通産相に答申されたのは、3月20日である。電力9社は、この答申を〝指針〟に料金改定案の詰めを急いだ。

9電力会社の料金値上げ申請は4月上旬、相前後して行われた。4月3日に東京、中部、6日に北陸、四国、8日に北海道、東北、中国、関西、九州電力の各社である。申請された9社平均の引き上げ率は、電灯33・86％、電力80・52％、合計平均62・89％である。各社とも電事審料金制度部会の答申に沿い、電灯料金には3段階制を設けた。月間使用量を100kWhまで、101〜200kWh、201kWh以上の3段階に区分し、2段階目の単価を1とすれば、1段階目が0・8、3段階目が1・1の割合で逓増する方法を採用した。

大幅な料金改定申請ではあったが、値上げが石油危機を背景にしたものであっただけに各地の公聴会でも「〝絶対反対〟は少なく、むしろ100kWh以下を割安にするナショナルミニマムの基準使用量が少なすぎるという〝配分〟の問題に批判が集中した」（日本経済新聞74年5月8日付）。メディアの論調も反対一辺倒ではなかった。

電力使用制限令の対応等を話し合う電事連の緊急社長会議
（1974 年１月 11 日、提供：電気新聞）

政府は、公聴会でのこうした意見を参考にしながら、結局申請の１００ｋＷｈを１２０ｋＷｈに引き上げ、同時に首相の諮問機関である物価安定政策会議での審議を経て5月21日、９電力平均で電灯28・59％、電力73・95％、合計平均56・82％の引き上げを認可、６月１日一斉実施とした。認可内容は申請に対し６％強の圧縮、実施日も半月遅れという厳しいものとなった。燃料費のベースとなる為替レートが申請の１ドル３００円に対し２８０円と査定されたのが大きかった。

加藤電事連会長は、認可後の記者会見で「認可を受けてホッとしているともいえない。皆さまに（値上げの）お願いに回った際、値上げは分かるが二度と電力制限はしないでほしいと強く言われた（使用制限は6月から撤廃）。供給安定に全力を尽くしたい。原油価格が再び上がることも予想されるが、その場合、右から左へ転嫁して料金改定は行わない。気持ちとしてはできるだけ長く料金を維持したいが、将来のことは断言できない」（『電気事業連合会50年のあゆみ』より）と述べた。

加藤会長が「将来のことは断言できない」と語った背景には、今回の料金改定が算定期間1年で、しかも原油価格高騰による緊急避難的意味合いから燃料費のみにウエートを置く値上げだったからである。案の定「狂乱物価」に続く不況下のインフレが追い打ちをかけてきた。物価高騰による資本費の膨らみと、夏ピークによる負荷率低下と設備費用の増大などに対処できず再び、料金改定を準備せざるを得なくなった。

76年4～6月にかけてまず北海道と東北電力（4月5日）、北陸と九州電力（4月8日）、関西電力（6月18日）、中国と四国電力（6月29日）、東京と中部電力（7月2日）の順に値上げを申請した。業界内では「4・1・4」申請と呼び、とくに先行4社のうち九州電力を除く3社は「北の3家族」と一種同情が込められた呼称となった。

政府の物価抑制政策による強い意向を受けて9電力が認可された引き上げ率は、申請を約6～8％査定するという極めて厳しい内容となり、なおかつ先行4社は、認可実施まで日数を要したうえ激変緩和措置として暫定料金が適用となったからである。

9電力の改定幅は、北海道電力の30・33％が一番大きく、一番低い東京電力でも21・01％の値上げとなった。先行4社が6月26日、関西電力が8月10日、後発4社が8月31日の実施となった。なお、料金制度面ではこの時の改定で小口電力、業務用電力にも逓増料金制度が採用された。

電力問題に詳しい一橋大名誉教授でエネルギー産業研究家の橘川武郎は、73年の石油ショックは、「日本経済の高度成長だけでなく、9電力体制の『黄金時代』をも終焉させた」（『日本のエネルギー問題』より）と述べている。民営公益事業の黄金時代を支えた「政府・9電力会社間の緊張関係」と「電力会社間の合理化競争」という2つの要素が、いずれも消滅したからだという。74年以降、9（のちに沖縄電力が加わり10）電力は、電気料金を改定する際に、横並びでほぼいっせいに行動するようになったのは、「値上げ回避のための合理化競争」のメカニズムが消えたためと指摘している。

9電力会社は、再編後の3度の一斉値上げにより事業基盤を確立したあと、電力不足時代を乗り切って「水主火従」「火主水従」さらには「油主炭従」のエネルギー革命を経て、事業を安定させた。61～73年の時期でみると北海道と中国電力を除く7社は、それぞれ1回の値上げを行ったに過ぎない。それ以前値上げが相次いだ時期、再々編成論が噴出したことを当時の経営者たちは胸に刻んでいたから自社の料金水準維持には必死になった。

水力発電に頼っていた東北や北陸電力は、他社の応援を得て火力技術者を育て、火力発電へ転換していく。その結果高度成長期の旺盛な電力需要増にも対応できた。日本経済を支える「低廉豊富」な電気を供給できたのは、安価な石油系燃料を大量に入手し、大容量高効率の石油火力を中心に各社特有の合理化・効率化努力を払い、それが効果を上げたからだった。70年代に入って公害問題への対応に悩まされても原油生焚きを始め良質燃料の確保や設備対策で乗り切っていくところだった。

各社間の合理化競争が、電気事業の「黄金時代」を築いたという側面もあるが、この時代は徐々に広域運営も広がり、一企業で事業を完結させ発展させうる余地があった。だから各社別行動でもよかった。だが石油ショックは、経営の根底を揺さぶり、脱石油発想のもとすべてを見直し対策を考えねばならなくなった。協調、協力なしに時代を乗り切っていくのは、難しくなった。

そこで対策の第一に据えたのが原子力発電である。そしてもうひとつがかつて「旧日発の再来」と警戒した電発を積極活用した広域運営の展開である。75年6月に打ち出された新広域運営方策は、電源の共同立地、原子力の共同開発などが盛られ、各社間協調の推進と原子力の本格導入が強く打ち出された。

原子力発電の導入ということでは、一番後発の北陸電力が能登半島での立地を急ぎ、共同立地構想までとりざたされるようになる。９電力すべてが原子力発電の保有に向かうと電事連で共通する議題の第一は原子力の諸問題となり、それが電力９社の協調と結束性を高めた。

原子力開発の初期、導入した軽水炉はトラブルが多く、そこから各社共同での対策と、通産省の音頭による国産軽水炉開発を目指した改良標準化策が講じられるようになる。技術系官僚とメーカーを含めた電力との一体感は強まっていくことになった。さらに核燃料サイクル事業の具体化は官民協力が前提となった。加えて世界で開発量が拡大すれば、石油を武器としたアラブ産油国への抑止ともなり、安全保障面からも原子力開発は大きな意味合いが生じていた。

原子力の時代は、共同・協力が不可欠であり、同じ供給のエースでも火力全盛の時代とは大きな違いがあった。競争の前に電力会社同士、また官民の連携が必要となり、そこに石油ショック後の新広域運営方策が重要性を帯びてくる。電発積極活用策は、電力対通産省の緊張関係を弱め、官民協調路線という言葉がしきりに使われるようになった。

それを反映して政府は原子力開発のバックアップ体制を本格的に検討し始めた。元々電源立地推進施策を検討していた通産省は、73年原子力発電を始めとする電源立地推進のためある法案を用意した。田中首相のお声掛かりでもある。その法案の効果はともかく官民協調路線がしばらく続くことになる。

困難化する電源立地と電源三法の成立

石油ショック（第一次）以降、80年代前半にかけて電力需要は伸び悩み傾向となった。60〜73年度までは概ね10％前後で推移していた全国の使用電力量の対前年度増加率は、74、80、82年度はマイナスとなった。とくに大口電力は73〜75年度はマイナスとなり、その後プラスとなったものの、きわめて低位にとどまった。石油ショックの影響を直接受けた繊維、化学、鉄鋼、非鉄金属といった製造業や鉱業で使用電力量が減少し、なかでも電力多消費のアルミニウムの減少幅は顕著だった。これらとは対照的に機械工業は、12年間に電力量はほぼ倍増した。

一方で、業務用電力と電灯需要は堅調だった。業務用は70年代にスーパーなど大型店舗の出店が進み、80年代には週休2日制と余暇時間の拡大からレジャー需要が勢いを強めた。電灯はカラーテレビやエアコンの普及が全体として需要を押し上げた。それでも高度成長期の伸び率に比べると半分以下の5・2％の伸びだった。

ただ家庭やビル、事業所でのエアコンの普及によって夏季昼間のピークの先鋭化は、石油危機を通じて一層顕在化した。産業別電力需要の中でサービス産業や機械工業のウエートが拡大したことも昼間ピーク先鋭化を押し上げる一因となった。これに伴い９電力会社の負荷率は大きく落ち込むことになった。70年度の68・１％から75年度には60・７％まで低下し、こうした負荷率の低下は、原価高騰の要因となり対策が急がれた。

この当時、電力各社を悩ませていた問題は、何も負荷率低下問題だけではなかった。公害問題と電源立地難は、その双璧だった。しかもこの２つの問題は、密接に絡み合っていた。供給力確保のため電源開発計画を立て立地建設しようにも公害問題に敏感な住民から〝立地ＮＯ〟を突きつけられるという図である。電源立地問題は、電気事業のいわばアキレス腱となっていた。

当時を知る元電事連事務局長の鈴木俊一は「東京電力が最初に沼津に火力の建設を計画したが、これがだめになって富士市に立地することにしたところ、ちょうど田子浦（静岡県）のヘドロ問題なんかもあったりして火力の建設なんか、ぜんぜん相手にされなかったですね」（大谷健編著『激動の昭和電力私史』より）と語っている。

70年代から80年代半ばにかけて電源開発調整審議会で認可された新規着工（決定）は、目標を達成することは一度もなかった。72、73年度はとくに低率で72年度は目標の１１９３万ｋＷに対し３７９万ｋＷと達成率31・８％、73年度は同様に１５８０万ｋＷに対し７１２万ｋＷと達成率45・１％である。電源立地決定の遅れを電源別にみると火力については70年代前半、水力は70年代後半～80年代前半に顕著であり、原子力についてはほぼ全期間にわたって立地決定は少なく、大幅に遅れた。

電源立地が困難化した要因は、地域住民の環境悪化への懸念が強まり土地に対する執着や権利意識が高まったこと、原子力発電に対する不安や不信が根強く存在していたこと、雇用拡大など地元への直接的な波及効果が期待ほど大きくなかったこと、さらには先鋭化・組織化された反対運動が展開されるようになったこと、などが挙げられる。

通産省は、こうした立地問題を少しでも前進させる国のバックアップ策として、73年の第71通常国会に「発電用施設周辺地域整備法」を提出した。しかしこの時は、提案説明だけに終わり継続審議となった。ところが10月石油ショックが起き、田中首相は12月11日の閣議で、とくに原子力発電所の建設を促進するため74年度の税制改正で発電税の検討を指示し、これにより「地域整備法」は税制に裏打ちされた本格的な立地促進策に衣替えされた。

田中首相は翌年1月22日、第72回通常国会の冒頭施政方針演説を行い、その中で原子力開発の促進を強調し「安全性の確保については国民の理解を得るよう努力を重ね、発電所の立地が地域住民の福祉向上につながるよう強力な施策を講じる」と述べた。

田中角栄（提供：電気新聞）

田中首相が述べた「地域住民の福祉向上につながる強力な施策」とは、消費されている電気に税金を課して特別会計を設け、そこから電源開発が行われる地域（自治体等）に交付金を交付し、当該地域がこの交付金をもとに福祉に役立つような公共的な施設等をつくり、雇用を促進して石油に代わる発電所の建設運転を円滑にしようという構想に基づいている。

首相の方針を受けて政府はすぐに「発電用施設周辺地域整備法」「電源開発促進税法」および「電源開発促進対策特別会計法」とを合わせた電源三法の法案作成の準備にとりかかった。３法案は２月８日に閣議決定され、国会に提出された。３法案は６月３日成立し、10月１日施行された。

電源三法は、原子力のほか水力や地熱発電などの設置を対象にし、中でも原子力発電は規模が大きく、交付金も膨大になった。法律の施行後、実際に地元市町村また周辺地域の市町村の公共施設に多額の交付金が投じられ、地元への「直接的な波及効果が小さく、発電所ができてもメリットが薄い」という難点を解消するのに役立った。

構想のもとは柏崎市長を長く務めた小林治助とみられている。73年３月に開催された第６回原産年次大会で「地域社会からみた原子力発電」と題して講演し、その中で地域社会の側からの要望を体系的に整理して提言した。これに当時原産副会長で経団連のエネルギー対策委員長を務めていた松根宗一が、田中首相との太いパイプを生かして構想具体化に奔走した。

電事連は、立地促進に際して地元の「受け入れやすい措置」が講じられたと歓迎し、また促進税が電気料金原価に算入されたことで「電力の消費者が発電地域の社会的公共整備に何らかの負担をする」という趣旨に合致するとした。

田中首相は、元々立地地域は割安な電気料金が適用されるべきと「地域別料金」の考えに固執していたという。出身地の新潟県には当時計画中の東電の柏崎刈羽原子力発電立地点があり、電気の生産県を抱える東北電力と電気の大消費地の大都市圏を抱える東電との料金差にはとくに敏感だった。

電源三法は、料金制度の形はとらなかったものの立地周辺地域に電気の生産地としての恩恵が行き渡る仕組みであり、田中首相の意向に沿うものとなった。小林柏崎市長との繋がりもあったろう。78年に１号機（１１０万ｋＷ）が着工した柏崎刈羽原子力発電所の地元周辺地域は、当然交付対象となった。

「地域別料金」構想は、創立されれば９電力体制にもヒビが入る可能性があり、対応には細心の注意が必要だった。東電はその後も東北電力との間で原子力発電の広域共同開発を進める広域運営策などを展開し、関係者によると55年の９電力の料金値上げを機にこの構想は、消滅したという。

しかし、電源三法が出来たからといってすぐに電源立地状況が好転することにはならなかった。むしろ状況は悪化し、このままだと80年代前半には供給予備率がマイナスとなり、電力不足に陥る可能性があるとの見通しも出された。

このため加藤電事連会長は、経団連の土光敏夫会長、原産会議の有沢広巳会長、エネルギー総合推進委員会の中山素平委員長ら財界・エネルギー産業首脳らとともに福田赳夫首相に面会し、電源開発調整審議会の弾力的な開催など立地促進の要望書を提出した。立地問題はこのあとも危機的状況は続いたものの、電力各社の必死の対応と電力需要そのものの鈍化、とくに80年代以降は第二次石油ショック後の低成長の定着によって予想された電力危機は、回避された。

なお、76年5月21日社債特例法が国会で成立し、6月4日施行されている。高度経済成長期後半頃から電力各社は、慢性的な資金調達難に悩まされており、石油ショックとこれに続く急激なインフレが資金不足を一層深刻化させていた。74年12月通産省は、電事審の資金問題懇談会を設けて検討に入り、翌年10月社債発行枠拡大の法的措置を講じるなどとした「意見」を答申した。

この中で電気事業は、資本金および資本準備金の2倍の特例が認められていたのをさらに2倍の4倍までに拡大するとし、この内容が社債特例法に盛り込まれたのである。76年度の電力長期計画では、85年度までの資金需要約48兆円のうち20兆円余りが社債による調達と見込んでおり、この特例法によって資金調達問題の目途が一応立ち、当時の加藤電事連会長は「資金確保のうえでの制約が緩和された」との談話を明らかにしている。

社債特例法が電気事業の資金調達に果たした貢献度合いは、低成長時代の訪れもあってすこぶる大きいものとなった。

資源エネルギー庁の発足

9電力会社は、松永が委員長代理の公益事業委員会主導のもとで発足した。公益委に対しては当時首相の吉田でさえ思うにまかせず、講和条約締結後は松永を支持してきたGHQが消滅したこともあり「待ってました」とばかりに公益委を廃止とし、電力行政は通産省公益事業局、商工省時代からの元の官僚たちに引き継がれた。

官僚たちは、公益委の権限が強過ぎた理由のひとつに政府の外局に置き独立性を担保していたことがあったとし、その後原子力委員会発足となった時も国家行政組織法第3条によらず、国のもとで審議機関的役割を求める

第8条による組織とした。以来、２０１２年原子力規制委員会が発足するまで電力・原子力行政は、一次的には官僚たちのもとで運営されてきた。

電力行政を仕切る通産省は、49年5月商工省を改組して発足した。白洲次郎の発想によるというのは、すでに触れた通りで、省内には白洲らに影響された「外交派」や「通商派」のほか、商工省次官を経て首相となった岸信介に連なる「統制派」、石炭引き取りの問題から太田垣関電社長に担当者の責任を迫った「永山天皇」とも呼ばれていた初代官房長の永山時雄など多士済々、様々な派閥・グループが生まれていく。だが高度成長期以降、池田勇人や大平正芳、宮沢喜一ら首相を輩出した大蔵省（現財務省）に比べると政治家に転出し、影響力を持った人物は限られる。

その中で、戦前松永らの5大電力と対立した「統制派」官僚の中核にいて商工省次官も経験した椎名悦三郎は、戦後岸のバックアップを受けて日本民主党（後の自民党）から出馬して当選を重ね、60年12月には通産大臣となり、やがて商工族議員を束ね睨みを利かせるようになる。通産官僚も一目置く存在だった。

高度成長期、日本経済をけん引し、海外との通商摩擦を着地させた「誇り高き通産省」は、電力業界に対しては、料金の認可権も持っていることもあり「統制派」志向が強く、50年代後半の再々編成を論を通じて一定の距離感を持ち、緊張関係にあったと言っていいだろう。ただ、その後料金値上げは必要最小回にとどまり、波風はあまり立たなかった。

その電力と通産官僚との関係が大きく変わっていくのが、第一次石油ショックとその直前に発足した資源エネルギー庁の存在である。そしてもう1点挙げるとすれば

資源エネルギー庁の開設
看板を掲げる中曽根通産相
（写真右、1973 年 7 月 25 日
提供：電気新聞）

72年7月、田中角栄が首相になったことであろう。

田中が通産相時代（71年7月～72年7月）に秘書官を務めていた小長啓一は、田中が総理大臣になると総理秘書官に抜擢され、「日本列島改造論」の政策立案にかかわる。小長は53年入省、官房長や産業政策局長を経て84年事務次官、のちにアラビア石油社長となるが、当時通産省からの総理大臣秘書官就任は、小長が初めてであった。田中首相は石油ショックが起きるとすぐ電源三法の具体化を指示した。電力側では元電事連副会長の松根宗一が業界意向を束ね、首相側に伝えた。総理秘書官の小長は通産省事務方につないだろう。

また田中通産相時代の事務次官は、のちに電発総裁に就任する両角良彦である。両角の部下には日本エネルギー経済研究所理事長を務めエネルギー問題の第一人者となる生田豊郎や伊藤忠商事副社長となり生田と同じエネ研理事長を務めた内藤正久、小長と同期でエネ庁長官を経てＪＥＴＲＯ（日本貿易振興機構）理事長を務めた豊島格らがいて、両角を通じた田中首相つながりの官僚たちは、エネルギー行政と関連業界の中枢を占めていく。

そうした前後の脈略があって資源エネ庁は73年9月、発足した。両角は資源エネ庁発足と同時に退官するが、資源エネ庁は、両角なくして構想されなかったと言われる。一方で資源エネ庁は鉱山石炭局と公益事業局が統合して発足しており、両局の統合の背景には、当時の通産省内の政策手法の変化がある。重工業局、化学工業局、繊維雑貨局、鉱山局など産業別の縦割り局構成だったのを政策別の横割り組織としようとしたのである。エネ庁のほか本省内も産業政策局、立地公害局、機械情報産業局などとなり、中小企業庁、特許庁と合わせ3庁8局体制に改められた。

電力・ガス行政を束ねる公益事業局は、公益事業部となり当初は関係業界から〝格下げ〟との声が出るも通産省の意図が伝わり出すと、警戒と納得の反応が入り混じるようになる。初代長官には山形栄治が就任した。74年6月2代目長官となる増田実は、のちに東電に天下り、副社長となった。初代公益事業部長は、のちに衆議院議員となった岸田文武である。長男の岸田文雄は、同じく衆議院議員となり自民党政調会長などを歴任している。

公益事業部は電気・ガス事業関係組織を一括統合し、計画課、業務課、開発課、技術課、原子力発電課などが設けられた。

原子力発電課は技官官僚のポストであり、一方で公益事業部の外に原子力行政を仕切る事務系ポストとして原子力産業課（当初は原子力産業室）が設けられた。初代課長にはのちに産業政策局長を経てトヨタ自動車副社長となる山本幸助が就いた。93年に事務次官に就任する熊野英昭らも同ポストに就き、エース官僚が核燃料サイクル事業始め国内外調整を含めた国の原子力行政を束ねるようになる。

これら官僚たちは、待ったなしの石油危機とその後の原子力発電を始めとする石油代替エネルギー開発を民間と協力しながら強力に推し進めていく方策をとった。石油輸出を巡るメジャーズとＯＰＥＣの力関係の変化など国際情勢の急展開を目の前にしてエネルギー安全保障のため資源エネ庁を基盤に国の政策を主導しようとしたのである。

石油ショック前、電力業界の司令塔たる電事連は「電力政策の立案機関」を標ぼうし、まさに「餅は餅屋」を貫いていた。何より電気事業再編に大きな役割を果たした木川田一隆の影響力が隅々に行き渡っていた。資源エネ庁の発足が確定した時、橋本清之助が木川田に会ってある構想の実現を迫った場面が、田原総一朗著の『ドキュメント東京電力企画室』に描かれている。

橋本は官僚主導による上からの力の政策では、30年前に日本を敗戦に追い込んだ二の舞い、それ以上の暴走になりかねないと、原子力産業会議を解体して、官僚によらず国民の力を結集した原子力国民会議を創設しようと木川田を説得する。これに木川田は、最後まで首をたてに振ることはなかったという。

田原は、その構想に対する木川田の考えを、親しい新聞記者の話として同本の中でこう記述している。

「木川田さんは、一、二年でポストが変わる官僚や、国民会議というような責任の所在のあいまいな組織に、エネルギーという重要なものを委ねるわけにはいかない。一番責任を持ちうるのは企業だ、という信念があったのでしょう。それに、官僚機構にしても、国民会議にしても、結局は、エネルギー統制のかたちになり、経済の活力を殺いでしまう。逆にいえば、日本経済は、企業の自由競争の活力によってしか繁栄しないという、松永安左ェ門ゆずりの考え方が骨の髄までしみ込んでいたのでしょうか」

木川田東電会長ら電力業界は、エネルギー政策を束ねる中核行政機関創設という国家の方策に先手を打つかのように原子力発電の大規模・集中立地構想を次々に明らかにしていく。企業の自由な発想と責任のもとで既成事実を積み重ねて、官僚につけ入るすきを与えないようにとの考え、行動であったろう。だが、それも国際的な大きな変動の前では次第に官僚たちに押され、協調に向かわざるを得なくなる。

実際官僚たちは、国内の業界動向だけをみているのではなかった。資源エネ庁が発足して、その数カ月後第一次石油ショックが起きる。まるで石油ショックを予測していたかのようである。それだけの情報収集と資源小国日本の国家的危機をにらんで動いていた。

資源エネ庁は石油ショック後、石油依存度の低減を大目標に石油代替エネルギーの開発と省エネルギー推進を柱にした総合エネルギー政策を立案することにし、75年総合エネルギー調査会需給部会を開催し、長期エネルギー計画をまとめている。原子力発電の開発目標を85年度４９００万ｋＷとし推進方策を講じていくとした。また総合エネルギー対策推進閣僚会議の発足を具体化し、77年２月の閣僚会議では電源立地推進体制を強化し「要対策重要電源」として15地点を指定し、78年４月には「電源立地対策室」を設けるなど体制整備を図っている。ただ、「エネ閣僚会議」の発足は、電源立地難に直面していた電力業界が電事連を通じ直接政府・自民党へ強力な働きかけをしたことによるもので、官僚たちに先んじての行動だった。

77年６月の省エネルギー、脱石油を柱にした長期エネルギー需給暫定見通しでは現状維持と対策促進のふたつのケースを示し、対策促進では原子力の目標を下方修正し85年度３３００万ｋＷとした。

79年、再び石油ショックが起きるとエネ庁は抜本的な総合エネルギー政策立案に迫られる。石油代替エネルギーの供給目標や新エネルギー開発機構の設置などを盛った法案の国会提出を準備し、「代替エネ元年」と位置付ける。エネ庁の打ち出す政策の背後では、警戒心を解かないまでも協力姿勢に転換していく電力業界の姿があった。

首脳陣世代代わり、東電は平岩体制に

石油ショック（第一次）は、ある意味電力業界の世代交代を促した。電事連会長会社を務めていた東京、関西、中部電力で相次いで社長交代となり、電発総裁には通産省のエリート官僚の元次官が就任した。新社長は、電力再編成時に松永の直接の薫陶には接しない、９電力体制下に幹部として育った新たな世代だった。

その筆頭が、１９７６（昭和51）年10月前社長の水野久男からバトンを引き継いだ東京電力の平岩外四である。この時のトップ人事では、当時会長の木川田の考えから自身と社長の水野は、取締役相談役に就いている。会長空席となった。

関西電力も77年６月社長交代に踏み切った。小林庄一郎が森岡俊男のあと新社長に就いた。小林は22（大正11）年中国大連生まれ、東京帝大経済学部を卒業、関西配電に入り、関電に引き継ぎ入社後は芦原社長の秘書を務めるなどして頭角を現し、54歳の若さで社長となった。当時電力業界では異例の抜擢人事として注目を集めた。

小林は43年学徒出陣し、海軍少尉として終戦を迎えた。駆逐艦に乗り、敵機の攻撃で友を失ったと、当時の心情を産経新聞のインタビュー（２０１５年12月16日付）に答えている。こうした戦争体験は、ニューギニアで生死の境を経験した平岩と通じ合い、また同じように木川田、芦原というトップに直接仕えた共通体験などから、太い友情となって80年代の電気事業を支え合った。

中部電力では、電事連会長を務めていた社長の加藤乙三郎が77年辞意を表明し、後任に副社長の田中精一が第４代社長に就いた。田中は松永の相談相手で東邦電力専務を務めた田中徳次郎の長男である。田中精一も慶應義塾大法学部を卒業して東邦電力、中部配電を経て中部電

力の東京支社長などを務めてトップの座についた。85年後任社長となる松永亀三郎は松永の甥にあたり、中部電力は、松永繋がりの社長が、２代続くことになる。

東電社長に就いた平岩外四は、14（大正３）年愛知県常滑市生まれ、39年東京帝大法学部を卒業して東京電灯に入社。46年復員して関東配電に復職、再編後の東電では労務や総務部門などで実績を積んで74年副社長となった。生来の我慢強さと気配りで難しい総務部門を引っ張り、いつしか社長候補になっていた。

平岩の経歴を語るうえでどうしても触れなければならないのが、その戦争体験である。まさに生と死の紙一重のところを生き抜いてきた。財団法人学士会が、「先学訪問」という小冊子を発行したシリーズの中で平岩を扱った編がある（２００７年1月発行）。そこでは当時の従軍体験がありのままに語られている。

平岩外四（提供：電気新聞）

平岩「戦地においては、生きようという意志さえなくなっておりましたね。では、なぜ自分は生きて帰って来ることができたかといいますと、すべて節理と申しますか、少なくとも私の意志や判断はそこにはなかったと思います。」（ラバウルからニューギニア島へ渡る際マラリアに罹りフィリピン・マニラに運ばれ治療にあたる。その間ニューギニアに渡ろうとした自分の部隊の輸送船は全滅。平岩は再びラバウルに戻ることにした）

平岩「三隻の輸送船に分乗して、私はその真ん中に乗っていたんです。船の両側には九三艇という小さな魚雷艇が付いていましたね。それが途中で攻撃に逢いまして、ラバウルに到着できたのは私が乗っていた真ん中の一隻のみ。あとの二隻は轟沈というのですか、一瞬のうちに船首を上に向けて沈んでしまいました。あれは、何だったのだろうか、と思うのです。真ん中の船に乗ったことも、乗った船だけが沈まなかったことにも、自分の意志などまったく入っていない。神の意志だと言わざるを得ません」

ラバウルを出た１１７名の兵士のうち戻ってこられたのは、自分を含めて7名しかいなかったという。平岩は、復員するまでまさに生と死の間を歩いた。平岩のあと那須翔を挟んで93年東電の第8代社長に就いた荒木浩は、こう語ったことがある。「記者が平岩さんのところに押しかけても話が戦争中のことになると、厳しい質問をしていた記者も押し黙って聞いてしまう。淡々としていても何か凄みがあるんだな」。

平岩は、当時社長の木川田に仕えて「アレ」「コレ」問答に悩まされたと後年新聞のインタビューなどで語っている。木川田に「アレはどうなっている」と聞かれた時、すぐに何を指しているのか、判断しなければならず、その「しごき」が自分の成長に役立ったという。安岡正篤に師事し、「志」をよく色紙に書いた。盟友の小林は「地位が上がるにつれて資質に磨きがかかった人」と語っていた。蔵書3万冊は、文人経営者を表すものとなったが、社長就任時は、判断に迷うことも多かったらしく、木川田の側近で企画部長などを経て副社長を務めた依田直をしばらく参謀役として頼っていた。

76年10月社長に就任すると「誠実、清新な心とバイタリティーを持ち、相携えてこの困難な時代を、ともに乗り越えていこうでありませんか」（『東京電力50年への軌跡』より）と社員に呼びかけた。翌年2月には低成長への移行、立地の困難化と設備投資の巨大化などを踏まえた「新経営方策」を明らかにした。

平岩は、電事連会長の加藤が辞任したことで、77年7月その後任として電事連を率いることになった。この時の電気新聞との就任インタビューでは「国際ベースでの問題意識と政策態度で事業運営に当たりたい」と述べている。国際問題がより多く電気事業のウエートを占める。その見方通り、核不拡散問題や為替レートの変動による円高ドル安、そこから差益還元問題に直面することになった。

76年の料金値上げの際、料金算定緒元となる為替レートは、２９８円／ドルだった。それが77年11月には２５０円、翌78年3月には２３０円／ドルと急騰した。

原油のＦＯＢ（運賃・保険料は買主負担）価格は77年以降、ほとんど値上がりしなかったため、電力会社、ガス会社がドル建てで購入している原油、ＬＮＧといった燃料の購入価格が低減し、円高差益が発生してきた。

当時ひとつの目安とみられていた２２０円台に突入したことで消費者団体からは料金値下げの要望が出され、日銀の森永貞一郎総裁からも「差益が生じる業界は料金引き下げ措置を講じてほしい」との意向が示されるなど差益還元問題は、にわかに社会の関心を集めた。

電事連会長の平岩は、当初この問題を集中審議した4月20日の衆議院・物価問題特別委員会の参考人質疑の際、差益が２０００億円程度発生する（２２０円／ドル）という試算を明らかにしたうえで「北海道を除く電力各社に79年度の料金据え置きを要請したい」と述べた。河本敏夫通産大臣も改めて78、79両年度財務諸表上「別途積立金」と明確に区分して万が一の赤字に備えてもらうと説明し、落着したかにみえたが、円相場はさらに「円高ドル安」に進み、7月21日にはあっさり２００円／ドルの大台を割り込んだ。野党や消費者団体から値下げを求める声が相次いだ。

政府与党の自民党の中からも「電気、ガス料金の値下げを検討すべき」との意見が出され、福田首相は「電力の差益を一家庭に還元するとなると１００円になるかならないかだ」と直接還元に否定的な見解を示したものの、8月に入ると風向きが変わった。永野重雄日本商工会議所会頭は「先の１００よりいまの５０がほしいのが国民感情」と財界の一部からも直接還元を求める声が出るようになった。

8月初めには連日１８０円／ドル台を記録するようになり、福田首相も値下げを求める意向に傾いたため電事連は8月17日、緊急の社長会議を開き、料金割引による円高差益の還元方針を固めた。最終的には9月２日の経済対策閣僚会議で10月からの使用量に応じた割引などが決まった。８電力会社は同日電気事業法21条ただし書きに基づき料金割引申請を行い、５日申請内容通り認可された。８社の平均割引単価は1・35円／ｋＷｈであり、合計の円高差益還元額は２６６億円に達した。

差益還元問題は最終決着まで二転、三転し、政治問題化した。鈴木建は「この消費者運動対応は、東京電力の木川田一隆さんが政治献金を中止したことと同じくらいの、事の重大性をもっている」（電気新聞「照る日曇る日」99年９月29日付）と記したが、電事連会長の平岩は、社会動向を見ながら企業の論理は必ずしも通用しないと、政治問題化した早い時期から直接還元、値下げの方向に傾いていた。「迅速にお客さまに差益を還元できたことは良かったのではないかと思っております」（『電気事業連合会50年のあゆみ』より）と振り返っている。

平岩にとっては、電事連会長に就任して僅か２年目の大きな試練であり、この経験は２年後の第二次石油ショックの大幅料金値上げという大仕事に生かされることになる。

原子力に集まる期待と立地地域

第一次石油ショック後の日本経済は、意外に早く立ち直った。実質経済成長率でみると77～79年度は４％台後半から５％台前半の水準で推移している。ただ電力需要は成長率と必ずしもリンクせず、とくに大口電力の不振から伸び悩みが続き、80年度は９電力計の電灯・電力使用量は対前年比１・１％減とマイナスを記録した。

電力需要の伸び悩みに対応して電源開発のペースもスローダウンした。73～85年度における全国の発電設備最大出力と発電電力量の推移を比較すると、発電設備の最大出力は１・８倍に拡大しているのに電力量は１・４倍しか増えなかった。電力需要が伸びなかった分、供給力に余裕が生まれたが、需要が伸びていれば需給はひっ迫する恐れもあった。77年には当時の加藤電事連会長が、80年代に電力危機が生じかねないと福田首相に立地促進の陳情を行なってもいた。

その対策の一番手として原子力委員会や通産省の長期計画では石油代替電源のエースとして原子力発電を位置づけ、大きな開発目標を立てていた。だが立地が進まず、計画は繰り延べされるケースが多かった。

それでも足元では原子力発電が昭和40年代から次々に建設・運転を開始し、発電電力量は急増していた。75年度の９電力の発電電力量のうち原子力は２２７億

ｋＷｈと全体の７％に過ぎなかったのが、80年度には７１９億ｋＷｈと３倍以上に伸び、全体の電力量に対しても18％に達している。これが85年度では30％に達するのである。９電力計の発電設備で比較すると75年度は６０７万９０００ｋＷと全体の８％、80年度は１３８８万８０００ｋＷと13％であり、このことから原子力発電が着実に増加し、しかも設備容量の増加以上に発電電力量が増えていたことが分かる。価格が高くなった火力などは利用を抑え、原子力発電をベース電源として用いていた傾向でもあろう。

要は立地は思うように進まなかったが、確実に原子力へのシフトが進んでいた。それは当初、立地地域が比較的スムーズに原子力発電を受け入れていたからである。立地地域はなぜ、原子力を受け入れたのか。

原子力ムラはなぜ生まれたのか、をテーマに『「フクシマ論　原子力ムラはなぜ生まれたのか」』を著した開沼博は、東電・福島第一原子力発電所を受け入れた佐藤善一郎福島県知事（57年８月～61年８月）に協力した当時参議院議員で次の福島県知事となる木村守江に焦点を当て、こう記している。以下、抜粋要約。

①木村は55年８月にヘルシンキで開かれた万国議員会議に参議院議員として参加したのが「原子力に関心を持つ切っかけ」となった。選挙区である双葉郡は、農業が困難なうえ海岸線が絶壁で利用価値が少ないのでこの地を利用するには原子力発電以外にないのではないか、と考えた

②当時東電社長となる木川田（木川田は54年副社長、58年常務に降格し、59年副社長に返り咲き、61年社長）が同じ福島県出身ということもあり相談を始めた。構想は57年正月に支援者の前で発表されたが、聴衆の中には原子力発電など知る人もなく一笑に付された。東電はまだ原子力の本格的な計画を打ち出しておらず、原子力基本法のこともよく知れ渡っていなかった

③木村が初めて原発の誘致を意識した時、原子力というのは、そもそもの危険性はもちろん、存在していかなるものかわかっていない状態であったのではないか。他に競合する自治体がいないような中で原子力誘致に手を挙

げたと考えられる。この早さが他でもない、福島県双葉郡が原子力ムラになった理由のひとつだろう。61年には立地地域の双葉・大熊町で誘致の意志が示された

④土地の問題は、堤康次郎率いる国土開発が戦後の払い下げによって手に入れ、塩田としていた土地が手に入ることがみえていた。ここに「地方からのエージェント」の中央における活躍が生きる。木村は話をすすめた

⑤こうして事前に実現可能性を高めた上で一気に計画を運んだ。それには用意周到な根回しと、中央における極めて私的なコネクションの網のなかで地域開発を着実にしようとするプロセスの存在があって福島第一原子力発電所はスムーズな計画実行に至った

東電は55年頃から適地を調査しており、当初は鹿島地点（福島県）も候補に挙がっていたものの、地盤がすぐれていないとの理由で福島地点が選定された。佐藤知事の前の大竹作摩知事（50年1月～54年1月）の大熊・双葉町に対する熱心な説得もあったというが、実際には開沼の指摘通り、当時参議院議員の木村の根回しとコネクションがなければ早期に具体化はしなかったろう。

このように立地地域のトップ、首長とその周辺が原子力推進の大きな歯車役になるというのは、他の地点でも見られ、同じ福島県双葉町で当初福島第二原子力発電所の反対同盟委員長だった岩本忠夫は、反対の極から賛成派に変わり、20年にわたり双葉町の町長を務め、91年には他の自治体に先駆けて増設決議までしている。

東電の柏崎刈羽原子力発電所が立地する新潟県柏崎市で4期16年（63～79年）市長を務めた小林治助は、地域の振興と市政の発展のため原子力立地の受入れと推進に生涯を捧げたと言われる。中央（政府与党・自民党と政府機関）と地方（立地地域）を結ぶコネクションが機能していた時代だからこそ、こうした首長のリーダーシップが生きたとも言える。

しかし、地方への都市化の波やプロ化した原子力反対運動などによって新規の原子力立地は、次第に難しくなる。79年にはアメリカのスリーマイル島（ＴＭＩ）原子力発電所で重大事故が発生。国内でも大きく報じられ、原子力立地点のみならず様々波紋が広がった。政府、電

力会社は原子力広報を含めた対応に追われることになる。

CANDU炉導入問題とTMI事故

国策会社として発足した電源開発会社は、原子力進出を〝悲願〟としていた。57年日本初の商業用原子力発電導入が決まり、受け皿として運営主体を決める際には、当時の内海清温総裁が「政府の代行機関として電発をそのまま利用すべき」と名乗りを上げていた。この時は官民体制とはいえ結局9電力主体の原電が創立され、その後電発の原子力部門は縮小され、もっぱら出資協力や技術者の出向といった「協力者という立場」(『電発30年史』より）で原子力開発に携わっていった。

その後佐久間を始めとした大規模水力開発や石炭火力政策に基づく揚地石炭火力などの事業を展開し、9電力の補完的役割を果たしていくが、次第に国内の大規模水力開発地点も減り、67年8月には第1次臨時行政調査会（臨調）の答申を受けた行政監理委員会が、役割が終わった特殊法人のひとつに電発も挙げ、それら法人の廃止を勧告した。10月政府決定は見送りとなるものの、電発の役割をめぐって論議は高まり、関係各界の関心を呼ぶことになった。

論議の焦点は、水力、火力に次ぐ次世代の原子力への進出を認めるかどうかだった。通産省はいち早く電気事業審議会を開催し、68年4月「今後の電力政策の方向性について」の答申を得、「大規模原子力開発時代を迎えた電気事業は、広域運営の重要性がますます大きくなってきた」と電発活用の広域運営強化の方向を打ち出した。

電発の原子力進出への9電力側の反応は、慎重論が根強かった。それでも当時電事連会長の木川田は条件つきで進出を認める考えに傾き、9月12日椎名通産大臣とのトップ会談に臨んだ。木川田と椎名は電発の原子力開発を原則的に了承し、政府保有の電発株の9電力会社による肩代わりを認める、ということで合意した。

同16日の9電力社長会でこの方針を諮り了承のあと、木川田は記者会見に臨み、①電発株を9電力がかなり持ち合うことにより電発の運営に民営色を強める②そのうえで電発に動燃が開発する新型転換炉（ＡＴＲ）の工事を委託する、などの合意点を明らかにした。ＡＴＲは、当時動燃が開発を進めていた国家プロジェクトで福井県敦賀市での原型炉「ふげん」の建設計画が進められていた。電発はこのプロジェクトに全面的に関わることになった。

９電力社長会の決定を受けて記者会見した藤波収電発総裁は「原子力開発には弾力的な考え方をもっており、転換炉だけにこだわらず要請があればどのような型の原子炉でも研究開発する心構えである」と述べ、電発独自の原子力開発へ意欲を示した。この発言はあくまで「電発は９電力の補完として技術開発的な側面で原子力を担う」としていた９電力側の考えとは異なるもので、この双方の見解のズレは尾を引くことになる。

電発は、ＡＴＲ原型炉「ふげん」の建設に「協力」しながら改良型ガス冷却炉（ＡＧＲ）や高温ガス炉（ＨＴＧＲ）の研究調査も活発化させていた。73年の石油ショック後世界的に原子力開発への期待が高まったものの、アメリカが開発を推進していたＨＴＧＲは、景気の下降と投資意欲の低迷からすべてキャンセルされるという事態になった。

電発はＧＡ社と予備安全設計の契約を結び評価報告書を作成する段階まで至っていたが、この受注キャンセルなどからＨＴＧＲを断念せざるを得なくなった。研究対象の変更を余儀なくされた電発の原子力開発陣が三つ目の新型炉として注目したのが、天然ウラン・重水減速型原子炉（ＣＡＮＤＵ）だった。

ＣＡＮＤＵ炉は、60年代からカナダ政府と民間企業が開発を進めてきた新型炉で、燃料に天然ウランも使用できることなどが利点とされた。ピカリング原子力発電所などで優れた稼働実績を上げていた。燃料の冷却に主に重水を使用することから重水炉に分類され、これが同じ重水炉タイプで国産炉開発を目指したＡＴＲとの開発路線問題につながっていく。

75年６月、電発総裁には通産省元次官の両角良彦が就いた。両角は19（大正８）年10月、長野県生まれ、第一高等学校（「旧制一高」、現在の東大教養学部）を首席で出て41年東京帝大法学部を卒業、商工省に入省した。通産省では官房調査課長などを経て外務省に出向、城山三郎が描く「官僚たちの夏」にもモデルとして登場している（牧順三、「西洋カミソリ」と呼ばれる）。

企業局第一課長時代には外資参入の危機感から佐橋滋企業局長とともに「特定産業振興臨時措置法案」作成に関わった。同法案は官民協調の推進、具体的には通産省・金融界・産業界の３者間の協調を謳い、これには経済界から「形を変えた官僚統制」との反対論が出て結局廃案となった。その間同法案をめぐり通産省内が幾つかのグループに分かれ、その渦中で両角も注目された。鉱山局長時代には石油開発公団（石油公団）を設立、71年事務次官に就任した。通産大臣はのちに首相となる田中角栄である。

両角良彦（提供：電気新聞）

退官する両角を次期総裁に待望し、実現を強力に後押ししたのが、当時電発総裁の大堀弘だった。東電会長の木川田も両角獲得に動いているという情報がかけめぐっていた。両角は75年６月当時の三木首相に呼ばれ、電発入りを告げられた。それだけの実力者両角が電発総裁に就き、周囲は緊張した。

77年８月通産相の諮問機関である総合エネルギー調査会・基本問題懇談会は「電源多様化策を推進するため、９電力会社の事業活動を補完するため電発を積極的に活用することが必要である。電源多様化施策のひとつとして、重水炉の開発導入を図る必要がある」と報告し、ＣＡＮＤＵ炉の開発導入を方向づけた。一方で国産炉ＡＴＲ開発を推進していた原子力委は78年４月「新型動力炉懇談会」（座長＝村田浩日本原子力研究所理事長）を設置し、ＣＡＮＤＵ炉とＡＴＲについて導入開発の可能性について検討を開始した。

通産省は78年８月ＣＡＮＤＵ炉の基本設計に関わる予算を要求する動きとなり、さらに総合エネルギー調査会・原子力部会では、高速増殖炉（ＦＢＲ）とＡＴＲの開発に触れながらもＣＡＮＤＵ炉の導入開発を方向付ける報告書をとりまとめた。「通産省は11月中にも導入を決定」との報道も流れ、これに原子力委が反発した。

原子力委員長の熊谷太三郎科学技術庁長官は、「国産炉ＡＴＲを軽視している」とし、通産省と原子力委・科学技術庁対立の構図となった。電力業界の対応が注目されるにおよび、９電力社長会は12月、「原子力委員会の新型動力炉懇談会の結論を尊重する。導入すべしとの結論が出た場合、我が国の環境風土に適合する日本型改良炉、検証炉を通じて改良を加えるべき」と条件付きながら「検証炉」という表現での導入検討の考えを示した。

しかし、年が改まった79年8月原子力委は、新型動力炉懇談会がＣＡＮＤＵ炉の試験的導入に向けてのチェック・アンド・レビューを求めた報告書をまとめたにもかかわらず「現段階において積極的な理由を見出すのは難しいと判断せざるを得ない」と一転して慎重な決定を下した。その一方でＡＴＲについては「実証炉の設計と研究を早急に推進し、チェック・アンド・レビューにとりかかるものとする」とＡＴＲ実証炉開発を進める方針を明らかにした。

この決定について江崎真澄通産大臣は「新型動力炉懇談会の答申を尊重していないばかりか、通産省の意見も全く無視した決定で、まことに遺憾である」とし、通産省当局も原子力委に同様の意見を付した質問書を提出し反論を加えたが、覆ることはなかった。

原子力委がＣＡＮＤＵ炉導入見送りの理由に挙げたのは①日本の風土に合わせて耐震性など炉の改良が必要なこと②使用済み燃料が多くて再処理の経済的負担が多い③資金、人材の分散を避ける必要がある、というものだった。９電力社長会は原子力委の決定を受け入れ、これによってＣＡＮＤＵ炉導入問題は、引き続きの総合技術調査を進めるとはされたものの、幕引きとなった。

電発は82年ＡＴＲ実証炉の建設・運転主体となった。後年両角は、「私の履歴書」（日本経済新聞）でＣＡＮＤＵ炉導入について「井上五郎原子力委員長代理が大きくたちはだかり夏の軽井沢で居並ぶ財界人を前に2時間以上激論を交わした」と振り返り、最後はＡＴＲ実証炉開発へとする勢力に押されて「八方塞がりの原子力技術陣のことを考え、残念ながら事の結末はいわばキジを狙ってハトを得たに等しい」と口惜しさを滲ませて回想している。

9電力もいったんは「検証炉」という玉虫色の表現ながら、導入開発を条件付きで認める方向になったのになぜ、原子力委は見送りの結論になったのか。幾つかの理由と背景が挙げられる。

ひとつは動燃、科学技術庁の国産炉ATRへの執拗なこだわりと、輸入新型炉は不要との考えだった。その裏方役に立っていたのは78年原子力委員会委員となり井上委員長代理をサポートしていた清成迪（きよなりすすむ）動燃元理事長と瀬川正男動燃理事長である。とくに清成は副理事長在任中にFBR「もんじゅ」とATR「ふげん」の命名を自ら行い、国産炉開発への並々ならぬ意欲をもっていた。

彼らはCANDU炉導入を認めると軽水炉・FBR路線とは別の「CANDU・第2サイクル」路線になると警戒し、将来のプルトニウムリサイクル路線確立のためむしろ電発にはATR実証炉を引き受けさせるのが適当と考えていた。

電力業界も一枚岩ではなかった。68年9月当時の木川田電事連会長は、運営に民営色を強める条件で9電力の補完的役割として消極的ながら電発の原子力進出を認めた。平岩電事連会長が「検証炉」という条件をつけて認める方向になったのもいわば木川田路線に沿うものであったろう。しかし、関電の芦原会長らは電発を旧日発とみなし、警戒感を解かなかった。

そこにこの問題を左右する大きな出来事がアメリカからもたらされた。79年3月に起きたTMI事故である。3月28日にペンシルベニア州TMI原子力発電所2号機で起きた事故は、燃料棒破損から炉心が損傷し、周辺住民が大規模避難するという軽水炉では初めての過酷事故（国際原子力事象評価尺度ではレベル5）となった。日本ではマスメディアが大きく取り上げ「原子力の安全神話は崩壊した」との報道もなされた。

実はこの直前日本の原子力行政は大きく変わっていた。78年10月原子力委から分離した新たな組織「原子力安全委員会」が生まれていた。発足した原子力安全委は、当時規制を担っていた行政部局（通産省、科技庁など）から独立して行政を監視、監査するダブルチェックの機能を持たされた。

設置のきっかけは、74年日本初の原子力船「むつ」が太平洋上での出力上昇試験中放射線漏れ事故を起こし、風評被害を恐れる地元むつ市の漁業関係者などから帰港を拒否され、以後78年まで洋上漂泊したという原子力船の「漂流事件」である。この事件によって推進と規制を同時に担っている原子力行政見直しの動きとなり、行政庁から独立した専門的・中立的な機関が必要と安全委員会発足となった。初代委員長は、元阪大教授の吹田徳雄が就いた。就任早々安全委員会の存在を問われる事態に吹田は、直面する。

ＴＭＩ事故は運転員の初歩的ミスから運転操作ミスが続き、最終的には一次冷却系のパイプ破断という事態にまで達したが、米原子力規制委員会（ＮＲＣ）は、事故の一連の調査の中で緊急炉心冷却装置（ＥＣＣＳ）が的確に作動しないこともありうるとし、ＷＨ社製を含むＰＷＲのＥＣＣＳ機能の再チェックを通告した。

79年１月から安全規制行政を一貫して担当することになった通産省は事故後国内原子力発電所の総点検を命じた。一方でＮＲＣの通告を受けた原子力安全委は、当初「日本の原子力発電所ではこのような事故は起こりえない」との声明を出したものの、拙速さを指摘する声に押されてＴＭＩと同型炉（ＰＷＲ）の稼働中の関電・大飯発電所１号機（１１７万５０００ｋＷ）の運転を停止して、安全解析を行うとの判断を下した。

定期検査中だった7基のＰＷＲも安全解析結果を原子力安全委に提出するよう求め、７基の発電所はチェックを受けることになった。安全委としては発足の使命を果たすことになったが、大飯発電所1号機の運転停止により東電、中部電など電力各社は、夏ピーク対応のため関電へ応援融通する事態となった。

大飯発電所1号機の安全解析結果は問題なしと判断され、２カ月後の6月13日大飯は運転を再開した。７月末には定検中の7基のＰＷＲもＥＣＣＳに新たな回路を設ければ安全が確保されるとの判断が下された。８月からは運転が再開され、夏場の供給力確保に寸前で間に合った。

この間電事連は、放射線の不安を始め原子力の安全性への国民の疑問に答えようと原子力広報を本格化させ、有識者の見解を盛った意見広告を新聞に掲載し続けたほか、テレビ番組にも原子力発電に関するシリーズが放映されるなど世論をより意識した対応に変わっていった。

62年7月に発足した電事連広報部は71年に9人体制となり、外部から元ジャーナリストの鈴木建を部長に迎えて冊子「コンセンサス」を発行するなど電力各社の広報部門を引っ張っていた。そこに起きたTMI事故は、電事連広報部主導のもと9電力会社の原子力広報のあり方を変え、広報の重要性を浸透させることにもなった。

電力会社の足元は、新型炉論争とはかけ離れた日常となっていた。

こうした電力や関係各界、また社会を巻き込んだTMI事故の大きな波動のなかでCANDU炉問題の結論が出されようとしていた。「路線論争をしている間に国民の原子力政策への不信を招く」と平岩らは危惧を抱き、幕引きに向かったとみるのが自然であろう。

ただ通産省はエース両角電発でも原子力委員会の壁を打ち破れなかったことは、大きな悔いとなった。両角は、こう記している。「それにしても原子力委員会の審査基準のさじ加減ひとつでいかなる炉型も拒否できるという論理はどこかおかしい」（日本経済新聞「私の履歴書」より）。原子力政策の完全な主導役を期して通産省は、次のチャンスを待つことになった。

90年代に入って規制緩和が本格化し電発民営化という流れの中で96（平成8）年、ATR開発の中止決定がなされた。高コストが主な理由とされた。これと前後して9電力は電発の原子力開発、軽水炉への進出容認へと進んでいた。

95年電事連会長に就任した荒木浩東電社長は「平成7年に就任し私が最初に手掛けたのは、経済性が低い大間（青森県）ATRを中止し、フルMOXのABWR（新型沸騰水型軽水炉）に計画変更をお願いすることにあった。国家的な大型プロジェクトを計画変更することは過去に例がない」（『電気事業連合会50年のあゆみ』より）と述懐している。当時科学技術庁長官には田中角栄の娘、真紀子（94年6月～95年8月）が就いていて、最後は電事連会長の荒木が直接面談を申し入れて電発のＡＢＷＲ変更を了承してもらったという。

２００１（平成13）年には、それまで経産省と電力会社など外部で独占されてきた総裁のイスに初めて電発生え抜きの中垣喜彦が就任し、その３年後の２００４（平成16）年には東証一部にも上場、愛称をＪパワーにした。ついに完全民営化がなされた。50年以上にわたる９電力対旧日発の構図と確執は、完全に解かれることになったのである。

両角は晩年、ナポレオンの研究家としての知名度が広まった。２０１７年８月、97歳で生涯を終えた。同年11月都内のホテルで開催された「お別れの会」には両角の薫陶を受けた、多くの旧通産省の官僚たちや、ゆかりの人たちが集まり、業績と人柄を偲んだ。

社史（『電発30年史』）には「ＣＡＮＤＵ炉の機熟さず」との項目が刻まれている。両角は「空白にされた過去をいまさら嘆いても仕方がない。電発が改良型軽水炉へ転身を果たせるならば、それで足れりとせねばなるまい」とした。後年の電発の完全民営化、軽水炉路線へ至る道を振り返るとき、この時の挫折があったからこそと言えるのではないか。

第二次石油ショック、料金一斉値上げへ

第一次石油ショック後しばらく原油価格は上がることなく、石油情勢は安定していた。だが火種は残っていた。中東第２の産油国イランである。イランでは反王政運動が78年に入って急速にその規模を拡大し始めていた。79年１月パーレビ国王が国外へ退去し、革命運動の指導者ホメイニ師が帰国して２月には革命政権が発足した。この間イランの石油生産は低下し、輸出は２カ月以上にわたって全面停止となり世界の石油需給はひっ迫化した。また79年３月エジプトとイスラエルの単独和平締結からアラブとイスラエルの関係が険悪化した。

78年12月のＯＰＥＣアブダビ総会は、こうした中東諸国の混乱と緊張のさなかに開催され、結局世界的なインフレを背景に原油価格は四半期ごとの段階的引き上げ、最終的には14・５％の値上げが決まった。続く79年３月

のジュネーブ総会では原油価格の引き上げスケジュールの６カ月繰り上げを決め、同時に加盟各国が独自に上乗せ価格を設定できる旨合意された。

　同月末アメリカで起きたＴＭＩ原子力発電所２号機の原子力事故からエネルギー需給のひっ迫感が強まり、６月のジュネーブ総会では新原油価格はバーレルあたり18～23・5ドルの範囲の２本立て価格をとることが決まり、78年末に12・7ドルだった標準原油価格は、一挙に18ドル／バーレルの水準に達した。さらに多くのＯＰＥＣ諸国は公式販売価格にプレミアを付加したため、原油価格は全体としては約５割を超える大幅な引き上げとなった。

第二次石油ショックによる料金値上げの国会参考人で陳述する４電力会社社長（1980 年 2 月 26 日、衆院・物価問題等特別委員会　提供：電気新聞）

　原油価格は名実とも「20ドル」時代に突入し、日本の産業界、なかでも電力業界を直撃した。燃料費は円安と相乗して大きく膨れ上がり、各社の経営収支を圧迫した。とくに割高な国内炭引取りで収支状況の厳しかった北海道電力は、重油専焼の伊達火力発電所の運転開始によって燃料費に加え資本費も膨らんだ。79年度の中間決算では赤字を計上し、中間配当を見送った。11月16日に電灯・電力平均38・83％の値上げを申請した。
　この時期、燃料費だけでなく資本費も上昇したのは、他の電力会社もほぼ同様だった。燃料費の上昇分をねん出するため減価償却実施率を引き下げざるを得なくなっていた。減価償却費は内部留保の中心部分を占め、内部留保は自己資金の中心部分でもあったから減価償却費の低下は総工事資金に占める自己資金ウエートを後退させ、これが回り回って社債や借入金など有利子負債への依存度を高め、利子負担を増大させ資本費上昇という悪循環に陥っていた。だから他８社も料金改定に向かわざるを得ないと覚悟した。

12月末ＯＰＥＣは、さらに原油価格を引き上げ、最低で24ドル／バーレル、上限なしとなったため原油価格はＣＩＦで実質「30ドル時代」に入った。これと連動して東電などが購入していたアラスカ、ブルネイ産のＬＮＧも原油価格に連動して2倍に上昇した。北海道電力に続いて他8社も通期見通しでは軒並み大幅赤字が見込まれる事態となり、実際東電は79年度決算で創業以来初の赤字決算となった。80年1月23日、８社は一斉に料金改定を通産省に申請した。

原価算定期間は第一次石油ショック後の改定と同じく1年としたものの、申請幅は当初見込みを大きく上回る合計平均64・42％となった。原油価格の値上げは当然物価にも跳ね返り、政府・自民党は物価政策の観点から電気料金値上げに神経をとがらせた。加えて当時衆院選での自民党の敗北から大平正芳首相の責任を問う声が強く、自民党は「40日抗争」という党内抗争が尾を引いて分裂状態だった。

このとばっちりを受けたのが北海道電力だった。北海道の料金改定は申請後に急騰した原油価格を織り込んでいなかったため燃料費は増額査定され、それでも４・６ポイント査定された。公聴会などを経て政府与党の了解手続きに入ったところ党内抗争のあおりから自民党総務会での了承が得られず、結局実施日が20日間遅らされ、2月12日実施となった。この時の〝政治査定〟と実施日の遅れは、１年半後の北海道電力の単独値上げにつながる。

８電力の値上げにも政治家の厳しい目が注がれた。衆議院、参議院とも物価対策に関わる特別委員会に平岩電事連会長や各社の社長が呼ばれ参考人質疑が行われた。参考人陳述の中で平岩会長は「燃料費が78年に比べ約３倍に上昇し、現行料金で推移すると80年度は８社で１日当たり１１０億円の赤字になり経営合理化の限界を超える」と窮状を訴えた。

結局申請より13・59ポイント圧縮された合計平均50・83％で認可され、新料金は４月１日実施となった。この間電事連会長の平岩は首相官邸に大平首相を訪ね「４月に値上げしないと発電所が止まります」と直談判し、また当時の政界のキーマン、前・元首相の福田、田中邸をマスコミの目をくぐり抜けて訪ね、実情を訴え懇請したという。

80年料金改定は、大幅な値上げにもかかわらず、消費者からの批判は少なかった。第一次石油ショック時に即値上げとせず申請時期を遅らせたことや為替差益の直接還元を真っ先に実施したことが消費者の記憶に残っていたからであろう。また何よりもエネルギー価格が一斉に上昇しても、消費者はその負担分を吸収できていた。個人消費支出動向をみると、74年度にはわずか1・4％にとどまった個人消費支出の対前年度増加率は、79年度には5・3％の水準にまで達していた。

むしろ値上げに強く反対したのは、エネルギー多消費産業を始めとする産業界だった。やむを得ず値上げを受け入れた産業界だが、すぐに大きな転換点に直面する。高度成長を支えてきた素材型重化学工業から組立加工型重工業中心に産業構造がシフトしていくのである。さらに「サービス経済化」も進展していく。日本軽金属社が東京・銀座の本社から撤退し、代わってリクルート社が進出、エネルギー多消費産業の衰退と報じられた。

合理化・省エネと減量経営が合言葉となり、さらに労使協調路線もあって企業業績は上昇し、経済成長率は高度成長期に比べれば低下したものの欧米先進国に比べれば､高率を維持した。80～85年度の実質経済成長率は3・7％で、同時期アメリカは2・5％、フランスは1・5％である。国際競争力を強めた日本は「ジャパン・アズ・ナンバーワン」と国際社会から評価されるようになる。

なお､80年の料金値上げでは料金制度の改定も行われ、懸案の季節別料金制度が導入された。79年３月の電事審料金制度部会の答申を受けたものだった。電灯を除いた業務用や低圧、高圧、超高圧などの需要家を対象に夏季（７月１日～９月30日）の電力量料金を他の季節に比べて10％割高にした。夏場の電力需要を抑制して負荷率を向上させ、省エネ意識の浸透をねらうというもので制度導入の効果は大きかった。

北海道が、81年10月に平均18・11％の値上げを行ったのを唯一の例外に９電力会社は、２０１１年３月の東日本大震災での東電・福島第一原子力発電所の事故による各社の原子力発電の運転停止から値上げに動く時期まで、値下げはしても値上げすることはなかった。

電源多様化施策とＮＥＤＯの設立

ＯＰＥＣの相次ぐ値上げ攻勢に先進諸国はＩＥＡ（国際エネルギー機関）を中心に対策を練り、78年12月に開催した理事会では石油火力の新設禁止を打ち出した。翌79年の閣僚理事会では石炭利用の拡大などが採択され、その流れから79年６月末の東京サミット（先進国首脳会議）では、各国別の石油輸入目標（輸入枠）が設定された。

石油輸入目標の設定は、日本の石油代替電源の開発と省エネルギーへの取り組み強化を促すことになった。79年６月「エネルギー使用の合理化等に関する法律」（省エネルギー法）が成立した。同８月には通産大臣の諮問機関である総合エネルギー調査会・需給部会（円城寺次郎部会長）が、77年６月に策定した計画を全面的に見直す「長期エネルギー需給暫定見通し」を新たに策定した。

骨子は①85年度以降の輸入石油を年間３億６６００万キロリットルと横ばいに設定する②輸入石油への依存度を50％に引き下げる――というもので、電力業界はこの方針に基づいて原子力、ＬＮＧ、石炭火力を大きな柱とする脱石油の電源多様化戦略と社内外での省エネルギー活動を展開することになった。電事連はこれに先立って79年６月の社長会で「省エネルギー推進会議」を設けている。

また、通産省は石油代替エネルギーの開発目標や新エネルギー総合開発機構の設置を盛り込んだ「石油代替エネルギー開発及び導入の促進に関する法律」（石油代替エネルギー法）案を国会に提出し、５月同法案は成立した。政府は80年度を「代替エネ元年」として位置づけて官民挙げて原子力、石炭、ＬＮＧ、水力、地熱、新エネルギーなどの開発、導入を促進することになった。

石油代替エネ法は、通産省肝いりの代替エネルギー開発の中核機関設立構想であったから、構想が表面化した当時、憶測を含めた様々な反応があった。

通産省の当初の構想は、石油代替エネルギー公団の設立だった。新税と特別会計を設けて石油以外のあらゆる代替エネルギー、原子力、石炭、ＬＮＧ、太陽光などの開発を総合的に推進する、まさに中核機関設立構想である。当時すでに設立され石油の国家備蓄も行う石油公団（２００４年に廃止・移管）とともにエネルギー安全保障を担う機関構想と言えるだろう。

一方で政府が目標と方針を定め、事業者が設備の新増設や更新を行う際には届け出を義務づけ、これに助言・勧告など政府権限を持たせる「臨時措置法」を思案していたため、当時経団連会長の土光敏夫始め経済界は、産業統制だと強く反発した。反対意見は根強く、結局通産省は「臨時措置法」を引っ込め、公団案が焦点となった。公団案についても経済界の反対は強く、土光経団連会長が大平首相にねじ込む一幕もあり、最終的には官民による「機構案」へと調整された。当初構想にあった原子力発電は科学技術庁の反対から外され機構の名称も「新エネルギー総合開発機構」となった。

通産省が肩入れする新たな「機構」に電力業界は表立って反対しなかった。この頃には電発を橋頭堡としたかのような通産省対「電力」の対立構図は、薄まっていた。平岩電事連会長時代は、不安定な石油情勢を背景に料金値上げなど消費者直結の問題を抱え、認可権をもつ通産省とはより協調すべき事業環境となっていた。肝心の原子力発電は昭和50年代前半トラブル続きで反対運動も顕在化、アメリカの核不拡散に対する厳しい姿勢などもあり、「官」と密接に連携しながら推進体制を強固にしなければならなかった。

結局石油代替エネ法は、電源多様化を進めるための財源対策として電源開発促進税の税率を引き上げ、平年度で約１０００億円を電源多様化対策に充てることにした。石油税の使途も拡大され、拡大部分は石油代替対策の財源に充てられることになった。これら財源の確保により電源開発促進対策特別会計に「電源多様化勘定」が設けられ、石炭および石油特別会計は「石炭並びに石油及び石油代替エネルギー特別会計」に衣替えし、新たに「石炭及び石油代替エネルギー勘定」が設けられた。

石油代替エネ法の施行により同10月１日、新エネルギー総合開発機構（ＮＥＤＯ、現「新エネルギー・産業技術総合開発機構」）が設立され、初代理事長には綿森力日立製作所副社長が就いた。また同法に基づいて11月28日の閣議で、90年度までの我が国の総需要の50％を石油代替エネルギーで供給することを盛った石油代替エネルギーの目標が決定されている。これに合わせ電力や電機メーカーなどが中心になって財団法人新エネルギー財団（会長・玉置敬三東芝会長）を設立した。

他方これらエネルギー関係諸団体・公益法人の設立は、とくに当時特殊法人の天下り規制（79年に国家公務員からの直接の就任者及びこれに準ずる者を半数以内にとどめることを目標にした「2分の1ルール」が設定）によって制約がかけられつつあった官僚機構、通産省には新たな天下り確保先ともなった。昭和40年代まで他産業に比して少なかった電力業界への天下りは、50年代以降徐々に増えていくのである。

ＮＥＤＯは当時、特殊法人の新設には既存特殊法人の廃止が要件とされていたので、同じ通産省の石炭鉱業合理化事業団を廃止して設立されている。理事長には途中から通産省の元次官らが就くようになり、２００２年には法改正となって新エネルギーの導入を一層進めることになった。国が主導する新エネルギー・環境技術開発の〝総本山〟的役割を担い、いまも多額の予算が講じられている。

電力業界は、一方でこうした国の石油代替エネルギー推進方策に合わせる形で78年度には電力供給構造の転換を目標とした長期計画を作成していた。国の需給見通しと整合をとりながら電源の多様化を積極推進するというもので、長期計画をローリングしながら石油代替電源の計画、立地、建設を推し進めた。

その結果電源多様化は80～90年代ほぼ実現した。第一次石油ショック前の①「73年」、第二次石油ショック後の②「83年」、低成長期の③「94年」の年度末電源構成の推移をみると、次のようになる。単位は％。▽水力…①25・5②22・5③20・5▽石油火力…①60・8②41・7③27・9▽石炭火力…①8・1②5・7③9・2▽LNG火力…①3・0②16・2③21・5▽原子力…①2・7②12・7③20・4

エネルギーの8割以上を海外に依存し、電力供給の7割以上を火力発電に、そのうち9割以上を石油系燃料に依存していた供給構造は、ほぼ20年を経てガラリと様相を変えた。原子力、LNGを中心とした石油代替電源中心の供給構造にシフトさせることができた。海外からは「石油ショック克服の優等生」と評された我が国にとって電気事業者が果たした役割は、決して小さくはない。

軽水炉改良標準化とチェルノブイリ事故

昭和40年代相次いで運転を開始した東電や関電の原子力発電は、アメリカから輸入した軽水炉だった。それぞれBWRメーカーのGE社、PWRメーカーのWH社と契約を結んだ。東電の場合、契約は着工から運転開始まで受注者が全責任を負う「フルターンキー」と呼ばれる方式である。ところがアメリカメーカーが全責任を負って建設し運転を開始した初期の原子力発電所は、稼働率があまりよくなかった。

第一次石油ショック後の75（昭和50）年度には、9基661万500kWの原子力が運転に入っていたが、設備利用率は総合平均42・2％で、それ以降も80年度頃までは概ね50％前後の稼働率だった。配管などの応力腐食割れ、燃料被覆管のピンホールなどが相次ぎ、検査・修理のため運転停止が長引くことが稼働率の低迷につながっていた。それも改良が必要となればアメリカ側の了解が必要となり、余計に時間を要した。

作業環境にも問題があった。外国人仕様の設備は、日本人が作業する際バルブの位置が高く手が届きにくいなど不都合な箇所もあって定期検査などの際、作業時間が長くなって作業員の被ばく線量を増加させていた。当時国内メーカーの機器が採用されてはいたものの、アメリカメーカーの下請け的存在といってよく、むしろ国内メーカーは〝学習〟機会として知見と経験を積むことに主眼を置いていた。

しかし、石油ショックを機に原子力発電への期待が高まったことを背景に外国技術に依存するのではなく、それまで国内で培った建設、運転等の経験を生かして自主技術による軽水炉を作り上げようという機運が国、電力、メーカーなど原子力関係者の間に盛り上がった。通産省で主導していたのは技官官僚たちで民間動向をよく知っていた。機器の製作、据え付けではすでに高い技術水準に達している。問題は設計や保守の面と捉えていた。

75年通産省が音頭をとり、「原子力発電設備改良標準化調査委員会」と「原子力発電機器標準化調査委員会」を発足させた。両委員会には公益事業部原子力発電課を事務局に資源エネルギー庁、有識者のほか電力、メーカーの実務者が参加した。耐震性や安全性を向上させ、建設工期を短縮し作業員の被ばく線量も低減できる、改良標準化した日本型軽水炉の完成を目標とした。その際トラブルが生じている箇所や、運転保守上不具合が生じている部分の技術改良に重点を置くことにした。

計画はＢＷＲとＰＷＲそれぞれの炉型について80万ｋＷと１１０万ｋＷを選び、技術的な難易度を考慮して段階的に技術改良を積み上げ第３次計画（ＡＢＷＲ、ＡＰＷＲ）までの計画遂行を目指した。両委員会での検討は着々と進められ、実際にその成果が生かされる段階となった。

75～77年度に実施された第１次改良標準化計画では、設備利用率70％を目標にした。それまでのトラブル経験と対策を全面的に採用して原子炉格納容器の形状、スペース、内部の機器の配置等が改良され、作業性は大幅に向上し、被ばく低減効果も大きかった。ＢＷＲでは中部の浜岡原子力発電所３号機、ＰＷＲでは原電の敦賀発電所２号機などに反映された。この標準化ではＧＥ社が設計したマークⅠと呼ぶ原子炉格納容器も見直され、従来のフラスコ型から卵型に拡張され、作業環境は大幅に上がった。

第２次計画は78～80年度に検討がなされ、設備利用率の目標を75％に置いた。運転保守の向上、定期検査の効率化、被ばく線量の一層の低減などを図ることにした。ＢＷＲでは東電の柏崎刈羽原子力発電所２～５号機、Ｐ

東電・柏崎刈羽原子力発電所６・７号機（ＡＢＷＲ、提供：電気新聞）

ＷＲでは九電の玄海原子力発電所３号機以降に採用された。ＧＥのマークⅡ格納容器も見直され作業性は一段と向上した。また採用され成果を挙げた機器の中でも供用期間中検査（ＩＳＩ）での自動超音波探査装置の実用化は、負荷変動に適応した燃料開発につながっていった。

第３次計画は81～85年度に実施され、改良標準化計画の着地点となる日本型軽水炉の完成、ＡＢＷＲ（改良沸騰水型軽水炉）、ＡＰＷＲ（改良加圧水型軽水炉）の設計開発を目指した。負荷追従、長期サイクル運転、炉心性能の一層の改善、プラント全体のコンパクト化による立地性の向上、建設期間の短縮などを目標にした。柏崎刈羽原子力発電所６・７号機ではＡＢＷＲの特徴であるインターナルポンプ（原子炉再循環系）などが採用され、ＡＢＷＲとして世界初の営業運転（６号機は96年11月、７号機は97年７月）を果たした。

こうした改良標準化計画の対策が採用されたことで稼働率は、上昇に転じ、95年度（平成７）には初めて49基の合計平均で80％台の設備利用率を記録し、その後２００１年度まで毎年80％台の高稼働を維持し続けた。

作業環境が改善されたことで作業員の被ばく線量を大きく低減させ、結果として検査の期間を短縮できたことが大きかった。

昭和40年代半ば、通産省は貿易自由化からの外資参入に備え、官民協調での産業振興を策し、その後の石油ショックを経て国の安全保障面からエネルギー自立の核として官民挙げての原子力開発推進体制を敷いた。その典型事例として軽水炉改良標準化計画が位置付けられ、実際その成果は大きく、原子力発電は国内に定着し、電力各社の経営安定に大きく寄与していった。

しかし、ＴＭＩ事故以降、国民の安全面への不安は払しょくされておらず、メディアの報道も原子力以外の供給力では見過ごされる小さなトラブルも、こと原子力となると大きな扱いとなり、また現実に原子力不祥事やトラブルは、原子力の稼働が安定に転じた80年代以降も起きている。

81年４月、日本原子力発電の敦賀発電所1号機で給水加熱器のトラブルから資源エネルギー庁の立ち入り検査中、原子炉建屋外から微量の放射能が検出された。国は事態を重くみて記者会見で発表する段取りをとったが明け方午前5時という「暁の記者会見」（当時の記事）となり、騒ぎを一層大きくした。原電はそれまでの経過をまとめ資源エネ庁に提出し、これに同庁は保安規定違反の疑いがあるとして6カ月間運転停止の行政処分を行った。

敦賀発電所1号機は82年1月運転を開始したが、メディアの一部は「日本版ＴＭＩ事故」と報じ国民の不安を煽った。電事連はこのままだと立地などへ影響が出かねないと同4月社長会を開催し、放射性廃棄物漏えい事故の再発防止と保安管理体制の総点検、安全確保の万全など「決意表明」を行った。

ＴＭＩ事故から7年後、それまでの原子力発電所の故障やトラブルなどをはるかに上回る深刻な原子力事故が海外からの緊急速報として伝えられた。86年４月26日旧ソ連ウクライナで起きたチェルノブイリ原子力発電所４号機の事故である。出力１００万ｋＷ、黒鉛減速軽水冷却型という旧ソ連が独自開発した炉で、事故は保守点検に向けて原子炉を止める作業中に起きた。

緊急時にタービン発電機の慣性回転を利用して所内用電源を確保する実験中、出力降下を行う際に運転員の幾つかの規則違反と、このタイプ特有の設計（低出力時に原子力の出力が上昇すると制御が利かなくなる、軽水炉の格納容器に当たる部分がないなど）が重なって爆発とその後の大火災を発生させた。

旧ソ連国内だけでなく欧州諸国に甚大な量の放射性物質が大気中に放出され、また火災などにより死者数は運転員や消防士など33人にのぼり（このほか多数の死者が確認されているが、事故の放射線被ばくなどとの因果関係は定かではない）世界中に衝撃を与えた。

その後高濃度の放射性物質で汚染されたチェルノブイリ付近は居住が不可能になり、約16万人が移住を余儀なくされた。最終的に4号機は石棺及び安全閉じ込め構造物で放射性物質を閉じ込める方法がとられた。

事故の影響は日本にも及び、5月3日に雨水から放射性物質が確認されている。原子力安全委員会は4月30日事故調査特別委員会を設置し、通産省も事故調査委員会を設けている。電事連は那須翔会長が「日本の軽水炉とはタイプが違うので国内に波及するのは考えられない」としながらも5月14日の社長会で「チェルノブイリ原子力発電所事故調査検討会」の設置を決め、事故原因や対策の調査検討を進めた。

安全委は86年9月、87年5月の2回にわたって報告書をとりまとめ、その中で我が国では安全性は十分確保されていてソ連の事故は日本では起こりえないとし、「現行の安全規制、運転体制、防災対策について変更することはない」と結論付けた。

事故は深刻ではあったものの、日本国内への直接的な影響はほとんどなく、国内の騒ぎは収まったかにみえた。事故後1年余り経過した87年8月総理府が実施した原子力に関する世論調査では、原子力発電を将来の主力電源と考える人は60％を超え、前回（84年）調査より約10ポイント増え、今後原子力を増やしていくべきとした人も前回の36％から57％へと増加していた。

ただ放射線などに関しては86％が何らかの不安、心配

出力上昇試験に注目が集まった四国電力・伊方発電所２号機（提供：電気新聞）

を感じていると回答した。国民の多くが放射線影響には敏感ということを裏付けるように87年後半頃からチェルノブイリ事故によって拡散した放射性物質に汚染された食品の一部が欧州などから輸入されていると報道された。汚染された輸入食品が食卓にのぼるのは怖いと、主婦層などから原子力発電の安全性や必要性を改めて問う声が上がり始めた。

そうした折、四国電力・伊方発電所2号機が88年2月に計画していた出力調整試験をめぐって「チェルノブイリ発電所事故の時と同様の実験」との誤った見方が、全国に広がり始め各地で反対集会や署名活動が行われる騒ぎとなった。これに四国電力はもちろん電事連、安全委もチェルノブイリで行われた実験とは全く違うとし、軽水炉の出力調整運転はフランスなど各国で通常の運転時にも行われているもので安全上の問題はないなどと説明し、事態の収拾に努めた。

出力調整運転は別段問題もなく完了し、やがて騒ぎは鎮静化していったが、この間に作家の広瀬隆が著した原子力発電や放射性廃棄物の危険性を主張した『危険な話』

が反響を呼ぶなどして原子力への反対運動が都市部を中心にじわじわ広がった。反対運動には、従来からの反原発運動団体のみならず、主婦層から若年層まで含まれ「草の根的な反原発運動」の側面もあった。立地点周辺から都市部、全国へ反対運動が広がる気配となった。

電力各社始め政府関係機関は、国民目線に立った理解活動が必要になると様々なアプローチで広報活動を展開するようになった。電事連は原子力広報を抜本的に強化する方針を打ち出し88年４月には「原子力ＰＡ（パブリック・アクセプタンス）」企画本部」を設置した。そうした活動や何よりも原子力発電の高稼働が効果をあげ99（平成11）年８月総理府が行ったエネルギー世論調査では７割のひとが原子力を容認という結果となり、反対運動も鎮静化に向かい出した。

この間チェルノブイリ事故を教訓に世界の原子力事業者が協力して原子力発電の安全性向上に努めようと89年ＷＡＮＯ（世界原子力発電事業者協会）発足の動きとなり、電事連は主要メンバーとして発足準備に当たった。また国や関係機関も国際協力により安全性を向上させようとＩＡＥＡや経済協力開発機構／原子力機関（ＯＥＣＤ／ＮＥＡ）の活動に専門家を派遣して積極的な貢献を果たした。それらの成果は94年のＩＡＥＡでの原子力安全条約成立にもつながっている。

93（平成５）年４月には東京でＷＡＮＯ総会が開催され、那須東電社長（電事連会長）が２年任期の総裁に選ばれた。基調講演であいさつに立った那須新総裁は「環境保全とエネルギー源確保の両面から原子力平和利用の刷新が必要」と述べ「初心を忘れず設備を支える人と技術の面でも高い水準を確保し、安全確保に努めていく」と決意を語った。

だが、原子力発電の安全性は常に問われている。

その原子力の安全性をめぐっての判断が、最高裁まで持ち込まれたケースがある。73年から２０００年にかけて四国電力・伊方原子力発電所について建設に反対する住民が、設置許可処分の取り消しを求めた「伊方原発訴訟」である。伊方発電所１号機は72年11月原子炉設置許可を受け、77年９月に運転を開始した。これに１号機の周辺住民が国の安全審査は不十分だと松山地裁に訴えた。日本初の原発訴訟である。

松山地裁は74年４月、請求棄却判決をし、その理由として原子力発電所建設の決定権は国にあるとした。原告は高松高等裁判所に控訴し、84年12月控訴は棄却された。この間ＴＭＩ事故があり、判決への影響が注目されたが、判断は一審と変わらなかった。原告は上告し、92（平成４）年10月最高裁は上告を棄却し、原告敗訴が確定した。

78年６月には２号機も提訴となり、２０００年12月松山地裁は住民の請求を棄却する判決を言い渡している。その後も新たな訴訟が続いているが、「伊方判決」は、当時司法が行った原子力発電の安全性判断としてはほぼ最終的な見解とみなされ、現在に至るまで最高裁へ上告する住民訴訟は起きていない。

日米交渉と民間再処理の道

我が国の核燃料サイクル事業は、68（昭和43）年６月原子力委員会が決めた国内での自立をめざした路線が基本になっており、その際民間事業者に推進の担い手となることが期待されていた。しかし当時９電力会社は、火力発電用の燃料から供給設備、一部資金の手当てまで海外に依存し、原子力発電もアメリカ型の軽水炉の導入を決め、メーカーとの契約を経て炉の導入と建設などに全力を挙げていた時期だった。しかも高度成長期の旺盛な需要に対応した供給対策に迫られていて原子力委が掲げる新型転換炉（ＡＴＲ）開発などプルトニウム利用の核燃料サイクル事業には資金協力しても技術力、人材確保などの点からも余裕はなく、消極的な姿勢にならざるを得なかった。

電力各社はそれぞれ軽水炉用の核（原子）燃料の調達に全力を挙げ、ウラン精鉱の確保、転換役務の委託、ウラン濃縮役務の委託、使用済み燃料の再処理委託などを進めていた。とくに原子力発電所内の使用済み燃料の貯蔵量の増加は避けられないとみて再処理委託には積極的に取り組んでいた。東電は74年１月にイギリス核燃料会社（ＢＮＦＬ）とスポット契約を、77年９月にはフランス核燃料公社（ＣＯＧＥＭＡ）と、78年３月にはＢＮＦ

Lと委託契約を結んでいる。

ところが原子力への取り組み姿勢を一変させる出来事が起きた。石油ショックである。エネルギー資源を海外に依存することの危うさが浮き彫りにされ、エネルギー・セキュリティの点からも原子力の燃料サイクル確立が求められるようになった。官民協力が否応なく求められてきたのである、電事連は76年5月の社長会で核燃料サイクル確立への民間側の考え方をまとめ明らかにした。

骨子は、①使用済み燃料の第2再処理工場は民間で行うとともに、これに伴う法律の改正などの早期実現を国に要望する②国内ウラン濃縮についても国の助成措置を条件に民間で行うことを検討③ウラン精鉱についてはオーストラリア等からの新規購入も検討④廃棄物の処理処分については、低レベル放射性廃棄物の試験的海洋投棄は国が早急に実施し、諸法令の準備を進め高レベル廃棄物の最終処分は国の責任において行う――というもので、事業の官民分担を求めた。

これを受け原子力委員会は76年10月「高レベル放射性廃棄物の処理（固化処理及びこれに伴う一時貯蔵は）は再処理事業者が行い、国は技術の実証を行う」とし「処分（永久的な処分及びこれに代る貯蔵）は長期にわたる安全管理が必要であること等から国が責任を負う」との方針を明らかにし、高レベル放射性廃棄物処分の国の責任を明確にした。

社長会での「見解」発表後電力業界は、本格的な推進体制づくりに入った。76年10月にはすでに官民協力のもとで低レベル放射性廃棄物の最適な処分システムを研究開発することで準備中だった「財団法人原子力環境整備センター」を設立した。78年2月には電事連のもとに海外ウラン資源の情報収集から探鉱プロジェクトの検討まで行う「ウラン資源確保対策委員会」を発足させた。これ以前には74年11月東海再処理施設への使用済み燃料輸送に携わる「エヌ・ティー・エス」が設立されている。

懸案の民営による再処理事業については、それまで濃縮・再処理の基本政策と事業化を検討してきた「濃縮・再処理準備会」を発展解消して新たに「再処理会社設立準備室」を設けた。電力各社はそれまで再処理については海外委託を積極的に進めており、東海に次ぐ第2の再処理工場具体化の方針が決まったことを受けて同工場が運転に至るまでの〝つなぎ〟措置として77年9月ＣＯＧＥＭＡと、78年5月ＢＮＦＬとの再処理委託契約を結んだ。「設立準備室」は、我が国初の民営による再処理工場具体化に向け準備を整えることになった。

　電力業界の核燃料サイクル事業への取り組みには、当時再処理などバックエンド体制が十分ではないとして「トイレなきマンション」との指摘があり、こうした懸念に対し改めて民間再処理の道を示すことで事業者の決意を表したとの面もあるが、一方ではそれまで進めてきた英仏への海外再処理委託が、石油ショック後の国際政治の激動やアメリカが主導する核不拡散体制づくりから不安定さを増したことが起因している。通産省が業界側に国内再処理を働きかけ、業界側も受け入れざるを得ず、判断に至った。背景には通産省の電発活用論もあった。

　これに関連し通産省は将来を見越し核燃料サイクルまでをパッケージにした国産原子炉輸出を志向していた、との見方もある。76年11月には実現はしなかったものの、鹿児島県の離島を候補地にサイクル施設をまとめた「核燃料パーク」を建設する構想が報じられていた。

　政府は、電力側の準備体制が整うのを待っていたかのように76年の通常国会に再処理民営化に途を開く原子炉等規制法の一部改正案を提出した。同法案は継続審議となる。日本の原子力平和利用路線にも国際社会の目が注がれるようになり、法案の成立が急がれた。

　中国が核実験に成功し、核保有国が増大するとの懸念から、70年に非核保有国の核兵器拡散防止を目的とした核兵器不拡散条約（ＮＰＴ）が発効した。日本は57年に発足した国際原子力機関（ＩＡＥＡ）に加盟し、核物質の計量管理の査察を適切に行う保障措置制度の運用にも協力姿勢をとってＮＰＴ体制の模範生として信用を得てきた。それでも核問題に直結する核燃料の手当てなどをめぐって核燃料輸出国から輸出停止を含めた様々な措置が出されるようになっていた。

　76年10月にはアメリカのフォード大統領が再処理とウラン濃縮技術の輸出を3年間停止するよう要請し、77年

1月〜78年8月にカナダ政府がウラン精鉱の輸出を禁止した。77年3月に就任したカーター米大統領は、アメリカにおける商業再処理とプルトニウム利用を無期限に延期し、さらに核不拡散法を成立させた。74年インドがカナダから輸入したCANDU炉からプルトニウムを抽出し核実験に成功したのが、アメリカの核不拡散体制強化のきっかけとなった。

核不拡散政策が現実になったことでアメリカからの核燃料（濃縮ウラン）輸入が難しくなった。輸入している濃縮ウランは、アメリカで濃縮されたものなので日本で使用した後の再処理については、原子力の非軍事的利用に関する協力であり日米間の協定に基づいてアメリカ政府の合意を得なければならなかった。この承認の文書はMB―10（テン）と呼ばれ、それまではほぼ機械的に付与されていたのが一転、取得が難しくなった。しかも核燃料物質の再処理のための移転は、原則認めないとされ、ケース・バイ・ケースの審査でやむを得ない場合に限りこの制限を解除するとされた。

一方でカーター大統領の呼びかけで77年10月、40カ国、4つの国際機関が参加するINFCE（国際核燃料サイクル評価会議）が発足し、ここでの議論の成り行きと日米交渉が、MB―10問題解決のカギとなった。INFCEにはテーマ別に作業部会が設けられ、2年4カ月にわたる議論が続けられた。80年2月「再処理を行う核燃料サイクルは、再処理を行わない場合と比べて核拡散防止に特に問題があるというわけでなく、また大規模発電国の場合、再処理を行う経済的正当性がある」などとした報告書がまとめられた。

日本は非核兵器保有国で唯一の原子力先進国として扱われ「大規模発電国」の範疇に入ることからほぼ満足のいく結論になった。再処理、プルトニウム利用のリサイクル路線が国際的にもお墨付きを得られたといえる。日米再処理交渉も行われ、動燃の東海再処理工場の運転は条件つきながらも認められ、MB―10問題も解決した。

東海再処理工場は、元々74年10月に完成していた。ところが準備試験の段階でトラブルが発生し、日米原子力協力協定で「国内再処理は日米両当事国政府の共同決定による」とされていたためアメリカ政府が異論をはさみ、プルトニウムを抽出するホット試験にも入れず運転開始が大幅に遅れていた。

77年9月にようやくプルトニウムを単体で抽出しない「混合抽出法」により2年間の運転延長が認められたものの、その後についてはＩＮＦＣＥの場での結論次第となっていた。日米協議を経て80年4月まで運転が延長され、結局81年1月、本格運転となった。

またウラン資源国のカナダとの間でも日加原子力改定交渉が行われ、カナダ側の二重規制を全面的に受け入れる形で合意し、1年間にわたるウラン禁輸措置が解除された。核不拡散問題はその後、ＩＡＥＡなどの場で国際プルトニウム貯蔵や国際使用済み燃料の管理といったテーマが協議されるようになっていく。これに関連して、79年6月にはアメリカが環太平洋使用済み燃料貯蔵（太平洋ベースン）構想を明らかにし、日本政府は対応に迫られた。

国内では原子炉等規制法の一部改正案の審議が、79年に入って軌道に乗り6月の参議院本会議で成立した。電力業界はＩＮＦＣＥなど国際動向を見ながらも新会社の設立準備を本格化させた。ＩＮＦＣＥの結論が出た80年3月9電力、原電、電機、機械、化学、エンジニアなど関連11業界、有力企業90社の出資によって「日本原燃サービス株式会社」が設立された。

会長には正親見一電事連副会長、社長に後藤清九州電力副社長、副社長に小林健三郎東電常務、相談役に伊藤俊夫関電副社長が就任する重厚な布陣となった。すぐに立地選定に入り英・仏への海外再処理委託が期限を迎える90年頃には再処理工場の運転を開始するプランが立てられた。

電事連は、再処理の民営化体制が整ったことでウラン濃縮や放射性廃棄物の処理処分、さらにはアメリカなどとの2国間交渉始め揺れ動く国際情勢に対応して同5月の社長会議で各社の副社長級で構成される「核燃料サイクル総合推進会議」（委員長＝伊藤俊夫関電副社長）の発足を決めた。この場が電力業界の「核燃問題」司令塔の役割を負った。

同11月電事連は、ウラン濃縮の国産化を電力業界、重電メーカーなどが協力して推進する方針を明らかにした。原子力発電の開発が増大するとアメリカやフランスと契約している役務量では、足りなくなりその分を国産化でまかなおうというプランだった。

ウラン濃縮については前年（79年）９月、動燃が岡山県人形峠で遠心分離法によるパイロット・プラントの運転を一部開始していた。平岩会長は記者会見で「技術的にはほぼ確立しているので、あとはコストダウンをいかに図るかだ」と述べ、81年３月電事連内に「ウラン濃縮準備室」が置かれた。85年３月、９電力会社と原電、重電メーカー３社や金融機関37社はウラン濃縮商業プラントの建設に向けた新会社「日本原燃産業」を設立した。

放射性廃棄物問題のうち、低レベルの海洋処分は試験的段階の準備を完了させていた。国際機関とも連携しながら海洋投棄が有力になっていた。しかし、南太平洋諸国の反対が強く、このため陸地処分が検討され、原子力委は82年６月、陸地処分の現実的な推進策として施設貯蔵の実施を提案した。

当初電力業界が中心になって設立した「原子力環境整備センター」は財団法人のため株式会社方式による新しい事業体制が検討された。83年６月にはドラム缶貯蔵などの陸地処分の推進を図る「原子力環境整備推進会議」が発足している。この頃になると陸地処分に向けた技術開発が進展を見せ始めた。可燃物廃棄物用の焼却炉の採用、不燃性廃棄物の減容化、濃縮廃液のペレット固化やプラスチック固化など対策が効果を見せ、放射性固体廃棄物の年間発生量は頭打ち傾向を示すようになっていた。

一方、核燃料サイクル事業の輪を回す〝夢の原子炉〟高速増殖炉（ＦＢＲ）は、まず実験炉「常陽」が77年４月、初臨界を達成した。世界で5番目のＦＢＲの臨界だった。81年４月には初臨界以来、通算運転時間1万時間を達成している。これに続く原型炉「もんじゅ」は、70年に福井県敦賀市が立地点に選定され、76年の福井県、敦賀市との安全協定を経て建設運営主体の動燃（現在の「日本原子力研究開発機構」）は、建設準備に入っていた。

しかし電力業界からの協力が不可欠として協力を求めたため、79年10月電事連社長会は、この要請に応じて開発資金４０００億円のうち電発を含めた11社で６００億円の負担を決めた。80年2月には動燃との間で業務協力協定を調印、「もんじゅ」は、83年１月着工し、91年５月運転を開始した。

原型炉に続く実証炉について原子力委は「昭和60年代半ばまでに実証炉の建設が必要と考えられ、その開発にあたっては原型炉の建設、運転経験による技術的経済的評価を踏まえる」としていた。東電など業界４社はメーカーなどに概念設計の研究を委託するなど研究を進めたが、巨額の費用負担なども見込まれ、業界全体として実証炉を引き継ぐことには消極的な構えだった。

84（昭和59）年は、核燃料サイクル事業「元年」と呼ぶにふさわしい動きとなった。同４月18日平岩電事連会長は、社長会後の記者会見で初めて、ウラン濃縮、使用済み燃料の再処理、低レベル放射性廃棄物貯蔵という３施設の青森県内での立地推進構想を明らかにした。「３施設を包括的に立地したいので北村（正哉）知事を訪問し、立地についてのお願いをする」と述べたのである。

４月20日には平岩会長は、玉川敏雄東北電力社長らとともに青森市内のホテルで北村知事と会い、北村知事は要請に前向きの姿勢を明らかにした。

青森県での「３点セット」具体化の動きは首相の発言からだった。82年11月第71代首相に就任した中曽根康弘は、翌年（83年）12月青森県を訪れ「下北半島を原子力のメッカする」と述べ、にわかに斧のような形をした下北半島での核燃料サイクル基地立地が関心を集めるようになった。

平岩電事連会長も84年１月19日の記者会見で「原子力、特に核燃料サイクルの確立に向け前進したい。本格的な原子力発電時代に入ったとの感を深めており、その意味において今年は一歩踏み込んだ年にしたい」と語り、いわば決意表明した。

84年時点で運転中の原子力発電所は合計27基、総出力４０００万ｋＷに達しており、総発電電力量に占める割合も20％、家庭の５軒に１軒は原子力が供給している計算になった。本格的な原子力発電時代となってきたにもかかわらず、「トイレなきマンション」と批判されてい

青森県・六ヶ所村への３点セット立地要請への回答当日の朝、北村知事ら青森県側（左）と小林電事連会長ら（右）（1985 年 4 月 18 日、提供：電気新聞）

たバックエンド部門、なかでも再処理事業は、80年1月原燃サービスが設立され九州の離島などが候補に挙げられたものの、立地は進んでおらず、その中で青森県下北半島が候補地に急浮上していた。

84年6月東電は、電事連会長を務める平岩社長が退任し同社会長となり、後任に那須翔副社長が昇格するというトップ交代を発表した。これにより電事連会長には関電社長の小林庄一郎が選任された。小林新会長は、すぐに平岩前会長から引き継いで「3点セット」の構想具体化と立地点の選定に入った。当時は同じ青森県の東通村なども誘致の声を上げており調整も必要になっていた。

しかし、水面下では下北半島の太平洋岸にある六ヶ所村を早くから候補地と定めていて小林会長は、7月18日開いた社長会で3施設を上北郡六ヶ所村に一括立地することを決め、県や六ヶ所村に協力要請する旨発表した。合わせて小林会長は、事業計画の概要も明らかにした。同2日には総合エネルギー調査会・原子力部会（松根宗一部会長）が国としての核燃料事業推進計画を明らかにしており、電事連の発表は、これに沿うものだった。

骨子は、①再処理施設は、処理能力８００トンU／年とし、95年頃の操業を目指す。その際使用済み燃料受け入れ貯蔵施設も建設する。事業主体は原燃サービスで建設費は約７０００億円②ウラン濃縮施設は１５００トンＳＷＵ／年程度の規模とし、91年頃の操業を目指す。建設費は約１６００億円③低レベル放射性廃棄物貯蔵施設は、最終的には約60万立方メートル（ドラム缶約

３００万本）を貯蔵。91年頃の操業を目指す。建設費は約１０００億円――というもので、濃縮、低レベルについては、電力業界が主体となって84年度内にも新会社を設立し、この会社が事業を推進するとした。

立地点に浮上した六ヶ所村は、青森県下北半島のつけ根の部分に位置する広大な工業用地むつ小川原工業地域（青森県六ヶ所村）にあった。この「むつ小川原開発」は、昭和40年代初め通産省が下北半島の一角に大工業地帯を作り上げようと構想したもので、69年には新国土総合開発計画（新全総）に組み入れられ、その後経団連が中心になって運営に当たる新会社「むつ小川原開発会社」を設立。また用地買収を行う「むつ小川原開発公社」も設立された。同社の所有地には石油の国家備蓄基地が誘致されたものの、石油ショックが重なって多くの工業用地が売れ残ったままになっていた。平岩電事連会長（東電社長）は、当時経団連副会長も務めており、むつ小川原開発会社の運営にもかかわりを持つ立場だった。

一方で青森県下北半島の一角を占めるこの地域は、戦後国策によりフジ製糖が進出。それも貿易自由化の波に押されて閉鎖となり、農業も不振で多くの農業者が離農した。むつ小川原開発計画も途中頓挫していただけに電力業界の「３点セット」立地要請は、待望久しいものだった。また82年、東北新幹線が大宮駅―盛岡駅間で開通し（85年には上野―大宮間）、県内には青森駅までの延伸を望む声が強かった。当時国鉄の財政悪化から建設が一時凍結されていて、北村知事は経団連や電事連の支援をバックに新幹線の青森（新青森駅）終着を何とか実現したい、との思惑があったようだ。

電事連は７月27日、小林会長、大垣忠雄副会長が青森県及び六ヶ所村を訪れ、北村知事と六ヶ所村の古川伊勢松・村長に会い、３施設の概要を提示したうえで、六ヶ所村のむつ小川原工業開発地区内に立地したい旨、申し入れた。

これを受け六ヶ所村は、説明会や茨城県東海村の再処理施設を訪れるなど検討し、85年１月議会全員協議会を開いて立地受諾の決議を行い、古川村長は北村知事に立地受入れを伝えた。青森県は知事の諮問機関として「原子燃料サイクル事業の安全性に関する専門家会議」を設置し、県民各層から意見を聞くなど検討を重ねた。４月9日知事は県議会の全員協議会を開き、３施設を受け入れる旨表明し了承を得、翌10日、北村知事は小林電事連会長に立地受諾の意向を伝えた。

濃縮、低レベルの事業主体となる新会社については「新会社設立準備室」を発足させるなど準備を整え85年３月1日、電力９社ほかメーカーなど50社が出資する資本金１００億円の「日本原燃産業」が設立された。社長には電事連副会長の大垣が就き、会長には電事連会長の小林が就任した。小林は日本原燃サービスの会長も兼ねることとなった。

４月18日に青森県と六ヶ所村は、受諾の正式回答を行い、日本原燃サービス、日本原燃産業と県、六ヶ所村との間で「協力に関する基本協定書」が結ばれた。核物質の輸送に関わる「エヌ・ティー・エス」は、輸送体制を整備強化した上で社名が「原燃輸送」に改められた。

87年８月には、原燃２社とむつ小川原開発との間で、核燃料サイクル施設の用地売買契約が締結された。87年５月にウラン濃縮工場、88年４月に低レベル放射性廃棄物埋設センター（一時的な保管を意味する「貯蔵」から最終処分を意味する「埋設」に変更）、89年３月には再処理工場の事業許可申請が科技庁に提出された。それぞれ88年８月、90年11月、92年12月に事業許可が下り、建設となった。ウラン濃縮工場は92年３月に、低レベルの埋設センターは92年12月に、操業を開始している。

「３点」セット推進は、電力業界総がかりの態勢が取られ、電事連には84年「原子燃料サイクル事業推進本部」が設けられた。青森県は電事連の全面バックアップを求めていたこともあり、原燃２社の会長に電事連会長が就くことになった。原燃２社と電事連には北海道から九州電力まで人材が幅広く派遣され、業界としての一体感を醸成した。

なお、東北新幹線はミニ新幹線の時代を経ながら２００２年に盛岡駅―八戸駅、２０１０年に八戸駅―新青森駅間がフル規格で開通し、整備計画の決定から39年を経て全線開業となっている。

沖縄電力民営化、小林電事連体制の発足

戦後日本の最大の課題のひとつが、沖縄の本土（日本）復帰だった。72年5月佐藤内閣のもとでようやく復帰が実現すると沖縄県内では脱アメリカの様々な制度変更が行われた。沖縄全島を供給地域とする電気事業の形態も変わった。それまでアメリカ政府が出資して発電と送電を行っていた琉球電力公社は、日本政府と沖縄県出資による特殊法人沖縄電力に事業を引き継いだのである。76年4月には沖縄配電など配電５社を合併し、発送配電の一貫供給体制が敷かれた。本土の９電力と同じ発送配電の一貫供給体制とはなったが、運営主体は民間ではなかった。

その沖縄電力の民営化問題が81年、持ち上がった。行革の一環として同年12月政府が「沖縄の実態に配慮しつつ、他の一般電気事業者の協力の下で早期に民営移行する」との方針を打ち出したのである。地元沖縄県ではすぐに知事の諮問機関として沖縄県・電気エネルギー対策協議会が設けられ、同協議会は84年12月「独立民営」が適切との報告書を答申した。

一方、資源エネルギー庁も沖縄電気事業協議会を設け検討にあたった。82年12月にとりまとめた報告では「独立民営」と、９電力会社のいずれかの社と合併する「合併」方式の両論併記だった。東電や九電との合併も模索されたが、実現は困難とされた。沖縄県では最終結論に向けさらに県内各層から意見聴取した。世論は地元に本社を置き地域発展に貢献すべきとの声が強かった。ただ独立民営に当たっては沖縄電力の経営内容がハードルとなっていた。同社は石油火力に供給を大幅に依存していたため石油ショックの際には価格上昇から大幅な赤字を抱えるようになっていた。それが83年３月のＯＰＥＣの原油価格大幅引き下げがきっかけになって業績が急速に回復した。

沖縄県は85年４月、「独立民営」を決定した。ただ離島という不利な条件克服に向け、また本土並み料金水準確保のため国の援助・助成と9電力会社の協力が欠かせないとして国、電事連に協力を求めることにした。電事

連では協力要請を受け入れる方向で検討し、86年3月沖縄開発庁長官、沖縄県知事、沖縄電力社長、電事連副会長の関係5者で構成される沖縄電力民営移行推進懇談会の場で協力を表明した。

86年末「できるだけ早期に民営化を図ることとし、このため経営の長期安定化を進めるため所要の措置を講ずる」旨閣議決定された。88（昭和63）年10月沖縄電力はそれまでの特殊法人から沖縄電力株式会社へと独立民営が実現した。２０００年には電事連に正式加盟し、これによって電事連は52年発足以来の９電力から10電力体制となった。

沖縄電力の独立民営の方向が定まりつつあった84年6月、〝第7代目〟となる電事連会長には、関電の小林庄一郎社長が選ばれた。前任の平岩外四東電社長が、5月の決算発表に合わせて退任意向を明らかにしたためで、翌月新旧会長が並ぶ記者会見の席上平岩前会長は、小林新会長について「あとを小林社長に任せることができて本当によかった。小林さんは私のもっていないものを全部もっている」と評した。

小林の電事連会長は、関電では堀新、太田垣士郎以来20年ぶり、3人目となった。小林新会長は「大役を仰せつかった。幅広く奥行きのある平岩路線をかみしめて進めていきたい。こういう方の後を継ぐのは大変だ」と心境を述べ、平岩の功績を称えた。小林はすぐに平岩路線を継承して同7月に青森県での核燃料サイクル施設の立地協力を行い、85年3月日本原燃産業の設立、原燃2社と青森県、六ヶ所村との立地協定の立ち会いと「3点セット」推進に力を尽くした。

また政府からの景気対策の協力要請に応じた設備投資の積み増しや製品輸入への協力、さらには投資積み増しの協力見返りに一般電気事業及び一般ガス事業会社の社債発行限度に関する時限立法の社債特例法の改正を通産省に要望し、従来4倍だった発行枠を当分の間と条件付きながらも「6倍」に拡大できた。水源税や流水占用料改正といった増税問題にも「行動する電事連」として9電力挙げての陳情作戦を展開して新増税を回避できた。

しかし、こうした積極的な活動ぶりにもかかわらず任期は1年半と短期間にとどまった。85年12月電事連会長を次の那須翔東電社長に引き継ぐのである。関電社長として臨んだ同11月末の中間決算発表後の記者会見の場で、自身の会長就任と森井清二副社長の社長昇格を明らかにした。

当時関電では、芦原義重会長が関経連会長（66～77年）を務めるなどして社内外に大きな影響力を持っていた。77年には「再編三羽烏」のひとりで戦後電気事業の立役者だった木川田一隆も亡くなり、再編成時代を知る実力派長老は事実上、芦原ひとりになったと言ってもよかった。77年に電事連会長になった平岩も芦原には最大限の目配り気配りを欠かさなかった。その典型的な例が、芦原の後任社長に選ばれた小林の電事連会長就任時の平岩の行動である。

小林庄一郎（提供：電気新聞）

小林は平岩のあと1年遅れて77年、当時の電力業界では断トツの54歳の若さで関電社長となった。小林はニューリーダーとして芦原色の濃い関電内にあっても次第に求心力を高めていた。視野の広いバランス感覚は、保守的な業界体質を変えるものとして平岩は、早くから小林を次の電事連会長にと白羽の矢を立てていた。ふたりはほぼ同時期に東電、関電という大会社の社長となり、しかも当時の電事連社長メンバーの多くはふたりの〝先輩〟であり、距離は縮まり相談の機会も増えていた。

戦争の従軍体験や木川田、芦原というトップに仕えてきたふたりに共通項は多く、互いに深い信頼を寄せるようになった。ただ電事連会長に小林を推薦するにしても気がかりなことがあった。関電会長の芦原は、堀、太田垣と2代続けて電事連会長に就いたのにトップ就任時期のタイミングのズレなどもあり電事連会長には就かずじまいだった。

小林の電事連会長就任には何を置いても芦原の了解が必要だった。だが芦原の小林電事連会長就任への反応は鈍く、消極的というのが周囲の見方だった。しかも芦原の秘書を長く務め副社長として芦原を支えていた内藤千百里が大きな力をもつようになり、小林社長の基盤は万全ではなかった。

平岩は芦原説得を丁寧に進めていった。ついには室町時代に京都で創業し、明治時代になって東京に移った皇室ご用達の店で知られる虎屋の羊かんを持って芦原に会い、「(電事連）本家の関電に会長を戻させてほしい」と頭を下げ、懇請までしたという。芦原は平岩の懇請に折れ、小林の電事連会長就任を了承した。

小林は、次の関電社長を副社長の森井清二に託すことにした。森井は京都市出身、京大工学部を卒業して49年関西配電に入社し関電に引き継ぎ後も一貫して工務畑を歩き、関電内の約7割が停電したという65年の大停電のあと送電網の強化に尽力し、部下からの信頼も厚く関電工務部門の筆頭格になっていた。義父が芦原である。

小林は多忙を極める電事連会長を辞め、社業に専念しトップラインを構築しようと森井を社長（85～91年）に引き上げて自ら会長に就任したが、その後も社内は名誉会長の芦原・内藤ラインと二分されている状況で、86年に景気対策の一環として政府から要請された配電線地中化工事前倒しでは、推進しようとする執行部の小林・森井ラインと反対の芦原ラインでは意見が食い違い、調整に難航するといった場面もみられた。

しかも内藤に関する政界工作の噂が絶えず、またトップ人事工作が水面下で進められ、小林は危機感を強めた。87年2月26日、取締役会で芦原と内藤の取締役解任を求める緊急動議を出し承認されるという、いわゆる「関電二・二六」事件が起きた。平岩にも相談していたという。関係者は「二・二六」事件について、当時の小林会長は、「芦原さんを外すことが本来の目的ではなく、ワンマンぶりが際立っていた内藤副社長を解任することが大きなねらいであり、何よりも社内をすっきりした体制にしたかったはず」と解説している。

関電社長は、森井のあと秋山喜久（91～99年）が就いた。秋山は関経連会長（99～２００７年）にも就き、関経連会長に就くことがなかった小林との関係が取りざたされ、また後任の石川博志（99～２００１年）の就任期間が短く、しばらく同社のトップ体制に周囲の関心が寄せられた。

料金引き下げ、景気対策への協力

80年代は、エネルギー情勢、中でも石油情勢が一変した時期でもあった。80年の第二次石油ショックのあと世界的に石油需給の緩和傾向が進み、ＯＰＥＣの原油生産は大きく落ち込んだ。81年10月のジュネーブ臨時総会では基準原油価格（アラビアン・ライト）の再統一が図られ、いったんは32ドルから34ドル／バーレルと引き上げられたものの、なお需給緩和は続き、82年に入るとスポット価格は一時28ドル／バーレル台まで下落した。

石油産油国は競って原油の値下げ、増産に踏み切り、生産上限も野放し状態となった。このためＯＰＥＣは83（昭和58）年３月に臨時総会を開催し、生産上限を１７５０万バーレル／日とする一方、史上初めて原油価格（アラビアン・ライト）を5ドル引き下げ、29ドル／バーレルとした。

この間我が国では、石油依存度の低減が図られ、80年度に70％を切り、81年度は64・２％へと低下した。脱石油に景気の低迷が重なり石油供給量は2年連続して前年を下回った。また石油価格の高騰によって省エネルギー化が進み、加えて大口電力の不振から電力需要も鈍化した。82年4月に策定した国の長期エネルギー需給見通し、電力需給見通しは、わずか1年半で見直され、83年11月には新しい長期需給見通しが策定された。

90年度のエネルギー需要量は22％下方修正され、原子力も前回の４６００万ｋＷから26％下方修正した３４００万ｋＷに、石炭も30％減に修正された。このため電力各社の電源開発計画は軒並み２～３年繰り延べとなった。電源多様化政策の柱のひとつとされた石炭火力の海外炭活用から電力9社と電発とで80年に設立した石炭資源開発も石炭需要の減少から事業の合理化を図るため、組織、人員を半減することが83年11月の社長会で決まっている。

しかし、83年の原油価格5ドル下げは、電力業界にはいわば〝天の恵み〟だった。当時電事連会長だった平岩は83年12月の記者会見で石油危機から10年の感想を尋ねられて「石油の需給緩和、値下げという画期的なことが起き、その結果経常収支は好条件に恵まれ一息つくことができた。昨年のちょうど今頃の時点は、83年度をどうするか切実な問題だった」と振り返った。

電力各社は83年度の収支を心配し料金値上げ申請もありうると警戒していたのが、一転好決算になっていくのである。しかも設備の建設、運転の繰り延べが続き、加えて85年度以降は円高が進んで他産業に比して電力収支の安定ぶりが際立つことになった。

85年９月のプラザ合意（G５、先進５カ国蔵相・中央銀行総裁会議）は、実質的に円高ドル安に誘導する国際合意だったため、国内での急激な円高が心配された。実際「G５」直前が２４２円／ドルだったのが、11月25日には、１９９円80銭／ドルと、４年10カ月ぶりの２００円台突破となり円高が急速に進んだ。年が明けた86年１月27日には7年ぶりという１９５円台を記録、３月17日には、それまでの円の最高値１７４円80銭／ドルをあっさりクリアした。

12月になると原油安も鮮明になって差益還元を求める声が大きくなった。85年12月電事連会長は、小林前会長から東電の那須社長に代わった。那須新会長は同18日、就任後の記者会見で「差益があればお客様のために使うことを原理原則にしたい」と述べ還元の姿勢を明確にした。しかし、還元方法、仕方については前回78年の料金引き下げ（割引措置）同様、政界を中心に様々な意見が出るようになる。

12月末の内閣改造で就任した渡辺美智雄通産相は「余裕があるようなら内需拡大に使っていくべきではないか」としたほか、大蔵省は税収（法人税）そのもので還元すればよいとし、自民党内では東京湾横断道路など内需拡大プロジェクトの参加や具体的に配電線地中化を求める声も出てきた。

74年から実施されている業務用などを対象にした逓増料金制度（特別料金制度）の見直しを求める声も強く、また産業界は「差益は料金引き下げで還元すべき」（日本化学工業協会、日本鉄鋼連盟）と一律引き下げを強く主張した。

86年1月14日、渡辺通産相と電力首脳との懇談では「状況を見極めて広く意見を聞く」ことで一致し、渡辺通産相は有識者による「電力・ガス差益問題懇談会」（円城寺次郎座長）を発足させた。〝賢人会議〟とも称された同懇談会は3月3日に初会合を開き、同30日に報告書をまとめ、「料金の暫定的引き下げ措置（一律引き下げ）」、と「現行料金制度の調整」が適当との結論をまとめた。この間渡辺通産相は、一律還元に前向きな姿勢を明らかにしていた。

ただ貿易摩擦解消や内需拡大をアメリカなど国際社会から求められていた政府は総合経済対策の実施に動き、その中で暫定的料金引き下げに加えて設備投資の前倒しや配電線地中化も抱合せた差益還元策を柱に据えた。電気事業審議会・料金制度部会は、特別料金制度の適用部分の一定割合を一般料金扱いとし、電灯の3段階料金制についても3段階目の適用対象を実情に即して縮小すべき、との報告をとりまとめ、電力各社は料金制度変更も準備した。

こうして電力9社はガス3社とともに86年5月13日、電気事業法21条ただし書きに基づいて料金の暫定引き下げを通産省に申請した。実施日は6月１日から10カ月間で制度調整措置との2本立ての料金引き下げ措置となった。その際電力9社の想定された86年度の差益額合計は、１兆３４０２億円となり、うち９７１４億円を還元に充て残りは内部留保として今後のリスク変動に備えるとした。沖縄電力も同日、９電力に準じた内容で申請、実施となった。

暫定料金引き下げにより総額1兆円近い額の還元が図られたにもかかわらず、すぐに差益は膨らむ見通しとなった。原油価格がさらに下がり、円高の勢いも衰えなかったのである。5月の申請時の原油価格平均は19ドル／バーレルとしたのが、6月のドバイ原油は10ドル台を割った。当時1ドル／バーレルの値下げで9社合計８００億円のプラス影響が出ると言われていた。加えて円も4～7月平均は１６８円／ドルと申請時の１７８円／ドルに比べ10円の円高となった。

再び差益還元を求める声が強まり、第二次の暫定料金引き下げ必至となった。田村元通産相は10月14日の記者会見で産業界の不況感に触れた上で「電力・ガスの差益還元問題についての対応を早急に進める」とし、那須電事連会長も86年度の中間決算を見た上でとしながらも還元措置を講じる意向を示した。

第二次の暫定料金引き下げは、12月16日第一次と同様21条ただし書きに基づきガス3社とともに申請した。実施は87年1月から1年間とした。前回同様料金制度の調整措置との2本立てとなった。今回は逓増制の特別料金制度が拡大しないよう最大限配慮することなどが盛り込まれた。

1年間の差益額合計は1兆9206億円と想定され、このうち1兆6507億円が料金措置で還元された。前回と比較すると料金措置対応額は約1・7倍に膨らんだ。9社平均の電灯・電力合計のkWh当たりの引き下げ額は3円10銭となった。18日認可した田村通産相は「今回の引き下げ措置のうち約1兆1000億円は円高等に苦しむ中小企業、基礎素材型産業に還元されるなど産業界に好影響をもたらす」との評価の談話を明らかにした。

那須電事連会長ら電力業界首脳部は、第二次の暫定料金引き下げ以降も円高、原油安が続けば暫定措置ではなくて本格改定による値下げ措置で差益還元問題に終止符を打ちたいとの意向をもつようになった。毎回の暫定措置の対応や作業の労力、加えて政治圧力などによって本来の民間電気事業経営の主体性が十分発揮されなくなるとの懸念もあった。

案の定為替レートは、2度目の料金引き下げ申請を行った86年12月以降も円高に進み、暫定措置が終了する88年1月以降の対応に各界の関心が集まった。本格改定を行うには原資確保の見通しをもつ必要があり、那須会長は「動向を慎重に見極めていく」を繰り返した。9月末になって為替レート、原油価格とも変動は小幅と見込まれたため那須会長は本格改定への意向を固めた。

田村通産相は10月16日の総合エネルギー対策推進閣僚会議の場で電力・ガス業界に対し、88年1月1日からの料金制度の抜本的な改正と値下げを要請したことを報告、一方那須会長も同日、電気事業法19条に基づく料金改定方針を正式に表明した。8年振りの本格改定、しかも9社一斉の値下げは電気事業史上初めてだった。同23日申請が行われ、公聴会等を経て12月18日認可となった。沖縄電力も同様の経過をたどった。

引き下げ率は９社平均の電灯・電力合計で暫定料金に比べると5・37％、規定比だと17・83％となった。電灯・電力計の平均単価は、ｋＷｈ当たり20円を切る19円72銭となった。認可までの２カ月間に円高がさらに進んだことや査定段階で原価変動調整積立金などの内部留保をカットしたことなどから大方の予想を超える５％台の引き下げとなった。電力９社は経済情勢の変化を踏まえ申請時に現行８％の事業報酬率を7・2％に引き下げた。実に28年ぶりの見直しとなった。

また申請に合わせ料金制度の見直しも進めた。電力の特別料金割増率が縮小され、電灯の３段階料金制度の料金率の格差縮小と第2、第3段階の区分変更（２００～２５０ｋＷｈ）による逓増料金制度の緩和、季節別時間帯別料金制度の試行的導入も行われた。

那須会長は「いささか予想外の大きな査定だ。相当厳しい覚悟で今後の経営にのぞんでいきたい」としたが、この改定に続いて2度目の本格改定による値下げのタイミングがすぐにやってきた。やはり円高、原油安によるものだったが、このときは消費税の導入が決まり、転嫁に当たっては明確に区分して別申請を検討したものの、結局同時申請とし、この分を料金に円滑適正に転嫁することにした。

電力９社は、89（平成元）年2月、前年に続いて本格改定を申請し、３月17日申請通りの内容で認可された。内容は沖縄電力を含む10社平均の電灯・電力合計で2・96％の引き下げである。また消費税（当初３％）が4月からが導入される一方で電気税（５％）の廃止も決まった。古くは戦時下の戦費調達と消費抑制を目的にして生まれ、その後地方税として長く引き継がれてきた電気税も生活の必需品になった電気に課税され続けるという矛盾を生んでいた。消費者にとっては電気税廃止により消費税導入との税率差2％分を還元されることになった。

このほか供給原価の上昇傾向が大幅に緩和している状況などを踏まえて前回実施の逓増料金制度の一層の緩和を図った。特別料金制度は北陸電力を除いて廃止となり、同社は特別倍率を縮小した。また電灯の３段階料金制度の第２、第３段階の格差率が縮小した。３月17日の認可後に記者会見した那須電事連会長は「物価への目配りも含め、引き下げ出来たことはお客様のために大変良かったと思う。今後、場合によってアゲインストの風が吹くこともあろうが、1日でも長くこの水準を維持するため、経営効率化などに努力したい」と述べた。

日本経済は、好景気が持続しバブル期に入っていこうとしていた。89年12月29日には、日経平均株価が３万８９１５円と史上最高値を記録した。円高不況という文字はメディアからも完全に消えた。電気・ガスの円高差益還元も事業者の思いほどには消費者に届かなかったろう。

バブル景気は一般に86年12月～91年２月までを指すという。とくに前半は円高・原油安・金利安のトリプルメリットを受けて輸出依存度の高くない企業を中心に収益が増大し、その期間が数年に及んだことから電気事業のみならず日本の産業界は絶頂期を迎えた。

しかし、投機色が強まって結局バブルが弾けると日本経済は「失われた10年」という長い低迷期に入っていく。多くの産業が苦境にあえいでいく時期、電気事業は引き続きの安定を維持した。しかも政府からの様々な要請にこたえうる余力があった。有利子負債の増加という負の面が生じても景気対策協力をという声に押されて、設備投資計画の実施と前倒しに毎年のように取り組むのである。

９電力会社の設備投資は、規模が大きいことに加え波及効果も高く景気浮揚に一役買うことが多かった。「昭和40年不況」には当時の木川田東電社長が「社会的経営」の一環として積極的に設備投資の繰り上げ発注を行っている。80年度に入ると9電力の設備投資額は３兆円の大台を継続した。84年度には日本の産業構造の転換に大きな役割を果たした自動車や電機機械などの機械工業全体の投資額を電気事業が上回ってトップとなった。通産省所管の主要産業の設備投資額全体に占める電気事業の比率は、高度成長期ほぼ2割台だったのが、80年代前半３割に達するのである。

政府は、そうした電力設備投資を景気対策に組み込もうとした。76年度から毎年のように大規模な設備投資発注を求め、78年1月には河本敏夫通産相が平岩電事連会長ら電力首脳との懇談の席上、繰り上げ発注を含め５兆円の投資を要請した。

この背景には当時の福田赳夫内閣が、78年度の公共事業費予算（５兆１８００億円規模）と同程度の電力投資による二枚看板で不況脱出を図る狙いがあった。５兆円という規模は前年度実績の6割増しにも相当し電力側も逡巡したが、政府は電源立地促進に全力で取り組むと電力投資増の実現に強い意欲を示したこともあり、平岩会長はこれ応じる判断を下し、電力各社も受け入れた。

85年度も内需拡大のため投資積み増し要請が行われたが、この時は破格の規模となった。政府は10月15日の経済対策閣僚会議で対策の柱として88年度までの間に総額1兆円の電力投資上積みを盛り込んだ。政府は、国内景気の盛り上げ効果を期待した一方で、電力側としても電気事業の資金調達を円滑化するための社債特例法改正案の国会成立が是非とも必要だった。社債特例法は同9月、参議院本会議で可決、成立している。社債発行限度額を従来の資本金及び準備金の総額の4倍から「当分の間、6倍」まで発行できることになった。

電事連が同16日の社長会で決めた投資積み増しの内容は、もともとの計画85年度３兆１２０９億円、86年度３兆４７４８億円に加えて、86年度から年間３０００億円程度、３年半にわたり追加投資をするというものだった。

さらには膨大な経常収支の黒字を背景に通産省は、民間企業に輸入拡大を要請しており、電力各社は発電用の燃料以外で約1兆円の製品輸入の実行計画をまとめている。米国炭の輸入拡大や新しいウラン濃縮技術（レーザー法）への資金参加協力要請などアメリカの対日貿易赤字による国際対応が、電力業界にも及んだ。

投資積み増しについては、当時需要の鈍化から電源設備の上積みは限界があったため流通設備の信頼性向上など非電源部門に重点を置くことにした。送電線の2ルート化や変電所の2バンク化、配電設備の自動化といった送配電設備の信頼度向上策や配電線の地中化、通信網の強化といった対策は、この時の投資上積みによるもので、効果は小さくはなかった。

なかでも配電線の地中化は大きな焦点となった。配電線の地中化は84年10月に建設、通産両省間で大都市等の中心部を主体に概ね10年間で１０００キロメートルを目途とすることなどが合意されていた。その目標をできるだけ早く繰り上げて実施することにし、86、87年度で当初計画の３・５倍にあたる６００キロメートル、２年間で２０００億円の追加を実施することにした。

ただ業界内では地中化に消極的な社もあり調整が重ねられた。配電線地中化は、その後も度々政府の景気対策の遡上に上がり、92（平成４）年１月には地方自治体や関係省庁と協力して91～95年度までの5カ年で全国に総延長１０００キロメートルを実施する計画がとりまとめられている。一方で景気対策に絡んだ前倒し要請（90年度までの5年間）があり電力業界は少し遅れたものの、91年度までに目標を達成した。

86年度も流通設備の改善工事や供給信頼度工事を中心に約１０００億円の投資積み増し、約２０００億円の前倒しを実施した。バブル崩壊後の92年３月には渡部恒三通産相からの要請に対し、電力各社は最大限の協力方策をとりまとめている。投資総額は10社合計で前年10月時点の計画値４兆２９２９億円に２９６７億円上積みした４兆５８９６億円とした。会社別では東北、東京、中部、北陸、四国、九州電力の6社が過去最高の投資額となり、電力業界大でも5年連続で投資額過去最高を記録することになった。

また、下半期に予定されている発注分のうち修繕費を含めて１兆円強を上半期に繰り上げ、全体の７割を前倒

配電線地中化工事、一時は景気対策の一環に（1993 年 6 月 21 日東京・早稲田通り　提供：電気新聞）

し発注している。景気後退の影響で製造業の設備投資が急速に落ち込んでいた時期だけに、当時民間設備投資の３割近くを占めていた電力業界の投資増額・前倒しの波及効果は大きなものだった。同年８月にも政府の要請にこたえて修繕費を含めて10社合計で１０１０億円を追加投資している。

電力設備投資の規模自体も膨らんでいた。93（平成５）年度は前年度実績見込みを7・7％上回る過去最高の５兆１０１億円を計画するに至った。この時も政府・自民党の総合経済対策に呼応して下半期に予定している工事発注額のうち約７割に当たる約１兆円を上半期に繰り上げ、前倒し発注している。

電力設備投資の波及効果は、一般の公共工事を上回る2・2倍とされていた。それだけに景気対策の柱に据えられ、景気後退の局面には果たした役割も大きかった。まさに経済界の〝救世主〟的存在となった電力業界、それを象徴するように電力業界から初の経団連会長が生まれた。

高まる「電力」の存在感、平岩経団連会長誕生

東京電力は、84年新社長に副社長の那須翔が就いた。那須は24年、宮城県仙台市生まれ、旧制第二高校（のちの東北大学）を卒業して東大法学部卒業後、48年関東配電に入社した。東電に引き継ぎ入社後主に総務畑を歩いたが、電事連への出向経験があり本人は「若いころに電気事業連合会に派遣され、電気事業法の制定ということに携わる機会を得ました。社債発行の許認可・撤廃に取り組むなどいろいろなことがありましたが、電気事業の骨格をなす法律作りというやりがいのある仕事に関わったことを、大変うれしく思っております」（『電気事業連合会50年のあゆみ』より）と民有民営９電力体制の基盤づくりの元となった電事法とそこに関わった経験を大事にしていた。

那須社長の時代（84～93年）は、東電また電力業界が、事業も収益もまさにピークに立った時期であり、その

リーダーとなったにもかかわらず那須は、目立つことを嫌い低姿勢を貫き、ひたすら会長の平岩、また電事連前会長の小林を立て、いわば「黒子」的存在に徹した。官僚からの要請や政策先行を嫌ってはいたものの、電事連会長時代（85～93年）料金引き下げ、設備投資前倒しなど結果的には政府と歩調をとって実現に導いた。

那須が社長になって最初に打ち出したのは、21世紀を目指す経営の基本方向としての「新しい東京電力への行動計画」だった。87年10月には「『新しい東京電力』宣言」（CI宣言）をし、「お客さまとともに歩むエネルギー・サービス企業」を目指すとした。これらのモチーフは木川田に近く、平岩の参謀を務めた副社長の依田直らが立案した。

依田は、東電が巨大化しトップ意向が末端に行き渡らず、まさに巨大なマンモスが自らの重みに耐え兼ねて倒れるような姿を危惧していた。現に巨大電気事業東電を見る各界・関係者の中には、地域独占に胡坐をかいていると捉える向きがあり、なかでも経産省は事業再編を常に念頭に置いていると警戒感を解かなかった。CI（コーポレート・アイデンティティ）活動は、そういう意味でも社員・グループを覚醒するものと期待した。

時代は事業の多角化を求めていた。那須社長のもとで東電は、すでに参入していた熱供給事業を本格的に推進するとともに、新たに通信事業にも参入した。

85年3月には、三井物産や三菱商事との共同により東電の50％出資の東京通信ネットワーク（TTNet、資本金50億円）を設立した。翌月（4月）には電電公社の民営化に象徴される電気通信事業の規制緩和が実施となった。その流れに沿って東電の流通設備を活用して電気通信事業に進出しようというもので、86年第一種電気通信事業の認可を得たTTNetは、同11月に首都圏1

那須翔（提供：電気新聞）

都5県で専用サービスの提供を開始し、88年5月には電話サービスを開始した。

東電はさらに86年12月には日本テレコムおよび三井物産などと共同して首都圏を対象としたポケットベル事業会社の東京テレメッセージを設立、87年3月には自動車電話事業に携わる日本移動通信を設立した。また89年にはCATV（有線テレビ放送）事業に関わるテプコケーブルテレビを設立した。

力を入れていた蓄熱式ヒートポンプ方式による地域熱供給事業は、87年3月に東電直営による熱供給事業の兼業許可を取得、首都圏プロジェクト推進部や熱供給事業課を新設するなど体制を整えて東京都や千葉県での地域熱供給事業を開始している。87年9月には東京都市サービスが設立されている。

TTNetを始めとした東電の通信事業への進出は、他の電力会社にも影響を与え、同様な第一種電気通信事業に関わる新会社など電力会社出資の通信事業会社の設立ラッシュとなった。またCIはブームとなって各社に拡がり、熱供給など東電の事業展開方策を参考に事業の多角化にも積極的に乗り出した。その背景には厚くなった事業基盤があった。

80年代後半電力需要は堅調だった。全国の使用電力量の対前年度増加率は87～90年度には5％を上回り、90年度は7・2％に達している。また供給体制もベストミックスを目指した効率的な電源の建設、設備運用がほぼ実現するようになった。

85～99年の時期の電源開発をみると、この14年間に原子力のウエートは、発電設備最大出力で14・6％から17・8％へ3・2ポイント、発電電力量では23・7％から29・7％へ6・0ポイント増加した。一方、水力のウエートは、最大出力は20・3％から18・1％へ2・2ポイント、発電電力量では13・1％から9・0％へ4・1ポイント減っている。これは積極的に開発された揚水式発電がピークロードの担い手として大きな調整能力を発揮したためだった。

当時電力各社は原子力発電がベースロード、火力発電がミドルロード、揚水式発電がピークロードと分担する理想的な状態に進んでいた。またこの時期は、電発の大容量揚水式を含む水力発電や海外炭を燃料とする石炭火力発電、松浦火力発電所1号機（長崎県、出力100万kW）が90年6月運転を開始し九州電力、四国電力、中国電力へ供給を開始するなど電力融通が急増し、広域運営の効果が増していた。

こうした事業の好調な展開もあって90（平成2）年度の9電力会社決算は、9社計売上高が前年度比8・0％増の12兆9906億円と85年度決算を上回る史上最高を記録した。各社別でも中国の10・7％増を筆頭に九州9・7％増、四国9・5％増と軒並み9％前後の高い伸びとなり、経常収益は減価償却費など資本費増から支出が増加し減益となったものの5954億円を確保した。中国の経常利益は前年度比22・4％増に達した。

地域における電力会社の存在感も高まった。その背景には厚くなった事業基盤のほか、首都圏一極集中における地域経済の伸び悩みによる電力会社の相対的なウエートの高まりがあり、各社は地域経済の発展をより強く意識するようになった。

地方経済団体のトップは、関経連、中部経済連合会を除いてすべて電力会社が一貫して会長職に就いている（九州は第7代目の松尾新吾まで）。90年度を例にとると北海道・中野友雄（北海道電力会長）、東北・玉川敏雄（東北電力会長）、北陸・原谷敬吾（北陸電力会長）、中部・田中精一（中部電力会長）、中国・松谷健一郎（中国電力会長）、四国・佐藤忠義（四国電力会長）、九州・川合辰雄（九州電力会長）である。関経連は唯一、電力会社以外の東洋紡績会長の宇野収であった。

東電の財界活動は、木川田一隆が経済同友会代表幹事（60〜62年、63〜75年）に就いたことで注目を集めたが、それまではトップリーダーとして経団連、日本商工会議所の「財界3団体」いずれかに就いたことはなく、70年代に東電社長の平岩が経団連副会長に就いた時（78年）も当時は製造業のトップが経団連会長に就くという暗黙のルールがあって、電力業界から経団連会長が生まれると予測する向きは少なかった。

しかし、石油ショックを経た産業構造の転換や、これまで見てきたような投資額トップの機械工業を上回る多額の電力設備投資や景気対策への協力、料金引き下げ、それに何よりも平岩の人望によって次第に平岩待望論が出るようになった。

86年の経団連会長人事の際には、新日本製鉄社長の斉藤英四郎に会長の座を譲ったともされ、90年12月周囲に推され第7代会長に就いた。財界の〝総本山〟とも言われた経団連会長に電力会社の経営者が選ばれたのは、無論平岩が初である。

平岩は、着任直後から「日本と国際社会との共生」や「企業と社会や自然との共生」など「共生」をテーマに91年4月の経団連地球環境憲章や同9月の企業行動憲章の制定に力を注いだ。

平岩が会長に就いた2年目（91年）、バブル経済崩壊というエポックに直面した。景気低迷が懸念され政府のデフレ対策に協力した。さらに93年8月には戦後38年間もの長きにわたり政権の座にあった自民党が下野し、非自民・非共産党の連立政権が誕生するという政権交代の節目に経団連の舵取りをすることになった。

そうした中で平岩は、それまで経団連会長が行っていた政党への企業献金あっせんを廃止するという大きな決断をした。かつて経団連会長は、加盟企業の自民党への政治資金集めが一番の仕事と言われた時代もある。その献金のあっせん取りやめは、自民党を直撃した。

新政権は日本新党の細川護熙を首相とした8党派からなる連立政権（94年4月まで）であり、新たに経世会（旧自民党田中派）分裂から新党を立ち上げた小沢一郎が新政権の中枢に入った。新政権は政治改革、とくに小選挙区制や政党助成金制度の創設、企業団体献金の制限などを掲げ実現している。

この間平岩は、細川新政権のもとで新設された「経済改革研究会」の座長に就き、同11月「平岩リポート」をまとめ、規制改革の必要性を打ち出している。バブル崩壊で経済が低迷するなか新しいビジネスを生み出す規制改革をテコに成長路線への復帰を目指そうという趣旨で設けられたもので、世界的にも規制緩和が潮流になりつつあった。

同研究会のメンバーだった宮崎勇元大和総研理事長に

よれば、「前川リポートにならい、21世紀を見据えて新しい経済社会を提言するために設置された。リポートは経済規制について『原則として撤廃する』という画期的な内容だった」（『週刊東洋経済』２００８年９月26日より）という。

このレポートには電力・ガスについても触れられた箇所があった。「電力・ガスについては、事業者の創意工夫を活かし、競争原理の導入と消費者利益のために分散型電源の活用など規制の弾力化を図る」とされ、電気事業にも競争原理の導入が提言されたのである。ただ細川首相が退陣して、同レポートは「うやむやになってしまった」（宮崎元理事長）という。

平岩は、94年５月経団連会長を退任した。就任から３年半の間に日本の政治経済は一変した。経団連という〝財界総本山〟のトップリーダーを生み出した電力業界を取り巻く環境も徐々に変わり始めていた。そうした中で官僚たちは政権交代のはざまで様々動き出していた。

非自民党政権誕生と通産省〝４人組問題〟

第79代首相に細川護熙が就いた細川内閣は、短命だった。93年８月～94年４月までの間だからおよそ８カ月間である。これに続いて新生党党首・羽田孜が首相に就く羽田内閣が誕生したものの、在任期間は64日と日本の憲政史上３番目の短さだった。

しかし合計１年に満たない内閣ではあってもその意味は、大きなものがあった。何しろ戦後の日本政治に君臨していた自民党が長期政権の座から降りたのである。政権運営未知数の全く新たな顔ぶれによって内閣が組閣されたにもかかわらず、国民の期待は高まった。当時政官癒着、政治腐敗という批判が自民党に向けられていた。細川内閣が誕生した時、新聞の世論調査の中には支持率７割を超えるところもあった。それだけ当時の自民党政治への不満が強く、政権交代を望む声が多かった。

細川内閣誕生の際、国会議員の数からいえば社会党、公明党、新生党、日本新党、民社党といった順ではあったものの、実際の政権運営は連立与党の新生党代表幹事の小沢一郎と公明党書記長の市川雄一の「一・一ライン」にあるというのが周囲の見立てだった。羽田内閣は実質的に小沢が切り盛りしていた。

電力業界は、平岩経団連会長、那須電事連会長（93年6月からは中部電力の安部浩平社長に交代）体制のもとで新政権に相対した。新生党代表幹事の小沢は、前々政権（海部内閣）では自民党幹事長であり、また新生党には福島県を地盤に持つ元通産相の渡部恒三ら竹下派から分かれた旧田中派の実力者らが顔をそろえていた。

しかも91年には当時青森県で進めていた核燃料サイクル事業の「３点セット」が知事選挙の争点となり、推進派の北村正哉前知事への応援（当選）に当時自民党幹事長の小沢が大きな役割を果たしていた。また93年5月に小沢が自民党を離党する前に発表した「日本改造計画」は、大きな話題となり、政権交代可能な2大政党を可能とする政治改革の主張には、業界内にも大きな賛同があった。

経済界には80年代から野党の弱体化と自民党内の派閥横行に「自民党は分かれたらいい。二つに割ればよい」（土光敏夫・経団連会長、１９８０年2月14日付、電気新聞インタビュー）とする意見があり、二大政党制を望む声は一部で高まっていた。

細川内閣の通産相には、新生党の熊谷弘が就いた。内閣が発足して半年たらずの93年12月、通産省の産業政策局長・内藤正久（61年入省）が当時の事務次官・熊野英昭（60年入省）に辞表を提出し、退官するという出来事が起きた。熊谷通産相が内藤に辞任を迫ったためで、大きな騒ぎを呼ぶことになった。産業政策局長は次の事務次官をほぼ約束されたポストであり、内藤の手腕、人望は高かった。

この異例の出来事は、様々な憶測を呼んだ。それ以前に官房長当時の内藤を批判するいわゆる〝怪文書〟が省内に流れ、それに関わったとされる4人の官僚が、内藤の辞任を熊谷通産相に働きかけたのでは、と後に中華人民共和国の文化大革命を主導して失脚した〝4人組〟になぞらえて「通産省４人組事件」として注目されるようになる。事実首謀者と目された4人の官僚は、94年6月に自民党が政権に返り咲き「自社さ連立政権」を発足させると、次々に通産省を去った（そのひとりと目された伊佐山建志は通常通り99年８月に特許庁長官を最後に退官している）。

この事件は、断片的に伝わっているだけで詳細ははっきりしていない。ただ背景やその後の動きを含めて大まかに２つの点が指摘できるだろう。

ひとつは事件の発端となった〝怪文書〟である。伝えられるところでは、この文書は当時事務次官の棚橋祐治（58年入省）の長男で同じ通産官僚の棚橋泰文（のちの自民党所属の衆議院議員）が次の総選挙に出馬するため、棚橋次官が退官直前に官房長の内藤に肩書の箔付け（大臣官房総務課企画官）を依頼したというもので、そこから〝怪文書〟は棚橋と直接的には責任者の内藤に照準をあて追及したとされる。

文書が配布されたのは棚橋が93年６月、事務次官を退官したのちであり、新進党が政権の座に就いて、小沢に近い熊谷が通産相に就任してから起きている。自民党のもとではなく新生党政権だからこそその事件だったといえる。そこから「４人組」は、政権に近い新たな官僚ラインを作ろうとしていたのではないか、とも推測される。通産省内には過去に「資源派」、「民族派」など様々なグループが存在し、政策実現と人脈づくりに時の政権に近づくのは当然の行動でもあったろう。

もうひとつの点は、事務次官熊野や当時の経済界動向である。熊野は通産省でも数少ない資源エネ庁の原子力産業課長（78〜80年）を経験している。初代課長の山本幸助のあとを受け、核燃料サイクル事業や日米原子力協定、ＩＮＦＣＥといった原子力の外交案件にもかかわった。核燃料サイクル推進政策では科学技術庁などと熾烈な権限争いを繰り広げながら山本や熊野らは、業界と歩調を合わせて体制づくりを行い、その後省内のエリート街道を歩いた。

熊野が通産省の〝出世コース〟と言われる大臣官房総務課長に就いたのが84年、事務次官直前の産業政策局長に就いたのが92年、この間経済界は円高不況に始まりバブル景気で盛り上がり、通産省所管では景気対策から度重なる電力設備投資の前倒し要請や、差益還元からの電気・ガス料金引き下げなどがあり、電力・エネルギー政策、さらに原子力関連の政策は政府与党の意向とも直結し重要性が増していた。政策立案と各種調整は業界との距離を縮め、かつて業界と対立した緊張感は過去のものとなりつつあった。電力を始めとしたエネルギー関連業界への天下り事例も多くなりつつあった。

そこに90年、平岩経団連会長が誕生し、電力業界出身者が経済界のトップリーダーの立場に立ったのである。貿易摩擦からアメリカとの構造改革協議に追われ始めていた時期、公益事業のトップが財界を率いることになった。しかも当時は小沢ら新政権と電力との距離の近さが囁かれていた。

「４人組事件」は、こうした電力を中心とする財界をバックにした小沢率いる新生党のもとで起きた。棚橋―内藤ラインは既定路線だったのにそれが覆ったことは、それを許し、介入まで仕組む「４人組」につながる通産省の状況にあると解するグループがいたとしても不思議ではない。若手官僚たちのなかに通産省の現況を作り出している一因に「強過ぎる電力」があると、反発が生まれるようになった。元はと言えば通産省には、統制派の流れがあるのである。統制派のＤＮＡを持つ、「反４人組」のひとりと言われた村田成二は、その直前、公益事業部計画課長に就いていた。

非自民の細川、続く羽田内閣は、１年ももたずに政権から去り、再び自民党が政権復帰した。94年６月社会・自民・新党さきがけの連立政権による村山内閣が発足し、通産相にはのちに首相となる竹下派七奉行のひとり橋本龍太郎が就いた。経団連の会長もトヨタ自動車会長の豊田章一郎（94年５月～98年５月）に変わった。

規制改革が新たな課題に据えられた。中曽根内閣当時国鉄、電電公社、専売公社の３公社の民営化が叫ばれ、85年電電公社はＮＴＴグループに、同年専売公社は日本たばこ産業（ＪＴ）に、87年国鉄はＪＲグループなどに分割民営化されていた。

巨大産業で手つかずに残っているのは郵政省では郵政３事業であり、通産省では51年の再編以来変わっていない９（10）電力体制だった。

第３節　31年ぶりの電気事業法改正と部分自由化（１９９５〜２０１１年）

「その時、現場は」―

95（平成７）年１月17日、火曜日、午前５時46分、激震が走った。

「〝ゴー・ド・ド・ド……ガ・ガ……〟私は思わず飛び起きた。〝グラ・グラ・グラ〟『地震や』と叫ぶ、揺れが始まった。すかさず先輩が『またくるぞ！』〝グラグラ〟ミシミシ横揺れは続いている。配電線事故を知らせる警報が鳴ったが、全館停電が発生し、警報はすぐに止まった。」

「非常灯の明かりをたよりに作業服に急いで着替えて部屋を出た。更衣室のロッカーが倒れ、壁にヒビが入りコンクリートの破片が落ちていた。１階へ下りると土煙が立ちこめ、倉庫の鉄扉が外れ、壁には大きな亀裂が入り、コンクリート片が散乱している。……〝本当に現実なのか、夢であってほしい〟信じられない光景であった」

紹介したのは、阪神・淡路大震災当日の現場の様子と復旧を記録に残そうと関西電力が「記録集」をとりまとめその一部を『関西電力50年史』に再掲した内容の一部である。記述したのは三宮営業所宿直責任者の斉藤隆三郎である。

地震の規模は、マグニチュード7・3、都市直下型では当時国内最大の地震であり、震源に近い神戸市の市街地の被害は甚大で犠牲者は６４３４人に達した。戦後に発生した自然災害では、東日本大震災が発生するまでは最悪の規模だった。

関電でも社員１名が死亡し、29名が負傷した。都市機能はマヒ状態に陥った。ＪＲ山陽新幹線が、兵庫県内の８カ所で高架橋が落下してルートが寸断され、ＪＲ神戸線、阪急、阪神の私鉄も脱線、路盤崩落などにより全線不通となった。高速道路も阪神高速神戸線の東灘付近で橋桁が約６４０メートルにわたって倒壊したほか、多くの路線で通行不能になった。貿易の拠点となっていた神戸港もほとんど壊滅状態となった。住宅の被害は、全壊

10万４９０６戸、半壊14万４２７４棟に及んだ。

ライフラインは、神戸市を中心に停電、ガスの供給停止、断水の被害が発生した。停電の規模は神戸市を中心に全需要家の４分の１に当たる約２６０万戸に達した。電力設備への被害も大きく境港発電所２号機（25万ｋＷ）、高砂火力発電所2号機（45万ｋＷ）など合計12基、３１３万６０００ｋＷが運転を停止した。原子力施設への影響は特段なかった。電力設備の被害額は約２３００億円にのぼった。

大阪市北区の中央給電指令所は、24時間休むことなく電気の流れを見張っている。1月17日の未明、福元久雄指令長以下７人の当直員が勤務に就いていた。福元は当時のことを次のように記している。

「地震が起きてから数分間は、なにがなんだか分からず、ただ、呆然とことの成り行きをみているだけといった具合で、何もできなかったように思う。系統盤では、重、軽故障のあらゆる警報が鳴って、その停止に追いまくられ、周波数は60・45ヘルツまで上昇、総需要はだいたい１２００万ｋＷから９００万ｋＷまで落ちてしまった」「次に、ランプが点灯し始め、火力機が次々にトリップした頃には、関西電力の全系統全停電も覚悟した。昔、全停電時の復旧手順を担当したこともあって、その時検討した手順書が脳裏をかけ巡った」

「その後、火力機の停止は10機程度で収まり、全体の需要変化もおよそ３００万ｋＷぐらいの脱落量で一段落なった時には、〝よし、ここから先、給電指令による処置で失敗することは絶対に許されない。自分にできる最善の処置を、思い切って、かつ、後から悔いの残らないようにやり通したい。〟この一念で貫こうと思った」

「しかし、体の方は極度の緊張からブルブル震え、他の当直員に対して『落ち着け！』と叫ぶ声もかすれがちになり、〝周波数を下げてはならない〟〝原子力のトリップにも備えなければ〟淀川、北大阪、伊丹、新神戸、西神戸、神戸の各変電所等、神戸方面で広範囲の停電。また至るところから変圧器のトリップ報告があり、〝過負荷は大丈夫か〟等々、我が真空管式頭脳は、処理限界を超えるギリギリのところまできていた」

「（中略）７時38分、一段と大きい揺れ、また、変圧器

阪神・淡路大震災の電力復旧工事
（1995年1月23日　提供：電気新聞）

が何箇所かでトリップした。〝いかん、中給がつぶれるかも。本館のパラボラが折れたら基幹系統給電所（京都市下京区）でバックアップ体制をとってもらおう〟。西森主任に連絡『いざという場合に備えて、バックアップも考えておいてくれ！』」

京都市下京区にある基幹系統給電所の西森功当直主任――。

「突然の強い揺れに、天井が落ちて来るのでは、床が抜けるのでは、建物が崩壊してしまうのではと、悪い方にばかり想像が膨らみ、恐怖心で頭がいっぱいになった。ショックに追い打ちをかけるように、系統監視盤の送電状態を示すオンライン表示は次々と反転し、警報が鳴って広範囲に事故が発生していることを示した」

「（中略）早く事故の全体像を把握して、応急的な送電方法を決定しなければならないと気持ちのあせるなか、『姫火東線系、単独系統です』と次席者の緊迫した声があがる。南姫路変電所、新加古川変電所、高砂変電所の系統が本系統から切り離された状態で停電を免れたのだ。復旧は、これらの系統並列を最優先で行うこととした結果、6時4分に無事、系統並列することができた」

地震が発生した時、中央給電指令所では電力需要が1270万kWから940万kWに急降下し、周波数も定格の60ヘルツから60・45ヘルツまで急上昇。電源側では火力発電が次々に停止、しかも余震に何度も襲われるという緊迫した状態の中で、福元指令長らが必死に状況把握し、対応手順に沿いながらも臨機応変に取り組んだ。

発電所などでも激しい揺れの中、懸命に対応する当直員らの姿があった。尼崎市にある尼崎東発電所（１、２号機合計31万２０００ｋＷ）の当直係長佐々木益男は、次のようにその時を記している。

「その瞬間、持っていたコップの湯がこぼれ、立っていられないほどの大きな揺れで一瞬何が起こったのか分からなかった。二度、三度の横揺れによりやっと『地震だ！』と叫び、『ヘルメットをかぶれ！』『机の下へ入れ！』と大声で言った。」「同時に1、2号機のボイラー・タービン盤、発電機盤の警報が一斉に発信し、中央制御室の中はまさにパニック状態になった。制御員３人が大きな揺れのなか、ふらふらしながら警報を停止すべく中央制御盤に近づこうとする。『警報は止めないで良いから、何を発信しているのか、その場で確認せよ！』と指示した」

「『2号機トリップ！』『1号機ボイラー消火』という大きな声が飛び、続いて『所内切替良好』という声がした。送電系統はトリップし、〝所内全停〟になっていた。私は、揺れが落ち着いてから、〝警報停止〟を指示した」（中略）「外回りを点検に行った巡回員から『サービスビル玄関前道路陥没、1号蒸留水タンク傾き』という無線報告が入った」「所長の携帯電話にかけた。『現在、車で出社中！』とのこと。被害状況を説明し、当面の指示をもらい一瞬ほっとした」「6時38分、送電系統が復旧し所内電源が確保できた」

激しい揺れが治まっても復旧は、大変な労力を要した。そうした中にあっても「宿直者が1階から制御室に上がってきた。みると服は上下とも泥だらけ。隣の民家が倒壊し、お爺さんが家の下敷きになっているので、救出してくるといって、鋸とバールを持って飛び出していった」（神戸市中央区の葺合制御所）という人命優先で咄嗟の判断をする所員もいた。

関電は、協力会社なども含め約３０００人を動員し、翌18日午後3時の段階では52万戸、23日までにはすべての応急復旧を完了させた。ガスや水道に比べ電気の復旧は早かった。

この間他電力会社、電気工事会社も多数応援に駆け付けた。地震発生当日には、関電の要請を受けて東北、中部、北陸、中国、四国、九州電力の6社が、当日のうちに応援部隊の派遣を決定した。同日夜から18日未明にかけて第一陣として高圧発電機車46台を含む100台の車両とともに電気工事会社を含む250人が応援復旧に入った。中央電力協議会が23日にまとめた電力各社が派遣した要員は、関連会社を含め延べ1900人に達し、発電機車を含む車両は116台にのぼった。

第一線現場は、様々な自然災害、また設備事故・故障による緊急事態に時間、場所など条件を問わずひたすら一刻も早い復旧と供給安定のために力を尽くした。電力マン、現場の高いモラルが電気事業そのものを支えていた。

原子力〝明〟と〝暗〟

80年代後半から90年代にかけての時期は、原子力発電のもつ社会的メリットが明確になる一方で、国内の原子力施設で初めて被ばく事故が発生して死亡者が出るなど重大事故が続き、まさに〝明〟と〝暗〟、が一挙に現れ、原子力推進の意味合いが改めて問われた。

この時期、原子力発電の稼働は順調だった。軽水炉の改良標準化計画が効果を上げて、一時50％前後に低迷した設備利用率は93年度に75％を上回った。95（平成7）年度には80・2％と初めて80％台に達し、以後2001（平成13）年度まで80％台をキープした。94年末には国内原子力発電は4000万kWを突破し、95年度全国の発電電力量に占める原子力の割合は、2022億kWhと約3割に達した。

核燃料サイクル事業は、92年3月にウラン濃縮工場が操業を開始した。同年7月には日本原燃サービスと日本原燃産業が合併され、新たに青森市に本社を置く日本原燃が設立された。資本金1200億円、青森県内最大の企業となった。会長には電事連の那須会長が就き、社長には同副会長で元東電常務の野澤清志が就任した。役員布陣は両社の合併により4副社長、2専務、15常務と東電を中心に電力各社、関係機関の総力体制となり、事業推進の中核組織として「再処理」「濃縮・埋設」の２本部体制が敷かれた。

同12月には低レベル放射性廃棄物埋設センターが操業を開始した。また再処理工場の事業指定が行われ、事業がスタートすることになった。立地申し入れから８年、事業申請から３年を経て翌年４月からは再処理工場の建設が始まった。一方で青森市に本社が置かれたことや日本原燃の「３点セット」推進を起爆にした地域への企業進出への期待は大きく、実際に電気設備用作業工具メーカーや電機・電線メーカーなどが六ヶ所村に工場を建設した。

94年４月には動燃によるＦＢＲ原型炉「もんじゅ」が臨界を達成した。この間、核燃料サイクル事業に大きな影響を与える国際情勢も好転していた。

81（昭和56）年アメリカはレーガン政権になって日本の原子力計画に寛容な姿勢となった。そこで日本は、核物質の国際移転や使用済み燃料の再処理事業に関して、これまでの個別同意方式から包括同意方式に改めることを目指して日米原子力協定の改定に臨んだ。

日本では82年11月中曽根政権が誕生し（87年11月まで在任）、「ロン、ヤス」とファーストネームで呼び合う関係になっていた。アメリカ国内には反対の声も上がったが、レーガン大統領主導のもと87年１月日米の交渉代表者レベルで合意が成立し、最終的には88年７月日本側が望んだ包括同意方式による日米原子力協定が発効した。

これによって日本は、非核保有国の中で唯一、使用済み燃料を再処理し、プルトニウムを蓄積し、燃料として使用できる国となり、アメリカの同意なしに核燃料サイクル事業を進めていくことが可能になった。

さらに93年大統領に就任したビル・クリントンは、軍事利用、民事利用を問わず再処理によるプルトニウム抽出を行わないとしたものの、日本などに対しては引き続き民事のプルトニウム利用を認める姿勢をとった。このアメリカの方針を受けて日本政府は、余剰プルトニウムを備蓄しないとの方針を国際公約に掲げるようになった。

原子力を取り巻く国内の社会環境も変わり、追い風になった。ひとつは、地球温暖化を防止するために必要な

CO_2排出量削減策として、原子力発電に対する期待が高まったことである。97年12月に京都で開催された「気候変動枠組条約第３回締約国会議」（ＣＯＰ３）で採択された議定書では、日本は２００８～２０１２年までの平均でCO_2などの温室効果ガスの排出量を、90年の水準に比べて６％削減することを取り決めた。この６％削減目標をクリアする上で、原子力発電に大きな期待がかけられるようになった。

もうひとつは、エネルギーセキュリティ面で原油価格上昇の影響を緩和する戦略エネルギーとして原子力開発の有効性が再確認されたことである。90年８月に発生したイラクのクウェート侵攻を契機とする湾岸危機の際、原油価格は一時的に急騰したが、それが国内の電気料金の値上げに直結することはなかった。

また、99年から２０００年にかけて、原油価格は第二次石油ショック時にほぼ匹敵する急上昇を記録したが、原子力発電の高稼働といった脱石油化策が効果を上げて電力各社は、第二次石油ショック直後のような大幅な料金値上げを回避することができた。

さらに90年代後半から始まった電力自由化時代に原子力発電は、ベストミックスの柱として供給力だけでなく、大きな燃料費減をもたらし料金引き下げに貢献した。北海道電力は93年単独で料金を引き下げたが、これは同社初の泊発電所1号機（57万９０００ｋＷ）が89年６月に、同2号機（同）が91年４月に運転を開始し国内炭からの燃料転換がスムーズに運び、大幅な燃料費減から料金引き下げを可能にしたものだった。

原子力の保有、運転状況は電力会社の収支に直結し、それはまたCO_2削減の地球環境問題からエネルギーセキュリティにも影響を及ぼすようになった。

その半面、原子力開発にとっては「逆風」ともいえる事態が、この時期相次いで起きた。２つの点にまとめることができる。

第1点は、チェルノブイリ事故によって原子力事故の被害の深刻さが国内で大きな波紋を呼び、安全性や信頼性確保の重要性が一層求められていたにもかかわらず、我が国でも原子力発電所と関連施設で重大事故もしくは大きく報じられる事故が幾つか起きたことである。

89年１月に東電の福島第二原子力発電所３号機で再循環ポンプの損傷から原子炉圧力容器内に大量の金属粉などが流出するという事故が起きた。外部への影響はなかったものの製造工程の品質管理に問題を投げかけ、経年劣化対策などが徹底されることになった。

91年２月には関電の美浜発電所２号機で国内の原子力発電では初めてというＥＣＣＳ（非常用炉心冷却装置）が作動する事故が発生した。蒸気発生器伝熱管の破断から細管に生じた損傷を通じて、１次冷却水が２次側に流出して圧力が低下、ＥＣＣＳ作動につながったもので、漏えいした水の量は約55トンに達した。

外部に影響をもたらす事故ではなかったものの、関電には大きな衝撃となり事故対策本部（本部長・森井清二社長）を設け、品質管理などの対策に全力を挙げた。細管が破断した蒸気発生器は改良された新しいタイプのものに取り換えられ、事故の３年８カ月後の94年10月に運転再開となっている。

95年12月動力炉・核燃料開発事業団のＦＢＲ原型炉「もんじゅ」でナトリウム漏れ事故、97年３月の動燃東海再処理施設での爆発事故、99年２月には核燃料製造会社「ジェー・シー・オー」加工施設での臨界事故など原子力関連施設での重大事故が相次いだ。

「もんじゅ」の事故は、実験炉「常陽」での実績をもとに「ナトリウム漏れはあり得ない」としていた動燃技術陣に大きなショックを与えただけでなく、事故現場を撮影していたビデオを隠していたことや地元（福井県）への通報の遅れなどによりに社会的信頼を損ね、理事長交代に迫られた。新理事長は電力業界から選ばれ、96年５月電事連前副会長で元東電副社長の近藤俊幸が就任した。事故原因は２次主冷却系配管のさや管が、ナトリウムの流力で振動を繰り返して高サイクル疲労を起こし破損したためとされた。

近藤理事長は信頼回復に努めるとしたものの、その後東海再処理工場でのアスファルト固化処理施設の火災爆発事故の不手際により動燃そのものの組織体質が問題視され、動燃の抜本的な改革が求められる事態となった。科技庁は動燃改革検討委員会を設け、新法人に衣替えし、海外ウラン探鉱、ウラン濃縮、新型転換炉（ＡＴＲ）から撤退するとの報告をとりまとめた。

98年５月動燃法改正案が成立し、同11月新法人「核燃料サイクル開発機構」が発足し、ＦＢＲと核燃料サイクル技術（ＦＢＲ用の再処理技術等）、高レベル放射性廃棄物処分の技術開発に重点的に取り組むことになった。プルトニウム利用、電発活用論としても長く注目されてきたＡＴＲは、開発が終了することになった。「サイクル機構」は、２００５年10月には日本原子力研究所と統合され、独立行政法人「日本原子力研究開発機構」に再編される。

99年９月30日我が国の原子力開発史上経験したことのない重大事故が起きた。核燃料製造会社「ジェー・シー・オー」東海事業所でＦＢＲ「常陽」の燃料用ウランを製造する過程で臨界事故が起き、被ばく事故によって作業員が死亡した。事故が発生したのは、ＪＣＯ東海事業所ウラン加工施設の転換試験棟である。ウラン粉末を硝酸で溶解する作業を本来は溶解塔で行うべきところをステンレス製のバケツで行い、さらに容量制限を超える硝酸ウラニル溶液を、手順書に記載されている設備とは異なる沈殿槽に注入した。その結果沈殿槽内のウラニル溶液が臨界に達した。

この臨界事故によって作業を行っていた３人が被ばくし２人が死亡した。また臨界を止めるため作業に入った関係者７人が年間許容線量を超える被ばくを受けた。事故直後東海村から住民に対する屋内避難の呼びかけがなされ、政府は小渕恵三首相のもとで対策本部を設置した。事故現場から半径３５０メートル以内の住民約40世帯への避難要請や、10キロメートル以内の住民10万世帯（約31万人）への屋内退避要請が行われた。

事故は、ＪＣＯのずさんな作業工程管理にあり、こうした一連の事故は、いずれも技術的な問題のほかに品質管理や作業管理、さらには通報の遅れや隠ぺいのケースまであり、国民の信頼を損なうものとなった。

問題を重視した小渕首相（98年７月～２０００年４月）は、ＪＣＯ事故後の12月17日、首相官邸に電発、原電を含む電力業界首脳を呼び「国民の信頼を回復するためには安全確保の徹底が不可欠」と安全対策の徹底を要請した。首相が個別業界の首脳と懇談したのは、極めて異例のことであり、また首相自ら原子力政策に言及したことで、その重要性が改めて確認されることとなった。

　第2点は、こうした事故の影響もあって核燃料サイクルの確立が当初の期待とは異なり、十分な進展を見せず、とくにＦＢＲ原型炉「もんじゅ」の事故などによって我が国のプルトニウム利用政策は大きな岐路に立たされ、再検討を迫られたことである。97年6月には我が国技術陣が動向を絶えず注目していたフランスのＦＢＲ実証炉「スーパーフェニックス」が閉鎖を表明した。

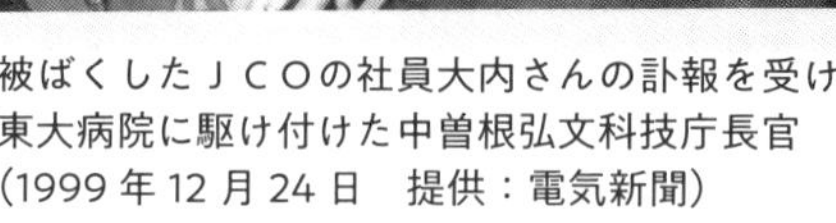
被ばくしたＪＣＯの社員大内さんの訃報を受けて東大病院に駆け付けた中曽根弘文科技庁長官（1999年12月24日　提供：電気新聞）

　これら内外情勢を踏まえ原子力委員会は、97年10月「もんじゅ」の研究開発を中断するのは大きな損失だとして研究開発の継続を打ち出すものの、実証炉開発時期は原子力長計の２０３０年頃の実用化にとらわれない方針を示した。94年の原子力長計では余剰プルトニウムを持たない原則を維持しつつ、「ＦＢＲを将来の原子力発電の主流にしていくべき」と実用化目標時期を２０３０年頃としていた。その方針に比べると今回は、ＦＢＲ実証炉以降の開発は、事実上の「白紙」とされ、大きな転換となった。

　実証炉については当初、動燃が出力１００万ｋＷ級の建設設計を始め、その後82（昭和57）年の原子力長計で実証炉の民営化方針が決まった。85年には原電が設計に関わったものの、設計研究はなかなか進まず92年になって電事連がトップエントリー方式ループ型の67万ｋＷの予備的概念設計をまとめた。

　しかし、トップエントリー方式は、「もんじゅ」の同型炉ではなく、また世界でも初めての方式であり、ＦＢＲ開発の先行きが見通せなくなった。電力業界はこの頃、電力自由化論議の高まりから徹底したコストダウン、効率化策を繰り広げており、ＦＢＲの早期実用化には消極的になっていた。

ＦＢＲの実用化時期が遠のくことによって軽水炉でプルトニウムを利用するプルサーマルの重要性が一段と高まった。95年6月には原子力安全委が現状の軽水炉でＭＯＸ燃料（混合酸化物燃料）を安全に使用することができる旨の判断をした。電事連は97年2月に電発、原電を含む電力11社のプルサーマル実施に向けた全体計画を公表し、その後東電の福島第一原子力発電所3号機や柏崎刈羽原子力発電所3号機、関電の高浜発電所3、4号機については地元の受け入れも進展していた。

しかし、1999年のＪＣＯ臨界事故、さらにイギリスＢＮＦＬによるＭＯＸ燃料の品質管理データ改ざん問題により、一挙に不透明感が増すのである。

ＪＣＯの臨界事故は、原子力安全委の機能・体制を再度見直すきっかけとなった。2000年4月、原子力安全委は安全確保策を抜本的に強化するため国家行政組織法第8条に基づき、独立した立場となり役割も強まった。規制行政庁への監視・監査機能が強化され、原子力災害対策特別措置法（99年12月施行）の制定を受けた災害対策も強化することになった。

これを補佐するため委員会事務局体制の大幅拡充が実施された。これまで科技庁が行っていた事務は内閣総理大臣官房原子力安全室に移され、職員数も20名程度から50名程度に増員され、非常勤の専門家（技術参与）も40名程度採用した。

2001年の省庁再編では、安全委は総理府から内閣府に移管され、さらに2002年の東電のデータ改ざん問題を受けた原子炉等規制法の改正により、安全委の監視・監査機能及び事務局体制は、さらに強化された。だが科技庁は、省庁再編で解体され、文部省に吸収合併されて文部科学省（文科省）となるのである。

99年6月には原子炉等規制法が改正され使用済み燃料の発電所敷地外での中間貯蔵が可能になった。この時期国内では海外での再処理のための搬出を中止したことで敷地内の貯蔵量は増加し毎年９００トン程度の使用済み燃料が発生していた。東電には２０００年11月青森県むつ市からリサイクル燃料備蓄センターの技術調査（立地可能性調査）要請があり、２００１年１月東電は現地調査所を開設した。

なお、98年３月原電の東海発電所が運転を止め、廃止措置となった。我が国での原子力発電の廃止は初である。66年の運転開始以来、32年の歳月を経過したことによるもので、そのほか軽水炉に比べて発電単価が割高なことや原子炉や熱交換器などが大型の割には出力が小さいこと、国内唯一の炉型であるため保守費などが割高になることなどが廃止の事情に挙げられた。

21世紀の入り口にさしかかって原子力発電への国民各層の受け入れは着実に増進していた。97年12月のＣＯＰ３を経て温室効果ガス削減への貢献度が大きいと原子力の期待度が高まり、99年８月総理府が行ったエネルギー世論調査では、約７割が原子力を容認するとの結果が示されていた。しかし、同９月のＪＣＯ臨界事故による死亡者２名の現実と、度重なる原子力関連施設の重大事故、またチェルノブイリ事故から広がった反対運動により新規の原子力立地は厳しさを増し、一方で核燃料サイクル事業は、技術的課題と経済性がクローズアップされ、原子力情勢の先行きを楽観視できないものにした。

海外で高まる規制緩和、電力自由化の波

80年代にかけての経済の規制緩和は、イギリスから始まった。「鉄の女」と言われた保守党党首のサッチャーが、79（昭和54）年の総選挙で高福祉の社会保障政策と並んで電気・ガス・水道・通信などの規制緩和、民営化によるイギリス経済の競争力強化を掲げて初の首相（79～90年）に就いた。規制緩和は、この時の公約の柱だった。サッチャーのとった政策は、新自由主義と呼ばれ、国有企業の民営化や規制緩和がやがてＥＵ（欧州連合）の潮流になっていく。

89（平成元）年サッチャーは、イギリスの国営電力公社の構造改革を実施し送電会社と幾つかの発電会社への分割民営化、プール市場の創設、大口需要家を対象にし

た小売り自由化をスタートさせた。小売り自由化は段階的に実施され、99年には家庭部門も自由化された。

ノルウェーは91年小売りの全面自由化を、94年にはスペインでも大口の部分自由化が決まり、こうしたEU諸国での電力自由化は、EU電力指令となって3度にわたり加盟各国に交付されている。96年の1回目の指令では小売り部分の自由化義務及び送電部門の独立性確保、2003（平成15）年の指令では小売り全面自由化義務、送配電部門の独立性強化と独立規制機関の設置義務、2009年の第3次指令では、送配電部門のさらなる中立性・独立性強化とともにその広域的協調を担う組織（欧州送電系統運用者ネットワークなど）の設立である。

アメリカのレーガン大統領（81～89年）も東西冷戦のさなか軍事費を増大させる一方で減税と規制緩和を重視する政策をとり、電力分野では92年にエネルギー政策法を施行し、独立系発電事業者（IPP）の参入や米国連邦エネルギー規制委員会（FERC）による卸託送の権限強化を図り、国内では卸電力市場の流動化が進んだ。

アメリカの電気事業規制は、連邦と州によって権限が分かれていて、連邦は送電線利用を含む州際電力取引、水力開発（河川が州をまたぐため）を、州はそれ以外の電気事業体制を含めた火力発電の認可や小売り供給体制・料金などに管轄権があった。こうした背景があって電力会社は州を単位として行動範囲が決められ、規模も比較的小規模な企業が多かった。

しかし、需要の増大に伴い発電規模が大規模化し、送電設備も大容量化していくと卸電力取引は広域化し、さらにIPPが参入し、FERCの権限が強まると市場の流動化が進んだ。こうしてアメリカでは電気事業体制の再構築に迫られるようになり、FERCは96年、送電線を広域パイプラインと同様に広域流通インフラと捉えて送電線へのオープンアクセスを義務付けることにし、その安定運用を図るため独立系統運用機関（ISO）と呼ばれる独立的な送電運用機関の設立を促し、99年にはISOをさらに発展させた地域送電機関（RTO）形態を提唱した。

多くの地域でISOが設立され、RTOは垂直統合型の比較的規模の大きい電力会社がある地域では設立は難航した。一方、州では90年代初めにイギリスや北欧で行われた電力規制改革の影響を受け、とくに料金の高いカリフォルニア州では小売り自由化を含めた構造改革が検討され、80年代後半には同州を始めとした幾つかの州で全面自由化が実施されるようになった。

イギリスでは電気事業が国営化されていたので、規制緩和は事業の民営化を意味しそれが構造改革となった。日本では電気事業は51年の再編成以来、民営化されていたのでむしろ発送電一貫の９電力会社の体制がバブル崩壊後の日本経済にふさわしいものなのか、すなわち料金水準が適正なのか、内外価格差問題から焦点が当てられていく。

高度成長期を経て日本では、規制緩和はまず行政改革として官僚主義の非効率性を問題視するところから始まり、国営・公営法人を極力民営化する動きとなった。81年に発足した第二次臨時行政調査会（土光敏夫会長）は、行政改革を謳い文句にして国鉄、専売公社、電電公社の３公社の民営化を提言し、中曽根康弘の政権（82～87年）は、それを受け継いで２度にわたる臨時行政改革推進審議会を発足させて、電電公社及び専売公社の民営化（85年）、国鉄の分割民営化（87年）を実現させた。

91年頃からのバブル崩壊によって日本企業は、コスト体質の見直しや事業の再構築、いわゆるリストラクチュアリングを進めながらも事業構造の転換に迫られるようになった。不況脱却、構造改革の一環として規制緩和がクローズアップされ、必要性が叫ばれるようになった。

またアメリカが日米貿易摩擦解消のため「日米構造協議」を立案、90年には日本市場の閉鎖性を問題とし２００項目を超える対日要求を掲げた。日米構造協議を機に品目・サービスごとの内外価格差の実態が公表されるようになり、こうした外圧も規制緩和を後押しした。

「失われた10年」を乗り切る新たなビジネスチャンスを作り上げる産業構造の転換と、円高による内外価格差などの不利益の是正要求がマッチングして産業諸規制の緩和が指摘されるようになる。

そうしたなかで新たな政権の座に就いた細川連立内閣は、93年９月に発表した緊急経済対策のなかで新規事業の創出や事業の拡大、競争の促進と価格の弾力化、輸入促進の観点から94項目の公的規制の緩和を打ち出した。また首相の諮問機関として発足した「経済改革研究会」（平岩研究会）は、同11月中間報告をまとめ、「経済的規制の原則自由、社会的規制の最小限化」を打ち出した＝第2節「高まる「電力」の存在感、平岩経団連会長誕生」を参照＝。

94年2月には行革大綱（「今後における行政改革の推進方策について」）が公表された。同7月には「規制緩和推進要綱」が定められ重点4分野、２７９項目の規制緩和策が決定された。規制緩和の流れは、エネルギー分野においても例外ではなく、高コスト構造の是正が求められるようになる。

そしてそれをいち早く察知し、むしろ9電力体制に目を向けて高コスト構造を是正するには地域独占体制打破による事業の再構築、電力市場の自由化を目指すしかないと、通産省公益事業部の若手官僚たちが「勉強会」を発足させ、検討を本格化させていた。

官僚が仕掛ける「常識はずれのアイデア」

64（昭和39）年に交付された電気事業法は95（平成7）年、31年ぶりに大幅改正された。この電気事業法の改正は、日本の電気事業が新たに自由化の時代を迎えたことを意味するものだったが、同時にそれは発送配電一貫の地域独占による民有民営の9（10）電力体制に風穴を開けることを狙いにしたものでもあった。

電気事業法を抜本的に改正することは、地域独占型の電力供給体制の変更を意味するものであり、「到底考えられない」（当時の資源エネ庁官僚）というのが、当時の常識であったろう。しかし、バブル崩壊後の日本の経済情勢とアメリカからの外圧、日米構造協議を通じた内外価格差問題、それとイギリスなど欧米先進国で始まった電力自由化の動きが、通産省の官僚の一群を電事法改正へ追い立てた。

きっかけは90年に日米構造協議が始まり、内外価格差問題が提起されたことである。通産省は、産業構造の基礎的条件を改善しなければ国際競争力の確保が難しいとして産業政策局が中心になって産業諸規制緩和の検討に乗り出していた。電力料金が高いことは産業の国際競争力低下に直結する。資源エネ庁公益事業部でも計画課を核にして若手官僚たちが、電気事業法改正を視野に「勉強会」を発足させるなど検討を本格化させていた。

だが90年に至る直近の電気事業は、円高差益還元から２度の暫定的な料金引き下げを行い、88（昭和63）年１月には８年ぶりの本格改定、しかも電気事業史上初の９社一斉の料金引き下げを実施し、電灯・電力単価は低下傾向となって次第に低廉な電力供給を実現できるようになりつつあった。93（平成５）年度以降は毎年（あるいは２年おきに）料金引き下げを実施している。さらには度重なる景気対策協力による設備投資の前倒しを実施し、これら電力業界の存在感を示すように平岩東電会長が経団連会長就任（90～94年）していた。

内外価格差からの高コスト構造が提起されているとはいえ、地域の経済界トップ企業で構成される堅固な９電力体制化において電事法を改正することは、そう簡単なことではない。そもそも第一次石油ショック前の業界との緊張関係は、その後の脱石油政策など官民協調路線によって大きく薄れていた。

「参入規制の自由化といったドラスティックなアイデアは、アカデミックな議論としては成り立ちうるものの、実現可能なアイデアとしては、ほとんど相手にされていないというのが当時の実態であった」――。98（平成10）年に発行された日本計画行政学会による『中央省庁の政策形成過程―日本官僚制の解剖』（中央大学出版部発行）は、電事法改正に至る発端から、当時の通産省内外の動き、法律改正に至る道筋を丹念にたどった貴重な資料である。

同書は中央省庁の中堅、若手官僚と、政治学、経済学者らで構成される研究会が中心になって中央省庁の政策形成システムを分析して今後の政策に生かそうと約２年間の成果をまとめたもので、通産省関係では成功事例として電気事業法を取り上げている。

「業界にとって常識はずれのアイデアが、どうして実現したのか、何故電気事業法の改正というかなりの荒業が成功したのか」と同書は、要旨次のように政策形成過程を記し、分析している。

①電力独占体制の打破というアイデアの萌芽は、92（平成4）年に公益事業部計画課が中心になってまとめた報告書のなかにみることができる

②公益事業部のこうした創発の背景には、我が国の電力料金が高いと問題視されていたことがある。産業の競争力にかげりが見え、主として消費財に関心が集中していた内外価格差問題が、中間投入財・サービスについても注目されるようになり、産業構造審議会の場でも産業諸規制の緩和の積極的な方向付けが行われていた

③ただ電力事業行政の抜本的な見直しは、当初部内においても懐疑的で、かなりの関係者が実現は難しいと考えていた。このため公益事業部内で共鳴をいかに図るかが、初期段階の最も重要な課題のひとつとされた

④注目すべき共鳴メカニズムとして部内の若手勉強会の存在があげられ、計画課、開発課、業務課、発電課など関係各課の課長補佐、係長・係員クラス約10名強をメンバーとする非公式の集まりが、平成4年の秋から5年の初頭にかけて精力的に開催され、諸外国の研究等を行いながら、あるべき政策について論議を深めていった

⑤他方、計画課が規制緩和を精力的に推進するとのメッセージを発し続けた。また資源エネルギー庁長官官房、大臣官房の承認が通産省全体の意思決定に直結するところから、課長補佐クラスが中心になって省内コミュニケーションを同時進行させながら了解をとりつけていった。電気事業法改正については、とくに資源エネ庁長官官房の法令審査員、大臣官房の法令審査員が、良き理解者だった（人事異動により大臣官房、長官官房にも公益事業部出身者が移っていったことも、結果として省内の共鳴にプラスとなった）

⑥省内の一定の方針が決まると、通産省外の外部関係者との共鳴が必要となり、政策の妥当性を理解し共に政策案を推進（「かつぐ」という）する外部共鳴にかなりの労力をさいた。今回の場合業界は、有力な外部協力者にならないと見て行政監察の存在に着目した。30年ぶりの電力・ガスに関する行政監察（旧総務庁）が実施され、

93（平成５）年7月「エネルギーに関する行政監察」が発表された。その中で卸電気事業者の許可について見直すべきとの監察報告がなされた
⑦オーソドックスな手法として審議会制度も利用した。93（平成５）年夏から総合エネルギー調査会基本政策小委員会が開始され、秋に開催された小委員会では事務局がエネルギー供給体制の柔軟化を説明し、電力については、入札制度の導入、卸電力事業規制の撤廃、簡易一般電気事業者の創設など示唆し、徐々にコンセンサス作りを行っていった
⑧ほぼ同時期に細川内閣下で、規制緩和のあり方について検討する経済改革研究会（いわゆる平岩研究会）が設置され、「経済的規制＝原則自由」の考え方が示された。11月に出された中間報告では電力・ガスについては「競争原理の導入と消費者利益のために分散型電源の活用など規制の弾力化を図る」との文言が盛り込まれた
⑨翌94年の春からは電気事業審議会・電力基本問題検討小委員会が開催された。その準備作業として93年の年末から94年の年始にかけて鉄鋼、化学、ガス、石油、プラントメーカーなどの関係業界からヒアリングを行い、卸発電事業を中心とした新規事業者参入の潜在的可能性を把握しつつ、関係業界の関心を惹起していった
⑩小委員会自体は、94年3月に開催され、3カ月間という短時間で欧米への調査団の派遣を含めて凝縮した検討を行い6月には中間報告を取りまとめた。同時に公平性、透明性を確保する観点から参入事業者の要望を吸収する場としてワーキング・グループを設置し、電力会社側と新規参入者との間で実務レベルでの率直な議論を交わしてもらい、改正案についての共鳴を双方の業界関係者との間で醸成していった。並行して保安小委員会も開催され、保安規則についての緩和の議論を電力会社等の参画、協力も得ながら推進していった
⑪94年秋には省内に電気事業制度審議室が設置され、法案の検討がなされた後、95年2月の閣議決定を経て、国会に電気事業法改正案が提出され、5月には改正案は成立（施行は同12月）した。

全１２０条中約90条を改正するという大改正であり、

当初は実現可能ととらえる官僚は省内でも少数であり、それでも公益事業部計画課を中心に周到な共鳴プロセスを省内外で作り上げながら法案作成に至った経過が、同書の記述からよく分かる。

同書では「特に潜在的新規参入者及び有力学識経験者の共鳴をうまく喚起していったことが、省外共鳴を起こす観点からは、極めて有効だった」と分析しており、共鳴者づくりが重要な戦略だったことを窺わせている。それだけ電事法改正のハードルは高く、周到に考え抜かれていた。それらの元は公益事業部計画課が92（平成４）年にすでにまとめていた報告書にある、と指摘している。

では実際に電気事業法は、どう改正されたのか。

改正のポイントは、４点ある。

ひとつ目は発電部門への新規参入を認めたことである。卸電気事業の参入許可を原則撤廃し、競争入札による電源調達制度が創設され、独立系発電事業者（ＩＰＰ）の発電市場への参入が認められた。鉄鋼会社や化学会社などが自社工場内で発電した電気を他に売買できるように規制緩和した点が大きい。関連して卸振替供給（発電事業者による地元以外の一般電気事業者への売電を可能とするための送電線の活用）、いわゆる卸託送の活性化が図られ広域的な卸発電市場を目指すことになった。電力会社にとっては他の電力会社・卸電気事業者以外からも電力を購入することが可能になった。

アメリカでは92年のエネルギー政策法によってＩＰＰが卸電力市場に参入しており、これに倣ったものであろう。出力２００万ｋＷを超える卸電気事業者とは区別されたが、発電ビジネスに競争原理を導入できたことは、今後さらなる政策展開を可能にするものであり、通産省の企図通りとなった。電源調達に入札制度が導入されたことで料金引き下げ効果が期待された。

２つ目は特定電気事業制度の創設である。コージェネレーションといった自前の発電・送配電設備を持つ事業者による特定供給地点への電力小売り事業が制度化された。３つ目は料金規制の見直しである。負荷平準化など設備の効率的な使用に役立つ供給条件がある場合「選択約款」として許可制から届出制に改められ、新たな料金規制としてヤードスティック方式（料金改定の際、経営効率化を促すため査定格差を設ける制度）、また燃料費調整制度が導入された。

燃料費調整制度は、為替レートの変動などの経済情勢の変化を迅速に反映するため燃料費の変動を外部化して３カ月ごとに調整する仕組みで、これにより原油、ＬＮＧ、石炭といった火力発電燃料は四半期ごとに調整単価の見直しを行うことになった。燃料価格や為替レートの変動で収支が振れ、料金引き上げ、引き下げの手続きを要していた電力会社には経営環境の安定に大きく役立つことになった。制度が運用されると電力関係者からは「これで（燃料費主因の）料金引き上げは事実上出来なくなる」との感想が出ていた。

４つ目は自己責任の明確化による保安規制の合理化である。技術進歩による保安実績の向上を背景に国の直接関与を必要最小限にとどめ、自主保安を基本に合理化に向かわせようというもので、発電用ボイラー、タービンなどの自主定期点検へ一部移行した。

改正内容は多岐にわたったが、大きな筋目は電力会社以外の新しい電力参入者の積極的な活用に向けて規制を緩和し、競争原理を導入したことで、この方向性は計画課の報告とりまとめの約1年後の93年８月、総務庁が行った電力・ガスを中心とした「エネルギーに関する行政監察」の提言が後押しすることになった。

同提言では地球温暖化や省エネルギー施策の効果などから非化石燃料電源の導入促進と並んで分散型電源の普及促進とそのための規制の弾力化を求め、卸電気事業に関する各種規制のあり方の検討、競争原理の導入にも触れていた。

加えてその３カ月後の93年11月、細川内閣下で公表された規制改革研究会による、通称平岩レポートと呼ばれる中間報告が流れを確たるものにした。同報告では「経済規制は原則撤廃する」とし、当時画期的な提言とされた。電力・ガスについても「競争原理の導入と消費者利益のため分散型電源の活用など規制の弾力化を図る」と競争原理の導入が謳われていた。細川政権が続かず結局この提言は「うやむやになった」ものの、法改正を準備中の通産省には「大いなる共鳴となった」（『中央省庁の政策形成過程―日本官僚制の解剖』より）。

この提言は、経団連会長で東電会長でもあった平岩のもとで作成された。東電内ではすでに総務庁の行政監察が報告された頃から規制緩和時代の到来を予測する向きがあった。同年夏には総合エネルギー調査会の基本政策小員会が開催され、電事法改正を視野に入れた供給体制の柔軟化がテーマに据えられ、対応を図っていた。

とはいえ、当時の計画課の動きや若手が断続的に開催していたという勉強会の存在について「公益（事業部）の中で何かやっているとは思ったが、そこまで周到とは思わなかった」（当時を知る電力関係者）であろうし、当の平岩もこと電力分野においては地域独占体制見直しを企図した規制緩和の発想や、その実現性まで深く掘り下げることはなかったのではないか。

だが、電事法改正の〝震源地〟となった公益事業部計画課にとって意味合いは全く違っていた。リーダーとなったのは、90年から92年6月まで計画課長を務めた村田成二である。村田は68（昭和43）年入省、計画課長のあと中小企業庁計画部長を経て、94年今度は公益事業部長に就き、改正電事法の仕上げの総指揮をとった。97年には官房長、２００２年には事務次官に就任している。この間一貫して電力自由化問題に関わり、それだけではなく自ら〝村田学校〟と呼ばれるグループを率い、当時の若手官僚群に大きな影響を与え続けた。

村田は、地域独占の9電力体制の継続に疑問を持っていた。自然独占の時代は仕方ないとしてもグローバル化した日本経済のもとで市場を独占したままでは高コスト構造は是正されないとみていたのだろう。だから電力事業行政の抜本的な見直しを電事法改正に集約させたとみることができる。

村田成二（提供：電気新聞）

村田が計画課長を離任する際の懇親会の席上で、ふとつぶやいた言葉が忘れられない。「〝時限爆弾〟を仕掛けておいたから……」。物騒な比喩が何を指すか当時は分からなかったが、それが９電力の地域独占体制打破に結びつく報告書をベースにした勉強会と、育成した若手官僚群の存在と気づくのは、２０２０年発送電分離の全面自由化が実現するまでの経産省の一連の動きと、関わるひとの動きからである。20年以上の時を経て〝時限爆弾〟の意が腑に落ちた。

村田が計画課長に就き「勉強会」が活動していたとみられる90～93年、公益事業部各課の班長、係長クラスには長尾尚人（計画課総括班長、現電子情報技術産業協会専務理事）、前田泰宏（計画課法規係長、現中小企業庁長官）、西山圭太（開発課企画班長、現商務情報政策局長）らがいた。また村田の信が厚い鈴木隆史は、96年計画課長に、後に資源エネルギー庁長官となる日下部聡は、98年公益事業部制度改正審議官に就いている。西山は、いわゆる「３・11」後官房審議官、２０１４年には原子力損害賠償支援機構連絡調整室次長兼東電取締役として国有化前後の東電の諸問題にかかわっている。

だが、当時村田らが通産省全体にどれほど「共鳴者」を作り上げたかは、疑問である。通産省内には様々なグループが存在しており、電事法改正には若手の共鳴があっても官僚組織自体は別物であったろう。「（村田らの行動を）良い目をみていた電力業界に近い官僚への反発、嫉妬からの発案ではないか」（当時エネ庁の官僚）との見方さえある。

そうした中で電気事業制度改革の第2幕目は、通産相に佐藤元首相の次男でもある佐藤信二が就任したところから始まる。

第１次電事法改正、電力と距離置く自民党

97（平成９）年1月7日の閣議後の記者会見、佐藤通産相は「（従来は）発電と送電の分離をタブー視していたが、分離まで踏み込む必要があるのか、国内の電力体制をもっと小さく分ける必要があるのか研究すべきではないか」と述べ、51年の再編成以来続いてきた垂直統合型の電気事業体制の見直しに言及し、大きな反響をもたらした。

その数日前（4日付）読売新聞1面には「ＯＥＣＤが

規制改革指針／通信　参入規制を撤廃／電力　発電と送電分離／5月の閣僚理事会に提出する報告書の原案明らかに」という見出しが踊っていた。その記事の脇は「日本はいつまでも高コスト構造から脱却できず国際競争力から取り残される」との解説記事が掲載されていた。この記事の情報元はOECD本部に出向していた通産省の官僚（当時）で、あえて日本に勧告するよう親しい記者（読売新聞）に情報提供していたのだという。

当時村田は官房長、計画課長には後に産業政策局長となる鈴木隆史が就いていた。また同年7月公益事業部長には、村田に近い奥村裕一が就いた。ただ鈴木のあとに就いた計画課長石田徹（後の資源エネルギー庁長官）は、必ずしも村田官房長らに同調しなかった。

当時佐藤通産相の発言の背後には、村田らの存在があるとされ、また発言自体、この記事を踏まえてのものだったろうから佐藤通産相は発送電分離による9電力体制見直しを十分意識していたことになる。佐藤通産相は旧田中派に属し、また電力と同じエネルギー業界の安西浩元東京ガス会長の長女を妻としてはいたが、電力業界にはなじみが薄かった。

佐藤は旧田中派から竹下派に属し、92年の東京佐川急便事件で竹下派が、小沢一郎・羽田孜支持グループと小渕恵三グループに分裂すると佐藤は小渕恵三を支持して、第2次橋本内閣で通産大臣を射止めることができた。それが98年の自民党総裁選では、派の意向に反して梶山静六を支持している。

梶山は、93年7月の総選挙で自民党が敗北し下野する際の幹事長であり、当時経団連会長に就いていた平岩は、政党への企業献金のあっせんを廃止し、結果自民党への献金を止めている。「一六戦争」（小沢一郎と梶山静六の名前由来）と言われていた時期、細川内閣下で小沢一郎率いる政府与党と近しい立場にあった電力業界に梶山以下、自民党幹部が反発を覚え、佐藤はそうした梶山らの意向を背景にしていたとの見方がある。梶山は96年1月政権の〝番頭役〟内閣官房長官（97年9月まで）に就任していた。

いずれにしろ佐藤発言は、電力業界には大きな衝撃だった。

　自民党が政権から下野した93年当時電事連会長は、東電社長（のち会長）の那須から中部電力社長の安部浩平に代わっていた。安部は小林、那須会長時代に電事連専務理事に就いており、核燃料サイクルの業界内とりまとめに当たる一方、政府内で浮上した水源税創設の動きに都内の自民党本部前でタスキ掛けして反対のビラ配りを行い「電気事業者がデモンストレーションを決行したのは、後にも先にもこの時だけでは」（小林元電事連会長の述懐）と評され「行動する電事連」を印象づけた。

　安部は松永安左ェ門の影響濃い中部電力にあって、しかも従来出向ポストの専務理事から当該社のトップには昇任できないとの見方を一蹴して同社の社長、会長に上り詰めた。

　安部の電事連会長任期中（93年6月～95年6月）直面したのが、細川連立内閣のもとで浮上した規制緩和と、その流れの中での電気事業法の改正、それを見据えた料金引き下げだった。安部は、電事連専務理事時代に培った人脈などを活かして東電、関電との関係を堅固なものにし、とくに平岩経団連会長時代には平岩を支え、協力を惜しまなかった。

　電事法改正案について審議してきた電気事業審議会の中間報告がまとまった94年12月21日、社長会議後の記者会見で安部は「51（昭和26）年に今の電気事業体制が発足して以来の大きな変革を意味する」との受け止めを明らかにし「将来に禍根を残さないよう、時代の要請を受け止め、長期の視点から電気事業のあるべき姿を見据えて検討してきた」と電気事業の立場を説明した。

　のちに安部は電事法の大幅改正について「これまで10電力体制で安定供給に取り組んできた自負もあり、苦悩もしましたが、当時の産業、経済の行き詰まりの状況において、供給体制の見直しは避けられない情勢であったため、長期的な将来を見据えて取り組みました。結果として、電源調達の入札制度が導入されましたが、大きな変化の第一歩として方向性は間違っていなかったと思っています」（『電気事業連合会50年のあゆみ』より）と「苦悩」のなかの対応と決断であったと胸中を述べ、その決断は将来を見据えてのものと記している。

　一方で90年代、円高からの引き続いての差益還元問題

安部浩平（提供：電気新聞）

が電事連会長の安部ら業界首脳陣の懸案であった。93年10月、北海道電力が泊原子力発電所1、2号機の運転に伴う燃料費減を理由に単独引き下げを実施した。11月には沖縄電力を含む10社が円高差益還元のための応急・緊急措置として料金を引き下げることとし、翌年9月までの11カ月間暫定料金引き下げを実施した。

さらに94年10月からの1年間の引き下げ実施後、95年4月には79円75銭／ドルという超円高となり同7月、引き下げ幅の拡大を図った暫定料金継続の措置をとっている。電事法の改正施行を見据えて本格改定を予定していたのが、急激な円高の進行と本格改定の準備に相応の時間がとられるための臨時措置だった。

「まだまだ大幅な設備投資が必要であった中、表面的な差益を理由とした値下げは大変厳しいものでしたが」（『電気事業連合会50年のあゆみ』より）と安部は、課題も残しての料金引き下げと振り返っている。

本格改定は、次の電事連会長の東電社長荒木浩に委ねられた。荒木電事連会長（95年6月～99年6月）は、就任会見で「変革期の対応に向け、大役を全うしたい」と抱負を述べたが、まさに「変革期」の難しいかじ取りに迫られた。まず安部前会長時代からの検討事項、料金の本格改定に取り組んだ。

改正電事法が施行されたひと月後の96年1月、電力10社は思い切った経営効率化に踏み込むとして電灯・電力平均6・29％の値下げを実施した。引き下げの総額原資は9400億円にのぼった。このうち3200億円分は効率化成果の先取り分として計上されていた。

またこの時の料金改定では新たに導入されたヤードスティック査定が加えられ、効率化レベルの低い社は減額査定され、10社平均で申請値から1％強引き下げ率が拡大された。電事法改定後初の料金改定であったことから新たな供給の担い手であるＩＰＰの登場などを意識した内容となり、電力各社は、この料金引き下げを機に経営効率化への取り組みを加速化させていく。

一方で電事法改正によって誕生したＩＰＰは、電力各社が実施する電力卸供給入札に多数応札するようになった。東電の場合、96、97年度にそれぞれ１００万ｋＷ分の電力卸供給入札を行っている。毎回募集規模の３～６倍にのぼる応札があり、応札したのはいずれも火力発電に依拠する発電事業者だったという。

96年度は、その他関電の１００万ｋＷなど、全国で６社が入札を実施し、これに合計１００件、１０８１万３０００ｋＷの応札があり、競争率は４倍に達した。関電では神戸製鋼所の65万９０００ｋＷという大型電源が落札となった。新規電源の落札は合計20件、３０４万６９００ｋＷにのぼった。安価な石炭や残渣油を使用できる鉄鋼や化学、石油などの業界の落札が目立った。なかでも鉄鋼業の入札が目立った。資源エネ庁は初回の入札結果に対して「ＩＰＰの能力が予想以上であることが明らかになった。新制度がうまく機能していくことについて確信をもった」と評価のコメントを明らかにしている。

97年度は７社合計で２８５万５０００ｋＷの入札を実施し、96～99年度にかけて約７４０万ｋＷのＩＰＰが落札した。一方でこうしたＩＰＰの落札の半面で電力各社の石炭をはじめ火力発電の建設コストが大幅に引き下がるという副産物も生んでいた。なお特定地域の需要家に直接電力を供給する特定電気事業者も出現した。97年６月諏訪エネルギーサービス、98年７月には尼崎ユーティリィーサービスが設立認可されている。

改正電事法によって電力各社の値下げや効率化の取り組みが加速化し始め、また新たな電気事業制度の仕組みの中でＩＰＰを始めとした事業が活発化し始めた一方で、円高の急激な進展により、当時の為替レ―トで２割以上にのぼった内外価格差がクローズアップされていた。

96年12月に閣議決定された「経済構造改革プログラム」では、電力分野においても負荷率の改善、卸供給入札の積極的活用、特定電気事業の要件緩和などが盛り込まれていたが、この経済構造プログラムはアメリカからの規制緩和要望を踏まえたものであり、この仕掛けを村田ら経産省が行っていたとの見方がある。

海外では電力自由化の流れが拡大していた。そうした時期の佐藤通産相発言であった。

96年1月の料金改定以降も円高は進み、産業界からはさらなる電気料金の引き下げを望む声は止まなかった。97年5月政府は経済改革プログラムの一環として電気事業について「２００１年までに国際的にそん色ないコスト水準を目指す」ことを閣議決定した。

これを受けて東電の荒木社長は記者会見で「98年の早い時期での電気料金引き下げ」を表明し、同日中に中国、四国、九州も相次いで値下げ意向を明らかにし、関西電力など残る6社も引き下げを表明した。

同11月電力10社は引き下げを申請し、通産省は98年1月申請内容を1％強に拡大査定し10社平均で4・67％の引き下げ率で認可した。2月半ばから新料金実施となった。荒木東電社長が電事連会長に就いてわずか2年余りの間に、2度にわたる料金の本格改定が行われ、この2度の料金値下げで消費者に還元された原資は、電力10社計の売上高の約1割に相当する総額1兆６０００億円に上った。

しかし、さらなる電力改革を求める声は大きくなる。日本行政学会が「中央省庁の政策形成過程」で分析していた「(電事法改正への）省外共鳴の喚起」がさらに図られていたことを窺わせる報告書が97年末にまとめられている。行政改革委員会規制緩和小委員会（委員長＝宮崎勇大和総研特別顧問）は、特定電気事業の規制緩和、電力小売りの自由化、発電事業の競争促進を強く指摘した。

奥村公益事業部長のもと部内のある若手官僚は、「電力は敵だ」とさえ語るのをためらわなかった時期である。「規制に守られて電力（業界）は変わろうとしていない」「殿様商売で胡坐をかいてる」。こうした言葉がマスコミを通じてしきりに流された。

電気事業審議会の基本政策部会（部会長＝今井敬経団連会長）は24年ぶりに通産相の諮問によって開催が決ま

り、同7月22日、初会合が持たれた。大口需要家の代表や消費者団体代表、学識者らのほか電力業界からは荒木電事連会長（東電社長）、秋山喜久同副会長（関電社長）、太田宏次中部電力社長、高須司登中国電力社長、杉山弘電源開発社長らが参加した。

出席した佐藤通産相は「電気事業は産業活動や国民生活に直結するだけに高コスト是正に一刻の猶予も許されない。従来の考えにとらわれない改革、競争促進が必要だ」と述べ、幅広い検討を求めた。

同12月にはひとまず中間報告がまとまり、入札対象電源を原則として全ての新規火力電源に拡大（99年度から実施）し、負荷平準化対策の強化及び送配電設備のコスト削減対策を実施するよう求めた。

年が改まると焦点は次第に小売り自由化に絞られた。電力側委員は、「小売り自由化に踏み切った場合、ユニバーサル・サービスや供給信頼度、地球環境、エネルギー・セキュリティといった公益的な課題の達成の面で多くの懸念がある」（第7回会合での秋山関電社長）と慎重な構えをみせ、効率性と品質に関する顧客ニーズを両立させた日本型電力供給システムの構築を目指すべきと主張した。

しかし、論議のさなかの98年３月、政府は「新規制緩和推進３カ年計画」を閣議決定し、電力小売り自由化を大きく取り上げた。基本政策部会の３月31日の第８回会合では、出席した委員が電力の発電部門と送電部門を分離し、電力取引のためのプール制市場の創設を主張した。佐藤通産相が提起した垂直統合型の電力経営見直しも議論に浮上してきた。

同４月21日の第９回会合で荒木電事連会長は、業界の総意として「送電線を解放する」旨の意見表明をした。荒木会長はまず「日本では運用面、設備形成面、需要構成面でいずれも制約が大きく、プール制はなじまない」とした上で「規制強化にならないことを前提に『送電線の利用拡大』を進めることで、競争促進を図ることが現実的」と述べ、電力業界として初めて送電線の解放を表明した。

電力会社の送電線を新規参入者などに貸与し、電力会社以外の第３者が電気の小売りを行うことを容認するもので、小売り自由化を決定づける歴史的発言となった。

のちに荒木はこの時の発言を次のように振り返っている。

「この審議会は、発足当時から着地点が見えぬまま議論が紆余曲折したが、終盤に至り私から電事連会長として『送電線の利用拡大』を提案し、結果的に私どもの考え方に沿って審議が急転直下した」（『電気事業連合会50年のあゆみ』より）。この送電線の利用拡大は、業界内の意見統一のため荒木自ら、太田中部電力社長らに説得を試み、了解を得たのだという。

また5月7日の会合では秋山電事連副会長（関電社長）が「送電線利用の拡大」の具体的なイメージとして「特別高圧が適当である」と提案し、今井敬部会長は「当面は部分自由化を念頭に検討を進める」と議論を総括した。

通産省もそれまでに官房長の村田が公益事業部長の奥村に業界意向受入れを指示し、その後計画課長の石田がとりまとめに奔走した。電力業界は、自民党首脳にも業界方針を説明し了解を得ていたという。

電事審基本政策部会は、98年5月27日の第11回会合で競争促進と公益課題との両立を図るため、部分自由化の実施が妥当という「中間的整理」をとりまとめ、具体的な制度設計は部会の下に設置されたワーキンググループの検討に委ねることにした。また同10月には料金制度部会も開催され、料金引き下げの場合の認可制から届け出制への変更など規制緩和策を審議した。

同12月11日には基本政策、料金の合同部会が開催され、99年の次期通常国会での電気事業法改正を経て、2000年を目途に電力小売り自由化に踏み切るという自由化スケジュールを固めた。

村田や奥村が当初構想した発送電分離は、今回は見送られた。

第2次制度改革となる改正電事法は、99年5月に施行、2000年3月実施となった。ポイントは4点ある。

ひとつ目は、小売り分野においては原則、使用規模2000kW以上・2万V特別高圧以上で受電する需要家（特別高圧需要家）を対象に部分自由化を導入したことである。電力10社のこの範囲の需要家は、当時産業用が約6100件、業務用が約2200件の合計

８３００件、販売電力量は10社合計で約２２００億ｋWｈと、電力全体の約27%が対象と見込まれた。これにより２０００年３月から特定規模需要家（ＰＰＳ、のちの新電力）が電力会社の送配電網を利用して、対象需要家へ供給することが可能になり、顧客獲得を巡って争うことになった。

２つ目は、電力会社が保有する送配電網を開放することに伴う託送制度の整備である。ＰＰＳがネットワークを利用するための小売り託送制度を新設した。電力会社の管轄区域を超えて電力の供給を行う場合は、振替供給料金が課せられることになった。この振替供給料金制度は、複数の区域をまたぐ場合に重ねて徴収されることから「パンケーキ制度」と称さることとなった。

また託送ルールには「同時同量」の問題があり、その点から新規参入者にも個々の需要家ごと需要量と供給量を一致させることが求められ、その単位時間は30分、変動範囲は３%とされた。これを超える部分については、電力会社に不足電力料金（インバランス料金）を支払うこととされた。

３つ目は料金改定に関わる規制緩和である。非自由化領域の需要家に対しては、料金引き下げなどの改定を認可制から届け出制に移行し、料金メニューの設定要件を緩和した。４つ目は、電気事業者に対する兼業規制を撤廃したことである。従来は一般電気事業以外に事業を兼ねて営む場合、通産大臣の認可を必要としていたのが撤廃され、経営の自主性、自由度が高まることになった。

このほか規制対象部門の需要家に悪影響が及ばないように料金改定時における自由化部門・規制部門間の適切な費用配分、及び年度ごとに部門別収支の確認を行うことが制度化された。さらに新制度開始後おおむね３年たった時点で自由化の実績を検証することとした。

２度にわたる電事法改正によって、日本の電気事業は競争原理を強めた新しい時代を迎えることになった。そして３年後にはさらなる検証が待っているはずだったが、３年は長いと経産省は、一方的に駒を進めるのである。実際政・財界の一部から次の改革を求める声が出始めた。

「普通の会社を目指そう」

日本経済が、バブル経済崩壊の前と後では成長率や経済の活性に大きな違いが出たように電力需要も90年代以降は80年代と比べ、その伸びに大きな変化が見られた。電気事業便覧から全国の使用電力量の対前年度増加率を比較してみると、87（昭和62）～90（平成２）年度は平均で５％を上回り、とくに90年度は7・２％に達していた。91年度以降は６・7％を記録した94年度を除いて低水準で推移し、95年度以降２０００年までほぼ２％台の伸びで、98年度は０・９％しか伸びていない。

このことを強烈に意識したのが、当時東電社長に就いていた荒木浩電事連会長だった。

「私の会長時代は、一言でいえば戦後の長い電気事業の歴史の中で、初めて供給サイドから需要サイドへと事業運営方針のパラダイム変換が行われた時代といえる。（中略）戦後の復興から高度成長期を通じ、我々事業者は高い需要の伸びに追いまくられ、安定供給とサービス向上を最大の課題として、ひたすら設備の増強や信頼度向上に努めてきた。しかし、90年代に入ると、バブルの崩壊を受けて需要の伸びは急速に鈍化し、電力の経営も時代の変化に即したダイナミックな舵取りが必要になってきた。私は東電の社長に就任すると、いち早く経済社会の構造変化を見据え、『需要増～設備増強～資本費の増大』という構造的な悪循環のサイクルを断ち切り、低成長時代に即した経営体質へと経営方針の大きな転換を図った」（『電気事業連合会50年のあゆみ』より）

荒木浩は、54年東大法学部卒業後東電に入社。営業部の営業計画課を経て燃料部門を経験したあと、72年に総務部文書課長に就くと一貫して総務畑を歩き、91年に副社長に昇任して93年社長に就いた（99年会長）。東電はそれまで平岩、那須と総務部門出身といってもいい人材が社長に就き、荒木もその直接の後継と見られがちだか、入社当時は銀座支社で語学力を買われるなど国際感覚を磨き、総務部門には途中燃料部から入っただけに平岩―那須ラインと違う、新たな総務ライン作りを志向した。

その中から営業部門にいた山本勝（39年京大法学部卒）を抜擢して総務部門の顔に育て上げるなど、人事も従来の殻を破る革新性を持つものだった。

２００1年副社長に就いていた山本は、病に倒れ不帰のひととなる。それを惜しんで荒木は、「山本勝君の逝去を悼む」と10月17日付の電気新聞に寄稿している。会社のトップが部下の死を悼んで寄稿するのは、極めて稀なケースである。全文哀惜に貫かれている。

「彼は他人がいやがる仕事も厭わずに黙々と働いてくれた。彼と一緒に仕事をしてはじめて知ったのだが、大変な素養と蘊蓄（うんちく）の持ち主で、しかも人文系だけでなく、自然科学などにも造詣が深かった。（中略）また、持ち前の鋭い勘に加え、風貌から想像もできない切れ味、清濁併せ呑んで物事をまとめあげる才覚、悠揚せまらざる大人の風格、大丈夫かなと思わせるほど大胆で柔軟な発想、さらには強い信念と行動力を併せ持っていた。それだけに彼は、東京電力はもとより、電力業界、さらには我が国産業界にとっても大きな財産であった。誠に惜しい人材を失ったという外はない」

追悼文は、２８００字を超え、「山本君には随分助けられた。目に見えないところで文字通り身体を張ってつとめてくれた」と哀悼の意だけでなく荒木―山本の絆の深さを思わす表現が至る所に出てくる。事実山本副社長は、追悼文に記されていた通り「政・官・財・マスコミなど各界にわたり交友が広く、深かった」。当時の電力業界総務部門の渉外関係は、山本東電副社長で仕切られていたと言っても過言ではなかった。

こうして社長・会長時代の荒木には政・財界やマスコミ界の情報収集、対応力に長けた山本勝の総務部門だけでなく、いわば電力自由化時代の電気事業の対応戦略を一手に引き受けた企画部門の存在もあった。なかでも荒木が社長に就任した93年企画部長に就いた勝俣恒久（38年東大経済学部卒、２００2年社長、２００8年会長）は、荒木路線を支え官僚対応から業界内外の調整まで手腕を発揮した。

荒木は「『需要増～設備増強～資本費の増大』という構造的な悪循環のサイクルを断ち切る」と、まず積極的に進めたのが、設備投資の意図的な抑制とコストダウンだった。91～94年度は柏崎刈羽原子力発電所の建設が佳境を迎え原子力拡充工事は毎年度２０００億円前後の水準に達し、総工事費もこの間1兆５０００億円を超え、93年度は1兆６８０1億円にまで膨らんでいた。

それが95年度以降、減少傾向に変わる。建設中の原子力発電所工事が完了したこともあるが、電源拡充工事が減少したのを始め送電・変電・配電の各拡充工事や改良工事もおしなべて規模を縮小するようになった。なぜか。

荒木が一貫して社員に訴えかけていたのは「今、世の中は大きく動いている。多くの企業が生き残りをかけて、苦しい闘いを続けている。電気事業もまた、その例外ではない。東電がまず進むべき方向は会社の中年太りや動脈硬化を防ぎ、健康でスリムな体を取り戻す必要がある」（93年6月の社長就任あいさつ、『東京電力50年への軌跡』より）と、いわば東電の「構造改革」の必要性だった。

荒木浩（提供：電気新聞）

その後も「普通の会社を作ろう」「兜町を見て仕事しよう」と社員に呼び掛け、組織のフラット化、店所の自主経営、パソコンの導入、風土改革などを進めた。その中でもカギとなったのは「中年太りや動脈硬化を防ぐ、会社の健康管理」の大本となるコストダウンによるスリム化、その先にある財務体質改善、内部留保の積み上げだった。ＲＯＡ（総資産利益率）、ＲＯＥ（株主資本利益率）といった財務指標が経営力を推し測る数字になると重視し、それは他電力会社を刺激することにもなった。

福島第一、第二原子力発電所と並ぶ柏崎刈羽原子力発電所は、97年6月運転を開始したＡＢＷＲ採用の7号機（１３５万６０００ｋＷ）で建設工事は一応完了した。この時点で柏崎刈羽の出力は合計で８２1万２０００ｋＷと、当時世界最大と言われたカナダのブルース原子力発電所（７２７万６０００ｋＷ）を上回る出力規模となった。

大工事の終了を機に新設を含む各工事に際して計画から設計・発注・施工に至る各段階で徹底したコストダウンが推し進められ、戦略的に設備投資の抑制が図られた。日立や東芝などメーカー側にも厳しいコストダウン要求を出した。両社原子力部門の合併情報まで飛び出していた。その結果総投資額は96年度から右肩下がりとなり、99年度ついに1兆円台にまで急減した。これに伴い自己資金比率は増大した。

『東京電力50年への軌跡』が記している86～99年度の総工事費における自己資金の寄与率は、この間一貫して60％を超す水準で推移し、借入金純増額や社債純増額の寄与率がマイナスに転じた97～99年度には１００％を上回っている。この時期に債務償還のウエートが拡大したのは、財務体質の改善という方針のもとで、有利子負債残高を減少させることに積極的に取り組んだ成果だった。

必要資金のうち自己資金で不足した分は社債発行によって調達されたが、社債は法改正により発行限度額が引き上げられ、有利な条件で発行できた。さらに社債特例法は93年10月廃止され、限度額は撤廃された。

99年度末の時点で自己資本比率は12・２％に回復し、有利子負債残高は10兆１８５８億円へと96年度末に比べ約３５００億円減少した。ＲＯＥは95年度の３・４％から99年度５・７％へ、ＲＯＡは同様に０・４％から０・７％へと上昇した。これらの財務体質改善効果は、株主への配当、需要家への料金引き下げに結びついた。

86～99年度東電の経常利益は、料金引き下げで需要家に還元してもほぼ１０００億円台をキープし、99年度は４０００億円台に達した。99年度決算では年間配当額を50円から60円に増加させ、41年ぶりに60円配当を実現している。

料金引き下げは、86～２０００年に暫定措置を含めて10回行っている。引き下げの多くは円高の進展と原油価格の軟化傾向に対する措置として実施されたもので、96年の引き下げは改正電事法の施行を受けて本格改定したものだった。だが98年２月と２０００年10月の２回にわたって行われた料金引き下げは、徹底したコストダウンなど経営効率化の成果を反映させたものだった。

荒木が98年９月「中期経営方針」で掲げた「お客さまと株主・投資家から選択」される経営体質の構築は、増配と２度にわたる料金引き下げにより一定の前進を見せた。そうした荒木の経営感覚・手法でさらに触れておかなければならない点が、４つある。

ひとつは改正電気事業法への対応である。荒木はこの時導入された電力卸市場への新規参入の拡大について「供給力の底上げにつながるし、我々自身のコストダウンへのインセンティブにもなる」（94年12月13日付電気新聞）と、歓迎する姿勢を示した。外の競争原理をテコにして内なる改革へつなげ、東電という会社の体質改善を何よりも優先しようとしたのである。

電気事業は戦前の５大電力時代には激しい需要家争奪の競争時代を経験している。平成の電力自由化は、「歴史的観点に立てば競争原理の『再導入』にあったということができる」（『東京電力50年への軌跡』より）。そう割り切って東電の「構造改革」にまい進した。

２つ目は、その歴史感覚である。高度成長期当時電事連会長の太田垣士郎関電社長は「電源開発をわき目もふらずにやってきた。一体我々は私企業として、どの程度自由が許されるかどうかはっきりさせる考えでいる反面、独占事業にあぐらをかいて、私企業の幅を広げたいでは世間は承知しまい」（61年10月17日付電気新聞）と私企業としての発展の中で公益事業としての節度を問うていた。

また元社長の平岩に代表される世代は、国内資源をもたず戦争に負けた体験からエネルギー問題を電気事業の事業展開と重ねてとらえ、国の要請を受けて自前での核燃料サイクル路線構築にまい進した。荒木は「普通の会社を目指そう」「兜町をみて仕事しよう」と、路線を継承しつつもそうした平岩らの世代とあえて一線を画した。

３つ目は、こうした新しい世代感覚を身につけた手法が、全国の同世代の電力経営者の共感を呼び業界の一体感をつくりだしたことである。それは結局料金の一斉値下げ行動という東電にまず倣った他電力会社の経営のかじ取りにつながったが、各社の財務体質重視の姿勢は、ＲＯＡ、ＲＯＥといった数字や経営効率化策の成果につながり、何よりも業界全体の料金水準の引き下げに貢献した。

10電力会社の電灯・電力総合単価は80年代後半から低下傾向で推移しており、98年度は18円17銭／ｋＷｈとなり、この単価は第二次石油ショック後の80年度の22円47銭／ｋＷｈを2割以上も下回る水準となった。つまり石油ショックにより崩壊した「低廉な電力供給」は、この時期かなり回復したことを意味した。

４つ目は、時代の変わり目の総仕上げを目指し、それがある程度実現したことである。核燃料サイクルのバックエンド問題は先送りの恰好とはなったが、電発の大間原子力発電所（青森県）はＡＴＲを中止に導き、電発に電力９社と同様な軽水炉路線への参入を認めたことが大きい。経済性が低いという理由でフルＭＯＸのＡＢＷＲに計画変更となった。

当時ＡＴＲの発電単価は軽水炉の３倍以上と見込まれ、電力業界は費用負担増を避けたかった。プルトニウムは当面ＭＯＸ装荷の軽水炉で利用すると路線を改めた。一方で電発は長く旧日発とみなされ、とくに関電の実力者芦原ら電力再編時を知る経営者たちは、電発の原子力進出を容易に認めなかった。その考えを払しょくし、電発問題の幕引きを荒木は、成し遂げた。

小売り自由化拡大、エンロン進出の緊張

小売りの部分自由化を盛った電事法改正の影響は、すぐに表れた。大手商社などが特定規模電気事業者（ＰＰＳ）を設立し、通産省へ届け出を行い始めたのである。99（平成11）年12月に三井物産などが出資して「イーレックス」が、２０００年３月に三菱商事の全額出資で「ダイヤモンド・パワー」が、同7月にＮＴＴファシリティーズ、東京ガス、大阪ガスの共同出資で「エネット」などが、相次いで設立され、このうちダイヤモンド・パワーは、三菱化学鹿島北共同発電所などから合計5万5０００ｋＷを調達して同7月東京・丸の内ビルへ供給を開始した。東電が需要家を奪われた格好となり、部分自由化制度のもと電力会社からの需要家離脱の初のケースとなった。

さらにダイヤモンド・パワーは2000年8月に行われた通産省本省ビルの1年分の電力調達入札で、東電、東北電力と競争の末、落札に成功した。この入札では供給区域外から東北電力が応札しており、電力会社間競争の始まりとしても注目された。これらPPS大手3社のうちでもエネットは、東ガス、大ガスが保有する大型LNG火力やNTTのグループ力を生かして、電力会社の大口顧客を次々に獲得して脅威的な存在となった。

この間、電事連では電力自由化時代は電事連のあり方自体も問われると、96年12月に電事連と中央電力協議会（中電協）の組織見直しに着手した。両者の事務局を合体して組織・人員数を集約減少させたほか、2000年3月には46あった会議体を整理統合し、社長会を総合政策委員会に、副社長会を総合政策委員会幹事会に、また広域運営の機能を果たしてきた中央電力協議会は、会議体の名称を中央電力委員会にし、下部組織の名称や役割の見直しも行った。

なお、これら会議体のうち総合政策委員会幹事会は2015年7月に廃止に、同16年3月にはかつての中央電力協議会は広域的運営推進協議会の発足に伴い、58年の歴史に幕を閉じている。

電事法の第2次改定では実施にあたり、制度開始後3年を目途に検証作業が行われることになっていた。しかし、それを待たず大きな動きが出てきた。政府は、2001年3月、「規制改革推進3カ年計画」を閣議決定し、早くも電事法の制度改正に対する成果の検証と部分自由化の範囲の拡大、全面自由化及びプール市場の創設について検討する方針を盛り込んだのである。検討時期は「2001年度以降早期」とされた。

99年6月、電事連会長は東電の荒木社長から中部電力社長の太田宏次（2001年6月まで）に代わっていた。太田は55年東大電気工学科を卒業して中部電力に入社、主に企画畑を歩き85年取締役東京支社長などを経て93年副社長、95年社長に就任して電事法の第2次制度改定では「送電線の利用拡大」という業界方針の決定にも関わった。電力系統分野では国内でも数少ない学識の持ち主でもある。

太田の述懐によれば、「(第2次の自由化のスタートにあたっては)3年後、その間の実績を参考にフォローアップするということが約束されていた。しかるに開始間もなく、全面自由化を、しかもこれを早期に実施したいという動きが官庁筋から出るようになった」(『電気事業連合会50年のあゆみ』より)

太田は「これだけの制度変更をして実績もこれからという時期の再検討開始は約束違反であり、また全面自由化は事業者の原子力や送変電設備への投資意欲を失わせ、安定供給に支障を来すとして、あらゆる機会をとらえて意見具申した」(同)と「約束違反」をタテに通産省の早期の検討開始に反対姿勢を意見具申したという。

しかし、２００1年の省庁再編で経産省に衣替えした旧通産省は同11月、電気事業分科会の開催を決め、初会合の段取りとなった。経産大臣は与謝野馨（98年7月～99年10月)、深谷隆司（99年10月～２０００年7月）を経て２０００年7月から後の「たちあがれ日本」代表となる平沼赳夫が就任していた。ちなみに与謝野の秘書官には後に経産省事務次官に就く、東電国有化問題を仕切った嶋田隆が就いていた。

平沼は「２００1年度早期」という政府の方針通り、事務方に検証作業を指示していた。２００1年1月19日の閣議後の記者会見ではアメリカ・カリフォルニア州の電力危機に関連した質問に答えて「日本は将来は完全自由化を考えているので（完全自由化の制度設計事例としてカリフォルニア州の状況を）きちんと検証すべき」と述べていた（電気新聞２００1年1月23日付)。

この年の6月電事連会長は、中部電力の社長交代により東電の南直哉社長に代わった。南は東大法学部を卒業して58年東電に入社、主に企画畑を歩き96年副社長に昇任し、99年社長に就任した。3代続いた総務系トップから初めて企画系からの登用となった。電力自由化時代に合わせる形での抜擢となり、なおかつ２００1年6月、電力再編制から50年の節目に電事連会長に就いた（２００2年9月まで)。だが、すでに南電事連会長の外堀りは埋まっていた。

「欧米の実績を評価するのに早すぎるということはない」と電力側も制度の検証に臨む方針を固めた。

その頃「欧米の実績」には、必ずしも自由化の〝明〟だけではなく〝暗〟の部分も出ていた。２０００年夏、アメリカで電力小売り自由化のパイオニア的存在と言われていたカリフォルニア州で、渇水から卸電力価格が高騰し需給がひっ迫した。年末も再び供給が綱渡り状態となり、平沼経産相が1月の記者会見で触れたように翌年早々電力会社の経営状況の悪化が表面化して電源の調達が困難化、ついには輪番停電という最悪の事態を招くことになった。

南直哉（提供：電気新聞）

この電力危機にはＩＴを駆使し世界的な総合エネルギー企業となっていたエンロンの市場操作があったことが、後に判明しており、制度設計に問題があったことが浮き彫りにされる。アメリカ西海岸の代表的な都市サンフランシスコで昼日中に信号機が消え、商店でもローソクを灯す様子が日本でも報じられ、拙速な自由化がいかに大きな影響をもたらすか、強く印象付けられた。

電力自由化には「陰」の部分もある――。２０００年11月から始まった電気事業分科会（会長＝鳥居泰彦慶應義塾大学学事顧問）で電力側から参加した南電事連会長や藤洋作関電社長、川口文夫中部電力社長、鎌田迪貞（みちさだ）九州電力社長らは、「電気の消費者の利益、ひいては国の利益に結びつくような議論が必要だ」と主張した。

４月４日の第６回分科会では、南電事連会長が電気事業者としての基本的な考えを表明した。南会長は①最終的に全面自由化を目指すことを前向きに検討②発送電一貫体制の必要性③送電部門の公平・透明性の確保④電力取引所の創設⑤原子力推進と自由化の両立――の５点に踏み込んで発言した。

発言の趣旨は、全面自由化といってもユニバーサルサービスといった公益的課題を達成できる方策についての合意形成が必要であり、これを実現するためにも電源とネットワークが一体となった効率的に設備形成が行える発送配電の一貫体制が不可欠とした。それによって安定供給を確保できると主張したもので、発送電分離を主張する分科会メンバーへの反論でもあった。

東電社長でもある南会長は、元々全面自由化論者でもあった。電気事業が料金認可といった規制から自由になって事業展開するにはむしろ全面自由化を受け入れて本格競争に入るべきとし、これに業界内は時期尚早論が多数だった。それでも「全面自由化を目指すことを前向きに」との表現で業界内の意見を統一し、さらに電源調達を多様化させる電力取引所の創設など制度改正に踏み込む姿勢に分科会では、評価の向きがあった。

一方で原子力推進と自由化の両立は、実際には困難な目標であることが、外部の専門家などから指摘されるようになる。電力中央研究所の矢島正之首席研究員(当時)は、「自由化の範囲を拡大すると、経営環境に不確実性が増すため、資金リスクの大きな原子力発電の建設は困難になる」と指摘。実際に欧米では電力自由化を進めた後、原子力の建設が進まなくなる事例がみられた。

こうした分科会議論を立ち止まらせる出来事が起きていた。「黒船襲来」と騒がれたエンロン・ジャパンの撤退・解散である。

アメリカ・カリフォルニア州の電力危機の元凶とも目されたエンロンは、２０００年5月、オリックス等と提携して「エンロン・ジャパン」を設立、丸紅の発電関連門からヘッドハンティングするなどして陣容を拡大した。さらに山口県などでの火力発電所の建設を発表し、独自の制度改革案まで公表した。

エンロン会長のケネス・レイは、ブッシュ元大統領ら政権中枢に近く、その政治力から対日規制緩和要求の中に「エネルギー市場の開放」を織り込み、当時の経産省の思惑もあって日本政府を巻き込み、電力市場参入の日本の拠点としてエンロン・ジャパンが設立されていた。

規制緩和の波に乗り、あらゆる金融商品を扱って電力・ガスの取引を世界的に拡大させた手法が日本国内でも展開されるのでは、と電力業界には緊張が走った。電力会社や関連会社の買収に乗り出すとの噂も立つほどだった。しかし、カリフォルニアの電力危機後の２００１年

12月エンロン本社が粉飾決算から破たんする直前、エンロン・ジャパンは突然、全て解散閉鎖したのである。

エンロンが日本市場から撤退したことで、華々しい事業拡大の裏で負債を隠ぺいするための不正な会計操作や電力取引を実態より大きく見せるための取引操作など改めてその実態が明るみに出された。実際にはほとんど需要家を獲得することなく「黒船」は去り、航跡から電力自由化の「陰」の部分が奇しくも日本国内で周知されることとなった。

エネルギー政策基本法の成立

2000年4月自民党の「石油等資源・エネルギー対策調査会」は、「エネルギー総合対策小委員会」を発足させ、委員長にはエネルギー問題や商工行政に明るい甘利明衆議院議員、事務局長に参議院議員の加納時男が就いた。加納は元東電副社長である。

加納は57年東大法学部卒、東電入社後は主に営業畑を歩き、85年の科学万博では電力館長を務め、当時電事連会長の小林庄一郎とともに電力館に来訪された昭和天皇の応対もしている。その間通信教育で慶應義塾大経済学部を卒業し大学の非常勤講師を務めるなど型にはまらない活動が首脳陣に注目されていた。とくにジャーナリストの田原総一朗がキャスターの番組「朝まで生テレビ！」には原発問題がテーマに挙がるとほぼ毎回出演、原発推進の論者として一般にも知られるようになっていた。

電力業界は、東電会長の平岩経団連会長時代、「新生党」代表幹事・小沢一郎が仕切る非自民の細川連立政権と近かったこともあり、その後自民党の政権復帰後、関係の修復が大きな懸案になっていた。98年7月第18回参議院選挙が近くなると当時の橋本政権は、経団連に組織内候補を出すよう要請し、当時経団連副会長を務めていた荒木東電社長は、自民党との関係改善の機会とみて副社長の加納に出馬を勧め、加納は東電を辞め、経団連の組織内候補として自民党公認で比例区から立候補し、当選した。

前年の97年12月には京都で開催された気候変動枠組条約第3回締約国会議（COP3）でいわゆる「京都議定

書」が採択され、日本は２０１０年頃までに温室効果ガスを90年比６％削減することが義務付けられた。これを機に３つのＥ（安定供給、経済効率性、環境への適合性の英語訳）がエネルギー政策のキーワードとなり、その３つのＥを実現するため、原子力発電に改めて期待がかけられるようになる。

その一方で自然エネルギーの普及を目指す飯田哲也環境エネルギー政策研究所長の働き掛けが政界にもおよび、多数の賛同者が生まれた。99年11月梶山静六衆議院議員ら自民党の有力議員を含む２５０人超の超党派議員による「自然エネルギー促進議員連盟」が発足し、国が定める目標に基づいて電力会社に供給計画策定を義務付け、自然エネルギーを買い取る議員立法提案の準備をし始めた。

これに対して通産省が自然エネルギーの全量買い取りを義務付けるのではなく、利用目標に基づいて一定量の利用を義務付けるＲＰＳ法（「電気事業者による新エネルギー等の利用に関する特別措置法」を作成する動きとなった。

結局議員立法は見送られ、２００３年ＲＰＳ法施行となるが、電力業界からは、環境適合、規制緩和など時代の要請に応じるあまり政策の原理・原則がみえにくくなっていると、エネルギー政策の最も基本的な方向性を示した法律の制定を求める声が挙がり、自民党もこれに応じて検討を本格化させることになった。

「エネルギー対策調査会」の小委員会は、そうした背景のもとに発足し、加納の事務局長就任は、何よりも「党内でエネルギー問題に最も精通している」として選ばれた。小委員会は国策として原子力発電を推進するなど７つの提言をまとめ、これに基づき法案づくりの検討に入り、関係各界からのヒアリングを実施し案をとりまとめた。

「エネルギー政策基本法」は、「安定供給の確保」、「環境への適合」、「市場原理の活用」の３点をエネルギー政策の基本方針に据え２００２年６月７日に成立、同14日に交付・施行となった。基本法の目的は第１条に①エネルギーの需給に関する施策に関し、基本方針を定め、国・地方公共団体の責務等を明らかにするとともに、エネルギーの需給に関する施策の基本となる事項を定め②施策を長期的、総合的かつ計画的に推進し③地域及び地球の環境の保全に寄与するとともに我が国及び世界の経済社会の持続的な発展に貢献すること―と定められた。

政府は同法に基づき「エネルギー需給に関する基本的な計画（エネルギー基本計画）」を定め、少なくとも３年ごとの見直し、変更が明記された。新法成立後、南電事連会長は記者会見で「この法律は、電気事業者が目指している方向と合致する」と評価した。市場原理の活用については、安定供給確保、環境への適合と密接不可分であり、十分考慮して進めるべきとされた。そこから発送電分離の全面自由化は、自ずと制約があると、解された。

原子力不祥事、東電首脳陣が総退陣

改正電事法の２回目の見直しを進めるため電気事業分科会の議論が佳境にさしかかっていた２００２年８月29日、東電は原子力発電所の自主点検作業記録に不正の疑いがあることが分かったと、記者会見を開き明らかにした。マスメディアからは「原発トラブル隠し」と大きく報じられた「東電データ不正問題」は、そもそも国内の原子力発電の維持基準が未整備というところから発したものの、日常化していた検査記録の修正・改ざんが明るみに出され、その間外部からの内部告発、原子力安全・保安院の突然の方向転換、通産省の電力自由化絡みの思惑などが重なり、大きな騒ぎに発展した。

しかも東電は、事実を公表してからわずか４日後の９月２日には、過去の経営責任を取る形で荒木会長以下、南社長、平岩、那須両相談役、榎本聰明副社長兼原子力本部長の５人が一斉に退任を表明したのである。南社長は電事連会長も辞任した。

データ不正問題の経過は、おおよそ次の通りである。事は２０００年７月に遡る。

・２０００年７月３日、アメリカ在住のＧＥＩ社（ゼネラル・エレクトリック・インターナショナル社、ＧＥの子会社）の技術者（自称）から資源エネ庁に東電福島第一原子力発電所1号機で89年に実施された蒸気乾燥器の検査の作業報告書に虚偽の記録があるとする告発の文書が届き、さらに同11月同一人物から別の申告内容を含む手紙が届いた。エネ庁は、これらの申告内容を原子炉等規制法に定められた申告制度に基づくものとして扱う方針を決め、東電に調査を要請した

・翌年省庁再編で新設された原子力安全・保安院がこの問題を引き継ぎ、東電も調査を続けたが、内部告発したＧＥＩ社技術者はその後転職したこともあり調査は難航した。告発した点検作業は東電の自主点検であり、保安院はそれ以上資料請求を求めなかった

・ところが２００２年になって事態は動き始める。保安院はＧＥＩ社の協力を得、同年３月南東電社長はＧＥ社幹部と面会し、両社が法務部門を中心に協力して事実調査を進めることで合意した。５月には申告のあった２件以外にも24件の問題があることが判明し、東電は安全情報申告制度に関わる調査委員会を設置し、８月７日には保安院に対し報告案件以外の26件を報告した

「まるで検察官のようだった」、「(調査委の行動には)経産省の影が見え隠れしていた」と調査委の徹底した調査ぶりと背景について当時を知る関係者は振り返る。調査委は首脳陣にも詳しい内容を報告しなかったという。同29日「不適切な取り扱いが行われた可能性のある事案」29件が保安院、東電の双方から発表された

・「不適切事案」の29件は、福島第一原子力発電所１～６号機、福島第二原子力発電所１～４号機、柏崎刈羽原子力発電所１、２、５号機の炉心シュラウド（ＢＷＲの原子炉圧力容器内で燃料集合体等炉内中心部の周囲を覆っている円筒状のステンレス製構造物）などにひび割れが存在する可能性を示唆するものだった。南社長は会見の席上「安全上支障がないことを確認した」と述べるもメディアは大きく取り上げ、しばらくシュラウドのひび割れ問題とその報告を怠り、虚偽報告したとする東電の体質問題が大きく取り上げられた

・保安委は、立ち入り検査をするなどして９月中旬までに29件の暫定調査報告をまとめ、一方東電は調査委員会が、自主点検にかかわっていた社員約50人を含む関係者約70人の聞き取り調査を実施し、その結果検査記録を修

正・改ざんするという事例が16件に上ったという社内調査報告と再発防止策を公表した

原子力発電所の点検・補修の現場では「国へのトラブル報告はできるだけ行いたくない」といった心理が生まれ「安全上に問題がなければ、報告しなくてもよいのではないか」といった誤った考えが加わったことが、一連の事態を引き起こす原因になったと総括した。経産省は、組織的に改ざんが行われていた疑いがあるとみて原子炉等規制法による東電の処分を検討したが、結局厳重注意処分とした

・未整備だった原子力の維持基準問題は、総合資源エネルギー調査会の原子力安全・保安部会に小委員会が設置され、早期に維持基準を導入する方針が決まった。維持基準は運転中設備の維持・管理に関する基準で機器の供用期間中の検査項目を示す部分と、補修や取り替えを評価する部分などを規定するものだが、日本では設計時規格が唯一の規格で使用開始後にできたキズなどの損傷を安全度合で評価するシステムが法的に位置づけられていなかった

12月に原子炉等規制法の改正案が成立し、自主点検を法令で義務化することや多少のひび割れなどあっても安全上問題のない損傷であれば原子炉の運転継続を認める「健全性評価基準」が導入された。

この「東電不正データ問題」は、その後の影響を含め3つの点が指摘できる。

ひとつ目は、通産省、原子力安全・保安院の対応の問題である。GEI社の技術者と称する人物による東電の検査記録改ざんの告発は、あくまで自主点検作業記録に関わるもので、しかも運転中設備の維持管理基準は未整備だったから当初資源エネ庁、また省庁再編後の原子力・保安院も東電に事実関係の問い合わせはしていたものの、調査を急がなかった。その間東電は一貫して保安院に協力し、保安院も東電と同一歩調だったとみられる。

それが2年後態度を一変させるのである。何があったのか。2002年7月事務次官には村田成二が就任した。村田次官は、保安院の対応を問題視したといい、全面自由化問題も絡ませて保安院に踵を返すよう指示したので

はないか、と見られている。結果として東電は、「原発トラブル隠し」の烙印を押された。東電首脳は、この間の通産省の態度を「善管注意義務違反ではないか」と質す構えをみせていた。

２つ目は、東電首脳陣の一斉辞任である。南東電社長が問題を明らかにした翌8月30日、当時の平沼経産相は「原子力への国民の信頼を損なった。言語道断。自浄作用を強く求める」と発言、東電に一切の責任があるとした。その３日後東電は、過去にさかのぼって経営責任を取ると、南社長にとどまらず平岩元会長に至る歴代トップの辞任を発表したのである。その間、南社長辞任の憶測記事は出ていたものの、トップ層の責任問題がはっきりしない段階での東電自らのトップ５人の辞任表明に関係各界に衝撃が走った。

この背景には、当時ＢＳＥ（牛の海綿状脳症）問題から国産牛肉を安価な外国産牛肉に詰め替えて買い取り費用を不正請求した雪印の問題、また日本ハムの「輸入牛肉偽装事件」など経済界で不祥事が相次ぎトップ辞任に至っていた事例を、広報部幹部が自社の場合に当てはめて万が一の場合の危機管理の面から対応を練り進言したことがある。これに荒木会長が公益事業であればトップ責任をさらに明確に示すべきではないか、関連した不適切事例が出た場合の影響などを斟酌して、主導的に首脳部全体の辞任を判断した。

平岩、那須両相談役、とくに経団連会長を務め東電の一時代を築いた平岩の退任まで含めたことに周囲から驚きの声が挙がった。村田次官は「飛び上るほど驚いた」という。「荒木流」の総仕上げは、平岩、那須、荒木、南と歴代４人の社長経験者の退任で時代の幕引きを図った。新会長、新社長には過去３代続いた総務系から人材が登用されることはなかった。

東電に向かっていたトップ責任論は一瞬にして落着し、また電力自由化問題は、エネルギー政策基本法の成立と、村田次官が進めていた石炭税導入問題とで帳消しとなり、「身を捨ててこそ……」を地で行く展開となった。

３つ目は、原子力部門を始め同社の原子力開発に与えた影響である。

東電が自ら設置して進めた社内調査委員会の調査は徹

底していた。多くの社員、関係者から直接聞き取り調査をし、その結果点検・補修の現場では予想もしない多くの作業員の日常的なデータの修正・改ざんが明らかになった。維持基準の規格が未整備で、現場の判断を迷わせた一面があったにせよ、原子力部門を統括する難しさが改めて浮き彫りになった。東大の原子力工学科卒で原子炉設計に関わり同社原子力部門のエースとして原子力界でも知名度の高かった榎本副社長は、就任わずか3カ月で責を問われ、退任となった。

目前にあった軽水炉のプルサーマル計画もこれによって頓挫することになった。福島県の佐藤栄佐久知事は「2年間も情報開示しなかった国の責任は重い」としながらも東電の福島第一原子力発電所のプルサーマル計画を認めず、また東電自体、新潟県の柏崎刈羽原子力発電所を含め計画の無期限凍結を明らかにした。さらに福島県では福島第一原子力発電所7、8号の増設計画の受け入れ準備が進んでいたのも凍結延期となり、2011年の福島第一原子力発電所の事故により計画は一切中止となった。

東電はすべての原子力発電の運転停止の措置をとり、翌年2003年夏は、供給不足から一転需給ピンチに見舞われた。運転停止中の横須賀火力発電所などを稼働させて何とか乗り切った。

石炭税導入、全面自由化は見送りへ

東電の「データ不正問題」に世の中が揺れていた2002年9月18日、第12回電気事業分科会で議論の中間的とりまとめが行われた。このとりまとめでは「中立機関による系統ルールの策定・監視や送配電部門の透明性確保、振替供給制度の廃止、全国規模の卸取引所の整備などの施策を検討すべき」とされた。卸取引所の整備など具体的な制度設計についてはワーキンググループなどを設けて検討することとし、10月から制度設計の検討に入った。

同年末12月27日の第13回電気事業分科会では、ワーキンググループの検討を受けて報告書案がとりまとめられた。全面自由化とはならず段階的に自由化を拡大していくことで落ち着いた。

新制度の骨組みは①段階的自由化拡大のスケジュール②系統ルールの基本的ルールの策定などを行う中立機関の設置③全国大の電力流通を活性化させるための卸電力取引所の設置④振替料金制度の廃止⑤原子力・バックエンドの官民役割分担の検討—などから成り、同時に報告書案では、電力側が一貫して主張していた「発電設備・送電設備の一体的な整備運用」の必要性を明記し、「安定供給、環境保全に配慮した市場原理の導入」を柱としたエネルギー政策基本法に沿った形で制度改革を進めるとした。

翌年2003年2月18日の第14回会合で、報告書案は了承された。新たに電事連会長に就任（2002年9月～2004年8月）していた藤洋作関電社長は、「安定供給確保のため発送電一貫体制を堅持するとともに、公平な競争を導入するという方向性を打ち出しており、将来にわたって日本型モデルの礎になるものと評価している」と述べた。

村田次官がこだわった発送電分離の全面自由化は、今回も見送られた。それを決定的にした政界での動きが、この間にあった。2002年11月19日の自民党経済産業部会の場である。当時政府は京都議定書の批准を同6月に閣議決定しており、温暖化対策問題が喫緊の課題に浮上。その対策として経産省は、村田次官の指揮のもと石油税に新たに石炭税を設ける新課税制度を導入すべく議員への根回しをしていた。それが肝心の場面で反対の憂き目にあったのである。

京都議定書が求める二酸化炭素排出抑制のため、石炭に一定率課税し石炭火力を抑制し、収入は「エネルギー対策特別会計」に繰り入れて燃料の安定供給策やエネルギー需給の高度化対策の財源にあてる構想で、経産省の新たなエネルギー政策財源確保策だった。その構想が霧散するかもしれない自民党議員側の反応に経産省側は驚き、戸惑った。「党に相談もなく（経産省が）結論を出そうとしている」「（当時環境省が構想していた）炭素税導入と二重課税にならないか」など反対意見が相次いだ。

ところが翌日、再度開催された経済産業部会は、わずかの質疑で石炭課税を了承したのである。同日開かれた石油等資源・エネルギー調査会のエネルギー総合政策小委員会でも甘利明委員長が「石炭税を含む特会の見直しは導入の方向に向かわざるを得ないだろう」（引用はいずれも11月20日、21日付電気新聞）と述べた。自民党側が一転石炭税容認に変わった背景には、村田次官が石炭税導入と引き換えに、それまでこだわっていた発送電分離、全面自由化論を棚上げし、その意向を自民党側に伝えたからだとされている。

その間電力業界は、電事連が中心になって電気事業制度改革には「安定供給確保のため発送電一貫体制が必要」「発送電分離の全面自由化では原子力推進が難しくなる」と議員側へ訴え、粘り強く働きかけていた。その結果自民党側は、石炭税導入に際しても電力側の意向を最大限汲むようになっていた。同19日の部会での自民党議員の反応は、その際たるものだった。

村田次官は、石炭税の導入を優先し、発送電分離は延期せざるを得なくなったのである。電力業界内では石炭税導入に反対とする社が数社あったものの、現行の電源開発促進税44円60銭／ｋＷ時を７銭引き下げるなど減税もセットとされ、そこを調整しての石炭税導入容認でもあった。

第３次電事法改革「電気事業法及びガス事業法の一部を改正する等の法律」は２００３年６月に成立した。ポイントは、４点ある。

ひとつ目は、小売り分野の自由化拡大である。高圧需要家（２００４年からは契約電力量５００ｋＷ以上、翌２００５年から同50ｋＷ以上＝この時点ですべての高圧需要家が対象）まで部分自由化が拡大され、これにより販売電力量の約６割が自由化対象となった。

２つ目は、全国規模の電力流通の活性化である。従来の電力会社の供給区域をまたぐごとに課金される振替供給料金（いわゆるパンケーキ制度）は廃止となった。また電力調達の多様化を目的とした卸電力取引所が整備されることになった（２００３年11月に日本卸電力取引所が開設され、２００５年４月の改正電気事業法の施行に合わせて、取引を開始した）。

３つ目は、一般電気事業者の送配電部門では会計分離、内部相互補助の禁止、情報遮断、差別的取扱いの禁止といった行為規制が義務付けられたことである。

４つ目は、電力融通体制を新たに整備した。卸電力取引市場の整備に伴い、一般電気事業者間の経済融通は系統運用ルールに則った電力取引に移行した。全国融通については、公平性・透明性・中立性を確保することを目的に、これらに関わるルールの策定、および監視などを行う機関として電力系統利用協議会（中立機関）が創設された。ＰＰＳは「責任ある事案者」と期待された。

このほか、第３次改革のもとになる２００３年２月の総合資源エネルギー調査会・電気事業分科会の報告では、２００４年末までの原子力のバックエンドのあり方の検討が盛られており、その後の大きな論点となる。

さらなる料金値下げ、変わる経産省

３度にわたった制度改革により、２００５年４月には販売電力量に占める自由化範囲の割合は６割を超えた。ＰＰＳは、大都市圏を中心に積極的な進出を果たし、次第にそのシェアを拡大していった。

こうした動向を見ながら一般電気事業者の10電力は、２００４年～２００５年電気料金の引き下げを行った。まず東電が10月１日にいち早く５％台の引き下げを実施し、次いで東北、中部、九州電力の３社が05年１月４～５％台の、北海道、北陸、関西、中国、四国電力の５社が同年４月３～４％台の、沖縄電力は同７月３％台の、それぞれ引き下げを実施した。かつて９（10）社一斉横並びが多かった料金改定・暫定措置は、この頃になると各社の実情によって実施、対応が分かれていく。

また２００５年10月に「原子力発電における使用済み燃料の再処理等のための積立金及び管理に関する法律」が実施され、原子力バックエンドに関する制度変更がなされたこともあり、電力各社は東電、中部電力を筆頭に、２００６年４月、７月にさらなる引き下げを行った。

第３次制度改革は、２００５年４月から施行されたので、第４次制度改革は、３年後の検証を目標にすると２００７年４月頃には検討を開始しなければならなかった。このためこれまでの制度改革がもたらした影響を評価しようと２００５年10月総合資源エネルギー調査会電気事業分科会のもとに制度改革評価小委員会が設置され、制度改革に関する検証を行った。

それによると、電気料金の水準は、95年度の制度改革以降、2005年度までの間に約18％低下し、内外価格差も着実に縮小していることが分かった。とくに自由化分野の下げ幅は大きく、業務用は2000年度上期から2005年度にかけて約30％低下し、産業用も約13％低下した。規制分野の電気料金も約10％低下した。これらの動向から自由化による競争導入の結果、効率化が促進され料金低下に繋がっていると判断された。

ただPPSの販売電力量シェアは、2005年3月時点で特定規模需要全体の2・11％と低い水準にとどまっていることも分かった。地域別にみると東京、関西など大都市圏では比較的高く、北海道、東北、北陸などの地域ではほとんどなかった。電力間競争は1件のみだった。卸電力市場では、小売り自由化後も一般電気事業者との長期の相対取引が大部分を占め大きな変化はみられなかった。それでも自由化の進展に伴い卸電力の取引形態は多様化し、流動性の高い取引が徐々に増加していることが分かった。

卸電力取引所のスポット取引は、取引量が徐々に増加し、2005年度の冬には一日あたり1000万kWh近い取引もみられるようになった。同年度のスポット市場の取引量の累計は、約9億3800万kWhとなり、取引所設立当時の想定（約3億6000万kWh）を大幅に上回った。このほか広域流通の活性化から振替供給料金制度の廃止、インバランス料金制度の見直しが行われており、概ね制度改革のねらい通りの機能を発揮しつつあることが分かった。

こうしたチェックを経て第4次制度改革論議が始まったが、結論からいえば2008年小売り分野の全面自由化は見送られ、5年後を目途に適用範囲の是非について改めて検討することになった。

2003年10月には、エネルギー政策基本法に基づいて初のエネルギー基本計画が閣議決定された。同計画ではとくに原子力発電について「核燃料サイクルを含め基幹電源と位置づけ、引き続き推進する」とし「原子力発電のような大規模発電と送電設備の一体的な形成・運用を図ることのできるよう発電・送電・小売りを一体的に行う一般電気事業者制度を維持する」とこれまでの電力業界の主張が盛られる内容となっていた。

第４次制度改革では、「全面自由化見送り」とはなったものの、さらなる制度変更が加えられた。卸電力市場の活性化に向け、日本電力取引所での従来のスポット取引・先物取引に加え、時間前取引（スポット市場閉場後、受け渡しまでの不測の需給ミスマッチに対応した措置）の開始が決まった。またＰＰＳの競争条件を改善する観点から同時同量制度、インバランス料金が見直され、託送料金制度についても新しい方式が導入された。

この時点で5年後を目途に行うとされた電気事業制度の見直しは、ＰＰＳのシェアの広がりの点を除けば概ね問題となる点は少なく静観となった。静観を決め込んだのは主に事務局である経産省の官僚たちである。発送電分離の〝起爆材〟となった官僚たちがいったん姿を消し、新たな政策遂行テーマを抱えた官僚たちに代わっていた。

発送電分離の電気事業制度改革にこだわった経産省事務次官・村田成二は、２００4年夏退官し経産省を離れた。後任次官は、杉山秀二、北畑隆生を経て、２００８年の事務次官争いは、かつて公益事業部計画課長として第二次制度改革に関わった産業政策局長の鈴木隆史と、資源エネルギー庁長官の望月晴文に絞られた。鈴木は当時かつての〝村田派〟の中心人物とみられていた。

直前の安倍改造内閣では元東電副社長で参院議員加納時男と組んでエネルギー政策基本法成立に尽力した甘利明が経産大臣に再任(２００7年8月~２００８年8月)された。甘利経産相は結局事務次官には望月を選び、鈴木は特許庁長官に回った。

村田は、その後自分が設立に関わった新エネルギー・産業技術総合開発機構（ＮＥＤＯ）の理事長（２００7~11年）に天下りし、村田の部下たちも電力問題からいったん離れ各々の道を歩いていく。しかし、10電力の地域独占体制打破につながる発送電分離のＤＮＡは失われていなかったことが、数年後東電・福島第一原子力発電所事故後の新たな政権のもとで証明されていくのである。

進む世代交代、トップの辞任も

東電は2002年9月25日、「データ不正問題」から総退陣した首脳部に代わる新たな布陣を発表した。会長には副社長の田村滋美、社長には同じく副社長の勝俣恒久を昇任させた。田村は東北大工学部を卒業後36年東電に入社、主に建設土木畑を歩き、常務・送変電建設本部長から副社長に就いていた。東北大時代にローマ五輪のボート競技（エイト）に出場するなどユニークな経歴をもち、また上下隔てのない人柄から人望を集めていた。

勝俣恒久（提供：電気新聞）

勝俣は企画部門のエースであり、社長就任は順当とみられた。当時東電社内では「勝俣さんが社長に就いたので今後に何も不安はなかった」と求心力の高さが際立っていた。だが会長、社長というトップ体制に平岩総務部門からの人材が登用されることはなくなり、その意味では前会長の荒木が目指した「普通の会社」の体制とはなったが、周囲からはとくに政界との対応は「先々、大丈夫か」との声も漏れていた。ともあれ電力自由化時代のトップには、少なくとも「守り」の総務部門ではなく「攻め」と「戦略」の企画部門などにシフトしたことを印象づけた。

社長に就いた勝俣恒久は、若くして電事連業務部に出向し、経産省を始め他社、関係各機関との協力連携、調整を図った経験が生き、またそのパイプを大事にして多くの電力会社幹部の信頼を集めていた。名実とも電力新時代の代表として期待が寄せられることになった。勝俣は2005年6月電事連会長（2008年6月まで）に就任した。

他電力会社でもトップ交代が行われていた。東電同様に不祥事などからトップが任期途中で辞任するケースもあった。

関電は２００１年６月､石川博志のあとを受けて工務・企画系の出身でらつ腕と評されていた副社長の藤洋作が第９代社長に就いた。藤は徹底した効率化、コストダウン策を展開し同社の業績を押し上げたが、その任期中の２００４年８月９日、定期点検中の美浜原子力発電所３号機で二次系配管の破断から高温高圧の二次系冷却水が大量の高温の蒸気となって漏れ出し、タービン建屋で作業中の下請け作業員十数人が死傷（５名が死亡）するという事故が起きた。

事故を起こした配管は稼働以来27年間、一度も点検されていなかったなど保守管理が不十分だった。そこを原因として我が国の原子力施設としては東海村ＪＣＯ臨界事故以来の死亡者を出したことに藤社長は責任を取るかたちで２００５年４月辞任し、電事連会長も勝俣東電社長と交代した。新社長には工務系で周囲の信頼の厚い副社長の森詳介が就いた（２００５年～２０１０年)。秋山喜久会長（99年６月就任）は、２００６年会長から相談役となり、以後しばらく関電は会長空席が続いた。

中部電力では２００４年７月、太田宏次会長(２００１年６月就任）が、中国の古美術品購入問題から辞任し、同社も社長の川口文夫が会長に就く（２００６年～２０１０年）までしばらく会長空席の事態となった。

さらに中国電力では２００６年10月、水力発電のダム取水構造物に関して測量データの改ざんがあったとして、不祥事の対応に追われた。その年の６月には同社をトップ企業に押し上げた実力者の高須司登会長（２００１年６月就任）と白倉茂生社長（２００１年６月就任）が退任し、後任の会長には副社長で企画系の福田督、社長には同じく副社長で火力系の山下隆が抜擢されるトップ交代が行われていた。

福田と山下は､66年の同期入社（年齢は福田が1歳上）で同時の会長､社長就任は電力業界では稀な例となった。一方白倉社長の交代は任期途中であり、同社社長としては唯一、会長及び中国経済連合会会長に就かず、そのことが関心を呼んだ。

これら電力会社のトップ交代は、ある意味世代交代も窺わせるものだった。関電秋山は91年､東電荒木は93年、中部電力太田は95年、中国電力高須は95年それぞれ社長に就いており、彼らは会長にも就いて当該社の文字通りトップリーダーとして電力自由化時代の入り口から社を引っ張っていた。

彼らの世代には、そのほか北海道電力の泉誠二、東北電力の八島俊章、北陸電力の山田圭三、四国電力の近藤耕三が93年同時期にそれぞれ社長に就き、また九州電力の大野茂は91年、鎌田迪貞は97年社長に就いて、同じような役割を果たした。東北電力の八島は女川原子力発電所の立地に、四国電力の近藤は伊方原子力発電所の設計・建設時から全面的に関わるなど技術系の経営者として社を切り盛りした。東北電力は実力者の明間輝行が会長（93～2001年）に就いていた時期でもある。

荒木らは、約10年の間、電力自由化という嵐にも安定的に船を操り航海したと言える。何よりもこの時期原子力発電の高稼働が経営に寄与した。95年度から「東電データ不正問題」が発覚する直前の2001年度まで全原子力発電の設備利用率は平均で80％を超え、この間原油価格の高騰があっても値上げすることはなく、むしろ電力前倒しなど政府の要求を撥ねつけ、投資削減、コストダウンによって応えるとし、円高差益もあったにせよ「料金引き下げ時代」を作り上げた。

配当政策が重視され、競争に耐えうる経営体質改善が、共通テーマとなった。一方で石油ショック以前の電力対経産省の緊張関係が再現されたが、当時と違うのは業界内外における東電の圧倒的な力であり、その東電を中心にした電事連体制が機能した。

ちなみに97年度の9社計の売上高は、3年ぶりの増収となる前年度比3・5％増の15兆6668億円に達し、東電はその3割以上の5兆2522億円（全体の33・5％）を占めている。2番目の関電は2兆5962億円、9社全体の16・6％である。当時東電の5兆円台の売上規模は、トップ企業トヨタ自動車（7兆9000億円）に迫るものだった。

同時にバブル崩壊からの低成長期に突入していた日本の経済界にあって東電を筆頭とした電力業界の存在感は高いものがあり、懸案だった政府与党の自民党との関係も改善されつつあった。石炭税導入問題に関わる東電を核とした業界挙げての動きは、その力を発揮した際たるものであったろう。調整に奔走した関電幹部の出向ポストである歴代電事連事務局長の働きも大きく、「電力政策の立案機関」電事連を改めて印象づけた。

ただ東電と関電の関係は、平岩─小林に支えられていた時期が長かった分、荒木─秋山という関係にはならなかった。秋山は99年～２００７年と関経連会長を務め、関心はもっぱら関西経済発展に向けられていた。それでも彼らは東電荒木を中心に結束して諸問題に当たり、会長退任後もよく集まりの場をもった。

全面自由化問題の先が見えた時、彼らは、東電は南、勝俣社長に代表される次の世代にポジションを渡した。南は、「エネルギー・サービスのトップランナー」（２００１年の東電の経営ビジョン）を目指すとし新たな事業展開に舵取りを合わせた。とりわけ新規事業領域へ積極的な進出を果たし、99年9月から２０００年末にかけての1年半の間に、エネルギー・環境事業、情報・通信事業、住環境・生活関連事業の分野で関係会社９社が相次いで設立された。

同６月には都区内４支店を「東京支店」に統合し業務体制を改編、また電力会社が天然ガスやＬＮＧなどの卸供給や小売り供給に参入し、これにガス業界も電力小売りの新会社を設立して電力販売に参入するなどして応じた。東京ガスは自らＬＮＧコンバインドサイクル発電事業に乗り出す構想を明らかにし、一方で東電、東京ガスが静岡ガスに出資するなど競争と協調時代をつくり出した。

ただ需要の鈍化傾向は収まらなかったため南社長は、設備投資抑制を掲げて同2月、新規電源の３～５年の開発凍結方針を打ち出した。これに福島県内で広野火力発電所の増設に期待を示していた佐藤知事が反発し、同知事は東電が同県で予定していた福島第一原子力発電所３号機のプルサーマル実施の凍結方針を打ち出した。南社長はそれらの対応に加え電事連会長として自由化問題などにあたっていた同9月、「東電データ不正問題」から引責するのである。

首脳陣の一斉退陣を受けて社長に就いた勝俣は、まず東電と原子力の信頼回復のため「させない仕組み」と「しない風土」を社員に呼び掛け、原子力部門から独立した社長直属の「原子力品質監査部」を設け、発電所からの情報を社長に直接伝える仕組みをつくった。田村会長を委員長とした「企業委員会」も設置し、行動基準も策定している。社長2年目には「再生と改革」を唱え、２００4年からは2年ごとの「料金値下げ戦略」を主導し、競争市場をリードする会社に照準を合わせた。２００4年3月には、「原子力データ不正問題」から運転を停止し、シュラウドを補修した福島第二原子力発電所3号機が運転を再開した。東電では8基目の運転再開で、順次戦列入りの原子力発電が増えていく。

また勝俣社長は、自由化時代の原子力バックエンド事業について「自由化が進展する中、コストの回収に不確実性が出てくるのでは、やはり民間としてその事業リスクを見過ごすことはできない」（電気新聞２００４年1月5日付）とバックエンド事業の進め方にも注文をつけるなど新たな時代のリード役となった。

だが、東電勝俣社長の行く手は順風満帆とはいかなかった。前社長同様、原子力発電の、今度は自然災害への不備が浮き彫りになった。

２００4年10月23日、新潟県中越地方を震源とした当時観測史上2回目という震度7を記録した直下型地震に耐え、被害を出さなかった柏崎刈羽原子力発電所が、それから3年後の２００7年7月16日、ほぼ同じ新潟県中越地方沖を震源とするマグニチュード6・8、最大震度6強という地震に変圧器から火災が起きた。耐震安全性が問われ、なおかつ風評被害問題に直面した。

地震発生直後運転中の全ての原子炉は緊急停止したものの、3号機すぐ横の変圧器から出火が確認され、地震発生から約2時間後に、3号機付近の東電社員によって火災は消し止められた。化学消防車が配備されてないなど自衛消防隊が貧弱だったことが、火災鎮火に時間を要した原因となり、のちに改善策が講じられることになった。

外部への放射性物質の流出はなかったが、泉田裕彦新潟県知事は「ＩＡＥＡの調査が必要」とし、8月にＩＡＥＡは、予想より被害は少ないとし事故評価「0（尺度以下）」という評価を下している。しかし、泉田知事は風評被害が起きていると態度を硬化させ、このため柏崎刈羽原子力発電所の運転再開は大幅に遅れ、７号機は２００９年12月に２年７カ月ぶりに運転を再開、さらに１号機は２０１０年８月、５号機は２０１１年２月になってようやく運転を再開させた。

この間、夏場の需給がひっ迫した。全７基の運転を止めたため総計８００万ｋＷを超す供給力が脱落したのである。２００７年は福島第一原子力発電所３、６号機の定期検査を遅らせ、他社からの電力融通、さらには17年ぶりという大口需要家との需給調整契約を発動して乗り切った。２００８年以降も需給はひっ迫するもピンチは免れた。またこの地震では原子炉建屋基礎の揺れが予想を超えたため基準地震動を引き上げ、耐震増強工事を行った。

福島第一、第二原子力発電所では、この「中越沖地震」の知見を生かして免震重要棟などを設置し、それが２０１１年の東日本大震災で役立つことになった。

２００８年、リーディング・カンパニー東電は社長の勝俣が、任期６年弱を経て同６月、バトンを清水正孝に渡した。清水は慶應義塾大経済学部を卒業して68年入社、主に資材部門を経て２００６年副社長に就いていた。68年入社組ではトップにランクされ、資材部門時代には競争発注から支店ごとの資材調達の本社一本化などコスト削減に力を入れて、徐々に頭角を現していた。ただ70年代トップとして東電を引っ張った木川田は労務部門が長く、次の平岩、那須、荒木は総務部門が、南、勝俣は企画部門が長かっただけに、清水の登用は意外性をもって迎えられた。

清水は、社長就任後「２０２０年ビジョン」を発表し、国の「原子力立国計画」と連動して20年度までに海外事業を中心に最大１兆円を投資して20年度には海外事業で８００億円の経常利益を出すなどの目標を掲げた。「稼げる会社として、(電力の内外市場に) 攻めていけるトップの顔になる」と社内の期待も高まり始めていた。

２００９年度連結決算では、勝俣―清水体制のもと柏崎刈羽原子力発電所６、７号機が運転を再開したことなどで東電は、３年ぶりの黒字に転換した。最終利益は１００億円程度だったが、柏崎刈羽原子力発電所の他号機が動けば１基１カ月で１００億円程度の収支改善効果が見込め、収支の継続的安定までもう一息というところに来ていた。

他電力会社も関西電力では２００５年、藤社長が辞任し後継は、副社長の森詳介に、中部電力は２００６年川口社長が空席だった会長に就任し、後任社長には69年成蹊大機械工学科卒、入社後は火力部門で実績を積み、会長となる川口の信頼厚い常務取締役の三田敏雄が就任した。

東北電力は２００５年に社長の幕田圭一が会長に就任し、後継を副社長の高橋宏明に、北陸電力も同年新木富士雄から副社長の永原功に、四国電力も同年大西淳から副社長の常盤百樹にそれぞれ社長交代した。北海道電力は東電の社長交代時期と同じ２００８年、近藤龍夫から常務取締役の佐藤佳孝に、九州電力は２００７年松尾新吾から取締役・執行役員の眞部利應に、沖縄電力も同年當眞嗣吉から副社長の石嶺伝一郎にそれぞれ社長交代した。

２０００年代に入って各社の電力需要の伸びは、２００８年のリーマンショックからの大口需要の低迷もあって２００８、09年度と前年割れの伸びとなった（２００８年度は10社の電灯・電力計で３・３％減、２００９年度が３・３％減）。これに応じて各社は設備投資や修繕費を削減し、効率化を徹底する一方、規制緩和の電力・ガスなどエネルギー間競争時代に営業部門の強化を図ったが、原子力発電の稼働状況は経営を左右するウエートをもった。

また電気事業制度改革という全国大の共通テーマが一段落ついたことで各電力会社は、自社が抱える事情や課題を最優先に取り組むようになった。新任社長には戦後生まれも混じるようになり、再編時のことは無論、石油ショック前後の業界の内外事情を知る人物も少なく、加えてかつての電事連、東京支社経験者などでくくられる共通項は、少なくなった。その分、電力自由化時代に入社し、育った人材は確実に増えていた。

一方で全面自由化は見送られたとはいえ、競争環境に変わりはなく、とくに東京、関西など大都市圏を抱える供給地域ではＰＰＳと絶えず需要家獲得競争に晒されているため料金引き下げは必須だった。この時代の各社トップも電力間競争を意識し、２００６、２００８年と値下げを実施した。

だが、一番大きな点は、それまでの対通産省との緊張関係が一気に薄れたことであろう。原子力発電を基幹電源として推進すると定めた「エネルギー基本計画」をベースに内外情勢の変化も捉えて「原子力立国計画」を経産省が打ち出していたからである。

科技庁解体、「原子力立国計画」へ

２００１年の省庁再編では原子力行政の大きな見直しが行われていた。科学技術庁が文部省に吸収合併され、文部科学省（文科省）となり、原子力の主たる業務は核燃料サイクル開発機構と日本原子力研究所（原研）の研究開発事業に絞られたことだった（両者は２００５年10月統合して「日本原子力研究開発機構」に）。核燃料サイクル事業は経産省との共管となり、実用発電炉・研究開発段階の炉の規制、核燃料施設等の規制といった安全規制事業を含む共通事業の大半も経産省に移管されることになった。

また科技庁が事務局を務めてきた総理府原子力委員会と原子力安全委員会は内閣府直属となり、独立の事務局をもつことになった。両委員会は設置法23条が削除され法的権限が弱められたことで、科技庁長官が兼任していた原子力委員会委員長は有識者に、科技庁原子力局長が務めていた委員会事務局長は、内閣府の課長級ポストに格下げとなった。

かつて70年代後半、当時の両角良彦元通産事務次官が電発総裁としてカナダ型炉のＣＡＮＤＵ炉導入に奔走した際、「それにしても原子力委員会のさじ加減ひとつでいかなる炉型も拒否できるという論理はおかしい」（日本経済新聞「私の履歴書」より）と思いを果たせなかった原子力委員会と科学技術庁が壁となっていた原子力行政の問題は、いまや原子力委員会の立場は弱まり、科学技術庁は廃止・合併となってほぼ新生経産省の仕切りとなった。

経産省の20年がかりのいわばリベンジと戦略は、これだけではなかった。科技庁の原子力安全局を取り込む形で「原子力安全・保安院」を新設した。保安院は、原子力発電だけでなく、実用段階に位置付けられた再処理工場など核燃料サイクル事業、ＦＢＲ原型炉「もんじゅ」などの許認可も受け持つことになった。保安院は、通産省の環境立地局の業務と資源エネ庁の産業保安分野も受け継いだ。

２００1年1月6日、原子力安全•保安院は発足した。初代院長には電力・原子力行政に明るい佐々木宣彦前大臣官房技術統括審議官が就いた。総勢約６００人のうち半分弱が原子力関係にあてられた。要員を確保するため民間からも原子力技術者を募集した。「エネ庁にいた職員は、前例踏襲で何事も慎重なのに比べ、メーカーなどからの人材は前例にこだわらず新たな事案にも素早く取り組んでいた。前へ進む原動力になったのではないか」と当時の保安院幹部は語っている。２００３年には保安院のもとにあった原子力発電技術機構など3つの財団法人の業務を、一元的に実施するため独立行政法人「原子力安全基盤機構」（ＪＮＥＳ）が設置された。

保安院設立構想は、直接的にはＪＣＯ臨界事故を受けてのものだった。当初は、自民党や科技庁関係者にアメリカの原子力規制委員会のような強い権限をもったいわゆる独立性の高い三条委員会の設立を検討する向きもあり、これに経産省が反対して原子力行政の主導権を獲得すべく関係方面に働きかけ、実現したとされる。

さらに２００２年6月エネルギー政策基本法が制定されると原子力推進に大きく関わるエネルギー基本計画が、長期エネルギー需給見通しと同様に閣議決定されるようになる。こうして原子力行政の権限は、まさに20年の時を経て経産省に集中することになった。

しかし、その保安院設立から1年半を過ぎた２００２年8月、東電による原子力の検査データ改ざん問題がメディアにも大きく取り上げられ、保安院を揺るがすことにもなる＝「原子力不祥事、東電首脳陣が総退陣」の項参照＝。

この問題では、当初保安院は内部告発から東電に調査を依頼するなどするも事態を静観していたのが2年後、踵を返して突然東電に経緯の報告を求め、事が明るみに出されると「原子力への国民の信頼を裏切った。言語道断」（当時の平沼経産相）と東電に一切の責任を押し付けた。東電は首脳陣５人が責任を取る形で辞任した。

東電は反発し、また「2年間も情報開示しなかった国の責任は重い」（当時の佐藤栄佐久福島県知事）との指摘や原子力推進の資源エネ庁の特別機関としての保安院の存在を疑問視する向きはあったものの、それ以上に問題が広がることはなかった。

ただ電力業界では突然の方向転換を指示したのが、当時電力自由化問題で業界と対立していた村田次官といわゆる〝村田学校〟の部下の官僚たちとみて、注意深い対応をとるようになった。結果村田次官らは、翌年度の税制改正要求に絡む石炭への新規課税制度導入問題から最終的には電力との対立状態を解き、村田次官が２００４年退任すると、全面自由化も見送られ経産省と電力との関係は、大きく変わるようになった。

電力自由化問題は、電力業界が推し進めていた青森県六ケ所村での再処理施設始め核燃料サイクル事業にも及んでいた。

電気事業にとって長年の課題は高レベル放射性廃棄物の最終処分事業であり、原子力委員会は98年5月の時点で、①事業料金は電気料金の原価に算入し電気利用者が負担する②事業は民間とするなど基本的な考えをまとめ、事業資金の確保と実施主体の設立を求めていた。

２０００年には通産相の諮問機関である総合エネルギー調査会・原子力部会の報告をもとに「特定放射性廃棄物の最終処分に関する法律」が成立（法律の名称に「高レベル」という片仮名が使用される例はほとんどなく「特定」と表現されたという）し、この実施主体として同10月「原子力発電環境整備機構」が設立されていた。ただ同部会の審議では処分費用の見積もりと国の責任の明確化、実施主体のあり方も焦点になっていた。費用の方ではガラス固化体約４万本を埋設する処分場を前提にすると総額では2兆７０００億～3兆１０００億円と試算された。

この費用を賄う資金の税の取り扱いについて電事連は、資金管理主体、実施主体は非課税とし、電気事業者の拠出金を損金扱いとするよう要望を重ね、２０００年度の税制改正で実現した。拠出金については過去分を含めての損金算入が認められている。

この頃動燃が開発した遠心分離技術を日本原燃に引き継いだウラン濃縮事業は、一貫して純国産技術として開発されてきたものの、世界的に供給過剰の状態が続き、海外との価格差も顕著になっていた。90年代後半濃縮事業のコスト低減は大きな課題となり、98年には開発から保守まで全機能を一元化するためウラン濃縮機器会社と合併した原燃マシナリーという会社が関係会社として設立されている。

しかし新体制となったにも関わらず、遠心分離機の長期信頼性試験を行っている段階で部品に応力腐食割れの起きる可能性が判明し、このため日本原燃は、旧動燃から衣替えした核燃料サイクル開発機構と原燃マシナリー及び日本原燃のオールジャパンの濃縮技術開発体制を敷いた。ただ国産濃縮ウランの価格は、高止まりし引き取る電力各社の不評を買い、旧動燃に対する不信感にもつながっていく。

六ヶ所村の再処理工場は、93年4月に着工している。原燃はフランスのラ・アーグ再処理工場（UP3）の運転実績などを参考に建設設計を見直してきた。再処理によって発生する高レベル放射性廃液はステンレス製容器（キャニスター）に入れて冷却される。そのガラス固化体をつくるガラス溶融炉は旧動燃技術がベースになっていた。当初再処理工場の積算見積もりは8400億円、それが1兆6000億円と倍増し、99年4月総工費は2兆1400億円と再び見直された。運転開始時期もさらに繰り延べされ2005年7月とされた。

一方で、FBR原型炉「もんじゅ」の事故を受けて電力業界は軽水炉でプルトニウムを利用するプルサーマルを進め、2001年8月にMOX燃料加工工場建設の立地を青森県と六ヶ所村に申し入れ受諾されている。核燃料サイクル事業では加えて使用済み燃料の中間貯蔵も具体的に動き出していた。

当時国内では毎年800トンの使用済み燃料が発生し、六ヶ所村の再処理工場の処理能力は年間800トンであり、計画通り稼働しても2010年頃には使用済み燃料が貯蔵量を上回る見通しで、中間貯蔵関係法規の整

青森県六ヶ所村の再処理工場（提供：日本原燃）

備と立地具体化も課題になっていた。法整備の原子炉等規制法改正案は、99年6月に成立した。立地についてはＡＢＷＲ新型炉開発に取り組み建設運転にこぎつけた柏崎刈羽原子力発電所６、７号機をもつ東電がいち早く取り組み、原電と協力して同じ青森県むつ市で「リサイクル燃料貯蔵施設」の立地建設が具体化していく。

２０００年代に入って青森県及び六ヶ所村は、核燃料サイクル事業の巨大な集約基地となり、諸課題、とくにバックエンド事業を電力自由化の本格的な訪れの中でどう整理し、経済的な措置をとっていくかが最大の課題となっていった。第3次の制度改定論議では原子力バックエンドのあり方も検討課題に挙がっていた。「自由化が進展する中、コスト回収に不確実性が出てくるのでは、やはり民間としてその事業リスクを見過ごすことはできない」（勝俣東電社長）と膨れ上がるコスト回収と官民の役割が問われるようになった。あとに引けない再処理工事のアクティブ試験は、２００６年に迫っていた。

２００３年10月、経産省の総合資源エネルギー調査会・電気事業分科会は、コスト等検討小委員会を設け、膨らむ再処理費用の算定やその対応策を検討することにした。翌２００4年1月同分科会では、バックエンド事業にかかる費用負担を検証するため「制度・措置検討小委員会」の設置を決めた。

コスト等検討小委員会がまとめた「バックエンド事業全般にわたるコスト構造、原子力発電全体の収益性等の分析・評価」では、バックエンド事業は、六ヶ所村の再処理工場を２００６年7月から40年間操業した場合、総事業費（処理量３万２０００トン）は約18兆８０００億円にのぼると試算された。発電単価では、原子力発電がLNG、石炭火力など、ほかの電源と比べて経済的にそん色ないとの計算も示された。

同3月の電気事業分科会では約19兆円のバックエンド事業の総額のうち、約7兆5000億円は費用回収のための手立てが講じられていないなどの点が明らかにされ、費用回収の具体論をめぐっての論議も交わされた。

そうした論議のさなか「19兆円の請求書」と題した、核燃料サイクル計画は費用対効果が見合わない事業等と批判する文書が、関係方面に配布される騒ぎが起きた。騒ぎはこれだけにとどまらず通産省が94年に使用済み燃料を再処理する場合と、直接処分した場合のコスト試算を行い、再処理した場合の方が高くなるとの試算結果を得ていたとする報道も流れた。これらの資料を作成したのは、資源エネ庁の若手官僚と言われた。

再処理工場が立地する青森県選出の議員らは、これを問題視し、資源エネ庁幹部らの責任を厳しく追及した。また再処理とワンススルー（直接処分）のコスト比較問題は、自民党でも議論の対象となった。4月21日には自民党の石油資源・エネルギー調査会などの合同会議で、冒頭河野太郎衆議院議員が「六ヶ所村の再処理工場が稼働するともう後戻りできない。再処理とワンススルーの選択肢があるが、どちらが経済的で国民にとって利益になるか考えてほしい」「FBRの実用化にめどがついていない段階で、再処理を行う必要はない」などと発言。

これに甘利議員が「ワンススルーと再処理はコストだけで決まるわけではない」と反論し、津島雄二議員は「ワンススルーにするにしても、立地などでは計り知れないコストが必要になる」と指摘した(電気新聞4月22日付)。

4月26日には、事態を重く見た三村申吾青森県知事が経産省の中川昭一大臣と会談し、「国の核燃料サイクル政策に変更がないか」など4点を質し、これに中川通産相は「昨年10月のエネルギー基本法で掲げられた核燃料サイクル推進の方針は、安全確保や地元のご理解を前提として進めさせていただきたい」と述べ、国の政策に変更がないことを改めて強調した。中川経産相は再処理事業の推進を持論としており、資源エネ庁の若手官僚やその後ろ盾とみられていた村田事務次官らが提起していた、六ヶ所村の再処理事業見直しには耳を貸さなかったという。

この問題も結局村田事務次官が、２００４年６月退任するとうやむやになり、資料作成に関わったとされる官僚の中には退官する人物もいた。この一件は、再処理を含む核燃料サイクル事業の継続を改めて確認することにもなり、内閣府原子力委員会・新計画策定会議は２００４年11月、「核燃料サイクル政策についての中間とりまとめ」を採択し、全量再処理の核燃料サイクル継続を決定した。新たに直接処分に政策変更した場合、経費は再処理を上回るなどを理由とした。電事連の藤会長も再処理工場の運転を含む核燃料サイクルを改めて推進する旨表明した。

２００５年５月には、再処理などの事業に要する費用を回収し積み立てる仕組みができた。適正に見積もってその資金を安全かつ確実に、透明性のある形で確保しておこうと「使用済燃料の再処理などのための積立金の積立て及び管理に関する法律」（再処理等積立金法）が成立したのである。

電力会社はこの費用を電気料金として回収し、毎年の原子力発電の使用済み燃料の発生に応じ積立金を積み立てることとなった。２００６年３月、日本原燃の再処理工場は、創業前の最終段階に入るアクティブ試験を実施した。

実のところ業界内には、一時再処理工場の運転に慎重論があった。アクティブ試験に入る前に何らかの結論を出そうとしていた。その背景には「(旧) 動燃に対する強烈な不信感があった」と当時の関係者は振り返る。何度も見直され、膨れ上がった建設費、ベースとなるガラス固化体技術だけでなく遠心分離機のウラン濃縮技術、これ以前に中止が決まった新型転換炉（ＡＴＲ）の建設費増といずれも旧動燃技術が元だった。

再処理工場のアクテイブ試験の開始は、当時経済性と技術問題からギリギリの判断に迫られていたと思われる。その後アクティブ試験は、５つの段階に分かれて実施され、試行錯誤を繰り返しながら信頼性の高い新型ガラス溶融炉を開発し竣工の一歩手前まで来ている。新型ガラス溶融炉の開発には、まさに「オールジャパン体制で臨んだ」（日本原燃）とし、実際に幾度も試験を重ね、より安定的に運転できることを確認したという。

２００５年10月14日、政府は内閣府原子力委員会がまとめた「原子力政策大綱」を閣議決定した。これは従来数年ごとに改定してきた原子力長計に代わるもので、今回の「大綱」では原子力はエネルギーの安定供給と地球温暖化対策へ貢献するとし、２０３０年以降発電電力量の30～40％程度以上の役割を期待し、核燃料サイクル事業は再処理を基本とし着実な推進を図ること、ＦＢＲは２０５０年頃から商業ベースでの導入を目指すこと等が盛り込まれた。

さらに国際的取組の章では「原子力産業の国際展開」として「米国や仏国等の原子力発電利用が成熟している国では、産業界が主体となって商業ベースにより展開することを期待する」と原子力輸出に積極的な立場が示された。

翌２００６年5月、資源エネルギー庁は２０３０年を見据えた「新・国家エネルギー戦略」をまとめた。2年前の核燃料サイクル事業のワンススルー論を含めた見直しの動きから、揺れた経産省を立て直すためエネルギー政策をいったんリセットし、再構築する意味合いからエネ庁の若手官僚を中心に2年間検討していた。いわば〝村田色〟を一掃するものだった。その「戦略」の柱に据えられたのが、「原子力立国計画」である。

同年8月、総合資源エネルギー調査会電気事業分科会原子力部会（部会長＝田中知（さとる）東大大学院教授）は、「原子力立国計画」を正式にとりまとめた。資源エネ庁の柳瀬唯夫原子力産業課長がとりまとめの中心となった。しばらく国内の原子力建設は低迷するとみて、海外からの原子力プラント建設を受注することで原子力産業の技術、人材を維持するとした。その考えに立って国、電気事業者、メーカー間の建設的な協力関係を深化させるよう求め、原子力産業の国際展開と国の支援を打ち出した。公的金融の活用など具体的な輸出支援施策も明記された。この部分は「原子力政策大綱」も踏まえてのものだった。

また、この報告書では、原子力発電の新・増設、既設炉リプレース投資環境の整備を進めるべきとし、その際既設炉については60年間の運転延長を行うべきとした。そのほかＦＢＲ実証炉の建設は２０２５年頃までに実現し、商業炉は２０５０年までに開発する目標も示された。実証炉については、軽水炉と同等の費用は電力会社が負担し、それ以上は国が負担すること、民間第2再処理工場の引当金導入を勧告することなどが盛り込まれた。

原子力立国計画を検討へ（総合エネ調査会・電気事業分科会・原子力部会の部会合）（2005 年 7 月 19 日　提供：電気新聞）

２００７年３月には、エネルギー基本計画の第２次計画が閣議決定され、ここでも「原子力立国計画」の実現が前面に押し出され、原子力輸出は国策の一面を持つことになった。当時の資源エネ庁長官は、〝村田派〟とは一線を画した望月晴文であり、望月は翌２００８年には事務次官に就任している。

この「原子力立国計画」の立案には、原子力推進をめぐる国際的な情勢の変化があった。２００３年アメリカのジョージ・ブッシュ政権は、輸入石油依存度を下げるというエネルギー安全保障の観点から原子力推進に舵をきる「包括エネルギー政策法」を成立させた。

それまでアメリカは、ＴＭＩ原子力発電所の事故の後遺症や電力自由化の広がりで電源開発のリードタイムの長い原子力は敬遠の動きとなり、78年以降原子力の新規発注は途絶えていた。そこで電力会社やメーカーに原子力新設に際し、税制優遇措置や債務保証など多くの支援措置を講じることで新規発注に結びつけていこうとした。一方では約１００基の既設原子力発電の建て替え時期（原子力規制委員会が許可すれば60年までの運転が可能）も迫り、その更新需要も見込めた。

加えて、中国やインド、中東諸国や、ベトナムなどは原子力推進に向かい、これらの国へ輸出の可能性もあった。インドはＮＰＴ（核不拡散条約）締結国ではないのにもかかわらずアメリカが２００８年、原子力協定を締結したことに世界では驚きが走った。

しかし、ＧＥ社を始めアメリカの原子炉メーカーは、原子炉製造部門からは撤退し、保守、修理や廃炉作業などに専念し、主要機器の製造ラインもなく、新規建設に乗り出すには海外メーカーの協力を仰ぐしかなかった。その相手が実績豊富な日本のメーカーとなることは疑いがなかった。ブッシュ政権・アメリカの「原発回帰策」やアジア、新興国への原子力輸出の市場が一気に開かれ、関係者はこの状況変化を「原子力ルネサンス」と呼び、原子力発電機器輸出への期待が膨らんだ。

ただ日本では、国内メーカーが原子力発電を輸出するのは簡単ではなかった。ＢＷＲメーカーの東芝、日立はＧＥ社と、ＰＷＲメーカーの三菱重工はＷＨ社と、それぞれライセンス契約を結んで導入しており、その技術を用いて原子炉機器等を製造する場合はロイヤリティが発生し、輸出する場合は使用料を支払う必要があった。しかも日米原子力協定によりアメリカの技術を用いて第三国に輸出するには、アメリカ政府と議会の輸出承認も必要だった。加えて輸出先とアメリカとの間でも原子力協定が結ばれていなければならなかった。実際の輸出ハードルは極めて高かった。

だがそうした事情が大きく変わる局面が訪れていた。70年代半ばから官民共同で開発を進めた日本型軽水炉の完成を目指す、改良標準化計画の第３次計画では、アメリカの原子炉メーカーとの共同開発方式によるＡＢＷＲ（改良型沸騰水型軽水炉）、ＡＰＷＲ（改良型加圧水型軽水炉）が提案されていた。

96、97年運転を開始した東電の柏崎刈羽原子力発電所6、7号機は第3次計画を採用、その際ＧＥ社とはクロスライセンス（特許の相互持合い）という契約が結ばれていた。この契約方式は、日本からの輸出を制約するものでなく、第3次改良標準化炉の輸出は支障のないものになっているという。

そうした日本型軽水炉の完成と輸出環境の変化を見越して、まず東芝が２００6年2月、イギリスＢＮＦＬ（核燃料公社）からＷＨ社を買収したと公表。総額54億ドル

（約６０００億円）にのぼる多額の買収もさることながらＢＷＲを国内で多数手掛けていた東芝が、世界各地で約１００基のＰＷＲを製造建設した実績をもつＷＨ社を買収したことで、東芝はＰＷＲ市場にも進出するのは必至と、大きな注目を集めた。ＰＷＲは原子力の世界市場の約７割を占めていた。

これに対して三菱重工は、ＷＨ社との提携関係を解消して同じＰＷＲメーカーのフランスのアレバと提携関係を結んだ。日立とＧＥ社は２００６年にＧＥの原子力部門を統合した合弁会社「日立ＧＥニュークリア・エナジー」を設立した。こうして日本の電機メーカーは、国内の原子力受注が減る中、海外に活路を求めて海外メーカーとの共同事業体制を構築した。

国内メーカーの原子力発電の海外展開には、政府の意向も働いていた。２００６年経産省は「原子力立国計画」をとりまとめており、東芝のＷＨ社買収劇には、当時の西田厚聡社長、西室泰三会長ら東芝首脳陣の決断に「立国計画」立案に関わった今井尚哉資源エネ庁次長（のちの内閣官房参与）や柳瀬原子力産業課長らの後押しがあったのでは、と関係者は捉えていた。

また同計画ではベトナム、トルコ、イギリスといった「個別地域政策の重視」が掲げられており、政府首脳が陣頭に立ち、原子力発電の売り込み外交が計画された。２００７年４月には日本の麻生外務、甘利経産、伊吹文科大臣とアメリカのボドマン・エネルギー省長官との間で「日米原子力エネルギー共同行動計画」も合意されている。

パートナーシップ構想に基づく原子力の研究開発協力、原子力の新規建設を支援するための政策協調などが盛られていた。「日米が適切な原子力利用を協力して推進するための枠組みを確立するものであり、長い日米の原子力協力の歴史の中で極めて画期的な位置づけとなる」とし、大々的に報道された。

民主党政権、引き継がれた原子力推進策

２００９年８月自民党は第45回総選挙で敗北し、再び下野した。新たに民主党を中心とする連立政権が誕生し

た。新政権は経済政策として「市場原理貫徹による経済構造改革」「持続可能な経済成長」「経済的規制は原則廃止」などを掲げ、エネルギー・原子力政策については、自民党の政策をほぼ踏襲した。

鳩山由紀夫首相（２００９年9月~２０１０年6月）は、政権の座についた12月末の閣議で「新成長戦略」の基本方針を決め、翌年6月具体的内容を発表した。この基本方針では成長戦略により新たな需要・雇用をつくることと、課題解決国家を目指す２つのイノベーションを挙げていた。イノベーションの第1の課題は、地球温暖化（エネルギー）だとし、対策を講じて世界水準の低炭素社会を実現するとした。

「新成長戦略」を閣議決定する直前にはデンマークでＣＯＰ15が開催されており、この場で鳩山首相は、温室効果ガス排出の90年比25％削減を明らかにしている。新成長戦略の「世界水準の低炭素社会の実現」は、この25％の温室効果ガス削減（90年比）を念頭に置いたものであり、目標数値には原子力発電の増設が含まれていた。

この方針に合わせて２０１０年6月、エネルギー基本計画が見直された。改定は2回目である。新計画では、原子力発電を「供給安定性」「環境適合性」「経済効率性」を同時に満たす中長期的な基幹エネルギーと位置付けた。

さらに原子力発電は準国産エルギーであり、発電過程においてCO_2を排出しないゼロエミッション電源であるとした。再生可能エネルギーと合わせゼロエミッション電源を２０２０年には約50％以上に増やし、さらに原子力発電は、２０３０年までに少なくとも14基以上の新増設を行うとともに、設備利用率約90％を目指すとした。

前政権の「原子力立国計画」も事実上引き継ぎ、官民一体のオールジャパン方式の原子力輸出を推進する方針を打ち出していた。そのため新会社設立構想が示された。新会社は、電力会社が中心になって出資、設立することになり、同7月には設立準備室が、同10月新会社「国際原子力開発」が設立された。東電が筆頭株主となり資本金2億円のうち20％を、続いて関電が15％、電力9社全体では75％を出資した。日立製作所、東芝、三菱重工は各5％、産業革新機構は10％を出資した。社長には東電フェロー（元副社長）の武黒一郎が就いた。

「これまで培ってきた原子力発電の建設、運転保守、人材育成等のノウハウを官民一体となって包括的に提案していく」とし、ベトナムで計画中の原子力プロジェクト受注に向け、具体的な活動を進めていく方針が明らかにされた。

民主党政権は、同６月菅直人内閣が発足していた。菅も鳩山同様に原子力推進姿勢をとり輸出施策にも取り組んだが、お膳立ては元社会党議員で96年民主党入りしてからは党の政調会長や幹事長代理を務め〝影の総理〟と言われていた仙谷由人が行っていた。その菅内閣（第一次）の官房長官に仙谷が就いた。仙谷は、元資源エネ庁長官で経産省事務次官を歴任した望月晴文を内閣官房参与に迎えるなど原子力輸出の具体化に向けて人材も集めた。

この間連立政権を構成していた社民党は5月30日、党の脱原発方針と合わないと政権を離脱した。８月、直嶋正行通産相が電力会社やメーカーのトップを同行してベトナムに赴き、ズン首相らと会談して日本企業へ原子力建設を発注するよう働きかけた。10月31日、ベトナム政府と日本政府は、２基の原子力発電の建設を日本企業に発注することで合意に達した。

電力業界は、民主党政権に対し、つかず離れずの姿勢をとった。労組の全国電力関連産業労働組合総連合が民主党を支持し、しかも民主党の一大支持基盤である日本労働組合総合連合会の一翼を電力総連が担っていた。４代目会長（２００１年～05年）の笹森清は元東電労組書記長、電力総連の会長である。電力総連出身の民主党議員は、党内で電機メーカーなど民間労組を母体とした議員らと歩調を合わせて原子力推進の立場をとっていたこともあり、民主党が新政権についても原子力政策が大きく変動することはないとみていた。

むしろ業界では鳩山政権がCO_2の25％削減を打ち出したことに国内の原子力立地の難しさなどから目標達成の実現を危うんだ。一方で政権が積極的に取り組んだ原子力輸出には協力して進めたものの、将来現地でのトラブルなどリスクもあり慎重な面も保持した。

電力・エネルギー政策については、マニュフェストでもほとんど触れることはなく、また政権奪取後も電力自由化を進めようとすることもなく、原子力発電の一層の拡大路線をとるなど自民党政権の政策をそのまま引き継いだ民主党政権について、上川龍之進大阪大学大学院法学研究科教授は、その著『電力と政治』の中で、政策への電力総連の影響力を挙げたあと、次のような分析をしている。

「民主党は財界と疎遠であったこともあり、経済政策については具体策を持っていなかった。このため政権発足後、民主党政権には成長戦略がないという批判が経済界やマスメディアから噴出した。一方で鳩山由紀夫首相は、温室効果ガスを２０２０年までに25％削減（１９９０年比）することを目指していた。しかし、これについても具体的な方策は考えられておらず、議論は迷走する。そこで経産省が、成長戦略としての原発輸出の推進と、温室効果ガス対策としての国内での原発新増設の拡大を働きかけ、民主党はそれに飛びついた。電力自由化を進めると原発の新増設は困難になる。このため、電力自由化が政策課題になるはずはなかったのである」

こうした民主党政権の原子力推進、電力自由化問題への対応姿勢は、２０１１年３月11日の東日本大震災とその後に起きた東電・福島第一原子力発電所の事故によって大きく揺らぎ、電力自由化問題ではまさに１８０度方針転換するのである。

第2部

激動の10年！

福島第一原子力発電所事故、東電「国有化」、発送電分離（2011年～）

東日本大震災の衝撃、計画停電実施へ

２０１１年3月11日金曜日午後2時46分、東北三陸沖を震源として国内観測史上最大の地震が起きた。地震の規模を示すマグニチュードは、９・０で関東大震災の7・9を上回り、２００4年のスマトラ沖地震以来の超巨大地震だった。宮城県栗原市で震度7、宮城県や福島県などで震度6強が観測された。また大規模な津波が発生し、太平洋に面した岩手県三陸南部、宮城県、福島県浜通りでは甚大な被害が発生した。各地の津波観測施設では、福島県相馬で9・3メートル以上、宮城県石巻市鮎川で8・6メートル以上の非常に高い津波が観測されている。

東北の岩手県、宮城県、福島県の3県、関東の茨城県、千葉県の2県では建物倒壊や火災などの被害も甚大で、この地震による12都道県の死者・行方不明者数は計1万9０００人を超え、建物の全壊・半壊は30万戸以上、被害総額は16兆～25兆円とも試算された。

東京電力の福島第一原子力発電所では、全電源喪失から原子炉3基が炉心溶融し、1、3、4号機での水素爆発、さらに2号機と思われる箇所から大量の放射性物質が飛散するという、あってはならない事故が起き、国内外に大きな衝撃を与えた。

地震と津波によって鉄道、電気、ガスといった公共インフラも大打撃を受けた。東北電力ではかつて例をみない最大４６６万戸、同じく東京電力で最大約４０５万戸が停電した。東電では4日後には７３００戸、7日後の18日午後全ての停電をなくすことができたものの、被害が一番大きかった東北電力の復旧は難航した。

同社ではすぐに海輪誠社長を本部長とする非常災害本部を設置し社員、工事会社総勢約５８００人の復旧体制を敷き、他電力会社などの応援も得て、4日目の14日には１０9万戸まで停電戸数を減少させた。16日までに9割弱にあたる約４２８万戸まで復旧させたものの、岩手県や宮城県、福島県の太平洋岸は、津波などの影響から道路が寸断される被害が出ていて復旧作業に入るまで多くの困難を伴い時間を要した。19日になって津波被災地約26万戸を除き、復旧をほぼ終えた。

電力各社は、対策本部を社内に設け両社に対する支援活動をすぐ開始し、原子力・配電部門の復旧要員や発電機車だけでなく放射線を熟知した関連要員も派遣するなど支援体制を強化した。また原子力発電所の状況を地元に説明しに回り、15日には四国電力の千葉昭社長が、中村時広愛媛県知事と県庁で会い、伊方発電所の取り組みなどを説明し、北海道電力でも同社の幹部が、泊発電所が立地する泊村など4町村を訪問し、泊発電所の稼働状況などを説明している。

東日本大震災、宮城県女川町中心部で電柱の復旧作業に当たる東北電力新潟支店の応援部隊（2011 年 3 月 30 日、提供：電気新聞）

関西電力の八木誠社長は15日の記者会見で被災地域への応援復旧体制を強化すると述べた後、「電気事業者全体にとって、かつてない非常事態」との認識を示した。事態は確かに切迫していた。

福島第一原子力発電所の事故の対応が深刻化していただけでなく、多くの火力発電所と送変電設備が損傷し、首都圏を中心に大幅な供給力不足の問題が並行して起きていた。

東電は、地震発生の前日3月11日の需要を４６００万ｋＷ（午後7時最大）と予想し、総供給力５２００万ｋＷを確保していた。当日は朝から需要の伸びが少し大きく想定を４６５０万ｋＷに引き上げていた。地震が起きて数分もたたないうちに被害は、かつて経験しないレベルとなって東電の供給区域に広がった。

地震発生直後、福島第一原子力発電所などが自動停止したことで周波数が低下、周波数低下リレー（ＵＦＲ）が作動して約５７０万ｋＷの需要抑制を行った。その後太平洋岸にある大型火力、加えて常磐共同火力の勿来発電所なども自動停止し、午後３時の時点で１５００万ｋＷの電源が脱落し、翌日午前零時には２１００万ｋＷに拡大する。この間中央給電指令所は大幅な周波数低下に対応するため揚水発電所を並列させるなどして周波数回復に努めた。東電によると午後2時51分には周波数は50ヘルツに回復したという。

電源設備の被害は深刻だった。福島県内にある原子力発電所では福島第一原子力発電所は運転中だった1～3号機が地震発生に伴い自動停止した（4～6号機は定期検査で停止中）。福島第二原子力発電所は運転中の1～4号機が同じく自動停止した。

火力発電所は15発電所81台のうち、運転中だった63台中、13台が地震発生直後に停止し、総出力（設備容量）の約３割に当たる８４８万ｋＷが減少し、同社火力の中枢的な役割を担っていた広野、常陸那珂、鹿島の３火力は、運転していた7台すべてが止まった。水力は福島、栃木、群馬、山梨各県にある20カ所が緊急停止したものの、ほとんどが接続されている送電線事故によるもので発電所そのもの設備損傷はなかった（翌日までに運転を再開）。

確保していた５２００万ｋＷの供給力のうち約４割の２１００万ｋＷを失った。西日本の電力会社から３カ所の周波数変換所を通じた応援融通を確保しても供給力は３１００万ｋＷにとどまり、土、日曜を挟んだ14日月曜日以降の平日の需要は４１００万ｋＷ程度と見込まれるので、供給力が１０００万ｋＷ不足する計算になった。

大口顧客に対する需給調整契約の発動や一般に広く節電を呼びかけても５００万～１０００万ｋＷ供給力が不足し、社内には異論はあったものの、結局、経産省に「計画停電」を要請した。菅直人首相は東電に計画停電実施を了承したことを伝え「国民に大変な不便をおかけする苦渋の決断。しっかりした対策、情報提供を行う」と述べた。地域ごとに輪番で停電させる計画停電は、戦後の混乱期を除いて例がない。

東電は1都8県にある50万V変電所20カ所程度をひとつのグループと見なし（計5グループ）、1日を約3時間ずつ7つの時間帯に分け、停電する時間を順番に割り当てることにした。だが、わずかな日数で仕上げた計画のため、自治体や鉄道会社始め関係機関との事前調整が十分でなく問い合わせが殺到した。

「病院は外すべき」「金融機関が大混乱になるので日本銀行は外さなければ」。関係省庁からは停電対象から外すべき重要施設の要望が押し寄せた。清水正孝社長は13日夜初めて会見に臨み「停電回避に向けて全力で取り組んできたが、このような事態を招き、誠に申し訳ない」と頭を下げた。

計画停電の実施、交通整備に当たる警察官（2011年3月16日、栃木県矢板市内、提供：電気新聞）

計画停電をいつ解消できるかは、はっきりしなかった。被害を受けた約850万kWの火力設備のうち比較的損傷の少ない関東圏の大井火力など400万kWは、週内の復旧が見込めた。それでも計画停電の解消までには「今のところ4月いっぱい。夏は冷房需要で電源が不足する。また今回と同じような需要の出方になると1000万kW程度不足する」（同13日の藤本孝東電副社長の会見）とした。

14日午後5時過ぎから対象地域に計画停電を実施した。停電時間帯の想定需要約3400万kWに対し、確保できた供給力は約3300万kWだった。約100万kWの需給ギャップが生じる恐れがあると最終的に実施に踏み切った。ただこの日は日中の気温が比較的高く、暖房需要が伸びなかったため計画停電が見送られたグループもあった。また対象地域をめぐる情報が錯そうし、問い合わせが殺到した。一方で重度の被災地域を抱える茨城県で計画停電が実施され、橋本昌（まさる）茨城県知事が会見を開いて東電に抗議する場面もあった。

17日は予備力が20万kWという綱渡りの見通しも何とか乗り切った。ただ計画停電の実施が始まった地域以外で停電が起き、さらに行政機関や鉄道、病院、学校など公共施設にも大きな影響が出て、東電への社会からの風当たりは強まった。

東電の計画停電は、3月28日まで32回行われ、影響した世帯は延べ約6870万戸にのぼった。

東北電力でも同16日から3日間、需要想定1050万kW程度に対し、供給力は970万kW程度と、予備力を含めても100万kW程度不足する見込みから計画停電を準備した。ところが16日午前の雨により出水率が当初予想を大幅に上回り、水力発電の供給を50万kW以上増やすことができた。他社融通なども加えて1055万kWの供給力を確保し、計画停電を何とか避けることができた。

こうした両社の供給不足に電力会社以外でも多くの事業者が支援の体制を組んだ。電源開発は、定検中の磯子火力発電所1号機（60万kW）の運転開始日を1日繰り上げ（19日を18日に）、売り先の決まっていない分の電力を東電に振り向けたりした。

津波の影響を逃れた事業者では新日鉄住金（現・日本製鉄）と東電が折半出資している君津共同火力（100万kW）が、増出力を検討した。東京ガスや、PPS（特定規模電気事業者）、その他自家発を所有する事業者も電力会社や政府の要請を受けて設備の増出力、供給力の積み増しを図り協力した。

一般消費者も節電に協力し、効果を挙げていた。それでも東電、東北電力の需給ピンチはすぐには解消されなかった。

電力供給不足対応の一方で東電は、深刻な問題を抱えていた。福島県浜通りにある福島第一原子力発電所の事故の様相が、刻一刻悪化に向かっていたのである。

東電・福島第一原子力発電所事故

東電・福島第一原子力発電所は、東日本大震災が起きた２０１１年３月11日、全６基のうち１～３号機は運転中、４～６号機が停止中だった。定期検査中の発電所が多いと作業員も増える。この日所内では６３５０人が働いていて様々な業者が構内で仕事をしていた。

地震発生から４時間余り経った午後７時過ぎ、菅直人首相は全電源喪失、注水不能と深刻度を増す事態に、我が国では初の原子力緊急事態宣言を出した。同宣言は、１９９９年茨城県東海村で起きた臨界事故をきっかけに整備された原子力災害対策特別措置法によるものである。当時全国で54基の原子力発電を抱え、世界第３位の原子力大国となっていた日本が初めて経験する、原子力発電の重大事故が伝えられた瞬間だった。と同時に事故対応や住民避難などについて内閣総理大臣に全権限が集中した瞬間でもあった。

事故の経過は、おおよそ次の通りである。

東電・福島第一原発事故、３号機原子炉建屋（2011年４月11日、提供：東京電力）

政府事故調（東京電力福島原子力発電所における事故調査・検証委員会）など4事故調の報告書、『福島原発で何が起こったか　政府事故調技術解説』（淵上正朗／笠原直人／畑村洋太郎著）、『検証福島原子力事故炉心溶融・水素爆発はどう起こったのか』（石川迪夫著）、『メルトダウン連鎖の真相』（ＮＨＫスペシャル「メルトダウン」取材班著）、『死の淵を見た男　吉田昌郎と福島第一原発の五〇〇日』（門田隆将著）及び電気新聞などを参考にした。

〈3月11日〉

・午後2時46分頃…巨大地震発生、緊急停止のスクラム成功、地震によって送電鉄塔が倒壊するなどして外部電源を喪失、非常用ディーゼル発電機（Ｄ／Ｇ）が起動

・同2時50分頃〜3時05分…1号機ではＩＣ＝非常用復水器、電力なしでも水を循環させて冷却する代替冷却システム＝が自動起動、2、3号機ではＲＣＩＣ＝原子炉隔離時冷却系、1号機のＩＣの代わりに設置されている高圧系炉心冷却システム＝を手動起動

・同3時頃…吉田昌郎所長はじめ幹部が中央制御室から北西350メートルにある「免震重要棟」に次々と駆けつけた（いざというとき2階の緊急時対策室を拠点に事故対応に当たることになっていた。対策室の壁面には200インチの大型プラズマディスプレイが嵌め込まれていて、本店の非常災害対策室と画面でやりとりできる）

・同3時35分頃…13メートルを超える津波第2波が到来、非常用ディーゼル発電機用の「海水系ポンプ」破水、配電盤すべてが水没し全電源喪失（非常用Ｄ／Ｇは、各号機に2台、全部で8台あり、うち6台は建屋地下1階、2台は地上階に設置されていた）。地上の2台は破水したものの稼働可能な状態だったが、配電盤が地下1階に設置されていたため、機能を失い結局1〜4号機の交流電源はすべて喪失した。直流電源設備は3号機のみ機能を保持した（4号機のタービン建屋で点検作業をしていた東電の社員2名が行方不明に。のち死亡が確認された）

・同3時42分…全交流電源喪失（ＳＢＯ）により原子力災害対策特別措置法第10条に基づき通報。本店内に緊急

時対策本部（一般災害との合同本部）を設置（中央制御室では真っ暗闇のなか運転員たちが、懐中電灯などかき集めた灯りを頼りに過酷事故対応のマニュアルを調べるが、どこにもすべての電源を失った緊急事態の対応は記されていなかった。制御室の各種の計器はすべて表示しなくなった。1号機のＩＣは全電源喪失と同時にフェールセーフ機能により4つのバルブすべて「閉」信号が出て、冷却機能はほぼ失われてしまった。バルブを閉めるための駆動電源も同時に失い、弁の開閉を示すランプも点灯せず運転員は、ＩＣ停止を認識できなかった）

・同4時45分…吉田所長は1、2号機は原災法第15条の緊急事態に該当すると判断し経産省に通報（本店で指揮に当たっていた小森明生常務は、原子炉の冷却が行われているか確認できない旨の中央制御室からの15条通報のファックスを読んで絶句したという。もう少し状況を伝えてくれるよう小森は指示を出すもはっきりした情報は入らなかった。15条通報は、異常な水準の放射線量の検出や注水状況が確認できなくなったなど緊急事態を官公庁に報告するもので国内では初のケースとなった。なお勝俣会長は中国出張中、清水社長は関西に出張中で、清水社長は交通障害のため当日の移動は、名古屋近郊までとなり12日午前9時頃に、勝俣会長は同午後4時頃に本店に入った）

・同5時12分…吉田所長は消防車による注水に向けての準備作業を指示（配備されていた3台のうち1台のみ使用可能で翌日以降順次増加する。12日以降は消防注水がまさに〝命綱〟に）。一方で当直長は、ＩＣの動作を疑いＤ／ＤＦＰ＝ディーゼルエンジン駆動用の消防ポンプ、電気駆動消火ポンプのバックアップとして各プラントに1台備えられている＝による原子炉への注水ラインをつくりあげようとした

・同6時18分…中央制御室では、一部の計器やランプが再び見えるようになり、ＩＣは「全閉」で点灯していることに気づく。当直長は自動的にバルブがすべて閉まっていると思いつつも2つの弁の開操作を行った。対策本部に2つの弁を開けたと報告

・同6時25分…ＩＣを停止させる（1号機原子炉建屋の

「ブタの鼻」と呼ばれる穴から蒸気が発生すればＩＣの弁が開いたことを確認できるとし、運転員が見回りに行ったが、最初は勢いよく出ていた蒸気がほどなく見えなくなったとの報告から、当直長はＩＣのタンクの冷却水が減り、このままだと空焚きになってＩＣの配管が破損すると考え、ＩＣの弁を閉じるよう指示したという。ただ免震棟にいる吉田所長らと連絡がつかず吉田はＩＣが止まっていることに気付かなかった。のちに1号機のＩＣが動いていなかったことに早い段階で気づいていれば1号機の原子炉を冷やすことに対策を集中し、炉心溶融を防ぐことができたのでは、という指摘が出る。当時ＩＣは定期検査でも使われることはなく「ブタの鼻」からどのような蒸気が出るか誰も知らなかったという。だがこの時は2号機のＲＣＩＣ（原子炉隔離時冷却系）が動いていないとの情報から、2号機の状況が所長や幹部の一番の関心だった）

・同7時3分…菅首相が原子力緊急事態宣言を発令

・同8時50分…半径2キロメートル圏内の住民に避難命令

・同9時13分…吉田所長は2号機の原子炉の水位が下がり、燃料の先端に到達する可能性があることを東電本店などに報告

・同9時19分…吉田所長のもとに中央制御室から原子炉水位計が復活したとの報告（免震棟の復旧班が通勤バスなどのバッテリーを取り外して中央制御室に持ち込み、合わせて24ボルト分のバッテリーを直列に結んで制御室の裏にある原子炉水位計の端子につなぎ功を奏した。しかし、この時水位計が示した数値は、誤っていた。水位計の「基準」となる水は、1号機の原子炉が空焚きとなった結果、容器が高温となり、「基準」となる水は蒸発していた。このため水位が正しく計れなくなっていた。すでに1号機の燃料はむき出しになっていたと推測されている。だが吉田所長らは、この時点ではそのことに気づいていなかった）

・同9時23分…半径3キロメートル圏内の住民に避難指示

・同9時30分…運転員が再びＩＣを開操作（「閉」状態を示す緑色のランプが消えかかっていたため、ＩＣを停

止させたままだとバッテリー切れで再起動できなくなると思い、再び３Aの弁を開いた）
・同９時51分…高い放射線量を計測し、１号機の原子炉建屋の中に入ることが禁止される
・同11時50分…ついにICの異常に気づく（ドライウエル＝D／W、フラスコ型の容器でサプレッションチェンバーとともに格納容器を構成している＝の圧力が極めて高い値を示したとの報告から、吉田所長はこの時点でICが正常に機能しておらず、圧力容器から漏えいした水蒸気によって格納容器のD／W圧力が異常上昇していると判断）
〈3月12日〉
・午前０時６分…吉田所長が１号機のベントの準備を指示（１号機の格納容器の圧力が設計圧力を大きく上回り、格納容器から蒸気を強制的に排出する「ベント」の必要性が高まった）２号機も準備に入るよう指示
・同１時48分…D／DFPの停止とそれに替わる消防車使用の検討（前日から起動していた１号機のD／DFPは、この頃停止が確認され、残された手段は消防車による注水しかないと本格検討へ）
・同３時頃…東電本店で記者会見（１号機の格納容器圧力が異常上昇したことを受け、小森常務が会見。海江田万里経産相も同席。ただ小森は２号機の危機を強調。会見の途中で２号機のRCICの作動を確認したとの情報が入り、改めて１号機のベントを判断）
・同４時頃…消防車による淡水注入を開始（初めは消防車のタンク内の水を使い、続いて防火水槽でくみ取って運ぶピストン輸送に）
・同４時45分頃…免震棟から中央制御室に法令の被ばく限度１００ミリシーベルトが近づくとアラームが鳴るようにセットされた線量計が届けられる。この日の担当とは別の班のベテラン運転員たちが、自ら志願して応援に来た。当直長は誰をベントに向かわせるか、決断する（当直長が「俺がまず現場に行く」と沈黙を破ると、「僕が行きます」「私も行けます」と若い運転員も手を挙げた。中央制御室には30人ほど集まっていた。ベントに向かった運転員のひとりはこう振り返っていたという。「何か

起きた時には、当直長クラスのベテランが対応すること が昔から運転員の精神としていわれていた。自分もその とおりと考えていたし、それを実行した〝決死隊〟の人選でもめることはなかった」）

・同5時44分…半径10キロメートル圏内の住民に避難指示

・同7時頃…自衛隊郡山駐屯消防隊7人と福島駐屯消防隊5人の12人が消防車とともに到着（免震棟には菅首相一行が去った後の8時半頃に入ることができたという）

・同7時20分頃…菅首相、ヘリコプターで福島第一原子力発電所の免震棟2階の緊急時対策室会議室に入る。菅首相は「なぜベントを早くしないのか」と吉田所長や同席した武藤栄副社長に問いただした。吉田所長は「決死隊をつくってやります」と決死隊という言葉を2回口にして、ベントを必ずやると応じた。これに菅首相はようやく落ち着いた様子を見せ、やりとりはおよそ20分間で終わった（武藤は当時原子力・立地本部長。事故後マニュアルに従って福島県内の周辺自治体への説明のため東京を離れ、急遽菅首相対応で駆けつけた。ヘリから降りた首相は武藤に対し携帯の電話番号を自分に教えるよう迫ったという。武藤は福島第一原子力発電所勤務時代に〝安全屋〟、吉田は〝保修屋〟と呼ばれ周囲からも一目置かれた存在で、ふたりはまた気心知れた間柄だったという。吉田は、この後も何かと武藤に信頼を置いて対応に当たる）

・同9時4分…第1班の2人が格納容器のM／O弁（電動弁）と呼ばれるベント弁を手順通り行い、弁は25％開く（この作業はベント回路を開けるため必要な作業で、ハンドル操作で開けることができる）

・同9時24分…第2班の2人が出発。A／O弁（空気作動弁）と呼ばれるベント弁の作動に向かうもサーベイメーターのメモリの針は1時間当たり1000ミリシーベルト近くに振れ、ついに針が振り切れる。やむなく撤収する（作業に必要なエアが不足しており弁の開操作は、順調に進まなかった。作業時間8分でふたりの被ばく線量は、95ミリシーベルトと89ミリシーベルトに達し、法

定被ばく線量１００ミリシーベルトの壁もベント作業に大きく立ちはだかった）

・午後2時前…ベント弁（Ａ／Ｏ弁）を開けなかったため、復旧班が原子炉建屋地下にあるＡ／Ｏ弁に配管を通して空気を入れ込んで、弁を開くことを思いつき、協力企業から入手した運搬可能な小型のコンプレッサーを設置。コンプレッサーを起動させ空気を入れ込んだ

・同2時50分…中央制御室から格納容器圧力が低下したとの一報が免震重要棟に入る。排気塔から蒸気とおぼしき白い気体が出ていることを確認。１号機でベント成功と判断された（ベントを予定していた9時頃からすでに6時間が経過）

・同2時53分…海水注入を準備（防火水槽の湛水が枯渇しそうになったため吉田所長は海水注入を実施するよう指示を出し、そのライン構成作業は、同３時半頃にはほぼ完了した）

・同3時18分…吉田所長は「午後2時30分頃にベントによって放射性物質の放出がなされた」と関係機関に連絡（免震棟にいた発電班の副班長のひとりは〝成功した〟という気持ちはひとつも感じなかったという。「ああ、出してしまった。現場は皆、そういう思いでしたね。一番してはいけないことをやってしまったと……」）

・同時刻…1号機の隣の2号機のタービン建屋1階では電源車によって1号機の電源を復旧させるため復旧班のメンバーやメーカー、協力企業の作業員たちが、夜を徹して作業を行っていた。２号機のサービス建屋1階にあるパワーセンターと呼ぶ、構内の施設や機器に電気を送るための電源盤が辛うじて浸水を免れており、ここに電気を送り込めば既存の冷却システムを使って事態は一気に改善するはずだった。その作業が完了しシステム稼働は目前だった（12日午前3時までに到着した電源車は20台。しかし必要とされる４８０ボルトの電源車は1台も来なかった。そこで12台来ていた６９００ボルトの高圧電源車から高圧用ケーブルを敷設し、４８０ボルトに変換する動力変圧器につなげてパワーセンターに接続することにした。その間高圧ケーブルを数百メートルにわたって敷設しなければならず、熟練した日立グループの社員らの尽力によって２００メートルに及ぶケーブルを

運んだ。マニュアルにはない変圧作業を余震が続く暗闇の中で続け、ようやくパワーセンターへの変圧器やケーブルの接続がすべて完了するところまで来ていた）
・同3時36分…1号機で水素爆発（電源車によって1号機の電源を復活させる復旧工事も出来なくなった。運転員の一人は『最初に頭をよぎったのは、格納容器が爆発したということ』『正直、終わったなと思った』という）
・同時刻…外部から原子炉へ注水作業を続けていた消防車が、激しい爆風に巻き込まれ、負傷者も出る（海水注入ラインの消防ホースは破損して使用不能となったが、消防車3台は起動可能だった。自衛隊の消防車もガラスが割れるなどしたが、4時間後再び注水活動に入る）
・同3時57分…原子炉水位が確認され、原子炉が壊れていないことを確認
・同5時20分…消防車が再び現場に向かう（消防車を運用・操作していたのは協力会社の南明興産で、同社は社員の被ばくを心配していた。発電所幹部の作業継続の要請を同社は、了解した）一方官邸では菅首相、細野豪志補佐官、班目（まだらめ）春樹原子力安全委員長、平岡英治原子力安全・保安院次長、武黒一郎東電フェローらが総理執務室に集まり、海水注入が原子炉に与える影響などを議論。菅首相は「（海水を入れた場合）再臨界の可能性があるのでは」と班目委員長に質問、回答に納得せず会議はいったん中止に）
・同6時25分…半径20キロメートル圏内の住民に避難指示
・同7時4分…1号機で海水注入を開始。原子炉の冷却は継続された（この海水注入の開始を知らなかった武黒フェローは「官邸で検討中だから海水注入を待ってほしい」と要請、海水注入中断による状況の悪化を懸念した吉田所長は、担当責任者にテレビ会議などに集音されない小さな声で「絶対に注水を止めるな」と指示を出した後、わざと緊急対策室全体に響きわたる大声で「海水注入中止」の指示を行った。7時半頃官邸での会議が再開され、その間のいきさつを知らない菅首相は、海水注入を了解した。しかし、この海水注入をめぐっては菅首相

が海水注入の中断について東電本店を経由して指示したとされ、のちに「官邸の過剰介入」として問題視される）

〈3月13日〉

・午前2時42分…3号機の運転員が非常用炉心冷却システムの〝切り札的〟設備であるＨＰＣＩ＝高圧注水系＝を手動で停止（3号機では直流電源盤やバッテリーが生き残っていたため中央制御室ではＲＣＩＣを始めいろいろな設備の操作や計器の読み取りも可能だった。ＲＣＩＣも手動（遠隔操作）により起動させ長時間運転していた。しかし前日11時半過ぎ何らかの原因で停止、同12時半過ぎにＨＰＣＩが自動起動していた。ＨＰＣＩは急速注水能力を持っているため短時間の運転で原子炉水位は急上昇する。そこでたびたび起動と停止を繰り返すと今度はバッテリーを短時間で消耗してしまう。その点を懸念して圧力容器への注水量を制限しながら運転していた。そこに1号機の水素爆発により3号機の電源復旧も遠のき、ＨＰＣＩの運転状況も不安定になっていた。運転員は対策本部と話し合いＨＰＣＩを手動操作で停止した。代替の注水手段であるＤ／ＤＦＰに頼ることにした）

・同3時44分…ＨＰＣＩ起動せず。圧力容器圧力は41気圧まで上昇（吉田所長は「ＨＰＣＩが、いったん停止」と報告。この間中央制御室から免震棟の吉田所長へのＨＰＣＩ停止の連絡が、担当者の引き継ぎミスから1時間以上にわたって遅れた。Ｄ／ＤＦＰは低圧の注水手段であったため圧力が高い原子炉の注水は物理的に不可能になっていた。そこでＨＰＣＩを再起動させようとしたものの、バッテリーの残量不足で起動に失敗したとみられている。なお吉田所長はＤ／ＤＦＰによる代替注水には信頼を置いていなかったとされ、『ＨＰＣＩ手動停止』の相談が吉田所長に届いていれば、ＨＰＣＩは停止されなかった可能性もある）

・同4時50分…3号機のベント本格準備を開始

・同6時頃…消防車による3号機の海水注水の準備開始（3台の消防車のうち1台を用いて3号機への海水注水ラインをつくる作業に着手し、7時頃完成するも官邸から淡水の残存状況など問い合わせが出ているとの連絡が入り、吉田所長は官邸の意向と受け止め防火水槽から淡水をくみ上げるラインに敷設し直す。しかし防火水槽の水は少なく、約3時間後に海水注水への段取り替えをし、その約1時間後に海水注入が再開された。淡水注入終了後、海水への切り替えに52分間の空白時間を生んだ。ここでも東京サイドの介入が弊害を生んでいた）

・同6時過ぎ…免震棟から社員、協力企業に「マイカーのバッテリーを貸していただける方は、復旧班の方へ集まってください」とバッテリー提供を呼びかける館内放送（復旧班のメンバーは自家用車から20個のバッテリーを確保して中央制御室に持ち込み、直列に10個つなげてＨＰＣＩを起動させるＳＲ弁＝主蒸気逃がし安全弁＝を動かす作業に入る）

・同8時30分頃…吉田所長が使用済み燃料プールの危険性に初めて言及

・同8時41分…ベントライン完成（当直の運転員が原子炉建屋2階に入り、Ｍ／Ｏ弁を「15％開」の状態にし、もう一方のＡ／Ｏ弁は、約4時間前に開操作を済ませていた）

・同9時頃…3号機の原子炉圧力が下降（ＳＲ弁はまだ作動しておらず、圧力容器から気体の漏えいが始まっていたと推測されている）

・同9時20分…ベント実施

・同9時25分…減圧に成功と捉え消防車による３号機への注水開始

・同11時50分…4号機の使用済み燃料プールの温度が78℃に達する（通常30℃ほどの水温が、全電源喪失で冷却装置が停止し44時間余り経過する間に40℃以上も上昇していた）

・午後2時頃…2号機のＲＣＩＣの状況を確認（「ＲＣＩＣは回っている」というもので、これ以降、注水の話題は3号機が占めるようになる。ただ2号機の状態を注意喚起する意見も出される）

・同2時31分…3号機の原子炉建屋の二重扉の内側で、1時間当たり３００ミリシーベルトの高放射線量を測定（一般人が一生の間に被ばくしても問題ないとされる数値に20分で達してしまう高い数値）

・同2時45分…吉田所長は1号機と同様に3号機でも水素爆発が起きる可能性があるとみて、中央制御室の一部

の運転員と屋外の作業員をいったん避難させる指示を出す

〈3月14日〉

・午前3時40分頃…3号機のベント弁が不安定となり、D／W圧力が再び上昇傾向を示す

・午前6時20分…3号機の格納容器圧力は4・7気圧と、通常の4倍以上に達する

・同6時30分頃…吉田所長は作業員に再び退避を指示

・同7時35分…上昇を続けていた格納容器の圧力はやや下がり始め、5気圧前後で安定的に推移し始めた。免震重要棟と東京本部はテレビ会議で協議し、消防注水を続けるために海水補給ラインを作る作業を急ぐ必要があることから、退避指示を解除（消防注水の命綱ともいえる海水を補給する作業が再開された。海からくみ上げた海水を消防車2台を直列につないで逆洗弁ピットに給水を行い、そこから別の消防車で1〜3号機に個別に注水していたが、水素爆発以降の作業環境の悪化から海から直接給水した海水を、直接2及び3号機に注水する方式に変更した）

・同10時53分…自衛隊給水車7台が淡水35トンを搭載して到着。2台が3号機タービン建屋前の逆洗弁ピットへの給水を目指していた

・同11時1分…3号機で水素爆発。自衛隊員4名、社員4名、協力企業3名の計11人が瓦礫で負傷（免震棟対策室にいた吉田は立ち上がり「本店、本店、大変です。3号機爆発起こりました。免震棟ではわからないんですが、地震とは明らかに違う揺れが来て、多分これは1号機と同じ爆発だと思います」。今やひとつしか残されていない消防車による注水作業の継続を決める（200メートルに及ぶ注水ラインをつくるため吉田が免震棟に残っていた作業員たちにマイクで呼びかける。「本当に申し訳ないが、もう一度頑張ってほしい」。長い沈黙のあと「自分が行きます」と免震棟で指揮をとっていた副班長が手を挙げると、復旧班の同僚と部下も続いた）

・正午過ぎ…2号機の原子炉水位が低下し始める

・午後1時30分頃…2号機のRCICが止まったとみな

し、吉田所長は15条判断に踏み切る（ＲＣＩＣへの幻想は強く、この判断が共有されるのは、同日午後4時過ぎに。実際には同日午前11時頃にはＲＣＩＣポンプは停止していたという）

・同3時30分過ぎ…2号機への注水ラインが完成（3号機逆洗弁ピットの周辺はがれきが散乱し、そこからの再敷設は困難に。消防注水継続のため復旧班は、志願した作業員らが瓦礫を除去しながら無事だった消防車で専用港から海水をくみ上げ、さらにすでに派遣され同じように無傷だった消防車を経由してホースを２００メートル余り伸ばし2、3号機のタービン建屋にある消火用送水口に接続した）

・同4時半頃…3号機原子炉への注水開始

・同時刻…2号機の「危機」始まる。ベントが先か、圧力容器減圧が先か（当時東電の対策本部は海水注入を行う準備作業としてまず、ベントを行う考えだった。これに官邸に詰めていた関係者は炉心損傷を防ぐため原子炉の減圧、ＳＲ弁の開操作を優先すべきと東電側に伝えた。吉田所長らは班目原子力安全委員長との電話でのやりとりでＳ／Ｃが高温のためＳＲ弁を開けない状況を伝え、結局班目委員長、清水社長らもベント優先に同意する。しかしベントが進まず、清水社長からは再度原子炉の減圧を優先するよう指示が出された。直列に10個並べたバッテリーをＳＲ弁の制御盤に接続するなど様々試みるが、ＳＲ弁は開かない状態が続いた。この間原子炉水位は刻一刻と下がった。このままいったらやがては格納容器が高圧破損して、本当に壊れることになる。そうなったらチェルノブイリのようなると運転員のだれもが感じた。気が動転し「まるでお腹の中に鉛が入ったようだ」という復旧班長の言葉が残されている）

・同6時過ぎ…減圧を開始したものの、原子炉水位は炉心の最下部まで低下（手間取っていたＳＲ弁の開操作には成功。しかし、減圧沸騰により炉心の水約30トンが蒸発したとされる）

・同6時22分…2号機の燃料が露出し始める（午後10時頃には原子炉格納容器が損傷するとの予測）

・同7時20分…注水のため2号機の近くで待機していた消防車が燃料切れで停止との報告

・同7時30分…「みなさん、いろいろ対策は練りましたが、状況はいい方向に向きません」と吉田所長は免震棟にいる協力企業の社員に退避を促した（数十人が免震棟を後にし、午後8時頃免震棟に残っていたのは７００人余りとみられている）

・同8時過ぎ…本店に免震棟から「5分前からポンプが回って注水が開始された」との報告（消防車の燃料が補給され、２台の消防車が起動し注水を開始した。注水再開時間は同7時57分、その2時間前に開始していれば事故状況は大きく変わったとの専門家の見方がある）

・同8時15分頃…テレビ会議を通じて退避について退避場所の選定や受け入れが検討された（次のようなやり取りが交わされた。本店の高橋明男フェローが「今1F＝福島第一原子力発電所＝から、居る人たちはみんな2F＝福島第二原子力発電所＝のビジターホールへ避難するんですよね？　増田君の意見を聞いてください」福島第二原子力発電所の増田尚宏所長が引き取って「2Fの方は、１Fからの避難者のけが人は正門の隣のビジターホールで全部受け入れます。そしてそれ以外の方は全部体育館に案内します」。この後清水社長が吉田所長に呼びかけた。「現時点ではまだ最終避難を決定しているわけではないということをまず確認してください。今しかるべきところと確認作業を進めております」。吉田は「はい」と答えた。清水が念を押す。「現時点の状況はそういう認識でよろしくお願いします」）

・同11時20分…2号機の原子炉水位がダウンスケール（燃料がすべて水から出ている状態に）、格納容器圧力も上昇

〈3月15日〉

・午前1時過ぎ…2号機への消防注水がひたすら続けられる（2号機の炉心溶融は、海水注水によって14日夕刻から15日の朝にかけて間歇（かんけつ）的に3回にわたって進んだとの指摘がある）

・早朝…2号機の格納容器の圧力は、通常の7倍程度まで上昇（この間、2号機のタービン建屋の搬入口付近に配備した可搬式のコンプレッサーで空気を送り込み、格

納容器のベント弁を開けようと何度も試みたが、弁は開かずベントはできずじまいだった）
・同4時過ぎ…菅首相が総理官邸に清水社長を呼び「東京電力は福島第一原発から撤退するつもりか」と尋ね、清水は「そのようなことは考えていない」と否定したが、菅首相らは東電本店に乗り込む
・同5時30分頃…首相は東電本店2階の非常災害対策室で勝俣会長、清水社長ら幹部、社員200人の前で自らを本部長とする、政府と東電による福島原子力発電所事故対策統合本部を設置することを宣言（「日本が潰れるかもしれないときに撤退などあり得ない。撤退すると東京電力は100パーセント潰れる」など約10分間にわたって激しい口調で訴える）。なお、東電本店は避難基準の検討状況について14日夕刻「炉心溶融の1時間前に退避、その30分前から避難準備をする」との方針を示し、テレビ会議映像の中では一貫して「退避」という表現が使われている。また、吉田所長らは自ら「退避」に言及することは、一度もなかった
・同6時10分頃…4号機で水素爆発（吉田所長は発電班から2号機の圧力計がゼロを示したという報告を受け、2号機の格納容器で何らかの爆発が起き、サプレッションチェンバー（S／C、圧力抑制室）の圧力計がゼロを示したものと判断した。格納容器下部のS／Cを含めいずれかの箇所が損傷し、大量の放射性物質が飛散した可能性が高い。溶融炉心から毎時約300マイクロシーベルトの高い放射線量が出続けたと指摘されている。吉田所長は最低限の要員およそ70人を残して、事前の手配通り約650人を約11キロメートル南の福島第二原子力発電所に一時避難させた。なおS／Cの圧力ゼロは、のちに誤作動との指摘が出ている）
・同9時…福島第一原子力発電所正門付近で、一時間当たり11・93ミリシーベルトの放射線量を計測（日本人が1年間に受ける平均被ばく線量は5・98ミリシーベルトといわれており、2年分の線量をわずか1時間で受ける高い値だった。2号機から大量の放射性物質が漏れ続けているとみられた）
・午後0時30分…一時間当たり1・362ミリシーベル

トに下降（しかし放出された大量の放射性物質は、正午過ぎから夜にかけ北西方向へと流れ込み、浪江町や飯館村など広い地域が放射能に汚染された）。格納容器圧力は午前7時20分の7・3気圧を維持（格納容器の圧力が急速に下がっていないことは、格納容器の損傷が大きなものでないことを意味した）。福島第二原子力発電所に避難していた管理職クラスの社員が順次免震棟に戻り、作業に復帰

・同8時過ぎ…中央制御室にいた6人の運転員が免震棟に避難する際、４号機の原子炉建屋が最上階の5階から4階にかけて壁が崩れ、骨組みがむき出しになっていたと免震棟の発電班の幹部らに報告（運転していなかった4号機の水素爆発。吉田以下、東電本店も原子炉建屋5階にある燃料プールに保管されている使用済み燃料の溶解が原因で4号機が爆発した可能性があると考えた）

・同9時過ぎ…東電に置かれた統合本部会議は、1〜4号機の燃料プールの水位を確保するためプールに放水する方策を検討（アメリカＮＲＣ＝原子力規制委員会＝は、早くから「燃料プールについても考えなくてはいけない」と発言。各号機の中で最も多い１５３５体の燃料が保管されている4号機のプールでは、高熱を帯びた燃料によって水が蒸発し、燃料がむき出しになっているのではないかと疑っていた）

〈3月16日〉

・午前10時43分…統合本部は、作業員を一時避難させることを決定（3号機から白い蒸気のような煙が断続的に吹き出しているのがテレビ画面にはっきり映し出された。水素爆発を起こした3号機の原子炉建屋の最上階の5階には燃料プールがあった。4号機よりも3号機の燃料プールの危機対応を優先する方向に）

・午後5時…自衛隊のヘリコプター2機が、3号機の燃料プールへの散水のため福島第一原子力発電所の上空近くまで来たものの、線量が高いと散水作戦は中止に

〈3月17日〉

・午前1時過ぎ…東電本店の武黒一郎フェローが免震棟の吉田所長らに自衛隊のヘリコプターが上空からモニタ

リングした結果、4号機の燃料プールに水があることが判明したと連絡（4号機の燃料プールには隣に接している原子炉ウェルから水が流れ込み、一定の水位が保たれていた）

・未明…アメリカ政府は、日本に住むアメリカ国民に対し福島第一原子力発電所から半径50マイル（80キロメートル）の区域を対象に避難指示

・午前9時48分…CH47ヘリコプターが、容器で汲み上げた7.5トンの海水を3号機の燃料プールめがけて投下（ほとんどかかっていないことが、中継のテレビ映像に映し出される）

・同10時頃…ヘリコプターによる4回目の散水（「まるで霧吹きのようだ」と免震棟では溜息とも諦めともつかない声が漏れたという。散水量は合計30トンに達した。自衛隊が前面に出てありとあらゆる手段で取り組むという姿勢を内外に示す効果に）

・同時刻…経産省は会見で、外部電源が一部回復する見通しと発表（東北電力の東通原子力線から東電福島第一原子力発電所の1、2号機に送電線を引き込む受電工事が完了し、翌18日には受電に成功）

・午後…陸上自衛隊の消防車と警視庁機動隊の特殊放水車が3号機に向けて放水（放水車の水圧足りず着水は限定的）

〈3月18日以降〉

・18日に建設会社など3社から統合本部に大型コンクリートポンプ車を利用してほしいという申し出。22日から4号機に、27日から3号機に、コンクリートポンプ車で継続的に水を注入、使用済み燃料プールの危機は、ようやく収束に向かう（同車には50メートルほどの長いアームがあり、離れた場所から狙ったところに大量の水を注入することが可能だった。のちに4号機が水素爆発したのは、プールの水温の異常上昇が原因ではなく、炉心溶融を起こした3号機から逆流してきた水素が原子炉建屋にたまったことが引き金になったと判明する）

・22日夜に3号機の中央制御室に明かりが灯る。事故から11日目の明かりだった。23日午前には1号機の中央制

御室の計測制御系の受電が一部回復した（18日から約1・5キロメートルの仮設ケーブルの設置を始めるなど電力系統からの受電に向けた作業が本格化。使用済み燃料プールの放水作業の合間を縫って設備の復旧作業を進め、22日午後までに6基への送電準備を整えた）

・1～3号機には東京消防庁のハイパーレスキュー隊やアメリカ軍の消防車も駆けつけ放水、海水注入が続けられた。23日に1号機の原子炉の温度が一時４００℃を超え、免震棟と本店を慌てさせたが、注水量を増やすことで温度は低下傾向に転じた

・1号機から3号機に注入する水を海水から発電所近くのダムから引き込んだ真水に切り替えるとともに、３月下旬以降、外部電源の復旧に合わせて、各号機とも消防車による注水から外部電源を使った給水ポンプによる注水に徐々に切り替えていった

・3月30日、東電の勝俣恒久会長が記者会見し、福島第一原子力発電所事故について「地元の福島県や立地自治体、広く社会の皆様にご不安とご心配をおかけし申し訳ない。心よりお詫びを申し上げる」と謝罪。また事故収束に全力を挙げる決意と風評被害、避難者の所得補償に「誠意をもって対応していく」との考えを示した。1～4号機の「廃止はやむを得ない」との認識も示した（清水正孝社長は体調を崩し、この日の会見は欠席。清水社長不在の間、勝俣会長が指揮をとった）

・4月12日、原子力安全・保安院は、国際原子力事象評価尺度（ＩＮＥＳ）に基づく評価を最も深刻な事故を示す「レベル７」に引き上げる暫定評価を示した（それまで「レベル５」と暫定評価を出していた。「レベル７」は旧ソ連のチェルノブイリ事故と並ぶ評価）

・同17日、東電は事故の収束に最短で半年程度を目指すとした工程表を発表。放射性物質の放出が着実な減少に向かう期間を3カ月程度、その後に3～6カ月程度をかけ、原子炉の冷温停止、放射性物質の根本的な飛散防止を実現するとした

・6月からは、各号機の建屋にたまる汚染水を浄化して再び原子炉に戻す循環注水冷却が開始された。各号機の原子炉の温度も次第に下がり、8月には、まず1号機が、9月には3号機に続いて2号機も１００℃を下回るよう

になった

・10月には、1号機で原子炉建屋を覆うカバーが完成し、2号機では格納容器の中の気体を浄化する設備が運転を開始。放射性物質の量は事故直後に比べ1300万分の1程度に下がったとして、政府と東電は2011年12月16日、工程表のステップ2、冷温停止状態に達したと宣言した。野田佳彦首相は「安定状態を達成し、事故そのものが収束に至ったと判断される」と表明した

◇◇◇

福島第一原子力発電所所長を務めた吉田昌郎は、2013年7月9日、亡くなった。享年58歳である。事故に関わる生前のインタビューは、限られている。2011年11月12日、福島第一原子力発電所の事故現場が報道陣に初めて公開された時会見し、事故について「極端なことを言うと、もう死ぬだろうと思ったことが数度あった」などと述べている。

『死の淵を見た男』を執筆した門田隆将が、その本の中で吉田へのインタビューも掲載している。取材は、（人間ドックで見つかった）吉田の食道ガンの手術が終わって、脳内出血で倒れるまでの短い期間、2012年7月のことという。以下抜粋した。

「格納容器が爆発すると、放射能が飛散し、放射能レベルが近づけないものになってしまうんです。ほかの原子炉の冷却も、当然、継続できなくなります。つまり、人間がもうアプローチできなくなる。福島第二原発にも近づけなくなりますから、全部でどれだけの炉心が溶けるかという最大を考えれば、第一と第二で計10基の原子炉がやられますから、単純に考えても〝チェルノブイリ×10〟という数字が出ます。私は、その事態を考えながら、あの中で対応していました。だからこそ、現場の部下たちの凄さを思うんですよ。それを防ぐために、

吉田昌郎（提供：電気新聞）

最後まで部下たちが突入を繰り返してくれたこと、そして、命を顧みずに駆けつけてくれた自衛隊をはじめ、沢山の人たちの勇気を称えたいんです。本当に福島の人に大変な被害をもたらしてしまったあの事故で、それでもさらに最悪の事態を回避するために奮闘してくれた人たちに、私は単なる感謝という言葉では表せないものを感じています」

吉田は２０１１年12月、病気療養のため所長職を退任し、本店の原子力・立地環境本部事務委嘱の執行役員になっていた。

事故をめぐっては1号機のＩＣが機能していないのに気付くのが遅れたまま対策に当たり、長時間冷却が止まったことで核燃料の溶融、水素爆発に至る要因をつくったのではないか、また事故から3年前の２００８年、東電は福島第一原子力発電所に想定以上の大津波が襲う可能性があるとの試算を出し、この時対策を検討する原子力設備管理部長が吉田だったとして、メディアなどには批判的な見方がある。

事故原因についてはいまも東電や原子力規制委員会などで調査が続けられている。しかし、どう吉田が責められようと吉田が部下たちとともに未曾有の事故と真正面から向き合い、命を賭して闘ったことを記憶しているひとは決して少なくはないだろう。

２０１３年8月23日に東京・青山葬儀場でお別れの会が開かれた。安倍晋三首相ら１０００人を超える人が参列した。廣瀬直己社長は「事故拡大の阻止に死力を尽くして当たられました。吉田さんが福島の地と人々を守ろうと、身をもって示した電力マンの責任と誇りを深く胸に刻みます」と追悼の辞を述べた。

「その時、現場は」Ⅱ

３月11日の東日本大震災の現場は、事故を起こした福島第一原子力発電所だけではなかった。南に12キロメートルしか離れていない福島第二原子力発電所も同じく津波に襲われた。４基の原子炉は自動停止したが、すぐに海側の電源や非常用設備が故障し、1号機の格納容器圧力が上昇し、2、4号機も海水系統設備の稼働が確認できなくなった。同日午後6時33分原子力災害対策特別措置法の第10条通報を実施した。さらに1、2、4号機では12日午前5時22分、圧力制御室の温度が100℃を超え、同15条通報を行っている。「第二」もまさに危機一髪の事態に陥っていたのである。

ただ「第一」と違って3本ある送電系統のうち2本を喪失したものの、1本が生きていた。地震発生時、保全部電気機器3、4号グループマネージャーだった森永隆美は、当時の状況と1本の外部電源を使った必死の「時間との競争」を次のように振り返っている。2016年3月発行『東京電力社報』特別号から引用した。

「（緊急対策室が設置され集まった免震重要棟の）1階に津波が！　という声が聞こえ下に降りて行ったら、真っ暗な中でエレベーターから火花が散っていました。ここが浸水しているということは、原子炉建屋側はもっと酷いだろうと不安になりましたね」

自動停止した4基の原子炉の炉心を冷やさなければ格納容器の温度が上昇し、いずれは格納容器が損傷し、放射性物質が外へ飛び散ってしまうかもしれない。そんなあってはならないことを防ぐために必要な電源、その1本の外部電源が無事だった。これを使って冷却機器を動かし、すべての原子炉を冷温停止にもっていかなければならない。それにはモーターや電源ケーブルが必要だった。

「みんなで緊急対策室の停電を直し、格納容器の圧力が刻々と上がる様子を数値で確認できるようになりました。限界値に達するのは何日の何時と」。時間との競争が始まった。ケーブルとモーターの到着を待ったが、トラックは到着せず、モーターは結局、自衛隊に託された。

「それらが福島空港に到着した様子をテレビで見た時、みんなでおおっと歓声をあげたことを覚えています。緊急対策室には保全部だけでなく、発電所で働いている企業の方々も集まって、何かできることはないかと自発的に行動していました。柏崎刈羽原子力発電所の電気技術者もヘリで駆けつけてくれました。配電部は電源車を持ってきてくれて、届いたばかりのケーブルを引いてくれました。それまで、とても今の体制では対応できないと思っていたものが、それらの応援により、何とか復旧できると思えるようになり、とても心強かった」

全員の思いがつながって福島第二原子力発電所の１～３号機は、14日までに冷温停止した。ただ４号機は圧力制御機能を喪失し、格納容器圧力を下げるため「ベント」も準備した。増田尚宏所長らの的確な指示が功を奏し、15日には格納容器内の圧力制御室の水温が１００℃を継続的に下回っていることが確認された。

余震もまだ続くなか、福島第二原子力発電所の「危機」は遠のいた。

福島第一原子力発電所の危機がやや収まった３月28日、この日を境に東電が実施していた計画停電は、終わりを告げ同29日以降は実施されることはなかった。だが決して供給力に余裕が生まれたわけではなく、藤本孝副社長は４月８日、６月３日までの間は原則実施しない旨発言、ただ節電の呼びかけは継続するとした。６月４日以降夏場にかけて需要が回復するとみて、需給安定にはまだ不安があった。

需給の厳しさは、東北電力も同じだった。

このため政府は５月13日東北、東京電力両社に対して大口、小口、家庭の３部門共通で15％の需要抑制目標を示したほか、契約電力５００ｋＷ以上の大口需要家への「電力使用制限令」を７月１日から発動すると発表した。東北は９月９日まで、東京は９月22日まで（９月９日に前倒し終了）実施した。電力使用制限令の発動は、第一次石油ショック以来37年ぶりである。

東電が確保できる供給力は、この時点で約５２００万ｋＷだった。３月11日午後２時46分、福島第一、第二原子力発電所の合計出力９０９万６０００ｋＷは、もはや動く見込みはなかった。柏崎刈羽の合計出力８２１万２０００ｋＷの原子力発電は無事だった。しかし、火力発電では運転中だった広野２、４号機、常陸那珂１号機、鹿島２、３、５、６号機、千葉２号系列第１軸、横浜８号系列第４軸、大井２、３号機、五井４号機、東扇島１号機、合計出力約８５０万ｋＷが瞬時に運転を停止、被害は大きかった。さらに水力発電も福島の15発電所や栃木、山梨、群馬、新潟で次々に停止し、供給力から離脱した。

この供給力のできるだけ早期の復旧と短期間で設置できるガスタービンなど新たな供給力の上積みが、東電が果たさなければならない電気事業者の務めだった。現場では昼夜を分かたず、作業が続けられた。

鹿島火力発電所は4月6日から20日にかけて全6基、計440万kWのうち、5基380万kWが戦列に復帰（5月中に全基復帰）した。また常陸那珂火力発電所1号機は7月に予定していた復帰を5月15日に早めて部分運転にこぎつけ、同月中に100万kW出力の発電所が戦列に加わった。ベース供給力を担う大型石炭火力の復帰前倒しは、大きかった。

7月12日付電気新聞が秋永昌克所長以下の奮闘ぶりをルポとして伝えている。

「被災当時1号機は定格運転中だった。大津波警報の発令を受けて、直ちにタービン建屋3階へ避難するようにとの放送が流れ、構内にいた約千人が続々と集まってきた。その後、津波が押し寄せてくるのが見えた。（中略）翌朝から被害状況を調べると、その深刻さに衝撃を受けた。石炭を陸揚げする揚炭機は見たこともない角度に傾いていた。貯炭場からボイラーまで石炭を搬送するベルトコンベヤーは上下左右に蛇行している。さらに液状化現象によって、ひざまで沈むような泥沼があちらこちらにできていた。主要な道路が使えるようになったのは1週間後だった」

「ボイラー、タービン、発電機など、主要機器は無事だった。最大の障壁は揚炭機とベルトコンベヤー、つまり石炭の受け入れと構内輸送だ。そこで、荷揚げ設備を搭載した内航船で石炭を仮設貯炭場に運び入れ、ダンプカーで仮設投炭機にピストン輸送する方法を採用。5月中旬から4割程度の発電が可能になった」。そして6月20日、ついに定格運転復帰を果たした。記事では2号機（100万kW）建設工事に携わるゼネコン、メーカー、協力会社が常駐していたことが非常に大きな力になったとして「一緒に復旧しようという意気込み、思いが伝わってきた」という秋永所長の言葉を紹介している。

7月19日には自社電源大型火力では最後に残っていた

広野火力発電所3号機が運転を開始し、全5基が戦列復帰を果たした。同火力は震災で構内全域が冠水するなど大きな被害を受けていたが、関係者一丸となった復旧作業によって当初見込みの8月を早めて運転再開を果たした。最初に立ちあがったのは5号機（6月15日）で、以下順次運転に入り4号機が7月14日に運転を再開していた。全号機が戦列復帰したことで供給力は380万kW積み上がった。

広野火力発電所の全号機の戦列入りによって東電の7月末時点の供給力は、震災以降最大の5730万kWまで回復した。2011年夏の想定ピークは5500万kWである。ただ8月末には柏崎刈羽原子力発電所1、7号機が定期検査に入る予定になっていたので、この広野火力全号機380万kWの運転再開は大きな意味をもった。東電ではこのほか、長期計画停止中だった横須賀火力3、4号機（各35万kW）やガスタービン、2号機も復帰させた。またガスタービン、ディーゼルの緊急設置電源が7火力発電所に据えられ計150万kWが、8月までに順次運転を開始し新たな戦力となった。

一方、東北電力では供給力の半分に達する約800万kWが一時、失われた。稼働中だった女川原子力発電所の1、3号機は自動停止し、原子炉起動中だった2号機も自動停止した。青森県の東通原子力発電所は定期検査中だった。火力発電所では八戸3号機、能代1、2号機、秋田2～4号機、仙台4号機、新仙台1、2号機、原町1、2号機、地熱発電では葛根田地熱発電所1、2号機などが運転を停止した。この時点で需要が伸びる8月には最大270万kWの電力不足が懸念された。

ただ、女川原子力発電所は、2007年に発生した新潟県中越沖地震の評価を踏まえて厳格化された耐震設計指針のもと耐震裕度向上工事を終えていた。また過去の津波経験を経て原子炉建屋などが高台に建設されていたため被害はほとんどなく、このことは復旧にあたる社員・協力会社の励みにもなっていた。

海輪誠社長は「千年に1度といわれる未曾有の津波においても安全に管理できることを証明した」（電気新聞4月25日付）とした。またそれだけでなく女川原子力発電所は、「住民の命を守った避難所」でもあった。4月

26日、同発電所に避難してきた約350人の人たちを見舞った村井嘉浩宮城県知事は「福島の事故のようなことはここでは起こっていない。安心して生活してほしい。必ず仮設住宅を造るから、頑張ってほしい」と呼びかけた。

この村井知事の女川原子力発電所への見舞いを報じた電気新聞（5月20日付）は、3月11日から翌日にかけての同発電所の模様を次のような記事にまとめている。

「震災当日の午後5時頃、同発電所周辺のPRセンターに石巻市鮫浦地区の阿部正夫区長が一人で歩いてやってきた。『津波で全滅した。住民を避難させてほしい』。阿部区長の必死の訴えに渡部（孝男）所長が応えた。阿部区長を含めて約40人がPRセンターに避難したが、電気や水道、暖房器具がなかったため、同日夜に発電所へ移動した。一方、発電所のゲート前には他の地区からも住民が集まってきた。中には津波でずぶぬれになり、着の身着のまま逃げてきた妊婦の姿もあった」

「渡部所長のもとには、所員から設備の状況が逐次報告されていた。この情報をもとに『住民を受け入れても安全だ』という確信とともに、同社の経営理念である『地域とともに』が頭に浮かんだ。受け入れの判断について渡部所長は『地域の人に頼まれたら迷うことはなかった』という。同11日は、約110人が発電所で過ごした」

女川原子力発電所の敷地の高さは、過去最大の8メートルの津波に対し約6メートルも高い14・8メートルに設定されていた。なぜこうした高さに設定されたのか。女川原子力発電所1号機が運転を開始する16年前の1968年、東北電力が女川町に建設を決めた当時、外部の識者による大津波の検証から、計画段階ですでに14・8メートルと記されていたという。7月12日付電気新聞は、笹川稔郎土木建築部長の「東北電力として、最初から敷地を高く設定することは意識していた。その理由については当時の資料が残っていないため説明は難しいが、〝津波に対する畏怖の念があったためではないか〟」との話を紹介している。

最大約466万戸に達していた東北電力の停電は、6月18日、着手不可能な地域を除いて復旧を果たした。この時点で８月の最大電力１３００万～１３８０万ｋＷの見込みに対して供給力は東電から最大１４０万ｋＷの融通を受けて１３７０万ｋＷ確保できる見通しだった。７月１日からは大口需要家を対象に電気事業法27条に基づく使用制限令も発動する。ところが需給両面の対策に当たっていた矢先、自然の猛威がさらに追い打ちをかけた。

７月26～30日にかけて新潟・福島両県にわたる集中豪雨が、地域に大きな被害をもたらし、水力発電所も被害を受け発電量が大幅に低下したのである。夏場の需給見通しはまさに綱渡りが予想された。しかし、夏期のピーク時（需要・気温が高かった日の）電力需要は、前年比18％と大幅減となった。電力使用制限令の発動と節電要請などが効いて需要が予想より大幅に減ったのである。使用電力量も７月が前年比11％減、８月も同17％減となった。

経産省は需給に余裕が生まれていることや、被災地から制限令の早期解除を求める声が上がっていることなども踏まえ９月２日には制限令を解除し、「努力目標」としての削減要請に切り替えた。東電も９月22日までの予定を９月９日に前倒しして制限令を解除した。

電力ピンチの状況は、東電や東北電力に限らず西日本の電力会社でも事情は、そう変わらなかった。菅首相が２０１１年５月６日、中部電力の浜岡原子力発電所全基の運転停止を要請し、同社がその要請を受け入れて以来、原子力立地地域の知事らが、国が暫定的な安全基準を示さなければ再起動を認めないとの姿勢をとり始めていたからだった。

各電力会社の原子力発電所の定期検査の停止が、長引く恐れが出てきた。関電の八木誠社長は５月26日の会見で全11基中、４基が定検で停止し７月にはさらに２基が定検に入る予定で「（中部電力などへの）応援融通が難しくなるだけでなく、当社の需給状況はさらに厳しくなる」との見方を明らかにした。

結局関電でも６月10日に15％の節電要請を、北陸電力も節電要請を行った。このほか中部、中国、九州の各電力会社でも原子力の定期検査の長期化や停止、また火力発電のトラブルなどで供給力が落ち、四国も含めた西日本の電力会社の需給はひっ迫して節電を呼びかける事態となった。経産省は電力使用制限令を発動（7月1日～9月22日）し、何とか夏場を乗り切り、需給ピンチをしのぐことができた。

しかし、定期検査に入った原子力発電は、ストレステスト（裕度評価）など再稼働への新たなハードルが設けられたりして再開する見通しは立たなかった。電力各社は供給力不足を補うため家庭用、業務用の需要家への重点的な節電要請を続けた。その間火力発電は休まず動き続けた。年が明けた2012年2月3日、九州電力の主力火力のひとつ、LNG火力の新大分発電所（229万5000kW）が、燃料供給設備のトラブルから緊急停止した。

九州電力は玄海原子力発電所4号機（118万kW）が運転を停止した翌日の2011年12月26日から前年比5％以上の節電要請を行っていた。しかし、翌12年2月2日には厳しい冷え込みで九州電力内の最大電力が、1538万kW（午後6～7時）と過去の冬季最大を更新、供給予備率は3～5％まで低下した。そうした需給状況のもとで最大戦力にカウントしていた供給力が脱落した。

トラブルで火力発電の新大分発電所が全機緊急停止したのは、翌3日午前4時過ぎである。九州電力はすぐに電力系統利用協議会（ESCJ）に全国融通を申し出た。前日からの寒波で電力需給は、九州電力以外の地域でもひっ迫していた。それでも電力各社は自社の需給状況をやりくりして、九州電力への応援融通に動いた。

資源エネルギー庁も各社に応援を要請した。東電は自社の供給確保を優先して応援は難しいとしていたものの、それでも50万kW電力を融通した。九電は電力6社から計240万kWの融通を受けたほか、緊急時の「随時調整

九州電力・新大分発電所（提供：電気新聞）

契約」を結んでいる法人46社に需要抑制を要請するなどして、この非常事態を何とか乗り切った。

この頃政府内では電力システム改革の議論が本格化していた。競争下にあっても不測の事態が起きた時、最終的に需給を救うのは、電気事業者間の応援融通であり、現場の助け合いの精神によることをこの時の事例は物語っていて、関係者に強い印象を残した。

２０１２年夏、同冬、13年以降も電力不足の状態は続き、毎年夏と冬には政府から節電要請が出された。それも少しずつ原子力発電が再稼働し、また再生可能エネルギーの増大などにより需給に余裕が生じると、17年以降、政府は節電要請を行うことはなくなった。

原子力損害賠償支援機構の設立

東電にとって最大の問題は、資金がショートすることだった。新年度の２０１２年度に社債の償還と借入金の返済に約７０００億円が必要だった。新しい社債を発行するにしてもハードルは高く、これまで数十年にわたって繰り広げてきた社債を発行して市場から資金を集める方法に頼ることはできなくなった。

残っている方法は銀行融資しかなかった。実際原子力発電には当分頼ることができず、加えて福島、千葉、東京湾岸の火力電源、送変電設備の一部も損傷が激しく復旧費や代替電源の購入・改良、さらには燃料費などを新たに手当しなければならなかった。それらを含めると総額２兆円規模の資金が必要となった。

経理部門を統括する武井優副社長は、こまめに金融機関を回って頭を下げた。震災直後の３月18日、三井住友銀行など主要銀行に緊急融資を要請した。融資残高を考慮してメーンバンクの三井住友銀行が６０００億～８０００億円程度、みずほ銀行が５０００億円、三菱東京ＵＦＪ銀行と住友信託銀行が各３０００億円などと振り分け要請した。

この時、三井住友銀行の奥正之頭取が、当時の経産省の松永和夫事務次官を訪ね、「原子力損害の賠償に関する法律」（原賠法）の免責条項を適用するよう申し入れたとの情報が駆け巡った。各種報道によると、三井住友側は松永次官の応答から融資をしても大丈夫との確信を持ち、その噂が各行に広まり、三井住友だけでなくみずほや三菱東京ＵＦＪなど各行も続々と融資を実行したのだという。

東電が要請した2兆円の融資は、3月31日までに東電の口座に振り込まれ、当座の資金ショートを避けることができた。

ほぼ同時期、経産省は損保業界にある要請を行っていた。『東電国有化の罠』の著者町田徹によると、原子力保険の元受・再保険の共同処理機構である「日本原子力保険プール」に対し経産省は、福島第一原子力発電所事故の賠償金支払いについて、被害の想定や支払い業務などを肩代わりしてほしいと要請したという。

「日本原子力保険プール」は、原子力保険を損保会社が単独で引き受けるにはリスクが大き過ぎるのでリスクを分散させるため１９６０年に業界の主要20社が、創立した組織。経産省は、２００９年4月に改正された原賠法と「原子力損害賠償補償契約に関する法律」が、損保業界の賠償支払い窓口引き受けの根拠になるとみて要請を判断した。

東海村ＪＣＯ臨界事故が起きた際、賠償の対象が約７０００件、賠償金も１５０億円を超え、この時は親会社の住友金属鉱山が資金を援助したものの、賠償交渉や手続きが当事者だけでは困難だったため、当時の科技庁がガイドラインなどを作成し、サポートした。

それから10年近く経った２００８年「原子力損害賠償制度の在り方に関する検討会」がようやく事故を総括する報告書をまとめ、その中で原子力事故が再発した時に備え、損保業界から支援を仰ぐ体制を整備するための法改正を提言した。

２００９年の原賠法と保障制度の法律改正はこの時の提言を盛り込んだものだったが、省庁再編で科技庁が文科省に再編統合されたことで実際の体制整備は放置されたままになっていた。経産省が「3・11」後の大事態に損保業界に働き掛けたのは、この放置状態を懸念したものだったという。

この要請に損保業界は、査定のサポートのみ協力するとし賠償の受付や交渉、支払いといった業務は受けられないとした。この時経産省の後ろには財務省が控えていて大いに慌てたという。損保各社の全面的な協力が期待できない以上、東電が破たんすると賠償をつかさどる主体がなくなってしまい、賠償の受付や審査、支払いなどの手続きに従事する組織を政府自ら構築しなければならなくなる。

東電への銀行団からの新たな融資が実現し、賠償業務の主体に期待していた損保業界からの反対にあい、官僚たちは東電を存続させて乗り切るしかないと考えた。むしろその方が、予想される事故収束への途方もない時間と労力、賠償業務、さらには電気料金の値上げなども東電を盾に乗り切っていったほうが、国に矛先が向かわず得策と映ったに違いない。

三井住友銀行の奥頭取（4月に会長に昇任）が切り出したという原賠法第3条1項に定める無過失責任から電力会社を放免する「免責条項」、この適用を一生懸命関係者に働きかけていたのは東電の勝俣会長と、清水社長だった。福島第一原子力発電所の事故は、「異常に巨大な天災地変」によって引き起こされたものであり、東電は賠償の責を免じられるべきと主張した。

この原賠法における「免責条項」は、第1部・第3章第1節「免責条項と東海発電所の意義」の項でも触れた。原賠法が成立するまで免責条項の「異常に巨大な天災地変」をめぐってどんなやりとりが国会であったのか、振り返ってみる。

1960年5月18日の衆議院科学技術振興対策特別委員会で当時の中曽根康弘科学技術庁長官は、社会党の石野久男衆議院議員から原子力事業者の賠償の支援を定めた同法案16条（国の措置）の解説を求められて、次のように答弁している。

「第三条におきます天災地変、動乱という場合には、国は損害賠償をしない、補償してやらないのです。この意味は、関東大震災の三倍以上の大震災、あるいは戦争、内乱というような場合は、原子力の損害であるとかその他の損害を問わず、国民全般にそういう災害が出てくるものでありますから、これはその法律による援助その他でなくて、別の観点から国全体としての措置を考えなければならぬと思います。そういう異常巨大な社会的動乱あるいは天災地変は、別個のもので取り扱われるので、政府に法律上責任はない、そういうことになるのであります。」

「(第16条の再保険にかからない、保険ではカバーできないものに『必要な援助を行うものとする』と書いたのは)、国がやるものだということを明言しておるのです。しかも、それは『原子力事業者が損害を賠償するために必要な援助』というのですから、その業者の企業能力によっては、銀行から金を借りて被害者に払う場合もありますし、国が融資してやるという場合もございましょうし、補正予算を組んでやるという場合もありましょう。しかし、業者が自分で払える限度まできて、もうそれ以上払えない、原子力事業の健全な発達という面からしても、これ以上払えないという限度以上の損害額があって、まだ第三者に払っていない、そういう場合には、その全部について必要な援助を行って払わせる、そういう意思表示でございます」

そう答えたうえで中曽根長官は、第3条第1項ただし書きについて「この場合は、一般の災害援助法もありますし、それ以外のこともありましょう。とにかく、そういう場合には、国民の民生に関することでありますから、最善を尽くして必要最大の措置を行うわけであります。しかし、それは、16条とか、そのほかの場合における損害賠償という意味ではなくして、国の一般政策として当然これは行うべきことでありますが、特に念のためにこれは書いてあるのでございます」と述べている。

1961年に制定された原子力損害賠償法では、第1章・第3条第1項で事業者に過失があろうとなかろうと事業者に損害賠償責任を負わせる「無過失の賠償責任」が記された。このため電力会社は、国が設けた保険に強制加入し、商業規模の原子力発電所は、一事業所当たり1200億円までは政府が電力会社に保険金を支払うことになっていた。ただ電力会社が支払う損害賠償額には限度額が設けられてはおらず、「無限責任主義」が採用されて1200億円を超える分については電力会社が支払うよう求められていた。

だが、この第3条第1項には続きがあり「ただし、その損害額が異常に巨大な天災地変又は社会的動乱によって生じたものであるときは、この限りでない」としていた。世にいう「免責条項」が設けられていて、このうちの「天災地変」について中曽根長官は、「関東大震災の3倍以上の大震災」と定義したことになる。加えて国が支援を開始するのは「業者が自分で払える限度までできて、もうそれ以上払えない」時だとしている。

仙谷由人民主党政調会長代行、同党のエネルギー・環境問題調査会に菅首相とともに臨む（写真右、2012年8月24日、提供：電気新聞）

そして天災地変の時には「国の一般政策として行う」と述べ、賠償はできないと示唆したとも受け取れる。だが、事業者を免責できるかどうかの線引きとなる「天災地変」の定義、解釈をめぐっては、法学者でも解釈が微妙に違っていた。たとえば原子力災害補償専門部会長を務めた我妻栄法学博士は「無過失責任は私企業の責任を中心として発達してきたもの。いかに無過失責任を負わせるにしても、人類の予想していないような大きなものが生じたときには（私企業の）責任がないと言っておかないとつじつまが合わなくなる、つまり考えられないような事態」（同年4月26日の衆議院科学技術振興対策特別委員会での陳述）と「考えられないような事態」のみ私企業の責任論から免れるとして、実際上は原子力事業者の免責は、ないとする解釈だ。

一方で我妻博士の門下生、加藤一郎東大教授は、「原子炉のように非常に大きな損害が起こる危険のある場合には、今までのところから予想し得るようなものを全部予想して、原子炉の設定その他の措置をしなければならない。『巨大な天災地変』ということの解釈としては、簡単に言えば、関東大震災の2倍あるいは3倍程度のものには堪え得るような、そういう原子炉を造らなければならない。逆に言えば、そこまでは免責事由にならないのであり、もう人間の想像を超えるような非常に大きな天災地変が起こった場合にだけ、初めて免責を認めるということになると思われる」（同年5月30日の参議院商工委員会の参考人陳述）とややあいまいな解釈でどちらとも受け取れる。

所管の中曽根長官の「関東大震災の3倍（以上の加速度をもつもの）」という答弁を重くみるべきかもしれないが、法学者ふたりの解釈は一致していない。やはりあいまいさは残るのであり、立場によって解釈は異なるだろう。しかも東日本大震災は関東大震災の数十倍のエネルギー量といわれていたのである。三井住友銀行の奥頭取が、東電の免責を主張したのも十分頷ける。

しかし、そもそもこの法律は、第3条第1項で、賠償責任を「原子力事業者」に集中させている点が何よりも問題で我妻博士も「およそ原子力災害を生じた場合には、すべて国家が補償する、異常かつ巨大であろうが、地震、噴火であろうが、あるいは保険がカバーするものであろうが、それから50億円（現在は1200億円）を超えそうが、およそ原子力災害を生じたときには国家が責任を負う、ただし、その国家が負った責任を、だんだん回収していくわけです」（1961年4月26日の衆議院科学技術振興対策特別委員会の質疑）と語っており、そうならなかったのは、当時の大蔵省（現・財務省）の反対だったと明かしている。

つまり大蔵省の強大な権限によって、原子力事業者が背負いきれないほどの賠償が必要な事故が発生した場合、その責任を事業者に無限に負わせるが同時に「免責」条項をつくってその境をあいまいにし、国も賠償義務から逃れるという妥協の産物にしたとみることもできる。国の支援のあり方もあいまいなまま時間が過ぎ、実際に福島第一原子力発電所の事故が起きてしまった。だれが賠償義務を負うのか、はっきりさせなければならなかった。

3月20日に勝俣恒久東電会長と奥正之三井住友銀行頭取は、仙谷由人内閣官房副長官と面談した（仙谷の著書『エネルギー・原子力大転換』による）。仙谷は3月17日に菅直人首相から要請を受けて副長官に就任していた。被災地支援の司令塔役と東電の経営問題の事実上の責任者となっていた。

勝俣は原賠法の精神に照らして「免責」を求め、これに仙谷は「それは、通らない」と首を縦に振らなかった。福島第一原子力発電所の炉心溶融に至るまでの経緯、また免責の法的解釈と国民感情とは別と考えたからだという。奥頭取は東電への支援表明を強く求め「何とか体制維持できるように……」と語ったという。なお勝俣会長は同月30日行った会見では賠償について「原賠法は特に免責の部分のスキームははっきりしていない。従って政府が今後、どういった具体的な法律を制定するかによるところが大きい」と述べるにとどまっている。

この頃政府内では東電の2011年度決算の発表が近づくなかで、事故債務をどう扱うかを焦点に経産省、財務省を中心に様々な東電処理策、同救済策、賠償金ねん出策の検討を始めていた。当時の報道をまとめてみると、財務省は東電を電力供給を担う組織（グッド東電）と賠償と事故収束だけを担う（バッド東電）とに分ける分離方式の案を検討したとされる。

経産省内では、被災者補償を政府と東電で分担させる案が検討された。原子力損害賠償法（原賠法）で規定される賠償の上限額（1200億円）の超過分を国がどこまで負担するかなど法規定はなく、そもそもの議論があって調整は難航した。また原子力発電所を所有する電力会社に掛け金を拠出させ、その資金をベースに事故時の賠償資金をねん出させる「共済方式」も検討された。ただこの案も事故を起こしたわけでもない東電以外の電力会社に将来のこととはいえ、掛け金を拠出させるという点がネックだった。

さらには会社更生法の適用を申請していったん経営破たんしたものの、企業再生支援機構の支援を受けて再生したＪＡＬ（日本航空）などの処理策をまねて東電を解体・再生を図る「東京電力の処理策」が、ある官僚から提出されたという。

この案はまず東電対策の特別法を策定して、燃料費や設備投資など事業継続に必要な取引は全額保護し政府保証をつけて資金調達できるようにして電力供給事業を継続させる。被災者への賠償額などが判明した頃に破たん処理に移行し、100％減資、債権放棄や経営責任の明確化を行い、さらに東電を発電会社と送電会社に分離し、発電会社を発電所ごとに発電事業会社に小分けして、希望する事業者に順次売却していくというアイデアで、いわば東電を基軸に電力自由化の発送電分離を具体化していくところまで踏み込んでいた。

このペーパーをつくったのは、「国家公務員制度改革推進本部」に出向し、経産省大臣官房付に就いていた古賀茂明（大鹿靖明著『メルトダウン』などによる）という。古賀はOECDに出向中、97年5月にOECDが電力の発電と送電分離の規制改革指針をつくると読売新聞に情報を伝え（同1月4日付で報道）、当時佐藤信二通産相が「発送電分離を研究すべき」と国内の電力体制に言及した発言（同1月7日の会見）を誘導した人物として知られる。

古賀は上田隆之官房長に提出するも受け入れられることはなかったという。古賀は経産省を辞めた。だが、この東電を起点とした発送電分離のアイデアは、省内の一部官僚との考えとも符合していた。

一方で三井住友銀行は、「損害賠償対応スキームのイメージ」と題したペーパーをまとめ関係方面に配布した。それによると特別立法によって、預金保険機構をまねた「原発賠償機構」を新設して、賠償債務を東電から分離させる。法案の建て付けは福島第一原子力発電所の事故の賠償を賄う「特別勘定」と将来の他の原子力事故に備えた「一般勘定」に分ける。「特別勘定」は、政府保証をつけて金融機関から調達する借入金と東電の負担金によって賄われる。東電の負担金は機構設立時に利益剰余金から2000億円程度を一括拠出し、その後毎年の利益から500億円を10年間にわたって支払う。「一般勘定」は、東電以外の電力会社に負担が義務付けられる保険金によって賄われる。

この案だと、東電が賠償リスクを負うことなく電力の安定供給に専念でき、社債の発行も可能で健全な財務内容が維持できる可能性が出てくる。銀行側には融資の返済が確実になるメリットがある。

このペーパーが配布されていた時期、電気新聞（4月14日付）は「特別法に基づいて設置する国の機関を原子力損害賠償法上の『原子力事業者』とし、賠償の無限責任を負わせることが検討されている」と報じている。

報道によると、賠償リスクを東電から切り離し、国の機関が責任をもって賠償にあたる。まず東電は経営の安定性を保てる範囲で賠償金を毎年払い、負担し切れない分は、東電以外も含めた電力会社の電気代に上乗せする形で集めた資金を用いて一定額を毎年拠出する。さらに政府保険と電力業界による負担金を超える「青天井」部分は、政府が機関を設置して最終責任を負うというものだ。

国の機関は金融機関から融資を受け、政府が債務保証を付与する。債務保証には幾つかの案があるとした。電気代の上乗せは「原子力サーチャージ」の位置づけになり、同記事では電力関係者の「東電以外の需要家にも負担させる論理が成り立つのか」、「原子力比率の高い会社には厳しいが、苦境の東電を支えるためならばやむを得ない」といった声も紹介している。

同記事にある政府内の検討は、三井住友銀行の「賠償対応スキーム」と似通っている部分がある。東電を賠償債務からできるだけ切り離し、いわば東電を生かし経営維持を図るという点だ。電気新聞は国の機関が東電に債務保証、出資することもあると報じている。同14日会見した三井住友銀行の奥頭取は、原賠法の免責規定が適用される余地があると述べ、「法の目的を果たすため政府が積極的に関わる必要がある」と国が強い支援体制を組んで具体的に対応するよう求めた。

また米倉弘昌経団連会長は、前日13日の会見で賠償問題について「国の全面支援が当然だ」と述べ、さらに自民党のエネルギー政策合同会議（委員長＝甘利明衆議院議員）は12日、民主党政権内から出ている東電国有化論が金融市場に混乱をもたらしていると分析した上で損害賠償について「国が最終的に責任を持つことを明確にすべき」との意見を提示した。ただ河野太郎衆議院議員は反対した。

しかし、こうした東電の免責を求め、国の最終的な責任を問う声や、そこを踏まえた検討案づくりは、大きな流れとはならなかった。政府は同11日に海江田万里経産相を経済被害担当の特命担当大臣に任命して本部長とした「原子力発電所事故による経済被害対応本部」を設置した。同本部の実質的トップは仙谷由人内閣官房副長官で、以後同本部が損害賠償を含む東電の経営問題を扱うことになった。事務局として経産省の北川慎介総括審議官を室長とする25人体制の対策室が置かれた。集まった官僚たちの前提にあったのは、東電を企業として存続させ事業を継続させることだった。

東電の２０１１年３月期決算は、５月20日に予定されていた。官僚たちは検討を急ぎ、東電への「援助スキーム」が固まった。仕上げたのは財務省の高橋康文参事官という。

この「援助スキーム」をめぐっては東電からの働きかけも含めて水面下で様々なやりとりがあった。電気新聞のふたつの記事が、決着までの流れを伝えている。ひとつは４月21日付「支援機構の設置検討／政府　交付国債で超過分援助」という見出しがついた記事である。

同記事では「新法で国が管理する支援機構を設置し、政府の交付国債などを元手に東電を援助する枠組みが検討されている」とし、①東電を損害賠償の支払い主体と位置付けた上で、１社の支払い能力を超える部分の支払いを担保するため、機構が必要な援助を行うことを想定している②支払いの財源は東電の自己負担、原賠法補償契約に基づく政府負担、機構の援助の３つを想定③自己負担分は東電が毎年の収入から事業継続が可能な額を長期分割で支払う。機構の援助は政府の交付国債、原子力事業者の負担金が主な原資。援助が必要な場合、東電が賠償に関わる資金計画を政府に提出し政府の判定と認定を受ける――と報じている。

このほか同記事では、東電の資本増強を可能とするため機構が東電の優先株を引き受ける、政府・機構が金融機関の融資に債務保証をつける案があるとした。ただ現時点で「東電の自己負担ひとつとっても金額・年数ともに政府内の見解は固まっておらず、数字だけが飛び交う」と記している。だがこの記事は、その1週間前の14日付記事「国が設置する機関を原賠法上の『原子力事業者』とし、賠償の無限責任を負わせる」からスキームは大きく〝後退〟し、国の機関の役割、性格は限定されたものになっている。

さらに同記事の6日後の27日付は「福島賠償政府案／支払い主体東電に／電力負担など調整続く」の見出しが、解説記事とともに掲載された。「賠償スキーム」の枠組みは東電が賠償の主体となり「国と電力会社が設立する新機構に国が無利息で公的資金を拠出、同機構を通じ、東電に資金援助を行い賠償の遂行を担保する」と東電は債務超過を免れるものの、賠償責任を一義的に負うことで決着したことを伝えた。

「福島第一原子力発電所の事故を受けて、巨額の賠償費用に端を発する金融危機に危機感を募らせた金融機関は賠償スキーム案を手に、霞が関や永田町を走り回ったとされる。金融機関の意見も踏まえ、政府内では一時、国の機関に賠償遂行機能を持たせる枠組みが浮上。東電、他電力による負担額を超える分は国が負担する案が検討された。しかし官邸をはじめとする政府内部には東電が一義的に責任をもち、被害額の支払いを担う形にこだわる向きが強かったとされる。財政出動に対して一貫して厳しい姿勢を示した財務省の意向も働いた結果、東電が一義的に責任を負い」と解説記事では、これまでの経緯を記した。

そのうえで「しかし国策民営で進めてきた『原子力事業の健全な発達』のため国が取るべき措置は、債務保証や優先株の引き受けではなく、賠償費用を民間の事業者からいったん切り離し、国が責任を持って管理する外科的手術ではないだろうか」と政府の対応に、大いなる疑問符を打っている。

実際の「賠償スキーム」は7項目からなり、①東電が損害賠償の支払い主体となり、将来にわたり損害賠償を責任もって行う②損害賠償の支払いを完全に履行させるため政府が資金を交付③電力の安定供給を行うため必要な設備投資を可能とする④東電の上場を維持（国有化はしない）――などとし、数兆円に上ると見られた賠償債務についてＪパワーなどを含めた電力12社と政府の折半出資によって「原子力損害賠償支援機構」を新設することにした。

東電は毎決算期に賠償負担額を特別損失として計上し、政府がその内容を審査したうえ、資金を機構から交付する。この資金を特別利益に計上することで債務超過状態にしないようにする。機構に対しては交付国債の発行という形で資金を交付する仕組みである。交付国債は、交付先の求めに応じてその都度現金化する国債のことで、機構は東電からは特別負担金として賠償債務の一部を、電力12社からは将来の事故に備えた一般負担金をそれぞれ徴収する。

要は、東電を賠償の主体と位置づけ、国は前面に出ず、財政出動も最小限にしようという財務省的な発想と仕組みのスキームであった。また東電を経営破たんせずに東電株の上場も維持するので金融機関も受け入れるだろうと見込んでいた。金融機関の利益や金融市場の安定にも配慮したスキームだった。

だが、これだと東電の免責はなくなる。東電が救済されることはなく最低限の支援のみ行われる。電気新聞の解説記事にあるようにこれには当時の民主党政権の強い意向が働いていた。枝野幸男官房長官は3月25日の記者会見で個人的見解としたうえで、「安易に免責の措置が講じられることは、経緯と社会状況からみてありえ得ない」と表明し、民主党政権はこれを既定方針としていた。さらに枝野長官は「賠償責任は一義的に東電にある」とした。

原賠法の第16条では賠償措置額（１２００億円）を超えた際には政府が援助するとなっている。１９６０年５月当時の中曽根科学技術庁長官の国会答弁でも「（第16条に書いてある保険ではカバーできない『必要な援助を行うものとする』というのは）国がやるものだということを明言しておるのであります」と政府は事業者の無限責任の緩和措置として一定の責任を持つ、とはっきり述べている。

だが枝野官房長官は、政府の責任は二の次にしてあくまで東電に「一義的に」賠償責任があるとした。「原賠法」を意図的に解釈し、それが世論に受け入れられると踏んだのだろう。東電の経営問題の責任者仙谷も、東電の免責を否定した原子力損害賠償支援機構案を受け入れた。

これに対して勝俣東電会長は4月25日、文科省が事務局を務める政府の「原子力損害賠償紛争審査会」に要望書を提出し、福島第一原子力発電所の事故は原賠法第3条1項但し書きにいう「異常に巨大な天災地変」に当たるという解釈も十分可能だと考えているとし、可能な限り補償はしたいものの負担可能限度も念頭に置いての公正、円滑な補償に当たる旨要望した。さらに同26日の金融機関向けの説明会では、新設される「機構」に対して東電が毎年の純利益から支払う特別負担金という名目の賠償金については同意するにしても、負担金には上限を設けるよう政府に求める考えを示したという。

仙谷によると「4月に入って勝俣会長は東電の上限額を1兆円と打診してきた」が「おそらく経産省と口裏を合わせてきたのだろう」と拒否した。仙谷はこの時点で自身の弁護士経験などから賠償額はざっくり10兆円の〝前人未到〟の巨額賠償になると覚悟したという（仙谷由人著『エネルギー・原子力大転換』より）。

この負担金の上限について枝野長官は同27日の会見で「被害者との関係で補償財源の上限設定はあり得ない」として、東電に無限責任があるとの立場をとるとともに、5月2日の参議院予算委員会でも「この異常に巨大な天災地変について、人類の予想していないような大きなものであり、想像を絶するような事態であると説明されています」「大変巨大な地震ではありましたが、人類も過去に経験している地震であります。そうした意味では、この但し書きに当たる可能性はない。したがって上限はないというふうに考えております」と免責条項に当たらず、負担に上限を設けることもないと答えた。

だが経産省では、松永和夫事務次官、細野哲弘資源エネルギー庁長官、柳瀬唯夫官房総務課長らが、東電の負担に上限を設けるよう主張していた。『電力と政治』の著者、上川龍之進は「こうした動きを見ると、このとき自民党中心の政権であったならば、東電の負担に上限を設けたり、さらには東電を免責したりする可能性もあったのではないかと思われる」と分析している。

政権内では与謝野馨経済財政政策担当大臣が免責規定

の適用を主張した。これに枝野官房長官が真っ向から反対し、5月初旬には、「東電が免責にこだわってリストラしないなら会社更生法の適用もあり得る」と主張し、両者は激しい論争を繰り広げたという。

5月20日の決算発表が近づき、与謝野は税と社会保障の一体改革に責任を負っていることも考え、持論を強く主張しなくなった。この頃仙谷や枝野は、債権放棄論を唱えるようになるが、実現は無理と判断し、その視線を別な方向に向ける。前田匡史（ただし）内閣官房参与（国際協力銀行・国際経営企画部長）の進言をもとに東電の賠償問題を決算問題に矮小化せず、まさに東電を起爆として電力自由化問題に広げていく方向に矛先を変えたという（大鹿靖明著『メルトダウン』ほか）。

何も仙谷、枝野ら政治家だけではなく、経産省の一部の官僚たちも時宜をみながら電力自由化戦略を講じようとしていた。新電力の関係者や電力自由化に関わり続けた専門家は、問題提起しつつあった。

東電内では原賠法の免責適用や賠償負担額の上限などが受け入れられず、やむを得ない手段として会社更生法の適用申請を真剣に検討した。当時を知る関係者は「（免責などが認められないなら）社内ではもう会社更生法しかないということでほぼ一致していた。勝俣会長に（判断を）一任した状況だった」と明かす。

この会社更生法の適用については関電の小林庄一郎元会長も「勝俣君は、なぜ会社更生法を求めなかったのかと思った」と周囲に語っていた。ただ法的整理は一般被害者の賠償債権がカットされてしまう。東電の発行する電力債は、弁済順位が最も高い「一般担保つき社債」で、東電に会社更生法を適用して会社財産を処分した場合、社債償還が優先され、賠償金まで資金が回らなくなってしまうのではないか、また安定供給が確保されるのかを含め慎重な見方があった。

関係者によれば勝俣は当時仙谷と相対し、ふたりで話し合うことが多かった。仙谷とは当然、会社更生法の適用が話し合われた。だが結局実現することはなかった。仙谷は東電を法的整理すれば賠償を含め事故を収束する責任主体がいなくなってしまうことを最も気にしていた、と著書で明かしている。

だが会社更生法を適用すれば、東電の再生はできても民主党政権が潰れかねないと仙谷は捉えていた、とある関係者は語ったことがある。「東電救済はモラルハザードを起こす」、仙谷は周囲にこう語り、国民の目を意識させるよう指示していたという。東電に対する会社更生法の適用は「ハザード」の際たるものであり、政権の命運に直結する。仙谷にとっては絶対に避けなければならない選択だった。

5月10日、清水正孝東電社長は、枝野官房長官、海江田経産相を首相官邸に訪ね、政府に原賠法第16条に基づく支援を要請した。これは同法第3条（損害賠償の責任は原子力事業者にある）の適用を前提にした要請であり、この時点で東電は損害賠償の「免責」の主張を断念した。

海江田経産相は要請の受諾にあたり、①賠償総額に事前の上限を設けないこと②最大限の経営合理化と経費削減を行うこと③第三者委員会による経営財務の実態調査に応じること——など6項目の条件を提示した。東電はこの時期、破損した福島第一原子力発電所の格納容器からの汚染水を浄化して再び冷却に使う「循環注水冷却システム」の構築や設備の復旧費、火力発電の燃料費などに多額の資金が必要だった。一方で支援の要請に当たってすでに公表している人件費の圧縮や新卒採用の中止、会長・社長を含めた取締役8人の当分の間の役員報酬返上、保有する有価証券、不動産の売却などを実施するとした。

翌11日、東電は臨時取締役会を開催し、6項目の受入れを決定し、同日経産相に伝えた。

東電は自らの賠償責任を認め、免責の主張を放棄したが、その文面には「当社は、現在、原子力損害の原因者であることを真摯に受け止め、被害を受けられた皆さまへの補償を早期に実現するとの観点から」補償を実施することにしたとし、「当社は資金面で早晩立ち行かなくなり、被害を受けられた皆さまへの公正かつ迅速な補償に影響を与えるおそれがあるばかりでなく、電気の安定供給に支障をきたすおそれもあります。」と記されている。

「原因者」という表現からは、東電は加害者でなく、過失の責任を負うものではないという立場を示している。「賠償」という言葉を使わず「補償を早期に実現する」と原因者としての社会的責務にもとづく補償責任に言及している。「資金面で早晩立ち行かなくなり」からは資金面での援助が、安定供給義務を遂行するために必須との認識がうかがわれる。

勝俣会長に近い関係者は、免責の主張を放棄した理由として、「免責を主張、あるいは適用されたとしても被災者から訴訟、裁判を起こされ、判決が確定するまで何年もかかり、その間賠償金が支払われず被災者を苦しめ申し訳ないことになり、勝俣会長はそのことを一番気にしていた」と語る。その間東電への社会的風当たりが強まり、結果的に銀行の融資が行われなくなる可能性もあった。政府が責任を明確に認めない限り、東電の危機的状況に変わりはなかったかもしれない。

このあといわゆる「賠償スキーム」をベースにした原子力損害賠償支援機構法案は、政府、与野党内の調整に手間取ってなかなか前に進まなかった。まず与党民主党内の手続きが混乱した。

菅首相は、5月10日の会見で「原子力政策を国策として進めてきた政府にも、事故を防ぎ得なかった責任がある」と国の責任を認める発言をした。東電への「公的資金導入」の決定からメディアの中からは東電とともに国の責任を追及する論調が出るようになり、「菅政権は肝心の東電と政府の責任のあり方などについて基本的判断を示していない」（5月9日付「産経新聞」社説）との指摘も出るようになっていた。

菅は同6日に、海江田経産相を通じ中部電力の水野社長に浜岡原子力発電所の運転全面停止を要請しており、国の舵取りを「脱原発に」向かわせようとしていた。それにしても政権トップの発言は当然、党内を混乱させた。党内にはもともと「１００％責任を負わせるべきでないところに過重に責任を負わせている。原子力政策の決定にかかわった国が最終的な責任を負うことを表明すべき」（吉良州司衆議院議員、6月1日付電気新聞）に代表される意見があった。

同12日には関係閣僚会議で法案の枠組みを成す「賠償スキーム」を決める段取りに影響が出て、翌日に繰り延べされた。同日開いた「原発事故影響対策プロジェクトチーム」の会合では「東電と同時に国に責任がある」（吉良議員）、「国の責任が極小化され、電気料金に一方的に負担が寄せられる」（直嶋正行元経産相）と異論、反論が相次ぎ、関係閣僚会議の決定に〝待った〟をかけたのである。

メディアの論調も厳しく、まごまごすると世論の矛先が、政権批判に変わりかねなかった。結局政府側の説得に原発事故影響対策ＰＴの委員も折れる形で翌日、賠償支援の枠組みを正式決定した。

政府内では内閣法制局が、東電を含めた原子力事業者が保険金として支払う一般負担金が、実際には福島第一原子力発電所の事故の賠償債務に充てられることが明白であったため、電力会社から提訴される可能性があると疑問を呈した。電力会社の中からは株主代表訴訟を起こされる懸念から負担金そのものに反対する声が上がっていた。電事連も同18日に賠償支援の枠組みについて、将来の原子力賠償に備えた共済的な仕組みの必要性など要望書を政府に提出している。安定供給の継続や金融市場からの信用維持の障害とならず、顧客や株主からの理解、協力が得られる仕組みと負担にするべきと国の十分な説明責任を求めた。

結果的に両者は、株主代表訴訟対策として政府が、国策として各社に機構への負担金拠出を正式に要請し、法案の附則に「施行前に生じた原子力損害についても適用する」という条文を加えることで折り合った。電力会社は、違憲立法訴訟は起こさないとした。

この頃菅首相の支持率は低迷しており、ねじれ国会のもと会期が延長され、菅政権への不信任案も準備されていた。政府は同15日に閣議決定し、その後与野党の修正協議が始まると、自民党は国の責任を強く打ち出すよう求めた。７月22日に民主・自民・公明の3党は、国の責任を明確化し、交付国債が足りない時の不足資金を国が交付する条項を創設することで合意し、ようやく８月３日に法案は成立した。

同５月20日、東電の決算が発表された。10年度決算は経常損益ベースでは増収増益、当期純損益は１兆２５８５億円と過去最大の損失となった。期末配当は無配となった。震災による特別損失は1兆175億円にとどまり純資産は1兆6000億円を維持した。清水正孝社長は「従来の安定配当の基本方針を取り下げる」と述べ、自身の退任を明らかにした。勝俣会長は留任し、新社長には西澤俊夫常務が就任した。武藤栄副社長・原子力・立地本部長も退任した。武藤の後任にはそれまで火力部門を統括していた相澤善吾常務が就いた。

清水は電事連会長を務めていたが、4月13日に辞任の意向を示し、同15日に電事連は総合政策委員会を開いて八木誠関電社長を後任に選んでいる。

東電の新社長に就いた西澤俊夫は、1975年京大経済学部を卒業して東電入社後、主に企画畑を歩き電事連への出向経験も持つ。「温厚で粘り強くぶれない」が西澤を知る人の評である。電事連出向時代には電力自由化問題で、また直前まで事故対策統合本部の事務局長として官邸や経産省と交渉にあたり、明晰さと粘り強さには定評があった。今回社長昇任を内示されていたにもかかわらず、発表前に別な人物が社長内定との新聞報道に「直前で変わったのか」と受け止める純朴さがあって、その人柄に周囲は信頼を寄せていた。会長の勝俣は、こういう時こそ窮地の東電を任せるには西澤しかいないと判断したのだろう。

西澤は当日発表した合理化計画遂行の陣頭指揮をすぐに執らなければならなかった。合理化計画は、資産売却や修繕費の削減によって1兆1000億円以上を捻出し、当面は料金値上げによらず急場をしのいでいかなければならなかった。不動産や株の資産売却で6000億円以上を確保し、人員もスリム化して年内には人員削減も含めて詳細な計画をまとめなければならない。

だが、経営の主体性を保持するのは、簡単ではなかった。前社長の清水が、国の支援を要請して海江田経産相と交わした6つの確認事項のひとつ第三者委員会

西澤俊夫（提供：電気新聞）

「東京電力に関する経営・財務調査委員会」の設置が、5月24日閣議決定された。委員長には産業再生機構の社外取締役を務め、企業の財務調査に詳しい下河邉和彦弁護士が就いた。委員にはＪＲ東海会長の葛西敬之も入った。葛西は東電会長の勝俣と大学（東大）が同級ということもあり長く良好な関係を築いていた。電気事業運営にも理解があって同委員会の様々な場面で孤軍奮闘する。

事務局は「東京電力経営・財務調査タスクフォース事務局」と命名され、事務局長には産業再生機構の執行役員企画調整室長に出向していた経産省の西山圭太が就任した。西山は１９９４～95年、第一次電気事業制度改革となる電気事業法改正を仕上げた村田成二公益事業部長（後の事務次官）のもとで開発課総括班長を務めていた。いわゆる〝村田学校〟のひとりとみられていた。

事務局次長には下河邉とともに産業再生機構に在籍したことのある大西正一郎弁護士も就任しており、こうした再生機構に在籍したことのある人物を起用したのは、経産省の山下隆一電力市場整備課長という。「与野党の電力族議員や経産省内の電力擁護派、財界や電力業界からの圧力をはねのけるため」（上川龍之進大阪大学大学院教授）だという。

同６月16日、菅首相、仙谷官房副長官らも同席して「経営調査委」の初会合が開かれた。初回は調査範囲などを議論したが、遊休資産売却、リストラといった短期の経営合理化策に加えて、今後の設備投資などの電気事業の長期的課題にどこまで踏み込むかは意見が一致せず、結論を次回に持ち越した。下河邉委員長は、賠償との問題でクローズアップされてきた発送電分離について「２カ月余りの限られた時間で、踏み込んだ結論をまとめるのは困難」（電気新聞６月17日付）とした。

発送電分離は、政府が５月25日に東北電力、東電の供給域内を対象に７月から電力使用制限令を発動すると発表して以来、発送電分離を持論とする専門家の意見が紹介され、「東電の発送電分離論浮上」（日経新聞など）と関心が高まっていた。

そうしたなか、東電の株主総会が同28日開かれた。福島第一原子力発電所事故と損害賠償への対応、厳しい財務状況について経営責任を問う声が相次ぎ議事は度々紛糾したものの、会社側議案はいずれも可決された。出席した株主数は延べ９３０９人と過去最高の10年度の３３４２人を大きく上回り、時間も過去最長の６時間９分に及んだ。

原子力損害賠償支援機構の組織づくりは急ピッチで進んだ。組織づくりを行ったのは、仙谷と内閣府原子力損害賠償支援機構担当室次長となった嶋田隆と同じ経産省の山下隆一である。リード役となったのは、嶋田と言われる。嶋田は、経済財政政策担当大臣の与謝野馨が自民党政権下で経産相を務めていた時から長く秘書官を務めており、仙谷が与謝野に頼み込んでの人選だったという。嶋田は原子力損害賠償機構の理事兼事務局長となる。東電はじめ電力業界は与謝野との関係もあって就任を歓迎した。

「原賠機構」は、９月12日に資本金１４０億円で法人登記され、同26日に開所式を開いた。理事長には杉山武彦一橋大学前学長が就任した。理事は野田健元警視総監、丸島俊介元日弁連事務総長、財務省出身の振角（ふりかど）秀行と嶋田が入った４人である。出資金の半分にあたる70億円は原子力事業者12社が出資したにもかかわらず、理事に選ばれることはなかった。これについて電気新聞は同27日付で「（賠償の負担金も各社が支払うルールになってい て）業界は完全な当事者にあたる。にもかかわらず徹底して組織運営から排除した今回の人選は、モデルになった預金保険機構と比べても公正さを欠くのではないか」と人選に疑問を呈している。

「原賠機構」は、東電に資金援助することで被災者への賠償を進めながら並行して経営改革を行うため、東電と共同で「特別事業計画」を立案する方針を決めた。東電に資本参加して実質的に経営権を握るねらいがあった。その事業計画策定のため運営委員会を設けることにした。

原賠機構の理事構成が「公正さを欠いている」ように運営委員会の人選もかなり意図的なものになった。このメンバーも仙谷や山下らが「電力排除」で人選したという。委員には、下河邉委員長はじめ「経営調査委」のメンバー５人が横滑りで入ったほか、前田匡史内閣官房参与らが加わった。この間7月25日成立した第2次補正予算で「原賠機構」に資金拠出する交付国債の発行枠2兆円が計上された。11月21日に成立した第3次補正予算では、発行枠は5兆円に引き上げられている。

「原賠機構」の運営委員会は、10月3日に初会合をもった。運営委員長には「経営調査委」委員長でもある下河邉が就いた。その経営調査委は同日、最終報告書をとりまとめ野田佳彦首相に提出した。今後10年間で、東電が5月20日に合理化計画で示した規模の2倍以上となる2兆5455億円のコスト削減が可能とした。

極めて厳しいリストラを求められた西澤社長は「大変厳しい指摘事項が含まれていると認識しておりますが、この内容を真摯に受け止め、支援機構の指導のもと共同で特別事業計画を作成し、経営の抜本的な効率化・合理化を進めたい」とのコメントを発表した。その特別事業計画は、「原賠機構」の第2回以降の運営委員会の論議に委ねられたが、検討テーマは、発送電分離を視野に入れた発電所や送電設備の売却にも及んで、西澤が求めた「共同で作成」する民有民営東電の主体性は、ギリギリの局面を迎えることになる。

政権の仕掛けと迷走、「脱原発」

福島第一原子力発電所の事故が起きる半年以上前の２０１０年6月、菅政権は2回目となるエネルギー基本計画の改定を閣議決定した。新たな計画では２０３０年に温室効果ガスを１９９０年比で25％削減する方針を実現するため、２０３０年の原子力比率50％以上を目標に掲げた。菅首相は「3・11」前までは「原子力立国計画」実現のため自民党前政権から引き継いで積極的に原子力輸出の首脳外交を展開するつもりだった。

だが、「3・11」後、菅は「エネルギー基本計画」を白紙に戻すことを考え始める。4月18日の予算委員会では、今後の原子力政策について「安全性をきちんと確かめることを抜きにして、これまでの計画をそのまま続けることにはならない」と答弁し、4月25日の参議院決算委員会ではエネルギー基本計画の見直しを示唆する答弁を行っている。菅のエネルギー基本計画の見直しのねらいは、原子力推進をゼロベースに戻す「脱原発」と再生可能エネルギーの大幅引き上げであることが、徐々に明らかになる。

経産省も震災後のエネルギー政策をどう描くか、とくに安全性が揺らいだ原子力問題を議論し方向性を描くため「今後のエネルギー政策に関する有識者会議」（エネルギー政策賢人会議）を立ち上げることにした。従来なら総合資源エネルギー調査会（経産相の諮問機関）の場を活用するところだが、エネルギー基本計画の根幹に議論が及ぶことは避けられず、このため従来型の政策決定プロセスでは世論の納得は得られないとみて、ゼロベースで政策を検証する場として同会議の発足を決めた。

同28日には海江田経産相が5月上旬に初会合を開くとし、有馬朗人東京大学名誉教授、橘川武郎一橋大学大学院教授、佐々木毅学習院大学教授、ジャーナリストの立花隆、寺島実郎日本総合研究所理事長ら7人のメンバーを明らかにしている。

一方で前日27日開催された中央防災会議では、文部科学省の地震調査研究推進本部から、30年以内にマグニチュード8クラスの東海地震の起きる可能性が87％の高い確率に達することが報告され、出席していた海江田経産相は、経産省の松永次官らに浜岡原子力発電所が停止した場合の影響を調べるよう指示を出した。

これに先立って原子力安全・保安院は、3月30日に電力各社に東日本大震災と同程度の津波を想定した緊急安全対策を指示していた。海江田は5月5日、浜岡原子力発電所を視察した。その際緊急安全対策の実施状況について「訓練が十分だったのか、少し疑問があった」と指摘し、浜岡原子力発電所の運転再開については「真剣に考えたい」（5月9日付電気新聞）と述べるにとどまった。5月6日保安院は、中部電力を含む各事業者の取り組みが適切に実施されているという評価結果を公表した。

しかし、海江田の「少し疑問があった」という発言は、大きな疑問を抱えていたことを示唆するものだった。中部電力は浜岡原子力発電所を襲う津波の高さを最大8・3メートルと想定し、海岸線と原子力発電所の間にある10〜15メートルの砂丘によって津波は防げるとしていたものの、川勝平太静岡県知事は砂丘頼みの津波対策は見直すべきとし、定期検査に入っていた浜岡原子力発電所3号機の再稼働に難色を示していた。

海江田は6日午後に菅首相に会い、浜岡原子力発電所の停止を上申する。停止要請は3号機だけでなく運転中の4、5号機を含めて全基を対象にしていた。松永次官らは保安院の評価結果を踏まえ、各地の原子力発電は震災・津波対策は適切で安全面の信頼はもてる、ただ浜岡だけは地震が発生する可能性が高いので停止するという、いわば浜岡停止を盾に他の原子力発電を動かすねらいだった。海江田経産相もこれを了とし、自ら会見して明らかにする算段だった。

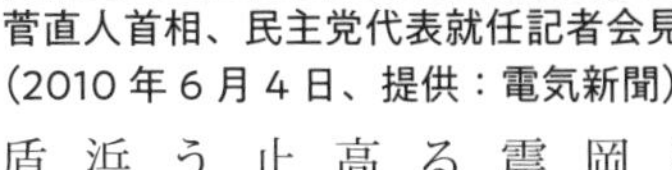
菅直人首相、民主党代表就任記者会見
（2010年6月4日、提供：電気新聞）

当時4月末までに運転を予定していた全国の原子力発電設備は浜岡原子力発電所3号機を含め8基あり、夏までにさらに2基が戦列入りする予定だった。ただ定検中の玄海原子力発電所2、3号機について九州電力は、運転再開を延期すると発表していた。

同日夕方から関係者が参加しての官邸での協議は、思わぬ展開となった。菅首相は浜岡原子力発電所全基の停止を決断すると同時に自ら会見すると言い出したのである。仙谷によると、協議の中では停止要請を延期すべきとの意見も出たという。「『唐突すぎますよ』私は苦言を呈した。浜岡の停止要請の法的根拠が曖昧なこと、何よりも総理の要請となれば、その政治的要請があまりにも大きいと異議を唱えたが、官房長官の枝野が『すでに検討を始めた以上、外部に漏れる怖れがある』として退けた」（仙谷由人著『エネルギー・原子力大転換』より）という。

菅首相は6日官邸での会見で、経産省が用意したペーパーではなく側近が作り直した、他の原子力についてはまったく触れない発表文をもとに浜岡全基の運転を停止するよう同日夕、中部電力の水野明久社長に要請したことを明らかにした。

要請を受けて同社はすぐさま取締役会を開き、対応を協議した。7日の臨時取締役会では結論が出ず、三田敏雄会長がカタールでのＬＮＧの追加調達交渉から帰国する9日、再度協議することにした。定検中の3号機に加え運転中の4、5号機も止めるとなると計361万7000ｋＷの供給力が失われる。その分を火力発電などで賄うとなるとＬＮＧを中心とする化石燃料の緊急的な大量調達が必要になる。スポット市場は限定的であり、長期計画停止中の火力を立ち上げるにしても数カ月程度、長いもので1年以上かかる。政府要請を受け入れると燃料費の負担増による収支影響のみならず夏場の需給は一転、ピンチとなる恐れが出てきた。

9日、再び臨時取締役会が開かれた。出席者は水野社長以下の取締役15人全員と監査役6人の計21人、7日にＬＮＧ交渉のためカタールに出発した三田会長も同日帰国し、協議の輪の中に入った。

「(中部電力の取締役会で) こんなに長時間、全員がギリギリまで議論したことはかつてなかったのではないか」(三田会長) と夏場の供給力や収支への影響も含め首相要請を議論した。その結果取締役会は、受諾やむなしとの結論に至った。首相要請もさることながら川勝平太静岡県知事の浜岡原子力発電所停止の意向が大きかった、と関係者は語っている。

川勝は、浜岡原子力発電所が長く「原発反対運動」のターゲットにされてきた経緯から再稼働を機に全国の運動家が集まってくることを恐れ、また民主党誕生にも関わった首長でもあり、再稼働を許せば政治的立場が崩れかねないことを最も気にしていたという。

中部電力にとって原子力立地地域の首長、川勝静岡県知事の存在は、同社と浜岡原子力発電所の今後にもかかわることだけに最も重視しなければならなかった。同社は同日、「電力需給対策本部」を設置、浜岡原子力発電所4、5号機は順次運転を停止した。

浜岡原子力発電所の運転停止は、首相要請によるものだったが、九州電力は電気事業者自ら定期検査を終える予定の原子力発電の運転延期を判断した。運転延期となったのは玄海原子力発電所２、３号機である。「３・11」から２週間余の３月24日、同社の眞部利應社長は、福島第一原子力発電所の状態が安定していないことや、国が安全対策の方針を見直す方向で検討していることを考慮して両原子力発電所の発電再開を自主的に延期すると発表した。

定期検査に入っていた玄海原子力発電所２号機（55万９０００ｋＷ）は３月下旬、同３号機（１１８万ｋＷ）は４月上旬に発電再開を予定していた。眞部社長は発電再開の延期について「不安の声が届けられていた」と、地元の意見なども踏まえての判断だったと説明した。この時眞部社長は「当面は安定供給への支障はない」としていたが、いったん止まった両原子力発電所の運転再開に同社は、その後途方もない労力と時間を費やすこととなる。安定供給も一時綱渡りの状態となった。

中部電力が菅首相の浜岡原子力発電所の運転停止要請を受け入れた５月９日、眞部社長は地元佐賀県玄海町の岸本英雄町長と会談し、運転再開への理解を求めた。眞部社長はその後佐賀県知事や周辺市町村にも直接説明に赴いたが、首相の浜岡原子力発電所運転停止要請と中部電力の受け入れ判断が影響してか、立地地域首長の姿勢は硬かった。鹿児島県に立地する川内原子力発電所１号機も定期検査に入り、火力燃料の確保が十分でないことが分かって供給力の余裕が失われていく。

翌10日、菅首相は会見でエネルギー基本計画をいったん白紙に戻して議論する必要がある、と同計画の見直しを表明。さらに同19日、経産省が事務局を努める新成長戦略実現会議で、経産省とは別にエネルギー政策を議論する場を設けることを明らかにする。６月７日政府は新成長戦略実現会議を開き、閣僚級の「エネルギー・環境会議」（議長＝玄葉光一郎国家戦略担当相）を設置し、「革新的エネルギー・環境戦略」の策定作業に着手する方針を決めた。

同日の実現会議ではエネルギー・環境会議とは別に「原子力行政・規制のあり方に関する検討会」（仮称）の設

置も決めた。同6月9日付電気新聞は「原子力事故を踏まえて安全規制のあり方を検討する組織との位置づけだが、設置時期やメンバーは未定」と平野達男内閣府副大臣の会見を報じている。菅首相はこの頃、原子力安全・保安院を経産省から切り離すことにも執心していた。5月24日発足した政府事故調査・検証委員会（畑村洋太郎委員長）には、原子力行政の在り方そのものを検討してもらい、根本的な改革の方向性を見出していきたいとの考えを示していた。

「エネルギー・環境会議」の幹事会座長を務める平野副大臣は、この時の会見で、「まずは省エネ、再エネ、資源・燃料を中心に議論することになる」、「(電力システム改革の論点発送電分離に関しては)徹底検証が必要。簡単なテーマではない、(基本方針の取りまとめは）結論が出るか分からない。両論併記になるかもしれない」と述べている。

同会議は玄葉国家戦略相以下、経産相、環境相が副議長となり、関係省庁の大臣や仙谷内閣官房副長官らをメンバーとした。事務局は内閣官房国家戦略室が担った。国家戦略室にはエネルギー・環境会議事務局が置かれ、経産省から出向していた日下部聡内閣官房内閣審議官が指揮をとることになった。

日下部は1998年、電気事業法改正に向けて発送電分離を目指していた当時の村田官房長、奥村電力・ガス事業部長のもと公益事業制度改正審議室の企画官として電力小売り自由化問題にかかわっていた。そしてもうひとり、2004年にいわゆる「19兆円の請求書」として原子力のバックエンド問題を提起した文書を作成した責を問われ、退官しリクルートに転出していた伊原智人も事務局メンバーに加わった。声をかけたのは国家戦略担当相の玄葉だという。

首相の菅は追い込まれていた。5月26日自民党の谷垣禎一総裁が会見で内閣不信任案の提出について踏み込んだ発言を行い、6月1日には谷垣と山口那津男公明党代表が内閣不信任案の提出で合意した。同日、「たちあがれ日本」との3党合意で内閣不信任案が提出された。民主党内の小沢一郎元代表が率いるグループは、賛成に回るとの観測だった。

同日菅は民主党の代議士会で「私がやるべき一定の役割が果たせた段階で、若い世代の皆さんに責任を引き継いでいただきたいと考えている」と述べ、これが菅の退陣表明と受け取られた。民主党内の造反はこの発言で収まることとなり、同2日不信任案は否決された。菅は同28日の会見で退陣の条件として、再生可能エネルギー特別措置法の成立など「退陣3条件」を挙げた。

経産省では、浜岡以外の原子力発電所の運転再開を進める段取りをしていた。6月18日、海江田経産相は「原子力発電の再起動について」という大臣談話を発表した。記者会見では電力各社から受け取った過酷事故などを想定した追加安全対策の報告を適切とする保安院の評価結果を公表し、定検停止中の原子力発電の再起動は安全上問題ないとする見解を示した。「必要があれば立地地域に伺い、話をさせて頂きたい」とした。海江田と経産省には、九州電力の眞部社長が運転再開を求め陳情していた玄海原子力発電所2、3号機が頭にあった。

同29日、海江田担当相は佐賀県に赴き、午前中に岸本玄海町長、午後に古川康佐賀県知事と会談、再稼働への理解を求めた。岸本町長は周辺自治体の意向などを踏まえ近く再開同意を九州電力に伝えるとしたが、古川知事は「今後も安全性の確保、県議会での議論などを総合的に勘案して判断したい」と明言を避けた。

明言を避けた古川知事の反応と「安全性の確保」発言を引き合いに都合よく解釈した菅首相は、保安院の判断だけでは国民の理解は得られないと、原子力安全委員会の関与を求め、急にストレステスト（裕度評価）の実施を求めた。しかし、佐賀県は実のところ態度を軟化させており、菅も定期検査を終えた原子力については事前に安全性が確認されれば再稼働を認めるとしていたという。まさに「総理の〝ちゃぶ台返し〟」だった。

7月6日、衆議院予算委員会で菅首相は、6月18日の海江田経産相の「原子力再起動の安全宣言」について、自分は無関係だとして玄海原子力発電所の再稼働を容認しない姿勢を示した。その上で再稼働にはストレステストをクリアすることが必要であるとの「新見解」を示した。

ストレステストは、コンピュータ上でシミュレーションを行うもので、大きな地震や津波などで機器や設備がどこまで耐えられるのかを2段階に分けて行う。1次評価で定検を終えた原子力が設計上の想定を超える「津波」「地震」「電源喪失」「冷却機能」の4項目にどれだけ耐え得るか調べ、再稼働の是非を判断する。

2次評価では「地震と津波」といった複合的な要素も加える。ここでは運転中のすべての原子力を対象に評価を行い、運転継続や中止を判断、その上で保安院と最終的には原子力安全委がその妥当性をチェックするというもので、EUではすでに実施していた。電力会社が行ったシミュレーションを各国の原子力の規制機関がチェックし、さらに別の国の専門家などによって相互評価する、3段階評価の仕組みをEUは採用していた。

だが、ストレステストについて首相は、どれほどの知識があったのだろうか。仙谷はその著書で「理科系出身の菅さんは、原子力について一定の知見があると自負しており、自分の知らないところで再稼働を急ぐ経産省に猜疑心を抱く一方、母校・東京工業大学出身の専門家を内閣官房参与に多数登用していた。ストレステストはおそらく、それらの人々の進言も多分に作用していたのだろう」（『エネルギー・原子力大転換』）と述べている。

菅答弁は海江田のメンツを潰すものだった。対立は決定的となり海江田は同委員会で時期が来たら辞任する、と辞意を表明する騒ぎになった。ところが同日の予算委員会は思わぬ展開となった。共産党の議員が、玄海原子力発電所の再稼働をめぐっての「やらせメール」問題を取り上げ、これをメディアが大きく報道した。

ことの発端は玄海原子力発電所2、3号機の再稼働に当たって経産省が主催したケーブルテレビやインターネットで動画配信する「佐賀県民向け説明会」の実施を前に、九州電力が関係会社の社員らに運転再開を支持する文言の電子メールを投稿するよう指示していたというものだった。ネットを通じた意見や質問を出してほしいと九州電力に注文を出したのは、佐賀県の古川知事との報道もなされた。古川知事は国のお墨付きを得て再稼働させたいと考えていたという。

同日の予算委員会では菅首相、海江田経産相も「大変けしからんこと」と答弁し、翌7日、岸本玄海町長が玄海原子力発電所2、3号機の再稼働の同意を撤回した。こうした情勢を受け同日眞部社長は辞意を漏らした。九州電力は7月27日、内部調査を行うため弁護士でもある郷原信郎名城大学教授を委員長とする第三者委員会を設け、9月8日に中間報告、同30日に最終報告書を九州電力に提出した。報告書では古川知事が6月半ばに九州電力幹部と会談した時の発言が発端となって「民意が賛成に向けられるよう九州電力が動いた」と断定していた。古川知事はこれに対し、真意と異なると反論した。

九州電力は10月14日、この問題に関する最終報告書を経産省に提出したが、第三者委員会の報告内容を事実上否定し、関与したとされる古川知事についてもほとんど記述していなかった。眞部社長は辞意を撤回し続投の意向を明らかにした。これについて枝野経産相は「原発周辺の皆さんの理解を得るのは難しいだろう」と述べ、玄海の再稼働への障害になるとの認識を示した。枝野経産相が納得しない限り玄海原子力発電所の再稼働はない、との大きなプレッシャーだった。

眞部社長は12月26日会見し、同22日に提出した『第三者委員会最終報告書』を真摯に受け止め、再発防止・信頼回復に向けた取り組みを進めていく」との文書を枝野経産相が受理したことで一連のメール問題は決着したとの認識を示した。最終報告書の再提出は行わないとした。

また眞部社長は需給・業績問題に一定の目途がついた時点で辞任する意向を明らかにした。２０１２年4月1日付で相談役に退いた。同日松尾新吾会長も相談役に退き、後任の会長には貫正義副社長が、新社長には瓜生道明副社長がそれぞれ昇任した。

この玄海メール事件に関連して北海道電力が8月31日、２００８年の国主催のプルサーマルシンポジウムに参加要請のメールを社内に送信していたと発表し、中部電力の水野明久社長は同様の国主催のシンポジウムへの参加を社員や関連企業に要請したとの調査結果がまとまったとして「反省」の意を明らかにしている。

しかし、「説明会などでは反対派も動員をかける。国の審議会などでパブリックコメントを求めると、賛成、反対双方にコピーしたと思わせる同じ内容の意見が大量に届く」と識者の間には、電力会社が一方的に世論操作をしているかのように報じる世論動向に疑問を投げかける意見も出された。

菅直人首相の5月6日の中部電力浜岡原子力発電所への運転停止要請以降、〝菅ペース〟で原子力再稼働のハードルは高まった。その極め付きともいうべき局面が来た。7月13日記者会見を開き、唐突に「これからの日本の原子力政策として、原発に依存しない社会を目指すべきだと考えるに至った」と脱原発依存を進める考えを表明したのである。計画的、段階的に原子力への依存度を下げ、将来は「原発がなくてもきちんとやっていける社会を実現していく」とした。

しかし、この「脱原発」発言は閣議決定を経たものでもなく、ましてや経産省はじめ全省庁との調整も済んでいない。野党や経済界だけでなく閣内からも様々な意見や批判が飛んだ。電力業界は「我が国の将来の根幹に関わる極めて重要な問題。方向性を誤れば大きな禍根を残すことになる」（八木誠電事連会長）と発言を憂慮し、自治体からは「政府としてまとまった考えとは感じられない」（西川一誠福井県知事）と戸惑いの受け止めや「冷静さを欠いている」との識者の声などが渦巻いた。

こうした反応や批判を受け、菅首相は15日「私の（個人的な）考え」と発言を修正した。

各紙は、社説で首相発言を取り上げ「『その場限りで信用できぬ』／政策を大転換する考えを打ち出したが、その内容は全く不十分で、無定見ですらある。一刻も早い退陣を求めたい」（産経新聞）、「『菅首相の脱原発宣言は無責任だ』／政府与党で十分な議論をしないまま政策の大転換を口にし、代替エルギーに関する十分な説明もなかった」（日経新聞）、「『政治全体で取り組もう』／民主党としての考え方を明確にしなければ、首相発言は絵空事になりかねない」（朝日新聞）と論調は手厳しかった。

だが、菅は「脱原発」を諦めていなかった。同29日のエネルギー・環境会議では、原子力への依存度を低減させることが確認された。今後1年かけて国民との対話を続けながら脱原発依存を具体化するための「革新的エネルギー・環境戦略」を作成することになった。また８月15日には保安院の原子力規制部門を経産省から分離し、環境省の外局として原子力安全庁（仮称）を設置することを閣議決定した。

さらに８月26日には再生可能エネルギー特別措置法が成立した。２０１２年７月には再生可能エネルギーの固定価格買い取り制度（ＦＩＴ）がスタートすることになった。経産省が示した電源種別の買い取り価格では、太陽光は42円／ｋＷｈである。よくても30円／ｋＷｈ台後半と目された買い取り価格は、大方の予想を大幅に上回る高値となった。最終的に消費者の支払う料金に転嫁されるＦＩＴ。電力会社の買い取り総額は、２０１９年度で総額約３兆６０００億円に達している。

「ストレステスト」について原子力安全・保安院は、すべての原子力が対象となる二次評価では、電力会社からの報告時期を「年内をめど」としたが、定期検査で止まっている原子力が対象の一次評価について時期は一切示されていなかった。細野原発事故担当相は「原子力安全・保安院と原子力安全委員会の判断や作業に対し、政治が関与するのは好ましくない。ただ一次評価が出たら、政治が速やかに運転再開を判断したい」と述べるにとどめ、時期については明言しなかった。

次第に定期検査に入る原子力発電の数が増えていた。２０１１年８月、全国54基の原子力プラントのうちこの時点で稼働中は15基（調整運転中の北海道の泊発電所３号機を含む）である。停止中の原子力の再稼働が遅れると年末までに９基が停止し、越年して供給できるのはわずか５基となる。「『再稼働遅延』というシナリオは現実味を帯びており、慢性的な供給不足になりかねない」と電気新聞は警鐘を鳴らした（８月８日付）。

８月末には関東、東北地域の電力供給を担う東電柏崎刈羽原子力発電所１、６号機も定検に入った。両機合わせると総出力は２４５万６０００ｋＷである。この供給力がなくなる。新潟県の泉田裕彦知事は「福島第一原子力発電所で何があったのか検証されないと（定検後の運転再開は）判断できない」と次第に態度を硬化させていた。

この頃しきりに「埋蔵電力」があるから、と供給不足を補う〝お助けマン〟が現れるとの報道がなされた。企業の持つ自家発や非常用電源のことである。余裕があれば電力会社に売電できるが、年度ごとの供給計画で「他社受電」として織り込まれているものが多い。それでも政権側は「埋蔵電力」への期待を示していた。資源エネルギー庁が調べると160万kW程度、余力はこれしかなかった。政権側は確たる手当もせず原子力再稼働なしで冬場、来夏を乗り切ろうというのである。

菅首相の中部電力浜岡原子力発電所の運転停止要請から「脱原発宣言」、さらに見通し不明なストレステストの実施による原子力再稼働の遅延――。民主党政権のもとで原子力政策は揺れ動き、不安定さが増すなかで政権の東電への圧迫だけは、日増しに強まっていた。

東電「国有化」、民有民営電力の軸崩れる

原子力損害賠償支援機構（原賠機構）と東電は、緊急特別事業計画を策定のうえ、2011年度末にこれを改定した総合特別事業計画をまとめることにした。同年10月21日の第3回運営委員会では、職員と東電の若手・中堅社員からなる「改革推進チーム」を設置し、賠償支払い手続きの改善や、経営合理化についての行動計画をまとめることにした。

11月4日、枝野経産相は、10月28日付で申請があった原賠機構と東電が策定した緊急特別事業計画を認定すると伝えた。計画の認定により原賠機構から東電に対して福島第一原子力発電所事故の賠償に当面必要な9000億円の交付が可能になった。政府の資金援助を受けることになった西澤東電社長は「全精力を傾けて計画を実現する。社内一丸で親身な賠償、徹底した合理化を進める」と強調した。

計画の骨子は、①賠償総額を1兆109億800万円と見積もり、機構に資金援助を要請、原賠機構は政府の賠償措置額1200億円を控除した8909億800万円を2011年度中に交付、②計画遂行の体制整備として新たに「ワーキンググループ」を設置し年度末までに「アクションプラン」を策定、「原賠機構」・東電トッ

プが参加する「経営改革委員会」を設置、③２０１１年度に２３７４億円のコスト削減を実施し、10年間で約２兆５０００億円超の削減を目指す、④不動産、有価証券、事業・関係会社などの売却を進め、２０１１年度は約３５００億円規模、３年以内に７０００億円台の売却を目指す――というもの。

このほか東電グループ全体で７４００人の削減を目標に挙げ、経営層だけでなく社員の年収カットを続け、年金も現役だけでなく、ＯＢを含めて引き下げるとした。ＯＢの企業年金の退職給付の削減には事態の厳しさが、驚きとともに伝わった。

またこの日東電は２０１１年度の中間決算も明らかにしている。東電単体で１３００億円の経常赤字、当期損失は６２７２億円である。主因は事故収束等の災害関連費と損害賠償費の膨らみ、加えて燃料費増である。半期で燃料費は前年同期比27・5％増の９７８５億円、１兆円近くに達した。

通期（２０１１年度決算）は、当期損失５７５０億円の巨額の赤字の見通しで西澤社長は同年度の燃料費は、前年度比８３００億円増の２兆３０００億円程度となる見通しを明らかにした。このままだと燃料費の増加分を現行の電気料金で賄えない赤字構造の会社となるのは必至だった。一時20％を超えていた自己資本比率は、８・９％まで低下していた。

赤字が膨らめば資本が毀損し公的資金の注入を招く。それはつまり民間経営の主体性が保持できなくなり実質国有化の道を開きかねない。それを避けるため合理化とリストラを徹底しながら値上げによって財務面の改善を図り社債発行までこぎつける。柏崎刈羽原子力発電所が運転再開となれば事態はガラリと変わる。西澤は、そこに至るまで早期に料金引き上げを実施し理解を得、そこを端緒に自立の道をつくりあげようとしていた。

原賠機構の杉山武彦理事長は、同日の会見で電気料金問題について、政府が検討する電気料金制度の是正の状況を踏まえ、来春策定の総合特別事業計画に方向性を盛り込むとの考えを示す一方で東電への公的資本注入の可能性について「可能性の中には入る」と指摘した。この時期政権内ではもうひとつのテーマ、電力システム改革も浮上しており、これら料金改定を含めた東電の経営問題と電力システム全体の問題は、ほぼ同時並行的に議論の遡上に挙がり、政権内ではある一群の政治家、官僚たちが結論に迫っていた。

この日（11月4日）、政府内でまた新たな会議が始動した。「電力改革及び東京電力に関する閣僚会合」（議長＝藤村修官房長官）が初会合を開いたのである。枝野経産相が緊急特別事業計画について説明した後、藤村長官は「今後のエネルギー政策では、ベストミックスとそれを支える電力システム改革、双方の検討が重要」と述べた。

すでにベストミックスを検討する場として「エネルギー・環境会議」（議長＝古川元久国家戦略担当相）があり、東電の経営問題については同閣僚会議で議論することになったが、政府内では電力・エネルギー問題は関係府省で調整することも多いことから、議論の司令塔を少人数の非公開会議に委ねることが、ほぼ既定路線となっていた。

いわゆる「インナー」と呼ばれる閣僚級グループである。その非公開会議メンバーは、民主党から仙谷政調会長代行、政府は枝野経産相、細野原発事故担当相、古川国家戦略担当相、齋藤勁（つよし）内閣官房副長官の合計5人。同会議の下に関係府省や機構の幹部で構成された実働部隊が置かれていた。

顔ぶれこそ違うが、「インナー」は東電の「賠償スキーム」を巡る検討、また東電と原賠機構による特別事業計画の認定プロセスでも強い影響力を発揮し、仙谷によれば「電力改革の重要案件はほとんどこの場で調整されたと言っていい」とまさに政権の〝影の参謀本部〟となっていた。会合は都内のホテルで開かれるのが常だった。公正さや透明性を二の次にしてインナーに決定権を委ねるのは民主党政権の特徴であり、それはまた呼ばれた官僚たちにとって自分たちの企図を反映できる場だった。

この「インナー」には〝仙谷三人組〟と呼ばれる3人の経産省官僚が参加し意思決定をサポートしていると一部でささやかれていた。いずれも1982年同期の入省組、原賠機構の嶋田隆理事兼事務局長、今井尚哉資源エネルギー庁次長、日下部聡内閣官房内閣審議官である。

このほかにも前田匡史内閣官房参与らが加わっていた。閣僚級5人とこうした官僚が加わった「インナー」では東電の国有化方針はほぼ固まりつつあった。12月になって要賠償総額は約1兆7000億円に膨らみ、純資産を食い潰す恐れが高まってきたのである。燃料費の負担増は電気料金に転嫁できるとしても今後本格的に始まる除染や廃炉等の費用負担を考えると、国の資本注入なしでは債務超過に陥るのは必至と分析していた。

何よりもこのままでは東電の経営陣には任せておけない、政権の意向通りの運営体制にしなければ、と考えたのだろう。だが東電国有化は、政府としてはそれで決まったわけではなかった。財務省というハードルが待ち構えていた。

東電と原賠機構は12月9日、「改革推進のアクションプラン」を発表した。2014年度までの合理化施策として個別の削減目標や改革実施スケジュールなどを示したもので、緊急特別事業計画で「10年間で2兆5445億円超」としていたコスト削減目標を1000億円積み増した。現場が修繕費見直しなどを詳細に積み上げた成果が削減数字に表れたものという。合理化の対象項目は設備投資計画の見直しや既存発電設備の売却など計35に及んでいた。

この頃東電内はキャッシュ不足という深刻な悩みに直面し台所事情は、まさに〝火の車〟だった。これまでは修繕費の抑制や原価変動準備積立金・別途積立金などの内部留保の取り崩しなどで凌いできたものの、今回はそうした対策ではとても間に合わなかった。

福島第一原子力発電所はこの時点で4基の廃炉が決定、残る10基も供給力に織り込めない以上、原価における電源構成とのかい離が大きく、化石燃料の増加分だけでも赤字が慢性的に発生する構造になっていた。中間決算では現実に6000億円を超える大幅な損失を出した。

加えてこの時点でいえば震災による設備の復旧費や福島第一原子力発電所事故の汚染水の浄化冷却システムの構築等事故収束費用が膨らんでおり「役員はほぼ全員金策に駆け回っていた。来月の給与が本当に支払われるのか心配するほどだった」（関係者）とキャッシュが乏しく、「インナー」の閣僚たち以上に社員たちは、危機感を感じていた。

西澤社長は、料金値上げの道筋をはっきりさせる必要があった。

東電は12月22日、自由化部門の顧客24万件に対して翌年4月以降の料金値上げを要請すると発表した。値上げは第二次石油ショック後の80年4月以来である。電気新聞（12月26日付）は「上げ幅などの詳細は1月に公表し、規制部門も早期に値上げを申請する考え」「経営合理化、電力需給、原子力稼働の見通しを織り込むと全体で1兆円規模の値上げになる」と伝えた。

だが、これ以前に枝野経産相は、総括原価方式に係る現行料金制度を検証する有識者会議を主催し、東電の料金値上げ申請については「（有識者会合の結論が）認可などの前提になっていく」と発言し、有識者会議で一定の結論が得られるまで経産相として認可しない考えを示していた。東電の値上げの動きに圧力をかけるような言動も伝えられていた。

西澤社長は、自由化部門の値上げ発表後、記者会見に臨んだ。周囲によるとその時西澤は、枝野経産相を意識して「（料金改定）申請は事業者としての義務、権利」と電気事業者の立場を伝えようとしたという。ところが、記者たちの質問攻めから枝野経産相に対する考えであることを省略して述べた。

西澤社長が指摘した料金改定の「義務、権利」は、電力会社が需要家すべてに供給義務を課されており、そのためにかかった費用は請求する権利があることに由来している。実際「経営が成り立たない状況に陥ることが見通せるときに何もしないのは株主代表訴訟の対象にもなるので、しっかり対応しないといけない」と述べている。そのことをまず枝野経産相に向けて発信しようとしたのが、結果として一般消費者に向けて「値上げは権利」と発言したと受け取られ、大きく報道されることになった。

この発言に枝野経産相は強く反発し27日、西澤社長を呼んで「値上げは電気事業者の権利」とした発言をただし、さらに国有化の受入れを迫るかのような発言を行ったという。同日東電は原賠機構に対し追加の資金援助要請を行った。自主避難者への賠償の決定や精神的苦痛の支払額増額を決めたことなどにより要賠償額が約6900億円規模に増えたためだ。最終的には首相と経産相の認定となるが、枝野経産相はすぐには認定しなかった。

翌2012年1月17日、東電は4月1日から特別高圧で2円58銭／kWh、モデルケースで18・1％、高圧で2円61銭／kWh、同13・4％の値上げを行うと発表した。

2012年2月に入ると総合特別事業計画策定に向けて東電経営を巡る協議がヤマ場を迎える。同計画では事業運営方針や資金計画と同時に経営のあり方も示されることになり、公的資本注入が大きな焦点となってきたからだ。政府や東電、金融機関などが議論を続けているものの、政府は東電の自主経営に一段と厳しい姿勢を見せていると2月2日付電気新聞は、次のように報じている。

「4月からの法人向け電気料金値上げについて、枝野幸男経済産業相や古川元久国家戦略・経済財政担当相が経済への配慮を要請。企業や自治体などからの声を背景に、東電への圧力を強めている格好だ」「政府はこうした声をくみ取る格好をとって東電への『指導』を強めているほか、経営方策に関する協議の延期などで圧力をかけている」

2月13日、枝野経産相は東電の第3・四半期決算の日になってようやく賠償追加交付を認め、下河邉委員長と西澤社長に伝えた。この席で枝野経産相は「総合特別事業計画が十分な議決権が伴わない形で（国に）資本注入を求める内容であれば、計画を認めることはできない」とした。さらに翌日の閣議後の記者会見では東電への資本注入の可能性について「りそな銀行のケースが基本的な考え方だ」と述べた。

国は2003年、りそな銀行に2兆円規模の資本注入を行った際、議決権付きを含む優先株と、普通株を組み合わせて7割以上の議決権を取得していた。枝野の発想は東電に公的資金を投入する場合も議決権付株式を中心にする考えとみられた。これに古川国家戦略担当相も会見で「そうした方向は当然あるべきではないか」と議決権取得に肯定的な考えを示した。「インナー」ではすでに結論が出ていることをうかがわせるものだった。

これに対し日本経団連の米倉弘昌会長は13日の会見で、枝野経産相が東電を実質国有化する意向を示していることに関して「国有化とはとんでもない。勘違いしている」と痛烈に批判した。さらに「国有化して、きちんとした経営になった企業を見たことがない」。公的資本注入を実施するにしても「過半数より3分の1がいいのではないか」と述べ、国の議決権の取得は、拒否権発動に限定される3分の1にとどめるべきとの考えを示した。

財務省は、東電国有化に反対を基本姿勢にしていた。50％を超える議決権を握ると、国が東電の経営に責任を負うことになり、先々巨額の費用を負担しなければならなくなる。そのことを最も懸念したからという。

当時事務次官は「最後の大物次官」と言われた勝栄二郎であり、勝次官と勝俣東電会長は、旧知の仲と言われていて東電内には「勝—勝ライン」に期待する向きが強かった。原賠法の第3条但し書きの「免責条項」をめぐっては財務省が難色を示し、東電は賠償費用を一義的に負担することになったが、実質国有化をめぐっては反対することで一致をみた。

「経営権の取得は認められない。譲って49％だ」と原賠機構には勝次官からの指示が寄せられたという。ただ財務省の勝次官にとっては消費増税法案の成立という大目標があって、仙谷ら政権中枢の協力を得なければならず、東電国有化には徹底的に反対しにくい事情があった。仙谷は「（財務省は）悲願である消費増税法案の成立を控えて正念場であり、ただでさえ国民の反発を招いているのに、東電問題まで積極的に引き受ける気があったかどうかは疑問である」（仙谷由人著『エネルギー・原子力大転換』より）と述べている。

一方で事故発生当時2兆円を融資した銀行団にとってもこの時期、東電の経営問題は気が気でなかった。東電破たんを避けるため追加融資に応じざるを得ないにしても、そのためには東電が正常な債権先でなければならない。それは公的資本の注入を意味したが、増資は6月の株主総会で東電が授権資本枠を拡大したあとになる。公的資金注入、実質国有化への道筋を銀行団も受け入れ、追加融資を準備した。

福島第一原子力発電所事故で最もやっかいで重要な問題が廃炉の工程であり、そのコストをどう負担していくかだったが、緊急特別事業計画では事実上先送りの文面になっていた。廃炉に引き当てていた９０００億円では間に合わず、いずれ待ったなしで直面する問題である。そこで東電は、この廃炉についていったん切り離して国費で進められないか模索するも実現しなかった。また賠償費用の膨らみが大きくこのままでは債務超過に陥る可能性が出てきた。それらを勘案して東電は3月29日、原賠機構の運営委員会に賠償資金８４５９億円の追加支援と廃炉を含めた福島第一原子力発電所の安定化に回す資金確保のため1兆円の資本増強を求めた。

西澤社長は「コストダウンなど進めてきたが、やはり経営財務基盤の強化を図るため機構に支援を受けるのが不可欠と判断した。手を尽くしたがここに至ったという思いはある」と述べた。機構を通じた国の出資は、最も避けたかった選択ではあったものの、恐らく勝俣会長らは、政府の議決権を3分の1以下に抑えられれば、まだ民間の総意工夫が生かされ、自立できる余地があるとみていたのだろう。

経団連の米倉会長も「公的資金を注入するにしても過半数より3分の1以下にとどめるべきだ」と後押ししていた。

これに対し原賠機構側は、1兆円の資本注入時に過半数の議決権を掌握する方針を固めていた。追加的に議決権を得られる転換権つき種類株も取得し、転換権を行使することで3分の2超の議決権を確保しようとしていた。当時東電の時価総額は約６０００億円と言われ、新たに1兆円の資本を投入すれば3分の2の議決権を得ることができるという計算だった。

この議決権にからむ国有化問題とならんで6月の株主総会を控え、東電首脳陣、なかでも勝俣会長の去就と人事も注目の的となっていた。機構の幹部であり「インナー」を支える官僚までもが、勝俣辞任を前提に後任探しに動いているとの噂が流れた。一時、経団連元会長の奥田碩トヨタ自動車相談役（元会長）らの名前が取り沙汰された（仙谷は名古屋まで出向いて奥田を口説き、好感触を得ていたものの〝幻に終わった〟としている）。しかし、福島第一原子力発電所事故後の東電を引き受ける経済界の重鎮は、おいそれとは現れなかった。

そこで東電の経営問題を仕切っていた仙谷が、切り札的に原賠機構・運営委員会委員長の下河邉に東電会長就任を依頼し、下河邉はやむなく引き受けたとされる。その時仙谷は、社長の西澤の交代も考えており、下河邉委員長にもその旨伝えたという。

勝俣は「2年」ぐらい事態は変わらないとみて、西澤のもとで東電の自立化を描いていた。西澤は社長に就任して1年にも満たない。水面下で西澤降ろしの勢力と、対する勝俣との間で熾烈な綱引きが続いたに違いない。当時勝俣には、トヨタ自動車の奥田相談役が仙谷からの会長要請を断り、その理由が会社（トヨタ自動車）と、とくに家族の反対によるものと伝わっていた。社長の西澤の後任を「すぐにハイ、ハイと引き受けるような人が現れるだろうか」と周囲に語っていた。だが、原賠機構側からすればそれでも事故前から東電中枢にいた西澤が続投するのでは、世論の納得が得られないとみたのだろう。むしろ勝俣色を一掃して経営権を牛耳る、そうした排除の姿勢の方が強かったように映る。

4月19日、野田首相は官邸に下河邉委員長を呼んで直々に東電会長を要請した。下河邉は記者団に囲まれて「新生東電をスタートさせるにあたって社長も交代していただきたい」と述べ、大きく報道された。これが事実上西澤退任の流れをつくった。その日仙谷は勝俣と会い、西澤社長の交代などを伝えたという。西澤社長の更迭を口にした瞬間、勝俣会長の顔色が変わったと仙谷は記しているが、詳しいことは分からない。勝俣会長は翌日、仙谷に承諾を伝えたという。

5月8日、東電は臨時取締役会で、勝俣、西澤の退任と下河邉の会長就任、そして廣瀬直己常務の社長就任を内定した。

新社長となった廣瀬は、1976年一橋大社会学部を卒業して入社、イエール大学経営大学院に留学してMBA（経営学修士）を取得。その語学力などが買われて当時会長の平岩が経団連会長に就任していた前後、スタッフとして通訳なども務めた。企画、営業部門が長く、営業部長や神奈川支店長などを経て「３・11」後福島原子力被災者対策本部副本部長（常務）として被災者への賠償業務や地元調整に当たっていた。廣瀬が選ばれたのは、国際感覚や電力自由化時代の営業センス、加えてそうした被災者対応の実績が買われたとみられている。

同９日枝野経産相は、東電と原賠機構から４月27日に申請されていた総合特別事業計画を認定した。被害者への賠償、福島第一原子力発電所の安定化と電力安定供給を同時に達成するため、電気料金値上げや原賠機構からの資本注入といった財務基盤強化が必要とし、その前提として今後10年間で３兆３６５０億円にのぼる徹底した合理化を図り、経営改革を進めるとした。実質国有化のもとで進める計画である。

ポイントは次の通りである。

・賠償総額は緊急特別事業計画から８４５９億円増の２兆５４６３億円とした。ここには廃炉や除染の費用は盛り込まれていない

・３兆円超のコスト削減の内訳は人員削減や給与、退職給付制度など人件費の見直しで１兆２７５９億円、関係会社などの随意契約３割削減や分離発注の拡大など資材・役務調達関連で６５４１億円など。設備投資関係でも９３４９億円削減する。18年度以降の電源についてはすべてを入札とし、21年度までの２６０万kWを石炭火力のＩＰＰで募集する。資産売却や子会社の再編なども加速させる

・事業運営体制や経営ガバナンスも大きく変える。株主総会後に委員会会社へ移行。社外取締役を含む取締役会による業務執行の監督を本格化させる

・機構は１兆円の出資を行うことで当面50・11％、潜在的に３分の２超の議決権を確保、また取締役や執行側へ人材を派遣し、経営、事業運営の関与を強める

・事業運営組織も大きく変わる。10月の燃料・火力部門を手始めに、送配電部門、小売り部門が社内カンパニーとなる

・機構からの１兆円の出資のほか主要取引金融機関から約１兆円の新規融資枠を確保（金融機関は機構から１兆

円の増資が行われたことを確認して8月1日以降追加融資に踏み切り、13年12月にも融資額を増やし総額は1兆700億円に上った）

・7月からは料金値上げ実施を見込んだ（5月10日、7月1日から規制部門で平均10・28％の値上げを申請。7月25日、8・46％に圧縮され認可された）

総合特別事業計画策定までの経過は、民有東電が実質国有化され、国の管理に置かれるまでの足取りでもある。それはまた枝野経産相を筆頭とした民主党政権が原賠法にある原子力事業者の免責条項の適用を見送ったことに端を発している。

だが原賠法では国の支援のあり方が曖昧だとしても原子力事業者の無限責任の緩和措置として国も一定の責任を負うものと規定している。原子力事業の健全な発展に資するという意味では本来同等の責任がある。我が国の原子力開発の歴史は、政治家を始めとする国主導による国策民営で進められてきた。その間国と民間の緊張関係はあっても官民の一致した努力によって石油代替電源として安定供給からセキュリティ確保に貢献してきた。

事故の検証はなお必要だとしても東電だけに「一義的に責任」を負わせ、なおかつ一時的にせよ民有を取り上げ、国の管理の元に置くというのは、社会の不満を全て東電に押し付けるという点で、行き過ぎであり、原賠法の不備にまかせた政権のポピュリズム的体質を表している。実質国有化によって東電を国の管理下に置き、国と民間との関係を対等ではなく主従の関係にして共同責任を明確に否定した。だから「脱原発」志向も政権側の当然の帰結だったのだろう。

かつて政府の監督権が強まり、革新官僚が跋扈した昭和10年代。電力国管から日本発送電が設立され、日発運営がすぐに躓いた時、松永安左ェ門は「日発をよくする方法は民有民営に戻す外ない。国管の欠点は何か。一言すれば事業の生命たる創造の精神を欠き……」と述べたことがある。原子力推進の民間の中核的役割を担ってきた民有民営東電を象徴した勝俣―西澤ラインは、民主党政権によって「はしごを外された」と言っても言い過ぎではないだろう。そこにいったん引いた「国管ライン」

は政権を支えていた官僚たちによってさらに進められていく。

２０１２年の総合特別事業計画は、13年度中に柏崎刈羽原子力発電所が順次稼働することも想定し、13年度以降東電は黒字化するとした。新潟県の泉田裕彦知事はすぐに「再稼働を前提として物事を進めるのであれば、発言（廣瀬次期社長が8日に同発電所の再稼働を目指す考えを表明したことに対し）を撤回してもらわないと会わない」（電気新聞5月9日付）との反応を示した。

柏崎刈羽原子力発電所の早期の稼働は難しいのに加え、そもそも廃炉や除染の費用は見込まれておらず、費用の膨らみともう一段の対策がすぐに予想されたが、仙谷らは株主総会に向けて新布陣の構築を急いだ。

6月27日の株主総会では勝俣、西澤が退任し新たな布陣が決まった。廣瀬新社長のほか、まず筆頭株主となった国からのお目付け役として原賠機構の嶋田が取締役兼執行役に就任した。社外取締役には數土文夫ＪＦＥホールディングス相談役らが就き、取締役11人中、社外取締役は6人となった。東電生え抜きは4人、もうひとりは嶋田である。

7月31日政府は東電に1兆円を出資し、東電は実質的に国有化された。

大飯再稼働問題と「革新的エネ・環境戦略」

民主党政権は鳩山、菅内閣から２０１１年9月2日野田佳彦による内閣に代わっており、野田は首相の予期せぬ言動などから混迷した両内閣の跡を受けて政権立て直しと、消費増税による社会保障・税一体改革法案の国会提出などに精力的に取り組んでいた。

ただ電力・エネルギー政策では東電・福島第一原子力発電所事故後の政策立案、東電の経営問題を除くとまず菅前首相の「脱原発宣言」やエネルギー基本計画のゼロベースでの見直しを調整整理しなければならなかった。そしてストレステストで運転停止が長引く原子力発電所の再稼働をどうするかも首相判断の領域に入ってきていた。

２０１２年２月13日、原子力安全・保安院は、定期検査のため運転を中止していた関電の大飯原子力発電所３、４号機について、関電が提出した二次評価を妥当とする最終評価をまとめ再稼働させても安全との評価を下した。３月23日には原子力安全委の審査も保安院の評価結果を確認し、了承した。

ダブルチェックが済んだのであとは保安院が電力会社に許可文書を渡し、電力会社は自治体との安全協定に基づいて首長の了承を得て再稼働を待つという最終段階に入ったはずだった。野田内閣も西川一誠福井県知事が悲願としていた北陸新幹線の延伸を決定するなど地元同意に動いていた。

一方で政府は菅前首相が提起していた保安院に代わる原子力規制庁発足に関わる、原子力規制庁設置関連法案を通常国会に提出する準備を進めていた。当初は原子力安全庁という組織名称だったのを、当時の枝野官房長官が組織の業務内容を明確化するため「原子力規制庁」にすべきと提案し法案は、名称を変えていた。３月22日藤村官房長官は記者会見で年度内の法案成立と４月１日の原子力規制庁発足について「物理的に難しいところがある」と述べながらも空白期間が生じないよう対応していくと述べた。

この時自民党が、より独立性の高い原子力安全規制機関にすべきと公明党と一緒に対案を国会に提出する動きとなっていた。環境省の外局とする政府案に対し、内閣府の外局となるいわゆる三条委員会として「原子力規制委員会」の設置を目指していた。

原子力安全委員会の班目春樹委員長は、規制庁発足の方向となり、しかも安全委の３人の委員が続投に難色を示していることもあって３月31日、定期検査に入っている原子力発電を対象に行われている約20基のストレステストの審査について「時間の確保から非常に難しい」と述べた。そのため審査が終わっていた大飯発電所３、４号機だけが再稼働の対象となった。四国電力の伊方発電所３号機も保安院が妥当と判断し安全委の審査を待ったものの、班目委員長は「今後の状況を見極めて判断する」とし、審査は不透明感が増し事実上間に合わなかった。

ともあれ大飯発電所再稼働のゲタは、西川福井県知事にあずけられた格好になった。しかし知事はストレステストの結果だけでは大飯発電所3、4号機の再稼働の判断には不十分との考えを示した。再稼働について判断を明確にしない枝野経産相に不満を抱いていたといわれる。知事は福島第一原子力発電所事故の知見を暫定的にでも明らかにした、ストレステストに上乗せする「暫定安全基準」の整備とクリアを求め、さらに野田首相と枝野経産相が、原子力開発の意義と再稼働の必要性についてきちんと見解を示すよう求めた。

同3月29日、保安院の高官が福井県に隣接する京都府の山田啓二府知事と滋賀県の嘉田由紀子知事に面会した。説明を受けた知事らは再稼働に否定的な姿勢を示した。保安院が説明に赴いたのは、大飯発電所から１００キロメートル圏内の自治体も再稼働への同意を求めるよう主張し始めたためで、政府は周辺自治体からの声を無視できず運転再開のハードルはさらに上がった。

こうしたなかで関電の株主でもある大阪市長の橋下徹は強硬だった。反原発の立場に立つ飯田哲也環境エネルギー政策研究所長や経産省の元官僚古賀茂明らをメンバーにした「大阪府市エネルギー戦略会議」を設置し、4月10日には「原発再稼働に関する8条件」をまとめた。

菅前首相の「脱原発宣言」や自治体首長の動きを背景に大阪では4月から「原発ゼロの会・大阪」の呼びかけにより、毎週金曜日に関電本店前で大飯再稼働に反対するデモ活動が行われるようになった。また東京でも4月から「首都圏反原発連合」の呼びかけにより、毎週金曜日に首相官邸前で大飯発電所の再稼働に反対するデモ活動が行われるようになり、メディアが大きく取り上げた。

こうした動きに押されたのか枝野経産相は、4月2日の参議院予算委員会で、保安院と原子力安全委員会がまとめた審査結果について「得心を得ていない」「私も再稼働には反対です」と発言し、西川福井県知事の枝野経産相への不信感は頂点に達した。

福井県は、日本の原子力開発創成期から原子力発電を積極的に受け入れ、廃止措置中を含め、嶺南には13基の商用炉と2基の研究炉がある。商用炉が生み出す総発電量は福島県を上回る全国1位とシェアでは4分の1、関西電力管内でみると消費量の半分を賄っている。それだけに原子力に関連する産業は県の重要産業であり、原子力に依存した産業構造が出来上がっている。西川知事の原子力に関わる政策動向への思い入れは、どの自治体トップよりも強く深いものがあった。

枝野答弁の翌4月3日、野田首相、枝野、細野、藤村が参加する4大臣会合が首相官邸で開かれた。オブザーバーとして民主党政調会長代行の仙谷も出席した。野田首相は次回会合で暫定的な安全基準を整備するよう指示した。また席上、深野弘行保安院長が福島第一原子力発電所事故を教訓にして得られた30の対策を説明し、今井尚哉資源エネルギー庁次長が、関西の電力需給見通しを説明した。その中で今井次長は大飯発電所が再稼働しないと関西圏は電力不足に陥り、経済活動や市民生活に深刻な影響を及ぼすと報告した。

4大臣会合は同13日、30項目からなる「安全性に関する暫定的な判断基準」を決定し、この基準に大飯発電所3、4号機は適合しているとして再稼働が妥当と判断した（30項目のうち、電源車の配備や建屋への浸水対策など13項目を取り上げて、これを暫定基準とし大飯発電所はこれに適合した。残る17基準は中長期的な課題として残ることになる）。翌14日枝野は西川知事に説明するものの、知事は判断を保留し、こうした動きに今度は大阪市長の橋下が、安全性の確認は専門家が行うべきと反発。メディアはこれら一連の動きを大きく取り上げ、大飯発電所再稼働問題は混迷した。

しかし、現実に大飯発電所3、4号機が夏場の供給力にカウントされないと〝電力ピンチ〟になるのは目に見えていた。関電は4月23日、夏のピーク需要3030万ｋＷに対し、大飯発電所が再稼働されないと473万ｋＷ、15・7％の供給力不足になると発表した。

これを受けて国家戦略室が設けた「需給検証委員会」（委員長＝石田勝之内閣府副大臣）は、2010年並みの猛暑を想定して節電効果を織り込んでも電力9社は45万ｋＷ供給力が不足し、なかでも関電は同社の発表通りの数値になるとの試算をまとめた。ただ環境エネルギー政策研究所の飯田哲也所長からのヒアリングでは「原発がすべて停止する場合でも11年並みの節電と若干の追加対策を行うことで安定的な電力供給を実現できる」との指摘も受けていた。結局国家戦略室は西日本の電力会社に節電を要請し、余剰電力を関電管内に電力融通すれば大飯発電所が再稼働しなくても需給は保たれるとの評価をした。

なお経産省はこの時、原子力発電所の停止が続いた場合、12年度に燃料費が3兆1000億円増加し、12年度いっぱい停止が続けば電力9社合わせて約2兆7000億円の赤字に陥るとの試算結果を報告している。

そうしたなかで5月5日、北海道電力の泊発電所3号機が定検のため稼働を停止し、これにより国内の原子力発電所は全基運転を停止した。この時点で稼働している原子力発電所はなくなり、まさに「原発ゼロ」となった。

5月18日「エネルギー・環境戦略会議」は、需給検証委員会の議論を踏まえて原子力再稼働がない場合の「今夏の電力需給対策」を決定し、沖縄を除く西日本の電力7社の供給エリアに5～15％の数値目標付の節電を要請するとした。関電管内には10年比15％以上の節電を要請することにした。万一に備えての関電や九州電力の計画停電も盛り込まれた。八木電事連会長は同18日の会見で「(節電を要請することに）断腸の思い」と語り、「全社が一丸となって何とか難局を乗り切りたい」とした。

翌19日には大阪市で関西広域連合（連合長＝井戸敏三兵庫県知事）が開かれ、細野原発事故収束担当相と齋藤官房副長官が政府側から参加し、大飯発電所再稼働の理解を求めた。政府側の説明に橋下大阪市長は突如、夏場期間限定で再稼働を容認する考えを表明し、知事側も一定の理解を示した。

同30日に鳥取市で開かれた関西広域連合の場では政府側が福井県に牧野聖修経産副大臣らを常駐させるなどと説明し、結局9人の首長（橋下はインターネットを通じての参加）は「大飯発電所の再稼働については、政府の暫定的な安全判断であることを前提に、限定的なものとして適切に判断されるよう強く求める」という内容の共同声明を出して、再稼働を容認した。

橋下ら首長の突然の再稼働容認への姿勢転換には、関経連を始めとする地元経済界からの突き上げがあった。大阪維新の会の大阪府議・市議たちは、地元経済界から個別に説得されたという。橋下はのちに自身のメールマガジン『問題解決の提案』（Vｏｌ・26）で「需給検証委員会で飯田さんが大惨敗した。もし電力が不足して首都圏のように計画停電が始まったとしたら（中略）当時大阪では電力不足を想定した対策など、ほとんど考えられていなかった」と、暫定的に再稼働を容認した理由を明かしている。

6月8日、野田首相は「国民の生活を守るために再稼働すべきだというのが私の判断だ」と大飯発電所3、4号機を再稼働させると宣言した。西川福井県知事は首相に「原発は基幹電源」という表現で宣言するよう求めており、野田首相はその要望を受けて原子力発電は「重要な電源」と述べた。同16日には4大臣会合に西川知事を招いて改めて説明し大飯発電所再稼働を「政府の最終判断とする」と宣言した。

関電の八木社長は同日「一歩一歩着実に再稼働を進めてまいりたい」と決意を述べた。政府は同22日、関電エリアの節電の数値目標を10％に緩和すると修正した。大飯発電所3号機は7月5日に、同4号機は同21日に再稼働した。

だがこの間の政府、自治体首長のやり取りとその混迷ぶりも手伝って脱原発を求める動きは活発化した。6月22日、首相官邸前は主催者発表で約4万5０００人（警視庁発表で約1万1０００人）という大飯発電所再稼働に反対するデモ行進の波で溢れた。参加した人たちは、反原発団体のほかSNSなどを通じて口コミで集まった人も多く、歩道を埋めた列は7００メートルにまでなったという。こうしたデモは、毎週金曜日午後6～8時定例開催となった。

大飯発電所の再稼働を最終判断したとはいえ野田首相は、国内の原子力依存度引き下げを公言しており、振り子は脱原発に寄っていたが、こと原子力輸出については菅前首相同様前向きで推進に振れていた。10月31日にはベトナムのズン首相と会談し、日本の原子力発電機器のベトナム輸出については福島第一原子力発電所の事故前に合意した両国の決定に基づき、引き続き進めていくことを確認した。

同12月6日はヨルダン、ベトナム、ロシア、韓国の4

力国に日本の原子力関連の技術や設備を輸出できるようにする原子力協定締結の承認を求めた原子力協定案が民主党、自民党など4党の賛成で衆議院で可決された。だが産業界からは菅前政権以来「脱原子力依存」に振り回されてきただけに「そもそも政府に期待していない」（原子力機器メーカー）と反応は素っ気なく冷めた声が上がっていた。国内での原子力開発には冷ややかでも国際的な展開には積極的という政権のちぐはぐさは、政策の混迷となって次第に露わになっていく。

大飯発電所再稼働問題が俎上にのぼり議論が沸騰していた頃、政府内ではエネルギー基本計画のゼロベース見直しから原子力を含む中長期のエネルギー需給の洗い直し作業が進められていた。政府は原子力依存度を引き下げる方針を打ち出したものの、電力の安定供給や経済への影響、環境制約などとも整合性のあるシナリオを描く必要に迫られていたのである。

政府からの要請を受け経産相の諮問機関である総合資源エネルギー調査会は、基本問題委員会（委員長＝三村明夫新日本製鉄会長）を設置し、２０１１年10月３日委員会の初会合を開き、検討を進めることになった。

２０１２年5月28日、総合資源エネルギー調査会・基本問題委員会は、エネルギー選択に伴う経済影響分析の試算結果などを踏まえて２０３０年の原子力比率を10年比で「ゼロ」、「15％」、「20～25％」、「数値なし」の4案とすることで合意し、政府の「エネルギー・環境会議」に提示した。「数値なし」というのは需要家の選択により最適な電源構成を実現する、いわば市場メカニズム型である。

前回会合までは、「30年で35％」も残っていたが、比較可能な直近の原子力比率（10年度実績26％）よりも高い同案に対して反対意見が続出したため三村委員長が、「原子力比率を下げることを合意してスタートしたので選択肢からは落とす」と発言して、同案を参考値扱いにして選択肢から外した。

事務局の資源エネルギー庁は「原子力比率を下げる」にしても現状維持の「20～25％」、あるいは「15％」を落としどころとみていたようだ。２０３０年の「原発ゼロ」の場合、再生可能エネルギーの比率35%を目標としなければならず、そうした場合にはエネルギー価格が大幅に上昇して電気料金が上昇、産業の空洞化を招くことを気にしていた。

この案が提示される3日前には、細野原発事故収束担当相が２０３０年の原子力比率の選択肢について「15%がベースになる」と述べていた。「15%」案は40年廃炉を徹底した場合で、細野は1月初めに原子力発電所の運転期間を原則40年に制限することなどを柱とする原子炉等規制法の改正案を発表したものの、すぐに運転期間について「20年を超えない期間、1回に限り延長を可能にする」との修正方針を明らかにしていた。

政府内では、この「15%」案が有力になっていく。

6月29日の政府の「エネルギー・環境会議」ではさらに3案（ゼロ、15%、20〜25%）に絞り込むとともに意見聴取会、討論型世論調査、パブリックコメントなどを通じてエネルギー・環境政策の望ましい選択肢を国民に問い、意見を調査することになった。8月中には「国民的な議論」を踏まえた上で「革新的エネルギー・環境戦略」を決定することにした。

この3案については実現性や方法論、国民負担など参加者への周到な説明がないままに7〜8月「国民的議論」が行われた。こうした仕方について経済界や原子力立地自治体からは、懸念や注文が相次いだ。経団連は7月27日、「エネルギー・環境に関する選択肢」の3つのシナリオとも「実現可能性や経済に及ぼす影響など問題が多い」と見直しを求める意見を公表した。

また経済同友会（代表幹事＝長谷川閑史（やすちか）武田薬品工業社長）も8月8日、「『ゼロシナリオ』は採るべき道筋ではない」との意見を明らかにしている。さらに青森県の三村申吾知事は同22日に枝野経産相に会い、再処理政策など国と県とで交わしている約束を重視し責任をもって解決の道筋を示すよう求め、現実的に実現可能な政策を選択するよう訴えた。

電気新聞は7月14日のさいたま市での意見聴取会の模様を「国民的議論幕開け」と次のように伝えている（同17日付）。

「冒頭あいさつした枝野経産相は『（エネルギーを）需

要家が自ら選択し、つくっていく時代。自分自身の問題として考えてほしい』と訴えた。続いて政府の担当者が原子力比率が違う3つの選択肢を説明して意見表明に移った」「最初に意見を述べた参加者は、『原発事故の責任を取っていない国が、どうして責任ある選択をできるのか』と政府を批判。早期の脱原子力を求める一方、電力の供給や経済安定化の観点から冷静な議論と原子力維持を主張する意見もあった」

「国民的議論」の意見聴取会は土、日を中心に11都市で開かれた。電気新聞の報道にあるように政府の事務方（「戦略室」）が3つのシナリオを説明して、申し込みのあった人から抽選で選ばれた人が意見陳述し、陳述を聞いた聴衆がアンケートに回答するという方式をとった。政府は「15％」に意見を集約するのが目論みであった。

全国11都市での意見聴取会での意見表明希望者は、1542人に達し、そのうち「ゼロ％」を支持したのは68％に上った。「15％」支持は11％しかいなかった。アンケートでは1278人のうち35％が「ゼロ％」を選択し、「15％」は、わずか2％だった。この間仙台、名古屋での意見聴取会では電力会社関係者が意見表明し、会場内から「やらせ」との声が出て、古川国家戦略相は電力社員の意見表明を認めないとする一幕もあった。

討論型世論調査の討論会は8月4、5日の両日行われた。この調査討論会は通常の世論調査に加えて、参加者が専門家が作成した討論資料の学習を行った後、小グループに分かれて討論などをし、国民の意見がどう変化するかを把握しようとしたもの。参加者に対して3つのシナリオそれぞれについて10段階で評価を行ってもらった結果、賛成の比率が最も高かったのが「ゼロ％」で討論後も「ゼロ％」支持が増加していることが分かった。

さらにパブリックコメントの結果も発表され、約8万9000人がコメントを寄せ、「ゼロ％」への支持は87％に達した。8月28日には、これら調査結果を踏まえた「国民的議論に関する検証会合」（座長・古川国家戦略相）が開かれ、「少なくとも過半の国民は原発に依存しない社会の実現を望んでいる」との検証結果を提示した。

翌日の新聞各紙の社説は「原発ゼロの時期明示を」（朝日新聞）などの一方で「世論で基本政策決めるな」（産経新聞）や「原発ゼロを性急に選んでいいのか」（日経新聞）など厳しい指摘が目立った。

だが脱原発派は勢いづき、8月22日には野田首相が首相官邸で脱原発を求めて官邸前で抗議活動を続ける「首都圏反原発連合」の代表者と面会した。菅前首相の斡旋によるものだった。同日には「脱原発法制定全国ネットワーク」も発足している。

脱原発デモが連日報道されるなか野田首相が財務大臣の頃から準備していた社会保障と税の一体改革関連法案は6月26日、衆議院で可決された。何としてもこの法案を成立させようとしていた矢先の7月2日小沢グループが離党した。危機感から首相は捨て身に出た。8月8日、首相は法案を与党が少数の参議院で通過させるため、自民党、公明党に対し「近いうちに国民に信を問う」と表明したのである。

総選挙が間近になる。世論調査での支持率は依然低迷していたこともあり政権内では民主党の党勢上昇をねらって、脱原発路線への切り替えが真剣に検討されるようになる。

野田首相は8月6日の広島での平和記念式典後の会見で「将来、原発依存度をゼロにする場合にどんな課題があるか、関係閣僚にしっかり指示したい。中長期的には原子力の依存度を引き下げる方向を目指すべきと考えている」と述べた。

菅前首相はその頃議員連盟「脱原発ロードマップを考える会」を立ち上げて活動しており、8月22日に首相と金曜デモを主催する市民団体の代表者を引き合わせていた。「原発ゼロでなければ選挙には勝てない」と説いていたという。仙谷によれば8月6日の首相発言も「菅さんの（脱原発の）執念はいや増す一方だった。連日のように野田総理へ電話し、『どうだ、どうだ』と脱原発の決断を迫る」（仙谷由人著『エネルギー・原子力大転換』より）という有様だった

枝野経産相は古川国家戦略担当相と脱原発に舵を切る「革新的エネルギー・環境戦略」の策定を進めていた。外部からスタッフを集め素案をまとめ閣議決定の段取り

をした。『電力と政治』の著者、上川龍之進によると、「戦略」を成立させるため本文そのものは閣議決定せずに、趣旨を書いたカバーペーパーのみを閣議決定し、全文を別添とするとした。その方が各省庁との調整が早く済み、内容も骨抜きにされずに済むからだという。

一方、民主党内では大畠章宏衆議院議員を座長とする「エネルギープロジェクトチーム」が設置され、新しいエネルギー基本計画の策定に向けエネルギー政策を論議していた。定検のため停止した原子力発電は、原子力規制委員会の安全確認を得た既設炉のみ再稼働を認めるとするなど、脱原発を原則としながらも現実的な路線を志向していた。こうした考えは仙谷の意向に沿うものだったという。

8月23日民主党はエネルギー・環境調査会を発足させる。会長には前原誠司政調会長、事務総長に仙谷が就き、顧問には菅前首相が就いた。仙谷や前原は脱原発依存の路線に与せず、これに役員に選ばれた福山哲郎参議院議員や事務局長の近藤昭一衆議院議員らが異議を唱え、対立状態となった。仙谷によると「約50人の議員の半分以上が脱原発に傾いていた」という。それだけに意見集約を巡って度々紛糾。ようやく9月6日、原子力依存からの脱却に向けた政府への提言をまとめた。

40年廃炉を厳格に適用し、規制委が安全確認したもののみ再稼働、新増設は行わない、という3点を原則に２０３０年代に「稼働ゼロ」を可能にするよう、あらゆる政策資源を投入するとした。ギリギリの局面で脱原発派は「２０３０年までに原発ゼロ社会の実現」を盛り込もうとしたが、会長の前原が反対し、結局期限については「２０３０年代」と幅をもたせることでまとまったという。

だが、その間の内幕について電気新聞は「期限なしのゼロ目標と併せて『30年に15％以下を目指す』という記述が新たに検討されていた。政府とも調整した『ぎりぎりの落としどころ』（政府関係者）になるはずだった。しかし、選挙をにらんだ〝反原発派〟の出席議員は、期限を示すことに強硬にこだわる。その急先鋒は前首相の菅直人氏だ。議論の結果、公表文書から『30年15％以下』の表現は全て削られた」（9月10日付）と報道している。

同7日、民主党は、エネルギー・環境調査会が集約した意見をもとに、中長期のエネルギー政策を政府に提言した。野田首相は同日の会見で民主党からの政策提言について「ゼロ社会を目指すという提言をしっかり受け止め、政府として方向性を定めていきたい」と述べるにとどめ、30年代原発稼働ゼロへの具体的な言及はなかった。

政府与党のこうした「原発ゼロ」の動きに電力、経済界では危機感を募らせていた。全国電力関連産業労働組合総連合では9月4日の第32回定時総会で種岡成一会長が「『国益と国民生活を守る』との視点が欠落したまま、安易で情緒的な政治スローガンを掲げるようなことは決して許されない」と現実的論議の必要を強調していた。

9月7日与党民主党がまとめた「原発ゼロ」の提言に対し、八木関電社長（電事連会長）は同日の臨時会見で「政権与党として時流に流されず、次世代のための選択をしてほしかった」と述べ、政府が再処理路線を放棄した場合の影響について「中間貯蔵施設は（使用済み燃料が）リサイクル燃料・資源であるという点が地元に受け入れてもらえる要素になっている。原子力ゼロを選択すれば廃棄物という扱いになり、ご理解いただくのは大変難しくなる」と懸念を示した。

青森県の六ヶ所村もすぐに反応した。同村議会は7日、「使用済み燃料の再処理路線の堅持を求める意見書」を提出した。再処理路線を撤退する場合は、イギリスやフランスから返還される新たな廃棄物の搬入を認めないとしたほか、同村に一時貯蔵されている使用済み燃料や約25万本の低レベル放射性廃棄物の村外搬出など6項目の対処を強く求めるとした。

経団連の米倉弘昌会長は10日の会見で、「原子力ゼロという目標を掲げただけで、技術の発展が望めなくなる」とし、「原子力平和利用で協調してきたアメリカとの関係を悪化させかねない」と訴えた。

「革新的エネルギー・環境戦略」をまとめる国家戦略室は、「２０３０年代原発ゼロ」への経済界や原子力立地地域の反発を背にした所管の経産省はじめ関係省庁との調整に追われた。調整の結果、文科省はＦＢＲ原型炉「もんじゅ」の廃止に強く反対し、廃止の方針を撤回させた。資源エネルギー庁は「安全性が確認された原子力発電所は、これを重要電源として活用する」との文言に改めさせた。また青森県の反発を抑えるため急遽閣僚を派遣して、政府の考え方を説明せざるを得なくなった。

そうこうするうちに海外からも懸念や、説明を求める動きが表面化してきた。

イギリスは、セラフィールドの再処理工場であずかっている関電や中部電力の高レベル放射性廃棄物のガラス固化体の引き受けを確約するよう求めてきた。９月11日付電気新聞は、青森県六ヶ所村が日本政府の判断次第で返還廃棄物の受け入れ拒否を示唆したことから「契約通り返還廃物を受け入れるよう駐日大使が日本政府関係者に直接働きかける考え」とし、フランス政府も日本から委託を受けたＭＯＸ燃料の受け入れについて「同様の懸念を持ち、英国とともに契約の履行を迫る可能性がある」と報じた。

さらにアメリカは革新的エネルギー戦略の「原発ゼロ」に強い懸念を表明し閣議決定を見送るよう求めてきた。東京新聞（９月22日付）などの報道によると、日本政府は９月初旬から「戦略」についてアメリカ政府に事前説明を繰り返していたという。これにアメリカ政府関係者は「プルトニウムの蓄積は、国際安全保障のリスクにつながる」「法律にしたり、閣議決定をして政策をしばり、見直せなくなることを懸念する」とし、民主党政権に強い影響力のある安全保障の専門家も「具体的な工程もなく、目標時期を示す政策は危うい」と「２０３０年代」という期限を設けた目標を問題視したという。

野田首相の命を受けて長島昭久首相補佐官や大串博志内閣府政務官が訪米したが、同様の懸念が伝えられたとみられている。

党内では仙谷も政府の決定を憂慮していた。次のように著作で語っている。

『原発に依存しない社会の一日も早い実現』。私は、目の前にいる枝野幸男経済産業大臣、古川元久国家戦略担当大臣に言った。『こんなテーゼを立てるべきではない。エネルギー・環境会議の仕事は長期のエネルギー政策をまとめることであって、脱原発の理念を語ることではないだろう。』（中略）細野さんと私はこのドラフトは通らない、と主張した。しかし、枝野さん、古川さんは『これでいきたい』と譲らない。とりわけ、枝野さんは言い切った。『今の政治状況では、原発ゼロしか選択肢はありません』」（仙谷由人著『エネルギー・原子力大転換』より）

内外から様々な反応、懸念が示されるなか同14日、政府のエネルギー・環境会議は「革新的エネルギー・環境戦略」を決定した。２０３０年代に原子力の稼働ゼロを可能とするようあらゆる政策資源を投入するとし、戦略では「原発に依存しない社会の一日も早い実現」を掲げ、①原子力の40年運転の厳格適用②原子力規制委員会の安全確認を得た原子力だけを再稼働③原子力の新設や増設を認めない――の３つを原則とした、民主党の提言を踏まえる内容となった。核燃料サイクル政策は当面、使用済み燃料の再処理路線を継続するとともに直接処分に向けた研究を進めるとした。

野田首相は「原発に依存しない社会を目指すと決めたことに伴って、一段と厳しい数々の課題に直面している。国際社会の要請にもきちんと応える必要がある。しかしどれだけ困難であっても、もう先送りできない」と語った。

これに電事連の八木会長は、同日の会見で「あまりに大きい課題が山積する政策であり、大変憂慮すべき」、との見解を表明した。原子力については「今後も重要な電源として活用していく必要がある」とし、エネルギー安全保障、経済や国民生活、温暖化対策、原子力の人材確保など様々な面でマイナスの影響を及ぼすと訴えた。また立地地域の信頼を失うことにも懸念を示し、冷静かつ現実的な判断を求めた。

経団連、日本商工会議所、経済同友会の３経済団体代表も同日、緊急合同会見を行い、国内の経済成長、雇用維持、原子力の技術・人材確保だけでなく、原子力の平和利用や核不拡散といった外交、国際貢献、とりわけ日米関係に悪影響が懸念されると指摘した。

実のところ「２０３０年代原子力稼働ゼロ」は、見せかけの「原子力ゼロ」であることが露わになる。「戦略」に掲げた省エネの目標は30年までに１１００億ｋ

Wh以上の節電、最終エネ消費ベースで7200万キロリットル以上の削減となっている。「ゼロ」シナリオは同1300億kWhの節電、8500万キロリットルの削減としており、「15%」、「20〜25%」シナリオは1000億kWhの節電、7200万キロリットルの削減となっていて、戦略は明らかに「15%」シナリオ寄りである。

同様に再生可能エネルギーの普及目標は「ゼロ」では10年実績から2500億kWhの増加で、「15%」では同2000億kWh。それが「戦略」では1900億kWh以上の増加と後退していた。さらに「稼働ゼロ」を目指すのにもかかわらず再処理を含む核燃料サイクルは推進するとした。また2030年代、その時点で運転40年に達しない原子力発電所は5基あり、その矛盾も説明されなかった。

枝野経産相は同21日には、着工済みの電源開発の大間原子力発電所と中国電力の島根原子力発電所3号機の建設継続を容認する意向を表明した。また新増設は認めないとしながらも「地域ごとに要望や事情が異なるので丁寧に精査して結論を出す」と建設容認に含みを持たせた。「戦略」を主導した枝野や古川の脱原発路線は、いたる所で仙谷や前原が主張していた現実的な対応路線の前に矛盾をさらけ出した。経産相の諮問機関である総合資源エネルギー調査会・基本問題委員会の三村委員長は同18日の会合で「(政府の「戦略」は) 目標や到達点がはっきりしない」として、エネルギー基本計画策定作業を一時中断する考えを明らかにした。三村委員長は枝野経産相が出席するなか「一番不分明なのは政策の根幹。原子力を30年代にゼロとすることなのか、ゼロになるような政策手段を追及することなのか」と疑問を呈しながら厳しく指摘した。

同19日、「今後のエネルギー・環境戦略」が閣議決定された。2030年代に「原発稼働ゼロ」を目標とする「革新的エネルギー・環境戦略」の文書は閣議決定せず、「戦略を踏まえて、不断の検証を行う」とする方針のみを決定した。

11月14日基本問題委員会の第33回会合が開催され、三村委員長は「何をやるか明確ではないので、しばらく議論を中断する」と発言し、エネルギー基本計画の検討は頓挫し、いったん見送られることとなった。

原子力規制委員会の発足

２０１２年５月29日、政府が環境省の外局として原子力規制庁を新設すると準備した「原子力規制庁設置関連法案」は、自民・公明両党が対案としてまとめた「原子力規制委員会設置法案」とともに衆議院本会議で審議入りした。当時野田政権は、大飯発電所の再稼働を見据えて３月中に法案を成立させ４月１日に、原子力規制庁を発足させるつもりであったのが、自民党が慎重審議を求め、結局対案が提出された。

それまでの審議の過程では自民党が予算要求や人事面で政府からの独立性の強い三条委員会として原子力規制委員会の設置（原子力規制庁は同委員会の事務局）を法案に盛り込むよう主張した。中心になったのは野党自民党の塩崎恭久衆議院議員である。政府案では原子力災害対策本部長である首相が災害防止に必要な措置を環境相に指示し、それを受けて環境相が電気事業者へ指示する内容になっていた。

これに対して自・公は、ＩＡＥＡ（国際原子力機関）の安全基準では規制機関の実効的な独立性を確保することなどが盛り込まれていて政府案はこれに違反するとした。原子力事故時には現場対応の監督庁として規制委に権限を与え、同時に原子力災害対策特別措置法にある条文を修正し、首相が規制機関に指示できるとした規定を軒並み削除し、規制委から政治の影響を完全に排除すべきとした。

とくに塩崎は、菅前首相が福島第一原子力発電所の事故の際にベントや海水注入に口を出し、中部電力の浜岡原子力発電所を事実上止めさせたことなどを「菅直人リスク」と呼び、このリスクを根絶するため緊急時には首相の指示権を限定するよう求めた。

４月20日、自民、公明両党は政府案とは相容れないと、対案を衆議院に提出した。ただ自民党内には対案を出すにあたり原子力規制機関が独立性を持つことに警戒感があり、三条委員会案を主張する塩崎に懸念の声もあったという。しかし政調会長の茂木敏充衆議院議員が前向きだったこともあって党内を調整して提出の運びとなった。

　両案が審議入りした国会での論戦は、首相の指揮権が焦点となった。自民・公明両党は対案の趣旨説明の中で「素人の総理が生半可な知識で事故収束の現場に介入し大混乱を引き起こした。『菅直人リスク』は排除なされなければならない」と主張した。これに細野原発事故収束担当相・環境相は「(首相の指揮権は) 抑制的に行使される必要があるが、国としての危機管理上の最低限かつ最後の手段としては不可欠だ」と反論した。

　事故時の現場対応で首相の関与を認めるかどうかについて双方の主張に隔たりはあったものの、6月14日与野党の修正協議にかけられ、この結果首相を議長、規制委員長らを副議長とする「原子力防災会議」を設置することで合意に達した。事務局は内閣府の職員、事務局長は環境大臣とすることも盛り込まれた。

　新設の原子力規制委員会は委員長を含めて5人の委員で構成し、任期は5年間で国会の同意を得て首相が任命するとした。原子力規制庁は規制委員会の事務局となる。このほか原子力安全基盤機構（ＪＮＥＳ）を早期に廃止して職員を公務員化し、規制庁の職員とすることも盛り込まれた。結果、与党民主党が自公案をほぼ丸のみする形で、「原子力規制委員会設置法」がまとめられることになった。

　修正協議の終盤では細野原発事故収束担当相・環境相が原子力安全政策の最大の目玉に挙げていた原子炉等規制法の改正に関わる「40年運転規制」も大きな争点となった。電気新聞（6月13日付）によれば自民党の甘利明衆議院議員は「情緒論で（40年間の）線を引くとなれば、本来の規制から離れてしまう」と反対し、自・公は条文に盛り込むことに難色を示した。結局は規制委発足後に「すみやかに検討し、必要があれば見直す」という見直し規定の付則を設けることで合意した。運転期間40年について例外として規制委の認可を受けて1回限り、20年までの延長が認められた。

　両法案は6月15日衆議院本会議で可決成立し、参議院に送られ成立となった。6月27日、原子力規制委員会設置法、改正原子炉等規制法が交付された。

設置法には、公布日から3カ月以内に原子力規制委員会を発足させることと、その発足日を設置法の施行日とすることが明記された。また改正規制法に、規制委設置施行日から10カ月以内に原子力の重大事故対策等を定める改正規定を施行させることが明記された。このことから新安全基準の施行は、最長13カ月後（13年7月27日）となることが確定した。

また新たな規制項目として「発電用原子炉施設の維持」が加えられ、「発電用原子炉設置者は、発電用原子炉施設を原子力規制委員会で定める技術上の基準に適合するよう維持しなければならない」として既に許可を得た施設に対しても新基準への適合（バックフィット）が

田中俊一（提供：電気新聞）

義務付けられた。

政府は7月3日、原子力規制員会の委員長と委員4人の人選のためのガイドラインをまとめた。

ガイドラインはまず除外される者として①直近3年間に原子力事業者及びその団体の役員、従業員だった者②直近3年間に同一の原子力事業者等から個人として一定額以上の報酬等を受領していた者、を挙げた。任命時の情報公開については①直近3年間に原子力事業者等から本人や研究室が得た寄付額と寄付者②本人の研究室から直近3年間に卒業して原子力関連会社などに就職した人数と就職先、が求められた。

除外される者の一定額以上の報酬というのは、年間50万円程度が線引きであり、しかも直近3年間電力会社や原子力関連企業・団体の役員や社員であった人物は除外されるとなると、原子力の専門家の多くはこの基準から外れた。このため人選は難航した。

そうしたなかで政府は、放射線物理が専門の田中俊一高度情報科学技術研究機構顧問を委員長に起用する案を固めた。田中は、原研（現・日本原子力研究開発機構＝

ＪＡＥＡ＝）副理事長や原子力学会会長、内閣府原子力委員会委員長代理などを歴任している。福島第一原子力発電所の事故後、「原子力利用を先頭に立って進めてきた者として、深く陳謝する」とした原子力専門家16人による緊急提言をまとめた中心人物で、また福島県の「除染アドバイザー」の委嘱を受けて飯館村（福島県相馬郡）などで除染に取り組んでいたことなどが評価された。

政府は7月26日、人事案を衆参両院の議院運営委員会に提出したが、前日の民主党の会議では人選について批判が続出していた。8月1日、田中は国会での所信聴取に臨んだ。事故への反省を述べ、規制委の役割として「科学的、技術的見地から安全規制や指針を徹底的に見直す」と強調し、原子力事業者に対し「要件が達成できない場合には原子力発電所の運転は認めない」と厳しい姿勢で臨む考えを示した。

「40年運転制限制」については「厳格にチェックし、要件を満たさなければ運転させないという姿勢で臨む」としながらも「一律に（40年で）だめではなく、新しい規制・基準に合致しているかを判断していく」と述べた。

また大飯発電所再稼働の根拠となった暫定的な安全基準については「精査が不十分だった可能性がある」と指摘し、規制委で慎重に確認・評価していく構えを見せた。さらに「新たな調査の結果、活断層による影響があるとすれば、運転の停止を求めるべき」と強調した。

だが、田中は当時マスコミ用語でいう「原子力ムラ」の住人とレッテルを張られて批判は止むことなく、また8月31日には人事案にある更田豊志（ふけた）ＪＡＥＡ基礎工学研究副部門長や中村佳代子日本アイソトープ協会主査に対しても不適格との批判が出た。細野原発事故収束担当相は、専門的知識と実務経験を併せ持つ人材が限られる中で「現実的な選択をした」と強調し、同時に「さかのぼって適応する3年のガイドラインの中では、そこは実際に専門家がいなくなってしまいます」と述べ、やむを得ない措置であることに理解を求めた。

野田首相は、ガイドラインの解釈を歪曲した委員人事では野党の同意が得られなかったり、採決の際に与党民主党内から造反が出る恐れがあるとみて委員長と委員4人の人事については、今国会での同意取り付けを見送り、首相権限で任命することにした。9月8日通常国会が閉会してもその間、同意人事の採決が行われることはなかった。

結局野田首相は、政府が原子力災害特別対策措置法に基づく「原子力緊急事態宣言」の発令を国会に通知すれば、国会の同意を得る必要はないとの特例に則って委員長と委員を任命し、9月19日、原子力規制委員会は発足した。

事務局の原子力規制庁も原子力安全・保安院と原子力安全委員会事務局の職員を中心に文部科学省の一部を含めた約470人体制で同日、発足した。初代規制庁長官は、警察庁出身の池田克彦前警視総監、2代目は環境省出身の清水康弘前総合環境政策局長が就任し、経産省や文科省など原子力推進に関わる官庁出身者は就くことはなかった。ただ3代目の安井正也長官は経産省で長く原子力推進行政に関わっており、当時も大臣官房審議官・原子力安全規制改革担当として規制庁発足にかかわっている。

原子力規制委員会の田中俊一委員長は、各メディアとの就任インタビューなどで、新たな安全基準を2013年7月までに策定するとしたうえで今後の原子力発電所の再稼働については、これまで電力各社が実施してきたストレステストの結果を審査するのではなく、新基準で判断するとした。田中委員長は、ストレステストに法的な根拠はなく、「政治的な判断」で始まったもので今後の実施は各社の判断に任せると述べ、再稼働の是非をストレステストの結果では判断しないとの方針を示した。さらに9月24日のフォーリン・プレスセンターの会見では新たな規制を定めた際に活断層の影響があるとの判断を下した場合には「稼働させず廃炉を求める」との考えを強調した。

原子力規制委員会発足を受け枝野経産相は、9月28日の閣議後の会見で原子力規制委員会が安全と判断し、電力会社が地元の了解を得れば、原則として再稼働を認める考えを示した。規制委の田中委員長は、次第に脱原発派の懸念を打ち消すかのような判断を下していく。

委員長は新たな安全基準策定とともに活断層の調査も進めるとして専門家による現地調査をスタートさせた。

前身とも言うべき保安院からの積み残しだとし、全国6カ所の原子力発電所内の破砕帯（断層）の追加調査を行うことを命じた。12月10日専門家の評価会合は、原電の敦賀発電所敷地内破砕帯近くで見つかったせん断について、また同20日には同じく東北電力の東通原子力発電所敷地内の断層について活断層の可能性が高いと判定した。

これより先、野田首相は11月14日に国会で行った党首討論で、同16日に衆議院を解散する意向を表明し、12月16日第46回衆議院選挙が行われた。この選挙で民主党は大敗し、自民党が大勝、政権与党に復帰した。同26日には第2次安倍内閣が発足した。

安倍首相はすぐに民主党政権が決めた２０３０年代に原子力稼働ゼロを目指す方針を踏襲しない意向を表明した。

民主党政権下、２０１１年3月の福島第一原子力発電所の事故対応に当たった菅首相は、同5月法的権限がないにもかかわらず中部電力の浜岡原子力発電所の全面停止を要請した。やむなく同社が要請を受け入れてから「脱原発依存」は政治運動の側面が色濃く表れるようになり、同7月には閣内の意思疎通を欠いたドタバタ劇から突然のストレステストの実施となった。

定期検査中の20基余を対象にした一次評価、また福島県内の原子力発電所を除いたＦＢＲ原型炉「もんじゅ」も含めた全国48基が対象の二次評価によって運転の継続や中止を判断するとしたものの、結局審査が進み再稼働の判断が下されたのは大飯発電所3、4号機の2基しかなかった。その2基の原子力発電所も政権と自治体との対立から運転再開は、２０１２年7月になってようやく実現した。

この間、政府は新たな規制機関を発足させるとして「原子力規制庁設置関連法案」の国会提出を準備するも提出は、翌年1月と遅れ、これに対し自民・公明両党が独立性の高い三条委員会として「原子力規制委員会」を設置する対案を提出した。この間審査に当たっていた原子力安全委員会は機能不全の状態に陥り、他の発電所の審査は一部を除いて事実上ストップした。

結局自民・公明両党の案に法案は吸収されたものの、法案の成立は6月下旬となり、規制委の委員長らの国会同意取り付けも遅れ、規制委員会の発足は9月半ばとなった。発足した規制委の指揮をとることになった田中委員長は今後の原子力の再稼働は、ストレステストの結果を審査するのではなく新基準で判断するとした。新たな安全基準を２０１３年７月に策定するとしたことで、原子力発電所の稼働停止はさらに長引くことになった。

その先も同7月には新安全基準が設けられ、既設の原子力発電にも新基準の適合を求める「バックフィット」が導入されるのである。再稼働時期は、ますます見通せなくなった。

当然電力会社の台所、収支状況はひっ迫した。２０１１年度決算では関電、中部電力など電力5社が、原価変動調整積立金（原変）、別途積立金（別途）を取り崩した。

中部、北陸、関西、四国、九州電力の5社が「原変」を全額、大幅な赤字だった関西、九州電力は「別途」の一部も取り崩さなければならなくなった。東京、沖縄を除く電力8社の両積立金の11年度期末残高は計2兆９０００億円強であり、その約3割に相当する９０００億円弱が取り崩された。

政府は原子力発電所の再稼働がなかった場合、沖縄を除く電力9社の２０１２年度決算はすべて赤字となり、純損失の総額は2兆６７６５億円に達するだろうとの試算をまとめていた。関電は12年9月21日、12年度中間決算見通しを発表し、最終損益は１２５０億円の赤字、中間配当は見送るとした。無配は第二次石油ショックの80年度以来32年ぶりである。他電力9社も沖縄、北陸電力の2社を除いて8社が純損失に陥った。

こうした電力各社の収支状況のひっ迫は、いずれ値上げに直結すると捉えた経団連の米倉会長は10月22日の定例会見で「値上げは非常につらい」と述べ、経済界への影響の大きさに言及した。実際電力各社は、原子力ウエートの高い社から順に料金引き上げに向かわざるを得なかった。東電はすでに２０１２年5月11日に7月1日からの実施を目指して値上げ申請（規制部門で平均10・28％）を行い、同7月25日8・46％に圧縮され認可されていた。

関電は大飯発電所3、4号機が2012年7月になってようやく再稼働にこぎつけたものの、その間火力発電をフル稼働させた燃料費の大幅増から11月26日、電気料金の値上げを申請した。13年4月から規制料金を平均11・88％、一方で自由化部門も19・23％引き上げるとした。同日発表した12年度決算見通しでは単独業績で最終損益は2900億円の赤字と予想した。この時点で年間配当は見送るとした。翌27日には九電も同じく翌年4月から規制料金8・51％の値上げを申請した。自由化部門も14・22％値上げするとした。

経産省が主催する両社の公聴会は翌2013年1月に行われた。同28日行われた関電の公聴会では消費者団体や中小企業経営者ら計26人の陳述人が意見表明し、大半が値上げ反対の意見を述べた。同31日の九電の公聴会でも25人が意見を述べ、ここでも大半の陳述人が反対を表明した。他電力会社も値上げに追い込まれるのは時間の問題だった。12年末に東北、年が改まると四国が値上げ表明し、北海道も「年度内に判断」するとした。

原子力規制委員会発足の一方で原子力産業界、また研究機関では福島第一原子力発電所の事故を踏まえ、自主的な安全性向上策やリスクマネジメントの手法開発などに取り組み始めていた。シビアアクシデント（過酷事故）を含む安全向上策の検討を一元的に担う組織を立ち上げようと、2012年11月15日原子力安全推進協会（ＪＡＮＳＩ）を設立した。原子力施設のピアレビューなどを実施してきた日本原子力技術協会（原技協）を発展的に解消し、世界最高水準の安全性をめざし、「自主規制」を実現して事業者をけん引するとした。

代表には、元原子力安全委員長の松浦祥次郎原子力安全研究協会評議員会長が就き、理事長には藤江孝夫前日本原子力技術協会理事長が就任した。松浦代表は会見で「独立性をもったプロフェッショナル」づくりを強調し、電力会社の意向に左右されない仕組みを構築するため、提言や勧告の判断は組織の専決事項にするとした。福島事故の反省から業界全体で広く知見を共有しようと海外の事業者とも意見交換する「国際アドバイザリー委員会」

なども設けた。

また電力業界は２０１４年10月1日、原子力発電の自主的な安全性向上に欠かせない研究開発拠点として電力中央研究所に「原子力リスク研究センター」を発足させている。国の規制基準を満たせば重大事故は防げるという発想に立たず、確率は極めて低くても発生すれば甚大な影響が出る大規模地震・津波などの発生メカニズムの解明や、ＰＲＡ（確率論的リスク評価）を活用したリスク低減の研究開発に取り組むとした。

一方で電力業界は、自民党が政権復帰したことで原子力再稼働へ向け積極的に陳情を重ねた。懸念は、原子力規制委員会の新しい審査基準や活断層調査による審査の遅れだった。規制委が外部の専門家４人を交えた評価会議で日本原子力発電の敦賀発電所の破砕帯は、活断層の可能性が高いと判断したことに波紋が広がった。

規制委は、２０１３年1月31日に新しい安全基準「新規制基準」の骨子案をまとめた。重要設備につながる配管の多重化やシビアアクシデント（過酷事故）対策が新たな規制要求となり、電気新聞（同２月１日付）によると骨子案をとりまとめた更田豊志委員は記者団に対し火災防護対策と配管の多重化がポイントだと述べ、火災が起こって原子炉の安全性が損なわれる場所に不燃性・難燃性のケーブルの使用を強く求めたという。今回難燃性のものに電源ケーブルを交換すると、電力会社の多額のコスト負担が予想された。

骨子案では、また過酷事故対策として緊急時の指揮所として用いられる「免震重要棟」や原子炉を遠隔操作で冷やす「第二制御室」、非常時の原子炉冷却装置、フィルター付きベント（排気）装置、複数の外部電源、電源車や消防車などの設置を求めた。

さらに地震・津波対策として、発電所ごとに「基準津波」を設定し、津波の恐れがある発電所には敷地全体を守る防潮堤や、建物への浸水を阻止する防水扉などの設置も求めた。活断層の定義を拡大し、疑わしい場合は精密調査を求め活断層の真上に原子炉等は建てられないことにした。

この活断層の認定基準については、後期更新世（12万～13万年前）以降の地層に変位がなければ「活断層の可能性がない」と判断した。後期更新世の地層が存在しない場合は、さらに古い地層（最大40万年前）の活動性評価が求められるとした。このほか火山や竜巻、森林火災や航空機の意図的な衝突を想定した対策を取ることも求めた。

規制委はまた、福島第一原子力発電所と同じＢＷＲにはベント設備を原則２系統つけることを求め、再稼働申請時には少なくとも1系統は義務付けられる見通しとなった。ＰＷＲは格納容器が大きく、ベント設備の必要性が低いため設置には猶予期間（「３〜５年」）が設けられる見込みとなり、このことから審査はＰＷＲが早く進むのではないかとみられた。

骨子案とはいえ「世界最高水準」とした規制委の厳格な基準に、電力業界からは再稼働に長い時間と多額の投資が必要になると先行き懸念の声が上がった。運転開始から30年以上が経過した原子力発電所は、補強や改修に多額の費用がかかるため廃炉に追い込まれるのでは、と厳しい見方が出た。さらに活断層の定義を「40万年前」まで遡って活動性を評価するとしたことに戸惑いの声が上がった。

２０１３年1月18日に開催された原子力規制委の電気事業者からの意見聴取では、シビアアクシデント対策について規制委と事業者側との認識の違いが明らかになった。ＢＷＲ事業者は格納容器の圧力を逃すベントについて耐圧強化ベントを有効な対策候補に位置付けるよう求めたが、規制委は否定的な見解を示した。またＰＷＲ事業者は原子炉の冷却は他の設備で実現可能とし、これに規制委はフィルター付きベントの多重性も必要と反論した。事業者側からは創意工夫しながら自ら改善に取り組めるような制度設計を求める声や、国際基準との整合性、実効性の観点から、過剰とも思える規制要求に対する疑問が相次いだ。

専門家の間からは「活断層の有無は問題の本質ではない」との指摘が出た。電気新聞（2月13日付）によると、同9日開催されたエネルギー会議（代表＝柘植綾夫日本工学会会長）主催のシンポジウムでは、複数の専門家から「規制委は活断層があるかないかに追い込まれている。どう工学的に対応するかという問題には思考停止だ」との指摘や「憶測や可能性で活断層を否定できないから危ないというのは科学ではない」と規制委の審査に懸念する声が出た。また規制庁から各学会に専門家の推薦依頼があった際、原子力安全・保安院や原子力安全委員会などに携わったメンバーを候補から外すよう要請されたことを明らかにした専門家は、「より多くの専門家がいなければ誤った判断に行く危険性がある」と警鐘を鳴らした。

電事連の八木誠会長は、２０１３年2月15日の会見で、2度行われた安全基準のヒアリングでは「我々の思いがなかなか伝わっていない」と指摘し、安全性向上という共通目的に向けて、事業者と規制委によるコミュニケーションが必要だと訴えた。

新規制基準骨子案の解釈などを通じて規制委、規制庁と電力業界との間のコミュニケーション不足が表面化し、さらには規制庁の専門機関としての役割にも不安の声が漏れ出した。

規制委とその事務局となる原子力規制庁は、前年９月の発足以来、電力業界との接触には必要以上に神経を使い、慎重に対応していた。規制庁の前身となる保安院は、原子力推進行政をたばねる経産省のもとにあって、シビアクシデント対策がおろそかになっていた側面は否めない。

国会事故調の報告書では東電福島第一原子力発電所事故につながる組織面の問題点として「規制する側と規制される立場の逆転現象が起き、規制当局は電力会社の虜（とりこ）になっていた」と厳しい指摘を受けている。

規制庁は、この〝虜〟に過度ともいえる反応をみせ、職員が電力関係者と打ち合わせる場合は複数人で対応しながら発言内容を記録することを内規で定めた。規制当局と業界との間に一定程度距離感は必要であってもその前提にあるのは十分な意思疎通である。しかし新安全基準骨子案の解釈をめぐる温度差は、その意思疎通が十分ではないことが様々なやりとりを通じて明らかになった。加えてコミュニケーション不足となる原因に規制庁職員の専門性の問題があると、電気新聞（2月26日付）は次のように指摘している。

「米国原子力規制委員会（ＮＲＣ）には軍事用原子炉

などに関わった専門家が多数在籍している。英国原子力規制機関（ＯＮＲ）にも電力会社の出身者が多く、職員の半数が専門家だ。一方で規制庁は経産省や文部科学省といった中央省庁出身者が職員の大半を占める。原子力メーカーや研究機関などを経験した専門家の採用も考慮に入れているものの、定員が決まっているため『（退職者などで）枠があいた分しか採用できない』と規制庁幹部は嘆く」

記事では、電力会社と規制庁との間でのコミュニケーション不足から「新安全基準骨子案で求められていることが分からない」との原子力部門幹部の声を紹介しながら、原子力発電所の設計や運転などの経験を積んだ職員が皆無に等しく「現場を知らない独りよがりの規制になりかねない」との不安を伝えている。コミュニケーション不足と専門性――。規制委、規制庁の抱える課題は、規制機関としての独立性を高めれば高めるほど大きくなっていった。

値上げに追い込まれる電力各社

原子力再稼働は実現しないまま時間は経過していた。この間、原子力ウエートの高い電力会社から順に料金値上げに追い込まれていった。東電、関電、九電に続き、他電力会社も値上げは時間の問題だった。２０１３年2月14日、東北電力が7月1日からの電気料金の値上げを経産省に申請した。規制料金11・41％の引き上げである。四国電力も2月20日、7月1日からの規制料金10・94％、さらに北海道電力も4月24日、9月1日からの規制料金10・20％の値上げを申請した。これら3社は自由化部門の値上げも行うことにした（東北＝17・74％、四国＝17・50％、北海道＝13・46％）。

4月2日にはすでに申請していた関電と九電の規制料金がそれぞれ2ポイント以上査定されたうえ認可された。関電は9・75％、九電は6・23％の値上げとなり、両社は経営効率化を一層徹底していくとした。新料金は5月1日から実施となった。

また敦賀発電所2号機の活断層問題を抱える原電の経営も厳しさが増すようになった。保有する3基のうち我が国初の軽水炉として運転を開始した敦賀発電所1号機は廃炉が視野に入っており、東海第二発電所は再稼働審査待ちと、敦賀発電所2号機がいわば同社の「生命線」だった。当面は銀行融資を受けて乗り切ることにし、関電始め受電会社に債務保証を了解してもらった。

安倍首相は、２０１３年2月28日の衆参両院の本会議で施政方針演説を行い、そのなかで「エネルギーの安定供給とエネルギーコストの低減に向けて、責任あるエネルギー政策を構築する」と表明し、原子力規制委員会が安全を確認した発電所を再稼働させることを明言したほか、電力システム改革に着手する考えも示した。

当時首相にとっては、新成長戦略に電力システム改革を取り入れて推進することに重きを置いており、原子力再稼働をめぐっては「世界一厳しい規制基準」を採用すると淡々とした姿勢だった。それでも自民党は原子力規制に関するプロジェクトチーム（ＰＴ）が、原子力安全基盤機構（ＪＮＥＳ）の原子力規制庁への統合が遅れていることや新安全基準の検討過程で「工学的な判断が働いていない」など規制委や規制庁への注文、批判を繰り広げた。

高原資源エネ庁長官から認可書を受け取る瓜生九州電力社長
（2013年4月2日、東京・霞が関、提供：電気新聞）

そうしたなかで規制委は、３月19日、７月施行の新安全基準で猶予期間を設ける方針を決めた。シビアアクシデント対策やテロ対策に用いる一部の設備が対象で、期間は新安全基準が施行されてから5年後までとされた。この対象にはテロ対策を強化するための「特定重大事故等対処施設（特重施設）」が含まれている。

また運転中の大飯発電所３、４号機について9月の定期検査まで事実上の稼働を認めた。大飯発電所を止めると今後、新たな安全対策をとるたびに、すべての原子力発電所を止めることになり、海外でも対策をとる前に一定程度猶予をもたせるのを参考にしたという。田中委員長は「次の定期検査で対応できることを確認する」と述べたが、それ以前には「大飯発電所だけ例外扱いできない」と述べていた。

自民党は5月14日には「電力安定供給推進議員連盟」を発足させた。会長には細田博之幹事長代理が就任し、青森県の大島理森前副総裁ら原子力立地県選出の議員が名を連ねた。事務局長には敦賀発電所のある福井３区選出の高木毅衆議院議員が就いた。同本部の働きかけもあったのか安倍首相は5月15日の参議院予算委員会で「原発再稼働に向けて政府一丸となって対応し、できるだけ早く実現していきたい」と述べた。

だが規制委の審査対応は、変わることはなかった。首相答弁の当日15日には規制委の有識者会合が、原電の敦賀発電所敷地内の破砕帯を「活断層」と判定したことで活断層問題は新たな段階に入った。原電の濱田康男社長は「誠に不適切」とし、慎重審議を求めていた福井県はじめ地元からも不満の声が上がった。電事連の八木会長は、5月17日の会見で「原電が追加調査を継続している中で判断を出したのは、大変遺憾」とした。

規制委は、敦賀発電所以外でも東北電力の東通発電所の敷地内主要断層について追加調査を行い、有識者会合は耐震設計上憂慮すべき活断層と判断し、これに同社は断層の模型実験や変状範囲の分析データなどを示して反論した。それ以外にも規制委は、関電の大飯、美浜発電所、北陸電力の志賀原子力発電所、加えてFBR原型炉「もんじゅ」の活断層追加調査を命じていた。

このうち「もんじゅ」については保守管理体制の抜本

的な見直しも求めた。２０１２年11月、約１万点にのぼる機器の点検漏れが見つかった後にも相次いで点検漏れや改善の不備が明らかになり、規制委は保安措置命令と保安規定の変更命令を出し、出力試験の無期限停止を要請。さらに15年には改善指示が徹底されていないとして、原子力研究開発機構（ＪＡＥＡ）に代わる運営主体を明示するよう文科相に勧告した。

この先「もんじゅ」は一気に廃炉への道を歩むことになる。

「アベノミクス」の効果なのか５月に入って為替相場は、約４年１カ月ぶりに「１ドル＝１００円」の壁を突破した。円安に伴う燃料費増は原子力再稼働が遅れる電力業界をさらに苦しめることになった。成長戦略をとりまとめる産業戦略会議でも、「原発を早く再稼働し、国策として一定比率を持つべきだ」（榊原定征東レ会長）といった声が相次いだ。

自民党では「電力安定供給推進本部」の発足に続いて６月19日、資源・エネルギー戦略調査会の下に原子力発電所立地地域に関するプロジェクトチーム（委員長＝宮路和明参議院議員）を立ち上げ、原子力立地自治体の救済策立案に乗り出した。

７月８日、新規制基準が施行され、北海道、関西、四国、九州の電力４社が再稼働に向けた安全審査を規制委に申請した。各社が申請したプラントは、泊発電所１〜３号機（北海道）、大飯発電所３、４号機、高浜発電所３、４号機（いずれも関西）、伊方発電所３号機（四国）、川内発電所１、２号機（九州）。いずれもＰＷＲで合計10基にのぼる。九州の玄海原子力発電所３、４号機、またＢＷＲでは東電の柏崎刈羽原子力発電所６、７号機が申請を準備中と伝えられた。玄海原子力発電所の２基について九州電力は、すぐに申請し合計12基が審査に入った。八木電事連会長は同22日の会見で「安全確認が行われない状況が長期に及ばないように、速やかな対応をお願いしたい」と効率的な対応を求めた。

この年の９月、大飯発電所３、４号機が定期検査に入ったので再び「原子力稼働ゼロ」となった。ただ大飯発電所については敷地内の破砕帯が活断層ではないと判断され、申請から２カ月遅れで本格的な審査に入った。東電の柏崎刈羽原子力発電所は、フィルターベントの確実性などを提示することが求められ、審査は停滞した。

翌2014年9月、規制委発足以来2年にわたり委員を務めていた島崎邦彦委員（委員長代理）と大島賢三委員が退任した。島崎委員は地震担当であり、敦賀発電所などの審査で強硬に活断層の存在を主張していた。新委員には主に再処理審査や廃棄物処分を担当する田中知委員、地震・津波分野や全国のプラントを対象にした敷地内破砕帯などを担当する石渡明委員が就いた。

田中委員長は、敷地内破砕帯の活断層を判断してきた有識者会合の位置づけをめぐって従来にない軟化した考えを示し始める。有識者会合での結論を「参考にする」と述べ、いったんは有識者会合の結論に縛られない考えを示し、結果を問わず適合性審査の申請を受けつけるとした。ただ、しばらくして有識者会合評価書を「重要な知見の一つとして参考にする」と述べ、その位置づけを曖昧な形にした。それでも東北電力の東通発電所の審査では断層の活動性そのものの是非を論じない方針を早々に打ち出した。

この間、与党自民党などから審査が遅れる規制委や島崎委員長代理への批判が強まっていた。2014年6月には経済界や学界などエネルギー関係各界を総結集した「原子力国民会議」（共同代表＝元文部相の有馬朗人元東大総長）が設立され、原子力再稼働を求めて訴えを強めていくと申し合わせている。

田中委員長は、2016年になると島崎邦彦前委員長代理とのやりとりを通じて、活断層問題に一線を引くことになる。島崎前委員長代理は、関電大飯発電所の地震動想定を巡って「過小評価の恐れがある」と規制委とは別の予測式を用いた再計算を要求した。田中委員長は2度の面談の機会を設けるなど異例の〝厚遇〟で迎えたが、基準地震動（Ｓｓ）見直しの要請は拒んだ。

2013年、規制料金の値上げを申請していた電力各社は、経産省の認可を受け、相次いで新料金実施となった。2月に値上げを申請した四国電力は、7月に自由化部門、8月に規制部門の値上げ実施となった。同社の値上げ改定は33年ぶり。規制部門で平均7・80％、金額で

131億円、査定率は2・95％と厳しく千葉社長は「お客様の値上げ幅を極力抑えてほしいという切実な声を重く受け止め、減額査定を粛々と受け入れる」と効率化を徹底していく考えを示した。

東北電力も9月から規制部門で平均8・94％，自由化部門で同15・24％の値上げを実施した。同社も33年ぶりの値上げ改定である。海輪社長は、効率化策に全力を注ぐ方針を掲げ、聖域なきコストカットを推進するとして外部有識者を招いた調達改革委員会を社内に設け、競争発注比率の拡大などに取り組んだ。

4月に規制部門の値上げを申請し、9月7・73％で認可実施となった北海道電力は、泊発電所の長期停止による火力発電所の燃料費がかさみ、2013年度決算は3期連続の大幅赤字を計上した。渇水準備引当金の取り崩しや優先株発行による資金を当座の運転資金に回したものの、間に合わず結局14年7月、規制部門で平均17・03％の大幅値上げを申請した。11月15・33％（11月から4カ月は12・43％）に圧縮され実施となった。自由化部門は平均20・32％（11月から4カ月間は16・38％）の値上げとなった。川合克彦社長は申請の際「昨年の夏に続いて2度目の値上げで、値上げ率についてはかなり大きいということもあって、非常に申し訳ない」と頭を下げた。

2014年は中部電力も料金値上げとなった。13年度決算では1100億円の経常損失が見込まれ、14年度も浜岡原子力発電所の運転再開が見込めないと料金改定に踏み切った。13年10月、14年4月の実施を目指して規制部門で4・95％の値上げを申請した。しかし、消費増税と時期が重なると批判を受けたこともあって実施は5月と後ろ倒しなり、規制部門の値上げ率は1ポイント以上査定され3・77％に抑えられた。自由化部門は平均8・44％の値上げとしていたが、平均7・21％の値上げに見直した。水野社長は通期で900億円規模の効率化策に取り組むとしたものの14年度決算見通しは「赤字を避けるレベル」と危機感をにじませた。同社は小売り全面自由化時代の成長戦略として関東への進出に力を入れていく。

関西電力も再値上げを避けられなかった。2013年度決算は3期連続の赤字となり、11年3月末の時点で6１００億円あった別途積立金が底をついた。15年6月、規制部門で平均8・36％（9月までは4・62％）、自由化部門11・50％（同6・39％）の値上げを実施した（同社は17年8月に続いて大飯発電所3、4号機が再稼働なった18年5月、相次いで値下げを実施する。この二度の値下げによって関電は「一番良いところとほぼ同等か遜色ないところまできた」（岩根茂樹社長）と震災前の料金レベルに近づけることができた）。

志賀原子力発電所の長期停止が続いていた北陸電力も17年度決算が2期連続の赤字となり、自由化部門の値上げに踏み切った。38年ぶりの値上げ改定となった。

この結果、沖縄を含む電力10社は、中国、沖縄を除いて8社がすべて第二次石油ショックによる１９８０年6月以来の本格改定による値上げ実施となった。80年の値上げは中東産油国の原油など化石燃料の大幅値上げや減産によるものだったが、２０１２年以降の電力会社の値上げは、「3・11」後の原子力発電の再稼働問題に端を発していた。同じ電気料金の値上げでもリスクの所在が様変わりした。

安倍首相は、２０２０年の東京五輪招致に当たって福島第一原子力発電所の汚染水問題について13年9月7日の演説で「（汚染水）の状況は統御されている」と訴えたが、それ以降は選挙の争点にしたくなかったのか、原子力発電所再稼働問題で国が前面に立つことには積極的ではなかった。官房長官当時の安倍を首相に引き立てたと言われる小泉純一郎元首相は、13年11月に行った会見で「原発即時ゼロ」を主張していた。14年2月の東京都知事選では細川護熙（もりひろ）元首相が原発ゼロを掲げて立候補しており（結果は落選）、安倍首相は首相経験者、とりわけ小泉前首相の反対や政権与党を組む公明党の慎重姿勢、さらに世論の反応が厳しい原子力発電には、慎重に取り組まざるを得なかったとみられる。

しかしエネルギー関連業界や原子力立地の自治体、学会などからは首相への再稼働の要望が相次いでいた。２０１３年2月にはエネルギー・原子力行政懇談会（会長＝有馬朗人元文科相）が同会有志29人の名を連ねた「責任ある原子力政策の再構築」とした提言を安倍首相に直接渡している。また15年12月には「原子力国民会議」（共同代表＝有馬朗人元文科相）と「エネルギーと経済・環境を考える会」（代表＝柳澤光美元経産副大臣）による「原子力集約全国大会」が開催され、約６００人が集まっている。

こうした首相のリーダーシップを求める背景のひとつには、民主党政権時代に混迷したエネルギー基本計画の見直しが進み、２０１４年４月に第４次の基本計画がまとまったことがある。同計画では再生可能エネルギーの導入加速化と、原子力発電を「重要なベース電源」と明記していた。

電気新聞（８月12日付）は、「首相が国民に説明を」という見出しのついた立地自治体からの切実な声を紹介している。記事によると日本原子力産業協会が立地自治体の担当者に行った聞き取り調査では「エネルギー基本計画だけでなく、国のトップが原子力の必要性を国民に語るべきだ」、「地元の判断で再稼働したような印象を国民に与えるようなことになれば、地元はもたない」、「全国市長会でも反対意見が多数。立地は肩身が狭い」という悲痛な声が寄せられているとし、再稼働への最終責任を地元が負いかねないことへ懸念があると実情を指摘している。

２０１５年に年が改まると、そうした声に押されたのか、様相が少し変わり始めた。

安倍首相は、２０１４年11月衆議院を解散、結果自民党・公明党の大勝に終わった。選挙公約では「原発依存度については可能な限り低減」させるとした一方で「エネルギー需給構造の安定性に寄与する重要なベースロード電源との位置づけのもと、活用していく」とした。同時に公約では、エネルギーミックスの将来像を速やかに示すとし、これに基づいて1月30日から２０３０年の電源構成（エネルギー・ミックス）を検討する総合資源エネルギー調査会（経産相の諮問機関）の長期エネルギー需給見通し小委員会が開催され、検討が始まった。

２０１０年の原子力発電の全発電量に占める割合は28・６％であり、「可能な限り低減」させるにしても、どういう数値になるかに注目が集まった。事務局である経産省は、原子力発電の割合を20％程度まで維持させることを検討作業のねらいとし、自民党ではエネルギー政策をとりまとめる「原子力政策・需給問題調査会」の額賀福志郎衆議院議員らが経産省の考えを後押しした。

安倍首相も2月12日の衆参両院本会議での施政方針演説で再稼働問題に触れ「立地自治体をはじめ、関係者の理解を得るよう丁寧に説明していく」と環境整備を進める考えを示した。6月1日「長期エネルギー需給見通し小委員会」は、安全性、安定供給、経済効率性、環境適合（3E＋S）を踏まえ、安全性を大前提に電力コストの引き下げや欧米に遜色ない温室効果ガス削減目標を掲げるなどして原子力依存度は可能な限り低減させていくとした。

具体的には電源構成の20～22％程度とし、原子力や石炭火力などのベースロード電源は、約56％の比率を目指すとした。「20～22％程度」の比率を目指すとなると、運転40年超の原子力発電も動かす必要が出てくる。例外措置である最長20年の延長が、現実味を帯びてきた。

２０１５年7月、再稼働へ向けて大きな動きがあった。規制委は、7月16日に九電の川内原子力発電所1、2号機について新規制基準を満たすとの審査書案をまとめたのである。新規制基準の適合性審査は、設置変更許可基準審査、工事計画審査、保安規定検査の3種類あり、これらは同時並行的に進められることになっていた。合格にはこの3つをパスしなければならない。

1号機は同8月11日、新規制基準の適合性審査に初めて合格し、原子炉設置変更許可を受け8月14日、約3年8カ月ぶりに再稼働した。続いて9月には川内原子力発電所2号機も再稼働した。この間、立地点の薩摩川内市や鹿児島県も再稼働に同意した。

２０１３年9月に大飯発電所3、4号機が定期検査に入って以来、続いていた「原発稼働ゼロ」は、ようやく解消した。15年度中の収支改善効果は2基合計で９００億円が見込めるとして、4年連続赤字を解消できると同社だけでなく九州内の産業界などからも歓迎の声が上がった。

２０１５年2月12日には関電の高浜発電所3、4号機が新規制基準の原子炉設置変更許可審査に合格、同年10月9日に4号機の工事計画と3、4号機の保安規定が認可され、再稼働の前提となる許認可審査はすべて終了した。ただ後述する裁判所による運転差し止め命令から再稼働には至らなかった。

高浜発電所3、4号機に続いて規制委は、四国電力の伊方発電所3号機についても同年7月15日、新規制基準に適合するとの審査書を正式決定した。10月26日には安倍首相とも会い国の最終責任を確認したという、愛媛県の中村時広知事が四国電力の佐伯勇人社長に再稼働の同意を伝えた。伊方発電所3号機はプルサーマル利用の発電所としては、震災後初めてのケースとなった。同発電所は翌2016年8月再稼働した。

だがこの時点で再稼働もしくは合格したのは、3発電所、5基にとどまり規制委発足当初「半年程度」（田中委員長）と見込んでいた審査期間は大幅に長期化した。しかも再稼働を阻む新たなリスクが顕在化してきた。

「司法リスク」、「特重」審査等、遅れる再稼働

2014年5月に福井地裁は、県民189人が原告になった大飯発電所3、4号機の運転差し止めを求めた判決で地震対策の不備を認定して、大飯発電所の運転差し止めを命じた。関電は「不服」としてすぐに控訴した。翌15年4月福井地裁は、高浜発電所から約50〜100キロメートル離れた地点に住む京都や大阪などの住民9人の訴えを認め、高浜発電所3、4号機の運転を禁じる仮処分決定を出した。樋口英明裁判長は「（新規制基準は）緩やかに過ぎ、安全性は確保されない」ことを理由に挙げた。

高浜発電所3、4号機は規制委が同2月に新規制基準に基づき「合格」を出しており、田中委員長は「十分私どもの取り組みが理解されていない点がある」と反論した。原子力発電の運転を直ちに差し止める司法判断はこれが初めてであり、しかも仮処分決定は法的拘束力を持つため、関電は改めて行う司法手続きでこの決定が覆ら

ない限り、再稼働できなくなった。一方で同時期に行われた川内原子力発電所の運転差し止めを求める住民の仮処分申し立てについて鹿児島地裁は、規制委の審査は「最新の科学的知見に照らしても不合理な点は認められない」と却下した。

同年12月24日福井地裁の林潤裁判長は高浜発電所3、4号機の再稼働を即時差し止めた4月の仮処分決定を取り消した。この決定は川内原子力発電所をめぐる鹿児島地裁の決定と同じく、原子力専門家の知見を尊重し、司法は専門技術的な判断には踏み込まないとの従来の最高裁の考えを踏襲したものとみられた。この判断を受けて２０１６年1月29日、高浜発電所３号機は再稼働した。4号機がトラブルで運転再開に時間を要しているうちに今度は大津地裁に滋賀県の住民が高浜発電所3、4号機の運転差し止めを求めた裁判で、同地裁が3月9日、運転差し止めの仮処分決定を出した。

この決定は電力業界に大きな波紋を投げかけた。運転停止の仮処分決定に際して山本善彦裁判長らが、耐震性や津波対策などの立証責任を関電に負わせたうえで「十分な資料が提供されていない」としたことに関電からは「不当な決定」との声が上がった。しかも30人に満たない住民の「不安が残る」とした訴えを地裁が受け入れたことに電力業界には驚きと「次は我が身か」との緊張が走った。

経産省は関電が高浜発電所3、4号機の営業再開を前提に値下げを準備していたことから「（電力全面）自由化への影響は大きい」（3月11日付電気新聞）とした。関西経済界からも影響は看過できないと不満の声が上がった。関電は同10日に稼働中の3号機の運転を止め、同14日に執行停止の申し立てを行ったが、大津地裁は6月17日、執行停止の申し立てを却下する決定を行った。

翌２０１７年3月28日には関電が控訴していた高浜発電所3、4号機の運転差し止めの仮処分について、大阪高等裁判所が決定を取り消した。関電は「説明不足」と指摘された多くの争点について社内に訴訟グループを設け、約５０００ページの資料を用意して訴えた。4号機が5月17日に、3号機が6月6日に運転を再開した。これに伴い関電は6月、8月1日からの平均4・29％の値下げ実施を発表した。

伊方発電所３号機の稼働を巡っての仮処分判断では広島地方裁判所が発電所の運転を認めた。しかし、２０１７年12月13日広島高等裁判所は、広島市の住民らが熊本県の阿蘇山が過去最大の噴火をした場合、安全確保が出来なくなると訴えた伊方発電所３号機の運転差し止めを求めた裁判で、18年９月30日までの運転差し止めを決定した。

四国電力は異議審を申立て、広島高裁は２０１８年９月仮処分決定を取り消し伊方発電所３号機は、再稼働に入った。大飯発電所３、４号機の運転差し止め控訴審でも18年７月名古屋高等裁判所金沢支部は運転差し止め命令を取り消している。しかし、20年12月４日には大阪地裁が関電の大飯発電所３、４号機の原子炉設置許可取り消しを命じ、規制委の判断を違法とした。国は同17日に控訴した。

顕在化した「司法リスク」は、原子力発電所稼働の不安定要因となって事業者の前に立ちはだかり、電力需給や経営動向まで左右する見えない壁となりつつある。

規制委の再稼働審査では、２０１７年１月18日、九電の玄海原子力発電所３、４号機の安全対策の基本方針が、新規制基準に適合すると審査書を正式決定した。また５月24日には関電の大飯発電所３、４号機も同様に安全審査に合格した。これによって全国で９基の原子力発電所が再稼働に入ることになった。

２０１８年８月10日には、中国電力がＢＷＲの島根原子力発電所３号機の新規制基準の適合性審査を申請、国内全体では27基目、新規申請は2年9カ月ぶりとなった。また東北電力の女川原子力発電所2号機は２０２０年２月26日、原子炉設置変更許可申請が許可された。同11月18日には地元自治体の宮城県、女川町から再稼働の事前了解が伝えられている。

規制委の田中委員長は、16年4月に起きた熊本地震に際して当時再稼働していた九電の川内原子力発電所1、2号機を停止すべきという意見や、メディアを通じた不安を煽るかのような声の広がりにくみせず毅然と対応した。規制委の一貫した立場を貫いて、この頃には周囲の批判的な見方も急速に和らぐようになった。

２０１７年９月、発足５年となった規制委の田中委員長は、続投論も出ていたなかで辞任し、後任には更田豊志委員長代理が就いた。

同２月には原子力政策課長などを歴任し経産省の原子力政策に長く関わってきた安井正也原子力規制庁長官官房技術総括審議官が、３代目原子力規制庁長官に就いていた。原子力推進行政に関わってきた経産省から初めての起用であり、この人事は就任を固辞した安井総括審議官を田中委員長が強く説得し実現したという。田中路線を継承する更田新委員長を支える役回りを期待したからだと言われる。

安井長官は、当時首相の信頼厚い今井尚哉秘書官と同期で官邸とのパイプ役もこなしていて、FBR原型炉「もんじゅ」の廃炉に当たっては田中委員長の強引とも思える手法を軟着陸させて、政府決定に持ち込んだ。田中委員長は、政治圧力をかわすためにも官邸と歩調を合わせるバランス感覚を重要視し、一方安井長官は原子力再稼働を重視する考えから「もんじゅ」問題が悪影響を及ぼすことを懸念し、双方の思惑が一致したとの解説がなされた。

発足５年を経過して規制委の新規制基準の審査は、少しずつ進み出していた。とはいえ、まだ全国の原子力発電所で再稼働に至ったのは、２割を超えたに過ぎない。運転停止に伴う燃料費の大幅増から新規制基準審査に要する労力とコスト、とくに実際審査にパスするまでの膨大な設備改良費を視野に入れると電力会社は、当該原子力発電所の稼働を続けるのか、廃炉にするのかの選択に迫られるようになった。原子力発電所の運転期間は、例外規定（最大20年）はあるにせよ原則40年である。

規制委は、２０１６年７月時点で運転開始40年を超える原子力発電所については、「特別点検」を実施したうえで15年４～７月の間に延長申請するよう求めていた。電力会社は自社の実情に照らして廃炉か、運転延長かを決断しなければならなかった。16年７月時点で運転開始40年を超えるのは、東電福島第一の１～３号機を除けば、関西の美浜１、２号機、高浜１、２号機、原電の敦賀１号機、中国の島根1号機、九州の玄海1号機の4社計7基だった。原電の東海発電所と中部の浜岡1、2号機は、すでに廃炉作業が進められていた。

点検期間を逆算すると15年度下期には経営判断しなければならなかった。一般的には減価償却期間を過ぎた原子力発電は、固定資産税の負担も軽くなりできるだけ長く運転を継続させたいところで、そこに新規制基準対応の追加の安全工事費を重ねると、どうしても発電所の出力規模が廃炉にするかどうかを見極める有力な判断材料となった。ただ一挙に廃炉となると、発電設備や核燃料の資産価値がなくなり、損失を一括計上しなければならず、経営への負担が大きくなる。

そうした電気事業の実情を踏まえて経産省は、廃炉の負担軽減策の検討に乗り出していた。２０１５年1月、総合資源エネルギー調査会電力・ガス事業分科会電気料金審査専門小委員会の「廃炉に係る会計制度検証ワーキンググループ」（座長＝山内弘隆一橋大大学院教授）は、廃炉に伴い生じる費用を10年間かけて償却することを柱とした会計制度の見直しを行うことを決めた。設備については発電資産、核燃料の残存簿価などを対象にした。また小売り全面自由化後も廃炉費用を電気料金に上乗せできるようにした。

新しい会計ルールは、同年3月13日に施行された。これを受けて関電と原電が同17日、美浜1、2号機、敦賀1号機を、同18日には中国と九州が、島根1号機、玄海1号機を、それぞれ廃炉にすることを決定した。また16年3月25日には四国が伊方1号機の、18年5月23日には伊方2号機の廃炉を決めた。さらに18年10月25日、東北は女川1号機の廃炉を決めた。

これらの原子力発電所は、出力規模が比較的小さいため運転を継続しても、新規制基準をクリアするためにかかる改良工事費などを回収できないと各社は判断した。工事費は1基５００億円程度かかるとみられた。美浜1、2号機の場合、２０１７年4月に廃止措置計画が規制委から認可され、17年度から30年かけて取り組むことになった。ＰＷＲの廃炉では国内初の例となる。

関電は２０１７年12月22日、ともに出力１１７万５０００ｋＷの大飯1、2号機の廃炉を申請した。廃炉が決まった原子力発電所は、いずれも出力規模が50万ｋＷ台前後で、１００万ｋＷを超える大型炉の廃止は13年12月廃炉が決まった福島第一・６号機、19年７月に廃炉が決まった福島第二１〜４号機を除くと初めてである。

関電はすでに再稼働を決定している７基の原子力発電所の安全対策工事費に８０００億円以上を投入し、大飯を再稼働申請すると１兆円を超える費用に達するとみられていた。また「３・11」以来節電意識の高まりなどもあって需要の鈍化、減少が続いており、大飯の２基を廃炉にしても需給は保たれると判断したとみられる。２０１８年11月に廃止措置計画申請書を規制委に提出、２０４８年度に工程を完了する計画という。

一方で関電は、２０１５年３月17日に高浜１、２号機と美浜３号機について再稼働に必要な適合性審査を申請した。そのうえで高浜１、２号機は、最大20年の運転延長を申請した。３基とも出力は82万６０００ｋＷと比較的出力規模が大きい。16年６月20日、高浜１、２号機の運転延長が認可された。40年超の原子力発電所の運転延長が認められる初のケースとなった。美浜３号機も同年11月16日、最長20年の運転延長が認可された。

高浜１号機は２０３４年11月まで、同２号機は35年11月まで運転可能となった。当初規制委は、関電の申請が遅れたこともあり、審査の打ち切りもあるとしたものの、政府内では当時エネルギー基本計画の見直しが進んでおり、30年度の総発電量に占める原子力比率の目標「20〜22％」を達成するには40年超の原子力発電も運転させる必要があり、その点が斟酌（しんしゃく）されたのでは、との見方がなされた。

美浜３号機は延長認可の期限が２０１６年11月30日であり、一時は「時間切れで廃炉」と懸念する声も上がっていたが、ぎりぎりで運転延長が認可された。原電も２０１７年11月24日、出力１１０万ｋＷの東海第二の運転延長を申請し、18年11月延長が認可された。

「40年超」の運転延長問題は、２０１８年までに４基がクリアされた。しかし、これらの原子力発電所の「３・11」後の運転停止期間は長期に及んでおり、その間の停止期間は法律上カウントされていない。専門家の間では新規制基準対応での停止期間を運転期間40年から差し引き、カウントしないという考え方を採用すべきとの意見も出ている。だがそうした課題のほか、規制委の再稼働審査では新たな問題が浮上していた。

規制委の安全対策を名目にした追加対策はバックフィット導入後10件を数えるという。国内外で起きたトラブルや最新の研究成果により、安全対策で新たな知見が見つかった場合は、基準を修正して電力会社に対応を求める。より厳格さを求めた基準であり、電力会社が反論しても受けつけなかった。福井県にある関電の高浜、大飯、美浜3号機は、鳥取県の大山が噴火する際に火山灰が積もる恐れがあるとして、関電が審査対応に迫られたのもその一例だ。

2019年4月24日、規制委の更田委員長は電力会社が建設中の「特定重大事故等対処施設（特重施設）」が未完成の場合、運転停止措置をとると言明した。この「特重施設」は、13年7月に施行された新規制基準の中で5年以内に設置するよう求めていたもので、その設置猶予期間に間に合わないのであれば、原子炉等規制法に基づき運転を止めるというのである。

「特重施設」は、テロや航空機の衝突など緊急時に原子炉が冷却不能になった場合でも原子炉建屋から100メートルほど離れた場所で遠隔操作により原子炉を冷却し、格納容器の圧力を下げるなど重大事故に発展しないような機能を持った施設で「第2の制御室」とも呼ばれている。

電力会社は、同17日の意見交換会で最大限の工期短縮を図っても5発電所10基の期限内の完成が「間に合わなくなる」との見解を示していた。しかし規制委の判断により、期限以降は施設が完成するまで原子力発電所を動かせないことになり、順次停止していく可能性が出てきた。まず九電の川内1、2号機、関電の高浜3号機の運転停止の恐れが出てきた。

川内1号機は翌年3月に期限を迎えるのに施設の完成は1年後の見通しだった。また関電の高浜3号機も施設の完成に1年超要す見通しに対し翌年8月には期限が来る。九電は川内1、2号機や玄海3、4号機の4基の原子力発電所が２０１８年７月にようやく戦列復帰したことを受けて19年４月１日から家庭用で約１％の料金引き下げを実施したばかりだった。

電力会社は猶予期間が設けられても元々審査が長引いた末の工事であり、しかも見込みより大規模な難しい工事となっているとして経過措置期限に対し約１～３年の超過期間が生じる見込みと規制委に期限延長の検討を要請した。だが「原則として期限の延長はありえない」と撥ねつけられた。電力側には２０１５年に５年の猶予期間が設けられ、今回も現実に即した判断が出るのではないか、と事態の成り行きを甘く見ていた側面がある。

更田委員長は、電力会社の姿勢について「『差し迫ってきて訴えれば何とかなる』と思われたなら、それこそ大間違いだ」と語ったと報じられた。テロ対策であれば本来自衛隊が対応すべき、という意見もある中で新規制基準に基づく期限内完成にこだわる更田委員長の頑なさについて「行政訴訟が怖いからだろう」と解説する向きがある。

当時「警報発令のない津波」、「耐震性の審査手法の一部見直し」、「想定を超える火山灰」などの対策を矢継ぎ早に出したのは、２０１７年12月の広島高裁の仮処分決定がきっかけになっているという。四国電力の伊方発電所３号機の運転差し止めを命じた判決は、当時高裁レベルでは初の判断であり、しかも規制委の存在価値も問われたことから、どんな訴訟にも対応できるよう安全審査のハードルを上げているのだという。

九州電力は、このままでは川内原子力発電所１、２号機は２０２０年３月、同５月の期限に間に合わなくなるとして定期検査を前倒しし、工事が終わるまで発電を停止し、「特重施設」の設置工事に全力を注ぐことにした。工期短縮を実現して、１号機は２０２０年11月、２号機は同12月規制委の使用前検査に合格し「特重施設」の運用を開始することができた。関電の高浜発電所３号機も同12月同様に規制委の検査に合格し、運用を開始することができた。

しかし、九州電力が川内１、２号機の「特重施設」の申請を行ったのは２０１５年12月、工事計画が全て認可されたのは19年２月であり、審査に４年近くかかっている。最終的には国が定めた設置期限に間に合わず、九州電力が工事期間を想定より短縮させるなど工期短縮によって施設を完成させたものの、ドタバタ感は否めない。しかも「特重施設」完成までの費用は、当初見込みの5倍を上回る約２４００億円以上とみられている。

九州電力には「特重施設」の完成が遅れているのに危機感は薄かったとの指摘も出た。しかし「審査の中で要求がエスカレートしていった」というのが主な原因と指摘する関係者は多い。いずれにしろ審査に長時間を要したという事実に変わりはない。しかも専門家からは本当に必要な施設なのかとの疑問の声も上がっている。

電力10社は、２０１５年度連結決算で経常利益が前年度比約4倍の1兆１８９２億円と大幅増となり、11年の東日本大震災後初めて全社が経常黒字を確保した。北海道と関西、九州電力の3社は5年ぶりの経常黒字で、東北と中部電力は過去最高益だった。収益改善の最大の要因は燃料費が大幅に減少し、九州は川内原子力発電所1、2号機の再稼働効果が出たためだが、北海道電力は2度の料金値上げによって好転したもので、再稼働審査の遅れが数字の中に隠れている。中部と沖縄電力を除く8社は、原子力再稼働時期が依然不明と16年度の利益水準予想の公表を見送った。

電力10社が石油・ガス・石炭の調達に費やした額は、「3・11」の２０１１～18年3月末の間で9兆８０００億円に達した。電力業界は年間1兆円を超える負担増を余儀なくされ、最終的にはその多くを国民が負担している。負担増の最も大きな理由は、規制委の再稼働審査の遅れにある。加えて必要性に疑問がある施設の設置なども指摘されている。福島第一原子力発電所の事故の反省を起点として「世界一厳しい」規制を求める姿勢は必要としても、これが本来の原子力規制行政なのか、という声は少なくない。

国の安全審査の顧問を務め、我が国の原子力安全工学の第一人者でもある石川迪夫原子力デコミッショニング研究会会長は、この間原子力再稼働が大場に遅れたのは、当時の民主党政権の混迷ぶりに対応し切れなかった原子力安全・保安院や、新たに発足した原子力規制委員会の対応に問題があるからだ、と次のように指摘している。

民主党の菅政権時代の保安院の対応について「そもそも菅首相に原子力停止を止める法的根拠はなかった」。「法が定める年1回の（原子力発電所の）定期検査の申請を、役所が受け付けなかった。長年の慣例を役所が破った。1年後に全ての発電所は止まった」と当時の保安院の対応を問題視した。規制委の田中委員長の対応には、新基準の審査について「並行して進め、半年で許可」と見通しを発言したにもかかわらず、現在（2018年7月時点）合格した発電所の審査は、平均3・5年かかっているとして次のような問題点を指摘している。

「昔の審査は、原子炉の安全が目的であったから、経験済みの同型炉は半年ほどで結論が出た。だが今の審査は、発電所敷地の地盤に主体がある。ここが違う。敷地の地震加速度は、担当委員の思い通りの数値になるまで審査を繰り返すという。これは審査に名を借りた自説の強要、公正とはいえない」

「昔の申請書は数百ページ程度だから、誰でも読めた。今は数万ページ、過大過ぎて一人では読めないし、全体の理解は不可能だ。当然、審査は長期化し、安全全体を知る役人はいなくなる。そのせいか新基準の適合に使われた費用は、原子力の安全対策より、地震対策や地盤改良工事に偏っている」（電気新聞2018年7月20日付より）

“密接不可分”な政策、電力システム改革

2008年の第4次電気事業制度改革で小売り全面自由化が見送られた以降は、表立って論議にならなかった電力自由化問題は、2011年3月の東日本大震災後の計画停電や電力使用制限令の発動、東電福島第一原子力発電所事故に伴う電力供給不足への懸念を発端に、電力システム改革と名を変えて急浮上してきた。表面的には50、60ヘルツに分かれている東西の周波数の違いから電力を融通しにくいという状況が問題視され、メディアを中心に電力供給体制を見直すべきとの意見が強まってきたためである。

新聞各紙が、「発送電分離を検討」と一斉に報じ出したのは、2011年5月25日、経産省が同年7月1日に東北、東京電力管内で電力使用制限令を発動すると発表し、この時菅直人首相が発送電分離についての質問に「議論する段階が来る」、と発言したことがきっかけといわれる。とはいえ発送電分離を含む電力自由化については、それまで自由化論議に関わってきた様々な関係者が、経産省に検討の働きかけをしていて、全く白紙の段階から表面化したのではなかった。

新電力関係者は「東日本大震災発生時、電力制度改革を正常な方向に転換させるチャンスだと感じ、すぐに既知の経産官僚の元に行き、原発国有化と送配電分離を進言した」（『エネルギーフォーラム』2020年12月号、特集「電力自由化の四半世紀を総括」座談会より）という。また電気事業制度改革論議以来、一貫して発送電分離を唱えていた経済学者の八田達夫大阪大学招聘教授は、すぐにメディアに登場するようになる。

さらに電力政策に詳しい橘川武郎東京理科大大学院教授は「3・11」直後の経産省の様子を「経産省を訪ねた際、役人がぽろっとこぼした。『これで東電をやっつけられる』という一言だ。聞いた瞬間『ああ、これは彼らの本音なんだ』と分かった」（電気新聞2018年9月3日付）とインタビューで語っており、東電問題にすべて凝縮して政策展開していこうとする官僚たちの姿を垣間見ている。

「東電『国有化』、民有民営電力の軸崩れる」の項で触れたように「3・11」直後、経産省の官僚の一部は、東電を発火点とした発送電分離の電力全面自由化を視野に入れていたのであり、それは当時の民主党政権のいわゆる「インナー」に、それら有力官僚が事務局メンバーとして加わることでさらに有機的に連携し、電力システム改革として具体化していくのである。

全ての始まりは東電だった。原子力損害賠償法における東電の免責が否定され、2011年8月に「原子力損害賠償支援機構法」が成立して政府の公的資金注入が決まったことで、東電は、民営会社の体裁はとっていても政府の管轄下に置かれた。原子力損害賠償支援機構法成立を受けてメディアの一部は、発送電分離が推進されるとの観測も出るようになった。

野田内閣が発足した同年9月2日、枝野幸男経産相は、就任会見で電力の地域独占体制に言及した。枝野は民主党政調会長代行の仙谷由人を政治の師と仰いでいて、野田内閣の〝影の参謀本部〟となる「インナー」の主要メンバーだった。

「インナー」は、野田内閣が発足した２０１１年9月、枝野経産相ら閣僚3人と与党民主党を代表した仙谷、首相官邸を代表した齋藤勁内閣官房副長官の「３＋２」会合として発足している。仙谷によれば「政府と党の水面下の連絡機関であり、電力改革の重要案件はほとんどこの場で調整されたと言っていい」（仙谷由人著『エネルギー・原子力大転換』より）であり、ここに〝仙谷3人組〟と言われていた経産省の3人の官僚が頻繁に参加した。

東電の経営問題に当たる「原子力損害賠償支援機構」の嶋田隆理事兼事務局長、電力システム改革を主導する資源エネルギー庁の今井尚哉次長、エネルギー・環境会議を切り盛りする国家戦略室の日下部聡審議官である。「つねに情報を共有し、『3プラス2』の意思決定を支えてもらった」（仙谷）という。

仙谷は、鳩山、菅と続いた民主党政権のエネルギー政策は、一体不可分になっていないとして①東電の経営問題②電力システム改革③原子力政策を含む電源ベストミックス、の3点を同時並行的に進めようとしていた。そのための個別の検討の場として「原子力損害賠償支援機構」の運営委員会、経産相の諮問機関である「総合資源エネルギー調査会」、国家戦略室の「エネルギー・環境会議」をセットし、この3つの場に先の〝仙谷3人組〟が事務方の責任者として参加し、密接に連携をとった。

仙谷に言わせれば東電は「原発が停止した以上、火力を増強するしかない。事故債務に追われてキャッシュがない。発電部門に外部の血が入る」「部門ごとの損益管理が厳格化され、もはや〝どんぶり勘定〟の発送電一貫体制は改めざるを得ない」。そうなれば「東電を中核とした〝幕藩9社体制〟の電力業界に伝播しないわけがない」（仙谷由人著『エネルギー・原子力大転換』より）というのである。

要は、東電を〝起爆剤〟にして発送配電一貫の9

（10）電力体制の見直しを具体化していく。そのためにも電力自由化の拡大は必要となる。だが、その論理の帰結は、まさに四半世紀前に当時の通産省公益事業部計画課長であり、後に公益事業部長、さらには事務次官となって経産省を去った村田成二を中心にした当時の若き官僚たちが議論し、何度も挑戦した小売全面自由化、発送電分離方式そのものである。日下部らは、まさに四半世紀前に電力業界の壁に突き当たり、悔しさを綿々と受け継いできたであろう。

同年10月3日、仙谷のいう一体不可分なエネルギー政策を構築するため3つの場が同時に動き出した。総合資源エネルギー調査会の基本問題委員会（委員長＝三村明夫新日本製鉄会長）が原子力依存度低減に伴うエネルギーベストミックス構築に向けて初会合を開いた。エネルギー・環境会議も同日、来夏に向けて中長期的なエネルギー・環境戦略を打ち出す方向で初会合を持った。「原子力損害賠償支援機構」は同日「東京電力に関する経営・財務調査委員会」委員長の下河邉和彦を「原賠機構」運営委員会の委員長に選んだ。これら3つの検討機関には先の3人の経産官僚が、それぞれ事務局機能を担う立場で就いた。

同日、政府の「東京電力に関する経営・財務調査委員会」は東電の当面10年間の事業計画などを試算する報告書をまとめ、2兆5000億円に上るコスト削減などを求める最終報告書を野田首相に提出したが、その報告書の中には現状の電気料金制度の課題、託送料金制度の課題、卸電力市場制度の課題など今後の電気事業制度改革に係る内容が含まれていた。

枝野経産相は同12日の会見で、「東京電力に関する経営・財務調査委員会」（経財調査委）の報告書に現行料金制度の改善点が複数盛り込まれたことを踏まえて、有識者会議を主催して2012年の早い段階で結論を得たいと述べた。「経財調査委」の報告書は、現行の料金制度について原価の対象経費や算定期間、事業報酬率の算定根拠などを見直すよう提言していた。

さらに同28日、枝野経産相は会見で東日本大震災を踏まえ電力システム改革への対応を論議するため経産省内に非公開の「電力システム改革タスクフォース」（TF）

を設置すると発表した。「TF」議長は枝野大臣が務め、副大臣以下政務3役、経産省幹部らが参加することになった。年内をめどに論点整理を行うとした。事務局役には省内有数の自由化論者でもある資源エネ庁の安永崇伸電力・ガス事業部政策課制度企画総括調整官が就いた。

また政府は電力改革に特化した「電力改革及び東京電力に関する閣僚会合」（座長＝藤村修官房長官）を立ち上げ、11月半ば初会合を開くことになった。送配電部門の中立性を高める観点から法的分離を含めたメリット、デメリットが本格論議される見通しとなった。

ここから電力システム改革をめぐる経産省と対する電力業界の動きは激しさを増す。詳細にたどってみる。

11月1日、「電気料金制度・運用の見直しに係る有識者会議」（座長＝安念潤司中央大大学院教授）の初会合が開催された。同会議は翌年2月3日の会合で電気料金の値上げ認可の際、公益目的を除いた広告宣伝費、寄付金、団体費は原価参入を認めないなど規制部門の料金原価のあり方を抜本的に見直すことで一致した。

これに対し電事連は同会議での指摘を踏まえて一層の効率化や情報公開を進めていく方針を表明し、寄付金、団体費、広告宣伝費はいずれも事業活動上必要との認識を示した。

「TF」は、6回の会合を経て、12月27日電力システム改革論議に向けた論点整理案を公表した。現状の電力システムの問題点として、需要抑制を活用する視点や全国規模で最適な需給構造を目指す視点が欠けていたことを指摘。その上で新たな需要抑制策、需要家の選択、供給の多様化、競争促進と市場広域化、安定性と効率性両立の観点から、10項目の論点が提示された。同日開かれた「電力改革及び東京電力に関する閣僚会合」に報告された。

この論点整理を踏まえ、具体的な論議を行うため、総合資源エネルギー調査会に「電力システム改革専門委員会」が設置された。委員長には伊藤元重東大教授、委員長代理には安念潤司中央大大学院教授、委員には元経済財政政策担当大臣の大田弘子政策研究大学院大教授、高橋洋富士通総研主任研究員、八田達夫阪大招聘教授、松村敏弘東大教授らこれまで自由化論議を引っ張ってきた識者が選ばれた。

２０１２年2月2日の初会合で枝野経産相は、「競争的で開かれた電力市場」を基本理念に掲げ、新たな需要抑制や小売り分野の選択肢拡大、発電分野の規制見直し、送配電部門の中立性確保など10の論点を提示した。焦点は小売り自由化拡大による電力市場競争と発送電分離になるとみて、翌日日経、朝日、東京の各新聞は、経産省が電力会社の地域独占見直し方針を明言、発送電分離の議論を進めると報道した。

2月14日の総合資源エネルギー調査会の基本問題委員会では、八木誠電事連会長が電力システム改革に向けた電力業界の考えを表明した。八木会長は小売分野の電力間競争に関し、各社が互いの電気料金を十分意識し、自ら低減に取り組んでおり、潜在的な競争が行われていると「潜在競争」について述べた。発送電分離に関する議論に関連しては、公平・中立な送電線利用が現在も保たれていると強調した。

民主党も2月24日、「東電・電力改革プロジェクトチーム」の初会合を開催した。東電への公的資本注入をテコに電力市場の自由化を推進し、電気料金抑制につながる電力システム全体の改革に発展させていくとした。

3月15日、第6回の「電気料金制度・運用の見直しに係る有識者会議」が開催され最終報告がとりまとめられた。電気料金値上げ申請時に、原価を厳格に査定することなどが盛り込まれ、年度内に電気事業法の省令などを改正することになった。電力業界の主張は通らなかった。

5月8日には東電の「総合特別事業計画」が認定された。事業改革の項目として燃料・火力部門、送配電部門、小売部門のカンパニー制の導入が明記された。当面は社内組織による分離だが、仙谷言うところの〝幕藩9社体制〟に伝播させていくことを意図したものだった。

電力システム改革専門委員会は、メンバーが全面自由化論者で占められているということもあって、5月18日の第5回会合で電力小売全面自由化は、すんなり合意された。参入規制と総括原価方式による料金規制をともに撤廃し、すべての需要家が供給者や電源を選択できる仕組みを目指すとした。送配電部門の中立化では、広域連系線の運用などを担う全国機関を創設する方向になった。これを受け経産省は早ければ２０１３年の通常国会で電気事業法を改正し、早期実施を目指す考えを明らかにした。送配電分離は米テキサス州が参考にされた。

次第に焦点は送配電部門の広域・中立化の具体策に絞られ、現行の電力９社体制を前提にしつつも広域連系線の運用などを担う機関の設置と、各社の送配電部門の中立性を担保するため「法的分離を求める案が軸」（電気新聞5月25日付）になっていく。

こうした経産省の動きに電力業界は危機感を募らせ、（検討中の）法的分離、機能分離に対し、発電と送配電の部門間の協調に懸念が残ると指摘し段階的な検討を要望した。電力業界は広域的な電力需給のひっ迫時に予備力を機動的に調整する独立組織の設立に向けた検討を進めていた。現時点でも送配電部門の中立性は保たれており、新組織が機能を発揮すれば中立性はさらに高められるとの考えだった。

6月21日に開催された第7回電力システム改革専門委員会では、オブザーバーとして電力業界代表が招かれた。意見聴取された勝野哲中部電力専務ら電力6社のオブザーバーは、将来にわたって安価で安定的に電力を供給できるシステムを構築できるか現時点では見極めにくいとしたうえで「機能分離、法的分離に移行する場合には十分な準備期間が必要であり、現行の送配電協調によるメリットをどうすれば維持できるのか慎重に検討すべき」と強調した。

これに対し改革推進派の委員から「地域独占と総括原価に守られた状況で作り上げた既得権益は決して手放さないという一般電気事業者の頑なな基本姿勢」（松村敏弘委員）、「発送電一貫で十分な供給力を持ち続けなければ安定供給義務が果たせないといってしまうと、まったく議論がかみ合わない」（高橋洋委員）、「いずれもクリアできないものはない」（大田弘子委員）と厳しい反論、指摘が出された。

電力代表は、一般電気事業者の市場シェアが落ちていけば、機能分離や法的分離が必要になる時期が到来することも考えられると指摘し、ステップ・バイ・ステップの検討を重ねて要望した。このほか卸取引市場の活性化についても委員とオブザーバーの電力代表との間で議論が交わされた。だが、すでに大勢は決していた。

7月13日、第8回電力システム改革専門委員会が開催され、改革の基本方針案が決定された。内容は電力小売の家庭向けを含めた全面自由化の実施と送配電分離が柱となった。分離方法としては会計分離から、機能分離型、法的分離型に踏み出すべきと両論併記となった。また電力系統利用協議会（ＥＳＣＪ）を解消して、広域系統運営機関を設置することが決まった。所有分離は将来の検討課題とされた。

これを受け電事連は同日の委員会で、卸電力市場の活性化や発送電分離の詳細設計に積極的に協力する方針を表明した。ただ送配電部門の中立化に当たっては安定供給を支える役割分担や責任のあり方などの明確化、予備力の持ち方や系統計画に関する「信頼度基準」の設計など論点を提示した。

この間、5月には東電と「原賠機構」が「総合特別事業計画」をまとめ、各部門のコスト構造を明確化し、透明性の高い事業運営を実現するとした。燃料・火力部門、送配電部門、小売り部門のカンパニー制度導入が明記された。こうした東電改革は、まさに一般電気事業者の発送電分離を念頭に先行的に行われたものといっていいだろう。

さらに、同年9月に決定された「革新的エネルギー・環境戦略」では、原子力発電に依存しない社会の実現、グリーンエネルギー革命の実現などと並んで、エネルギー安定供給確保の実現には、電力市場の競争促進や送配電部門の中立化・広域化などの電力システム改革の断行が必要と明記された。

「電力システム改革の断行」は、2つの政府機関と公的資金を注入された東電・「原賠機構」の場で一体不可分の関係をもって具体化されることになった。

11月7日、東電が政府に新たな支援策の検討を要請することを盛り込んだ「再生への経営方針」を発表した。基本認識の中で電力システム改革の大きな流れを見据えた企業改革に先行的に取り組むことを表明した。

そうこうするうちに民主党政権における第3次野田内閣は11月16日、衆議院を解散、12月16日第46回総選挙となった。この選挙で民主党は大敗、自民党勝利となって12月26日、第2次安倍内閣が発足、経産相には茂木敏充衆議院議員が就いた。茂木は野党時代、党の政調会長を務め、民主党の政調会長代行の仙谷と接触する機会が多かったという。

政権が自民党に代わったことで電力業界には、原子力再稼働、電力システム改革の見直しに向け期待感が出てきた。しかし、経産省は総合エネルギー調査会の基本問題委員会については、総合部会（のちに基本政策分科会に名称変更）に改組し、メンバーも減員（25→15人）し入れ替えたのに対し、電力システム改革専門委員会は、民主党政権時と同じメンバーを継続した。なお、総合部会はエネルギー基本計画の見直しを進めていく。

電事連は前年7月の段階では、電力システム改革に協力の姿勢をとったものの、同年9月になって民主党政権が「2030年代原発ゼロ」を目指すとした方針を打ち出したことで、原子力発電が止まったまま発送電分離を実施すると「安定供給に支障が出る」と国会議員始め各方面に訴えていた。政権が代わり、電力業界と経産省の官僚との間で再び水面下での綱引きが始まった。

2013年1月22日、茂木経産相が閣議後の会見で「すべてをパッケージにするかどうかは別にして、この国会に関連法案を提出したい」と電力システム改革に関わる電気事業法の改正案を同月28日召集の通常国会に提出する考えを示した。また21日の専門委員会では法的分離を支持する意見が多かったことから「主要な論点の議論がおおむね収束したと聞いている」と言及し、「改革は大胆に、スケジュールは現実的に進めていきたい」との考えも述べた。

1月25日、電事連の八木会長は会見で、電力システム改革専門委員会で進む発送電分離形態に関する見解を表明した。現状では分離後の安定供給を担保する仕組みに不安が残り、原子力事業リスクも判然としないと強い懸念を示した。また安定供給にも大きな影響を及ぼす組織形態の変更を、「いま判断するのは極めて困難」と指摘。引き続き専門的・実務的な検討が必要であることを主張した。小売全面自由化や広域系統運用機関の設置については、積極的に取り組む意向を表明した。

茂木経産相は同日の閣議後の会見で、広域機関の創設を電気事業法改正案に盛り込むと明言。また第１８３通常国会で電気事業法改正案を提出する方針を表明した。小売自由化と発送電分離はいつ行うかを含めたプログラムを明記することは可能だが、実施法にするのは難しいと指摘。送配電分離について、法的分離と機能分離はそれぞれメリットがあり、それを踏まえて最終判断となるが、「電力システム改革専門委員会の支持が大勢を占めた法的分離ができない話ではない」と発言した。

茂木経産相（左端）と八木電事連会長（右から二人目）ら電力首脳との懇談会（2013 年 1 月 30 日、東京・内幸町、提供：電気新聞）

一方安倍首相は同日、日本経済再生本部（本部長＝安倍首相）の会合で、民主党政権が策定したエネルギー・環境戦略を「ゼロ・ベース」で見直すことを茂木経産相に指示した。

同月30日、茂木経産相と電力会社トップとの懇談会が都内のホテルで開かれた。経産省に新大臣が就任すると電力業界との間で行われる恒例の場である。東日本大震災後では初の懇談会となった。しかし、今回は約1時間の懇談時間の多くを電力システム改革問題に費やし、発言も通常の懇談会とは様相を異にした。茂木経産相は「懸念があるから（改革を）前に進められない（発送電分離を）いま決められないということでは困る」と電力業界の対応をけん制した。以下、その模様を伝えた2月１日付電気新聞を引用する。

「電気事業連合会の八木会長は『真にお客さまの利益

になる改革には積極的に協力するスタンスでやってきた』と説明した。ただ発送電分離については『中立性が確保された競争環境と安定供給が両立されたシステムであるべきだ』と強調。分離後に安定供給を確保できる保証がなく、原子力事業リスクが見通せない現状では『どういうパターンがいいのか判断できない』との立場に理解を求めた。中部電力の水野明久社長や北陸電力の久和進社長も慎重な対応を求めた」

「だが茂木経産相は例外を認めず、『具体的な改革の内容を近く打ち出す』と明言した。『いろんな不安があり、懸念を持たれていることは十分理解しているが、様々な技術的な課題を克服することがプロの役割』とも述べ、電力業界が積極的に知恵を出し、議論を先導するよう要請した」

この茂木経産相の発言には、前日に自民党内で電力政策を仕切る立場にあり、電力業界の信頼も厚く安倍首相にも近いとされる有力議員が、茂木経産相の説得に同意したことが背景にあるという。

この説によると、有力議員はそれまで発送電分離に反対していたものの、「改革を進めたい」という茂木経産相の説得に改革容認の姿勢を示した。容認の理由は、夏の参議院選挙を控えるなか国民に「改革に後ろ向きと思われないためだ」という。民主党前政権の脱原発を転換した安倍内閣が電力改革まで転換すれば、電力業界寄りと見られてしまうことを避けたかったというのである。

2月1日、茂木経産相は閣議後の会見で、電力システム改革について今月中旬にも専門委員会で取りまとめてもらえるものと考えていると述べ、近く改革の方向性を打ち出す考えを強調した。その際には、小売全面自由化、広域系統運用機関の設置、発送電分離の大きな3点について判断してほしいと述べた。

8日、第12回会合で電力システム改革報告書案が了承された。２０２０年を目途に、広域系統運用機関の創設（２０１５年）、小売全面自由化（２０１６年）、送配電部門法的分離（２０１８～２０２０年）を3段階で進めることが明記された。電事連は同日、意見書を提出し、その中で法的分離の実施時期が5～7年後とされたことについて「現時点で実現の見通しは厳しい」とし、システム改革そのものには「詳細検討に最大限協力する」としつつ、「問題があるようなら柔軟な見直しを」と訴えた。

12日、茂木経産相は閣議後の会見で、電気事業法改正について早急に政府としての方針を決定し、所要の法案を開会中の通常国会に提出する意向を改めて表明した。

法案の国会提出には与党自民党の事前審査があり、自民党の出方次第ではまだひと波乱が予想された。

13日、自民党経済産業部会と資源・エネルギー戦略調査会の「電力システムに関する小委員会」の合同会議が開催され、電力システム改革専門委員会の報告書案について論議を開始した。

出席した委員からは改革案について疑問が相次いだ。電気新聞（2月14日付）によると、議員のひとりは改革の目的がはっきりしないと指摘し、成長戦略の基盤となる電気料金への影響について論議を深めるべきと訴えた。別の議員は最大の課題は電力の安定供給で、小売全面自由化、法的分離の実施が本当に必要な改革なのかと疑問が出された。

だが14日、自民党は経済産業部会を開催し、現在開会中の通常国会に電気事業法の改正案を提出することを了承する。

電事連の八木会長は15日の会見で、全面小売自由化や送電網の広域系統運用機関の設立については顧客の利益につながるとして協力姿勢をアピールしたものの、電力システム改革の柱である送配電部門の法的分離について「安定供給を損なわないルール・仕組みを整備する必要がある」とし綿密な検証が必要だと訴えた。

これに対し茂木経産相は同日の会見で、競争による効率化と安定供給を両立する電力システム改革が必要と述べ、中長期的に電気料金を引き下げるための手段として発送電分離の必要性を繰り返した。

18日、政府は安倍首相が議長の産業競争力会議を開催した。出席した茂木経産相は「多様な供給体制とスマートな消費行動を持つエネルギー最先進国」を目指すとしたアクションプランを提示、甘利明経済再生担当相は、電力システム改革を「社会システムやインフラを根本から改革しうる、重大かつ重要な改革」と位置付けた。安倍首相は与党との調整を経て、政府の改革方針を取りまとめるよう指示した。

３月６日、茂木経産相は自民党の経済産業部会など合同部会に出席して「電力システムに関する改革方針案」を提示した。これに対し合同部会では、「電力会社の体力が弱っている時に分離させるのはさらに弱めることにならないか」など反対論が噴出した。とくに原子力再稼働が見通せない状況下での法的分離の実施について「年限を区切るような書きぶりは問題がある」との意見が挙がった。

安倍晋三（提供：電気新聞）

結局同月19日の合同部会では、送配電部門の法的分離の法案提出時期について、２０１５年と断定した表現を「目指す」に決めるなど修正を加えた。電気新聞（３月21日付）によると「原子力発電所の再稼働問題と切り離して議論できない」との反対論も出たが、「電力システムに関する小委員会」の船田元委員長は「電源の問題と電気をどう流すかというシステムの問題は別の議論」と押し切った。政府方針案は３段階で進めるシステム改革の実施時期のめどと、電気事業法改正案などの法案提出時期を明記した。

国会に提出する政府方針の原案は、改革の実施時期を「めど」とする一方、法案提出時期については法的分離の２０１５年の法案提出を「目指す」との表現になった。

４月２日、政府は電力システム改革に関する改革方針を閣議決定した。小売の全面自由化、発送電分離の実施は、戦後電気事業の再編以来最大の電気事業制度改革となる。２０２０年までの３段階の制度改革であり、18～20年度をめどに送配電部門の法的分離が実施され、ほぼ同時期に料金規制も撤廃される見通しになった。関連法案は２０１３年の国会から３年連続で国会に提出され、実施の運びとなった。

茂木経産相は「川上の調達から川下の小売り、消費に至るまで全体に関わる改革になる。需要家の選択の幅が広がり、最終的には電気料金の低下につながるのではないか」と述べた。なお、この日経産省は、関西、九州電力両社から再申請（規制料金値上げ申請を2ポイント以上圧縮され再申請）のあった電気料金値上げを認可している。電事連会長でもある八木関電社長は、値上げに至ったことに「深くお詫びしたい」と頭を下げた。

安倍晋三首相は、アベノミクス3本目の矢である成長戦略の柱に発送電分離など電力システム改革を掲げる方針を周囲に語っていたという。自民党内には電力業界からの陳情などを受け、制度改革時期の年限を明示しないよう求める声があり、これに首相は年限を明示しないことになれば参議院選を前に野党に攻撃材料を与えると、年限明示にこだわっていたとされる。

安倍首相の秘書官には、第1次安倍内閣の下で事務担当の秘書官を務めていた経産省の今井尚哉が、今度は政務担当の秘書官として就いていた。今井は第4次安倍第2次改造内閣では総理大臣補佐官を兼務、安倍首相の信頼の厚いことは、つとに知られている。その今井は、民主党政権時代は〝仙谷3人組〟として日下部、嶋田ら経産省の官僚とともに連携、連絡を密にしながら一体不可分の改革を進めてきた。

今井の意向は極論すれば安倍首相の意向でもあり、それが直接経産省に届けられ、それだからこそ発送電分離のキーとなった「電力システム改革専門委員会」メンバーは、自民党政権に代わっても変更されなかったのであろう。

経産省での官僚経験を持つ福島伸享（のぶゆき）前衆議院議員は、その著『エネルギー政策は国家なり』（エネルギーフォーラム刊）で次のように述べている。

「民主党政権は、政治主導の名の下の官僚主義でした。安倍政権は、やっぱり官僚主導です。官僚のつくった政策を進めるしかない。実は連続性があったのです。ただ、意思決定の段階が、ちょうど政権交代の空白期だったために、本来であれば多くの業界が抵抗するのもスムーズに通すことができたのです。逆にいえば、村田組（村田成二前次官）の官僚たちは、それをにらんで動いていたといえます」

もう一点、安倍一強と呼ばれた政治体制も見過ごすことができない。よく言えば柔軟で融通無碍（むげ）、外交・安全保障への評価は高いが、悪く言えば政権維持のため日和見的で端（はな）から一貫性を放棄したかのような政策対応、〝お友達〟重視の姿勢と、その特異性は歴代自民党政権にないものであろう。今井補佐官を介し成長戦略の要と位置付けた電力システム改革を、安倍流で疑問の余地なく具体化に向かわせた。

電気事業法改正案は、「ねじれ国会」のもと、審議入りが遅れ、安倍首相への問責決議案が採択された影響でいったん廃案となるものの、2013年の参院選で自民・公明両党は大勝し、この結果「ねじれ国会」は解消。秋の臨時国会で電気事業法改正案は再提出され、11月13日に成立した。

参院選を目前に控えた6月5日、安倍首相は、内外情勢調査会主催の講演会の壇上に立ち、「（電気の）小売全面自由化と発送電分離により、イノベーションの可能性を存分に引き出すことができます。（中略）経験豊富な電力会社の皆さんは、真の『プロ』として活躍いただき、さらなるイノベーションの創発者になっていただきたい」と述べた。自民党の選挙公約には、エネルギー政策のゼロベースでの見直しと「電力システム改革」の断行が盛り込まれていた。

安倍首相が呼びかけた「真のプロ」、イノベーションの創発者と期待される電力会社。すでに実質国有化とはなったものの、依然電力業界の中核的存在である東電は、社長の廣瀬直己以下、社会の厳しい視線に晒されながらもそれぞれの立場で東電改革に向かっていた。

希望と失望、東電・総合特別事業計画

2012年5月の臨時取締役会で社長就任が内定した廣瀬直己（6月27日の株主総会後に正式就任）は、羅針盤は総合特別事業計画に示されているとして「親身・親切な賠償」「着実な廃止措置」「安定供給の確保」を3本

廣瀬直己（提供：電気新聞）

柱として、その課題の達成に向け改革の徹底と経営立て直しを進めた。電気新聞の就任インダビュー（6月28日付）では「『カネ』がなく『モノ』も失った今、総合特別事業計画を実現できるかどうかは、すべて『ヒト』の力にかかっている」と社員に訴えかけた。

前社長の西澤俊夫からバトンを受け、すぐに直面したのが「値上げ」、「1兆円の資本注入」、それと「銀行融資」の実現である。電気料金規制部門の値上げは、7月1日の実施を目指して5月10日に申請されていた。10・28%の値上げである。原子力損害賠償支援機構による1兆円の資本注入は、7月下旬に完了する予定で、これを前提に銀行団から新規融資も追加で行われる予定になっていた。しかし、経営に大きな影響を与える料金値上げの時期や内容が固まらなければ新規融資は困難と判断され、社債の償還などを控え経営の維持は難しい状況となる。

経産省は、資本注入が完了するギリギリのタイミングで同25日、規制料金を1・8ポイント以上圧縮した8・46%で認可した。当時料金の認可権を持つ枝野経産相は、東電再建に向けた総合特別事業計画を「国が経営権を一定程度取得できない限り認可しない」とし、50%超の議決権比率をあくまで求め、結局その通りとなった。

値上げは、東電国有化と引き換えに認められたようなものだったが、それでも枝野経産相は「原賠機構」の適切な業務に支障をきたさないとの前提を置いて「消費者の目線や他の公的資金注入の例を踏まえて徹底的な合理化を図る」よう厳しい査定方針でのぞんでいた。

ともあれ値上げと増資がセットとなって実施されたことで銀行団は8月以降、総額1兆円を上回る融資を実行し、実質国有化された東電は、ひたすら総合特別事業計画の実行にまい進することになる。

だが、福島第一原子力発電所事故の賠償・除染・廃炉対応は、現行の支援の枠組みを上回る巨額な財務リスクとなることが次第に明らかになってくる。

東電は11月7日、２０１３～14年度の経営方針となる「再生への経営方針」「改革集中実施アクション・プラン」を発表し、国への新たな支援措置の早急な検討と、東電自ら抜本改革に取り組むため「福島復興本社」（代表＝石崎芳行副社長）の設置、コスト削減の深掘り、持ち株会社制を視野に入れた経営改革など71項目の取り組みを掲げた。

この発表は、社外取締役全員がそろって記者会見を行う異例の場となった。賠償や除染、中間貯蔵による費用が「原賠機構」の交付国債の上限である5兆円の2倍規模に達する可能性があるなど総合特別事業計画策定以降の環境変化や、事業資金不足、人材流出などに歯止めがかからず、企業体力が急速に劣化、「このままでは会社は長続きしない」と全員で危機感を訴えたのである。これを受け政府は12月20日、交付国債の枠を現行5兆円から9兆円に引き上げた。

だが「福島対応」は巨額な財務リスクとなることがはっきりし、現行の総合特別事業計画では立ち行かず、新たな計画策定が必至となる、「再生への経営方針」は、そう宣言したようなものだった。

それでも足元の総合特別事業計画の遂行度は高かった。電気新聞の報道（２０１３年2月26日付）によると、２０１２年度第3・4半期の東電の資産売却は累計5６9５億円と総合特別事業計画に掲げる目標の8割に達した。「不動産」は95％、「子会社・関連会社」は84％と目標に近づき、「有価証券」は55％と半分程度だったが、年度内には9割を超える見通しになった。

東電の第一線現場の社員から「原賠機構」に出向している経産省の官僚まで総合特別事業計画を遂行するという意味では、それぞれが危機感をもって真剣に取り組んだ。当時社長の廣瀬は「賠償・廃炉・除染の『福島対応』というものすごく大きな課題が目の前にあって、それはまた共通の課題であって、そこに（社外取締役らと）一緒に取り組むことに違和感はなかった」と振り返っている。

前年12月に政権が交代し、第2次安倍内閣が発足しても政権の東電への追加支援措置が薄いとみて、２０１３

年4月26日には社外取締役と廣瀬社長が一緒になって安倍首相、茂木経産相と首相官邸で会談、国の抜本的な支援を求めたという。その際東電側は「いまのままでは下河邉会長らが集団で辞めかねない」と訴え、安倍首相は全員に任期となる6月以降の続投を求め、また国の関与を強める方針を伝えたとされる。

だが、「東京電力を生き残らせるための制度改革が、実は電力のシステム改革につながる」（福島伸享著『エネルギー政策は国家なり』より）と民主党政調会長代行の仙谷を軸にした経産省の官僚たち、東電の嶋田隆取締役執行役ら前政権からのいわゆる〝仙谷3人組〟は、次のステップを踏んで持ち株会社化の方針を働きかけ、「再生への経営方針」に盛り込んでいた。

２０１３年4月1日、社内カンパニー制を立ち上げ3部門の会計などを独立させた。このカンパニー制はすでに11年末には「原賠機構」の中で検討されており、当時の勝俣恒久会長は、事業分離に激しく抵抗していたという。社内には、「みんなで力を結集していかなければならない時に(カンパニー制導入では)、一体感が削がれる。やりにくくする制度をなんで導入するのか」（当時の同社幹部）との受け止め方が強かった。社内意向がどうあれ会社組織を分離するカンパニー制は、さらに独立した事業会社へと向かう。

２０１４年1月15日、東電は新・総合特別事業計画（新総特）の認定を受けたと発表した。そこでは「責任」と「競争」の対応を両立させるため、社内カンパニー制から16年度以降にホールディングカンパニー制(持ち株会社制)に移行することが明記された。持ち株会社のもとに「発電事業会社」（火力発電）、「送配電事業会社」（送配電）、「小売り事業会社」（小売）の3部門の事業会社を独立させるとした。

この背景には電力システム改革の〝第2弾〟としてライセンス制が導入されることがあった。14年度の改正電気事業法では従来の事業規制の体制を改めて、発電など各事業のカテゴリーに合わせて届出、許可、登録といった形でライセンスが付与される制度となるのである（15年度の〝第3弾〟の改正電気事業法では送配電部門の法的分離後、一般送配電事業者などは発電や小売りのライセンスには制約が課される)。

それを今回、先取りした格好となった。この制度は2000年代の制度改革論議の際、電力業界の反対にあって導入が見送られており、東電を実質国有化したことで官僚たちの意向が改めて通る形となった。

また、「新総特」のもうひとつの〝目玉〟が、「これまでの発想の一段上を行く競争的な事業展開」と銘打った他のエネルギー企業との包括的アライアンス（包括提携)、事業領域の日本全国への拡大である。これらによって福島復興に向けた原資の創出とグループ全体としての企業価値の向上を図るとした。

この包括的アライアンスの活用は、実際に火力発電・燃料部門を切り出して中部電力との間で統合した合弁会社発足へつながっていく。当時社内の一部ではこうした事業提携活動を始め改革を象徴する言葉として「グッド東電」、また対極に「バッド東電」という言葉が、しきりに交わされていた。平たくいえば当時「絶頂期」の火力部門は独立して「グッド東電」の道を行き、福島対応の原子力部門は「バッド東電」の国営東電として責任を負っていくというのである。

「一段上を行く競争的な事業展開」とは、まさに「グッド東電」の道を指し、それは福島復興に向けた原資の創出と密接不可分であってそもそもそうした企業とアライアンスを結ぶハードルは、結構高いはずだった。主導権を相手企業に握られる可能性が高く、実のところ慎重論もあったが、福島対応だけでなく燃料費増に苦しむ東電にとっては、〝救いの道〟になるとして、そこに官僚たちは新たな意味づけを見出していた。

一方で「新総特」は、社員の目から見れば、まさに希望と厳しさが同居した計画でもあった。「希望」は、脱公的管理の道が明記されたことで16年度末の経営評価で基準を満たせば、「原賠機構」が持つ議決権を2分の1以下に下げ、役職員派遣を終了するとした。評価は3年ごとで順調に進めば20年代初頭に議決権を3分の1未満にし、復配や自己株式消却を開始して、30年代前半には「原賠機構」保有の全株式を売却するとしていた。つまり脱国有化が果たせるかもしれなかった。

「厳しさ」は、急激なリストラ策である。50歳以上の1000人規模の希望退職（グループ全体では2000人規模）、ベテラン管理職（500人規模）の役職定年の実施と福島専任化である。同社はすでに震災以降13年度末までに1665人の依願退職者が出ていた。人材流出をさらに加速化させるのである。だが少なくとも真っ暗なトンネルに一筋の光が見えたことは確かだった。「3年後に良い評価をもらえるように頑張ろう」。当時第一線現場でもそうした言葉が交わされていた。

2014年4月1日、会長が下河邉和彦からJFEホールディングス元社長の數土文夫取締役に代わった。下河邉前会長は、仙谷由人民主党政調会長代行から東電会長の要請を受けた際「1年だけですよ」とつぶやいたというが、2年間東電会長を引き受けた。政府の積極関与を引き出すことや福島復興本社の設置などに尽力し、また社内人事などにも口を挟まず、「原賠機構」、東電からも評価は高かった。

數土新会長は、人事には口を挟まずの前会長と違ってむしろ関与しようとした。だがそれもほとんどは「原賠機構」と官僚の手の中にあって重大な判断事項は「大きく関与していないし（経営を）動かすことはなかったのでは」（関係者）という。経産省から出向していた嶋田取締役らの意向通りに動いた。

2014年10月7日、東電は、中部電力との間で燃料調達・火力事業の包括的提携を結んだ。基本合意点は両社が折半出資の合弁会社JERAを立ち上げ、燃料の上流開発や調達、火力発電所のリプレースや新設を行うというもの。一面では戦後の発送電一貫の電力体制にあって機能・部門ごとの再編を推進すれば、事実上地域独占の発送電一貫の垂直事業の壁を崩すことになる。まさに電力システム改革の先駆けとなるものでもあった。設立の経緯は、おおよそ次の通りである。

「新総特」にある包括的アライアンス事業は、「グッド」東電の燃料・火力発電事業と定めた東電は、包括的提携の相手先を募集し、東ガスなどが一時真剣に応募を検討したものの、最終候補として残ったのが中部電力だった。東電からの申し入れに水野明久社長ら中部電力側は熟慮を重ね、包括的提携を結んだ。

中部電力は、2016年の全面自由化に伴う競争環境の中で関東進出のための電源を確保し販売を拡大できる機会ととらえた。また実現すればLNG取扱量が年間4000万トンに及ぶ世界最大の燃料・火力発電会社の誕生となり、世界市場を視野に活動することで大きな利益を生み出す、中部電力グループ発展の先駆になるとの期待が膨らんだ。

同社は、すでに首都圏の高圧・特別高圧の需要家に電気を供給する新電力「ダイヤモンドパワー」を買収し、子会社として同社に電気を卸す計画を発表していた。同社内には原発再稼働を果たした時の関電を脅威に感じ、首都圏進出と海外に向けた火力事業は、同社グループ維持発展のカギを握ると、とらえる向きが多かった。

一方で東電内には全面自由化時代は安価な電力供給が必要になるとして設立される合弁会社（JERA）は、いわば「薄利多売」で安い電気を東電の小売会社に供給すべきとの意見があって、中部電力の首脳を慌てさせた。

また利益処分を巡っても、中部側は東電側が多額の配当などを福島対応に充当することを警戒したため、東電側は配当ルールを設け、JERAの成長に必要な資金を配当として吸い上げることを制限するとして中部側の懸念を解き、「福島対応の原資を創出するよりも」合弁会社の設立を優先させることにした。

嶋田隆取締役ら経産省にとって次のアライアンスを進めるためにも、何としてもJERAを成功モデルとする必要があった。

2015年4月30日、JERAが設立され、初代会長には東電取締役の内藤義博、初代社長には中部電力常務執行役員の垣見祐二が、それぞれ就いた。19年4月には両社の燃料調達・火力発電を完全統合して国内保有火力発電の出力合計約6700万kWという巨大な発電事業者が生まれた。

2015年6月、出向していた嶋田取締役は経産省大臣官房長となり、後任の取締役には14年7月から「原賠機構」連絡室次長に就いていた西山圭太が就任した。西山が就任して間もなくの同年10月、取締役会で異例の通知を社員に出すことが決まる。「過去の経営陣と接触し、経営方針を相談し働きかけをする行為を一切慎むように」という内容で、違反するとコンプライアンス違反として厳正対処するというのである。

「過去の経営陣」とは、勝俣元会長らを指すのは明らかで、それほどまでに旧経営陣を警戒していた。メディアは震災直後から勝俣元会長につながる企画部などの人材を〝守旧派〟、経産省寄りの外部取締役陣につながる人材を〝改革派〟と呼んでおり、この通知は対立構図をいやがうえにも煽ることとなった。すでに勝俣元会長ら東電の歴代首脳・幹部を輩出し、電力業界の〝司令塔〟と呼ばれていた企画部は経営改革本部事務局に統合され、次代を担うと期待が集まっていた村松衛常務執行役も２０１４年６月、原電副社長となって東電から離された。

社内では会長の數土と社長の廣瀬の対立が噂されていた。數土会長は､容赦ないコスト削減や人員削減に加え、「(幹部）人事を３回やれば会社は変わる」と社内人事に関与し、これに「すべて『ヒト』の力にかかっている」と、一体感のもとで経営方針を自ら決めて推し進めようとする廣瀬社長との間に溝が生まれていた。そこに西山取締役が入って対立構図を際立たせた。西山は、すでに触れたように95年の電気事業法改正時に公益事業部に在籍し、いわゆる〝村田学校〟の一員と見られていた人物である。「東電のＤＮＡを変えないといけない」を口癖にしていたという。

２０１６年３月には経産省の嶋田官房長をバックにした數土・西山ラインと外部取締役の一部が、廣瀬社長に退任を迫ったという噂が駆け巡る。廣瀬社長は続投し、嶋田官房長は６月の人事異動で通商政策局長に横滑りした（17年７月事務次官昇任）ことで、廣瀬社長が神奈川支店長時代に人脈を築いたという菅義偉官房長官の経産省への影響力が取りざたされた。

２０１６年７月28日、數土会長は第一４半期の決算会見に合わせ「激変する環境下における経営方針」を明らかにした。福島第一原子力発電所事故の廃炉費用などの上振れに「青天井では経営者は有効な手を打てない」と国のさらなる支援を求めるとともに數土会長は、「(新総特に比べ）大きな事業環境の変化が起きている。『非連続の改革』『過去と決別した新たな企業文化』が必要」とした。2兆円と見込んでいた廃炉費用はこれを上回るのは確実で、賠償費用もすでに6兆円を超えていた。

9月27日、総合資源エネルギー調査会のもとに「電力システム改革貫徹のための政策小委員会」（政策小委員会）が設置された。同小委のもとには市場競争のさらなる推進と公益的課題の調整を図る「市場整備ワーキンググループ」と數土東電会長が求めた「青天井」の廃炉や賠償費用に関わる財務・会計措置を検討する「財務会計ワーキンググループ」が置かれた。

10月4日、経産省は「政策小委員会」の検討と並行する形で有識者による「東京電力改革・1F問題委員会」（東電委員会）を発足させる。メンバーには2017年6月に東電会長に就任する川村隆日立製作所名誉会長、社外取締役に就任する冨山和彦経営共創基盤代表CEOらが入っていた。

再び新たな総合特別事業計画が策定される動きとなった。しかも廃炉・賠償・除染の福島対応と「福島の責任」を果たすことがすべてに優先し「新総特」でほのかに見えたトンネルの先の明かりが、見えなくなる可能性が高まった。同委員会では、東電のガバナンスのあり方や脱国有化の是非がまず論点にあがった。また廃炉・賠償・除染の費用見積もりと対応措置が焦点となった。

経産省主導のもとで、議論は次のような集約方向となった。

・東電は「非連続の改革路線」で経営責任を果たす。しかし「新総特」計画時よりも事故処理費が膨らむ見通しとなったので実質国有化を継続する

・廃炉事業を安定実施するため事故炉の廃炉積立制度を創設し、廃炉のため発電・小売分野の合理化分に加えて、規制分野である送配電事業の合理化分を優先的に配分する。このことは廃炉費用を捻出するため送配電や原子力事業で他社との連携を進めて収益を増やし、その収益から廃炉費を積み立て管理する制度をつくる。送配電子会社が合理化することで得られる利益は電気料金の値下げではなく、廃炉に優先的に回すことを意味した

・賠償制度が不備な中で福島第一原子力発電所の事故が

起きたので「新電力」の利用者も含めて、電気利用者全員が使用している送電線の使用料（託送料）に賠償費用の一部を上乗せすることで、国民全体で負担する。その代わりに経産省は電力各社にベースロード電源の原子力や水力、石炭火力でつくった安い電気を供給することを義務付ける

10月20日、自民党の「原子力政策・需給問題等調査会」（会長＝額賀福志郎衆議院議員）が廃炉や賠償費用の負担問題の議論を始めた。当初経産省は廃炉費用や賠償費用を託送料金に上乗せするつもりだったのが、批判が多く結局額賀会長の裁定で「廃炉」は東電の合理化、「賠償」は上限を決め、新電力が協力しやすい案にすることでまとまった。

12月14日の第7回「東京電力改革・1F問題委員会」では、「国の事故対応制度の整備、東京電力の抜本改革」の提言原案が明らかにされた。提言の骨格は福島事業と経済事業を明確に分け、両事業の早期自立を強調。このうち「福島」については事故の対応費用をこれまでの想定の約11兆円から総額約22兆円と見積もったうえ、①廃炉は東電の改革努力で対応、②賠償は事故への対応制度の不備を反省して託送料金を活用して新電力にも負担を求める、③除染・中間貯蔵は東電の株式売却と国の予算措置によって対応する——とし、東電が捻出する資金は約16兆円と試算した。

「経済事業」に関わる東電改革では課題解決に向けた共同事業体を設立、再編・統合を目指すとし、グローバル企業、国際的なテクノロジー企業をイメージした。次世代への早期の権限移譲の実現なども盛り込まれた。同20日の第8回「東京電力改革・1F問題委員会」で提言は、とりまとめられた。

同16日には「政策小委員会」が開かれ、ベースロード電源市場の創設と、賠償費用の増加分の託送料への上乗せを盛り込んだ中間とりまとめ案が承認された。

両委員会の報告概要について各新聞メディアの論調は「東電改革いばらの道」との表現に集約され、新電力の賠償費用負担にみる託送料への新たな上乗せについては、「税金で賄うべき」との批判も出た。経産省は創設

されるベースロード市場を通じて原子力発電など安価な電気の卸供給方策を講じるとした。ベースロード市場は２０１９年度創設が見込まれており、東電改革は電力システム改革と一体であることを改めて印象づけた。

12月20日、政府は「電力システム改革貫徹のための政策小委員会」で決められた東電への支援策、「東京電力改革・１Ｆ問題委員会」でまとめられた東電への改革支援などを閣議決定した。

東電と「原賠機構」は、２０１７年3月22日、「東京電力改革・１Ｆ問題委員会」でまとめられた東電改革への提言をもとに、「新々総合特別事業計画の骨子」（新々総特）を発表した。

「新々総特」骨子には、①脱国有化の判断を19年度まで先送りする②数十年単位で対処する賠償・廃炉については年間５０００億円規模の資金を確保し、除染については株式売却益4兆円相当を実現する経営改革を実現する――などとした。また再稼働を実現するとして柏崎刈羽原子力発電所の再稼働と、ＪＥＲＡの事例にならった共同事業体の早期の設立、再編・統合を目指すことが盛り込まれていた。

柏崎刈羽原子力発電所が立地する新潟県の泉田裕彦知事は、以前から福島第一原子力発電所の事故検証を求め、その後東電から「メルトダウンしていない」と説明を受けたのに実際は、炉心溶融していたことを東電が認めたことで態度を硬化、東電が謝罪するも受けつけなかった。ところが、２０１６年8月、同10月に行われる知事選挙に不出馬を表明した。

選挙では結局、共産党、社民党などが推薦した、以前は自民党公認で総選挙への出馬経験のある米山隆一弁護士が当選した。

２０１７年1月には數土会長、廣瀬社長が新潟県庁を訪れ、柏崎刈羽原子力発電所の再稼働に理解を求めたものの、「（県側の）検証は数年かかる」と厳しい対応を示し、東電側も知事の同意なしには再稼働しないとの考えを示すほかなかった。

従って「新々総特」の経営改革に再稼働が盛り込まれても実現の見込みは乏しかった。加えて共同事業体の設立構想についても国の関与や収益の廃炉等費用への充当懸念が強く電力各社は「経営の自立性や機動性を確保出来るか、しっかり見極めたい」（勝野哲中部電力社長）と慎重な受け止めだった。もっとも燃料調達部門を統合していたＪＥＲＡは、このあと3月28日に東電、中部両社の間で既存火力統合に合意する。

経産省が後押しして「国内原子力事業者と共同事業体を設立し、再編・統合を目指す」とした東北電力の東通原子力発電所を想定した事業統合構想も相手方の原田宏哉社長は「念頭にない」と繰り返し言明するなど素っ気なかった。大会社東電に呑み込まれかねないとの懸念のほか、大株主の立場にせよ東電の人事ほか重要決定事項に積極関与する経産省に、自社の主体性を奪われかねないと危うさを感じる電力会社首脳陣が多かったのである。

２０１６年８月に経産相に就いた世耕弘成参議院議員は、守旧派一掃を進言する経産省グループの考えに同調していた。それは東電のトップ交代という形で現れ、他電力会社と東電との距離を益々遠いものにした。

２０１７年３月31日、東電ホールディングス（２０１６年４月１日から移行）は、數土会長が退任し、後任に川村日立製作所名誉会長が就任するとともに、廣瀬社長の後任に小早川智明東電エナジーパートナー（東電ＥＰ）社長が就任する首脳人事を発表した。取締役13人のうち10人が新任であり、「新々総特」にある「次世代への早期権限移譲を実現」通りの若返りと抜擢となった。小早川新社長は、53歳の若さである。

廣瀬社長は、代表権のない執行役副会長となった。廣瀬社長をめぐる「原賠機構」・経産省をバックにした數土会長との確執は、ここ数年間続いていて、前年も廣瀬社長更迭の動きは出ていた。今回は數土会長の辞任を前提として世耕経産相が、その後任として直々に川村日立名誉会長に要請し、了承を得ただけに廣瀬社長の退任は必須としていたという。

廣瀬社長は交代の直前まで「まだまだやらないといけないことはたくさんある」と続投に意欲をにじませていて社内の多くは、続投を支持していたが、今回留任は厳しいとの見方もあった。結局廣瀬社長は代表権のない副会長就任に落ち着いたものの、その後の社内人事では

「3・11」以前から実績を積み重ねてきた50歳台の幹部及び幹部級の人材の多くが「守旧派」とみなされたのか、ライン業務から離れ、一掃された。なお廣瀬社長が副会長ポストに就いたのは、官邸の力や川村新会長が残留を希望したためといわれている。

小早川新社長は、１９８８年東工大工学部卒で入社後は、営業部門（法人営業）が長く、エコキュート（自然冷媒ヒートポンプ給湯機）の開発者のひとりでもある。神奈川支店の勤務があり同支店長経験のある廣瀬前社長の部下でもあった。だが本店でのライン部長の経験はなく、「3・11」後、法人営業部都市エネルギー部長を経験して16年4月小売事業の東電ＥＰ社長に抜擢されていた。経産省から出向していた嶋田取締役の改革路線に協力的との見方がなされていた。

小早川智明（提供：電気新聞）

２０１7年5月18日、政府は、「新々総合特別事業計画」を認定した。

先に示した「骨子」をベースとした要点は、①事故対策費用の廃炉費（8兆円の見積もり）除染費を合わせた総額約22兆円のうち、東電は数十年かけ16兆円を負担し、残り6兆円は他電力や国が捻出する②廃炉と賠償を貫徹するため東電は年５０００億円の資金を確保し、また除染費用を捻出するため年４５００億円の利益創出を目指す③今後3年間をモニタリング期間として国と「原賠機構」は19年度末に関与のあり方を改めて判断する④年４５００億円の利益創出には海外事業を視野に入れた事業成長が求められ、今後10年以内に送配電や原子力発電分野で他電力会社との共同事業体を設立し再編・統合を進める⑤収支改善の鍵となる柏崎刈羽原子力発電所の再稼働スケジュールのシナリオを作成——というものである。

このうち除染に関しては企業価値向上による株式売却益4兆円を確保して充当する計画で、当時1株当たり

300円の株価を1500円台にまで上昇した時点で売却を検討と解説された。

東電再建計画第3弾とも言うべき「新々総特」のとりまとめには様々な受け止め、反応があった。とくに関心を集めたのは事故対策費用の大幅な上振れとそれを前提とした費用の捻出策で、対策費用の主要部分を成す廃炉費用の見積もり8兆円については、根拠が曖昧との見方の一方で「これ以上に費用が膨らむのは明らか」、また海外の例から「廃炉を急ぐ理由はない、工程を延期すべきだろう」とする専門家の意見もあった。

石川迪夫原子力デコミッショニング研究会会長は、こう指摘する。

「炉心溶融が起きた原子力施設が40年（2011年末に政府と東電で作った中長期ロードマップで示された期間）で廃炉を完成した前例はない。TMI原子力発電所の炉心取り出しの経験からみて、きめ細かい放射能除去には、人手に頼る以外に方法はない。廃炉を急げば人海戦術に頼らざるを得ず、その副産物として、膨大な人件費と無用な作業員被ばくを伴う。その費用が膨らめば虚像の8兆円も現実となる。ロードマップは事故直後の混乱期に作られた。これまで3度見直されたが、まだ工程上の議論はない。無駄な費用と被ばくを伴うなら、廃炉を急ぐ必要は何もない。工程を延期すべきだろう」（電気新聞2017年4月24日付）

さらに識者からは「2026年まで毎年5000億円の資金を確保する」「株式売却益4兆円の実現」などに対し、あまりに楽観的との見方がなされた。「絵に描いた餅のような再建計画」と皮肉っぽい指摘もなされたが、脱国有化の道はさらに遠のき、国の関与が深まる。そのことだけははっきりした。

6月23日の株主総会を経て東電HDの新しい布陣が誕生した。

だがこの再建計画は、東電首脳陣の交代と、まさに53歳の小早川社長就任に象徴される「次世代への早期権限移譲を実現」するとした守旧派一掃が前提であった。日本経済新聞が「引き裂かれた会社」と題した、次のようなコラムを掲載した。一部抜粋した。

「二つに引き裂かれた会社――。東京電力の新旧トップによる記者会見をネット中継で見ていて、そんな言葉が頭に浮かんだ。（中略）贖罪と高収益。両方が不可欠だと東電の経営陣は語る。確かにその通りだろう。二つをともに完遂するには、経営陣や社員は全く方向性の異なる心の持ちようや能力を求められる。どんな組織にもジレンマはある。しかしこれはジレンマなどという言葉で表現しきれない内部矛盾ではないか」

「外部からどうみえるか。福島県民は『加害者』の東電が大いに稼ぎ急成長する姿に違和感を抱かないだろうか。他電力にとっては、身銭を切って支援してきた東電が市場では強力な競争相手となる。自然の成り行きでこうなったのではない。政策的に生まれた状況である」

「人為によってつくられた状況であることが、時に社員らには過酷さを増して感じられることもあるに違いない。東電が克服しなければならないのは『改革派』対『守旧派』というわかりやすい派閥対立ではないだろう。（中略）原子力の退潮で矛盾の巨岩が顔を出した。航行を誤ると座礁の危険は大きい」（日本経済新聞２０１７年４月15日付滝順一編集委員「遠みち近みち」より）

航行の方角がそもそも誤っているのかも知れなかった。だが、一般社員はもう船に乗っているのである。コラムで指摘するような「改革派」対「守旧派」という構図にとらわれている余裕はなかった。給料は減り、仲間がいなくなり、しかも世間の目は厳しい。「３・11」から「新々総特」までの経営の振幅を含め、安定供給を預かる社員たちは、どう受け止めていたのだろうか。

東電ＨＤ、それぞれの「いま」

今年（２０２１年）42歳となる彼は、生粋の現場たたき上げの送電マンである。高校を卒業して入社。地方の工務所勤務となり、そこで巡視、点検、設備停止や建設計画に携わり鉄塔の建て替え工事に従事するなど一通りの業務を覚えた。２０００年代、次の勤務地である地方の工事センターは、供給工事が多く忙しさは増した。そうした折に原子力の「データ改ざん」問題から首脳陣が一挙に５人交代した。「トップが代わっても会社は、変わらないんだな」。そう思った。

「3・11」に直面した。事故直後、鉄塔のガイシが割れたとの通報から復旧の応援に出動した。周囲の目は変わらず復旧工事も順調にこなすことができた。2、3日後、様相は一変した。福島第一原子力発電所で水素爆発が立て続けに起きたのである。「なんなんだよ、東電」とどこへ行っても叱責を受けるようになった。

現場へ出向くときは、作業用のユニホームではなく普段着のままで出かけ、帰りはユニホームを脱いで帰社した。コンビニに買い物に行く時も東電社員と分からないようにした。そういう日々が続いた。

「東電社員と結婚した」と以前は周囲に自慢気に話していた義理の親や親戚も妻の息子が東電社員であることに触れないようにした。しばらくして会社を辞める仲間が増えた。家が自営業の社員から順に会社を去った。給与は「2~3割」減り、ボーナスは出なくなった。ローンの支払いが苦しくなった。社員持ち株会のもとで東電株を多く持っている社員ほどローンを高めに設定していた。東電株は紙切れ同然となったのである。

そのうちにショッキングなことが起きた。事業所の先輩が自殺した。「言葉にならなかった」という。翌年（２０１２年５月）実質国有化が宣言された。「潰れちゃえ、いやいったんリセットすべき。半々の心境でしたね」。人員削減、給与カットが続き、管理職（マネージャー）の打診があっても残業代が減ると、断る社員があとを絶たなかった。合理化・効率化計画が加速していく。「どん底にいたからさらに変わったという実感はなかった」という。

２０１４年1月「新総特」が発表された。50歳以上の管理職は福島専任となった。そこまできたかとは思ったが、それでも「新総特」には脱国有化に向けた道筋が示されていた。「いずれは元（民有東電）に戻れると思っていたし、進化しないと生き残れないと思うようになった」。

その後カンパニー制から分社化されて事業会社「東電パワーグリッド（ＰＧ）」に移った。分社化してよかったと思えるようになった。上司に恵まれたこともあるが、「今までの東電ではダメ。守りではなく新しい事業に目を向けなければ」と目線を上げられるようになった。

２０１７年5月「新々総特」が発表された。脱国有化は遠のき、国の関与が強まることになった。それまでの計画達成努力が「ダメ」と言われたに等しかった。「国がいると自由にやれない。このままだといつまでたっても優秀な人材が入って来ないのではないか」。だんだん「国有化慣れ」してきた社員が増えたのか、最近になって、気になることが増え出した。

いまの彼の思いを紹介する前に、「新々総特」の発表から２０２０年末までの東電に関わる主な出来事を整理してみる。

〈２０１７年〉

・10月、柏崎刈羽原子力発電所６、７号機が新規制基準に適合していることを示す審査書案が原子力規制委員会で承認された。申請から4年余り、ＢＷＲでは初めて事実上の審査合格にたどりついた。ただ原子炉設置変更許可の交付を経て、工事計画認可、保安規定認可の手続きが必要で、加えて米山新潟県知事は依然厳しい対応を示していて地元同意への道筋ははっきりしないまま

・7月に実施した福島第一原子力発電所３号機の廃炉作業で、初めて原子炉格納容器内部に溶融燃料（燃料デブリ）らしき物体を映像でとらえることに成功

〈２０１８年〉

・6月、川村会長、小早川社長の体制は2年目に。経産省からの出向者が交代し、新たに山下隆一前大臣官房総務課長が取締役兼「原賠機構」連絡調整室長に

・柏崎刈羽原子力発電所６、７号機の工事計画認可補正を申請。新潟県知事は6月に花角英世前国土交通省海上保安庁次長に代わった。福島第二原子力発電所の廃炉検討を表明

〈２０１９年〉

・柏崎刈羽原子力発電所の1～5号機の廃炉計画を柏崎市に提出。6、7号機の再稼働後5年以内に1基以上の廃炉を検討。6、7号機の「特重施設」に関わる設置変更許可申請の補正書を提出。福島第二原子力発電所の廃

炉を正式に決定。福島県にある原子力発電所は全基廃炉に。また今後の受電に備え、原電の東海第二発電所向けの資金協力も決めた

・9月上旬の台風15号の関東上陸により千葉県を中心に最大93万戸が停電。全面復旧に３週間近く要することになった

・東電ＥＰが電力の全国販売に乗り出す。首都圏では顧客接点を強化するためＫＤＤＩと提携。ガス販売は他社などとの連携やグループ会社を通じて中部エリアに進出

〈２０２０年〉

・6月、川村会長が退任し、会長職は空席となった（会長空席は木川田一隆会長の退任から平岩外四社長が会長に就くまでの１９７６～84年以来）。小早川社長は続投し社長就任4年目を迎えた

・第4次総合特別事業計画は、新型コロナの影響で公表が遅れることに

・柏崎刈羽原子力発電所の審査で残されていた工事計画認可と保安規定認可を取得。地元同意取得の最終段階に入った

・小売事業会社の東電ＥＰの業績が落ち込む。その一方で再生可能エネルギー主力電源化に合わせ東電ＲＰ（リニューアブルパワー）が千葉県銚子沖や秋田県北部沖での洋上風力発電事業への参加意思を表明

・福島第一原子力発電所の廃炉では、処理水の処分に関する国の方針に関心が集まる。関係者の意見を聞く場を7回設け、漁業関係者などの不安を払拭しようとしたが至らず（２０２１年4月13日、政府は関係閣僚会議を開催し、処理水を海洋放出する方針を決定）

　このほか、２０１９年9月19日には、福島第一原子力発電所の事故を巡り東電の勝俣元会長ら元経営陣３人が強制的に起訴された裁判で東京地方裁判所が、「旧経営陣３人が巨大な津波の発生を予測できる可能性があったとは認められない」と、３人全員に無罪を言い渡している。勝俣元会長、武黒一郎元副社長、武藤栄元副社長ら３人は、検察審査会の議決によって業務上過失致死傷の罪で強制的に起訴され、いずれも無罪を主張していた。

裁判では、巨大な津波を予測できる可能性があったのか、いわゆる「予見可能性」が最大の争点となった。ポイントとなる２００２年に国の地震調査研究所が公表した巨大地震の予測「長期評価」の信頼性について、判決では客観的に信頼性があったか疑いが残ると指摘し、刑事責任を負うほど「予見可能性」があったとは認定できないとした。またもうひとつの争点の「事故までに原子力発電所の運転を停止する義務があったか」という「結果回避可能性」について裁判長は、「あらゆる可能性を考慮した対策を義務づければ事業者に不可能を強いる結果になる」と、「ゼロリスク」の過大な追及を避ける判断を示した。

判決について検察官役の指定弁護士は同9月30日、不服として東京高裁への控訴を明らかにした。

この刑事裁判以外でも民事裁判の集団訴訟が２０２０年3月末までに全国で約30件起こされ、同3月には仙台と東京の2高裁で東電の責任と慰謝料の上積みを認める司法判断が出された。原告数はこの時点で1万２０００人を超えており（福島民友新聞、20年5月11日付）、東電はこれら訴訟に向き合い続けている。

この4年間東電ＨＤは、「新々総特」を羅針盤に事業展開してきた。

前出の彼の「気になること」は、この4年間の中にある。ひとつは支店がなくなったことや機械的な異動による人材配置によって「地元愛をもつ社員が少なくなったことだ」という。「地元愛」。そのことを痛感させた出来事が、２０１９年の千葉大停電である。

9月9日、関東に上陸した台風15号は、千葉市で最大瞬間風速57・5メートルを記録、この最強クラスの台風の影響により東電ＰＧエリアでは9日午前7時50分の時点で約93万４９００戸が停電した。停電は徐々に回復したものの、千葉県では2基の鉄塔が倒壊、配電網を中心に広範囲にわたる設備被害が発生し、これに倒木などによる交通遮断、通信障害なども加わり全面復旧に3週間近くを要する、大規模長時間停電という異例の事態となった。

全国の電力会社などから延べ９０００人という過去最

大規模の応援体制が組まれ、経産省も13日に「停電災害対策本部」を設置したものの、停電の長期化に断水などもあって市民生活や企業活動に深刻なダメージを与えた。この間、東電は全面復旧時期を再三にわたって変更、千葉県住民はじめ関係各界から厳しい批判が飛んだ。「甘い復旧見通し」は、なぜ起きたのか、電気新聞が次のように報道している（10月7日付）。

「ＰＧエリアの停電件数は、９月10日午前９時時点62万件だった。東電ＨＤは同午後5時時点の情報として『今夜中に12万件まで縮小する見込み』『残りの12万件も明日（11日）中の復旧を目指す』と発表した。これを聞いた東電ＰＧのベテラン社員は、『全然確認できていない現場の数が膨大にあるのに、どうやって見通しを出したのか』と耳を疑った。『全復旧まで2週間は必要だろう』。社内でもそうした見方は出ていたという」

東電・千葉大停電、東電ＰＧの復旧工事（2019年９月20日、千葉県・山武市内、提供：電気新聞）

「案の定、一夜明けた9月11日時点で46万件が停電していた。それでも東電は同日夜の会見で『全復旧まで1週間、10日はかからない』との見解を維持し、『千葉市を含むエリアは12日中に復旧する』としたが、いずれも実現しなかった」

記事は続けて実は「甘い見通し」を最初に発信したのは、政府だったとして次のように記している。

「9月10日午前、東電ＨＤに先立つ形で世耕弘成経済産業相（当時）が『東電にはこまめに復旧計画を出すように指示している。（62万件のうち）今日中に少なくとも33万件の停電が解消される見込み』と発言した。これがミスリードの起点だ」とし、一方で「全体で『おおむね復旧』に至るまで2週間以上を要した事実は重く」関係者は、「送配電部門はしっかりと統制が取れて災害時に強いイメージだった。混乱ぶりにはショックを受けた」

（東電ＨＤ社員）、「東電グループの根幹である安定供給の信頼感が失われかねない。こんな状態では外販活動も成長戦略も難しくなる」（東電ＯＢ）との深刻な受け止めを記している。

「甘い見通し」のきっかけとなった世耕経産相の発言は、のちに大停電となる翌日（11日）が内閣改造の日であったとして、これを斟酌しての東電への指示ではなかったのか、また小早川社長ら東電首脳部も経産相におもねって「甘い見通し」を容認したのではないか、といった憶測と疑問が飛んだ。

前出の彼の言う「地元愛」は、こうした復旧の際には以前なら支店勤務で地元事情を長く熟知している人材（とくに配電マン）がキーとなって働き、そこには関係会社・元請グループもぶら下がっていて、彼らをつなぐものという。彼らの「地元愛」によって復旧活動の歯車が動くというのである。

しかし、いまは支社体制のもと「マネージャーも2、3年ですぐ異動になる」という人材の機械的配置と「カイゼン」運動（數土前会長らが推奨したトヨタの生産性向上策）による元請会社への徹底したコスト削減によって「電力と元請との助け合いがなくなった」。大規模停電の長期化は、地元を知る人材がいなくなり、助け合いをつなぐ元請らとの関係が薄くなっているのではないか、という。

今回の千葉大停電でも事情を熟知しているベテラン社員はすぐに「甘い復旧見通し」だと気づいている。現場で起こっていることを経営層はどこまで知っているのだろうか。また知ろうとしているのだろうか、そこは経営層と現場をつなぐパイプが機能しているか、という点にも関わる。

本店業務を熟知している50歳台の事務系管理者は、數土元会長が打ち出した「非連続の改革成長路線」の結果、新たな人事策によりそれぞれの部署の人材が入れ替わり、目玉として進めた案件が、以前すでに検討、あるいは手がけていた案件だったと周囲から聞かされたという。「稼ぐ力」と期待がかかるデータセンターや不動産事業などは、結局ゼロからの取り組みになった。

「非連続・過去との決別」が錦の御旗であるから「過去」

を知らない人材を登用し部署に就かせる。しかし、電力会社の業務はそれほど変わるものではない。過去からの積み重ね、連続性をもつ事項が多い。「その連続性を知らない社員がいまは多くなっている」。だから「過去に検討してダメだと指摘された案も、いまは平気で出てくる」。それも優れた案とは限らないのだ。

そうしたことが放置され、チェックもされず通っていくとすれば、経営層に届く判断材料に、どこかで抜けが生じる可能性がある。だが過去とのつながりを遮断しようとしているのは、経営層なのだから問題の起因は、実質国有化された東電の経営層の方にあると言われても仕方ないだろう。

「日本という国や、業界、お客様に目を向いて社会貢献のために存在していた会社が、いま利益至上主義の会社になってしまった」ことにも違和感を覚えると彼は言う。しかも「ガバナンスが効いてない」とも感じる。

彼の持つ違和感は、いま羅針盤の向く方向そのものの誤りなのか、誤算となる事例があとを絶たない。

電力小売りの東電ＥＰの２０２０年度中間決算での売上高は、前年同期を13・２％下回った。そこには首都圏での小売激戦という事情があってそのため「ＥＰ」は、19年他社に先駆けて東北や九州管内などでの安価な小売販売も仕掛けていた。だが肝心の関東圏の電気販売は、大きく落ち込んだままで業績の下振れが続いている。

東電グループの推進力と位置づけているＪＥＲＡも、事業の柱として期待した石炭を含めた火力発電が、日本を含む主要国が掲げる温室効果ガスの「実質ゼロ」方策と相容れず、今後の成長に陰りが見えてきた。

加えて柏崎刈羽原子力発電所である。再稼働は大幅遅れとなる見通しがここにきて強まってきた。テロ対策設備に重大な不備が見つかった問題で原子力規制委員会が２０２１年４月14日、原子炉等規制法に基づき、東電に核燃料の移動を禁ずる是正措置命令を出したのである。命令解除には１年以上はかかる見通しで、この間再稼働はできなくなった。新たな再建計画の前提が崩れ、社内体制見直しを含む抜本策構築に迫られる可能性が出てきた。

この問題では同年１月に柏崎刈羽原子力発電所の職員

が他人のIDカードを使って、中央制御室に不正侵入したことが発覚、さらに侵入者を検知する設備が損傷・故障し、この1年だけでも10カ所で30日以上機能していなかったことがわかった。しかも故障時の代替措置も不十分で、このことは規制委の抜き打ち検査で把握された。規制委の更田委員長は「原子力規制委員会の発足後、最も重大な（事案）判断。東電の姿勢が問われている」と述べている。

3月25日付読売新聞は、「焦点は個別の対策ではなく『テロ対策を巡る東電の組織文化や体制』（規制委幹部）だ。ある（東電）幹部は『原発事故後、若手の退職が相次ぎ、ベテラン技術者の負担が増して、現場は疲弊している』と明かす」との声を紹介し、テロ対策に詳しい専門家の「社内のチェック体制の形骸化が背景にあるのではないか。抜本的に体制を立て直す必要がある」との厳しい指摘を記している。

「警告音が出ている――」。東電の現状に、ある東電関係者は危機感を漏らす。廃炉・賠償・除染の福島対応はプライオリティの一番であり「とんでもない利益を出している」のに利益処分のたびに全てはき出し、社員の達成感を引き下げている。「新総特」では社員たちは目標を達成したのに新たな目標、さらなる福島対応が求められた。そこに「国有化慣れ」が広がり、安定供給に関わる様々な問題につながっていくのではないかと危惧する。

「新々総特」に掲げる「福島対応」のうち賠償費用対応は交付国債で賄われ、これを長期間で返済していく。だが除染については企業価値を向上して株式売却益4兆円を充当するとしているものの、１５００円という株価目標では大量の株式売却によって希薄化し株価が下落してしまうため、実際には費用を賄いきれないだろうと予測する。何よりも株価上昇の気配がないことが現状の東電を表している。２０２１年4月1日時点の東電ＨＤの株価は、３７１円である。「（経産省は）資本注入して、再建・発展の道筋を国有化のもとでこの9年間進めてきた。それなのにこのザマはなんだ、と言いたくなる」。

それは政府の対応にも問題があるからだと関係者は指

摘する。自民党政権に代わっても東電の抱える問題に抜本的なメスが入らない。典型的なのが事故を起こした福島第一原子力発電所の廃炉に関わる処理水の対応だ。菅政権になって対応に変化がみられるも、安倍政権は「票にならない」と選挙が近づくたびに処分方法の結論を先延ばしにしてきた。

　川村前会長は、就任時に海洋放出の可能性に触れただけでバッシングに晒され、政府は静観したままだった。現在敷地にある処理水の保有量は21年3月時点で１２５万トン（タンク約１０００基分）。来年秋には敷地での保管は難しくなる。「警告音」が届き始めたのか、政府は２０２１年4月13日に関係閣僚会議を開き、処理水の海洋放出の方針を決めた。事故から決定まで10年の歳月を要したことになる。

　「警告音」の出どころは、事故後電力システム改革先取りの体制として進めてきた国有化路線の中にある。その国有化路線を仮に変更して脱国有化をこれから進めることにし「原賠機構」が、「公的資本回収」から5割強を持つ議決権を徐々に下げていくことを決めても、ことは簡単ではないと電気新聞は、次のように指摘している（２０２１年3月1日付）。

「機構が東電の経営状況を適切に評価した上で自己株消却を認めるしかないのではないか。グループ会社のＩＰＯ（新規上場）も議論されているようだが、機構の代わりに『物言う株主』が入ってくるリスクには慎重であるべきだ」

「国民負担最小化の点からも、機構の議決権を下げていくことが重要だが、それだけでは十分ではない。新総特にあったように役職員派遣も同時に終了しなければならない。それこそ本当の意味での『自律性』だろう。大株主である限り経営へ関与するのは当然としても、震災後の東電を見ていると、人事権を持つ人には何も物を申せない雰囲気になっている気がしてならない」

　50％超の議決権は、国が持っている。大株主が議決権をもっているのだから人事も含めて大方は思いのままである。その分一番頼りになる株主が大株主の国なので潰れる心配はない。だがいつまでもこのままとはいかない。国民負担を最小化していかなくてはならないからだ。しかし「公的資本を回収」するため東電ＥＰなど事業子会社を上場しても「物言う株主」が入ってくれば、「福島対応」を一番のプライオリティにするとは限らない。むしろ福島を遮断して目先の利益を優先するかもしれないのだ。

また、このままでは再編・統合を目指した共同事業体の提案に乗ってくる電力・エネルギー企業は、そう簡単には現れるとは思えない。この10年間の国（経産省）の対応から信頼しようにもしきれないのだ。その根本要因は、経産省が描いた最初のシナリオにある。

「3・11」を機に東電をシステム改革の起爆剤にするだけでなく電力業界の司令塔的存在である勝俣元会長につながる東電の企画部などのラインを徹底排除した。これがシナリオの枢要部である。世論が醸し出す東電悪者論を背景に「守旧派」、「改革派」と分け隔てることで会社の一体感を削ぎ、そこには「改革派」を任じた経産省の官僚たちの強権的な振る舞いが、再三顔を出した。

「非連続の改革」を錦の御旗にして「守旧派」排除を進めるあまり優秀な社員を失い、またベテランが減った。「連続性」を知らない若手のもとで経営層をつなぐパイプが細り、全体の力を結集できなくなっているのではないか。

前出の東電ＰＧに在籍する彼は「これまでの東電ではないことは自覚している。いろんな取り組みが増えたし、他社との温度差が大きくなり、取り組みのレベルは上がっている」と仕事への手ごたえも感じている。しかし「問題が起きるとすればこれからだ。やらなくていい仕事が増えている。現場の巡視経験をもたない若手が増えているし35歳以下は（技術継承が）怪しい。技術力の低下を防ぐため早く足元（ひと）を固めるべきだ」と安定供給に携わる現場の危機感を訴えている。

「失われた10年」だけではない。成果もあって、それだけに苦労した末に成長を感じるようになった社員こそ危機感も強い。

原子力損害賠償法が定める無限責任は、「事故の完全終結までに要する巨額な費用について、その全額を東電の事業活動から生じる収益によって支弁させることを意味する」ととらえる『福島原子力事故の責任』（電気新聞発行）を著した森本紀行ＨＣアセットマネジメント社長は、「東電はこの無限責任を完全履行するまで必ず存続し、収益を上げ続けなくてはならない。故に法的整理は絶対にあり得なかったのである」として次のように指摘する。

「東電の責任が経済問題に集約されるとき、課題は収益力の強化に絞られる。つまり、東電は、総合エネルギー企業として、世界の頂点を目指すほかはないということである。なぜなら、それほどの壮大な規模感がない限り、東電が負う負債は支弁できるはずもないからである」（電気新聞２０２０年9月23日付）。

法的整理、国有化だけではない。その羅針盤の方角を定めてきた国（経産省）が役職者の人事権を保持継続する限り、官制改革という方向となって負債を支弁する先が見えてこない。なぜなら「警告音」はいま進めている その方向から出ているのである。事故の責任を果たしていくためにも名実とも世界一の企業に押し上げる活性を取り戻さなければならない。それには民有民営の道に戻す方向をしっかり定めて国の役職員派遣を一日も早く改め、民有東電のもとで福島への責任を果たさせるべきであろう。

「国有化慣れ」とはどんなものか。努力しても意味をなさず白けた感じという。蔓延させていいのだろうか。

社長在任の途中から旧体制の象徴というレッテルを貼られた廣瀬直己参与は、「３・11」から10年となる２０２１年3月末、突然の辞令で東電ＨＤを去った。東電ＨＤの「いま」を表す出来事のひとつである。

「エネ基本計画」見直しと諸施策

電気事業が抱える問題は、実質国有化された東電の問題だけではない。東電と他電力会社が共通に抱えた電力システム改革への対応のほかにも幾つか差し迫った課題が浮上し、関連するエネルギー・原子力政策がここ数年の間に立案され、動いていた。課題と方策が凝縮されているのが、エネルギー基本計画の見直しである。２０２０年7月には第6次の見直し作業がスタートしている。

エネルギー基本計画は２００３年10月に初めて策定され、07年３月に第２次、10年６月に第３次、14年４月には第４次計画が策定された。第３次計画は民主党政権のもと先進国の脱炭素化に向けた動きが強く意識され、30年までに非化石電源のゼロ・エミッション電源比率を70％にまで引き上げる計画となった。民主党政権は再生可能エネルギーの導入量を増やし、当時発電電力量に占める原子力発電の割合（07年度実績25％）を約50％に引き上げる目標とした。新増設が難航していた電力業界では「達成は容易ではない」（森詳介電事連会長）と高い目標に戸惑う場面もあった。

東電の福島第一原子力発電所事故以降、民主党政権時代の混乱を経た第二次安倍内閣の自民党政権下でまとめられた4年ぶりとなる第4次計画では、エネルギー情勢の環境変化と「脱原発」や原子力発電比率低減を求める世論などに押され、再生可能エネルギーの導入を最大限加速化することと、原子力を「重要なベースロード電源」と位置付けることが柱となった。将来のエネルギーミックスの目標は、供給安定性、経済効率性、環境適合性と安全性を加えた「3E＋S」の観点から現実的でバランスのとれた政策を目指すとしたものの、詳細は経産省の検討に委ねられた。

経産省は、経産相の諮問機関である総合資源エネルギー調査会を開催して検討を進め、２０１５年7月に30年度の電源構成（ベストミックス）を決めた。原子力発電比率は20～22％、再生可能エネルギー比率22～24％、

太陽光発電の普及
（千葉県山武市内に設置のソーラーパネル、提供：電気新聞）

火力発電比率は57％程度との目標を示した。ただ原子力の再稼働は進んでおらず目標数字とのかい離が広がった。

また再生可能エネルギーはＦＩＴ（再生可能エネルギー固定価格買取制度）施行後、様々なひずみが目立ってきたとして法改正の動きとなった。

経産省によると、２０１６年には12年と比較して再エネの導入量は約2・5倍に達したものの、太陽光発電に導入が偏り、またＦＩＴ認定を受けたのに発電を始めないケースが30万件に達した。買取費用の設定が高値で国民の賦課金負担は、年間1兆円を超える水準にまで膨らんだ。このため太陽光発電を抑制し、他電源を拡大する方向で再生可能エネルギー特別措置法（ＦＩＴ法）を改正することにした。

２０１７年4月、改正ＦＩＴ法は成立施行された。改正法では新しい認定制度をつくり、それまでの設備を確認する方法から事業計画を確認する方法に切り替えた。またＦＩＴ認定を受けて一定期間過ぎても発電を認めない事業者の買取期間を短縮し、中長期的な買取目標を設定し大規模な太陽光発電についての入札制度の導入などを図った。地熱・風力・水力発電などリードタイムの長い電源に対する複数年買取価格の提示も盛り込まれた。

第5次エネルギー基本計画は、前回同様経産相の諮問機関である総合資源エネルギー調査会・基本政策分科会の約9カ月にわたる議論を経て２０１８年7月３日、閣議決定された。4年ぶりの改定となった第5次計画では、「3Ｅ＋Ｓ」の深掘りを図ることを明記したうえ、初めて再生可能エネルギーの「主力電源化」を打ち出し、導入量の拡大とコスト削減の両立を図るため、政策資源を総動員するとした。

原子力発電は前回同様依存度を低減させながら「ベースロード電源」として活用を続ける方針としたものの、新増設・リプレースの記述は見送られた。一方で国際社会からの懸念にも配慮し、プルトニウム保有量の削減に取り組む考えも新たに盛り込まれた。15年に定めた30年のエネルギーミックス（電源構成）の数値には踏み込まず、現行目標が維持された。17年度の電源構成に占める原子力の比率は３％であり、据え置かれた30年度の目標は20～22％である。実態の伴わない目標となった。

一方でパリ協定を踏まえて新たに50年の視点からエネルギー転換や脱炭素化に挑戦する姿勢を示した。30年に向け温室効果ガス26％削減に計画的に取り組むことと し、再エネ主力電源化に向けたＦＩＴの抜本的な見直しや原子力政策の再構築、また日本版コネクト＆マネージ（新規の電源を系統に接続する場合に十分な送電容量が確保されない状況でも接続させ、送電容量が不足する場合などに電源を制御する方式）の早期実現なども盛り込まれた。

50年という長期的視点からの提言は、エネルギー政策の将来像を検討していた「エネルギー情勢懇談会」の検討によるもので、脱炭素化の世界的な勢いを踏まえ、エネルギー転換・脱炭素化に向けた挑戦を掲げてあらゆる選択肢を追及するとした。50年に向けた複数のシナリオ作成の必要性を強調し、チェック機能として技術開発動向、情勢把握に役立つ「科学的レビューメカニズム」の創設を明記した。

第5次計画にあるＦＩＴの抜本的見直しは、２０２０年6月5日参議院本会議で、電気事業法、ＦＩＴ法（再生可能エネルギー電気の調達に関する特別措置法）、独立行政法人石油天然ガス・金属鉱物資源機構（ＪＯＧＭＥＣ）法の改正案を盛り込んだ「エネルギー供給強靭化法案」として可決、成立している。

再エネ特措法は、競争電源のＦＩＰ（フィード・イン・プレミアム）への移行、再エネ導入拡大のための連系線増強費用の一部を賦課金方式で支える制度の導入が柱になっている。これまで高い買取価格で支援されてきた再エネ導入費用を抑えながら主力電源化への道筋をつけることを狙いとし、地域でも有効活用できる分散型の電力供給システムの構築も併せてバックアップするとした。低炭素と自然災害への強靭性（レジリエンス）も法改正に込められている。

第5次計画の大きなテーマとなった脱炭素化について、ここ数年政府の動きが活発化している。

政府は２０１９年4月23日、地球温暖化対策の国際枠組み「パリ協定」に基づいて策定する長期戦略案を公表した。「50年までに温室効果ガスを80％削減」とした従

菅義偉（提供：電気新聞）

来目標より早めて「脱炭素化社会」を実現する全体シナリオを掲げた。回収した二酸化炭素から燃料を作り出す画期的な技術開発の方向や経済成長を前面に立て資金が集まるような様々な取り組みを促す施策を盛り込んでいる。

２０１５年に採択されたパリ協定では、今世紀後半に温室効果ガスの排出を「実質ゼロ」（炭素系）にするとしている。日本政府はこれを受け18年5月、50年に温室効果ガス排出80％削減を盛った地球温暖化対策計画を閣議決定した。しかし18年10月国際気候変動に関する政府間パネルは、「気温上昇を1・5℃未満にするには、『実質ゼロ』の達成を50年頃に前倒しする必要がある」と指摘、欧州委員会は同11月、50年に実質ゼロにする長期ビジョンを発表している。

こうした世界的な温室効果ガス排出ゼロの動きからESG（環境・社会・企業統治）投資が世界的な流れとなり、金融機関の間では、新設の石炭火力発電への融資を厳格化しつつある。２０２０年７月には梶山弘志経産相が、非効率な古い石炭火力を段階的に休廃止する新たな仕組みの導入を指示した。

さらに菅義偉首相は２０２０年10月26日の就任後初の所信表明演説で「50年までに、温室効果ガスの排出を全体としてゼロにする、すなわち50年カーボンニュートラル、脱炭素社会の実現を目指すことを宣言する」と、これまでの政府目標「50年80％削減」からさらに踏み込んだ発言をした。石炭火力フェードアウト論が広がる半面、その影響の大きさから政府の検討の行方に関心が集まっている。

第4次計画（２０１４年）と第5次計画（18年）策定を挟んで、原子力発電の再稼働や廃炉などの問題と並んで、核燃料サイクル事業についても大きな動きがあった。

ＦＢＲ原型炉「もんじゅ」の廃炉が決まったのである。

経過は、おおよそ次の通りである。

日本原子力研究開発機構のＦＢＲ原型炉「もんじゅ」（提供：電気新聞）

「もんじゅ」は、２０１２年９月、当時の保安院の検査でナトリウム漏れ検出器の点検がなされていないことが発覚し、その後日本原子力研究開発機構（ＪＡＥＡ）が、内部調査を進めると未点検の機器が１万点近くに上ることがわかり、さらに点検が終了したと報告するも、安全上最も重要な機器５点の点検を終えていなかったこともわかった。ところが13年４月原子力規制委員会と原子力安全基盤機構（ＪＮＥＳ）が合同で立ち入り検査を行うと、新たな点検漏れが次々に見つかった。

同６月には約２３００点の点検漏れがあったとし、規制委はＪＡＥＡに対し安全管理体制の見直しを命じた。鈴木篤之理事長は責任をとり辞任した。その後も保安規定違反は続き、２０１４年９月に規制委が行った保安検査では二次系冷却材の監視カメラ計１８０基のうち54基が故障し、なかには１年半も放置されていたものがあった。その後も点検放置の事例が相次ぎ、15年８月末には約４万９０００点ある機器のうち約３０００点について点検計画の前提である重要度分類自体の誤りが判明し、最重要な機器では詳細な点検も行われていなかった。

規制委の田中委員長は同11月「もんじゅ」の運営主体について所管する馳浩文科相に抜本的な見直しを要請した。勧告権は規制委の〝伝家の宝刀〟とも言われ、それを行使した田中委員長の並々ならぬ決意が関係各界に伝わった。文科省は「もんじゅの在り方に関する検討会」を設け、２０１６年５月に運営主体の要件を提示、文科省が新たな運営主体の構想を練ることになった。

電力業界は「もんじゅ」の引き受け手に期待されてい

たものの、拒否の考えを消極的な姿勢で示した。原子力再稼働の足を引っ張りかねないし、ＦＢＲ開発の見通しがはっきりせず、何よりも旧動燃を引き継いだＪＡＥＡの体質、コスト問題への意識の薄さと不信感が大きかった。

だが、第４次エネルギー基本計画では、核燃料サイクル政策維持のうえで「もんじゅ」の廃炉は想定されていなかった。文科省は再稼働させるため新規制基準への適合を前提に計６０００億円の工事費を見積もっていると報じられた。電力業界やメーカーは「民間企業にはリスクが大きい」ことを理由に打診を断ったという。経産省は「もんじゅ」がまたトラブルを起こし、原子力政策全体に影響が出ることを懸念し、経産省から出向している今井尚哉首相秘書官らと協議し政府としての廃炉方針を固めていった。

文科省の「もんじゅの在り方に関する検討会」は、新たな運営主体の実現に至らず、結局同9月の閣僚会議で「廃炉を含めた抜本的見直し」が宣告された。ただ福井県の西川一誠知事は「もんじゅ」の廃炉に「無責任極まりない」と強く反発した。

２０１6年12月21日、原子力関係閣僚会議は「もんじゅ」の廃炉を決定した。併せて高速炉開発の長期ビジョンとなる高速炉開発方針が承認された。長期ビジョンを話し合う「高速炉開発会議」の設置が決まり、電事連の勝野哲会長も参加した。次期実証炉を見据えつつ、高い安全性と経済性を有した世界最高レベルの高速炉実用化といった野心的な目標が掲げられた。

「もんじゅ」の廃炉について不信感を表明していた西川知事も２０１7年6月、政府が「もんじゅ関連協議会」を開き、5年半かけて使用済み燃料を原子炉から取り出し、30年間で廃炉作業を終え、使用済み燃料を県外に搬出するという基本方針を了承し、廃炉へ向けた廃止措置計画が動き出すことになった。

２０１8年3月に計画は認可され、同8月末から燃料体の取り出しが始まっている。

第４次エネルギー基本計画以降「重要なベースロード電源」と位置づけられた原子力発電も電力全面自由化に

よってそれまでの総括原価方式が廃止されることになり、発電所の建設費用は勿論、廃炉や使用済み燃料の再処理、核燃料サイクル事業の費用の捻出をどう講じるかが、大きな課題となった。

２０１４年６月、経産省は改定したエネルギー基本計画に基づき原子力はじめ３つの小委員会を設け、そのうち原子力小委員会では「競争環境下における原子力事業の在り方」を議題とし、廃炉費用や核燃料サイクル事業の費用負担の在り方など運営のルールづくりを検討した。

同年末には①廃炉に関しては一度に費用を発生するのではなく、一定期間かけて償却・費用化を認めるような会計制度を検討②核燃料サイクル事業については事業者が拠出金の形で発電時に資金を支払うことで安定的に事業実施が確保される仕組みを構築すべき――との案をまとめた。廃炉が決まった自治体には支援の政策措置などを講じるべきとした。

総合資源エネルギー調査会の電気料金審査専門小委員会のワーキンググループは、廃炉についての会計制度の変更を専門家を交えて議論し、結局発電機や核燃料などの資産価値を認めて10年間に分割して損失を計上できるとした電気事業会計規則等の一部を改正する省令が、２０１５年３月31日付で交付・施行された。

また総合資源エネルギー調査会・原子力事業環境整備検討専門ワーキンググループは２０１５年11月末、再処理事業の実施主体を現在の日本原燃から、新たに創設する認可法人に移管する制度案を了承した。電力小売全面自由化によって電力会社そのものの経営環境が厳しくなることを想定し、再処理事業に必要な資金が途絶えないような仕組みを講じ、併せて撤退に歯止めをかける狙いとした。技術や人材は原燃に蓄積されているので、新法人が原燃に委託する仕方となった。

２０１６年５月11日、再処理事業とＭＯＸ（モックス）（ウラン・プルトニウム混合酸化物）燃料加工事業の実施主体変更を柱とする「再処理等拠出金法」が参議院本会議で可決、成立した。同法成立を受けて八木誠電事連会長は「再処理機構の設立に当たって原子力事業者として求められる協力に積極的に応じていく。引き続き日本原燃とともに、再処理事業などを着実に推進していく」とコメントした。

同法はこれまでの積立金制度を廃止し、①発電時に原子力事業者が関連費用を納付する拠出金制度を創設②解散に歯止めをかけられる実施主体として認可法人・再処理機構を新設――することを骨子とした。衆参両院の付帯決議では、将来の選択肢を確保するため直接処分や暫定保管の研究を行うことなどが盛り込まれた。

同法に基づく新たな実施主体として同10月、使用済燃料再処理機構（井上茂理事長）が発足した。同機構は日本原燃と委託契約を結びサイクル推進の新体制をスタートさせた。ただ日本原燃は、２０１７年再処理工場への雨水流入など安全管理体制を巡る問題が相次ぎ、18年度上期と想定した竣工目標に赤信号がともった。

日本原燃は安全対策工事の工程を見直す方針を決め２０２０年８月、再処理工場を22年度上期、ＭＯＸ燃料加工工場を24年度上期に竣工時期を延期すると発表した。一方で再処理工場は20年7月、ＭＯＸ燃料加工工場は同12月、規制委による新規制基準適合審査にそれぞれ合格した。順調に進めば25年度にも再処理工場で使用済燃料から取り出したプルトニウムを用いて、ＭＯＸ燃料加工工場でＭＯＸ燃料を製造する国内体制が構築される見通しになった。

こうしたバックエンドの進展も踏まえて電事連の池辺和弘会長は２０２０年12月17日梶山弘志経産相と会談を行い、16～18基でプルサーマルの導入を目指す従来の方針を据え置いたうえで、新たなプルサーマル計画として30年度までに少なくとも12基で導入する目標を伝え、プルトニウム需給バランス確保に取り組むとした。梶山経産相はバックエンド強化に関して4項目の要望を出していた。だがこの時点で再稼働したプルサーマル炉は、３基のみである。電事連が維持するとした16～18基の達成も実のところハードルは高い。

プルトニウム利用に関しては、２０１８年に大きな動きがあった。日米原子力協定が発効から30年の満期を迎え、同7月17日自動延長された。現行の協定は半年前までに、いずれかの国から終了の通告がない限り自動延長される仕組みで、今回は両国との間で本格的な交渉に至ることなく、実質的には18年1月に自動延長が決まった。

使用済み燃料の再処理などに包括的な事前同意を与える同協定の延長は、日本の核燃料サイクル維持をアメリカが、保証することになる。

ただプルトニウム保有量については事前にアメリカ側から削減についての強い要請があったとされ、またアメリカ側の意向次第で協定が終了となる可能性があるため、政府は同7月3日に決定した第5次エネルギー基本計画でプルサーマル発電を推し進め「保有量の削減に取り組む」ことを明記した。また原子力委員会は「プルトニウム利用の基本的な考え方」を15年ぶりに改定した。将来的にプルトニウム保有量を減らし、現状の水準（約47万トン）を超えないようにすることを明記した。

このほか２０１８年12月5日の第１９７回臨時国会では、原子力損害賠償法の改正案が提出され参議院本会議で可決、成立した。損害賠償補償契約の新規締結などの期限が翌年末に迫っていたため期限を10年延長することとした。賠償措置支援額（最高１２００億円）の引き上げや賠償責任に一定の上限を設ける「有限責任」の導入は見送られた。政府の「原賠法」に関する一貫した姿勢は変わらなかった。野党の一部は支援額（賠償の準備額）の据え置きに反対したものの、最終的には被災者の賠償が不安定になると採決を妨害する抵抗はみせなかった。

２０２０年7月1日には、再び総合資源エネルギー調査会・基本政策分科会（分科会会長＝白石隆熊本県立大学理事長）が開催され、エネルギー基本計画の第6次改定に向けた議論が開始された。新型コロナウイルスの感染拡大など最近のエネルギー情勢の変化を踏まえたエネルギー政策の方向を1年かけて議論することになる。発電事業者の投資予見性を確保するための枠組みを設けることや、原子力産業基盤の強化などがテーマに挙がっているという。

委員として参加している橘川武郎国際大学大学院国際経営学研究科教授は、「本格議論すべき論点、第5次計画が維持した２０３０年の電源ミックスが抱える問題について、正面からそれに取り組む姿勢を確認することはできなかった」（電気新聞２０２０年8月3日付）としている。

原子力発電については第5次電源ミックスの30年20〜22％を達成するには、30基が80％稼働することが必要とされている。だがその見通しは全く立っていない。また50年度でも原子力は「実用段階にある脱炭素化の選択肢」として示されているものの、リプレースなしでは、現存する33基をすべて60年延長しても60年には5基しか残らない。「これではとても長期的な選択肢とは言えない。今回の事務局報告もまたリプレースへの言及を避けていた」と橘川教授は指摘する。

核燃料政策の要である使用済燃料の再処理政策もFBR原型炉「もんじゅ」の廃炉以降、プルトニウムの消費はプルサーマルに頼るしかなく、だが当面再稼働した軽水炉によるプルサーマルは、3基しかない。再処理工場は、22年度上期の竣工予定である。プルサーマル炉の再稼働が遅れるほどプルトニウム需給バランスに影響が出る。

また再生可能エネルギーについて第5次計画では「50年までに主力電源化をめざす」としている。だが22〜24％という見通しをどこまで上方修正するのか、はっきりしていない。橘川教授は石炭火力についても「15年の地球温暖化対策計画（50年までに温室効果ガスを80％削減）と第5次エネルギー基本計画（30年に火力発電56％）という2つの閣議決定の間には、明らかな矛盾がある。この矛盾をどう解決するのか」と矛盾点を指摘している。

第6次と第5次計画策定時の大きな違いは、ほかにもある。電力システム改革による電気事業の発送電分離後のエネルギー産業の変化である。いわゆる大手電力会社は原子力再稼働の遅れが加わって、経営体力が弱っているさなかでのエネルギー基本計画見直しとなる。

これまでの総括原価方式と地域独占のもと計画的に行われてきた電力投資は、抑制される方向となるだろう。電力小売競争が厳しさを増し収益源の原子力発電は、新増設どころか再稼働もままならないなかで、ゼロ・エミッションによる石炭火力フェードアウトが取りざたされている。非効率石炭火力への依存度の高い電力会社ほど経営に打撃を受ける。すでに原子力発電の停止が長引いた社は、その間の火力発電の焚き増しで固定費を回収できず、料金値上げを行って一時的にしのいだ社はあったものの、総じて財務状況は悪化している。

それだけではない。第6次計画は、どういう数字を並べても実現不可能な目標になりかねない、との指摘が早くも出ている。

菅首相は2021年4月22日、政府の地球温暖化対策推進本部の会合で、アメリカのバイデン政権の意向を加味して、30年に向けた温室効果ガスの削減目標を13年度に比べて46％削減することを目指すと表明した。

再生可能エネルギーなどの最大限の活用が謳われる一方で、原子力発電は、自民党内で新型炉によるリプレース推進の議員連盟発足などの動きが出てきたとはいえ、政権与党内の足並みが揃わず、以前逆風下の検討にならざるを得ないとみられている。

「3・11」から10年、再稼働はもちろん廃炉、40年超運転、小型モジュール炉の開発、プルトニウム需給、高レベル放射性廃棄物処分地など原子力発電を取り巻く様々な問題から逃げずに正面から向き合う時期を迎えている。そうでなければ温暖化対策の一方の柱が揺らぎ、エネルギー基本計画は、政治事情によるカーボンニュートラルの新たな目標に引っ張られた文字通りの「絵に描いた餅」になってしまうだろう。

なお、電気新聞（同4月20日付）は、30年度のエネルギーミックス（電源構成）は、原子力は現行と同水準の2割程度を維持し、再生可能エネルギーは30％台後半を意識した検討が進んでいるもよう、と報じている。

電力自由化総仕上げ、激しさ増す市場競争

2020年4月1日、旧一般電気事業者（大手電力会社）は、送配電部門を分社化し、戦後の再編以来長く続いてきた発送電一貫体制の事業に終止符を打ち、新たな供給システムのもとで事業の発展を目指すことになった。東電は15年のライセンス制導入時にいち早く事業持ち株会社に移行し、送配電会社の東電パワーグリッド（ＰＧ）を立ち上げ、沖縄電力を除く8社とＪパワー（電源開発）が同日、送配電事業会社を発足させた（Ｊパワーは送電会社）。また東電との合弁会社ＪＥＲＡに燃料・

火力発電部門を移管した中部電力は、グループ全体、また発電事業部門を持った事業持ち株会社として新たなスタートを切った。

送配電部門法的分離の電気事業制度改革では中立性・透明性の確保が、大きな要件となったことから各社は、ルール（行為規制）への対応や、人・組織の移行準備を入念に進め、移行は計画通りに運んだ。電気事業連合会は、発足した送配電会社と連携し健全な発展を目的に2021年4月1日、電事連から独立した組織として「送配電網協議会」（会長＝土井義宏関西送配電社長）を設立した。電事連の実務部門では初めて電力技術部と工務部が切り離され、電事連組織にも大きな変化が生まれた。

電力自由化総仕上げまでの経過を改めてたどってみる。

内外価格差是正から電気事業の高コスト構造に目が向けられ、1990年代前半から始まった電力自由化策は、震災後「電力システム改革」と名を変え民主党から自民党への政権移行期に小売全面自由化・発送電分離の概要が固まり、2013年4月、第二次安倍政権のもと「電力システム改革に関する改革方針」として閣議決定された。広域系統運用機関の創設（15年）、小売全面自由化（16年）、送配電部門の法的分離（18～20年）を3段階で進めていくとし、改革の実施時期を「めど」とするなど修正が加えられたうえで関連法案は、13年から3年連続で国会に提出され、成立・施行の運びとなった。

その後2年にわたる論議を経て2015年4月には大筋決着し、送配電分離の時期を2020年としたのである。第5次となる電気事業制度改革は、15年に「中立的・独立的な機関として電力広域的運営推進機関（広域機関）と電力取引監視委員会（現電力・ガス取引監視等委員会）の設立」、16年に「ライセンス制の導入と電力小売全面自由化の開始」、20年に「発電・小売部門と送配電部門を法的分離し、一般電気事業者制度を廃止」「自由化の中で将来の安定電源を確保する仕組みとして、「容量市場を創設」をスケジュール通りに進めてきた。

この間「広域機関」の設立により1952年の設立以来、電力需要想定や電力需給計画算定など電力需給関係の業務を担ってきた日本電力調査委員会（ＥＩ）は、15

年6月末に60年超に及ぶ歴史にピリオドを打っている。

こうした5年にわたる第5次電気事業制度改革により、以前はＰＰＳ（特定規模電気事業者）と呼ばれていた新電力（２０１２年に改称）の数は、年々増え続けている。13年に１００社を突破した後、右肩上がりの伸びとなり、16年４月の小売全面自由化を機にライセンス制の導入から小売電気事業者と変わったあと、登録数は一気に４９９社（同8月時点）に達した。また新電力の全販売電力量に占めるシェア（18年9月時点）も、14・２％と16年４月の全面自由化スタート直後の5・２％と比べ3倍近くの伸びとなった。

２０２１年４月時点の新電力登録数は、７１０社を超えている。また前年9月時点での新電力のシェアは19・1％に達している。大手電力が販売電力量を落とす一方で、同年４月比で2・９％も伸びた。この間２０００年代の第４次制度改革までは10年間で1件（九州電力が中国電力管内の大型商業施設に販売進出）のみだった電力間競争もいまや当たり前の商行為となった。

加えて電力、ガス、石油といったエネルギー事業者のセット販売が浸透。通信系や鉄道系など異業種からの参入も増え、電気を本業のサービスと絡めた顧客囲い込みのツールとした戦略が様々展開されるようになった。低圧では電力、ガス、通信の三つどもえの争いになっている。このほか自治体と連携した地産地消の地域新電力も増加している。

大手電力・ガス会社の市場競争も激しさを増した。小売全面自由化後の17、18年は、原子力再稼働から値下げに踏み切った電力会社が法人向けの電力販売を積極化し、西日本では電力会社同士の価格競争が展開された。さらに17年４月の都市ガスの小売全面自由化に伴い電気・ガスの首都圏市場を巡る販売競争も激化した。

なかでも東ガスはセット販売を武器に電気のシェアを伸ばし、２０１８年5月時点で家庭の契約数１２０万件、20年度は2倍の２４０万件の目標を掲げた。迎え撃つ東電ＥＰ（エナジーパートナー）は、日本ガス（ニチガス）グループなどへの卸供給を含め、19年1月１００万件のガス顧客獲得を達成した。しかし、肝心の電気販売での首都圏の顧客維持は厳しく苦境に立たされている。

首都圏進出にターゲットを絞った中部電力は、新電力の老舗「ダイヤモンドパワー」を買収して子会社化したほか、この年大阪ガスと折半出資で電気・ガスのセット販売を手掛ける小売り会社を立ち上げ、翌２０１９年には東電との間で燃料調達・火力発電を完全統合したＪＥＲＡを設立し、関東圏での電源確保を実現するなどこれまでにない動きをみせた。また同年東電ＥＰ系のテプコカスタマーサービス（ＴＣＳ）の低価格販売戦略による台頭や、九州電力系の九電みらいエナジーが急成長を遂げ、これら大手電力会社系の新電力も関心を集めた。

競争は「大手電力vs新電力」という構図にとどまらず、新電力から新電力へのスイッチング（供給者変更）が19年以降顕著になっている。19年9月時点では前年から倍増、全件数の1割を占め、さらに新電力の中には赤字を計上する社も出てきて、18年8月には福島電力が数万件の顧客を抱えた状態で破産手続きを行った。

競争の激化から自前の発電設備を持たず、卸電力市場頼みとしている新電力は、スポット価格の振れに左右され、２０２１年初頭から市場価格高騰という事態に遭遇しており、今後体力の弱い小規模な事業者を中心に淘汰が進むだろうと予測されている。その半面、需要家の「脱炭素化」や安定供給に関わる「レジリエンス（強靭性）強化」のニーズを受けて事業者同士の多様なアライアンスが発揮され、合従連衡を含め活発な動きが展開されるとみられている。

電力市場設計の理想と現実

大手電力（旧一般電気事業者）の送配電部門が分離された２０２０年4月は、本来電力システム改革の総仕上げとなり、評価なり課題を挙げるべき区切りの年である。だが制度改革はまだ続いているとして経産省は、託送料金制度の改革など新制度の施行に向けた詳細設計の議論を行い、またすでに施行されている市場設計の手直しも行われている。

ここまでの電力自由化は、確かに７００社を優に超える事業者が電力市場に参入したことによって少なくともシステム改革の目標のひとつである「需要家の選択肢や事業者の事業機会の拡大」は、一定の成果が出ているとの見方がなされよう。しかし、最大の目標である電気料金の引き下げは実現しているとは言えず、また自由化が進展する中での安定供給確保にも不安が募っている。

ポイントとなる新たな市場設計は、どのように行われてきたのだろうか。

これまで制度設計の司令塔的役割を果たしてきたのは、資源エネルギー庁が事務局を務める2つの委員会である。２０１６年9月経産省に設置された「電力システム改革貫徹のための政策小委員会」（委員長＝山内弘隆一橋大大学院教授）と同10月に設置された総合資源エネルギー調査会の電力・ガス事業分科会に置かれた電力・ガス基本政策小委員会（委員長＝山内弘隆一橋大大学院教授）である。

「貫徹のための小委員会」は、電力全面自由化に伴って競争をさらに促す活性化策と、安定供給や環境対応など事業の公益性維持に関わる面の両立を課題にあげ検討を進めた。小委のもとには市場整備ワーキンググループ（ＷＧ）と財務会計ＷＧが置かれた。「政策小委員会」には17年3月制度検討作業部会（座長＝横山明彦東大大学院教授）が設置された。両小委員会は17年2月合同開催して中間報告をとりまとめている。

中間報告は①さらなる競争活性化策としてベースロード市場の創設と連系線利用ルールの見直、②自由化のもとでの公益的課題への対応として供給能力を維持するために対価が支払われる容量メカニズムの導入や非化石価値取引市場といった新市場の創設、③廃炉・賠償などに関わる財務・会計措置――が提言された。

小売全面自由化から発送電分離までの課題に対処していく方策であり、市場メカニズムを用いた「３Ｅ＋Ｓ」達成に向けた制度設計に重きが置かれた。

総指揮を執ったのは日下部聡資源エネルギー庁長官である。２０１８年7月に退官するまで長官在任期間は3年間に及び、ほぼ四半世紀にわたって関わった電力自由化問題の総仕上げを目指した。「貫徹」の名称は、日下部長官自らの思い入れを表したという。また16年6月に着任した村瀬佳史電力・ガス事業部長の在任期間は、異例とも言える丸4年に及んだ（20年8月内閣府官房審議官に就任）。資源エネルギー庁のシステム改革総仕上げに向けた、並々ならぬ意欲と決意の表れと受け取られた。

市場設計の詳細は、制度検討作業部会が担い、ベースロード市場、間接オークション、容量市場、調整力公募・リアルタイム市場、インバランス制度、先物市場・先渡市場などについて、より詳細な制度を検討して2017年12月までに2回の中間論点整理がまとめられている。

こうした検討を経て2019年9月には試験的に先物市場が上場された。先々の電力取引価格を固定化する狙いがあり、同11月の月間約定量は約2000万kWhと、スポット約定量の約1000分の1にとどまったとはいえ、金融機関や投資会社などの参加に期待が寄せられた。同じくスポット取引のリスク軽減ということでは同年4月、間接送電権市場という耳慣れない市場が立ち上がっている。前日スポット市場の前に売買され、買い手が間接送電権を購入することで実際の市場間値差によらず費用負担を送電権の購入額に固定化できるメリットがあるという。

また一般送配電事業者による調整力公募（2016年度施行の〝第2弾〟の改正電気事業法では、一般送配電事業者は電力供給区域の周波数制御、需給バランス調整を行うにあたって公募方式で電源を調達することになっていた）は、21年度分からは新設される需給調整市場（リアルタイム市場）で行われることになった。

この間卸電力市場の厚みを増したという点で、3つの取引市場が注目を集めた。市場メカニズムを通じて「3E+S」を達成しようと制度設計が進められた。まず供給安定性に関わる容量価値（kW価値）を取引する「容量市場」、次に2009年に制定されたエネルギー供給高度化法（高度化法）の目標達成、環境性に関わる「非化石価値取引市場」、そして石炭火力や原子力発電など安価なベースロード電源を保有する旧一般電気事業者が発電した電気に新電力側がアクセスし、一部取引できるようにした「ベースロード電源市場」である。

なかでも「容量市場」は、全面自由化後の大手電力の事業環境の変化を強く意識した制度設計になっている。それまでの「安定供給マインド」から「収益拡大」に軸足を移すと、不採算の電源を閉鎖したり、発電電力量で利益を得られない電源投資を見送る可能性が高くなり、中長期的な安定供給に影響が出かねない。そこで電源を維持、新設することへのインセンティブを付与する仕組みとして、将来の供給力（ｋＷ）を売買する取引市場を創設することにしたものだ。電源の固定費を目に見える形にし、小売電気事業者（新電力）は、自社の販売電力量に応じて対価をあまねく支払うような制度設計となっており、オークションは需要年度の4年前とされた。

すでにベースロード市場は２０１９年度に初取引を実施し、容量市場は20年7月初めに初取引となった。また非化石価値取引市場はＦＩＴ電源に付随する価値の取引を先行実施し、20年度から非ＦＩＴ電源付随価値の取引が始まった。

だが、いまのところ（２０２０年末）各市場とも意図通りには運ばず、取引結果の整理と分析、ルールの手直しに追われている。

ベースロード市場は２０１９年度末、1年間にわたって電気が売買されたが、３回合計の約定量は53万４０００ｋＷにとどまった。これは新電力全体の前年度の販売電力量実績の４％弱に過ぎないという。同4月に電気の受け渡しが始まり、取引量の活性が期待されたものの、新型コロナウイルス感染拡大に端を発した燃料価格の下落や電力需要減によってスポット価格の方がベースロード市場の約定価格を大きく下回る低水準で推移。当初約定価格は、スポット市場と大差ない水準で落ち着くとみられていただけに市場の存在意義にも関わるとの指摘が出た。

また非化石価値取引市場は、「高度化法」の小売電気事業者に課せられた30年度の非化石電源比率目標44％と表裏の関係にあるものの、需要家の市場への直接参加が認められていない、と制度見直しの声が出ている。

容量市場は、初入札（24年度分）の結果が、２０２０年9月14日に明らかにされた。約定価格はあらかじめ設定された上限価格の1万４１３７円／ｋＷｈに張り付く結果となった。固定費を回収したい発電事業者にはプラスに働く一方、容量市場での調達費用を負担する小売事業者には痛手となる厳しい結果となった。

これについて電気新聞（9月16日付）は、容量市場が拠出金負担を強いられる小売事業者に大きなインパクトを与えるだろうと、次のように指摘している。

「小売電気事業者が落札供給力の実需給年度である2024年度に支払う総額は1兆4650億円。（中略）大手新電力は『自社の負担は数十億円規模だろう』（幹部）とはじく。卸電力市場からの調達比率が高い新電力ほど、負担額は相対的に大きくなりそうだ」

「この1年でスポット価格は歴史的な安値になり、新電力全体の卸市場からの電力調達割合は上昇。今年6月には90%を超えた。だが、容量市場の負担という観点では卸市場への依存が裏目に出る。小売電気事業者は現在約670者いるが、ある有識者は実需給初年度の負担だけでも卸市場依存度の高い中小新電力が『淘汰されていく』とみる。全体的には、新電力が卸市場からの調達割合を下げて相対卸供給に移ろうとする動きが『広がる可能性もある』と指摘する」

もともと容量市場は、中長期的な供給安定性確保のため電力会社に電源の新陳代謝を促し、万が一の供給不足を回避することを目的に制度設計が始まった。ただこうした安定供給に関わる点を小売事業者への供給力確保の義務付けとセットにしたことで小売事業者からは負担軽減を求める声が強まり、結果的に既設電源から固定費分を控除する経過措置が導入されるなど事務局が期待した制度とは、少なからず形を変えることになったと言われる。経過措置を無理筋と捉える専門家の間には、今回の約定価格は「妥当な額」との見方がある。

容量市場の初入札は、上限価格に張り付くという予期せぬかたちとなり、電力・ガス取引監視委員会は、高値の原因となった仕組みの再検討を促した。こうしたルールの見直しは、制度運用の初期にはありがちなこととはいえ、ことは電力の安定供給、消費者にも影響を及ぼしかねない事がらだ。

一方で2020年には、日本卸電力取引所（JEPX）のスポット平均価格は記録的な安値となり、逆に翌2021年1月には年末から価格の大暴騰が続いた。通常は7～8円／kWh程度が、1月半ばには一時200円を超える事態となった。暴騰の要因は、寒波による電力需要の急増、ＬＮＧの世界的な供給不足、電力会社からのＪＥＰＸへの供給力の減少が重なったためという。ＬＮＧ火力は、現在電力会社の火力発電の約半分を占める。しかも長期契約が主体で突発的に燃料が不足したからといってすぐに手当することはできない。

新電力は今回必要な電力を確保できなければペナルティ（インバランス料金）を支払わなければならないので、多くの事業者が電気を購入しようとした結果、価格の高騰・暴騰が起きた。「暴走した時に止める仕組みがない」（専門家）だけに余計、スポット市場の価格高騰などのリスク軽減効果も期待できる、容量市場などの機能役割が重要になる。

こうした電力市場の現状について専門家は「全体に制度設計が遅れ、改革の完成前に最終段階であったはずの発送電分離が来てしまった」と指摘している。単純な競争促進の市場が、想定以上の再生エネルギーの大量導入やレジリエンス（強靭性）といった議論まで入り込んできて「建て増し旅館のように複雑化してしまった」との捉え方がある。

また電力市場全般について西村陽大阪大大学院工学研究科招聘教授は「市場は配給所ではなく、参加者をシグナルによってある時は助け、ある時は警告し、行動を促すものだ」（電気新聞４月14、15日付）と市場設計の原点を指摘し、次のように解説している。

「（日本で）卸電力取引が選択された論理は『小売市場の自由化が決まった』↓『小売に新しいプレーヤーが必要だ』↓『電源の建設・保有は難しい』↓『小売りに新しいプレーヤーが登場する必要がある』↓『９電力会社の電気を他のプレーヤーに直接渡さなければ競争の姿にならない』↓『卸電力市場が必要だ』という流れだったと推察できる。こうしてできるものは市場ではなく配給所である。（中略）東日本大震災後の様々な制度のひずみを勘案しても、出発点はこの『市場』に対する認識の根本的な不足であることを指摘せざるを得ない」

海外事例を参考しながらの落ち着いた制度設計にならず、むしろ「ここまで短期間のうちに新市場が創設されるのは世界でも類を見ない」という専門家の捉え方まであるように制度設計を急ぎ、「配給所」にも似た卸電力市場に誘導してきたのは、一貫して事務方を務めてきた経産省である。元はといえば、電力システム改革は、経産省の官僚たちが東電改革を起点に単なる電力市場の自由化のみならず、地域独占の9（10）電力体制見直し、送配電の法的分離まで企図してきたものだ。

大手電力会社が当時「十分な準備期間」、「ステップ・バイ・ステップの検討」を求めれば求めるほど改革を後戻りさせないと、新たな制度づくりの具体化を急いだ。そのためにIPP（独立系発電事業者）、PPS（特定規模電気事業者）とその時々の「新電力」が登場しやすい環境づくりを行ってきた。それは「新電力」との競争によって電気料金引き下げが実現し、内外価格差問題を解消しうる術になるからととらえたにほかならない。では電気料金は、下がったのだろうか。

制度改革の大きな柱である市場への競争原理の導入や電力各社の効率化努力などによって1990年代から2010年までは低下していた電気料金は、2011年の福島第一原子力発電所事故以降は、火力発電の焚き増しによる燃料費増とFIT（再生可能エネルギー固定価格買取制度）の導入による再エネ賦課金負担により一転上昇に転じた。

発送電分離の全面自由化へ向け法改正が行われていた2014年度には再稼働の遅れから前年度に料金値上げが立て続けに行われていたことから、家庭用では10年比約25％、産業向けは約35％上昇した。

それ以降は再稼働が少しずつ進み、16年度には低圧部門までの小売全面自由化が実施されたものの、原油価格に左右され電気料金は、増減を繰り返した。エネルギーフォーラム誌の特集「電力自由化の四半世紀を総括」（2020年12月号）によると、「19年度は家庭用が10年比約22％増、産業用が約25％増の水準だ。全平均単価はkWh当たり19・5円と、25年前の水準に戻ってしまった」と分析される。

ただFIT賦課金を除いた金額でみると2019年度は約9％下がっているとし「長期的に見ても賦課金と燃料費を除く要素で比較すれば、19年度の電気料金は1994年比で3割下落している」という。産業用でも負荷率の低い業種は「20～30％程度下がった。これほどの産業用の競争の盛り上がりは、期待以上の自由化の恩恵だ」と料金比較サイトの専門家の分析を紹介している。

その一方で電気料金には燃料の価格変動分を自動的に料金に反映させる燃料費調整制度があり、ここ数年のＬＮＧ価格の上昇により電気料金は上昇しているとの指摘がある。また『エネルギーフォーラム』誌の同じ特集記事でも「電気料金の内訳をみると燃料費の影響が大きい。自由化で料金が下がったというのは誤解で、各社の電源構成比が主因ではないか」との識者の見方を紹介している。

「社会的コスト増を考えれば、総括原価の方が料金は安かった可能性がある。現時点で自由化のメリットは分からない」ともいう。大口需要家を除いて電力自由化のメリットが電気料金にはっきり表れないのに比べれば、今後「主力電源化」される再エネ賦課金、「50年ゼロ」に向けたカーボンニュートラル、石炭火力の縮減と、家庭用などではむしろ料金上昇に向けてのベクトルは、はっきりしている。ＦＩＴの２０２１年度の負担額は約２兆７０００億円、標準家庭では年１万円の負担との試算も明らかにされている。加えてアフターコロナといった不安定要素もある。

電力自由化のスタートから四半世紀、内外価格差問題から「日本の電気料金は割高」との問題意識からスタートした電気事業制度改革は、最終段階に至っても、電気料金の値下げが実現できていないという現実と向き合わなければならない。

「北海道ブラックアウト」と安定供給

自由化進展の中でも安定供給を確保するとした制度改革のさなかに、２０１８年9月震度7という強い地震から北海道電力管内で日本では初めてという「ブラックアウト（全系停電）」が起きた。メディアはすぐに「北海道ブラックアウト『電力自由化』安定供給と矛盾」（読売新聞編集委員コラム）、「北海道ブラックアウトが示す安定供給の課題・自由化との両立点検を」（日本経済新聞社説）と、電力インフラの脆弱性を指摘しながら、電力自由化が安定供給に及ぼす影響に言及した。

この年「北海道ブラックアウト」に前後して関西電力管内では台風21号の影響から２４０万戸規模の、また中部電力管内では台風24号の影響を受けて１８０万戸近い規模の停電が発生、その後も翌２０１９年には台風15号による千葉県を中心とした長時間停電が発生するなど自然災害による大規模停電が相次いで起きている。20年４月からの送配電の法的分離は、改めて安定供給が大きく問われる制度改革となった。

２０１８年９月６日午前３時７分、北海道南西部の胆振（いぶり）地方を震源とする震度７（厚真町で観測）の地震が発生、その影響から北海道管内のほぼ全世帯に当たる２９５万戸が停電するという、日本では初めてのブラックアウトが起きた。国内では11年の東日本大震災及び東電の福島第一原子力発電所事故による広域停電はあったものの、いずれも供給地域全域が停電したわけではなく、電力会社にとっては文字通り初めて直面した出来事だった。

世界的にはブラックアウトの発生は少なからずあり、復旧までの45時間というのは、「迅速に進んだ。世界の事例と比較すると速い復旧」との専門家の分析があったとはいえ、市街地のネオンが消え、医療現場からＳＯＳが発せられたり、スマホの電源を求める人たちの長い行列ができるなど、生活環境や生産現場の状況が急速に悪化し、停電が99％解消する７日まで混乱による影響が続いた。北海道庁の推計では商工業への影響は１３１８億円に上ったという。

また、ブラックアウト後の北海道電力の対応をめぐって世耕弘成経産相が「数時間以内に電力復旧のめどを立てるよう」指示したにもかかわらず、結果的に苫東厚真発電所の復旧に時間がかかるとして、同社の公表（公式ツイッター）が遅れ、このことから経産相の指示のもと資源エネルギー庁の担当者が北海道電力に張り付くなど、経産省主導で対応策が練られたと一部で報道された。世耕経産相は、翌年９月の台風による千葉県を中心に発生した広域停電に際しても東電に早期に復旧計画を出すよう求めた。いずれも背景に組閣などの政治日程が控えていた。

原因究明は、電力広域的運営推進機関に設置された第三者委員会の検証委員会（委員長＝横山明彦東大大学院教授）が担い、２０１８年10月25日に中間報告をとりまとめ、ブラックアウトに至った経過と原因を明らかにした。同年12月12日には最終報告をとりまとめている。

北海道ブラックアウト、大混雑する携帯電話充電コーナー（札幌市内、提供：電気新聞）

一連の事象は、需要と供給のバランスで生じる周波数変動で説明できるとして停電の原因を次のように明らかにした。

・今回のブラックアウトは、主として①苫東厚真発電所２、４号機（合計１１６万ｋＷ）の停止②苫東厚真１号機（30万ｋＷ）の停止に加え、地震による狩勝幹線ほか２経路（送電線４回線）の事故による複合要因によって発生

・さらに北本連系設備を活用し緊急融通が行われ周波数を回復させたが、最大受電量に達したため、苫東厚真発電所1号機が停止した際は周波数機能が発揮できず、ブラックアウトに至った

検証委ではブラックアウトが発生してから復旧するまでの対応が適切だったかどうかも検証し、「明らかな人為ミスなどはなく、問題となるような点は確認できなかった」とした。再発防止策としては当面の早期対策として周波数低下リレー（ＵＦＲ）の負荷遮断量35万ｋＷの追加などを挙げ、さらに現行に比べ高速で負荷を遮断できるＵＦＲの設置ペースを速めるよう提起した。北海道電力ではＵＦＲの設置割合は全体の1割だった。これを19年度まで2割以上、23年度までに7割近くに高める計画としたが、最終報告ではさらに設置を前倒しするよう同社に求めた。

一方で経産省は電力・ガス基本政策小委員会の下に「電力レジリエンスワーキンググループ（ＷＧ）」（座長＝大山力横浜国立大大学院工学研究院教授）を設置し、２０１８年11月4日北本連系線のさらなる増強や災害に強い再生可能エネルギーの導入促進などを求める中間報告をまとめた。再エネとレジリエンスの両立は、このあと「広域機関」に設けられた有識者会議でも検討が加えられ、さらに電力インフラのレジリエンス（強靭化）を図るべきと「エネルギー供給強靭化法」案がまとめられ、２０２０年6月の国会で成立・施行の運びとなった。

同法は電気事業法の一部改正など3つの法律を束ねていて、送配電事業者の連携強化、送配電網の強靭化、再生可能エネルギーの新たな導入支援制度などを盛っている。送配電事業者は災害時に連携計画を策定することが義務付けられた。送配電網の強靭化の観点からは「広域系統整備計画」の策定、また分散型電源としての再生可能エネルギーの活用も挙げられ、分散型・小型の配電網を運営する仕組みについて法制度を整備することになった。

北海道ブラックアウトは、北海道電力と同じ大手電力会社が抱える今日的な課題があるにもかかわらず、レジリエンスと再エネの主力電源化が大きくクローズアップされ法律整備にまで至った。法律では送配電の法的分離時代だからこその「災害時連携計画」の提出義務まで定められた。

だが、だからといって複合災害などに襲われた時、大規模停電を防げるとは限らない。近年の安定供給や停電問題の本質は、もっと別なところにあるのではないか。関根泰次東大名誉教授は、近代の系統は設備の増強と、計算機の活用というソフト技術の両輪に支えられているとして「（今回のブラックアウト）全系崩壊の要因の議論が設備側の議論に力点が置かれ、ソフト技術の側からの検証がはっきりしない印象」（電気新聞２０１８年11月29日付）と述べ、レジリエンスといった設備面の対策に特化していく方向に疑問を投げかけている。

北海道ブラックアウトが起きた時、検証委の原因究明作業と並行して多くの識者、専門家が原因や電気事業の今日的な課題に言及した。指摘の多くは、太陽光など再生可能エネルギー大量導入時代の自由化市場における安定供給の難しさと、競争優先政策下での大手電力会社の厳しい事業状況である。電気新聞など各紙・専門誌の報道をもとに、最近発生している問題点を含め専門家の指摘を整理した。

ひとつは、太陽光、風力の大量導入が交流系統を基盤とした大手電力会社のネットワークに与える影響である。今回の北海道のブラックアウトは、周波数や電圧の変動に弱く、電力系統の危機に直面した際に解列しやすいという、出力変動型再生可能エネルギーの課題を浮き彫りにした。

地震が起きる直前、北海道内にある風力発電は、17万ｋＷ程度発電していた。苫東厚真発電所2、4号機の脱落に伴う周波数低下の直後に、運転を止めて戦線離脱した。ルールに基づいたものというが、系統崩壊の間際まで動き続けた苫東厚真以外の火力発電所とは対照的な動きを見せた。風力や太陽光に使われるインバーターの半導体素子が熱に弱く、周波数や電圧の変動から自分自身を守るため、解列を促す仕組みになっているからだという。

一般的に太陽光や風力が増加するとその影響で、慣性力と短絡容量が低下し、慣性力が下がった系統では、周波数が低下する幅と変化速度が大きくなり、この傾向が進むと単機の電源脱落という従来は耐えられた事象であっても周波数を安定に保つことが難しくなる、と専門家は指摘する。２０１６年9月オーストラリアで起きた大規模停電は、この問題が顕在化した例という。

ただ太陽光や風力自体に調整機能を持たせることや、分散型として地域単位で制御することによって停電リスクを緩和できるという。

太田豊東京都市大学准教授は電気新聞のインタビュー（２０１８年12月7日付）で「9月6日未明は太陽光が発電しておらず、出力変動型の再生可能エネルギーは風力だけだった。道内で瞬間的に太陽光や風力の比率が高まることは十分考えられる。それらのシェアが高まった瞬間に系統崩壊をどう防ぐかという課題が、改めて浮き彫りになった」と再生可能エネルギーが主力電源として系統の構成要員になることがふさわしいか、問われるとしている。

今回のブラックアウトからの復旧の過程では、太陽光、風力ともに全てが系統に復帰するまで1週間もの時間を要した。需給バランスを取りながら発電所の出力を上げる段階で、出力が変動する再エネに頼るのは現状では困難ともいう。再エネを安定的に運用するためには、出力変動に対応する火力発電の調整力の確保が必要であり、系統で安定運用するには容量市場などで調整力を確保する仕組みなどが必要になる。

別な問題も指摘されている。北本連系線が稼働できなくなった9月8、9日、北海道電が蓄電池を併設する北海道内7か所の大規模太陽光発電所に対し、発電再開を要請したものの、1カ所も応じてもらえなかったという。地震による設備故障や、休日で主任電気技術者を手配できないという理由からだったという。

また、ここ数年九州電力や四国電力などでは、ダックカーブ化（日中は普及が進んだ太陽光で消費を賄い、需要のピークを迎えた夕方以降に実質電力需要が急増する現象）に悩まされている。ダックカーブ化が進み火力発電を絞って運用していると、夕方から急に立ち上げた火力発電が脱落すると周波数を維持できなくなる可能性がある。太陽光の発電量が急増する時期は、緊張感を強いられる運用に直面している。

これに関連して２０１８年10月13日、九州電力では全国で初めて太陽光発電の出力制御を実施している。需給バランスが崩れるのを防ぐため、九州6県の太陽光発電９７５９件、計43万ｋＷ分の出力制御を求めた。

こうしたネットワークでの運用の課題にとどまらず、最近は用地不足から事業者が山林を切り崩して太陽パネルを設置し、景観や環境を損ない住民の反発を受ける例が増えている。狭い国土に太陽光パネルを敷き詰めるのは、そもそも限界があるだろう。

再生可能エネルギーの「陰」の部分もクローズアップされてきている。

もうひとつ指摘されているのが、電力自由化のなかで大手電力会社が負わされている、安定供給への過大な役割と直面している諸問題である。

「重要と感じたのは、自由化の中で、今回の事態が起きたことをどう評価するかという観点だ。安定供給は政策的な手当を万全に講じるというより、事業者側の『しっかりやります』という姿勢に頼ってきた側面は否めない。今回の事態は、そうしたあり方について一定の振り返りを与える機会だった」「現場の安定供給マインドは重要だ。だからいつも『それはマインドだから』で終わり、そのためのコストを負担する仕組みや『マインド』を持続可能なものとする市場のあり方について、政策的な振り返りがなされないままきてしまった」と大橋弘東大大学院教授は電気新聞のインタビュー（２０１８年12月11日付）の中で指摘する。

さらに大橋教授は、もうひとつ重要な観点として協力会社を含めた工事力確保策を挙げている。効率化、コスト削減が徹底されているなか、良質なパートナーを確保する体制づくりは「知恵の絞りどころ」としている。加えて「電力会社も努力すべき点はある。見えない努力は、存在しないものとして扱われてしまう。もう少し情報発信のやり方を工夫すべきだ」と注文をつける。

発送電分離によって送配電会社の安定供給、設備復旧の荷が重くなった。万が一の場合、送配電会社が発電会社と連携しながらどこまで迅速に電力供給を復旧できるかが重要になるが、実際の設備事故や需給ひっ迫のリスクに対し、だれがどういう権限と責任をもって対処するかは、はっきりしない点が残る。

ルール上は、小売り事業者が該当するにしても、大手発電事業者、系統運用者それぞれの責任も明確にされておらず、責任主体が見えにくくなっているからだ。一方で大橋教授が「知恵の絞りどころ」という関係・協力会社との関係にしても希薄化が進んでいる。レジリエンスは、災害が起きる前に災害を想定して対策を講じる趣旨であり、平常時であれば必要のない設備や体制を持つことが、徹底した効率化を求める自由化の論理とぶつかりかねない。

設備復旧にしても安定供給の維持は、決してレジリエンスの対策だけで収まらない問題を内包している。

今回のブラックアウトは、原子力再稼働が遅れている大手電力会社で発生した。北海道電力は泊発電所の新規制基準対応による長期停止によって２０１２年度から３期連続で最終赤字となり、規制料金を２回値上げし、18年３月期でようやく回復のきざしを見せていたところだった。

そもそも泊発電所が再稼働していれば恐らく供給体制が変わったであろうし、仮に泊発電所が脱落しても、全系崩壊にならないよう設計、運用されていたので、今回の全域停電は予想外の事象が複数重なったとみることもできる。

北海道電力管内は人口減が顕著で需要減も予想されている中で、風力をはじめ再生可能エネルギーを電源に持つ新電力が次々に入ってきて、既存火力での競争が厳しく、また託送料金の引き上げもできずで、需要家の離脱も顕著になっていた。そこに経産省は、自由化の進展に合わせて広域メリットオーダー（限界費用の安い電源から優先的に活用すること）で安い電源から動かし、余計な予備力を持たせないようにしてきた。いわば競争政策がブラックアウトの危険性を加速化させていた、との関係者の指摘もある。

北海道電力は、旧日本発送電北海道支店と旧北海道配電が再編された会社であり、旧北海道配電自体道内に散らばる多くの電灯会社などを束ねていたから戦後の北海道電力に至るネットワークは、無理をして組まれた側面があるという。したがって地域事情も含め他の大手電力とは違いがあり、自家発の普及率も高い。

今後30年間で北海道の人口は25％減るといわれる。そうした見通しのもとで新たな電源、系統強化のため投資をするのは、よほどのことであろう。深刻な過疎化に直面している地域では、一定の需要が見込める都市部と違い、競争参入を促す競争政策は成立しないのではないか。料金が確実に引き下がるならともかく現状での一律の競争政策は、かえって大手電力会社の事業基盤を弱め、安定供給の障害となりかねない。

電力システム改革を全国一律に適用させることの弊害が、いずれ表面化するのでは、との見方が出ている。

発送電分離時代の新電事連体制

こうした電気事業の直面する課題を集約し、大手電力10社体制の司令塔役を担ってきた電気事業連合会は、関電に不祥事が発生し、実質国有化されている東電とともに会長会社の常連２社が、指導力を発揮しにくい難しい局面に至っている。電事連は２０２０年３月13日、総合政策委員会を開き、九州電力の池辺和弘社長を〝第21代〟の会長に選び、新体制で発送電分離の新しい時代を引っ張っていくことになった。

電事連のトップ交代会見、勝野前会長（中部電力社長、左）と池辺新会長（九州電力社長、右）（2020年３月13日、東京・大手町、提供：電気新聞）

前年２０１９年10月18日の総合政策委員会では、その４カ月前に会長に就任したばかりの岩根茂樹関電社長に代わり、中部電力の勝野哲社長を選ぶ異例のトップ交代を了承していた。当時勝野社長は岩根関電社長に代わるまで３年間電事連会長を務めており、岩根会長の辞任申し出により急遽再登板したものだった。

池辺新会長への交代は、中部電力の事情も加わっている。水野明久会長の中部経済連合会会長就任の内定と発送電分離の節目に勝野社長が退任の意向を固めたことによるもので、電事連発足以来東京、関西、中部の３社で占めてきた会長ポストに、初めて３社以外の首脳が就くこととなった。

岩根会長の辞任は、関電役員らが多額の金品を受領していた問題で同社社長を辞任する意向を固めたことに伴うもので、この問題では八木誠会長も同10月９日の会見で「信頼回復への経営責任を明確にする」と同日付で退任を表明した。岩根社長は、同日の会見で退任意向を明らかにしており20年３月14日、森本孝副社長にバトンを渡した。

同社の２０１９年９月27日の発表によると、八木会長、岩根社長を含む役員と社員20人が、高浜発電所が立地する福井県高浜町の森山栄治元助役（同年３月に90歳で死去）から、11～18年までの７年間に総額約３億２０００万円相当の金品を受け取っていたというもので、問題発覚の経緯は、18年の国税調査で指摘を受け、社外の弁護士を含む調査委員会で社内調査を実施し、確認したものという。

金品を受け取った役員らの中には返却を強く拒まれ、返却の機会をうかがい個人で保管していたといい、岩根社長は会見で「一時的にせよ、個人で管理したことについて、大きな課題がある」とし謝罪した。その後同社の対応を調査した第三者委員会（委員長＝但木敬一元検事総長）は、２０２０年３月14日に報告書をまとめ、金品授受は森山助役が退任した直後の１９８７年頃から始まり、役職員75人が総額約３億６０００万円相当を受け取っていたことを明らかにした。

報告を受けて関電は、同日付で森本副社長の社長昇任のほか、岩根社長、森詳介相談役、嘱託に就いていた八木前会長、豊松秀己前副社長の辞任を発表し、すぐさま森本新社長を本部長とする「経営刷新本部」を設置した。森本社長は同14日の会見で「生まれ変わらなければ明日の関西電力はないという不退転の決意で改革にまい進する」と決意を語った。

新社長の森本は、79年東大経済学部卒、入社後は主に企画畑を歩き、11年執行役員・企画室長、16年副社長と企画部門のエースと目されてきた。一方経産省は同16日、電気事業法に基づく業務改善命令を出し、法令等遵守体制の抜本強化や実効的な再発防止策を示すよう指示した。菅官房長官は同16日の会見で「内向きの企業風土を改めてユーザー目線に立った国民に信頼される組織に生まれ変わってもらいたい」と語り、電力業界のみならず経済界のトップ企業の不祥事に苦言を呈した。

２０２０年６月末の株主総会を経て新会長には経団連会長などを歴任した榊原定征東レ社友（元会長）が就任した。代表権は持たず非常勤の独立・社外取締役として取締役会議長を務めるとした。榊原新会長は、同３月30日の就任内定の会見で「新経営陣としっかり連携をとりながら、新しい関西電力、お客さまから信頼される関西電力を創生、再生したい」と意気込みを語った。同日関電は業務改善計画を提出した。

同社は6月の株主総会後、指名委員会等設置会社に移行した。取締役の半数以上を社外取締役が占める透明性の高い体制とした。また、旧取締役6人に対し、善管注意義務違反による損害の賠償を求める民事訴訟を提起し、過去と一線を画す姿勢を示した。なおこの問題では市民団体が大阪地検特捜部に、八木前会長ら9人に対する会社法違反（特別背任）告発状を提出し、受理されている。

メディアは、問題発覚直後から厳しい批判の目を向ける一方、亡くなった元助役の圧力を伴う様々な行動を問題視する見方がある。また電力業界内からは、今回の不祥事に加えて同社が2010年代にカットした役員の報酬の一部を退任後補てんしていたことがわかり、驚きを交えた厳しい意見が出された。同社の若手社員らからも失望と将来への不安の声が漏れ、離職する社員も出た。森本社長は危機感をあらわにし、信頼の回復と組織風土改革に全力を注いでいる。

関電歴代トップの一斉辞任は、2002年の東電の原子力発電所の「データ不正問題」から当時の荒木浩会長ら首脳陣5人が一斉辞任して以来のことで、遡れば1958年10月には同じ東電で「石炭汚職」問題が発覚し、当時のトップが辞任、社外取締役（青木均一品川白煉瓦社長）が社長に就くという不祥事が起きている。

先の「データ不正問題」では、当時の荒木会長の判断であえて首脳陣5人の辞任にまで踏み込んだ。当時の世論、関係各界は意外性と驚きをもって受け止め、批判もそれ以上広がらなかった。しかし、それも福島第一原子力発電所の事故から事実上国有化されて以降は、売り上げ高トップでも業界を引っ張る〝盟主〟の立場からは遠くなった。

東電が、「3・11」後大きく変わったことで、電事連はリーダー役を東電と並んで会長会社を務めてきた関電と中部電力に託し、事務局体制も一新し、これに各社が協力して電力システム改革などを巡る難題に種々対応してきた。原子力再稼働にあたっては、電事連の働きかけによって少しずつ事態が動いてきた。その原動力は、最も原子力ウエートの高い関電の存在があったからともいえる。

だが今回の問題で関電は、しばらく業界を引っ張りにくくなるだろう。もっとも電事連は、全面自由化後の運営体制の見直しを図り、当時の八木会長の発案で会長会社は、各社トップの持ち回りで担っていくと決めていたという。今回九州電力の池辺社長が会長に選任されたのも、そうした合意があったからだとみられる。

小売り全面自由化、発送電分離の時代は、電事連の組織自体も変わっていかざるを得ない。その観点から会長ポストの在り方だけでなく、組織体制も2021年4月、実務部門の電力技術部、工務部を電事連組織から切り離し、新たに設けた「送配電網協議会」の事務局とした。

時代は大きく変わろうとしている。

底流にあるのは国益にも関わり、安定供給と脱炭素を支える原子力発電の推進が、国の進める電力システム改革や、再稼働の遅れ、司法リスク、政府与党内の足並みの乱れなどから先行きにしっかりした展望を持てなくなり、不安定さを増していることがある。

昭和30～40年代の高度成長から公害問題、石油ショック直前まで電力各社は、電気事業の公益的役割と私益をマッチングさせることに努めた。この間、再々編成論が浮上して電事連は、基盤の固まっていない地域独占発送配電一貫の9電力体制が低廉な料金維持、安定供給につながる体制とし、これを守り抜くため各社の力を結集し、国や政治家の圧力にも毅然と対してきた。時に政策提案し、政策当局の通産省とは軋轢や反発を生じさせながらも電力政策を着地させてきた。

だが、1970年代からの二度にわたる石油ショックは、何もかも一変させた。そこで強烈に意識されたのが「国益」である。戦後石炭政策をはじめエネルギー政策は、電気事業の協力なくして成立しなかった。それらはまさに国益に叶うものであり、原子力発電開発も国策民営でスタートした。ただ当時は戦後復興から高度成長期、右肩上がりの中で需給に追われ、国益といってもさほど意識することはなかったろう。

ところが石油ショックでは、脱石油戦略、石油依存度低減を図らなければ日本の経済社会は、先々成り立たたなくなると危機感は高まり、それはまた国の安全保障政策にもつながるとエネルギー業界、なかでも中東からの石油輸入に依存していた電気事業者の役割は、極めて大きいことが浮き彫りになった。このため大手電力会社は国の後押しを受けながら原子力発電をはじめとした電源多様化、核燃料サイクル事業、広域運営体制の強化、基幹送電網強化等々を待ったなしで推進した。

その陣頭に立った電事連は、76年使用済み燃料の再処理事業（第二再処理工場）などを民営のもとで推進していく方針を表明した。核不拡散政策推進という国際情勢の急変や経産省の意向も受けて判断し、ここから国益は、電気事業者（大手電力会社）の事業展開とより重なることになった。

原子力発電は、準国産エネルギーとされ、サイクル事業の自立化がとなえられた。国は「官民協調」路線でエネルギー危機を乗り越えていくとした。海外の技術や燃料・設備を輸入し、海外依存度が高かった大手電力会社は、大転換を受け入れ、その路線は直接国益につながるものとなった。

国産軽水炉誕生を目指した軽水炉の改良標準化策による原子力発電の稼働率向上は、官民協力の最たるものであろう。一方で政治的側面からは電力投資の積み増し、前倒しは毎年のように景気対策に組み入れられ、電力投資は民間投資のけん引役となった。円高差益からの料金引き下げにも積極的に応じ、〝電力頼み〟が、政治家のみならず各界に広く浸透した。

だが、これらはあくまで地域独占下、総括原価方式がベースにあってのことである。当時の資源エネルギー庁幹部は「電気事業の地域独占と原子力発電の推進は密接不可分の関係」との認識を語っていた。その総括原価のもとでいまは、原子力発電所を建設できない。地域独占も、総括原価主義も過去のものとなったからである。

送配電部門法的分離の全面自由化は、この四半世紀の経緯を振り返れば官民一致して生み出したと捉えることはできない。電事連は一貫して慎重な検討を求め、ステップ・バイ・ステップで検証を図りながらの制度づくりを求めていた。電力システム改革の帰結は、これまで記してきたように東電改革などとの一体不可分の改革であり、「(東電組織改革を起点に)〝幕藩9社体制〟への伝搬」(仙谷元民主党政調会長代行)をも狙いにしたものだから「官民協調」路線は、そもそも視野に入っていない。瞬時同時同量の電気という財を扱うのに、である。

大本のところで官民協調でないとすれば発送電分離時代は、国益が前面に立つ時代ではないとも言える。また国益を意識した事業活動を行おうとしても大手電力会社は、競争下の徹底した効率化も求められていて、容易には達成できないだろう。「再処理等拠出金法」が施行され、大手電力の撤退に歯止めをかける法律ができたとはいえ、事情はそう変わらない。

電力システム改革は矛盾をもっている。競争政策を一方に置きながらの送配電事業の法的分離の行き着くところは、電力首脳陣がこれまで指摘してきたように投資意欲がそがれ、国策として進めてきた原子力発電、さらには電源・流通設備まで建設にブレーキがかかり、安定供給にも支障が出かねないことだ。そこを見越して競争政策と安定供給に支障が出ないよう国は種々対策を打ちつつある。さらに地球温暖化対策、レジリエンス（国土強靭化）と要求は多岐に及び、制度は複雑になるばかりで効果のほどははっきりしない。どれも国が自らまいた種である。

国益に関わる〝電力政策立案機関〟を標榜してきた電事連の活動も公益的役割をもった私企業の発展性の兼ね合いの中で制約されたものになるであろう。

いま国が主導する競争政策で小売市場には、７１０事業者を超える新電力が参加している。電力・ガス取引監視等委員会のまとめによると、２０２1年1月の総販売電力量は、大手電力の小売り部門の域外供給を含む販売総額が、前年同月比９・９％減の９８１５億円と減少したのに対し、新電力の販売総額は、同19・４％増の２７２１億円と増加した。

新電力の中には大手電力系も混じっているとはいえ、その勢いに大手電力も必死の構えをとらざるを得なくなっている。競争原理からすれば、大手電力、新電力間のみならず大手電力同士でもアライアンスは、活発になるだろう。一方で大手電力が新電力の勢いに押されているその要因には、単なる価格やサービス競争にとどまらず不祥事の影響がチラついている。

２０２１年4月には価格カルテルを結んだ疑いがあると、公正取引委員会が、一部の大手電力会社などに対し立ち入り検査に乗り出したと報じられている。

現代のような複雑系の社会を成り立たせるためにもっとも有効なのは「信頼」である、と元外交官であり作家の佐藤優は、ニクラス・ルーマンというドイツの社会学者の著作を引用しながら次のように述べている。

「信頼が確立すると、多少裏切られても信頼は維持される。とはいっても、信頼の持続にも限界がある。何度も事故が起きる交差点では青信号でも用心する。あまりに事故が多ければ、その交差点は使わなくなるかもしれない。それと同じで限度を超えて裏切り続ければ、今度は何をやっても信頼は取り戻せない」（佐藤優、片山杜秀著『平成史』より）

佐藤優は、こう記したあと沖縄問題や尖閣諸島漁船衝突事件、東日本大震災の対応をみた国民のガマンが限界に達し、政権の座にあった3年間で民主党は国民の信頼を完全に失ったと、限度を超えた裏切りの行き着くところの重大性を指摘している。

かつて東電元会長の平岩外四は、電気事業が一番大切にしなければならないのは「信頼」だとし、需要家からの「信頼」が崩れれば事業は立ち行かなくなるとまで述べていた。コンビニ業界最大手の「セブン‐イレブン・ジャパン」が１９８０年代半ば、初めて東電との間で公共料金の電気料金振り込みを扱うことが決まった際、「お客様の信頼をいただくこととなる。その意味は大きい」と受け止めていた。

大手電力会社は２０２１年5月1日、１９５１年の事業再編以来、70年を迎えた。「信頼」があってこその70年の歩みではあるだろう。一方で「信頼」を傷つけ、再生に向かっている社もある。佐藤優が指摘しているように「限度を超えて裏切り続ければ、何をやっても信頼は取り戻せない」。それを何としても防がなければならない。

「信頼」の揺らぎは、小売り競争時代にあって事業の先行きを左右しかねない。しかし、需要家側からすれば事業者への「信頼」もさることながらもっと切実に求めるのは、供給の信頼性であろう。現代人は電気やガス、水道などの社会インフラ、何よりも電気が止まったらすべてに影響が及ぶことを知っている。

東日本大震災の非常時「原発が爆発するかもしれない状況だというのに、冷蔵庫が使えなくなったらどうしようと計画停電の心配が先に立ったでしょう。（中略）福島の一部が住めなくなるという大事が起きたにもかかわらず、それでも価値観は変わらなかった」（『平成史』で佐藤優と対談した政治学者の片山杜秀）。社会インフラ、なかでも電気に依存している現代日本社会の現実がある。

電気を安定的に供給する意味合いは、１３５年前、東京の地で東京電灯が初めて事業を興した時とでは意味合いが全く違っている。富裕層の限られた便利な明かり、いわば贅沢品であったものが、いまでは生活や事業活動自体を成り立たせている。

安定供給を損なうわけにはいかない。

安定供給を担う「現場」の多くは、大手電力会社の「現場」に連なる。その大手電力の経営者、幹部の多くはこれまで、発電、送配電、営業いずれかの現場を経験し一体感をもって経営に当たっていた。発送電分離の時代は、分社化と送配電部門の中立性担保のもとで一体感を減じる方向に働いていくだろう。供給現場と経営のマッチングに新たな課題が提起されている。

供給安定確保だけではない。時代を見据えた新たな事業展開にも力を注ぐ必要がある。デジタル化の進展、脱炭素化、課題は広範かつ複雑になっていて、そのうえで競争時代を生き抜く強靭な事業基盤を作り上げていかなければならない。事業発展を求める行く手は、かなり険しい道と覚悟しなければならないだろう。

２０２１年6月16日、「電力の鬼」松永安左ェ門が亡くなって50年となる。松永翁が亡くなった時、東電会長の木川田一隆は、こうコメント（一部抜粋）した。

「松永さんはいつの時代でも、新しい時代の変化に即応するパイオニア精神を持っておられた。だからあのお年で、晩年、全学連の委員長に会って話をしたりした。松永さんのやり方は、ひとつの哲学というか、人生を生きる道、といったようなことを教えてくれる。松永さんの教えは、新しい転換点に立って、電気事業をどうするか、などという次元の問題ではない。何か永遠につながるようなものを感じさせるもっと奥深いものなのだ……」

松永翁は電気事業の面白みを「民間の創意工夫」とし、主体的経営を大事にした。そして資本主義の自由さを謳歌し、利益を追求するとともに公益を求めた。

「パイオニア」、「創意工夫」、「主体性」――。陳腐な表現ではあるが、新たな時代に挑戦していく電気事業者に捧げたいと思う。

おわりに

サポート、ご協力をいただいた多くの方々にまず感謝申し上げます。なかでもエネルギーフォーラム、一般財団法人電力中央研究所、電気新聞（一般社団法人日本電気協会新聞部）には様々お世話をおかけしました。三者のいずれが欠けても本書は、発行にまでこぎつけることはできませんでした。重ねてお礼申し上げます。

本書は、２０２０年5～7月号まで『エネルギーフォーラム』誌上で連載された「国益はどこに！　発送電分離と電事連」が、執筆のきっかけになっています。同連載は、電気事業連合会という業界の行く手を定めるトップリーダーたちの言動、行動を追ったものでしたが、３回連載という収まりを気にするあまり事実関係と歴史的な掘り下げが十分でなく、反省点が残っていました。この点を補う新たなアイデアのもとで執筆を勧めていただいたのが、同誌を発行する志賀正利社長でした。

「２０１１～２０２０年の激変の電気事業と経営者の実像」というイメージで単行本として出版しませんか、との声掛けでした。

直近の10年の出来事で言えば、東京電力・福島第一原子力発電所事故の衝撃のあと、東電への責任追及の世論と相まって電力システム改革が急浮上し、戦後長く続いた発送配電一貫の９（10）電力体制が崩れ、新たな競争時代へと急旋回しました。この間性急でやや一方的過ぎる政策展開や、メディアの扱いに違和感を覚えていたこともあり、電力首脳陣ら電気事業関係者を長年取材してきた立場と経験から、自分の知る事実に照らして何がしか記すべきではないか、と思うようになりました。

ただ、いざ出版物となると、事柄の重みや執筆への不安が重なり、なかなか踏ん切りがつきませんでした。それでも過去の政策や出来事は、大きくとらえれば松永翁始め電気事業創立時からの創業者たちや官民が協調・対立してきた歴史とも関わっている、歴史と「いま」を繋ぐ視点でこの10年を自分なりに検証してみることは、無益ではないと思えるようになりました。

直前までお世話になっていた電力中央研究所で広報部

の皆さんと約3年間にわたり月に一度の割合で行っていた勉強会でまとめていたレポートが、役立つかもしれないと思ったからでもありました。勉強会では、電気事業史や電力・エネルギー問題に関わる直近の出来事を、筆者の取材経験も付加して毎回報告、ディスカッションしていて、自分にとっても電気事業やその経営者、過去の政策を学ぶ貴重な場となっていました。

また先の連載記事に対してある読者から「僅かでも自分が電気事業にどんな貢献なり、役割を果たしたのか、歴史のつながりから分かるようなものを読んでみたい」との声が寄せられていたのも後押しとなりました。

執筆には、準備にかなりの時間を割かなければなりませんでした。電気新聞での取材の積み重ねや、電中研で電気事業史の学びの機会があったとはいえ、電力業界とその関係機関の社史や資料、一般書籍の読み込み、整理と並行して、直近10年の出来事に関わる関係者の再取材、また進行中の電力システム改革関連の取材と時間はあっという間に過ぎました。コロナ禍で資料収集先の場所が閉じられてしまうなど、思うに任せないことも続きました。

そうした準備期間中、読み直した元朝日新聞編集委員の大谷健氏による『興亡』（産業能率短期大学出版部刊）は、１９５１年の電気事業再編前後に登場する人物がドラマ仕立てに描かれ、それでいて客観性があり資料的価値としても一級の著作であって、大きな刺激を受けました。

ほかにも松永翁自身の手記（「電力再編成の憶い出」）や、元日本発送電幹部で後に東京電力役員となる近藤良貞氏による『電力再編成日記抄』（光風社書店刊）という極私的な歴史の証言なども残されていて、再編時とその前後を知る手がかりは多く、そこから自分の取材経験と合わせて２０１０年代に至る経営者の実像やこの間の官民の協調・対立構図に迫ってみました。

戦前の革新官僚と松永翁ら5大電力との攻めぎ合いは、現代に続く「官対民」の原型をなすものと広く知られるところですが、その中間に位置して現れた東京電灯社長、日本発送電総裁を務めた新井章治氏は、もっと着目されてよいのでは、と感じました。東京電力会長に就いて倒れただけに彼が存命していれば戦後電気事業史は、また違ったものになったかもしれません。

その後の主役は、関電の太田垣、東電の木川田、平岩の3氏となるでしょう。しかし、高度成長後の二度の石油ショックを乗り越えた電気事業、中でも東電は、「マンモス」に例えられるかのように巨大化しました。巨大化した自らの重みに耐え切れず倒れかねない、そこに登場した荒木社長と規制緩和による電力自由化は、ある意味必然であったかもしれません。

けれど経産省内には電力再編を悲願とする、いわばDNAが残っていて発送電分離に突き進もうとしました。このバトルは、「3・11」後に持ち越され、経産省が東電をターゲットにしながら巧みに具体化していったのは、本文で書き上げた通りです。

この間の経緯は、東電・福島第一原子力発電所の事故をテーマにした著作物にもある程度書き込まれています。ただその圧倒的多数が反原発や、東電始め独占に甘えた大手電力会社への批判という観点から描いたもので、電気事業（者）が果たしてきた役割を含め歴史との繋がりのもとでとらえたものは、僅かしかありませんでした。

その中では民主党政調会長代行等を務めた仙谷由人氏の『エネルギー・原子力大転換』（講談社刊）は、民主党政権の混乱する政府・党内情勢のもとで熟慮し、行動した有様が政治家らしい視点をもって描かれていて、官僚たちの動きもよく分かる歴史の証言にふさわしい著作と感じました。また、古巣の電気新聞は、小さな出来事も漏らさず報道していて専門紙としての役割を果たしていることを再認識しました。

残念なことは、電気事業者の側からの発信が圧倒的に少ないということです。「3・11」後の政治情勢や世論動向のもとでは限界があるにせよ、戦後の事業再編時以来の大変革期だけに様々な声がもっと発せられてよいのでは、と思わざるを得ませんでした。電気事業を取り巻く環境が大きく変わっていっても、その時点時点で様々な立場から「歴史の証人」が現れてほしいと切に願います。また電気新聞や『エネルギーフォーラム』誌などは、そうした人物や出来事を積極的に発掘、記録していかれるよう期待します。

今回、筆者の要望を受け入れて取材に応じていただいた方々から、得難い話を伺うことができました。執筆に役立ったのは申すまでもありません。深くお礼申し上げます。

出版に当たっては、エネルギーフォーラム出版部参事の鈴木廉也氏、山田衆三氏、安達麻里子氏に様々お世話をおかけしました。感謝しております。また取材や執筆に当たり、電気新聞東京支局長の藤田忠氏には貴重なサジェスチョンに加え、至らぬところをカバーしていただき大いに助かりました。改めて有難うと申し上げたい。写真選定の協力をお願いした同編集局記者・カメラマンの山口翔平氏には、労を惜しまぬその真摯な対応に頭が下がりました。

編集局長代理の神藤教子氏には側面からサポートいただきました。同メデイア事業局長の圓浄加奈子氏、同局長代理の山田真氏にも取材等でご面倒おかけしました。論説委員の山田雄二郎氏にもお世話をおかけしました。お礼申し上げます。同各総・支局長には写真等の入手でお世話をおかけしました。感謝しております。

電力中央研究所の広報グループマネージャー上席の綱取克明氏には、様々労をとっていただきました。東電HD「電気の史料館」には、写真の手配等でご面倒おかけしました。有難うございました。問い合わせに対応いただいた電気事業連合会、大手電力各社にもお礼申し上げます。

本書を手に取られ、読んでくださった皆さんと、創業から135年の時をつなぐ「電力人」の足跡と闘いの事例をめくりながら、電気が無事に届くまでの「複雑な多元連立方程式」を解いていきたいと願うものです。

最後に支えてくれた妻由紀子と家族に、感謝を記して筆を置きます。

2021年6月　梅雨の合間に

中井　修一

〈主要参考文献／資料一覧（順不同）〉

▽第1部

・『電力百年史』前篇・後篇（政経社）
・『電気の歴史　先駆者たちの歩み』関英男（NHKブックス）
・『電力』渡辺一郎（岩波書店）
・『福翁自伝』福沢諭吉（PHP研究所）
・『工学博士　藤岡市助伝』（ゆまに書房）
・『電力技術物語』志村嘉門（日本電気協会新聞部）
・『企業家たちの挑戦　日本の近代11』宮本又郎（中央公論新社）
・『官僚の風貌　日本の近代13』水谷三公（中央公論新社）
・『メディアと権力　日本の近代14』佐々木隆（中央公論新社）
・『松永安左ェ門著作集　第一～第六巻』松永安左ェ門（五月書房）
・『松永安左ェ門翁の憶い出　上・中・下巻』松永安左ェ門翁の憶い出編纂委員会（電力中央研究所）
・『まかり通る　電力の鬼・松永安左ェ門　上・下』小島直記（毎日新聞社）
・『爽やかなる熱情　電力王・松永安左ェ門の生涯』水木楊（日本経済新聞出版）
・『松永安左ェ門伝　電力こそ国の命』大下英治（日本電気協会新聞部）
・『気概燃ゆ　電力再編を闘った男たち』志村嘉門（日本電気協会新聞部）
・『民の光芒　電力・闘魂の譜』志村嘉門（日本電気協会新聞部）
・『鬼走る　松永安左ェ門の炯眼と国造り』宇佐美省吾（エネルギーフォーラム）
・『呼ぼうよ雲を　太田垣士郎伝』太田垣士郎伝編集会議
・『胆斗の人　太田垣士郎　黒四で龍になった男』北康利（文藝春秋）
・『電力三国志』鎌倉太郎（政経社）
・『日本発送電社史―綜合編―』日本発送電解散記念事業委員会
・『日本発送電社史―技術編―』日本発送電解散記念事業委員会
・『日本電気協会五十年史』（日本電気協会）
・『電気事業連合会50年のあゆみ』（日本電気協会新聞部）
・『東京電力三十年史』東京電力社史編集委員会
・『関東の電気事業と東京電力　電気事業の創始から東京電力50年への軌跡』及び『同資料編』東京電力
・『関西電力二十五年史』関西電力
・『関西電力五十年史』関西電力

・『中部電力五十年史』中部電力
・『電発30年史』電源開発
・『日本原子力発電五十年史』日本原子力発電
・『東北電力20年のあゆみ』東北電力
・『電力戦回顧』駒村雄三郎（電力新報社）
・『電力25年の証言』（日本電気協会新聞部）
・『電気事業再編成20年史』通商産業省公益事業局編（電力新報社）
・『電気事業発達史』電気事業講座編集委員会（エネルギーフォーラム）
・『戦後電気事業史』戦後電気事業史編纂委員会（経済往来社）
・『興亡　電力をめぐる政治と経済』大谷健（産業能率短期大学出版部）
・『激動の昭和電力私史』大谷健（電力新報社）
・『電力再編成日記抄』近藤良貞（光風社書店）
・『新井章治』新井章治伝刊行会
・『白洲次郎　占領を背負った男』北康利（講談社）
・『先学訪問　学士会評議員会議長平岩外四編』（一般社団法人学士会）
・『対話と交流』平岩外四（日本電気協会新聞部）
・『「文藝春秋」で読む戦後70年　終戦から高度成長期まで』（文藝春秋）
・『科学技術の戦後史』中山茂（岩波書店）
・『近代国家の出発　日本の歴史21』色川大吉（中央公論新社）
・『官僚たちの夏』城山三郎（新潮社）
・『ドキュメント　東京電力企画室』田原総一朗（文藝春秋）
・『原発・正力・ＣＩＡ　機密文書で読む昭和裏面史』有馬哲夫（新潮社）
・『青の群像　原子力発電草創のころ』竹林旬（日本電気協会新聞部）
・『日本の原子力15年の歩み』日本原子力産業会議
・『私の履歴書』松永安左ェ門　木川田一隆　両角良彦（日本経済新聞社）
・『中央省庁の政策形成過程　日本官僚制の解剖』日本計画行政学会／城山英明、鈴木寛、細野助博（中央大学出版部）
・『我が国の電気事業の変遷』竹野正二（電気設備学会誌２０１５年12号）
・『電気事業便覧』経済産業省資源エネルギー庁電力・ガス事業部監修・電気事業連合会統計委員会編（日本電気協会）
・『照る日　曇る日』鈴木建（電気新聞１９９９年1月6日～9月

24日）

▽第2部

・『国家と官僚　こうして、国民は「無視」される』原英史（祥伝社）
・『精神論ぬきの電力入門』澤昭裕（新潮社）
・『日本のエネルギー問題』橘川武郎（ＮＴＴ出版）
・『知っておきたい電気事業の基礎　再生可能エネルギー・安定供給・電気料金』電力時事問題研究会（日本電気協会新聞部）
・『「電力系統」をやさしく科学する』藤森礼一郎構成・電気新聞編（日本電気協会新聞部）
・『電力システム改革の検証　開かれた議論と国民の選択のために』山内弘隆、澤昭裕編（白桃書房）
・『まるわかり電力システム改革キーワード３６０』公益事業学会学術研究会、国際環境経済研究所監修（日本電気協会新聞部）
・『まるわかり電力システム改革キーワード３６０決定版』公益事業学会政策研究会（日本電気協会新聞部）
・『東北地方太平洋沖地震に伴う電気設備の停電復旧記録』東京電力
・『政府・東京電力福島原子力発電所における事故調査・検証委員会、最終報告書』
・『東京電力、福島原子力事故調査報告書』
・『国会・東京電力福島原子力発電所事故調査委員会、報告書』
・『福島原発で何が起こったか　政府事故調技術解説』淵上正郎、笠原直人、畑村洋太郎（日刊工業新聞社）
・『4つの「原発事故調」を比較・検証する　福島原発事故13のなぜ』日本科学技術ジャーナリスト会議（水曜社）
・『カウントダウン・メルトダウン　上・下』船橋洋一（文藝春秋）
・『メルトダウン　連鎖の真相』ＮＨＫスペシャルメルトダウン取材班（講談社）
・『メルトダウン　ドキュメント福島第一原発事故』大鹿靖明（講談社）
・『死の淵を見た男　吉田昌郎と福島第一原発の五〇〇日』門田隆将（ＰＨＰ研究所）
・『考証福島原子力事故　炉心溶融・水素爆発はどう起こったか』石川迪夫（日本電気協会新聞部）
・『東電国有化の罠』町田徹（筑摩書房）
・『電力と国家』佐高信（集英社）
・『原発敗戦　危機のリーダーシップとは』船橋洋一（文藝春秋）

・『「フクシマ」論　原子力ムラはなぜ生まれたのか』開沼博（青土社）
・『エネルギー政策は国家なり』福島伸享（エネルギーフォーラム）
・『シンドローム　上・下』真山仁（講談社）
・『電力と政治　日本の原子力政策全史　上・下』上川龍之進（勁草書房）
・『エネルギー・原子力大転換　電力会社、官僚、反原発派との交渉秘録』仙谷由人（講談社）
・『小泉純一郎「原発ゼロ」戦争』大下英治（青志社）
・『平成史』佐藤優、片山杜秀（小学館）
☆『詳報　東電刑事裁判「原発事故の真相は」』ＮＨＫ　ＮＥＷＳ　ＷＥＢ
☆『東京電力社報「とうでん」特別号　ＴＨＥ　ＢＯＮＤ（絆）』東京電力広報室
・電気新聞始め多くの新聞、経済誌、Ｗｅｂサイトからも情報を得ました。引用箇所には新聞・経済誌名、日付を記しました。

一般電気事業者の沿革

北海道電力

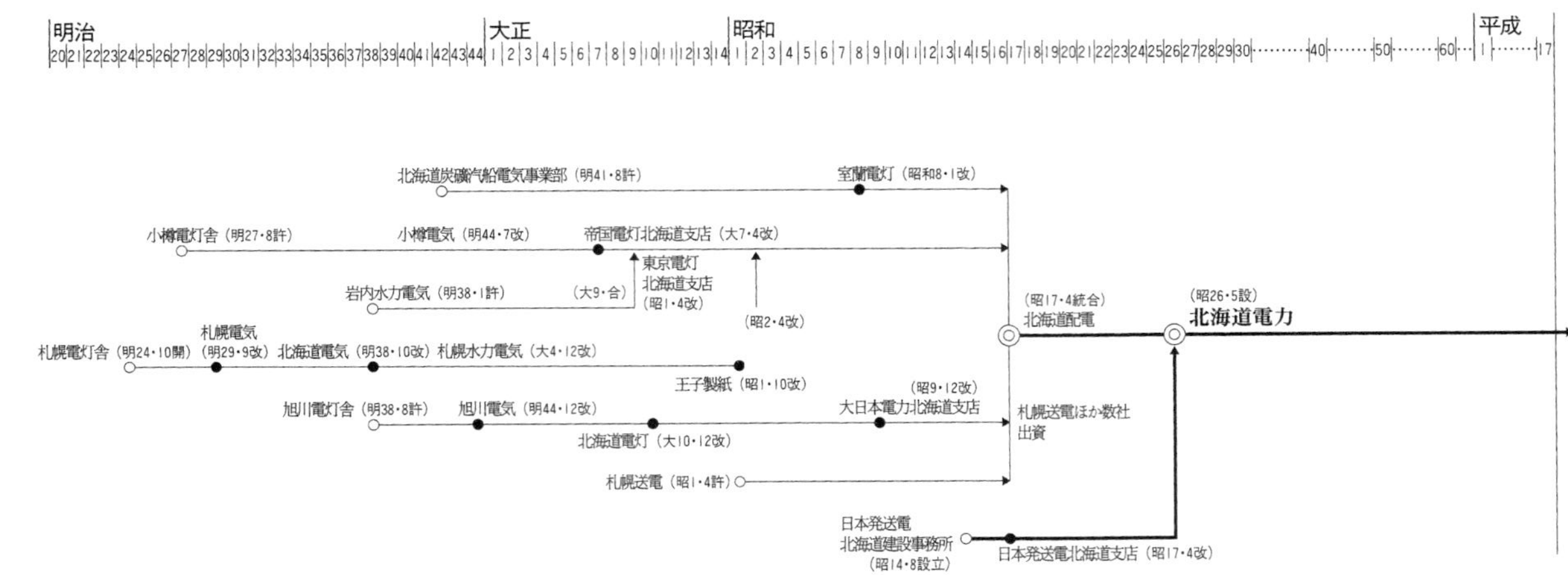
明治
大正
昭和
平成
北海道炭礦汽船電気事業部（明41・8許）
室蘭電灯（昭和8・1改）
小樽電灯舎（明27・8許）
小樽電気（明44・7改）
帝国電灯北海道支店（大7・4改）
東京電灯
北海道支店
（昭1・4改）
岩内水力電気（明38・1許）
（大9・合）
（昭2・4改）
札幌電灯舎（明24・10開）
札幌電気
（明29・9改）
北海道電気（明38・10改）
札幌水力電気（大4・12改）
王子製紙（昭1・10改）
旭川電灯舎（明38・8許）
旭川電気（明44・12改）
北海道電灯（大10・12改）
（昭9・12改）
大日本電力北海道支店
札幌送電（昭1・4許）
（昭17・4統合）
北海道配電
札幌送電ほか数社
出資
（昭26・5設）
北海道電力
日本発送電
北海道建設事務所
（昭14・8設立）
日本発送電北海道支店（昭17・4改）

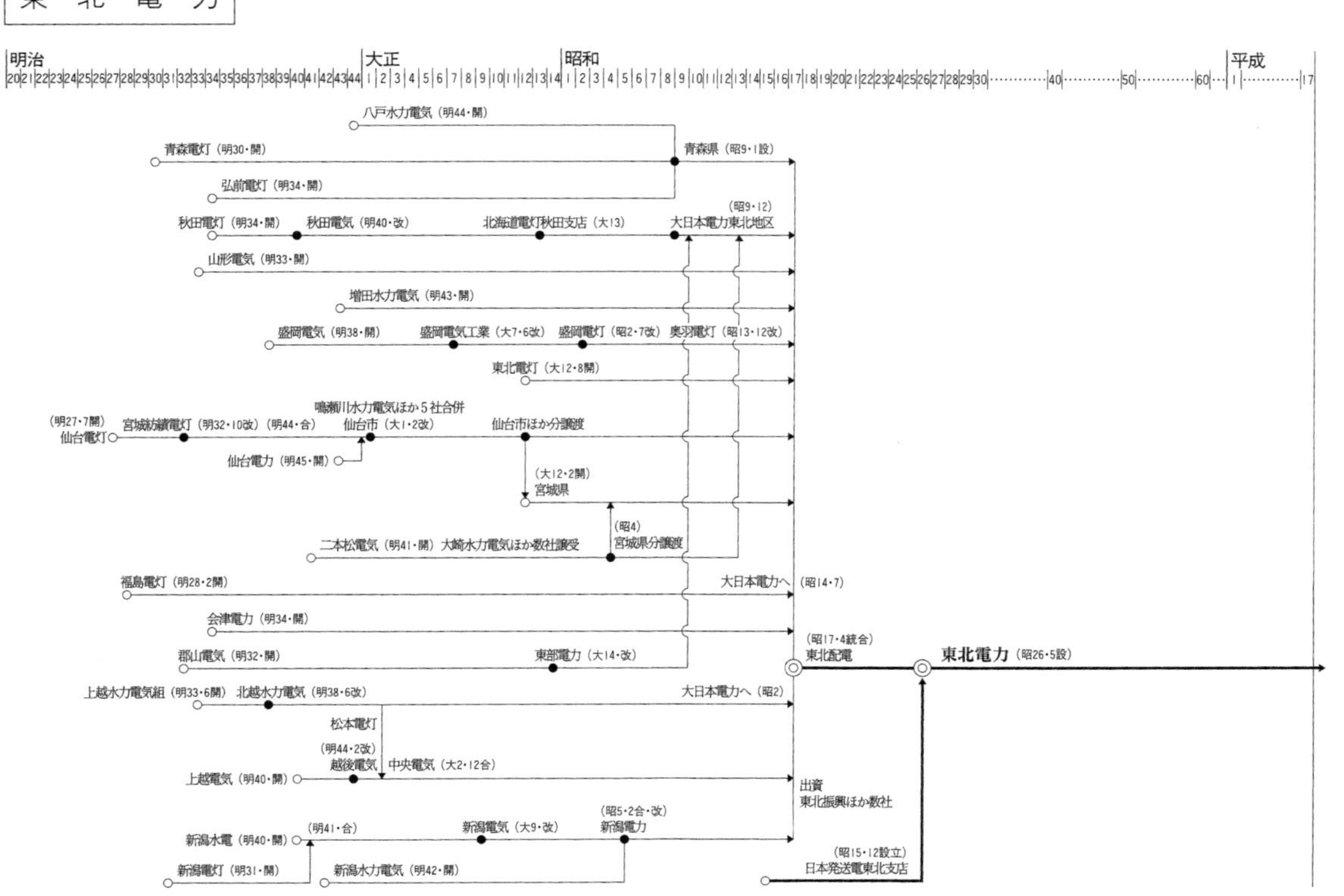
東北電力
明治
大正
昭和
平成
八戸水力電気（明44・開）
青森電灯（明30・開）
青森県（昭9・1設）
弘前電灯（明34・開）
秋田電灯（明34・開）
秋田電気（明40・改）
北海道電灯秋田支店（大13）
（昭9・12）
大日本電力東北地区
山形電気（明33・開）
増田水力電気（明43・開）
盛岡電気（明38・開）
盛岡電気工業（大7・6改）
盛岡電灯（昭2・7改）
奥羽電灯（昭13・12改）
東北電灯（大12・8開）
（明27・7開）
仙台電灯
宮城紡績電灯（明32・10改）（明44・合）
鳴瀬川水力電気ほか５社合併
仙台市（大1・2改）
仙台市ほか分譲渡
仙台電力（明45・開）
（大12・2開）
宮城県
（昭4）
宮城県分譲渡
二本松電気（明41・開）
大崎水力電気ほか数社譲受
福島電灯（明28・2開）
大日本電力へ（昭14・7）
会津電力（明34・開）
（昭17・4統合）
東北配電
東北電力（昭26・5設）
郡山電気（明32・開）
東部電力（大14・改）
上越水力電気組（明33・6開）
北越水力電気（明38・6改）
大日本電力へ（昭2）
松本電灯
（明44・2改）
越後電気
中央電気（大2・12合）
上越電気（明40・開）
出資
東北振興ほか数社
（昭5・2合・改）
新潟電力
新潟水電（明40・開）
（明41・合）
新潟電気（大9・改）
新潟電灯（明31・開）
新潟水力電気（明42・開）
（昭15・12設立）
日本発送電東北支店

東京電力

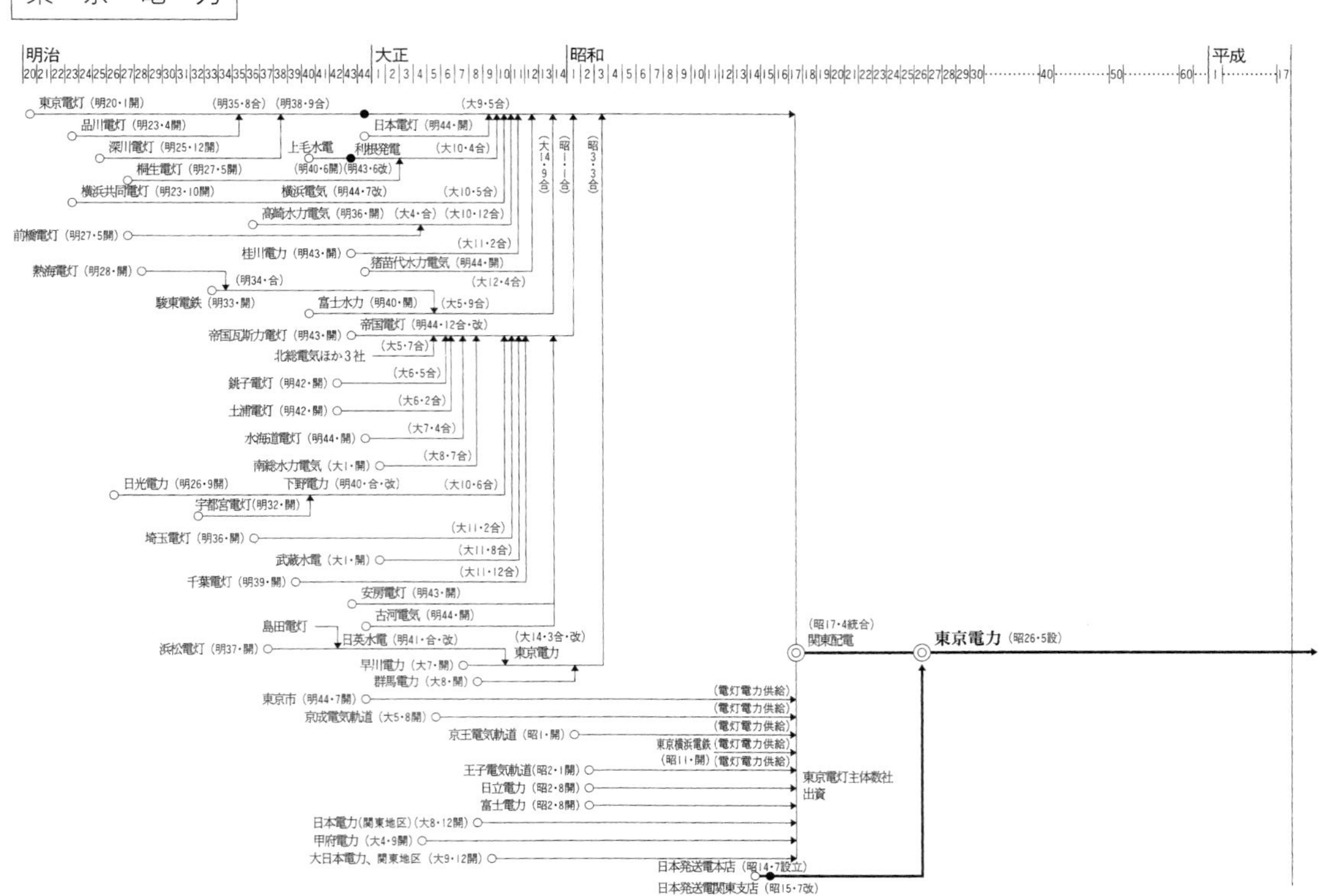

明治
大正
昭和
平成
東京電灯（明20・1開）
（明35・8合）
（明38・9合）
（大9・5合）
品川電灯（明23・4開）
深川電灯（明25・12開）
日本電灯（明44・開）
上毛水電
利根発電
（大10・4合）
（明40・6開）（明43・6改）
桐生電灯（明27・5開）
横浜共同電灯（明23・10開）
横浜電気（明44・7改）
（大10・5合）
高崎水力電気（明36・開）
（大4・合）
（大10・12合）
前橋電灯（明27・5開）
桂川電力（明43・開）
（大11・2合）
猪苗代水力電気（明44・開）
（大12・4合）
熱海電灯（明28・開）
（明34・合）
駿東電鉄（明33・開）
富士水力（明40・開）
（大5・9合）
帝国電灯（明44・12合・改）
帝国瓦斯力電灯（明43・開）
（大5・7合）
北総電気ほか3社
（大6・5合）
銚子電灯（明42・開）
（大6・2合）
土浦電灯（明42・開）
（大7・4合）
水海道電灯（明44・開）
（大8・7合）
南総水力電気（大1・開）
日光電力（明26・9開）
下野電力（明40・合・改）
（大10・6合）
宇都宮電灯（明32・開）
（大11・2合）
埼玉電灯（明36・開）
（大11・8合）
武蔵水電（大1・開）
（大11・12合）
千葉電灯（明39・開）
安房電灯（明43・開）
古河電気（明44・開）
島田電灯
日英水電（明41・合・改）
浜松電灯（明37・開）
（大14・3合・改）
東京電力
早川電力（大7・開）
群馬電力（大8・開）
（大14・9合）
（昭1・1合）
（昭3・3合）
（昭17・4統合）
関東配電
東京電力（昭26・5設）
東京市（明44・7開）
（電灯電力供給）
京成電気軌道（大5・8開）
（電灯電力供給）
京王電気軌道（昭1・開）
（電灯電力供給）
東京横浜電鉄（電灯電力供給）
（昭11・開）（電灯電力供給）
王子電気軌道（昭2・1開）
日立電力（昭2・8開）
富士電力（昭2・8開）
東京電灯主体数社
出資
日本電力（関東地区）（大8・12開）
甲府電力（大4・9開）
大日本電力、関東地区（大9・12開）
日本発送電本店（昭14・7設立）
日本発送電関東支店（昭15・7改）

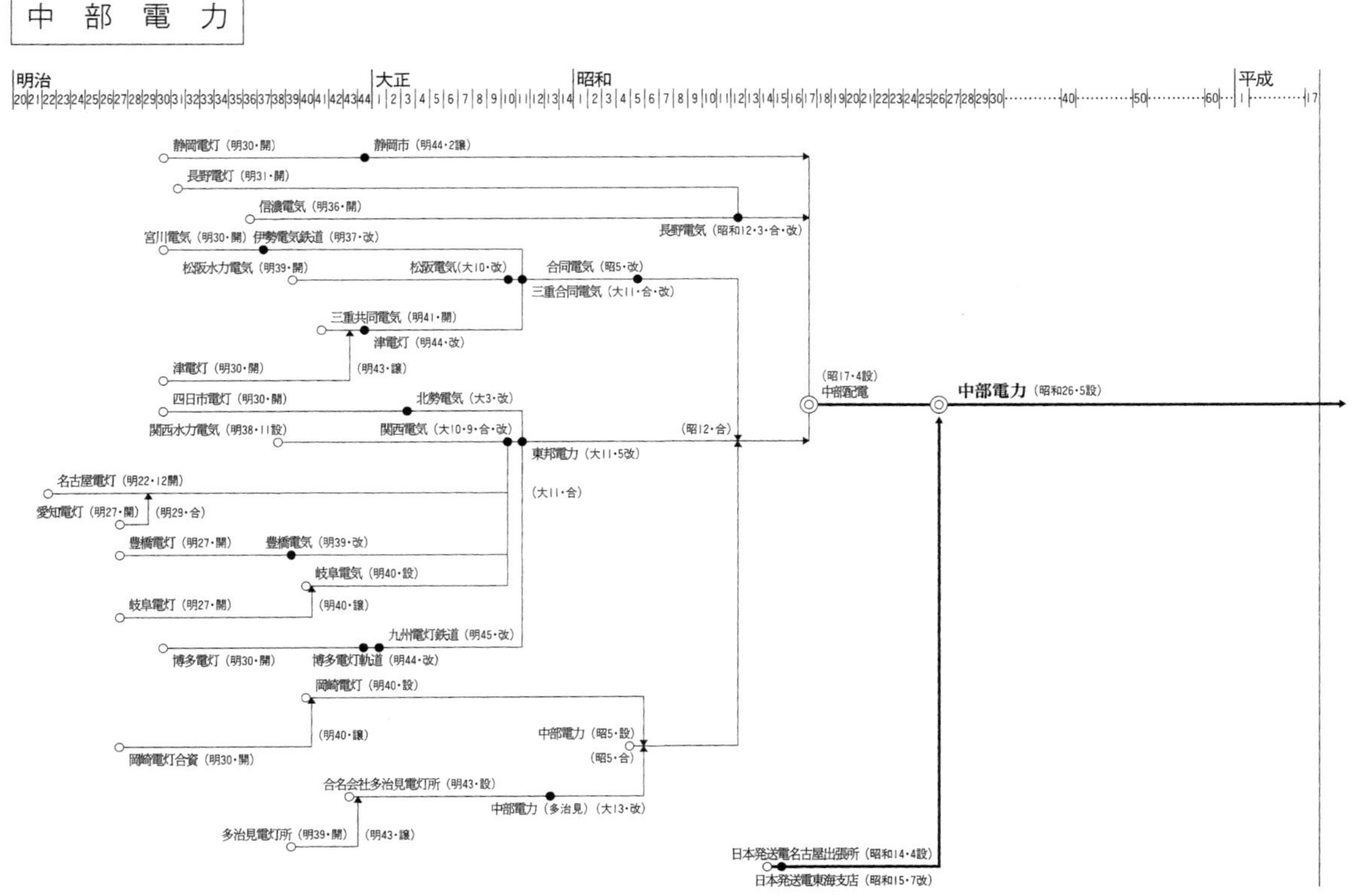
中部電力
明治
大正
昭和
平成
静岡電灯（明30・開）
静岡市（明44・2譲）
長野電灯（明31・開）
信濃電気（明36・開）
長野電気（昭和12・3・合・改）
宮川電気（明30・開）
伊勢電気鉄道（明37・改）
松阪水力電気（明39・開）
松阪電気（大10・改）
合同電気（昭5・改）
三重合同電気（大11・合・改）
三重共同電気（明41・開）
津電灯（明44・改）
津電灯（明30・開）
（明43・譲）
四日市電灯（明30・開）
北勢電気（大3・改）
関西水力電気（明38・11設）
関西電気（大10・9・合・改）
（昭12・合）
東邦電力（大11・5改）
名古屋電灯（明22・12開）
（大11・合）
愛知電灯（明27・開）
（明29・合）
豊橋電灯（明27・開）
豊橋電気（明39・改）
岐阜電気（明40・設）
岐阜電灯（明27・開）
（明40・譲）
九州電灯鉄道（明45・改）
博多電灯（明30・開）
博多電灯軌道（明44・改）
岡崎電灯（明40・設）
（明40・譲）
中部電力（昭5・設）
岡崎電灯合資（明30・開）
（昭5・合）
合名会社多治見電灯所（明43・設）
中部電力（多治見）（大13・改）
多治見電灯所（明39・開）
（明43・譲）
（昭17・4設）
中部配電
中部電力（昭和26・5設）
日本発送電名古屋出張所（昭和14・4設）
日本発送電東海支店（昭和15・7改）

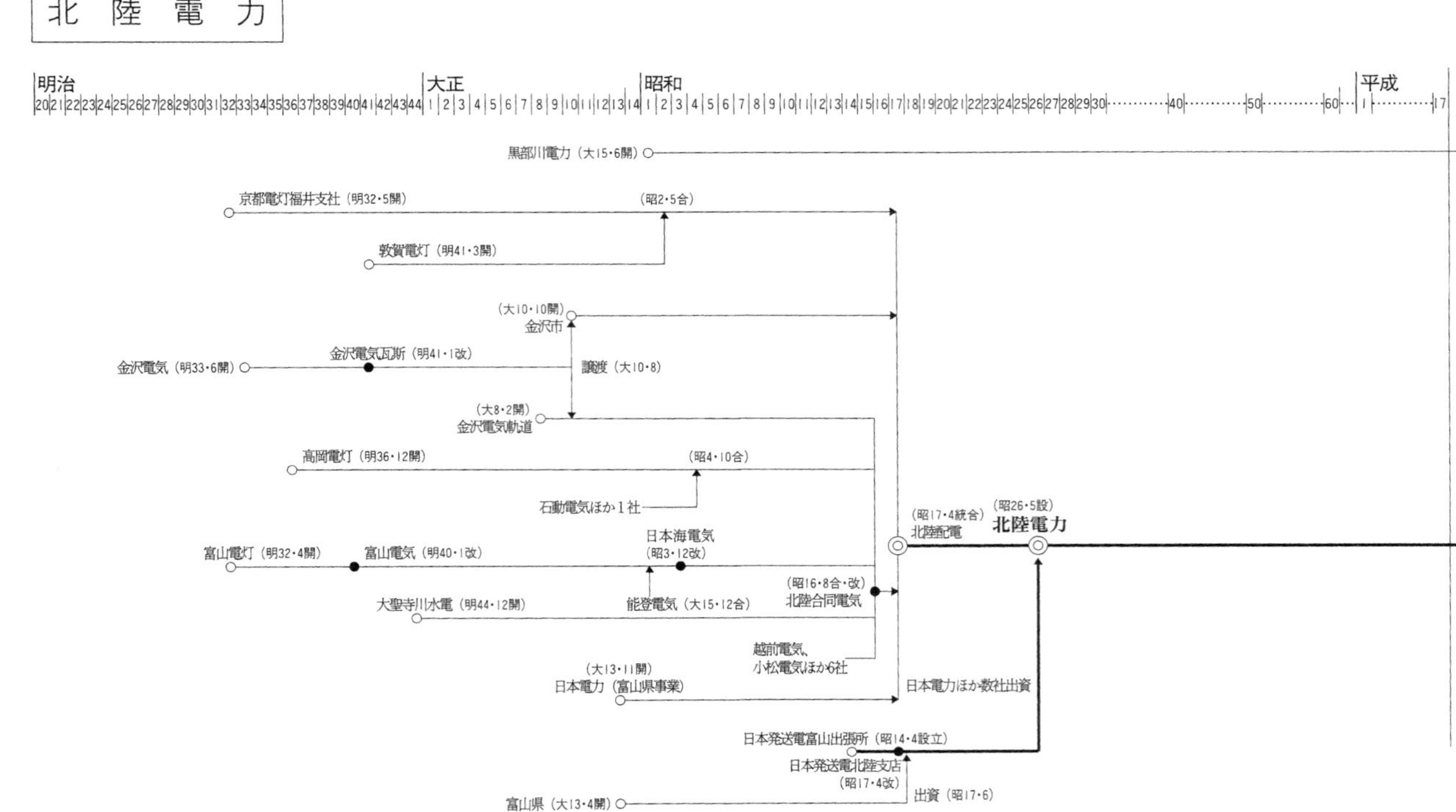

北陸電力
明治
大正
昭和
平成
黒部川電力（大15・6開）
京都電灯福井支社（明32・5開）
（昭2・5合）
敦賀電灯（明41・3開）
（大10・10開）
金沢市
金沢電気（明33・6開）
金沢電気瓦斯（明41・1改）
譲渡（大10・8）
（大8・2開）
金沢電気軌道
高岡電灯（明36・12開）
（昭4・10合）
石動電気ほか1社
富山電灯（明32・4開）
富山電気（明40・1改）
日本海電気
（昭3・12改）
大聖寺川水電（明44・12開）
能登電気（大15・12合）
（昭16・8合・改）
北陸合同電気
越前電気、
小松電気ほか6社
（大13・11開）
日本電力（富山県事業）
（昭17・4統合）
北陸配電
（昭26・5設）
北陸電力
日本電力ほか数社出資
日本発送電富山出張所（昭14・4設立）
日本発送電北陸支店
（昭17・4改）
富山県（大13・4開）
出資（昭17・6）

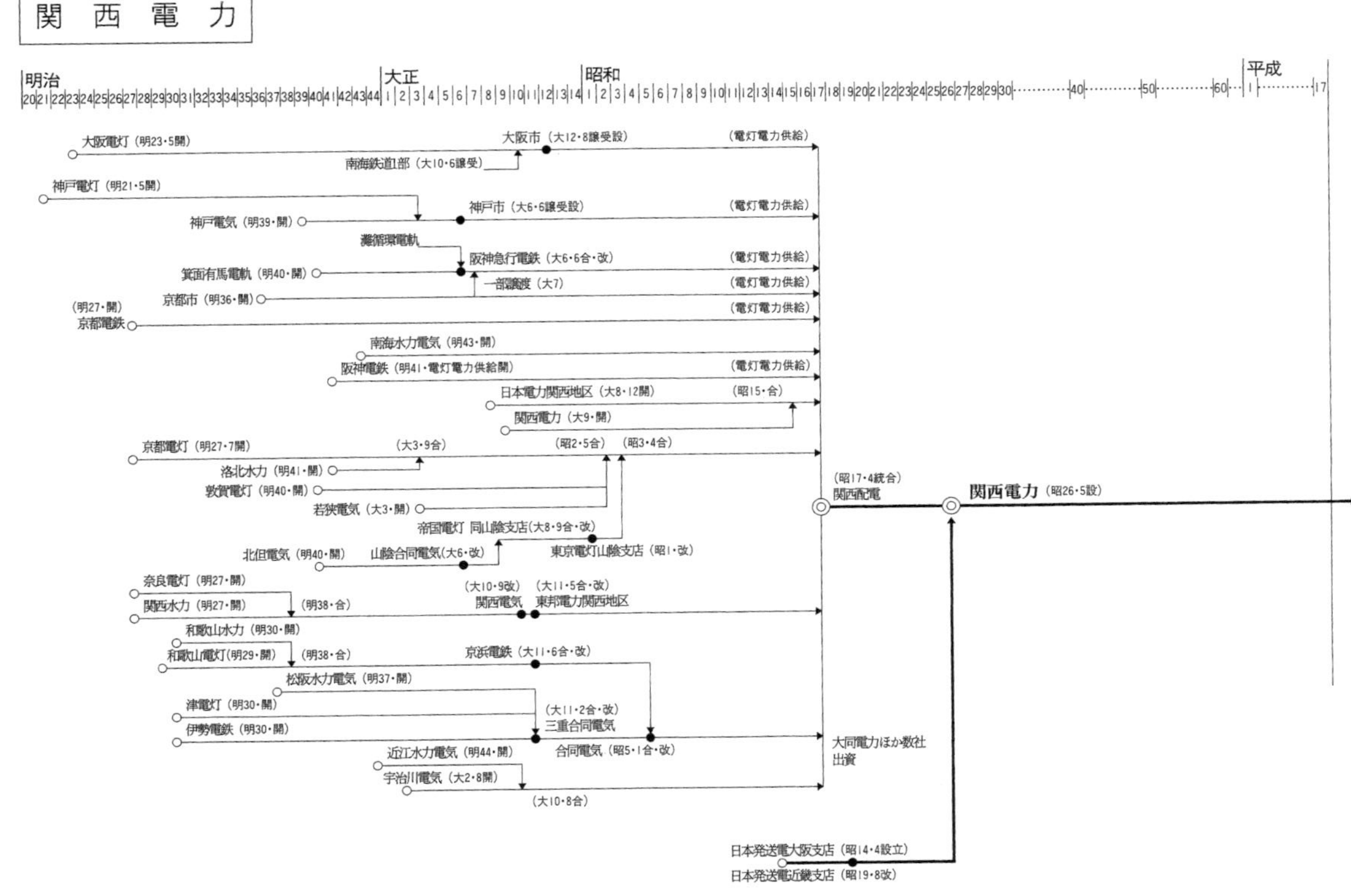

関西電力
明治 大正 昭和 平成
大阪電灯（明23・5開）
大阪市（大12・8譲受設）
(電灯電力供給)
南海鉄道1部（大10・6譲受）
神戸電灯（明21・5開）
神戸電気（明39・開）
神戸市（大6・6譲受設）
(電灯電力供給)
灘循環電軌
阪神急行電鉄（大6・6合・改）
(電灯電力供給)
箕面有馬電軌（明40・開）
一部譲渡（大7）
(電灯電力供給)
京都市（明36・開）
(明27・開)
京都電鉄
(電灯電力供給)
南海水力電気（明43・開）
阪神電鉄（明41・電灯電力供給開）
(電灯電力供給)
日本電力関西地区（大8・12開）
(昭15・合)
関西電力（大9・開）
京都電灯（明27・7開）
(大3・9合)
(昭2・5合)
(昭3・4合)
洛北水力（明41・開）
敦賀電灯（明40・開）
若狭電気（大3・開）
帝国電灯 同山陰支店（大8・9合・改）
北但電気（明40・開）
山陰合同電気（大6・改）
東京電灯山陰支店（昭1・改）
奈良電灯（明27・開）
関西水力（明27・開）
(明38・合)
(大10・9改)
関西電気
(大11・5合・改)
東邦電力関西地区
和歌山水力（明30・開）
和歌山電灯（明29・開）
(明38・合)
京浜電鉄（大11・6合・改）
松阪水力電気（明37・開）
津電灯（明30・開）
(大11・2合・改)
三重合同電気
伊勢電鉄（明30・開）
合同電気（昭5・1合・改）
近江水力電気（明44・開）
宇治川電気（大2・8開）
(大10・8合)
大同電力ほか数社
出資
(昭17・4統合)
関西配電
関西電力（昭26・5設）
日本発送電大阪支店（昭14・4設立）
日本発送電近畿支店（昭19・8改）

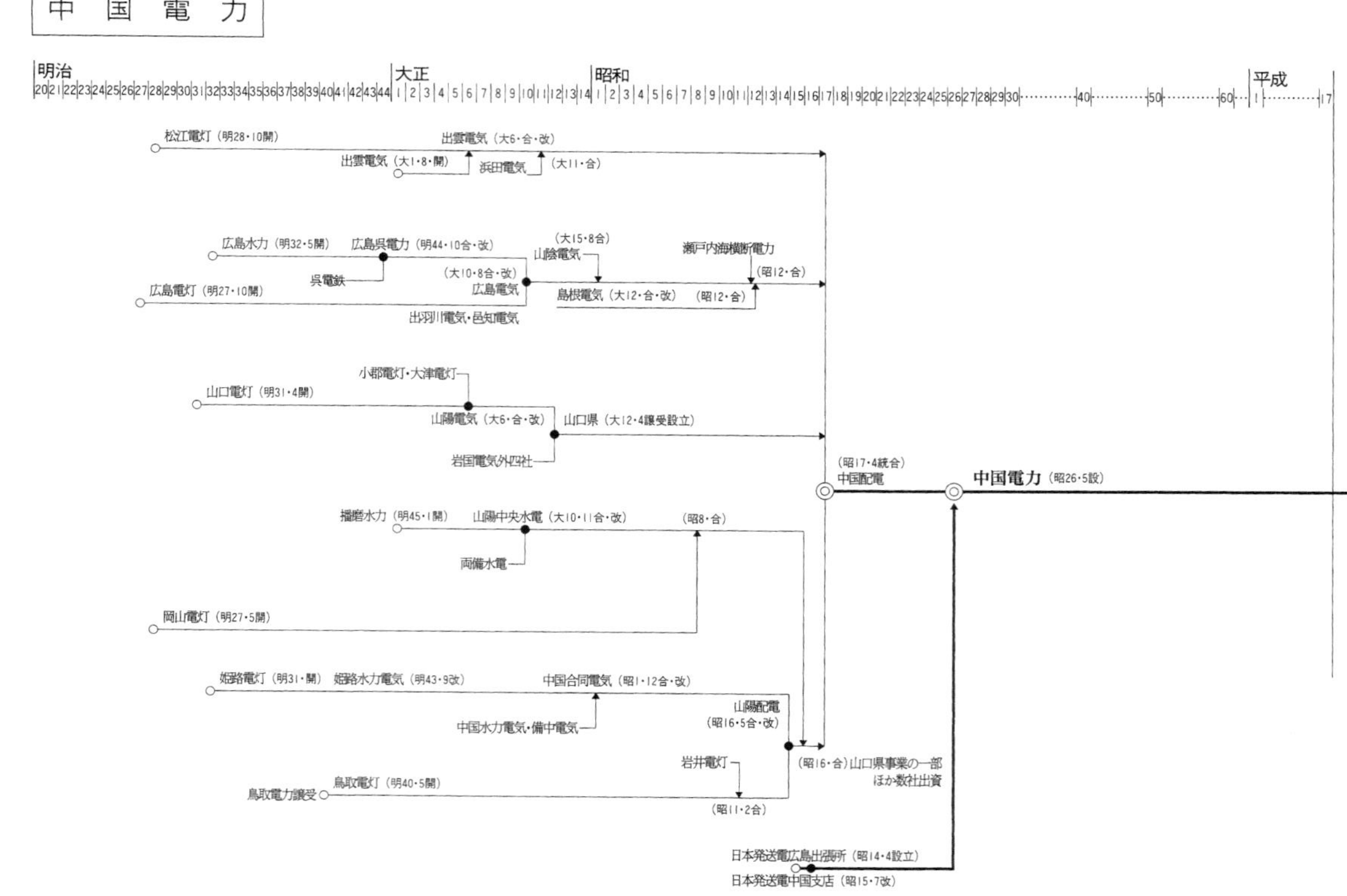
中国電力
明治
20 21 22 23 24 25 26 27 28 29 30 31 32 33 34 35 36 37 38 39 40 41 42 43 44
大正
1 2 3 4 5 6 7 8 9 10 11 12 13 14
昭和
1 2 3 4 5 6 7 8 9 10 11 12 13 14 15 16 17 18 19 20 21 22 23 24 25 26 27 28 29 30 40 50 60
平成
1 17
松江電灯（明28・10開）
出雲電気（大6・合・改）
出雲電気（大1・8・開）
浜田電気
（大11・合）
広島水力（明32・5開）
広島呉電力（明44・10合・改）
呉電鉄
広島電灯（明27・10開）
（大10・8合・改）
広島電気
出羽川電気・邑知電気
（大15・8合）
山陰電気
島根電気（大12・合・改）
瀬戸内海横断電力
（昭12・合）
（昭12・合）
小郡電灯・大津電灯
山口電灯（明31・4開）
山陽電気（大6・合・改）
岩国電気外四社
山口県（大12・4譲受設立）
（昭17・4統合）
中国配電
中国電力（昭26・5設）
播磨水力（明45・1開）
山陽中央水電（大10・11合・改）
両備水電
（昭8・合）
岡山電灯（明27・5開）
姫路電灯（明31・開）
姫路水力電気（明43・9改）
中国合同電気（昭1・12合・改）
中国水力電気・備中電気
山陽配電
（昭16・5合・改）
（昭16・合）山口県事業の一部
ほか数社出資
岩井電灯
鳥取電力譲受
鳥取電灯（明40・5開）
（昭11・2合）
日本発送電広島出張所（昭14・4設立）
日本発送電中国支店（昭15・7改）

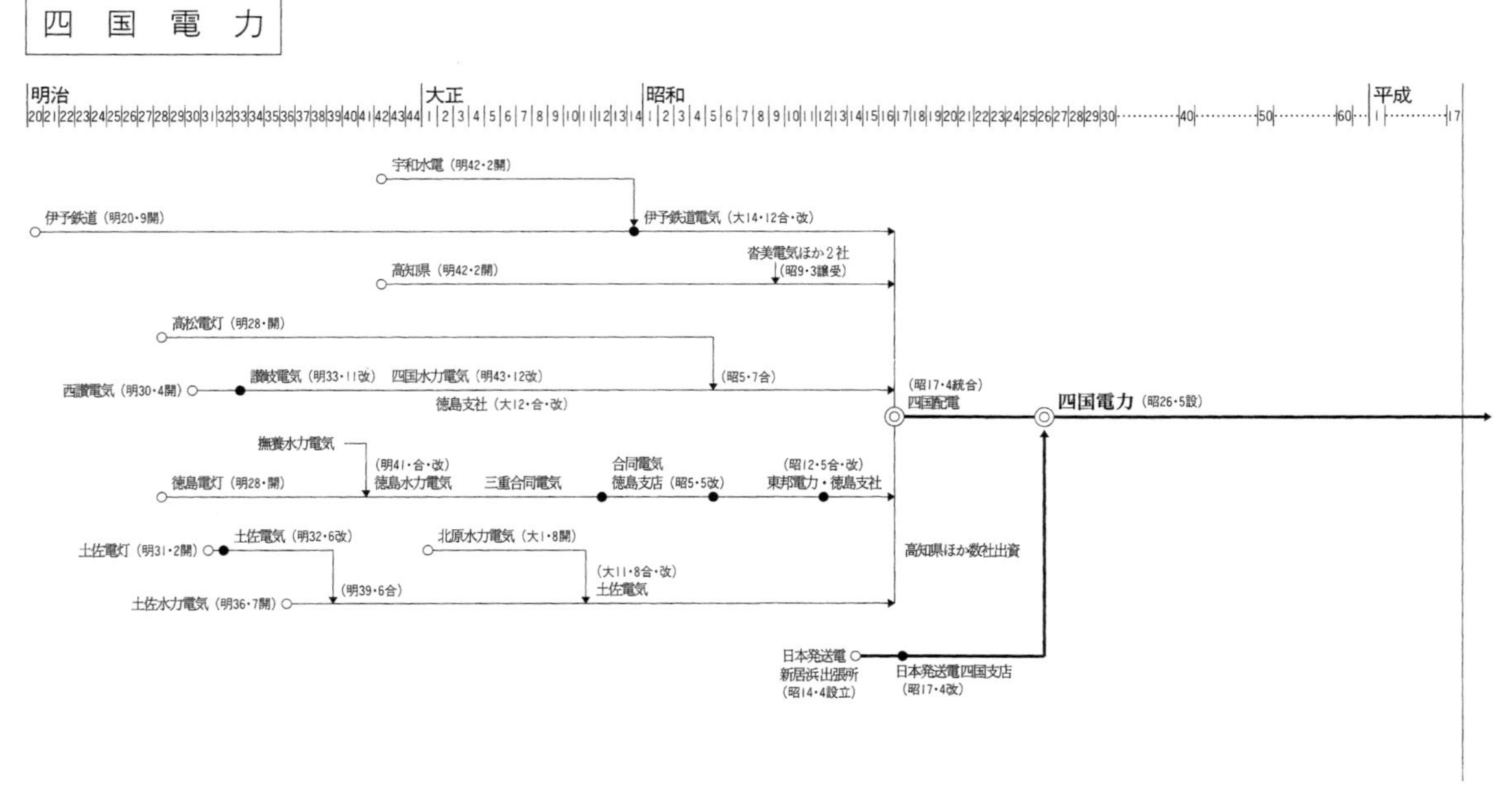

四国電力
明治
大正
昭和
平成
宇和水電（明42・2開）
伊予鉄道（明20・9開）
伊予鉄道電気（大14・12合・改）
高知県（明42・2開）
沓美電気ほか２社
（昭9・3譲受）
高松電灯（明28・開）
西讃電気（明30・4開）
讃岐電気（明33・11改）
四国水力電気（明43・12改）
徳島支社（大12・合・改）
（昭5・7合）
（昭17・4統合）
四国配電
四国電力（昭26・5設）
撫養水力電気
（明41・合・改）
徳島水力電気
徳島電灯（明28・開）
三重合同電気
合同電気
徳島支店（昭5・5改）
（昭12・5合・改）
東邦電力・徳島支社
土佐電灯（明31・2開）
土佐電気（明32・6改）
北原水力電気（大1・8開）
（大11・8合・改）
土佐電気
（明39・6合）
土佐水力電気（明36・7開）
高知県ほか数社出資
日本発送電
新居浜出張所
（昭14・4設立）
日本発送電四国支店
（昭17・4改）

九州電力

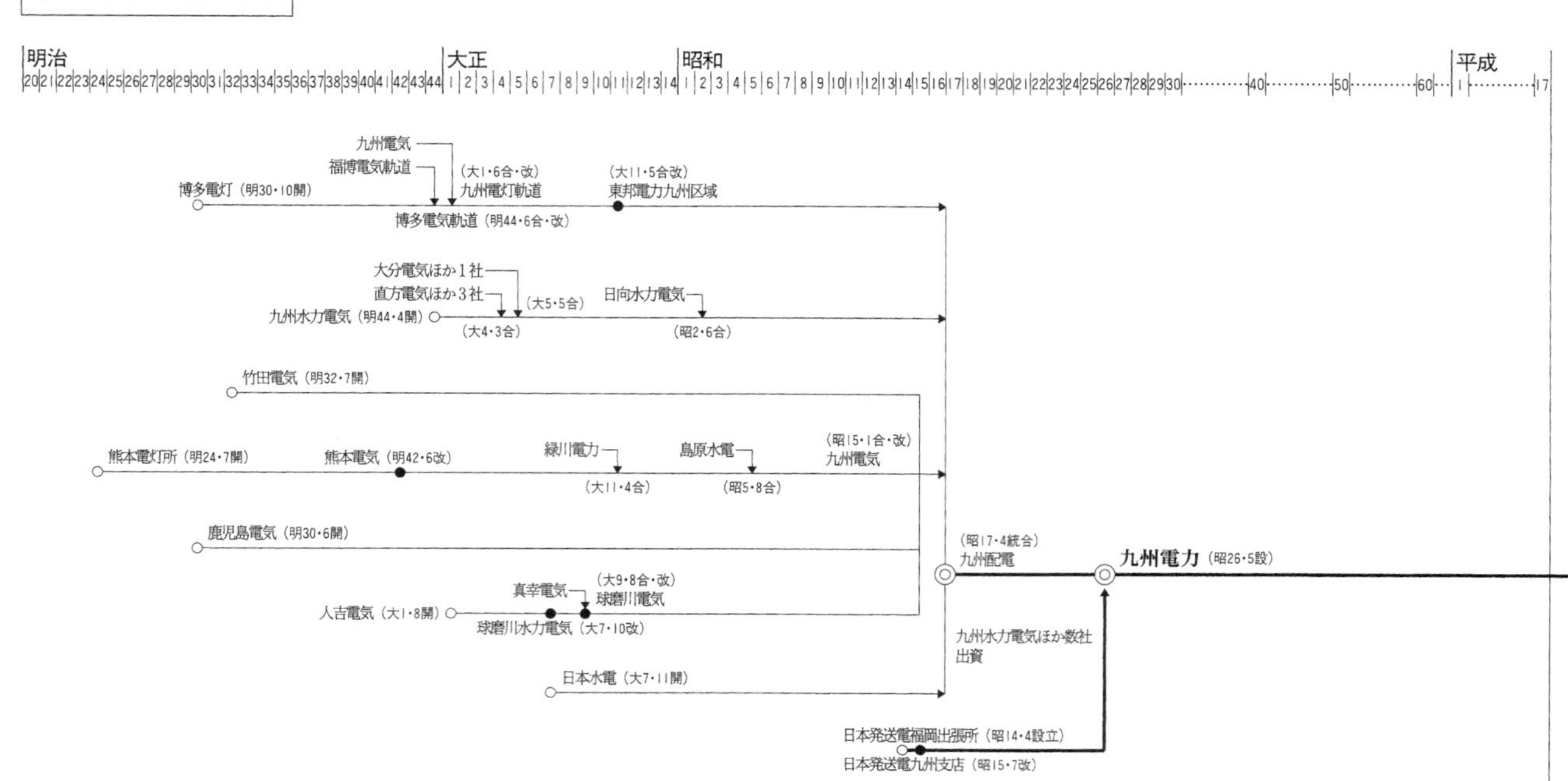
明治
大正
昭和
平成
20 21 22 23 24 25 26 27 28 29 30 31 32 33 34 35 36 37 38 39 40 41 42 43 44 1 2 3 4 5 6 7 8 9 10 11 12 13 14 1 2 3 4 5 6 7 8 9 10 11 12 13 14 15 16 17 18 19 20 21 22 23 24 25 26 27 28 29 30 40 50 60 1 17
九州電気
福博電気軌道
(大1・6合・改)
九州電灯軌道
(大11・5合改)
東邦電力九州区域
博多電灯(明30・10開)
博多電気軌道(明44・6合・改)
大分電気ほか1社
直方電気ほか3社
(大5・5合)
日向水力電気
九州水力電気(明44・4開)
(大4・3合)
(昭2・6合)
竹田電気(明32・7開)
熊本電灯所(明24・7開)
熊本電気(明42・6改)
緑川電力
島原水電
(昭15・1合・改)
九州電気
(大11・4合)
(昭5・8合)
鹿児島電気(明30・6開)
(昭17・4統合)
九州配電
九州電力(昭26・5設)
真幸電気
(大9・8合・改)
球磨川電気
人吉電気(大1・8開)
球磨川水力電気(大7・10改)
九州水力電気ほか数社
出資
日本水電(大7・11開)
日本発送電福岡出張所(昭14・4設立)
日本発送電九州支店(昭15・7改)

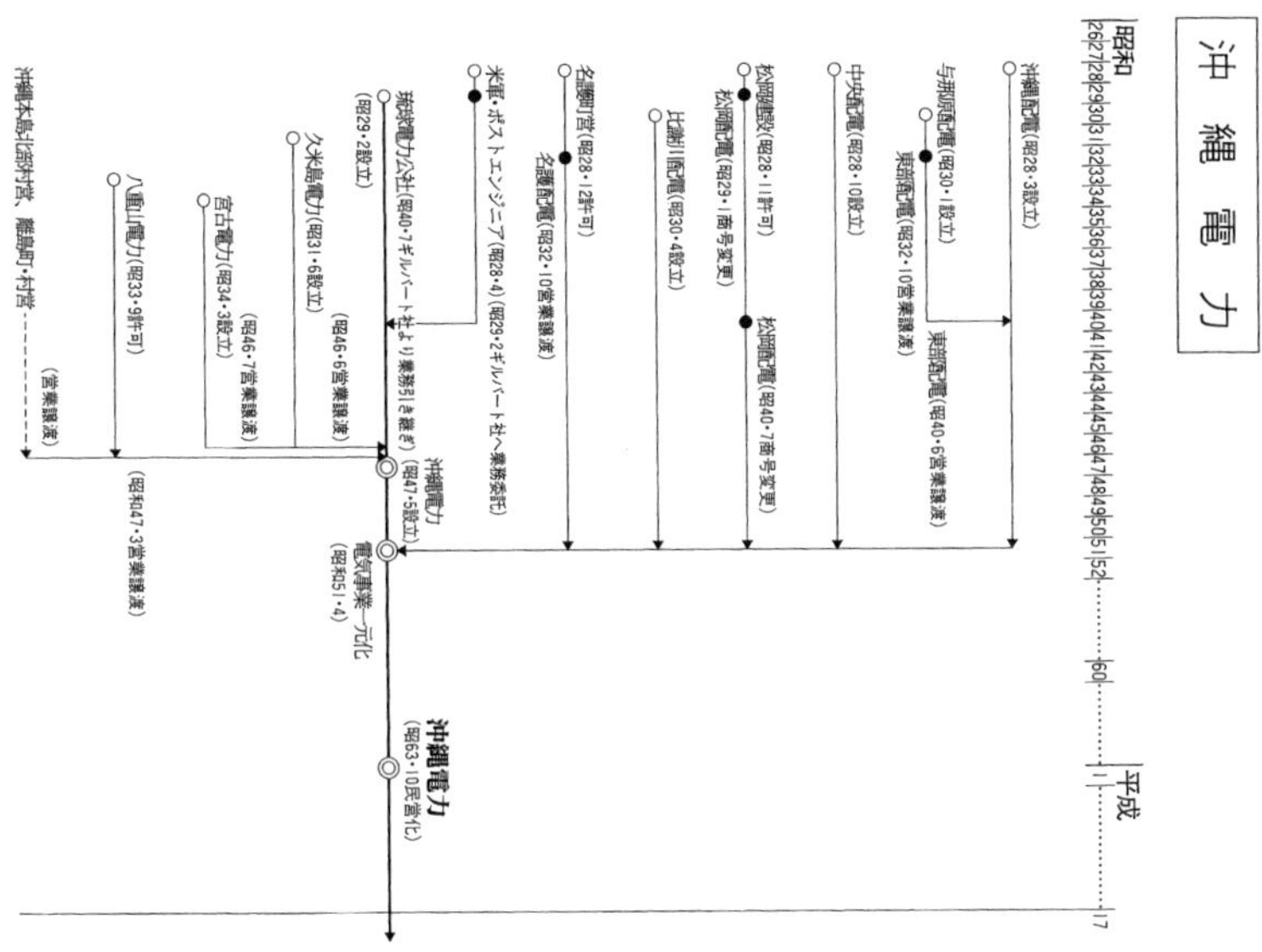
沖縄電力
昭和
26 27 28 29 30 31 32 33 34 35 36 37 38 39 40 41 42 43 44 45 46 47 48 49 50 51 52 60
平成
1 17
沖縄配電(昭28・3設立)
与那原配電(昭30・1設立)
東部配電(昭32・10営業譲渡)
東部配電(昭40・6営業譲渡)
中央配電(昭28・10設立)
松岡建設(昭28・11許可)
松岡配電(昭29・1商号変更)
松岡配電(昭40・7商号変更)
比謝川配電(昭30・4設立)
名護町営(昭28・12許可)
名護配電(昭32・10営業譲渡)
米軍・ポストエンジニア(昭28・4)(昭29・2ギルバート社へ業務委託)
琉球電力公社(昭40・7ギルバート社より業務引き継ぎ)
(昭29・2設立)
沖縄電力
(昭47・5設立)
電気事業一元化
(昭和51・4)
沖縄電力
(昭63・10民営化)
(昭46・6営業譲渡)
久米島電力(昭31・6設立)
(昭46・7営業譲渡)
宮古電力(昭34・3設立)
八重山電力(昭33・9許可)
(昭和47・3営業譲渡)
(営業譲渡)
沖縄本島北部村営、離島町・村営

	10	菅首相が国会での所信表明演説で２０５０年までに温室効果ガスを実質ゼロにする「カーボンニュートラル」を目指すと宣言	7	藤井聡太七段が棋聖戦で勝利。17歳11カ月の戴冠は最年少記録。８月に八段昇段最年少記録も
	11	九州電力・川内原子力発電所１号機の「特重施設」設置工事が完了し原子力規制委員会の了承を得て運転再開（定期検査を早めて設備工事を実施、２号機も同様、12月に発電再開）	7	「改正容器包装リサイクル法」の施行によりスーパー、コンビニのレジ袋の有料化が義務化
	11	青森県むつ市での使用済み燃料の中間貯蔵施設「リサイクル燃料備蓄センター」が事業変更許可を取得（電気事業連合会が同12月、共同利用の検討着手を表明）	8	安倍首相が辞任表明（直前の24日には連続在職日数２７９９日と佐藤栄作首相超えの歴代最長）
	11	北海道の寿都町、神恵内村の２自治体がＮＵＭＯの高レベル放射性廃棄物最終処分地の選定作業の第１段階にあたる「文献調査」を開始。文献調査応募は13年ぶり	8	モーリシャス沖で商船三井の貨物船座礁
	11	大手電力10社の２０２０年度中間決算で９社がコロナ禍で減収、販売電力量が減少	9	菅義偉内閣が発足
	11	宮城県、女川町などが東北電力の女川原子力発電所２号機の再稼働を事前了解伝える（同２月に新規制基準に適合との原子炉設置変更許可が下りる）	10	東証、システム障害で全銘柄の売買終日禁止（１９９９年の取引のシステム化以降初めて）
	12	大阪地裁が関西電力・大飯発電所３、４号機の地震動評価を認めた原子力規制委員会の判断は違法だとして、原子炉設置許可取り消しを命じる	11	日経平均銘柄29年ぶりに２万５０００円台に上昇
	12	三菱重工が小型モジュール炉（ＳＭＲ）の概念設計を完了したと発表（２０３０年度以降の実用化を計画）	12	ＪＡＸＡ開発の小惑星探査機「はやぶさ２」のカプセル回収
	12	資源エネルギー庁が洋上風力産業ビジョンを発表（２０４０年度までに3000万～4500万ｋＷの導入を目指す）	12	米大統領選は、バイデン民主党候補に確定（選挙人投票で３０６人獲得）
			12	劇場版『「鬼滅の刃」無限列車編』が、公開73日目に興行収入３２４億円と日本歴代興業収入１位に

	12	三菱日立パワーシステムズ（ＭＨＰＳ）が三菱重工の完全子会社に		
令和２（２０２０）	1	広島高裁が四国電力・伊方発電所３号機の運転を差し止める仮処分を決定	1	中国武漢で新型肺炎発生
	3	中部、北陸、関西の電力３社が送配電分野で進めてきた調整力を相互に活用する広域需給調整の相互運用を開始	1	英国がＥＵ離脱
	4	大手電力の送配電部門を分社化する発送電（法的）分離がスタート（１９５１年の電気事業再編以来の発送電一貫供給体制の見直し、電力システム改革の総仕上げ）	2	新型コロナウィルス世界各地に広がる
	4	政府の新型コロナ対策の「緊急事態宣言」を踏まえて大手電力会社が感染防止対策強化（在宅勤務の展開、モバイルパソコンの利用拡大等）	3	東京五輪・パラリンピックの１年延期が決定
	4	原子力規制委員会が事業者に安全を一義的責任を負わせることを明確にした「新検査制度」の本格運用が開始（国と事業者の検査が混在していた従来制度を転換）	3	「高輪ゲートウェイ」開業（山手線49年ぶりに新駅）
	6	「エネルギー供給強靭化法」成立（電気事業法、ＦＩＴ法、ＪＯＧＭＥＣ法＝石油天然ガス・金属鉱物資源機構法の改正を束ねたもの。災害時連携強化等盛り込む）	3	国内で第５世代移動通信システム（５Ｇ）のサービス開始
	6	関西電力が株主総会を経て指名委員会設置会社に移行（取締役数の半数以上が社外取締役。会長には榊原定征元東レ会長。社長には同３月に森本孝副社長が就任）	4	政府、新型コロナウィルス拡大を受け「緊急事態宣言」を発令（当初７都府県、後に全国に拡大）
	7	梶山経産相が非効率な石炭火力発電所の早期削減に向けた方針を表明（非効率型火力は１１４基、自家発も遡上に）	4	補正予算成立、政府が国民に一律10万円支給
	7	「容量市場」２０２４年度を対象にした初入札（将来の供給力確保のための市場取引、９月約定結果が明らかになり、ほぼ上限価格に近いと波紋呼ぶ）	5	日本人も搭乗した米国で民間初の有人宇宙船打ち上げ成功
	7	日本原燃の再処理工場が原子力規制委の新規制基準適合検査に合格（同12月にはＭＯＸ工場も。再処理工場は２２年度上期、ＭＯＸ工場は24年度上期に竣工延期）	5	夏の全国高等学校野球選手権大会の中止発表
	8	日本原燃が青森県六ヶ所村で海外返還ガラス固化体を一時保管する「高レベル放射性廃棄物貯蔵管理センター」が原子力規制委員会の審査に合格	6	理化学研究所と富士通のスーパーコンピュータ・富岳が４部門で世界一に

	11	東芝、今後5年間の会社変革計画を発表、ＬＮＧ事業と英原子力建設事業からの撤退を表明		
	12	日立製作所が欧州重電大手のＡＢＢのパワーグリッド（送配電）事業を約７０００億円で買収すると発表		
平成３１（２０１９）	1	日立製作所が英原子力建設工事の凍結を発表（共同出資する企業の確保に目途立たず、２０２０年９月に撤退表明）	1	大坂なおみが全豪オープン優勝（男女初のランキング１位に）
令和元（２０１９）	2	九州電力が玄海原子力発電所２号機の廃炉を決定	5	皇太子徳仁（なるひと）殿下が1日、即位され第１２６代天皇に。元号「令和」に改まる
	4	九州電力が届出による料金改定（規制部門＝平均１・０９％値下げ）	5	トランプ米大統領、令和初の国賓として来日
	4	原子力規制委員会が本体施設の工事計画認可から５年以内に「特重施設」（特定重大事故等対処施設）が完成しないプラントの稼働を認めないと決定	6	G20サミット、大阪で開催
	6	政府が「パリ協定に基づく成長戦略としての長期戦略」を閣議決定（２０５０年までに温室効果ガス80％排出削減等）	8	渋野日向子がゴルフの全英女子オープンで優勝（メジャー制覇は男女通じ42年ぶり、２人目）
	7	「ベースロード市場」開設（買い手の新電力等が年間一定の電力を固定価格で調達できる市場）	9	東日本で台風大雨被害（71河川、１４０カ所で堤防決壊）
	7	東京電力ＨＤが福島第二原子力発電所・１～４号機の廃炉を決定	9	ラグビーW杯・日本大会開幕（日本８強に残る）
	8	東電ＨＤ、中部電力、東芝、日立製作所がＢＷＲ（沸騰水型軽水炉）事業の共同事業化を目指した検討を進めることで基本合意	10	消費税が８％から10％に引き上げ（酒類等除き軽減税率適用）
	9	台風15号の関東上陸により東電管内の千葉県を中心に最大93万戸が停電（全面復旧に３週間近く要す）	10	旭化成の吉野彰名誉フェローがノーベル化学賞を受賞（リチウムイオン電池開発に貢献）
	9	東京商品取引所で「電力先物市場」が試験上場（半年後や１年後の電力売買価格をあらかじめ決めて行う取引）	10	世界文化遺産「首里城」が焼失
	9	東京地方裁判所が福島第一原子力発電所の事故を巡り東電の勝俣元会長ら元経営陣３人が強制的に起訴された裁判で、３人全員に無罪を言い渡す（検察官役の指定弁護士は控訴）	11	安倍首相、通算在職日数が歴代最長に（２８８７日）
	9	関西電力の首脳陣を含む役員が高浜原子力発電所が立地する福井県高浜町の元助役から長年金品を受領していたと、関電が発表（八木会長、岩根社長ら辞任）		

	12	関西電力が大飯発電所１、２号機（各117万５０００kW）の廃炉決定		
平成３０（２０１８）	3	東京ガスと関西電力が不動産事業で戦略提携	1	仮想通貨「ＮＥＭ」が580億円分流出
	3	四国電力が伊方発電所2号機の廃炉を決定	2	秋篠宮家の長女・眞子内親王の結婚延期が発表
	4	ＪＸホールディングスと東燃ゼネラル石油が合併し「ＪＸＴＧホールデイングス」発足	2	平昌五輪で日本が歴代最多メダル数の13個を獲得
	5	「非化石価値取引市場」が初入札	3	森友学園への国有地売却に関する「公文書の改ざん」が明るみに。佐川国税庁長官が辞任
	5	政府、地球温暖化対策計画を閣議決定（2050年に温室効果ガス排出80％削減を盛る）	7	地下鉄サリン事件等オウム真理教教祖の松本智津夫死刑囚ら教団元幹部７人の死刑執行
	7	政府「第5次エネルギー基本計画」を閣議決定（「３Ｅ＋Ｓ」を深掘り、初めて再生可能エネルギーの「主力電源化」打ち出す）	7	西日本各地で記録的豪雨死者220人超える（豪雨災害としては平成最悪の人的被害）
	7	関西電力が届出による料金改定（平均5・36％値下げ）電気料金は震災前とほぼ同水準に（大飯３、4号機が同4月、６月に再稼働）	9	台風21号による強風でタンカーが空港と対岸結ぶ連絡橋に衝突、旅行客ら約８０００人が孤立
	9	台風21号の影響で関西電力管内で225万８０００戸停電（阪神・淡路大震災以来の規模）	9	大坂なおみがテニス全米オープンで優勝、４大大会では男女通じ日本人初
	9	北海道胆振東部地震（厚真町で震度７観測）直後に北海道電力管内ほぼ全世帯の295万戸が停電する日本では初のブラックアウト（全系崩壊）起きる	10	本庶佑京大特別教授らがノーベル生理学・医学賞を受賞
	9	台風24号の影響で中部電力管内、とくに静岡県中心に約119万戸が停電（平成に入って同社管内最大規模の停電）	11	東京地検特捜部が日産自動車会長カルロス・ゴーンら２人を有価証券報告虚偽記載の疑いで逮捕
	10	東北電力が女川原子力発電所1号機の廃炉を決定		
	10	九州電力管内で全国初の太陽光発電の出力制御を実施		
	10	四国電力・伊方発電所3号機が運転再開（広島高裁の運転差し止め仮処分命令に対する異議審で仮処分命令覆る）		
	11	原子力規制員会が日本原子力発電・東海第二発電所の20年の運転延長を認可		

	5	再処理事業とＭＯＸ（ウラン・プルトニウム混合酸化物燃料）燃料加工業の実施主体を変更する「再処理等拠出金法」が参院本会議で可決成立（同10月「再処理機構」発足）	7	バングラデシュでイスラム過激派によるテロ（日本人死者7人）
	5	震災後初めて、夏場の節電要請を見送り	7	相模原市の障がい者福祉施設で、元職員によって19人が殺害される
	6	原子力規制委員会、関西電力・高浜発電所１、２号機の20年運転延長を認可（40年超運転延長）	8	天皇陛下が「退位」を示唆する「お気持ち」表明
	11	原子力規制委員会、関西電力・美浜発電所3号機の20年運転延長認可		
	12	原子力関係閣僚会議はＦＢＲ原型炉「もんじゅ」の廃炉を決定（文科省「もんじゅの在り方に関する検討会」設け、運営主体の検討図るも政府内の廃炉方針大勢に）		
平成２９（２０１７）	3	大阪高等裁判所が関西電力が控訴していた高浜発電所３、４号機の運転差し止め仮処分について地裁決定を取り消し	2	米大統領にドナルド・トランプが就任
	4	都市ガス小売全面自由化スタート（第5次ガス事業法改正）	6	「天皇退位特例法案」が成立
	4	「改正ＦＩＴ法」施行（太陽光発電抑制し他電源拡大、事業者の中長期的な買取目標を設定、大規模太陽光の入札制度導入等）	7	都議選で都民ファーストが圧勝
	5	政府が「原賠機構」および東京電力の「新々・総合特別事業計画」（新々総特）を認定（事故対策費用22兆円見積もり、年4500億円の利益創出等盛り込む）	9	日産自動車の完成検査の偽装が判明
	6	関西電力・高浜発電所４号機が3年10カ月ぶりに営業運転再開（３号機は7月に運転再開）	10	民進党（衆議院）が希望の党と立憲民主党に分裂、衆院選で自民党圧勝
	8	関西電力が届出による料金改定（平均4・29％値下げ）	11	トランプ・米大統領が初来日
	8	東京電力ＨＤ、日本ガス（ニチガス）が「東京エナジーアライアンス」を設立（都市ガス事業新規参入に必要なプラットフォームを提供する新会社）	12	羽生善治が将棋界初の永世７冠を達成
	9	原子力規制委員会委員長が交代（初代の田中俊一から更田豊志に）		
	12	広島高等裁判所が四国電力・伊方発電所3号機の運転差し止め決定（2018年9月30日まで、熊本県阿蘇山が過去最大噴火の場合に安全確保できなくなると）		

	4	東京電力と中部電力が燃料調達・火力発電事業を統合したＪＥＲＡを設立（２０１９年４月に完全統合）	3	北陸新幹線開業
	5	政府が電力需給に関する検討会合を開催し、今夏の電力需給対策を決定（数値目標なしの節電要請）	4	安倍首相、日本の首相として初めて米議会上下両院合同会議で演説
	6	「電気事業法の一部改正」（第3弾）や「ガス事業法改正」などが成立（送配電部門の法的分離の実施や行為規制、小売電気料金の規制の撤廃が柱）	5	大阪都構想が大阪市住民投票で却下、橋下市長が政界引退を発表
	6	関西電力が電源構成変分認可制度による値上げ改定（規制部門平均＝８・36%、▽４・62%）▽は2015年9月までの軽減措置後の改定率	7	東芝の巨額不正会計が表面化
	7	経産省2030年度電源構成（エネルギーミックス）を決定（原子力発電比率20～22%、再生可能エネルギー22～24%、火力発電57%程度）	8	安倍首相が戦後70年談話を発表
	8	九州電力・川内原子力発電所1号機が原子力規制員会の新規制基準の適合性審査に初めて合格し、再稼働（約3年８カ月ぶり、２号機は9月に再稼働）	9	安保関連法案成立。国会前で大規模な安保反対集会か起こる
	9	電力取引等監視委員会が発足	11	日本郵政グループ3社が株式上場
	10	政府が今冬の電力需給対策を決定（数値目標なしの節電要請）	12	ＣＯＰ21「パリ協定」採択（今世紀後半に温室効果ガスの排出「実質ゼロ」に）
	11	出光興産と昭和シェルが経営統合で合意		
平成２８（２０１６）	1	ＷＴＩ（原油価格の最も有力な指標）が20ドル台に急落	2	経営不振のシャープ、台湾・鴻海の傘下へ
	3	東京電力が、電気事業法に基づく会社分割について経産省の認可受ける（4月1日ホールディングス制のもと、発電、送配電、小売の事業会社に分割）	4	熊本地震が発生（九州では初の震度７を観測、熊本県で50人死亡、住宅全壊８６７７棟に）
	3	大津地裁が関西電力・高浜発電所３、４号機の運転差し止め仮処分決定（前年4月には福井地裁が運転禁じる仮処分決定、同12月同地裁が処分取り消しを決定）	4	三菱自動車でデータ改ざん事件（その後、日産・ルノー傘下へ）
	3	四国電力が伊方発電所1号機の廃炉を決定	5	伊勢志摩サミット開催
	4	電力小売全面自由化スタート	5	オバマ・米大統領が広島を訪問
	4	「電力・ガス取引監視等委員会」が発足	6	英、国民投票で「ＥＵ離脱」へ

	2	経産省「電力システム改革専門委員会」報告書案了承（2年後に広域的系統運用機関設置、3年後に小売全面自由化、５～７年後に法的分離実施、料金規制撤廃も）	3	習近平が中国第7代国家主席に就任
	2	中部電力・東清水周波数変換装置（ＦＣ）の本格運用を開始（新信濃ＦＣ、佐久間ＦＣと合わせ日本全体で120万ｋＷの融通が可能に）	4	黒田日銀総裁が大規模な金融緩和を発表
	5	関西、九州両電力が申請認可による料金値上げ改定（規制部門平均＝関西９・75%、九州６・23%）	4	選挙運動へのインターネットの活用が解禁
	7	原子力規制委員会、新安全基準を施行（既設の原子力発電所にも新基準の適合を求める「バックフィット制度」を導入）	6	富士山が世界文化遺産に登録される
	9	電力3社が申請認可による値上げ改定（規制部門平均＝北海道７・73%、東北８・94%、四国７・80%）	7	参院選で自民党圧勝、民主党大敗。ねじれ解消で「安倍一強」体制確立
	9	関西電力・大飯発電所4号機が定期検査で運転を停止し、再び全原子力発電所が停止	9	2020年東京五輪・パラリンピックの開催決定（安倍首相「（汚染水の状況）統御されている」と招致演説
	11	「電気事業法等の一部を改正する法律」が成立（2015年4月「広域的運営推進機関」の創設が柱）	12	「特定秘密保護法」が成立
平成２６（２０１４）	1	政府が「原賠機構」および東京電力による「新・総合特別事業計画」（新総特）を認定（2016年度以降のホールディングス制・持ち株会社への移行を明記）	4	政府、消費税５％から８％に引き上げ
	4	政府が第４次エネルギー基本計画を閣議決定（原子力発電を「エネルギー需給構造の安定化に寄与する重要なベースロード電源」と位置づけ）	6	アルカイダ系過激派組織が「イスラム国」樹立を宣言
	5	中部電力が申請認可による料金改定（規制部門＝平均３・77%の値上げ）	6	トヨタが燃料電池乗用車の世界初の一般販売を発表
	6	「電気事業法等の一部を改正する法律」が成立（2016年4月からの小売の全面自由化が柱）	7	集団的自衛権の行使容認、閣議決定
	11	北海道電力が電源構成変分認可制度による値上げ改定（規制部門平均＝15・33%、▽12・43%）▽は2015年3月までの軽減措置後の改定率	9	朝日新聞社「吉田証言」報道（慰安婦問題）、「吉田調書」報道（東電）について訂正、謝罪
平成２７（２０１５）	3	関電・美浜１、2号機、原電・敦賀1号機、中国電力・島根1号機、九州電力・玄海1号機の廃炉を決定（改正原子炉等規制法により運転期間が原則40年と規定）	1	「イスラム国」によって日本人２人が拘束、身代金要求（後に殺害される）

	3	「租税特別措置法等の一部を改正する法律」成立（地球温暖化対策のための課税の特例。同4月1日、2014年4月1日と段階的に引き上げ）	5	東京スカイツリー開業
	3	原子力安全委員会が関西電力・大飯発電所の運転再開の条件「ストレステスト」の一次評価の審査結果を妥当と了承。全国で初めて	6	オウム真理教で特別手配されていた２人を逮捕（オウム事件の特別手配犯全員逮捕）
	5	政府が東電の「総合特別事業計画」を認定（1兆円の資本注入、国が議決権の50%超保有、東電の実質国有化）、東電は4月に自由化部門の値上げを実施	9	尖閣諸島国有化を閣議決定（その後、中国で反日デモ激化）
	5	北海道電力・泊発電所3号機が定期検査のため稼働を停止。42年ぶりに国内の全原子力発電所が停止し「全原発稼働ゼロ」に	9	ソフトバンクの孫正義社長が「アジアスーパーグリッド構想」提唱
	5	エネルギー環境会議および電力需給に関する検討会議で今夏の需給対策決定（関西の節電目標15%以上、九州は10%以上）	10	ｉＰＳ細胞を初めて作成した山中伸弥京都大学教授にノーベル生理学・医学賞
	6	野田政権が関西電力・大飯発電所３、４号機の再稼働を正式決定（「首都圏反原発連合」の呼びかけで首相官邸前で主催者発表約4万5000人のデモ活動）	12	衆院選で自民党圧勝、政権交代へ。第二次安倍政権発足
	6	「原子力規制委員会設置法」成立		
	7	再生可能エネルギーの固定価格買取制度スタート		
	7	経産省の「電力システム改革専門委員会」が改革の基本方針を決定（小売全面自由化と発送電分離が柱）		
	9	東京電力が申請認可による料金改定（規制部門＝平均８・46%の値上げ）		
	9	原子力規制委員会、原子力規制庁発足		
	9	野田政権「今後のエネルギー・環境政策について」閣議決定（「２０３０年代原発稼働ゼロ」を目標とする「革新的エネルギー・環境戦略」の文書は閣議決定せず）		
	10	政府「地球温暖化対策税」を導入		
	11	エネルギー環境会議および電力需給に関する検討会議が今冬の需給対策を決定（節電目標７%以上、北海道）		
平成２５（２０１３）	2	政府が「原賠機構」および東京電力による「総合特別事業計画」の変更を認定（要賠償額の見通しが3兆２０００億円に増加）	1	復興特別税が導入

年	月	電力関連	月	一般
	5	東北、東京電力管内での電気事業法第27条に基づく「電力使用制限令」が発動（7月1日より実施）	11	野田首相、ＴＰＰ参加方針を発表
	7	政府が、西日本５社（関西、北陸、中国、四国、九州電力）管内に節電を要請（夏の電力ピークに対する供給力不足に伴う自主的な節電要請）	11	大阪府と大阪市で同時選挙、橋下市長、松井知事誕生
	7	菅首相が国会の場で原子力発電の再稼働には「ストレステスト」のクリアが必要との見解を表明（原子力安全・保安院が電気事業者に実施を要請）		
	8	「原子力損害賠償支援機構法」が成立（将来にわたって原子力損害賠償支援の支払等に対応できる支援組織「原賠機構」を中心とした仕組みの構築）		
	8	「電気事業者による再生可能エネルギー電気の調達に関する特別措置法」成立（太陽光、風力等により発電された電気を一定期間・価格で事業者の買取を義務づけ）		
	8	保安院の原子力規制部門を経産省から分離し、環境省の外局とする「原子力安全庁」（仮称）の設置を閣議決定		
	9	原子力損害賠償支援機構が発足		
	9	野田連立内閣が発足（就任した枝野経産相が会見で電力の地域独占見直しに言及）		
	10	「東京電力に関する経営・財務調査委員会」が最終報告（当面10年間の事業計画等を試算、電気事業制度改革にも言及）		
	11	政府が東日本3社（北海道、東北、東京電力）及び中・西日本5社（関西、北陸、中国、四国、九州電力）管内の節電要請（冬の電力不足への自主的な節電要請）		
	11	政府が「原賠機構」および東京電力による「緊急特別事業計画」を認定		
	12	「原子力協定案」が民主党、自民党等の賛成により衆議院で可決（ヨルダン、ベトナム、ロシア、韓国の4カ国に原子力関連の技術、設備を輸出する原子力協定承認案）		
	12	野田首相が会見で福島第一原子力発電所が「冷温停止状態」を達成したと宣言		
平成２４（２０１２）	2	政府が「原賠機構」および東京電力による「緊急特別事業計画」の変更を認定（賠償総額の見通しが約1兆円から約1兆７０００億円に増加）	2	復興庁が発足

平成２１（２００９）	4	資源エネルギー庁電力ガス・事業部原子力政策課に原子力国際協力推進室を設置（原子力協力協定などの構築に向けた体制整備）	3	10日、日経平均株価終値が７０５４円に（バブル後の最安値を更新）
	5	日露間で原子力協定締結	4	新型インフルエンザが世界的に流行
	7	東京電力・柏崎刈羽原子力発電所７号機運転再開（約２年４カ月ぶり復帰、同６号機は同８月運転再開）	5	トヨタが71年ぶりに営業赤字転落へ
	11	太陽光発電の新たな買取制度開始（太陽光発電からの余剰電力を一定価格で買い取ることを電気事業者に義務づけ）	5	北朝鮮が地下核実験の成功を発表
	12	九州電力・玄海原子力発電所３号機プルサーマルによる営業運転開始（我が国初のプルサーマルによる営業運転）	8	衆院選で民主党が大勝、政権交代へ（同９月鳩山内閣発足・党幹事長は小沢一郎）
			9	前原国交相がハツ場ダム工事中止表明
			11	行政刷新会議が「事業仕分け」開始
平成２２（２０１０）	5	ＦＢＲ原型炉「もんじゅ」運転再開	1	社会保険庁が廃止され、日本年金機構が発足
	6	政府「第３次エネルギー基本計画」決定（２０３０年までに非化石電源のゼロ・エミッション電源比率70％を目標）	1	日本航空が経営破たん、会社更生法適用を申請
	10	関西電力・堺太陽光発電所が営業運転開始（電力会社初の大規模太陽光発電所）	5	日米両政府が、普天間基地移転先を名護市辺野古とする共同声明
	10	国際原子力開発会社設立（原子力発電新規導入国への原子力発電プロジェクトの受注に向けた提案活動などの業務）	6	鳩山首相、普天間問題の責任をとり、退陣表明。菅直人内閣発足へ
			6	小惑星探査機「はやぶさ」が地球へ帰還
			9	尖閣諸島付近で中国漁船が海上保安庁巡視船に衝突。船長逮捕で、中国国内で反日デモ起きる
平成２３（２０１１）	3	東北地方太平洋岸地震発生に伴う津波により東京電力・福島第一原子力発電所の全電源喪失（１、３号機が水素爆発、４号機も同様）、原子力緊急事態宣言を発令	3	東日本大震災発生（マグニチュード９・０、死者・行方不明者1万８０００人以上に）
	3	東京電力、供給力不足から計画停電を実施（3月14日～28日まで）	5	アルカイダの指導者ビン・ラディン、パキスタンで米軍に殺害される
	5	菅首相、中部電力に対し浜岡原子力発電所の運転停止を要請（中部電力は要請を受け入れ、運転中の４、５号機を停止し、定期検査中の３号機の運転再開を見送り）	10	リビア最高指導者、カダフィ大佐が反体制派に殺害（この頃大規模な抗議活動「アラブの春」）
	5	東電が政府に原賠法第16条に基づく支援を要請（「損害賠償の責任は原子力事業者にある」との適用を前提したもの）	10	1ドル＝75・78円の円高を記録し、戦後最高値を更新

	7	電力6社料金引き下げ改定・届出（規制部門＝北海道２・85%、東北３・05%、北陸２・65%、中国２・51%、四国２・57%、沖縄３・24%）		
	9	原子力安全委員会、新耐震指針を決定、即日適用		
	11	国際エネルギー機関（ＩＥＡ）、原子力推進を初めて打ち出す		
平成１９（２００７）	1	高知県東洋町、NUMOの高レベル地層処分の文献調査に応募（同4月の町長選挙で撤回を掲げた候補が当選、調査は中止に）	2	公的年金の加入記録の不備が５０００万件以上と判明。厚労省に非難殺到
	3	北陸電力・志賀原子力発電所1号機で1999年6月の定期検査中、臨界事故を起こしていたことが判明	5	国民投票法成立（日本国憲法の改正手続き定める）
	3	「第2次エネルギー基本計画」を策定（「新・国家エネルギー戦略」の採り入れ、原子力の積極的推進・新エネルギーの着実な導入拡大が柱）	7	米の低所得者向け住宅ローン不良債権化に伴いサブプライム・ショック（世界同時株安）起こる
	7	新潟県中越沖地震、震央距離から９キロメートルに位置していた東京電力柏崎刈羽原子力発電所で稼働中の４基が自動停止	9	安倍内閣総辞職、福田内閣発足（同７月の参院選で自民党歴史的敗北、民主党参議院の第１党に）
	8	東京電力、需給調整、17年ぶりに発動（工場23件、機器停止など要請）		
平成２０（２００８）	2	ＩＡＥＡ、柏崎刈羽原子力発電所の被害状況について「安全上重要な機器に顕著な損傷見られず」とする調査結果を公表	2	トヨタが自動車生産台数世界第１位（２００７年度実績）
	3	北陸電力が届出による改定（改定前の料金水準を維持）	3	社保庁、年金記録の特定困難２０２５万件と発表
	4	中部電力が届出による改定（規制部門０・80%引き下げ）	4	後期高齢者医療制度開始
	4	福田首相、原産大会で原子力の重要性を明言	6	秋葉原無差別殺傷事件（死者７人）
	5	「改正省エネルギー法」成立	9	リーマン・ショック（米大手証券会社リーマン・フラザーズが経営破たん）
	7	北海道洞爺湖サミット開催（地球温暖化・原油価格高騰など議論）	11	米大統領にオバマ当選
	9	北海道、東北、東京電力３社改定率水準維持、５社引き下げ届出・規制部門＝関西０・34%、中国１・００%、四国１・02%、九州１・18%、沖縄０・45%		
	12	中部電力、浜岡原子力発電所１、２号機の廃止と６号機の新設を決定、御前崎市と静岡県に申し入れ		

	10	電源開発、東証一部に上場し完全民営化	12	スマトラ島沖地震が発生（死者・行方不明者30万人超）
	10	東京電力が届出による料金改定（規制部門5・21%引き下げ）		
	12	日本原燃、使用済み燃料再処理工場でウラン試験開始（同11月に青森県と六ヶ所村との間でウラン試験の安全協定を締結）		
平成１７（２００５）	1	電力3社が届出による料金引き下げ改定（規制部門＝東北４・２３%、中部５・94%、九州５・46%）	4	ＪＲ福知山線で脱線事故（死者107人）
	4	電力自由化範囲拡大（高圧50ｋＷ以上の需要家・全市場の63%が自由化対象）	7	ロンドン中心部で同時爆破テロ（死者50人超）
	4	卸電力市場取引開始（日本卸取引所と電力系統利用協議会始動）	8	参議院で「郵政民営化法案」否決（郵政解散に、翌9月の衆議院選で自民党圧勝）
	4	電力5社が届出による料金引き下げ改定（規制部門＝北海道４・０４%、北陸４・05%、関西４・53%、中国３・53%、四国４・23%）	10	「郵政民営化法」成立
	4	有限責任中間法人日本原子力技術協会発足（電力中央研究所原子力情報センター、ＮＳネットが母体）	10	三菱ＵＦＪファイナンシャル・グループ誕生（三菱東京がＵＦＪを救済合併）
	5	「原子力発電における使用済燃料の再処理のための積立金の積立て及び管理に関する法律」制定（同年10月施行）	11	独で初の女性首相、メルケルが選出
	7	沖縄電力が届出による料金改定（規制部門３・27%引き下げ）		
	11	「リサイクル燃料貯蔵株式会社」発足（青森県むつ市の使用済み燃料中間貯蔵施設を建設・運営）		
平成１８（２００６）	2	東芝、ＷＨ社を約６４００億円で買収	4	民主党の前原代表が「偽メール事件」で辞任
	2	ブッシュ米大統領、再処理・高速炉開発を基軸とする「国際原子力エネルギー・パートナーシップ」（ＧＮＥＰ）を発表	5	日米安保協議、普天間移設と米海兵隊のグアム移転などを合意
	3	日本原燃、再処理工場でアクティブ試験開始	8	気象庁が緊急地震速報の運用を開始
	4	電力4社が届出による料金引き下げ改定（規制部門＝東京４・01%、中部３・79%、関西２・91%、九州３・71%）	9	安倍内閣発足
	4	日本原子力産業会議が改組改革され「日本原子力産業協会」に		
	5	資源エネルギー庁が「新・国家エネルギー戦略」公表		

	11	原子力安全・保安院が東京電力・福島第一原子力発電所1号機に対し1年間の運転停止命令		
	12	原子力発電環境整備機構（NUMO）、高レベル放射性廃棄物最終処分地の設置可能性調査を希望する自治体の公募を開始		
平成１５（２００３）	3	核燃料サイクル開発機構、新型転換炉「ふげん」運転終了	3	イラク戦争開始（米・英軍、大量破壊兵器開発疑惑を理由に）
	4	一連のデータ不正問題などを受け、東京電力の全原子力発電所17基が停止		
	5	「エネルギー特別会計」歳入・歳出制度改革に伴う関連4法の改正（石炭への課税、電源三法公布金の使途一元化など）	4	イラクのフセイン政権崩壊
	6	電気事業法及びガス事業法の一部を改正する法律公布（小売自由化範囲の拡大、振替料金制度の廃止、送配電等業務支援機関および卸取引市場の創設等）	4	28日、日経平均株価終値がバブル後の最安値７６０７円を記録
	10	独立行政法人原子力安全基盤機構が発足（「定期安全管理審査」等を第三者機関として実施）	5	「個人情報保護法」成立
	10	「電源開発促進法」廃止	12	ＢＳＥ問題で、アメリカ産牛肉輸入停止
	10	エネルギー基本計画を閣議決定		新感染症ＳＡＲＳによって中国が大パニック
	12	東北、北陸、関西の3社、電力需要の伸び悩み等の理由により共同開発の珠洲原子力発電所建設計画凍結を表明		
	12	東北電力、新潟県巻町に計画していた巻原子力発電所の建設計画断念を正式決定		
平成１６（２００４）	2	東京電力、使用済み燃料中間貯蔵施設「リサイクル燃料備蓄センター」の立地協力を青森県むつ市に要請	1	陸上自衛隊と海上自衛隊にイラク派遣命令
	3	西川福井県知事、関西電力高浜発電所３、４号機で予定されているプルサーマル計画再開を了承	5	第二次小泉訪朝（拉致被害者家族5人が帰国）
	8	日本原子力研究所と核燃料サイクル開発機構は独立行政法人「日本原子力研究開発機構」とし、本社機構を茨城県東海村に設置で合意、2005年10月に発足	10	米政府調査団、イラクに「大量破壊兵器なし」と発表
	8	関西電力・美浜発電所3号機のタービン建屋内で復水配管の破断により、蒸気噴出事故が発生（作業員5人が死亡、6人が重傷）	10	新潟県中越地震が発生（死者68人）

	10	高レベル放射性廃棄物の最終処分実施主体「原子力発電環境整備機構」が発足		
	11	原子力委員会、原子力研究開発利用長期計画を策定（21世紀を見据えた新しい原子力の基本方針と推進方策）		
平成１３（２００１）	1	中央省庁等改革により「通商産業省」から「経済産業省」に移行（原子力安全・保安院を新設、「公益事業部」は「電力・ガス事業部」に）	4	小泉政権が発足
	4	「原子力発電施設等立地地域の振興に関する特別措置法」施行（原子力立地会議を新設し、立地地域の振興を推進）	9	米国・同時多発テロ（日本人含む、３０００人超死亡）
	10	電力系通信会社「パワードコム」が発足（前身は1986年設立の東電系の「ＴＴＮｅｔ」）	10	米軍がアフガニスタンを空爆
	12	エンロンが経営破たん		
平成１４（２００２）	2	ブッシュ米大統領が、原子力発電所の核廃棄物地下貯蔵所をネバダ州ユッカマウンテンとすることを承認	1	北海道の太平洋炭礦が閉山（日本の石炭産業は事実上消滅）
	4	東京電力が届出による料金改定（規制部門平均７・02％引き下げ）	5	日韓ワールドカップ開催
	6	「電気事業者による新エネルギー等の利用に関する特別措置法」（ＲＰＳ法）制定	5	経団連と日経連が統合し「日本経済団体連合会」が誕生
	6	京都議定書の批准を閣議決定（3月に「地球温暖化対策推進大綱」を決定）	8	住民基本台帳ネットワークシステム稼働
	6	「エネルギー政策基本法」制定（エネルギー基本計画を3年ごとに閣議決定）	9	第一次小泉訪朝・拉致被害者確認（同10月被害者帰国）
	7	東北電力が届出による料金改定（規制部門平均７・10％引き下げ）		
	7	「石油公団廃止法案」成立（自主開発事業で巨額の不良債権を抱えていた石油公団が廃止に）		
	8	原子力安全・保安院が東京電力・福島第一原子力発電所など3発電所において過去に同社が行った自主点検の記録に不正等の疑いがあると発表		
	9	中部電力が届出による料金改定（規制部門６・18％引き下げ）		
	10	電力7社が届出による料金引き下げ改定、北海道５・39％、北陸５・32％、関西５・35％、中国５・72％、四国５・22％、九州５・21％、沖縄５・79％		

年	月	電力関連事項	月	一般事項
平成１０（１９９８）	1	9電力・沖縄電力料金改定（10社平均４・67％引き下げ）		
	3	日本原子力発電・東海発電所の廃止（66年7月に運転を開始し、国内初の廃止措置）	2	長野冬季五輪が開幕
	6	関西電力・奥多々良木発電所5号機の営業運転を開始（総出力193万２０００ｋW、国内最大の揚水発電所）	5	インド、24年ぶりに地下核実験
	10	核燃料サイクル開発機構が発足	6	「中央省庁等改革基本法」が成立（2001年から22省庁を1府12省庁へ）
			7	ＮＴＴが3社に分割・再編スタート
平成１１（１９９９）	8	通産省関係の基準・認証制度等の整理及び合理化に関する法律公布（電気事業法の一部改正、工事計画の届出制、定期・使用前検査の自主検査化）	1	欧州で単一通貨ユーロが誕生
	8	総理府がエネルギー世論調査結果を発表、7割が原子力を容認（翌９月通産省が、98年度エネルギー需給実績を発表、原子力のシェア36・４％と過去最高）	8	第一勧業・富士・日本興業銀行の統合発表（みずほ銀行誕生へ）
	9	茨城県東海村のＪＣＯ東海事業所ウラン転換施設で放射能漏れ事故が発生（初の臨界事故、死者2人）	10	自民党と自由党に公明党が加わる自自公政権が誕生
	12	通産省、電源別発電原価を発表。原子力は1ｋWh当たり５・９円、ＬＮＧ６・４円、石炭６・５円、石油10・2円、水力13・6円	12	エリツィン・ロシア大統領辞任、プーチン首相、大統領代行に
平成１２（２０００）	3	「電気事業法及びガス事業法の一部を改正する法律」施行（特定規模電気事業者の創設、料金規制手続きの緩和等）	4	携帯電話台数が５０００万台を突破、固定電話を抜く
	4	原子力安全委員会、独立性と機能強化を図るため総理府に移行（2001年1月からは内閣府に移行）	7	三和、東海、東洋信託銀行が経営統合発表（ＵＦＪホールディングス）
	5	高レベル放射性廃棄物処分の枠組みを定める「特定放射性廃棄物の最終処分に関する法律」が参議院本会議で可決、成立	7	沖縄サミット開催
	5	米、エンロンが「エンロン・ジャパン」を設立	8	三宅島で大規模な噴火（全島避難を実施）
	6	原子力災害対策特別措置法が施行（ＪＣＯ事故を契機に制定、安全専門官の配置、オフサイトセンターの設置等）		
	10	10電力が届出による料金改定（規制部門平均５・42％の引き下げ、東電は1日早く認可9月12日）		

	4	電力10社の設備投資が初めて５兆円を突破（５兆１０１億円、政府・自民党の総合経済対策に投資前倒し等盛り込まれる）	8	細川護煕・非自民８党派連立内閣発足
	10	北海道電力暫定料金引き下げ（６年９月までの12カ月間）88銭／ｋＷｈ、翌11月９電力・沖縄電力暫定引き下げ（６年９月までの11カ月間）平均35銭／ｋＷｈ	11	欧州連合（ＥＵ）発足
平成6（１９９４）	4	ＦＢＲ原型炉「もんじゅ」初臨界	6	初めて１ドル＝１００円を割る
	9	政府が石油代替エネルギー供給目標、閣議決定	6	羽田内閣総辞職、村山連立内閣発足(自・社・さきがけ)
	10	北海道電力暫定料金引き下げ（７年９月分までの12カ月間）88銭／ｋＷｈ、９電力と沖縄電力暫定引き下げ（7年9月までの12カ月間）平均35銭／ｋＷｈ		
平成7（１９９５）			1	阪神・淡路大震災が発生（マグニチュード７・３、死者６４００人超）
	5	東京電力が世界初の27万Ｖ級超高圧ガス絶縁変圧器を設置	3	地下鉄サリン事件発生
	7	北海道電力、7年7月から本格改定までの暫定引き下げ措置92銭／ｋＷｈ、9電力と沖縄電力同様に７年７月から本格改定まで暫定引き下げ措置40銭／ｋＷｈ	11	マイクロソフト社、ウインドウズ95の日本版を発売
	8	原子力委員会、新型転換炉（ＡＴＲ）実証炉建設計画見直しを決定		
	12	「改正電気事業法」施行（①発電部門への新規参入拡大②特定電気事業制度の創設③保安規制の合理化等が柱）		
平成8（１９９６）	1	9電力と沖縄電力料金改定（10社平均４・21％＝対暫定、６・29％＝対現行の引き下げ）	6	消費税５％を閣議決定（97年4月実施）
	10	国際原子力機関（ＩＡＥＡ）の原子力の安全に関する条約が発効	6	住専処理法、金融3法案成立
	11	東京電力、柏崎刈羽原子力発電所6号機の営業運転を開始（世界初のＡＢＷＲ、出力135万６０００ｋＷ）	10	初の小選挙区比例代表並立制選挙が行われる
平成9（１９９７）	1	佐藤経産相が電気料金の内外価格差に関連して発送電分離に言及	7	英国から中国に香港返還
	6	「新エネルギー利用等の促進に関する特別措置法」施行	10	長野新幹線開通
	12	気候変動枠組条約第3回締約国会議（ＣＯＰ３）、京都で開催（温暖化ガス排出削減量、90年比で日本６％、米国７％、ＥＵ８％に）		バブル崩壊で銀行・証券会社が破たん。倒産企業続出

	11	一般電気事業会社の社債発行限度に関する特例法が可決（当分の間、６倍）		
昭和６１（１９８６）	3	「原主油従」時代に（発電電力量、原子力26%、石油火力25%）	4	ソ連・チェルノブイリ原子力発電所事故
	6	９電力・沖縄電力暫定料金引き下げ（61年６月～62年３月）9社平均2円20銭／ｋＷｈ	4	ソ連、ゴルバチョフ書記長主導のペレストロイカ開始
昭和６２（１９８７）	1	９電力・沖縄電力暫定料金引き下げ（62年１月～12月）9社平均3円10銭／ｋＷｈ		
	7	首都圏（東電管内）２８０万戸停電	4	国鉄民営化（ＪＲ６社が発足）
昭和６３（１９８８）	1	９電力電気料金改定（平均17・83%引き下げ）、沖縄電力19・62%引き下げ		
	5	日米新原子力協力協定成立（同７月発効）		
	10	沖縄電力民営化（１９７２年の設立以来、16年目）		
昭和６４（１９８９）	4	９電力料金改定（平均２・96%引き下げ）、沖縄電力２・79%引き下げ	1	昭和天皇崩御
平成元（１９８９）	5	世界原子力発電事業者協会（WANO）設立総会（モスクワで。30カ国・地域から１１５事業者・内日本11事業者が加盟）	4	消費税３%が始まる
	5	動燃人形峠事業所、ウラン濃縮原型プラント全面操業開始	11	ベルリンの壁、撤去作業始まる
			12	日経平均株価終値、史上最高値３万８９１５円を記録
平成２（１９９０）	10	政府「温暖化防止行動計画」を決定	8	イラクがクウェート侵攻（91年、多国籍軍がクウェート全土を支配）
	11	９電力と沖縄電力が時間帯別電灯料金制スタート（負荷平準化を推進）	10	バブル崩壊の始まり（日経平均株価２万円割る）
			10	東西ドイツ統一
平成３（１９９１）	2	関西電力・美浜発電所２号機で蒸気発生器伝熱管事故発生	12	ゴルバチョフ大統領辞任に伴い、ソ連崩壊
	5	動燃の高速増殖炉（ＦＢＲ）原型炉「もんじゅ」試運転開始（出力28万ｋW）		
平成４（１９９２）	7	「日本原燃」が発足（日本原燃サービスと日本原燃産業が合併）	3	東海道新幹線に「のぞみ」デビュー
	7	東京電力・西群馬幹線が完成（初の１００万V設計）	9	日本人初の宇宙飛行士、毛利衛同乗の米シャトルの宇宙実験成功
	10	四国電力伊方発電所1号機をめぐる日本初の原発訴訟で最高裁が上告を棄却、原告敗訴が確定		
平成５（１９９３）	4	原燃、青森県六ヶ所村で再処理工場建設工事着工（前年3月にウラン濃縮工場、同末には放射性廃棄物貯蔵センターが操業開始）	7	総選挙で自民党過半数割れ、社会党も惨敗、55年体制が崩壊、宮澤首相退陣表明

昭和５３（１９７８）	9	円高に伴う暫定料金割引措置決定（北海道を除く８社、53年10月から54年3月分まで8社平均1円35銭／ｋＷｈ）	8	日中平和友好条約調印
	11	我が国の原子力発電設備１０００万ｋＷを突破	10	円高進み戦後最高、175円50銭／ドルに
昭和５４（１９７９）			1	イラン革命
	3	省エネルギー国民運動がスタート（政府は全石油消費量の５％節約を提唱）	3	米国スリーマイルアイランド原子力発電所2号機で事故
	3	動燃・新型転換炉「ふげん」運転開始（出力16万５０００ｋＷ）	6	ＯＰＥＣ総会、原油価格の大幅値上げを決定（第二次石油危機）
	10	エジソンの電灯発明から１００年		
昭和５５（１９８０）	2	電気料金改定（北海道35・62%、沖縄43・66%値上げ、10月には沖縄再値上げ19・18%）改定率は電源開発促進税率改定後	7	モスクワ五輪が開幕、日本、米国など67カ国のＩＯＣ加盟国がボイコットを表明
	3	日本原燃サービスが設立	8	ポーランド民主化運動始まる。「連帯」の設立へ
	4	北海道を除く電力8社電気料金改定（8社平均52・26%の値上げ）改定率は電源開発促進税率改定後	9	イラン・イラク戦争勃発
	5	「石油代替エネルギー法」成立（研究開発推進母体として10月に「ＮＥＤＯ」現在の新エネルギー・産業技術総合開発機構が設立）	12	日本の自動車生産台数が世界第1位に
昭和５６（１９８１）	8	通産省８月を「電気使用安全月間」に（感電事故多発期に照準）	2	レーガン・米大統領、経済再建計画（レーガノミックス）を発表
	10	電気料金改定（北海道18・11%値上げ）	4	米国スペースシャトル・コロンビアが初の打ち上げ
昭和５７（１９８２）	7	第１回電源立地功労者表彰		
	9	九州電力、世界初のハイブリッド型温度差発電が運転開始		
	11	原子力工学試験センター、原子力発電施設の耐震信頼性実証試験が行える多度津工学試験所（香川県）を開所		
昭和５８（１９８３）	6	電気事業用通信衛星利用システム運用開始	8	第二次臨時行政調査会が最終答申
昭和５９（１９８４）	8	電力９社最大電力、初めて１億ｋＷを超過（１億６７４万６０００ｋＷ）	1	日米貿易摩擦激化
	8	関西電力、ＴＱＣでデミング賞実施賞を受賞		
昭和６０（１９８５）	4	核燃料サイクル施設の立地に関する基本協定を青森県、六ヶ所村と日本原燃サービス、日本原燃産業との間で締結(原燃産業同３月に設立)	3	国際科学技術博覧会（「科学万博」茨城県・筑波研究学園都市で開催、「電力館」出展）

	9	電気料金改定（関西22・23%、四国17・75%の値上げ）	10	第四次中東戦争勃発 ＯＰＥＣ加盟のペルシャ湾岸産油６カ国が原油価格の大幅値上げを発表
	11	石油、電力使用制限の行政指導要綱出る（契約最大電力３０００ｋＷ以上の需要家を対象に10%カット）	10	ＯＡＰＥＣ加盟10カ国が原油生産大幅削減を決定（第一次石油危機）
昭和４９（１９７４）	1	電力使用制限実施（契約５００ｋＷ以上の使用量を１９７３年度実績の最高15%に規制、6月から法規制を廃し行政指導に）	8	ウォーターゲート事件でニクソン・米大統領が辞任（フォード副大統領が大統領に昇格）
	3	電気事業審議会が新料金制度を答申	10	佐藤栄作前首相にノーベル平和賞が贈られることが決定
	3	中国電力、国産第1号炉の島根原子力発電所運転開始（沸騰水型、出力46万ｋＷ）	11	東京湾でＬＰＧタンカーとリベリア国籍の貨物船が衝突し、タンカーが爆発炎上
	6	９電力が料金改定（平均56・82%値上げ）		
	6	「電源三法」（「電源開発促進税法」「電源開発促進対策特別会計法」「発電用施設周辺地域整備法」の総称）公布		
	11	電気料金改定（沖縄電力85・91%値上げ）		
昭和５０（１９７５）	6	「広域運営の拡大」新方針を決定	2	英保守党の党首にサッチャーを選出（同党初の女性党首誕生）
	12	九州電力・大平発電所運転開始（世界最大の揚程546メートル、出力50万ｋＷ）	4	マイクロソフト設立
昭和５１（１９７６）	4	沖縄電力が５配電を吸収合併	5	参議院本会議、核防条約承認案を調印から6年ぶりで可決（6月に批准）
	6	社債発行限度に関する特例法成立	7	米国の無人探査機バイキング1号、火星表面に軟着陸
	6	電気料金改定（北海道30・33%＝年度内暫定28%、東北28・47%＝同26%、北陸26・06%＝同24%、九州24・84%＝同23%の値上げ）	10	自治省、福井県の核燃料税を認可（全国初）
	8	電気料金改定（関西22・22%、沖縄28・49%、東京21・01%、中部22・47%、中国22・19%、四国22・81%値上げ）実施日は異なる		
昭和５２（１９７７）	4	動燃事業団、我が国初の高速増殖炉実験炉「常陽」が臨界（出力５万ｋＷ）	7	ニューヨーク大停電（復旧までの3日間に900万人影響受ける）
	11	動燃事業団、東海再処理工場で我が国初のプルトニウム抽出成功	7	日本初の静止気象衛星「ひまわり」打ち上げ
	12	新信濃周波数変換所が運転開始	10	国際核燃料サイクル評価（INFCE）会議設立

	8	電気料金改定（北陸電力６・38%値上げ）	6	アジア太平洋協議会（ＡＳＰＡＣ）設立
	10	電気料金改定（中国電力３・91%値下げ）	10	米国デトロイト郊外のエンリコ・フェルミ炉で史上初の炉心溶融事故
昭和４２（１９６７）	8	九州電力・大岳地熱発電所、事業用として我が国初の地熱発電所運転開始		
	10	動力炉・核燃料開発事業団設立（原子燃料公社解散）		
昭和４３（１９６８）	6	「大気汚染防止法」「騒音規制法」公布（同12月施行）	1	ジョンソン・米大統領「ドル防衛」発表
	7	中央電力協議会が「広域運営の新展開の基本方策」を決定	7	米・英・ソが核拡散防止条約調印
昭和４４（１９６９）	5	動燃事業団、遠心分離法によるウラン濃縮実験に成功	7	米、アポロ11号人類初の月面着陸に成功
	6	原子力船「むつ」進水		
昭和４５（１９７０）	1	四国電力・坂出ガスタービン発電所運転開始（初の大容量複合サイクル、出力3万４０００ｋW）	3	日本万国博開催（大阪・千里）
	3	原電・敦賀発電所我が国で初の軽水炉（沸騰水型）営業運転開始（米国より導入、出力37万５０００ｋW）	3	新日本製鉄が発足（八幡製鉄、富士製鉄の合併、当時売上高最大メーカーに）
	4	東京電力・南横浜火力発電所、世界最初のＬＮＧ（液化天然ガス）専焼運転開始、出力35万ｋW		
	5	「電気工事業法」（電気工事の業務の適正化に関する法律）成立	7	光化学スモッグ発生
	11	関西電力・美浜発電所1号機、我が国初の加圧水型、営業運転開始、出力34万ｋW		
昭和４６（１９７１）	3	東京電力・福島第一原子力発電所1号機運転開始、9電力会社初の沸騰水型、出力46万ｋW	7	環境庁設置
	4	通産省、「電力使用制限規則」制定（契約５００ｋW以上の需要家を対象）	8	ニクソン・米大統領、金ドル交換の一時停止等総合的経済政策発表
昭和４７（１９７２）	5	沖縄電力が設立（政府が全額出資）	5	沖縄本土復帰
	8	通産省、関西電力供給区域に電力使用制限の指定告示を公示（実施に至らず）		
昭和４８（１９７３）	7	資源エネルギー庁が発足	2	為替レート・１ドル＝３０８円の固定相場制から変動相場制に移行（スタートは同２７７円）
	9	中部電力・西名古屋火力発電所の湿式排煙硝硫装置運転開始（我が国初の排ガス全量脱硫）	3	ベトナム戦争事実上終結（米軍の最後の兵士が南ベトナムから撤退）

			12	池田内閣、国民所得倍増計画を閣議決定
昭和３６（１９６１）	3	電気料金改定（九州電力10・５％値上げ）	4	ソ連、人口衛星ボストーク１号の打ち上げに成功
	8	電気料金改定（東京電力13・７％値上げ）	6	社団法人日本経済団体連合会（経団連）認可（発足は1946年8月）
	10	中部電力・三重火力発電所4号機（出力12万５０００ｋＷ、初の重油専焼火力）が運転開始		
昭和３７（１９６２）	4	通産大臣の諮問機関として電気事業審議会を設置	2	東京都の常住人口が１０００万人を突破（世界初の１０００万人都市）
	12	電気料金改定（東北電力12・６％値上げ）	3	日本のテレビ受信契約者が１０００万突破（普及率48・５％）
昭和３８（１９６３）	2	財団法人日本電気協会電気用品試験所設立（平成9年電気安全環境研究所と改称）	1	鉄腕アトム、フジテレビ系列で放映開始（国産アニメ第1号）
	3	１９６２年度末の我が国の発電設備、「火主水従」となる	7	名神高速道路の栗東ＩＣ一尼崎ＩＣ間か開通（我が国初の高速道路）
	6	関西電力・黒部川第４発電所完工	11	三井三池炭鉱炭塵爆発（戦後最悪の炭鉱事故、死者458人）
	7	東北電力・新潟火力発電所第１号機運転開始(初の天然ガス、重油混焼)	11	ケネディ米大統領暗殺
	10	日本原子力研究所、東海村で我が国で初めての原子力発電に成功（ＪＰＤＲ、1万２５００ｋＷ、「原子力の日」の由来）	11	初の日米間の衛星中継実験に成功（ケネディ暗殺伝える）
昭和３９（１９６４）	2	電気事業連合会、「大気汚染防止研究会」を設置	4	日本人の海外渡航自由化（観光目的のパスポート発行が可能に）
	7	新「電気事業法」を公布（1965年7月1日施行）	10	東海道新幹線開通
	12	日本電気計器検定所設立（通産省・東京都・日本電気協会の業務を統合）	10	東京オリンピック開催
昭和４０（１９６５）	4	電気料金改定（中部電力７・89％値上げ）	2	米軍、北ベトナム爆撃開始
	6	第1回電気事業審議会開催（新電気事業法に基づく）		
	10	電源開発、佐久間周波数変換所を運転開始（我が国初の50、60ヘルツ連系、変換容量30万ｋW）	10	朝永振一郎・理学博士ノーベル物理学賞の受賞決定
	12	全国9地区に電気保安協会設立		
昭和４１（１９６６）	7	原電・東海発電所が我が国で初めての営業運転開始（12万５０００ｋW）	2	ソ連、ルナ９号初の月面軟着陸に成功
	8	関西電力の最大電力が６３６万４０００ｋWに達し、全国で初めて夏期最大電力が冬期最大電力を上回る	3	日本の総人口1億人を突破
			5	中国で文化大革命始まる

年	月	電気事業関係	月	一般事項
	11	日本電力調査委員会発足	11	米国、人類初の水爆実験
	11	電気事業連合会発足（電気事業者経営者会議を改組、９電力会社で構成）		
	12	「電気およびガスに関する臨時措置法」施行(公益事業令、電気事業再編成令、公益事業令失効)		
昭和２８（１９５３）	8	「電気事業および石炭鉱業に対するスト規制法」の制定	3	電力事情好転し、使用制限令は全面的に解除
	12	米国のアイゼンハワー大統領が国連総会で行った演説で「平和のための原子力」（アトムズ・フォー・ピース）を訴え	7	朝鮮戦争休戦協定
昭和２９（１９５４）	9	「電気需給調整規則」を改正（電力割当制を廃止）	3	アメリカのビキニ水域水爆実験により第五福竜丸被災
	10	９電力が料金改定（全社平均11・２％値上げ）		
昭和３０（１９５５）	10	九州電力、我が国で初めてのアーチ式の上椎葉ダム完成	11	自由民主党結成（保守合同）
	12	「原子力三法」の公布（原子力基本法、原子力委員会設置法、総理府原子力局設置に関する法律）		
昭和３１（１９５６）	1	総理府に原子力委員会を設置（「原子力三法」施行、原子力局発足）		
	3	社団法人日本原子力産業会議の発足		
	5	科学技術庁が発足	5	世界初の英国コールダーホール型原子力発電所が運転開始
	6	特殊法人日本原子力研究所が設立		
	8	原子燃料公社が発足		
	10	９電力会社、電力融通協議会を設置		
	12	電気事業等の「スト規制法」、存続を決定	12	日本、国連に加盟
昭和３２（１９５７）	7	電気料金改定（東北17・８％、北陸18・１％値上げ）	7	ＩＡＥＡ（国際原子力機関）発足
	8	日本原子力研究所、東海村第１号実験原子炉の点火	10	ソ連、人口衛星スプートニク１号打ち上げに成功
	11	日本原子力発電会社が設立		
	12	通産大臣の諮問機関として電気料金制度調査会の設置		
昭和３３（１９５８）	4	中央電力協議会の発足（広域運営の展開へ）	6	日・米、日・英原子力協力協定成立
	5	海外電力調査会が設立		
昭和３４（１９５９）	12	日本原子力発電、電気事業認可を受ける	4	明仁皇太子ご成婚（1950年代のテレビ史上最大の出来事）
			11	貿易自由化開始
昭和３５（１９６０）			5	チリ大地震発生

	5	日本発送電本店および関東支店、空襲により焼失	7	米国、マンハッタン計画で人類史上初めて核実験（同年8月に広島、長崎に原爆投下）
	6	軍需省を廃止し商工省を設置。商工省に電力局を設置	8	ポツダム宣言受諾、第二次世界大戦終結（同年5月ドイツ無条件降伏）
	10	本州と九州間の送電連絡線完成（10万V）	12	「国家総動員法」廃止
昭和２１（１９４６）	4	電気産業労働協議会（電産協）発足、1947年5月には「電産」として再出発（日発・9配電会社労組計約13万人）	1	ロンドンで第１回「国際連合」総会開催（1945年10月に51カ国加盟で設立）
	10	「電気事業法」を改正施行（「国家総動員法」の廃止により「電力調整令」、「配電統制令」が失効したため）	10	石炭不足により全国的電力危機
	11	商工省、「電気需給調整規則」を制定	11	「日本国憲法」公布（施行１９４７年5月3日）
昭和２２（１９４７）	5	大日本電気協会を日本電気協会と改称	1	２・１ゼネスト禁止命令（ＧＨＱ）
	9	「電気需給調整規則」を改正	4	第１回県知事、市町村長公選
	11	「電力危機突破対策要綱」を公布	12	「過度経済力集中排除法」を公布施行
昭和２３（１９４８）	2	日本発送電、９配電会社、「集中排除法」の適用会社に指定	1	「財閥同族支配力排除法」を公布施行
	4	商工大臣の諮問機関として電気事業民主化委員会を設置		
昭和２４（１９４９）	5	商工省を廃止し通商産業省を設置	8	ソ連が初の核実験に成功
	11	通産大臣の諮問機関として電気事業再編制審議会を設置	11	湯川秀樹・理学博士がノーベル物理学賞を受賞（日本人初のノーベル賞受賞）
昭和２５（１９５０）	11	「ポツダム政令」による「公益事業令」、「電気事業再編成令」を公布	6	朝鮮戦争勃発
	12	総理府、電気・ガス事業の行政機関として公益事業委員会を設置（委員長・松本烝治、委員長代理・松永安左ェ門）		
昭和２６（１９５１）	5	発送配電一貫経営の９電力会社発足	6	ユネスコ、日本の正式加盟承認
	8	９電力が料金改定（全社平均30・１％値上げ）	7	第1回文化功労者決定
	11	財団法人電力技術研究所を設立（その後、電力中央研究所と改称）	9	サンフランシスコ講和条約調印
昭和２７（１９５２）	5	9電力が料金改定（全社平均28・０％値上げ）	4	講和条約、日米安全保障条約発効
	7	「電源開発促進法」を公布施行（9月第1回電源開発調整審議会を開催）	5	ロンドンーヨハネスブルク間に世界初の旅客用ジェット機就航
	8	公益事業委員会、資源庁廃止（通産省に公益事業局を置く）	7	ヘルシンキ五輪に日本代表がベルリン以来、16年ぶりに夏季五輪に参加
	9	電源開発会社設立	10	英国、初の核実験に成功（米・ソに次ぐ第３の核保有国に）

昭和7（１９３２）	4	５大電力、電力連盟を結成（カルテル強化、電力ダンピングは休戦へ）	8	満州国の建国
		この頃電気事業者数８５０社を上回る	5	5・15事件（犬養首相ら暗殺される）
昭和１１（１９３６）	5	「東北振興電力株式会社法」公布（同年10月設立、各種の国策会社続出の起点）	1	日本、ロンドン軍縮会議を脱退
	6	逓信省、電力国家管理案を発表（同10月に「電力国家管理要綱」・瀬母木案を閣議で決定）、同12月電気協会臨時総会、電力国家管理案に反対を決議	2	2・26事件
昭和１２（１９３７）	10	逓信省、電力国管に関する諮問機関として官民協力の臨時電力調査会を設置	7	日中戦争始まる（盧溝橋で日中両軍衝突）
昭和１３（１９３８）	4	「電力管理法」、「日本発送電株式会社法」を公布（同10月電力連盟解散）	4	「国家総動員法」を公布
	5	逓信省、国管移行の機関として電力管理準備局、電力審議会を設置		
昭和１４（１９３９）	4	電気庁設置 日本発送電を設立	7	米、日米通商航海条約破棄を通告
	10	国家総動員法による消費規則を目的とした「電力調整令」を公布施行	8	ドイツ、英仏に対し宣戦布告（第二次世界大戦の始まり）
昭和１５（１９４０）	2	異常渇水により電力調整令を発動	9	日・独・伊三国同盟を締結
	9	「第２次電力国策要綱」を閣議決定（日発の強化と配電統合）	10	大政翼賛会発足
昭和１６（１９４１）	4	「電力管理法施行令」の改正（発送電設備の日発に対する強制出資の発令）	4	日ソ中立条約調印
	8	国家総動員法により「配電統制令」を公布施行	6	独ソ開戦
	9	配電会社の設立命令 国家総動員法による日発と東北振興電力との合併に関する勅令を公布	12	日本、英、米に対し宣戦を布告（太平洋戦争開戦）
昭和１７（１９４２）	3	配電統制令施行に伴い「電力管理法施行規則」を全面改定	4	米軍、日本本土初空襲
	4	配電統制令により9配電会社を設立	6	ミッドウエー海戦
	7	電灯および小口電力料金の統一を決定		
	11	電気庁を廃止し、逓信省電気局を設置		
昭和１８（１９４３）	10	電気協会を大日本電気会と改称	7	東京都制実施
	11	軍需省、運輸通信省、農商務省を設置し電力局を軍需省に設置	9	伊、無条件降伏
	12	軍需生産拡充のための「電力動員緊急措置要綱」を閣議決定		
昭和２０（１９４５）	4	日本発送電および配電会社を軍需充足会社に指定	2	ヤルタ会談（米・英・ソ３国首脳による連合国の戦後処理に関する会談）

大正8（1919）	12	５大電力の一角を成す日本電力設立（後年東邦、東京電灯と激しいシェア争い展開）	1	パリ講和会議（最重要問題は日本含む５大国の十人委員会で協議、同6月ベルサイユ講和条約）
大正9（1920）	12	米国で民間初の商業ラジオ放送始まる（日本初のラジオ放送は1925年、現在のＮＨＫによる）	3	株式市場大暴落（戦後恐慌始まる）
		電力過剰となり、電力会社の再編が進む	10	第１回国勢調査（総人口７７００万人、総財産860億円）
		過剰電力処理のため、電気化学工業興る	11	ジュネーブで第１回国際連盟会合（日本正式加入し常任理事国、1933年3月脱退）
大正10（1921）	2	大阪送電が日本水力、木曽電気興業を合併	11	原首相、東京駅で刺殺される
	10	日本、中央、九州の三電気協会が合併し、社団法人電気協会を設立	12	日英同盟廃棄
大正11（1922）	5	関西電気、九州電灯鉄道を合併し、６月に東邦電力と改称	2	ワシントンで第１回軍縮会議を開催
大正12（1923）	2	東京電灯の甲信越線、１５４ｋＶで送電を開始（送電距離３０１㎞）		
	6	東京電灯、英貨債３００万ポンドを起債（電力外債の始まり）	9	関東大震災（死者・行方不明者推定10万５０００人、明治以降の日本の地震被害では最大規模）
大正13（1924）	1	東京電灯と大同電力間に電力融通契約成立（東西融通の端緒）	1	伊藤博文らが結党した政友会が分裂し、政友本党を結成。同5月の総選挙で護憲三派が勝利し組閣
昭和２（1927）	2	「電気事業法」改正（社債発行限度の引き上げ）	3	金融恐慌起こる（全国的に銀行取り付け続出）
昭和３（1928）	5	松永安左ェ門「電力統制私見」発表（１区域１会社による卸売会社と小売会社の合併、民営による発送配電一貫体制を提唱）	2	第１回普通選挙の実施（１９２５年に公布された普通選挙法に基づく最初の総選挙）
	10	５大電力首脳会議で電力会議の設置を決定	7	ジュネーブ３国軍縮会議決裂（日、英、米）
昭和４（1929）	4	逓信省、官制により臨時電気事業調査会を設置し、電気事業のあり方を検討	1	芝浦電気工業設立
	5	５大電力で全国発電力の５０％を占める	4	ロンドン軍縮会議調印（日、英、米）
			10	世界恐慌始まる（ニューヨーク株式市場大暴落）
昭和５（1930）			1	金輸出解禁発表
昭和６（1931）	4	電気事業法全面改正。料金認可制、供給義務の明確化、設備合理化命令等を主体とする統制政策へ移行（1932年12月施行）	4	「重要産業統制法」公布
	7	関西共同火力発電設立（共同火力の始まり）	9	満州事変勃発(柳条湖事件)
	10	逓信省、電力統制問題協議会開催	12	金輸出再禁止決定

		電灯照明が５０万灯に		
明治４０（１９０７）	7	東京電灯、東京電力を合併（新資本金２４００万円）	1	東京株式市場大暴落（同３月各地の銀行支払い停止、取り付け続出）
	12	東京電灯・駒橋水力発電所が一部竣工、東京へ送電開始（初の送電電圧５万５０００Ｖ、送電距離75キロメートル、特別高圧遠距離送電の始まり）	3	小学校令改正、６年の義務教育に
		電力需要急増し、電気事業者急増（電気事業者数１４６、火力発電７万６０００ｋＷ、水力発電３万８６００ｋＷ、電灯数78万２０００灯）	11	電気新報創刊（後の電気新聞、ページ数10ページ、毎月５の日の旬刊）
明治４１（１９０８）	4	東京電灯、半夜灯を廃止し同一料金のまま全部終夜灯供給に改定		
明治４２（１９０９）	7	逓信省に電気局開設（電気事業は同局の所管となる）	10	元首相の伊藤博文、ハルピン駅で暗殺される
明治４３（１９１０）	4	逓信省に臨時発電水力調査局開設（第一次発電水力調査開始、１９１４年に水力資源５００万馬力と公表）	11	日立製作所設立
明治４４（１９１１）	3	電気事業法公布（同10月１日施行）		
	10	東京電気、引線タングステンフィラメントによる電球製造を開始		
大正元（１９１２）	5	本格的な鉄道の電化が、鉄道院(旧国鉄)の横川―軽井沢間の「信越線碓氷峠」で実施、電気機関車初めて走る	7	ストックホルムで開催された第５回オリンピックに日本が初参加
		東京市内に電灯がほぼ完全普及	7	日本初のタクシー会社（東京市有楽町のタクシー自働車株式会社）設立、同８月から４台営業
		水力発電の出力（２３万３０００ｋＷ）が火力発電の出力（２２万９０００ｋＷ）を超える	9	日本初の本格的映画会社「日活」誕生（４つの映画会社がトラスト合同）
大正２（１９１３）	7	日本電灯開業（東京下谷・浅草方面に地中式配電開始）	7	小林一三が宝塚唱歌隊（後の「宝塚少女歌劇団」）を組織
大正３（１９１４）	10	猪苗代水力発電所完成（運用開始時３万７５００ｋＷは当時東洋一の規模、翌年、東京まで２２８キロメートルの長距離送電を開始）	8	第一次世界大戦に日本参戦（同７月に始まった大戦でドイツに宣戦布告）
		家庭電気普及会が設立（電灯会社が、家庭電化普及・販売促進のため後藤新平東京市長を会長に設立）	12	東京駅開業（東京―横浜間電車開通）
大正６（１９１７）		工場動力の電化率50%を突破	9	金輸出禁止（事実上の金本位制停止）
大正７（１９１８）			11	第一次世界大戦終結（ドイツ、連合国と休戦条約調印）

	5	日本電灯協会、日本電気協会と改称		世界的に自動車の大量生産始まる。ガソリン需要増加へ
	9	東京電灯・浅草火力発電所操業開始（使用した独・ＡＥＧ製の発電機が50ヘルツであったため、東日本標準が50ヘルツとなる）		
明治２９（１８９６）	5	「電気事業取締規則」が制定される（許認可権が逓信大臣に）	3	「製鉄所官制」公布
	12	東京電灯・浅草火力発電所で国産初の発電機を使用（第１期工事落成）	4	第1回オリンピック（アテネ）開催
		電気事業者の監督行政が全国統一化、この頃電気事業者は火力発電所23カ所、水力発電所７カ所、水力・火力併用3カ所、電灯数12万余	4	「河川法」公布
明治３０（１８９７）	3	青森電灯開業（東京電灯が設備工事）	10	金本位制実施
	同	大阪電灯の幸町発電所の増設工事でＧＥ社製の発電機を採用。この発電機が60ヘルツだったので、西日本は60ヘルツ標準に		大阪で活動写真興業始まる
明治３２（１８９９）	6	郡山綿糸紡績の猪苗代湖安積疏水利用の沼上発電所が運転開始（出力３００ｋW、送電電圧１万１０００V、距離22・５キロメートル、郡山まで長距離送電を開始）	3	新「商法」公布
明治３３（１９００）	5	甲府電力開業	3	「電信法」公布
	9	東京電気鉄道、電気供給事業を許可される	4	日銀の公定歩合引上げの影響で東京株式市場暴落
	10	東京市が電柱税を賦課徴収		
		電灯照明が20万灯に		
明治３４（１９０１）				金融恐慌、各地に銀行取り付け、支払い停止起こる
明治３５（１９０２）		農業の電化始まる	1	「日英同盟協約」調印
明治３６（１９０３）	5	電気窃盗事件、大審院（現在の最高裁判所）で有罪の判決（１９０７年に「電気は私物とみなす」と刑法で明文化）	10	東京・浅草の電気館開場（最初の常設映画館）
			12	米国のライト兄弟、世界初の飛行に成功
明治３７（１９０４）		鉄道の電化始まる	2	日露戦争開戦
明治３８（１９０５）			9	ポーツマス条約（日本の勝利で日露講和条約調印）
			11	東北地方大凶作
明治３９（１９０６）	5	東京電灯・千住火力発電所初の蒸気タービン発電機運転開始（出力４５００ｋW）	3	「鉄道国有法」公布
	9	東京電力設立（武相電力と東京水力電気が合併）	8	日米間の海底電信開始
	11	宇治川電気設立（5大電力のひとつ）		

	11	東京電灯が第二電灯局を建設、日本初の火力発電所が誕生（出力25kW）。家庭配電（２１０Ｖ）を開始。架空配電線により日本郵船などの需要家に初めて供給		
明治２１（１８８８）	5	電気学会設立	4	「市制・町村制」の公布
	6	新皇居の電灯工事落成	12	香川県が愛媛県より独立（現在の47都道府県体制ほぼ確立）
	7	初めての自家用水力発電所が宮城紡績所		
明治２２（１８８９）	1	宮城内電灯常夜点灯を開始	2	「大日本帝国憲法」発布
	5	大阪電灯開業、米国から交流発電機を輸入し、交流式配電を開始	5	「パリ万国博覧会」開幕
	7	京都電灯が開業（東京電灯が設備工事）	7	近畿財界人が日本生命保険を設立
	12	名古屋電灯開業（東京電灯が設備工事）	7	東海道本線全通（新橋ー神戸間全線開通）
明治２３（１８９０）	4	東京電灯、電球製造事業を分離し白熱舎（東京電気会社の前身）に譲渡	4	「商法」公布
	5	第3回内国勧業博覧会で日本初の電車運転	7	第1回総選挙実施（帝国議会開始）
	8	警視庁が東京電灯に電柱広告を許可(電柱広告の始まり)	12	電話開通（東京ー横浜）
	11	浅草凌雲閣(12階)に設置したエレベーターの運転を開始（初の動力用電力を供給）		
	12	足尾銅山、水力発電を開始（間藤電気原動所、日本初の本格的水力発電所）		
明治２４（１８９１）	7	電気事業の所管が逓信省電務局となる	1	帝国議事堂焼失、漏電説流布（電灯の休止相次ぐ）
	10	札幌電灯舎開業（東京電灯が設備工事）		足尾（渡良瀬川）鉱毒問題起こる
	11	白熱舎、各地の電灯会社へ電球販売開始		
	12	電気営業取締規則が制定（警察令、許認可権は各府県知事）		
明治２５（１８９２）	1	東京電灯、電灯局を発電所と改称	3	日本興業銀行創立
	4	日本初の営業用水力発電所、京都市営蹴上発電所完成（当時の出力１６０ｋＷ、現存する最古の水力発電所）	4	世界初の映画館が米ロサンゼルスで開業
	5	日本電灯協会が設立		
明治２６（１８９３）	9	商法施行により定款変更し、社名を「東京電灯株式会社」と改称	8	文部省、国歌「君が代」を制定
	10	逓信省、「地方庁の電気事業許可は逓信大臣の事前許可を要す」旨訓令		
	11	田中製作所（１８７５年創業）、芝浦製作所と改称（東京芝浦電気の前身）		
明治２７（１８９４）	10	大阪市、大阪電灯に対し道路使用料賦課	7	日英通商航海条約調印
		石炭価格の高騰で水力発電企業が続々と誕生	8	日清戦争勃発
明治２８（１８９５）	2	日本初の市電、京都電気鉄道開業	4	日清講和条約調印

【電力関連年表】

年（西暦）	月	事項	月	関連事項
明治１１（１８７８）	3	東京・虎ノ門の工部大学校の電信中央局開局祝賀会で、初めて電灯（アーク灯）が点灯（「電気記念日」＝3月25日の由来）	6	東京株式取引所が開業
明治１２（１８７９）	10	エジソンが白熱電灯を実用化（「あかりの日」＝10月21日の由来）	1	朝日新聞創刊
明治１５（１８８２）	9	ニューヨーク市で火力発電による電灯事業開始（エジソンが建設、直流送電）	3	福沢諭吉が「時事新報」を創刊（1936年廃刊、「東京日日新聞」＝現毎日新聞と合併）
	12	大倉喜八郎らが発起人となり東京電灯の設立を東京府知事に出願	10	日本銀行が開業
		世界で最初の水力発電所米国ウィスコン州アップルトンで竣工（エジソンによる、出力12.5ｋW、直流送電）	10	東京専門学校（現早稲田大学）開校
明治１６（１８８３）	2	東京電灯の設立が許可（矢島作郎が社長に就任）	11	鹿鳴館で開館式を挙行
	4	横須賀造船所にアーク灯発電機を据え付け（官業における点灯の初め）		
明治１７（１８８４）	5	大阪・道頓堀の劇場でアーク灯が使われる		
		米国のニコラ・テスラが提唱した交流方式が電気事業の主力となっていく		
明治１８（１８８５）	11	日本初の白熱電灯が東京銀行集会所開業式で点灯	12	太政官制を廃止し、内閣制度を確立。第１次伊藤内閣成立
明治１９（１８８６）	7	初の電気事業者、東京電灯（有限責任「東京電灯会社」資本金20万円）開業、従来の仮事務所を廃止し京橋区に事務所を設置	2	「各省官制」公布（外務・内務・陸軍・海軍・司法・文部・農商務・逓信）
	9	大阪紡績（三軒家工場）に25kWのエジソン式直流発電機を据え付け（自家用による点灯の初め）	3	「帝国大学令」を公布（東京大学を帝国大学に改組）
		東京電灯、電球製造を開始（我が国の電球製造の初め）		
		米国で変圧器による交流配電が成功、最初の交流発電所が設立される		
明治２０（１８８７）	1	移動式発電機により鹿鳴館夜会に開業後初の白熱灯点灯	7	東京火災保険(後の安田火災保険)設立、我が国最初は、1881年創立の明治生命
	1	東京電灯「電気灯営業仮規則」を制定	10	横浜市が日本最初の近代水道として給水開始
	4	首相官邸夜会に白熱灯を点灯	12	東京ホテル（後の帝国ホテル）設立

電力関連年表（1878～2020年）

中井修一 なかい・しゅういち

１９４９年北海道生まれ。早稲田大学第一文学部卒業。（社）日本電気協会新聞部（電気新聞）に入る。編集局長、同協会新聞部長、理事などを経て（一財）電力中央研究所の研究アドバイザーを務め、現在、電力・エネルギー分野の執筆活動に従事。

鬼の血脈
――「電力人」135年の軌跡

2021年11月1日 初版発行
2021年12月10日 2刷発行

著　者　中井修一
発行者　志賀正利
発行所　株式会社エネルギーフォーラム
〒104-0061 東京都中央区銀座5-13-3　電話03-5565-3500
印刷・製本　中央精版印刷株式会社
ブックデザイン　エネルギーフォーラム デザイン室

定価はカバーに表示してあります。落丁・乱丁の場合は送料小社負担でお取り替えいたします。

　ISBN978－4－88555－519－0